病毒学高等教育系列教材（丛书主编：王健伟）

植物病毒学

周雪平　陶小荣　主编

科 学 出 版 社
北　京

内容简介

本书系统阐述了植物病毒学的基础理论和概念，并选择重要的植物病毒类群进行深入介绍。内容包括绪论、植物病毒的分类与命名、植物病毒所致病害及特征、植物病毒的形态结构与组成、植物病毒基因组结构与表达、植物病毒的侵染与增殖、植物病毒的传播与流行、植物的抗病毒防御与植物病毒的反防御、亚病毒、植物病毒的诊断与检测、植物病毒病的防控、作物上的重要病毒和植物病毒的利用等。全书内容翔实，丰富新颖，既系统介绍了植物病毒学的基础理论知识，又反映了最新研究进展和创新成果。

本书可作为植物病理学、农业昆虫与害虫防治、农药学、病毒学、微生物学等专业硕士研究生和博士研究生的专业教材，以及相关专业本科生的辅助教材和考研参考资料，同时可供从事植物保护学、微生物学、农学、生物技术等相关专业研究的科技人员参考。

图书在版编目（CIP）数据

植物病毒学 / 周雪平，陶小荣主编. -- 北京 ：科学出版社，2024. 9.
-- ISBN 978-7-03-079373-7

Ⅰ. S432.4

中国国家版本馆 CIP 数据核字第 2024H8U137 号

责任编辑：刘　丹　张静秋　赵萌萌 / 责任校对：严　娜
责任印制：赵　博 / 封面设计：图阅盛世

科学出版社 出版
北京东黄城根北街 16 号
邮政编码：100717
http: //www.sciencep.com
三河市骏杰印刷有限公司印刷
科学出版社发行　各地新华书店经销
*
2024 年 9 月第　一　版　开本：787 × 1092　1/16
2025 年 2 月第三次印刷　印张：22 1/4
字数：530 000
定价：86.00 元
（如有印装质量问题，我社负责调换）

《植物病毒学》编委会

主　编

周雪平　陶小荣

副主编

青　玲　李　凡　江　彤　李方方　程晓非

编　委　（以姓氏拼音为序）

程晓非　东北农业大学
冯明峰　南京农业大学
江　彤　安徽农业大学
李方方　中国农业科学院植物保护研究所
青　玲　西南大学
陶小荣　南京农业大学
吴建祥　浙江大学
羊　健　宁波大学
叶　健　中国科学院微生物研究所
周雪平　中国农业科学院植物保护研究所
范在丰　中国农业大学
洪　健　浙江大学
李　凡　云南农业大学
李正和　浙江大学
孙宗涛　宁波大学
王亚琴　浙江大学
徐　毅　南京农业大学
杨秀玲　中国农业科学院植物保护研究所
张　彤　华南农业大学

丛 书 序

在浩瀚的自然界中，病毒，这一微小而强大的生命形态，以其独特的存在方式，深刻地影响着从微观世界到宏观生态系统的每一个角落。它们既是生命的挑战者，也是生物进化的重要推手。在生命科学这片广袤的天地里，病毒学作为一门交叉融合、日新月异的学科，不仅揭示了病毒的内在奥秘，更为医学、动物学、植物学、昆虫学及微生物学等多个领域带来了革命性的进展与应用。新冠、非洲猪瘟、禽流感等疫情的肆虐，更进一步强调了发展病毒学科、加强病毒学人才培养的迫切性。

面对全球健康挑战与生命科学的快速发展，我国病毒学领域的高等教育亟需一套系统全面、紧跟时代步伐的教材。为积极响应党的二十大精神，深入学习贯彻习近平总书记关于教育的重要指示，落实立德树人根本任务，我们携手国内近 70 所高校及科研院所，共同编纂了这套旨在满足新时代病毒学专业人才培养需求的高质量系列教材。

本套病毒学系列教材全面覆盖病毒学总论、医学病毒学、动物病毒学、植物病毒学、昆虫病毒学、微生物病毒学及病毒学实验技术七大核心知识领域。以“病毒学领域教学资源共享平台”知识图谱为基础，构建教材知识框架，将基础知识与最新的科研成果和学术热点相结合，有利于学生系统、多维、立体地完善自身病毒学知识体系，激发他们对病毒学领域的兴趣，并培养他们的创新思维。

为满足信息时代教学和人才培养的需要，全套教材采用纸质教材与数字教材（资源）相结合的形式，极大地丰富了教学方式，提升了学习体验。知识图谱、视频、音频、彩图和虚拟仿真实验等数字资源的引入，不仅提高了教学效率，还增强了学习的互动性和趣味性，有助于学生在实践中深化对理论知识的理解。

作为病毒学领域的专业核心教材，本套教材汇聚了国内顶尖专家学者的智慧与心血，确保了内容的权威性、准确性和指导性，不仅适用于本科生的“微生物学”和“病毒学”课程，也为研究生及未来从事病毒学、微生物学、医学、兽医、农业科技等领域工作的专业人才提供了宝贵的知识储备。

我们相信，本套病毒学系列教材的出版，将有力推动我国病毒学教育事业的发展，助力提升我国高等教育人才自主培养质量，为战略性新兴领域产业人才培养提供有力支撑。

王健伟
北京协和医学院
2024 年 9 月

前　言

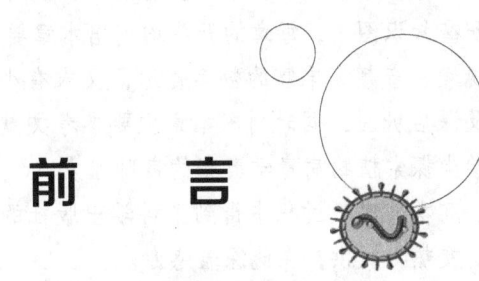

植物病毒是一类能够侵染植物细胞并利用植物细胞的物质和场所进行复制与繁殖的微生物，通常由遗传物质和蛋白质外壳组成，遗传物质可以是 DNA 或 RNA。植物病毒引起的病害可导致作物产量下降和品质降低，给农业生产带来重大损失，并影响生物多样性和自然生态系统的稳定性，对粮食安全、生物安全和生态安全构成威胁。

植物病毒学是病毒学和植物病理学的分支学科，主要研究植物病毒的生物学特性、病毒与寄主的相互作用、病毒的传播及防控等。纵观发展历史，植物病毒学经历了从最初的症状观察和描述，到现代分子生物学和功能基因组学的飞速发展。从 19 世纪末“烟草花叶病”的发现，到 20 世纪初对病毒粒子的电子显微镜观察，再到 21 世纪植物病毒与寄主互作机制的解析及植物病毒作为生物技术工具的开发，每一次技术的革新和发展都极大地推动了病毒学乃至整个生命科学的发展，可以认为植物病毒学是生命科学的前沿学科。为此，我们从教学、科研和生产的需求出发，组织编写了《植物病毒学》这本书，以适应科学进步和教育需求的变化。

本书邀请了十一所高校和科研院所的同行参与编写，共包含十三章内容。其中，第一章由周雪平、叶健编写，第二章由李凡、洪健编写，第三章由青玲编写，第四章由周雪平、王亚琴、杨秀玲编写，第五章由程晓非、陶小荣、李方方、江彤、李正和、张彤编写，第六章由陶小荣、徐毅、江彤、李方方、程晓非、张彤、李正和编写，第七章由叶健、徐毅编写，第八章由李方方、孙宗涛编写，第九章由周雪平、王亚琴编写，第十章由杨秀玲、吴建祥编写，第十一章由张彤编写，第十二章由江彤、周雪平、程晓非、杨秀玲、李方方、范在丰、羊健、冯明峰编写，第十三章由李正和编写。编写过程中得到了武晓云、兰平秀、朱敏、梅玉振、李召雷、龚攀、李佳、张合红、姜雪、李明骏等的大力帮助。全书由周雪平和陶小荣负责统筹，并由周雪平进行审定。

本书在编写过程中充分吸收了国内外最新的研究成果，结合我国实际情况，力求在内容上做到系统性、科学性、前沿性、实用性、创新性和前瞻性的统一。本书为新形态教材，配套知识图谱，每章的开头均列出本章要点和本章数字资源二维码，扫二维码可查看彩图、视频、音频等丰富的数字资源，文末有小结和复习思考题，便于学生明确目标、理清思路及课后巩固，同时列出本章主要参考文献，有助于课外拓宽学科视野。希望本书能够成为学生探索植物病毒学奥秘的良师益友。

本书出版过程中得到了科学出版社的大力支持。书中许多精美图片由编者诸多同事和朋友热心提供，在此深表感谢。

限于编者水平，书中难免有不妥之处，敬请广大读者提出宝贵意见。

《植物病毒学》知识图谱

编　者

2024 年 6 月

《植物病毒学》教学课件申请单

凡使用本书作为所授课程配套教材的高校主讲教师，填写以下表格后扫描或拍照发送至联系人邮箱，可获赠教学课件一份。

<table>
<tr><td>姓名：</td><td>职称：</td><td>职务：</td></tr>
<tr><td>手机：</td><td>邮箱：</td><td>学校及院系：</td></tr>
<tr><td colspan="2">本门课程名称：</td><td>本门课程选课人数：</td></tr>
<tr><td colspan="3">您对本书的评价及修改建议（必填）：</td></tr>
</table>

联系人：张静秋 编辑　　电话：010-64004576　　邮箱：zhangjingqiu@mail.sciencep.com

目录

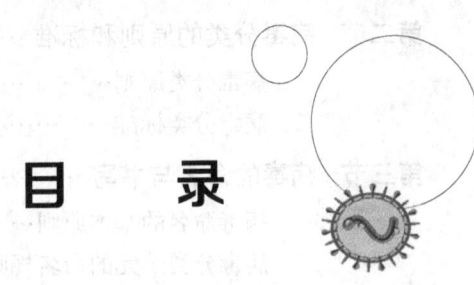

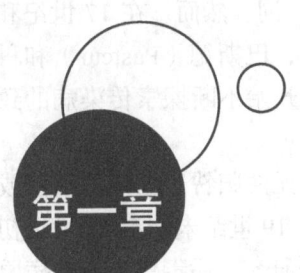

第一章　绪　论

本章要点

1. 掌握病毒的完整定义。
2. 了解植物病毒学的发展脉络，理解植物病毒研究的战略重要性。

本章数字资源

病毒是自然界中一种独特的存在，由核酸和蛋白质外壳两种物质组成，是一种严格的细胞内寄生生物，依赖活的寄主细胞来进行自我复制和繁殖。人类对病毒的认知经历了漫长的从敬畏、发现、认识到解析利用的过程。得益于现代分子生物学和功能基因组学的进步，病毒学的发展也不断繁荣，推动了一系列以病毒为核心的疫苗、载体、生物农药技术和产品的应用。本章主要介绍人类对病毒的认识、病毒的发现时期、病毒的早期概念、病毒的现代定义，以及植物病毒的发现、植物病毒学发展和植物病毒学展望等。

第一节　病毒的发现

一、人类对病毒的认识

人类认识病毒是从认识疾病开始的。古代人类对于疾病原因的解释受限于知识水平、文化背景和技术条件，往往将疾病归因于超自然现象，提出“神鬼说”“瘴气说”“孔隙说”等。关于病毒性疾病的早期记载可以追溯到3000多年前，古埃及的一个石碑（公元前1403～公元前1365年）上刻画了一位患有脊髓灰质炎后遗症的脚残牧师。在漫长的探索阶段，人类对疾病的了解不断深入。欧洲中世纪，哥伦布（Columbus）发现了新大陆，也将天花（small pox）、流感（influenza）、麻疹（measles）、黄热病（yellow fever）、腮腺炎（parotitis）等疾病传入美洲。随着14～15世纪新航路的开辟，各种疾病肆虐，人们开始怀疑传统神权和宗教观念，这推动了医学科学方法论的逐渐形成和发展。

在17世纪和18世纪，随着科技的进步，人类得以窥视之前无法看见的微观世界。1676年，荷兰人列文虎克（Leeuwenhoek）用其发明的显微镜观察到了细菌，开辟了人类探索自然界的新领域——微生物，他逝世后，微生物学领域的发展进入停滞期。直至1828年，德国科学家埃伦贝格（Ehrenberg）才正式提出“细菌”（bacteria）一词。然而，在17世纪和18世纪，人类对微生物的研究多局限于形态描述。直到19世纪，巴斯德（Pasteur）和科赫（Koch）等的研究工作使人们发现细菌和疾病之间的联系，并开始不断探索传染病的致病因子。

随着细菌学的不断发展，科学家注意到某些疾病的致病因子无法归咎于已知的细菌或其他微生物，这暗示可能存在一种比细菌体积更小的传染性因子。19世纪末期至20世纪初期，随着伊万诺夫斯基（Ivanovsky）和贝耶林克（Beijerinck）的研究，病毒作为新的病原体得以被发现，这标志着新的科学领域——病毒学的诞生。自1898年贝耶林克首次提出“病毒”这一概念后，陆续发现了黄热病毒（yellow fever virus）、脊髓灰质炎病毒（poliovirus）等多种病毒。

20世纪30年代前，当时技术的限制使得人类无法直接观察到病毒，因此科学家对于病毒的本质展开了广泛的讨论。1928年，普尔蒂（Pourty）发现感染烟草花叶病的叶片汁液中含有能够与抗体发生中和反应的特殊物质，推测烟草花叶病毒（tobacco mosaic virus，TMV）中含有蛋白质。美国科学家斯坦利（Stanley）先前发现胰蛋白酶能抑制TMV提取物的传染性，而胃蛋白酶则能使其彻底失活。1935年，斯坦利通过化学手段成功结晶出TMV，并发现高度稀释结晶和重复结晶后病毒仍有传染性。鉴于萨姆纳（Sumner）在1926年证明晶体酶是蛋白质，斯坦利推测TMV的基本组成也是蛋白质。然而，斯坦利在分析病毒结晶时，并未检测到磷元素。1936年，鲍登（Bawden）和皮里（Pirie）在进一步的研究中发现这些结晶除含有碳元素、氢元素和氮元素外，还含有0.2%～0.7%的硫、0.5%的磷和2.5%的碳水化合物。他们认为病毒不仅由蛋白质组成，而且根据晶体的各向异性推测TMV的颗粒呈杆状（胡志红和陈新文，2019）。

1933年，鲁斯卡（Ruska）和博列斯（Borries）共同研制出世界上第一台电子显微镜。1939年，考舍（Kausche）、普凡库赫（Pfannkuch）和鲁斯卡利用电子显微镜首次观察到TMV颗粒呈杆状，验证了鲍登和皮里的猜想。这一发现彻底改变了人们对病毒的认识，并开启了现代病毒学的篇章。电子显微镜的发明，使我们看到了多种多样的病毒形态和结构，不仅深刻改变了我们对病毒认识的范式，也极大地推动了病毒分类、病毒与寄主互作等领域的研究。

人类在病毒中探索遗传物质。特沃特（Twort）（1915年）和德赫雷尔（d'Herelle）（1917年）分别发现了能感染细菌的病毒——噬菌体（bacteriophage），它可以在细菌内繁殖自己并引起细菌裂解死亡。噬菌斑可以用于测定病毒样品的感染滴度。在对噬菌体的研究中，DNA聚合酶、RNA聚合酶、连接酶、核酸内切酶和核酸外切酶陆续被发现，为分子生物学的发展提供了有力工具。1952年，赫尔希（Hershey）和蔡斯（Chase）通过对带放射标记的噬菌体进行研究，证明了DNA是遗传物质。1953年，DNA双螺旋结构模型的建立开启了分子生物学时代，病毒研究进入分子水平。1956年，德国科学家吉雷尔（Gierer）和施拉姆（Schramm）证明RNA是TMV的遗传物质。1957年，康拉特（Conrat）等通过病毒重建实验进一步证实了上述结论。1958年，克里克（Crick）提出的中心法则指明遗传信息是从DNA传递到RNA再到蛋白质。1975年，杜尔贝科（Dulbecco）、特明（Temin）和巴尔的摩（Baltimore）三位科学家因在病毒遗传学方面的突出贡献共同获得诺贝尔生理学或医学奖。他们发现逆转录病毒（reverse transcription virus）中的逆转录酶能够将RNA逆转录成DNA，揭示了病毒的致癌机制和整合至寄主DNA的机制，完善了中心法则。

在电子显微镜发明之前，由于病毒的尺寸远小于光学显微镜的分辨率，科学家必须依靠间接方法来确定病毒的特性。雷姆林格（Remmlinger）在研究狂犬病毒（rabies virus）时发现，将离心和过滤技术结合是一种获得较纯净样品并确定病毒大小的有效方法。随着技术的不断进步，超速离心、液相色谱法、超滤浓缩等技术提高了病毒样品的纯度。扫描电子显微镜（SEM）、透射电子显微镜（TEM）和冷冻电子显微术（cryo-EM）可以获得高精度的病毒结构，而利用荧光显微镜可以实时追踪病毒与寄主细胞的相互作用。

病毒培养技术的发展极大地促进了病毒学研究。19世纪，科研人员主要依赖小鼠、兔子或鸡等动物模型来培养和分析病毒。20世纪初期，人们使用鸡胚和富含组织碎片的琼脂介质进行病毒培养。1949年，微生物学家恩德斯（Enders）、病毒学家韦勒（Weller）和内科医生罗宾斯（Robbins）成功利用单层细胞培养技术繁殖脊髓灰质炎病毒，为后来索尔克（Salk）成功研制出脊髓灰质炎疫苗（1953年）奠定了基础。20世纪70年代，分子克隆技术的出现为病毒学领域带来了革命性的变革，科学家能够将携带特定病毒序列的载体转入寄主细胞内，实现对病毒的培养。21世纪，病毒的反向遗传学成为新的研究热点，科研人员能够基于病毒基因组信息在实验室中合成病毒。这些技术进步不仅加深了我们对病毒本质的理解，也为病毒致病机制的研究、疫苗和抗病毒药物的开发提供了强有力的工具。

病毒学和免疫学息息相关，免疫技术不仅可以用于病毒的检测和鉴定，还涉及疫苗的开发、病毒性疾病的诊断及治疗策略的优化。目前，常用的免疫技术有荧光免疫试验（IFA）、酶联免疫吸附试验（ELISA）、免疫印迹（Western blot）等。近年来，免疫技术快速发展，单细胞测序（single cell sequencing）技术、CRISPR-Cas9基因编辑技术、高通量筛选等新的技术的出现，为病毒性疾病的预防、诊断和治疗提供了更多可能。

人类基因组计划使人们重新思考人类和病毒的关系。研究人员通过序列比对发现，人类基因中约8%来自逆转录病毒，相当于每个人的基因组中携带了近10万个内源性逆转录病毒的DNA片段。而人类基因中负责编码蛋白质的基因只占1%～2%。尽管内源性逆转录病毒存在一些不利影响，但仍具有一定的积极作用。例如，一些内源性逆转录病毒可以参与寄主的抗病毒感染，部分可以改变某些寄主基因的活性，甚至在人类进化中发挥重要作用。1999年，布隆（Blond）发现名为HERV-W的人类内源性逆转录病毒可以合成合胞素（syncytin），与人类胎盘的产生有密切联系。病毒对人类基因组演化的影响仍在不断深入研究中，病毒在人类演化中的重要性不可忽视。

近年来，随着分子生物学、遗传学和生物技术的迅速发展，人们不仅关注病毒作为病原体的一面，也开始探讨病毒在生物技术中的应用。例如，利用改造的腺病毒（adenovirus）等病毒载体，可以将所需基因递送到人体细胞中进行基因治疗。植物病毒载体可以用于生产疫苗或药用蛋白及作为基因沉默工具，有助于研究基因功能或改良作物性状。除此之外，病毒还可以作为CRISPR/Cas传递系统。例如，用植物病毒载体递送所需的CRISPR向导RNA和CRISPR/Cas核酸酶复合物，从而实现特定基因的编辑。同时，病毒还可以用于合成特定的生物材料，如贝尔彻（Belcher）尝试将病毒改造，用于制造磷酸铁锂、钴酸锂两种电池。病毒还可以用于污染土壤的生态修复、控制害虫、污水处理和产生观赏花卉等。随着研究的不断深入，病毒的价值将持续被挖掘。

在病毒学研究逐渐深入的同时，全球化给公共卫生带来了前所未有的挑战，各类突发公共卫生事件更加频繁。从西班牙大流感、埃博拉病毒（Ebola virus）和艾滋病（AIDS）的流行，再到严重急性呼吸综合征（SARS）、中东呼吸综合征（MERS）和新型冠状病毒感染（COVID-19）的暴发，这几次大规模疫情展现出的病毒传播速度和影响范围远超以往。这迫使我们加快病毒研究和疫苗研发工作，以提高风险应对能力。如今，疫苗研制水平不断提高，亚单位疫苗、重组疫苗等新型疫苗接连问世。面对全球卫生危机，需要全球科学家、医药企业及公共卫生机构加强合作，打造人类卫生健康共同体。

近几十年，许多病毒基因组序列已被完全测定，病毒基因全长克隆、测序和定点编辑已成为分子病毒学实验室的常规技术。利用 X 射线衍射技术，科研人员已经成功确定多种病毒的结构蛋白和功能蛋白的三维结构，揭示了病毒与细胞受体、抗体之间的结合位点和结合时的构象变化。人类对病毒的认知和理解不断深化，如对病毒如何识别和侵入寄主细胞、病毒如何依靠寄主细胞进行复制，以及病毒如何进行免疫逃逸等问题进行逐步阐明。人类对病毒的认知经历了从一无所知到逐步深入，再到开发利用的过程。这不仅促进了生物学、医学等领域的发展，还对人类日常生活方式、科研手段及公共卫生政策产生了重大影响。随着科技的不断进步和国际合作的加强，未来的病毒学研究将更加注重多学科融合，利用尖端技术，以应对日益复杂的科学挑战和社会需求。

二、病毒的发现时期

病毒学起源于人类对疾病病因的探究。天花和狂犬病两种人兽共患病早在几千年前就出现在人们的视野。最早的狂犬病记录可追溯至公元前1930年，而天花则出现于公元前1157年。中国晋代葛洪（283～363 年）的《肘后备急方》中就记录了天花的病症及狂犬病的潜伏期和治疗方法。中国在公元 10 世纪左右出现的天花预防方法——人痘接种法，在 18 世纪欧洲天花大流行时得到推广。虽然该技术挽救了无数生命，但仍存在一定风险。1798 年，英国医生詹纳（Jenner）使用牛痘接种法成功预防天花。他的工作激励了包括巴斯德和科赫在内的科学家寻求其他疾病的治疗和免疫手段。

1859 年，巴斯德通过曲颈瓶实验成功推翻“自然发生说”，并提出了革命性的“疾病细菌说”。19 世纪后期，巴斯德针对炭疽病、鸡霍乱及狂犬病等多种传染性疾病进行了深入研究，成功研制出多种减毒疫苗，并首次成功挽救一名被犬咬伤的儿童（1885 年）。巴斯德首次将细菌与传染病联系起来，奠定了现代传染病的理论基础。同一时期，科赫于 1876 年通过公开演示实验，成功证明炭疽杆菌是炭疽病的直接病因，提出每种传染病都有其特定的病原体。他发明的纯种培养技术、细菌染色技术和显微摄影技术等，极大地推动了微生物学的研究。此外，科赫提出的科赫法则为病原体的识别及确认提供了标准化流程。人们长期对疾病的探索，为发现病毒奠定了基础。

19 世纪，巴斯德和科赫等的工作使“细菌致病理论”成为解释动物疾病原因的主流观点。然而，对于植物疾病，植物病理学家在相当长的时间里认为植物传染病主要是真菌性的，这主要是由于当时大部分人认为植物的结构和化学环境不利于细菌的侵染和生存。直到 19 世纪末期，人们才开始关注植物细菌性疾病。

1886 年，德国农业化学家迈尔（Mayer）进行了一项开创性的研究。受到巴斯德和科赫"细菌致病理论"的启发，迈尔开始探究烟草花叶病的病因。他发现将患病烟草的汁液接种到健康烟草叶片上能够传递疾病，他断定烟草花叶病是一种植物传染病。尽管迈尔错误地认为这种疾病是由细菌导致的，但他明确否定了真菌作为病原体的可能性。尚贝兰（Chamberland）发明的细菌过滤器（1884 年），是人类与微生物交互的重要工具。1892 年，俄国学者伊万诺夫斯基在研究烟草花叶病时发现，通过细菌过滤器的滤液仍有传染性，但他受当时主流的"细菌致病理论"影响，错误地认为传染源是一种细菌分泌的毒素（Hull，2002）。

1898 年，在伊万诺夫斯基实验基础上，荷兰微生物学家贝耶林克将滤液大量稀释后接种到未染病的烟草叶片，发现正常叶片仍旧被感染并且感染后提取的滤液仍有很强的传染性。贝耶林克推定滤液中存在有生命的致病因子，并且这种传染性物质能在活跃分裂的寄主细胞中存活。他提出烟草花叶病病原体是一种传染性活流质（contagium vivum fluidum），简称病毒（virus）。尽管通过当时的显微镜技术未能观察到病毒粒子，但贝耶林克通过实验证明了这种微生物的可溶性和较高的稳定性，自此开创了病毒学独立发展的历程。几乎与贝耶林克同一时间，德国科学家勒夫勒（Loeffler）和弗罗施（Frosch）证明口蹄疫也是由一种能够透过细菌过滤器的传染性物质引起的，该物质最终被证实是口蹄疫病毒，这也是首个被发现的动物病毒。

19 世纪末期，古巴医生芬利（Finlay）提出蚊子是传播黄热病的媒介。1901 年，美国军医里德（Reed）等通过实验证实了芬利的观点，并确认该病原体是一种病毒。1927 年，斯托克斯（Stokes）、鲍尔（Bauer）和赫德森（Hudson）将黄热病患者血液接种到恒河猴中，分离出黄热病毒。1937 年，泰累尔（Theiler）等获得了一株黄热病弱毒株，在此基础上研制出第一支黄热病减毒疫苗，并将此命名为"17-D"。

1915 年，英国医生特沃特研究牛痘苗时发现污染培养基的白色菌落会逐渐变为透明状，他认为可能是病毒导致的。1917 年，加拿大医学细菌学家德赫雷尔也发现了这种病毒，并将其命名为噬菌体。20 世纪中期，科学家对噬菌体进行深入研究，得到一系列重大发现：DNA 是其遗传物质，噬菌体 DNA 可以整合到寄主细胞 DNA 上，阐明了噬菌体复制周期，揭示了溶原性细菌和原噬菌体的原理等。

在发现噬菌体之初，人们开始思考噬菌体用于治疗细菌感染的可能性。1928 年，英国微生物学家弗莱明（Fleming）发现青霉素（penicillin）具有杀菌作用，人们开始广泛探究抗生素在细菌性感染中的作用，逐渐弃用了"噬菌体疗法"。随着大量抗生素药物的问世，抗生素药物滥用带来的危害也逐渐显现，导致"噬菌体疗法"再次受到重视。近年来，在权威期刊上发表了多篇与"噬菌体疗法"相关的文章。例如，2022 年 *Cell* 期刊报道的一篇文章就是利用噬菌体组合疗法成功实现对炎症性肠病（inflammatory bowel disease，IBD）相关肠道细菌的靶向抑制（Federici et al.，2022）。

第一个病毒发现不久后，人们就开始关注肿瘤与病毒的联系。1908 年，埃勒曼（Elleman）和邦（Bang）从鸡白血病细胞中分离出一种过滤性病原体。1911 年，劳斯（Rous）发现将鸡肉瘤的匀浆滤液注入健康鸡体内可以诱发肿瘤，从而提出病毒致癌的假说。后来人们将他发现的这种肿瘤病毒称为劳斯肉瘤病毒（Rous sarcoma virus，RSV）。1933 年，肖普（Shope）发现了 DNA 肿瘤病毒——绵尾兔乳头瘤病毒（cottontail rabbit papilloma virus，CRPV）。1953 年，格罗斯（Gross）在小鼠白血病病毒（Gross murine leukemia virus）传递过程中分离出多瘤病毒（polyomavirus）。

1957 年，斯图尔特（Stewart）和埃迪（Eddy）发现在小鼠胚胎纤维细胞中培养的多瘤病毒可以引发大鼠、仓鼠和兔的肿瘤。1964 年，第一个人类肿瘤病毒——EB 病毒（Epstein-Barr virus）被发现。劳斯等的发现激发了人们对肿瘤本质及病毒在致癌机制中作用的研究。20 世纪 70 年代逆转录酶的发现，很好地阐述了逆转录病毒的复制机制。1989 年，瓦默斯（Varmus）和毕晓普（Bishop）因发现逆转录病毒癌基因的细胞来源而获得诺贝尔生理学或医学奖。原癌基因的发现，拉开了现代肿瘤学序幕。目前已经确认存在两种不同类型的肿瘤病毒，即 DNA 病毒和逆转录病毒，人们对于肿瘤病毒引发癌症的机制研究正逐步深入。

亚病毒因子（subvirus agent）的发现拓展了我们对病毒世界的认识。1962 年，卡萨尼斯（Kassanis）在烟草坏死病毒（tobacco necrosis virus，TNV）中发现一种比 TNV 小的病毒颗粒，其必须依赖 TNV 才能复制，这种新病毒的发现开启了对病毒卫星（satellite）的研究。病毒卫星包括卫星病毒（satellite virus）和卫星核酸（satellite nucleic acid），卫星病毒在植物病毒、动物病毒和噬菌体中均有发现，而卫星核酸仅在植物病毒中发现。1967 年，美国植物病毒学家迪纳（Diener）在研究马铃薯纺锤形块茎病时发现了无蛋白质外壳、仅由一个非常小的闭合环状单链 RNA 分子构成的类病毒（viroid）。类病毒是已知最小的病毒，其 RNA 不编码任何蛋白质，且具自主复制性。类病毒的发现使原有病毒概念受到了冲击，颠覆了人们对最原始生命体系的认知。随后，人们又在植物中陆续发现多种类病毒，如菊花矮化类病毒（chrysanthemum stunt viroid，CSVd）、柑橘裂皮类病毒（citrus exocortis viroid，CEVd）、啤酒花矮化类病毒（hop stunt viroid，HSVd）和鳄梨日斑类病毒（avocado sunblotch viroid，ASBVd）等。

第二节 病毒的定义

一、病毒的早期概念

“virus”一词早在公元 1 世纪就在塞尔萨斯（Celsus）的著作中出现，表示“有毒黏液”。在之后几个世纪中，“virus”偶尔出现，仅指代有毒的物质，与毒物（poison）、毒液（venom）、有毒物质（noxious substance）同义。18 世纪，人们逐渐意识到疾病的传染性后，“virus”用于指代导致疾病传染的物质，随后被用于描述引起疾病的病原体。19 世纪下半叶，“virus”的含义与微生物（microbe）相同。在“疾病细菌说”提出后，“virus”与细菌（bacteria）

和病菌（germ）等词混用。巴斯德在疫苗研究工作中，就用“virus”来表示能在传染病治愈后产生免疫效应的任何致病因子。他曾在1890年说：“每种病毒都是微生物。”

19世纪20年代，无法培养特定疾病的致病微生物被视为暂时的技术问题，而非理论错误。在黄热病研究中，科学家在培养基上培养出的病原体实际上是猪霍乱沙门菌、钩端螺旋体等污染物，而不是黄热病毒。随着培养技术的进步，人们开始意识到一些病原体确实无法在培养基中生长。19世纪后期，革兰氏染色法、抗酸性染色法等染色技术的引入，大大提高了微生物的可视化和鉴别能力。人们发现即使使用了染色技术，仍无法观察到某些传染病的病原体。因此，“virus”又增加了两层含义：无法在实验室培养，无法在光学显微镜下观察到。

1898年，贝耶林克率先提出传染性活流质的概念，也可称为病毒或过滤性病毒(filteralbe virus)。他还指出，传染性病原体可以渗透到琼脂凝胶中，并保留传染性，这一事实与微粒性质相悖。他认为病毒是不同于细菌的可溶于液体的传染性物质。贝耶林克提出的病毒含义为：通过细菌过滤器并保持传染性，不能在光学显微镜下观察到，仅能在活细胞内增殖的传染性活流质。

对于19世纪的微生物学家来说，“virus”是一个有用但不精确的概念，是用操作来定义的。人们根据病毒的“作用”（通过过滤器后仍能引起疾病、产生病变）来考虑微生物是否属于病毒，而不是根据它们是什么，这导致部分微生物被错误归类。例如，牛胸膜肺炎的病原体其实属于支原体，但在当时被错误归为病毒。但不可否认，贝耶林克提出的病毒概念是现代病毒学的开端，科学家开始探讨病毒的本质究竟是什么。

二、病毒的现代定义

人们一直对贝耶林克提出的病毒概念持怀疑态度，甚至认为他所研究的物质就是微小的细菌或可溶的小分子。1920年，德国化学家施陶丁格（Staudinger）提出大分子的概念。在此背景下，美国植物生理学家、病理学家达格尔（Duggar）提出的病毒概念相当前卫，他认为病毒是一种可以在活细胞内自我增殖的亚微观颗粒。

1923年，杜加尔详细分析了TMV不适用于酶理论、细菌理论和变形虫或原生动物理论的原因，讨论了研磨对病毒致病性的影响，他认为：“病毒可能是一种染色质颗粒或具有明确遗传特性的某种结构，也许是基因。这基因好比是摆脱了寄主细胞中各种调节机制的束缚，并被赋予了在活细胞中自我繁殖的能力。”

1935年，斯坦利根据TMV能结晶，推测病毒是一种自催化蛋白质。他认为病毒是一种化学物质。但显然实验证明病毒具有繁殖能力，而有生命意味着有复杂的组织。噬菌体的发现者德赫雷尔认为，病毒代表了比细胞更基本、更原始的生命单位。穆勒（Muller）在1922年推测噬菌体可能是“裸基因”，这和杜加尔在论文中提出的观点十分相近。随后，科学家研究发现病毒是由蛋白质和核酸组成的，并且核酸是病毒的遗传物质。

病毒的基本存在形式为亚显微颗粒，大小通常在10～250nm，在电子显微镜下呈球状、杆状、线状、双联体、弹状等。病毒不具有细胞结构，成熟、完整的病毒颗粒主要由核酸和包裹着核酸的蛋白质外壳构成。部分病毒表面还具有脂类、蛋白质和多糖组成的囊膜

(envelope)，囊膜内的核蛋白称为核衣壳(nucleocapsid)。从生物化学角度来看，病毒的基本组成为核蛋白。病毒可以同化学大分子一样被沉降和结晶，在细胞外不表现出生命特征。病毒仅在寄主细胞内完成生命活动，是严格的细胞内寄生。除TMV和黄瓜绿斑驳花叶病毒(cucumber green mottle mosaic virus，CGMMV)等少数病毒，绝大多数病毒离开寄主细胞就会失活。

病毒内仅存在一种核酸——DNA或RNA，携带病毒所需的全部遗传信息。病毒内的核酸又可以细分为双链DNA、单链DNA、双链RNA、正义单链RNA和负义单链RNA。同时，植物病毒中还存在独特的多分体病毒(multicomponent virus)，即病毒的基因组被分割并封装在不同的病毒颗粒中，如烟草脆裂病毒(tobacco rattle virus，TRV)属于双分体病毒，黄瓜花叶病毒(cucumber mosaic virus，CMV)属于三分体病毒。在核酸外起保护作用的蛋白质外壳称为衣壳(capsid)，由蛋白质亚基或多肽链组成，可以排列为螺旋状、等轴对称结构或复合对称结构。

病毒具有感染性，在一定条件下能进入寄主细胞，解体并释放遗传物质。随后利用寄主细胞的生物机制，一方面复制自身遗传物质，另一方面表达蛋白质，组装后释放到细胞外。病毒没有完整的生物合成系统，只能借助寄主细胞的酶或将寄主酶加以修饰后，利用寄主能量和核糖体产生子代病毒。但人们发现也有少数例外，部分病毒会携带寄主细胞缺乏的酶，如逆转录病毒携带有逆转录酶，痘病毒携带依赖于DNA的RNA聚合酶，呼肠孤病毒携带其复制酶等(McFadden，2005)。此外，在大肠杆菌T_4噬菌体中发现少量ATP，但仅占其所需能量的1‰。

科研人员一直试图给病毒一个科学而严谨的定义，但众说纷纭。法国微生物学家利沃夫(Lwoff)在1957年认为病毒是具有感染性、严格细胞内寄生的潜在致病性实体，并指出病毒只有一种类型的核酸，以遗传物质的形式增殖，不能进行二分裂，缺乏Lipmann系统(即没有产生能量的酶系统)。1959年，卢里亚(Luria)提出病毒是遗传物质的单元，在它们进行繁殖的细胞内，能够生物合成专一性结构，以使它们自己转移到另外细胞中去，但该定义忽视了代谢系统的缺乏。沃尔曼(Wollman)和雅各布(Jacob)在1961年发表的“Viruses and Genes”一文中写道：“病毒可能存在三种状态，细胞外感染状态，自主复制的营养状态，最后是前病毒状态”。他们将病毒定义为“包裹在蛋白质外壳中的遗传元素”。1968年，利沃夫等又对先前定义进行了修正：病毒是一种生物实体，其基因组是由核酸组成(DNA或RNA)，可以利用活细胞的生物合成机制进行复制，并合成能将病毒基因组转移到其他细胞中的特殊颗粒。

随着病毒学研究的深入，人们对病毒的定义有了更加严谨的认识。目前，科学家认为大部分病毒具有以下特点：①体型微小，无细胞结构；②由蛋白质和核酸组成，只有一种类型的核酸(DNA或RNA)；③严格细胞内寄生，具有潜在的感染性；④有特殊的繁殖方式，以自身为模板合成遗传物质与蛋白质；⑤缺乏完整的酶和能量系统，需要借助寄主细胞的生物机制来产生子代病毒。从病毒的发现到如今，病毒概念得到了极大的丰富、修正和发展。这种变化是随着科技的进步和研究的深入，我们对病毒的认识不断演变和完善的结果。

第三节 植物病毒概述

一、植物病毒的发现

公元 752 年，日本一首诗歌记载了菊科多年生草本植物泽兰在本该旺盛生长的季节叶片却出现黄脉表型，这是对植物病毒侵染植物后所产生病毒症状的最早文字记载，最终于 2003 年被英国和日本的科学家破译为由泽兰黄脉病毒（eupatorium yellow vein virus，EpYVV）侵染而出现的黄化症状（Saunders et al.，2003）。17 世纪早期，荷兰流行起“郁金香热”并在药用植物志和许多绘画作品中记录了郁金香的杂色性，当时并不知道郁金香产生杂色的原因，现已明确是由郁金香碎色花叶病毒侵染引起的。18 世纪，欧洲马铃薯出现了退化病并发现拔出马铃薯病株能够减轻退化病的发生。1886 年，迈尔证实烟草花叶病能够通过病叶汁液进行传染，花叶病（mosaic）的名称由他首次提出。1892 年，伊万诺夫斯基证明表现病害症状的烟草植株汁液用可以过滤掉细菌的陶瓷滤器过滤后仍然具有侵染性，证实了诱发烟草花叶病的病原物的滤过性和传染性。1898 年，贝耶克林将诱发烟草花叶病的侵染性因子称为“侵染性活液”（contagium vivum fluidum），以区别于其他侵染性因子。这三位科学家的研究奠定了病毒的基本特性，标志着病毒学的诞生（洪健等，2001）。

二、植物病毒学的发展

自 1898 年提出病毒概念后，与植物病毒相关的病毒学研究得到快速发展。20 世纪初，植物病毒学相关研究大多集中在有关病毒病害的描述上，如病毒引起的症状和利用光学显微镜发现的寄主植物细胞学的畸形、病毒寄主范围及传播方式等方面。在这段时间中，植物病毒学的研究局限在检测不同的物理和化学因子对病毒的侵染性影响，同时测定侵染性材料的方法也非常原始。但这段时期植物病毒学有两个重要进展，其中一个重要进展是将指示植物引入植物病毒学研究。1931 年，史密斯（Smith）率先使用指示植物证明马铃薯病毒病是由不同性质的马铃薯病毒复合侵染造成的，并采用指示植物分离鉴定了不同病毒。另一个重要进展是发现受病毒侵染的植物中存在特异性的抗原。1928 年，比尔（Beale）发现受花叶病毒侵染的烟草植物中含有一种特异性抗原。1933 年，格莱蒂娅（Gratia）证明不同病毒侵染的植物中含有不同的特异性抗原。1935 年和 1936 年，切斯特（Chester）发现 TMV 和 PVX 的不同株系可以用血清学的方法区别，并且利用血清学方法能够估计病毒浓度，此外，还发现一些病毒可以由昆虫或者种子在植株间进行传播。1904 年，鲍尔（Baur）发现苘麻彩斑症状可以通过嫁接传播，但不能通过机械接种传播。1916 年，杜立特（Doolittle）发现棉蚜和黄瓜甲虫可以传播黄瓜花叶病。1919 年，雷迪克（Reddick）发现植物种子能够传播菜豆花叶病毒。1922 年，孔克尔（Kunkel）首次报道利用飞虱对病毒进行传播。

20 世纪 40 年代前后，植物病毒学的研究聚焦于植物病毒在植物和介体昆虫体内的复制增殖上。这段时期各国研究人员开始尝试分离纯化植物病毒，并使用电子显微技术和 X 射线结晶学探索病毒结构。1935 年，斯坦利（Stanley）成功提纯 TMV 的结晶，并证明该病毒是蛋白质分子。1936 年，鲍登从 TMV 侵染的植物中分离出液晶态的含有戊糖类型核酸的核蛋白，并发现 TMV 是由蛋白质和 RNA 组成的。1937 年，贝尔纳（Bernal）和范库肯（Fankuchen）对纯化的 TMV 制剂应用 X 射线分析法，获得病毒粒子宽度的准确估值。1939 年，考舍首次使用电子显微镜观察到 TMV 的病毒粒子，证实 TMV 的病毒粒子为杆状，而且显示了病毒粒子的大致体积。

20 世纪 50 年代前后，植物病毒学的研究主要集中在病毒核酸的生物学功能上。1949 年，马卡姆（Markham）和史密斯（Smith）分离芜菁黄花叶病毒，并证明纯化的制剂包含两类粒子：一类侵染性的核蛋白含有大约 35%的 RNA，另一类具有同样蛋白质粒子但不含 RNA 的粒子则不具有侵染性。这一结果表明病毒 RNA 对其生物学活性非常重要。1951 年，马卡姆（Markham）和史密斯（Smith）通过系统研究表明，不同病毒的 RNA 由特征性差异的碱基组成，而相关的病毒碱基组成相似。1953 年，马修斯（Matthews）发现将一种人工合成的正常碱基鸟嘌呤的类似物——8-氮鸟嘌呤应用于受侵染植物时，8-氮鸟嘌呤掺入病毒 RNA 中并取代一些鸟嘌呤，含有该同系物的病毒比正常病毒侵染性弱，这进一步表明病毒 RNA 对其侵染的重要性。1955 年和 1956 年，弗兰克尔（Fraenkel）在体外试管中将 TMV 的蛋白质和 RNA 重组成功，并证明 TMV 的 RNA 具有侵染性，明确其 RNA 是遗传信息的携带者。

20 世纪 60 年代是电子显微镜技术在病毒结构和复制方面占绝对优势的一段时期。电子显微镜技术的发展使直接观察细胞内完整病毒粒子成为可能，并且在受侵染的植物细胞中，通过电子显微镜技术可以对病毒诱导的结构形成和定位加以研究。例如，通过电子显微镜技术即可观察到病毒侵染植物细胞后所诱发产生便于病毒组分复制和病毒粒子装配的病毒质的形成。1960 年，克鲁格（Klug）根据电子显微镜的观察结果提出了 TMV 粒子的结构模型。

20 世纪 70 年代，植物病毒学的主要进展体现在与 X 射线结晶学分析相关的技术改良及植物病毒病诊断方法的改良。X 射线结晶学技术的改良使得一些病毒外壳蛋白三维结构的分子细节被阐明。同时，在这一时期以血清学技术和核酸杂交技术为代表的植物病毒病检测方法得到快速发展。1977 年，克拉克（Clark）和亚当斯（Adams）开创性地建立酶联免疫吸附试验（ELISA），并发展出多种形式用于植物病毒高灵敏度的分析与检测。在这一时期，随着高灵敏度测定的核酸杂交方法与斑点印迹法的建立，对大量样本进行高灵敏度测定成为现实。

20 世纪 80 年代是应用分子生物学技术开展植物病毒学研究的开端，植物病毒基因组核苷酸的全序列测定技术增进了对病毒基因组结构和策略的理解与认识。在这一时期，植物病毒学研究将植物病毒基因组中包含的某些调控序列应用至其他基因载体系统中并取得实际应用价值。这一时期的另外一个重要进展是通过转基因实现交互保护现象。1986 年，鲍威尔-亚伯（Powell-Abel）通过转基因手段获得表达 TMV 外壳蛋白的转基因烟草植株，该转基因植株在接种 TMV 后未受到侵染或显著延迟了系统性发病（Powell-Abel et al., 1986）。自该实验之后，交互保护现象被证实是广泛存在的，而且发现了两种基本保护类型：基于基因产物表达的保护和基于 RNA 的保护。另外，在这一时期热处理和分生组织顶端培养方法被运用至营养繁殖的植物上，以提供无病毒的核心原种。

20 世纪 90 年代是分子生物学应用至植物病毒学研究多个方面的时期，在这一时期中反向遗传学被用于研究病毒基因及调控序列的功能。特别是这一时期反向遗传学与其他手段联合使用以揭示病毒及其寄主之间互作的复杂性。同时在这一时期，植物病毒学研究认识到植物拥有一个对抗外源核酸的普通防卫系统，并进一步阐明植物中存在的对抗外源核酸的 RNA 沉默防御体系。与此同时，大部分病毒编码能够抑制该防御系统的 RNA 沉默抑制子。

进入 21 世纪，植物病毒学研究在病毒基因组结构、功能及植物病毒致病、复制、运动等领域取得飞速发展。通过揭示病毒大分子（蛋白质和核酸）与寄主大分子结构之间的高度专化性互作，揭示病毒侵染诱发植物发病的分子机制及病毒干扰植物正常生理功能的作用机制。另外，在这一时期植物病毒学研究与新的技术手段（如转录组、蛋白质组、蛋白质翻译后修饰、单细胞测序、生物信息学及结构生物学等）相互融合，植物病毒学与各个学科相互渗透，植物病毒学理论与其他学科的理论相互交融和借鉴，极大地推动了植物病毒学的发展，也为植物病毒病的防控奠定了基础（Zhou，2013）。过去的 20 年中，我国植物病毒学在病毒生物学、病毒致病机制、植物抗病毒机制、病毒-介体-植物三者互作及植物病毒载体利用等方面取得了重要成果，开创性进展如下。①新病毒的检测和鉴定：我国研究人员成功检测和鉴定了多种为害作物的新病毒，并发现了真菌中的新病毒及类似病毒的 RNA。②水稻抗病毒 RNAi：首次系统性揭示了水稻 AGO18 广谱抗病毒功能，AGO18 作为水稻抗病毒免疫的核心元件，担任小分子 RNA 的"分子锁扣"功能，介导 miR168 和 miR528，分别调控 AGO1 和 ROS 路径发挥抗病毒功能。③植物激素的关键作用：揭示了植物激素如赤霉素、脱落酸、茉莉酸、水杨酸、乙烯、生长素在病毒侵染和抗病毒防御中的关键作用。④信号分子的研究：系统解析了对病毒侵染做出响应并调控下游抗病毒通路中的信号分子，包括 Ca^{2+}信号、JA、SA、ROS、RNAi 和其他植物抗病毒免疫路径。⑤病毒编码蛋白质的作用机制：发现植物病毒编码的蛋白质可以通过定位改变，从质膜转移到叶绿体，并抑制水杨酸介导的植物防卫反应。⑥NLR 免疫受体的研究：解析了 NLR 免疫受体识别并诱发抗番茄斑萎病毒的分子机制，阐明了病原体效应子 NSs 如何靶向激素受体促进病毒感染，以及 Tsw NLR 免疫受体如何模拟植物激素受体，"诱骗"病毒效应子 NSs，继而监视病毒攻击最终激活植物免疫实现抗病这一过程。⑦茎尖脱毒分子机制的研究：发现了 WUSCHEL 介导的抗病毒免疫阻止病毒进入茎尖分生组织的分子机制。⑧细胞自噬的作用：揭示了细胞自噬作为一种植物抗病毒防御机制的作用，以及病毒如何靶向细胞自噬相关蛋白质或利用细胞自噬降解抗病毒组分，从而促进病毒侵染。⑨卵黄原蛋白和共生细菌的重要作用：发现昆虫卵黄原蛋白和共生细菌在病毒经卵传播途径中起到重要作用。⑩工具开发：开发了多个用于经济作物基因功能研究的病毒诱导基因沉默载体和基因编辑载体。⑪抗病毒品种培育：通过转基因技术，培育了抗番木瓜环斑病毒（PRSV）的番木瓜品种'华农 1 号'，获得了转基因生物安全证书并被大规模推广种植，种植面积已达 50 万亩①（Wu et al., 2024）。

三、植物病毒学的展望

社会生产力的进步、科学技术的发展与农业生产需求的提高，对当前植物病毒学提出

① 1 亩≈666.7m²

了更高要求，同时植物病毒学面临着新的发展机遇，结构生物学、生物育种学和现代农业的迅猛发展，必将推动植物病毒学进入飞速发展的新赛道。

植物病毒引起的植物病毒病害给农作物的生长发育、产量和质量带来严重损失，对全球农业生产构成了重大威胁，影响了植物的生态系统和生物多样性，给人类的食品安全和经济稳定带来了挑战。因此，揭示植物病毒的致病分子机制，明确植物病毒的发病规律和流行基础，从而制定绿色高效的植物病毒防控策略，有效控制植物病毒的危害，对农业生产的绿色可持续发展及我国粮食安全具有极为重要的意义。同时，植物病毒学作为自然科学的一部分，与分子生物学、细胞生物学、遗传学和微生物学等学科相互交融借鉴，在吸取其他相关学科优势的同时，也是探索生命本质、遗传变异和物种进化的一个重要领域，推动、促进其他学科的发展，为自然科学的发展作出贡献。

植物病毒学立足于自然科学，根植于植物病理学与病毒学，到目前为止，植物病毒学研究仍然是生命科学中非常活跃的领域。它吸引并引导着不同学科的研究人员探索植物病毒的致病分子机制和防控植物病毒病害的方法策略，具有广阔的应用前景和重要的研究价值。随着分子生物学、生物信息学、生物育种学及结构生物学的快速发展，开发高效、精准的新发植物病毒病预警和诊断技术必将取得重大突破，也为国际贸易中的植物检疫和检测提供重要的技术支撑。同时，从不同时空维度揭示植物病毒的致病机制将会取得重大突破，从植物单细胞角度分析病毒侵染时植物抗病基因的表达也将为抗病基因功能的阐明和利用提供重要的理论依据。另外，随着全球气候、耕作制度、作物品种布局及人类活动的变化，植物病毒学研究也将更加关注植物病毒-传播介体-寄主植物-环境因子之间的相互作用，对它们的相关研究必将有助于揭示病毒病的流行灾变的生物学基础，为其他病害流行规律的阐明提供借鉴与参考，从而推动植物病理学学科的发展。基因编辑技术的开发与植物病毒学研究相互渗透借鉴，以植物病毒为载体开发相关基因编辑工具元件的递送系统必然会取得快速发展；利用基因编辑技术，以在植物病毒侵染过程中发挥重要作用的寄主因子（感病基因）或者以植物抗病过程中发挥重要作用的寄主因子（抗病基因）为靶标进行基因编辑，从而创制出优良的抗病毒作物品种也将是未来发展的重要方向。

植物病毒病的基础研究与应用研究应该联系在一起，植物病毒致病机制的解析和抗病毒作物品种的选育及植物病毒防控策略的制定相互促进。相信在科学技术飞速发展的21世纪，植物病毒学一定能够借鉴和吸收其他学科的先进性，并深入揭示植物病毒的致病机制和流行基础，处理好病毒与植物的微妙关系，为植物病毒病的高效绿色防控提供理论依据，为保障我国农业健康可持续发展作出贡献。

小　结

病毒这一概念的提出，大大拓宽了人类对于微生物世界的认知范围。病毒是地球上已知数量最多的生物，而据估计人类发现的病毒占病毒总数的不到1%，大量深海冰川等自然环境中仍“潜伏”着大量的病毒资源库。病毒通过对寄主的调控影响着整个自然界的生态网络，认识、了解并改造病毒对人类的长久发展至关重要。

植物病毒作为病毒家族中的一大成员，在病毒学的研究和发展中起重要作用。植物病毒学研究新技术的使用，如转录组、蛋白质组、蛋白质翻译后修饰、单细胞测序、生物信息学及结构生物学等，极大地推动了植物病毒学的发展，也为植物病毒病的防控奠定了基础。进入21世纪，植物病毒学研究在病毒基因组结构、功能及植物病毒致病、复制及运动等领域取得飞速发展。我国植物病毒学在病毒生物学、病毒致病机制、植物抗病毒机制、病毒-介体-植物三者互作及植物病毒载体利用等方面取得了重要成果。

植物病毒引起的植物病毒病害给农作物的生长发育、产量和质量带来严重损失，对全球农业生产构成了重大威胁。因此，揭示植物病毒的致病分子机制，明确植物病毒的发病规律和流行基础，从而制订绿色高效的植物病毒防控策略，有效控制植物病毒的危害，对农业生产的绿色可持续发展及我国粮食安全具有极为重要的意义。

复习思考题

1. 首个病毒概念由哪位科学家提出？
2. 病毒的基本构成有哪些？现代对病毒的完整定义是什么？
3. 所有的病毒都是有害的吗?如果不是，请举例说明。
4. 简述中国植物病毒学发展的重要成果。

主要参考文献

洪健，李德葆，周雪平. 2001. 植物病毒分类图谱. 北京：科学出版社.

胡志红，陈新文. 2019. 普通病毒学. 北京：科学出版社.

Federici S, Kredo-Russo S, Valdés-Mas R, et al. 2022. Targeted suppression of human IBD-associated gut microbiota commensals by phage consortia for treatment of intestinal inflammation. Cell, 185: 2879-2898.

Hull R. 2002. Matthews' Plant Virology. San Diego: Academic Press.

McFadden G. 2005. Poxvirus tropism. Nature Review Microbiology, 3: 201-213.

Powell-Abel P, Nelson R S, De B, et al. 1986. Delay of disease development in transgenic plants that express the tobacco virus coat protein gene. Science, 232: 738-743.

Saunders K, Bedford I, Yahara T, et al. 2003. Aetiology: the earliest recorded plant virus disease. Nature, 422: 831.

Wu J, Zhang Y, Li F, et al. 2024. Plant virology in the 21st century in China: recent advances and future directions. Journal of Integrative Plant Biology, 66: 579-622.

Zhou X. 2013. Advances in understanding begomovirus satellites. Annual Review of Phytopathology, 51: 357-381.

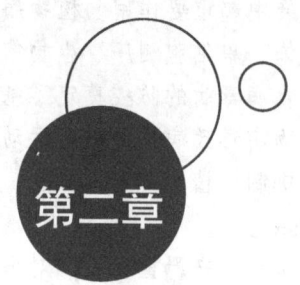

第二章 植物病毒的分类与命名

本章要点

1. 了解病毒分类与命名历史沿革。
2. 掌握植物病毒及植物亚病毒分类系统。

本章数字资源

病毒几乎遍布地球每一个生态系统，已被证实能够感染几乎所有细胞生物，包括动物（包括人类）、植物、菌物及原核生物等。病毒的分类是将自然界中已发现的病毒种群，按照其性质相似性和亲缘关系进行归纳编排，从而深入揭示病毒的共性与特性。病毒的分类对于人们理解病毒的多样性至关重要。病毒作为一类独特的生物体，其个体微小、形态结构简单，且完全依赖于寄主细胞进行生命活动，这些特性使得病毒分类经历了漫长的过程。随着病毒学领域特别是分子病毒学研究的不断深入，对病毒基本性质的认识也在不断更新，病毒分类的标准和指标内容越来越明确，病毒分类系统正不断演进，向着更加精细、高级的分类等级迈进，以更好地揭示病毒间的进化关系、性质特征。

第一节 病毒的分类

与其他生物的分类体系相类似，病毒的分类主要是基于病毒的相似程度（包括形态结构、遗传物质等关键特征）将病毒归入不同的分类阶元。对于每一个分类阶元内的病毒，采用统一的分类准则描述其基本特征，明确不同阶元病毒之间的亲缘关系和进化关系。自 1898 年荷兰微生物学家贝耶林克提出“病毒”概念至 2024 年 6 月，已经有 14 690 种病毒被鉴定和记录，其中 2393 种病毒和亚病毒可感染植物（https://ictv.global/vmr）。

一、国际病毒分类委员会

（一）国际病毒分类委员会的职责

病毒的分类与命名在国际病毒分类委员会（International Committee on Taxonomy of

Viruses，ICTV）的统一领导下进行，ICTV 对病毒的分类和命名发挥着举足轻重的作用。ICTV 是国际微生物学会联合会病毒学分会（Virology Division of the International Union of Microbiological Societies）的一个委员会，是对病毒进行分类和命名的权威学术机构，其中植物病毒的分类与命名工作由 ICTV 的植物病毒分委员会负责（Lefkowitz et al.，2018；Siddell et al.，2023）。与其他生物类群不同的是，ICTV 的职责不仅包括制定病毒的命名准则，还包括制定病毒的分类准则，并在正式命名前批准提议的病毒分类和名称，定期发布作为国际病毒界统一遵循的《ICTV 病毒分类与命名报告》（Virus Taxonomy: The ICTV Report on Virus Classification and Taxon Nomenclature），以便学术界能够在相同的标准下清晰地了解和交流有关病毒的信息（谢联辉，2022）。ICTV 的具体事务遵循其章程（https://ictv.global/statutes），病毒分类规则根据《国际病毒分类与命名原则》（The International Code of Virus Classification and Nomenclature，ICVCN；https://ictv.global/code）开展。

（二）国际病毒分类委员会的组织架构

ICTV 执行委员会（Executive Committee，EC）由 ICTV 官员（officer）、分委员会主席（subcommittee chair）和入选委员（elected member）组成，行使 ICTV 工作职能，负责制定、完善、审查、批准和核准病毒种及更高分类阶元的分类和命名。ICTV 的职权范围仅限于病毒的种及更高层级分类阶元的划分、归类与命名，考虑到不同病毒在分类标准上存在显著的差异性和多样性，ICTV 在物种等级以下的更细致分类阶元（如基因型或株系等）上，并不提供统一的指导或标准化建议（Siddell et al.，2023）。目前，ICTV 执行委员会下设 7 个分委员会，即动物 DNA 病毒和逆转录病毒分委员会（Animal DNA Viruses and Retroviruses Subcommittee）、动物 dsRNA 和 –ssRNA 病毒分委员会（Animal dsRNA and –ssRNA Viruses Subcommittee）、动物+ssRNA 病毒分委员会（Animal +ssRNA Viruses Subcommittee）、古菌病毒分委员会（Archaeal Viruses Subcommittee）、细菌病毒分委员会（Bacterial Viruses Subcommittee）、真菌和原生动物病毒分委员会（Fungal and Protist Viruses Subcommittee）及植物病毒分委员会（Plant Viruses Subcommittee）。各分委员会通常以病毒的科为单位设立研究小组（study group，SG），一般一个科设一个研究小组，少部分为两个或两个以上的科设一个研究小组（Siddell et al.，2023）。目前 ICTV 的 7 个分委员会共设有 136 个研究小组，这些小组涵盖了所有重要的病毒科和属。每个研究小组的主席由相关的分委员会主席任命，研究小组主席的主要职责为：①组织小组成员就病毒最新分类问题进行交流；②对新的病毒分类学建议进行监督；③修订与 ICTV 报告相关的章节。ICTV 中植物病毒有 22 个研究小组，如甲型线状病毒科研究小组（Alphaflexiviridae Study Group），乙型、丙型和丁型线状病毒科研究小组（Beta-，Gamma-，and Delta- Flexiviridae Study Group），双生病毒科和番茄曲叶病毒卫星科研究小组（Geminiviridae and Tolecusatellitidae Study Group），马铃薯 Y 病毒科研究小组（Potyviridae Study Group）。这些研究小组主要负责制定用于定义该科每个新分类阶元（virus taxon）的划分标准，并提出病毒种和更高级别分类阶元和命名方案（taxonomy profile，TaxoProps）。

（三）病毒分类与命名报告

ICTV 通常每年举行执行委员会常务会议，每 3～4 年召开一次全体会议，讨论和审议各研究小组提出的分类和命名建议，修改和制定病毒分类和命名方案，定期出版或发布《ICTV 病毒分类与命名报告》及病毒分类数据库。自 1971 年起，ICTV 持续出版《ICTV 病毒分类与命名报告》，详细记录了所有纳入分类的病毒信息，包括病毒的分类等级及分类名称、理化性状、生物学特性、基因组特征和系统发育性状等。《ICTV 病毒分类与命名报告》已成为病毒学领域中了解和引用病毒分类学信息的重要参考资料。ICTV 分别于 1971 年、1976 年、1979 年、1982 年、1991 年、1995 年、2000 年、2005 年和 2011 年共发布了 9 版纸质版的《ICTV 病毒分类与命名报告》。随着科技的飞速发展和信息化时代的来临，自 2011 年起，ICTV 每年在其官网发布更新的病毒分类系统，及时补充病毒分类的新变化。自 2017 年起，ICTV 通过 *Journal of General Virology* 和 *Archives of Virology* 等病毒学分类权威期刊及 ICTV 官网（http://ictv.global）等多元化渠道发布以病毒科为主的最新分类报告，并同步更新病毒分类与命名的相关规定。这些最新的分类报告均可在 ICTV 官网免费在线获取。值得一提的是，ICTV 官网还同时保留了自 1971 年首次发布《ICTV 病毒分类与命名报告》以来的病毒分类历史记录（表 2-1），为病毒学研究者提供了宝贵的历史资料。通过在线动态更新机制，ICTV 不仅实现了 ICTV 报告和病毒分类数据库的实时更新，还全面推动了线上发布和无纸化办公的进程。

表 2-1　ICTV 官网上的历届病毒分类与命名报告（https://ictv.global/report/about）

历次报告	出版年份	查询网址
第一次报告	1971	https://www.karger.com/Book/Home/218074
第二次报告	1976	https://www.karger.com/Book/Home/219262
第三次报告	1979	https://www.karger.com/Book/Home/217428
第四次报告	1982	https://www.karger.com/Book/Home/220300
第五次报告	1991	https://link.springer.com/book/10.1007/978-3-7091-9163-7
第六次报告	1995	https://link.springer.com/book/10.1007/978-3-7091-6607-9
第七次报告	2000	*
第八次报告	2005	https://www.elsevier.com/books/virus-taxonomy/fauquet/978-0-08-057548-3
第九次报告	2011	https://www.elsevier.com/books/virus-taxonomy/king/978-0-12-384684-6 或 https://ictv.global/report_9th

*2000 年的第七次报告只有纸质出版物，未见电子版报告

二、病毒分类与命名的历史沿革

1898 年，贝耶林克首次提出了“病毒”的概念，然而，对于病毒分类与命名的研究却

相对滞后。在病毒学诞生之初，研究人员通常采用病毒引发的疾病作为命名病毒的主要依据。早期，学者虽然对如何定义病毒做了很多尝试，但对“病毒的种类”却鲜有深入探讨，因为当时有些学者将病毒视为一种单纯的大分子物质。随着研究的深入，自 20 世纪 40 年代起，人们开始普遍接受并使用“病毒的种类”这一术语，为病毒学的分类体系奠定了重要的基础。

（一）病毒分类与命名的早期个体研究时期

在 1966 年之前，病毒分类与命名工作处于初始阶段，即个体研究时期。这一时期，病毒学者基于各自的研究成果分别提出病毒分类系统。这些系统虽然在一定程度上反映了病毒的特性和分类趋势，但缺乏统一的国际标准和广泛的学术协作，导致病毒分类与命名工作呈现出多样化和分散化的特点。这一时期为病毒分类学的后续发展奠定了基础，同时也凸显了国际协作与统一标准制定的重要性。1927 年，美国病毒学家约翰逊（Johnson）在病毒分类领域迈出了开创性的一步，他首次提出在命名病毒时应优先采用首次发现该病毒的寄主的普通名称，再加上“virus”和一个阿拉伯数字，如用“tobacco virus 1”来表示烟草病毒 1 号（谢联辉，2022）。自此之后，陆续有学者提出了各自不同的分类方案。1939 年，霍尔姆斯（Holmes）提出了一种基于寄主植物症状反应和寄主种类的植物病毒分类法。病毒分类学的真正突破是在 20 世纪 50 年代电子显微镜的发明和应用，这使得病毒学家能够观察到病毒粒子的形态和结构，从而确定了以病毒粒子的形状和大小作为病毒分类的主要依据。这一分类法的确立极大地推动了病毒分类学研究的进展，新发现的病毒数量呈现出迅猛增长的态势。1962 年，利沃夫（Lwoff）、霍恩（Horne）和图尼埃（Tournier）提议将病毒分为亚门、纲、目、亚目和科。此外，他们还建议根据核酸类型（DNA 或 RNA）、衣壳形态、有无包膜、囊膜对称性、复制周期类型和基因组片段数量进行分类。但鉴于当时的研究水平和缺乏国际交流，这个时期提出的病毒分类方案未能得到大多数病毒学家的广泛应用。

（二）病毒分类与命名的国际协作期

1966 年，病毒分类迎来了一个具有里程碑意义的时刻，7 月 22 日在莫斯科举行的第九届国际微生物学大会上成立了国际病毒命名委员会（International Committee on Nomenclature of Viruses，ICNV），目的是为所有病毒制定一个世界公认的、通用的病毒分类和命名系统，确保病毒命名的准确性和一致性（谢联辉，2022）。ICNV 倡议“应努力实现拉丁化的双名命名法”。1966 年以来，病毒学界已达成共识，即真菌、细菌和支原体等微生物的分类系统并不适用于病毒。然而，如何实现这一目标一直存在争议。1971 年，ICNV 发布了第一次病毒分类与命名报告（Classification and Nomenclature of Viruses 1st Report of the International Committee on Nomenclature of Viruses，ICNV 1st Report），标志着病毒分类与命名步入了新阶段。该报告详细列出了脊椎动物病毒的主要分类情况，其中大多数被系统地归入 19 属和 2 科（*Papovaviridae* 和 *Picornaviridae*），其余病毒因信息不足而被暂时划分为 24 组（group）；每个属或组都设有一个代表种/典型种（type species），并附有一份成员清单；报告中所有成员均统一采用了病毒的普通名称（俗名）进行标识，总计有 290 种病毒被正式归入这些特定的属或组中，成为其成员，同时还有相当数量的病毒被列为“暂定种”（tentative species）。1974 年，ICNV 更名为国际病毒分类委员会（ICTV），此后的病毒分类与命名工作由 ICTV 统一领导，标志着病毒分类步入了成熟阶段。

（三）病毒分类与命名的几个重要时期

尽管病毒学家对脊椎动物病毒形成了一套成熟的分类体系，将病毒划分至属和科，但在植物病毒学领域情况却有所不同。直至 1993 年，植物病毒学家一直使用“组”（group）这一术语来标识具有相似特性和遗传关系的植物病毒群体。1995 年出版的第六次病毒分类与命名报告中，植物病毒与动物病毒和细菌病毒一样，实现了按科、属、种进行分类，不再采用“组”和“成员”的分类方式。第七次（2000 年）、第八次（2005 年）、第九次（2011 年）病毒分类与命名报告分别将病毒归入 3 目、64 科、9 亚科、234 属、1551 种，3 目、73 科、11 亚科、289 属、1899 种，6 目、96 科、22 亚科、420 属、2617 种。相较于第八次病毒分类与命名报告，第九次报告新增了 3 个目，分别为小 RNA 病毒目（*Picornavirales*）、芜菁黄花叶病毒目（*Tymovirales*）和疱疹病毒目（*Herpesvirales*）。值得一提的是，新设立的小 RNA 病毒目不仅涵盖了动物病毒，还纳入了藻类病毒和植物病毒，打破了传统病毒目中仅包含动物病毒或仅包含植物病毒的界限，而且病毒目的划分依据是基因组分子进化关系，为未来根据病毒进化关系设立更多的病毒目提供了重要依据。

传统的病毒 5 级分类系统（目、科、亚科、属、种）自 1971 年起一直沿用至 2017 年。这一体系近年来受到了 ICTV 及众多病毒学家的质疑和批评。原因在于，该系统未能充分反映不同病毒间的演化关系与进化顺序，在揭示病毒间的进化联系时显得力不从心。随着宏基因组测序技术等现代组学技术的广泛应用，新发现的病毒种类数量呈现井喷式增长，这对现有的病毒分类规则提出了挑战。面对这一数量庞大且关系错综复杂的病毒世界，急需一套更为科学、规范且系统的病毒分类与命名方法。

近年来，随着科学研究的深入揭示出自然界中存在着海量的未知病毒，这些病毒与寄主之间存在着亿万年的共同进化历程。病毒的多样性体现在从基因到蛋白质、从结构到功能、从基因型到表型等多个方面。因此，病毒分类需要深入探讨病毒在寄主调控、自然维持及正常健康组织中共存的“宏观进化”现象。针对这一需求，需要构建一种既具有包容性又充满动态性的分类框架。在过去的几年里，ICTV 将病毒分类扩展至包括远距离相关病毒之间的基础进化关系。ICTV 于 2020 年 3 月批准的 2019 病毒分类系统，全面采用了新的 15 级病毒分类阶元，包含 8 个基本阶元（principle/primary rank）和 7 个亚阶元（derivative/secondary rank），原有的目（order）、科（family）、属（genus）和种（species）4 个基本阶元得以保留，新增了域（realm）、界（kingdom）、门（phylum）和纲（class）4 个基本阶元；原有的亚科（subfamily）亚阶元继续保留，引入了亚域（subrealm）、亚界（subkingdom）、亚门（subphylum）、亚纲（subclass）、亚目（suborder）和亚属（subgenus）6 个新的亚阶元（洪健等，2021）。病毒的所有阶元的学名均需用斜体书写或印刷。近期 ICTV 决定不再保留病毒属的代表种，以前确定的所有病毒属的代表种已经全部取消，病毒科下面也不再有暂定种（tentative species）。

第二节　病毒分类的原则和标准

病毒分类和命名是国际性的，适用于所有的病毒。现行的病毒分类系统采用包括 8 个基本阶元（域、界、门、纲、目、科、属和种）及 7 个亚阶元（亚域、亚界、亚门、亚纲、亚目、亚科和亚属）的 15 级分类阶元。一般不必使用所有阶元，亚阶元用得较少。在没有合适的目时，科或属均可以是最高分类阶元。同样，不是所有的科都要分成亚科，只有少数属下有亚属。ICTV 不负责病毒种阶元以下的分类与命名，对种以下的株系（strain）、变株（variant）、分离株（isolate）、血清型（serotype）、基因型（genotype）的名称及人工构建的杂合病毒的分类均由公认的国际专家小组负责。

病毒分类的基础在于广泛收集和细致比较各类病毒的特征，以此来区分不同的病毒种类。病毒的特征，如基因组的分子组成、病毒衣壳的结构与有无包膜、病毒蛋白质翻译的基因表达程序、寄主范围、致病性、序列相似性等，是构成其独特身份的关键要素，这些特征在确立病毒分类学时发挥了重要作用。尽管所有特性在病毒分类体系中都不可或缺，但利用序列相似性和系统发育关系进行的序列比较，已逐渐成为定义和区分病毒分类阶元的核心特征之一。

在病毒分类的过程中，可以依据病毒间相似特性进行特征评估，从而构建出一套层次清晰、逻辑严密的分类体系。在这一体系中，高级分类阶元的特性往往具备广泛的适用性，成为其下辖所有低级分类阶元共有的基本属性。一旦用于辨识和归类相似病毒的标准确立，它们便成为界定病毒分类的明确准则。这些准则既可以用来判断新发现的病毒是否应归入已知的物种，进而确定其在整个分类体系中的位置，又能在发现新病毒特性与现有物种存在显著差异时，引导创建新的物种，甚至可能催生新的高级分类阶元。这一过程不仅体现了病毒分类学的科学性与系统性，也为病毒学研究和新病毒的发现提供了有力的分类依据。

病毒分类的原则和标准应有利于全面认识病毒，揭示病毒的本质特征，为发现新病毒、明确病毒在生物界中的地位与作用，以及准确检测、鉴定和防控病毒提供科学依据。

一、病毒分类原则

病毒分类的主要指导原则涵盖稳定性（stability）、实用性（utility）、认可性（acceptability）和灵活性（flexibility）（Enespa et al.，2020）。这些原则共同构成了病毒分类学的基础，为病毒学的研究和应用提供了重要的指导。

（一）稳定性

稳定性是指病毒名称及其隶属关系一旦确定后，就应尽可能予以保留。与其他生物的命名受《国际命名法则》（International Code of Nomenclature）第 10 条制约不同，病毒的命名并未受到该规则的约束。在病毒学界，一旦某个分类阶元得到确认和命名，其名称和分类的变更都需极为谨慎。为了保持文献的连贯性和完整性，除非在万不得已的情况下，应尽量避免对已有名称进行更改。这意味着，提出和接受新的名称及分类阶元，必然存在一定的时间延迟，即在正式接纳新名称和分类阶元之前需经历一段等待期。

（二）实用性

实用性是指病毒分类方案应当为病毒学研究领域带来实质性的益处，确保每一个分类阶元都具备实际应用价值。这项工作由 ICTV 研究小组和分委员会以相对民主的方式进行，有时 ICTV 还通过在 *Archives of Virology* 的“病毒学分部新闻”（Virology Division News）专栏发表文章，提出相关想法以便促进更深入的交流和讨论。

（三）认可性

认可性是指病毒分类阶元及其名称应当受到病毒学研究人员的广泛认可与采纳。认可性是实用性的必然结果，且认可性原则始终贯穿于分类命名的每一个环节。当一个名称因过于烦琐或难以记忆而影响到其使用便利性时，其普及度和接受度往往不及那些简洁直观、朗朗上口的名称，为此国际命名法则中的第 12～14 条规则对此进行了规范。

（四）灵活性

灵活性是指病毒分类阶元能够根据最新的科学发现进行适时和必要的修订与再确认，以确保分类体系始终紧跟病毒学发展步伐。病毒分类学必须保持足够的灵活性和开放性，以便确保分类体系的准确性和有效性。丝状病毒科（*Filoviridae*）、副黏液病毒科（*Paramyxoviridae*）和弹状病毒科（*Rhabdoviridae*）病毒基因组均为负义单链 RNA，基因组以相似的线性排列方式，共同携带着 5 个同源功能基因，因此 ICTV 将这些科归为负义单链 RNA 病毒目（*Mononegavirales*）。

二、病毒分类标准

分子生物学和高通量测序技术的迅猛发展使人们对病毒的本质有了更为深入的认识。在病毒分类标准的制定过程中确定特征权重（weighting）是不可或缺的一环。病株汁液的体外抗性、交叉保护现象、介体获毒及传毒时间和潜育期等特性对病毒分类的影响逐渐减弱。相比之下，那些更能反映病毒本质的特性，如基因组结构、核苷酸序列相似性、基因复制策略及转录特点、外壳蛋白氨基酸组成和序列相似性等，逐渐成为病毒分类的核心标准。有时某一特征的差异往往影响其他特征。以核苷酸为例，如单一碱基的变化导致外壳蛋白中氨基酸的替换可能会引发一系列的连锁反应，这种替换不仅会影响病毒的血清学特异性，还可能改变其电泳迁移率。若这种变化发生在密码子中相同位置的另一碱基上，可能对基因产物毫无影响。这种复杂性使得在对病毒进行分类时，不仅要关注单一特征的差异，还要充分考虑这些差异如何受到其他特征的影响，以构建一个更为全面、科学的分类体系。目前，ICTV 提出的病毒分类标准主要包括病毒的粒子特性、生物学特性、抗原性质、基因组和蛋白质特性、基因组结构和复制特性等（赫尔，2007；Fauquet，2008；谢联辉和林奇英，2011；谢联辉，2022），这些综合性指标共同构成了现代病毒分类学的基础。

（一）粒子特性

包括病毒粒子形态特征（粒子的形状、大小，包膜和包膜突起的有无，粒子结构及其对称性）、病毒粒子的生理生化和物理特性（分子量，浮力密度，沉降系数，病毒粒子在不同 pH、温度、Mg^{2+}、Mn^{2+}、Ca^{2+}、溶剂、变性剂和辐射中的稳定性）、病毒脂类的有无和性质、病毒粒子碳水化合物（糖类）的含量和特性。

（二）生物学特性

包括寄主范围（自然寄主和实验寄主）、致病性及其引起的症状类型、病毒引起的病理学和组织病理学特征、自然传播途径、传播介体种类、病毒与介体间的生物学关系、病毒的地理分布等。

（三）抗原性质

包括病毒血清学关系和抗原决定簇定位。

（四）基因组特性

包括核酸类型（DNA 或 RNA）、核酸链的类型（单链或双链）、核酸链的形状（线状或环状）、核酸链的极性（正义、负义或双义）、核酸的分段情况（即多分体现象）、基因组或基因组片段的大小、基因组核苷酸序列中的 G+C 含量占比、基因组 5′端帽子结构的有无及类型、基因组 5′端共价结合蛋白存在与否、基因组 3′端 poly(A)或其他特异序列的有无、核苷酸序列的相似性等，尤其是病毒基因组或特定基因片段序列的相似性在当今病毒分类中的地位越来越重要。

（五）基因组结构和复制特性

包括基因组结构，核酸复制的策略，转录特征，翻译和翻译后加工的特征，病毒粒子蛋白的积累位点、装配位点、成熟和释放位点，细胞病理学和内含体的形成等。

（六）蛋白质特性

包括结构蛋白和非结构蛋白的数量和大小、功能和活性（特别是病毒粒子包含的转录酶、逆转录酶、血凝素、神经氨酸酶及融合蛋白）、氨基酸组成和序列的相似性等。

需要指出的是，病毒在不同分类阶元上的划分所依据的标准及其权重是有所区别的。病毒种的分类主要依据的是病毒基因组的重排、核苷酸序列的相似性、血清学关系、生理生化性质、介体传播特性、寄主范围、致病性、细胞病理变化、组织向性和地理分布等；

病毒属的划分侧重于病毒复制策略、基因组结构和大小、核酸分段情况、核苷酸序列相似性及介体传播特性；病毒分科的主要依据包括病毒的生物化学组成（如结构蛋白和非结构蛋白的数量和大小、蛋白质的功能活性、脂类和碳水化合物的有无和特性等）、病毒复制策略、病毒粒子结构的性质及基因组结构等；病毒目的分类则更多地与基因组特性（如核酸类型、核酸链的类型和极性等）、病毒复制策略及粒子结构等特性相关。

近年来，宏基因组测序技术的飞速进步极大地推动了病毒学领域的发展，其所鉴定出的病毒序列在数量与多样性上均远超传统实验所能分离的病毒株。2017年以来，ICTV更是采纳了仅依据基因组序列信息对病毒进行分类的新标准，极大地简化了新病毒的批准流程。如今的病毒分类更加注重对保守基因和蛋白质进行深入的序列分析，包括基因系统发育、基因同源性和共有基因的含量，在必要时还会综合考虑其他分子特性。

第三节　病毒的命名与书写

国际微生物学会联合会（IUMS）和国际生物科学联合会（IUBS）共同发起了一项倡议，为所有生物制定了统一的命名规范。病毒作为生物界的一员，理应遵循生物命名的规范框架。然而，由于历史原因，长期以来，病毒的命名并未严格遵循双名法（binomial nomenclature）的拉丁化要求，也未在命名病毒或相关阶元时贯彻优先法则（即《国际命名法则》第10条）。为了打破这一局面，ICTV一直致力于构建一套统一、规范的病毒分类与命名体系，为此制定了一系列严谨、系统、规范的病毒分类和命名规则。这些规则明确规定，除种名外，所有病毒分类阶元的名称均由各自病毒科的研究小组按照ICTV的标准设定。然而，在病毒种名的具体命名上却呈现出多样化的特点。有些病毒是基于其寄主、病理特性、致病症状或病毒粒子形态来命名，有些则采用地名、人名或字母数字组合来命名。例如，在烟草上引起花叶症状的病毒被命名为烟草花叶病毒（tobacco mosaic virus）。因此，制定一套更加科学、规范的病毒命名体系已迫在眉睫。

2020年3月，ICTV在其第51次执行委员会常务会议上批准了2019版病毒分类和命名系统，该系统引入了15级分类阶元，并对病毒的命名进行了规范化处理。随后，在2022年3月，ICTV正式批准和核准了执行委员会于2021年7月年会上通过的174项分类提案。值得一提的是，各研究小组已开始积极执行自2021年起生效的统一病毒物种命名新规则。该规则要求，无论是否拉丁化，对病毒种名均需严格遵循双名法进行命名。目前发布的2023版病毒分类和命名系统中的病毒基本上都采用了这种标准化命名格式。这一转变标志着病毒命名工作已经朝着更加科学、规范的方向迈进。

一、病毒命名的基本原则

病毒命名的基本原则包括：①稳定性；②避免或杜绝使用可能引起误解或歧义的名称，以确保命名的准确性和一致性；③避免不必要的名称创建，以维护命名体系的精简和高效。病毒命名法独立于其他生物学命名法。对病毒分类阶元命名的主要目的是提供一个清晰、一致的引用方式，而非单纯为展现该病毒分类阶元本身或其命名背后的特定特征或历史背景。

二、病毒分类阶元的命名规则

病毒分类阶元的命名规则包括以下几点。①分类阶元的建议名称遵守 ICTV 公布的分类和命名规则，一种病毒的名称在未经 ICTV 正式认可之前，不具备官方地位。②现有的病毒名称和分类阶元只要有用，就应予以保留。③病毒分类阶元的命名不遵守优先法则。④病毒种名原则上不用人名加以命名，属以上的分类阶元可以用人名。需要注意的是，若拟用尚在世个人的姓名为某一分类阶元进行命名时，需事先征得该人的明确书面授权同意。关于人名在病毒分类命名中的具体运用，最终裁决者为 ICTV 的研究小组、分委员会及常务委员会。此外，任何个人均无权将自己的姓名用于新分类阶元的命名，也不能以 ICTV 研究小组或委员会现任成员的名字来为分类阶元命名。⑤分类阶元的名称应该易于使用。⑥分类阶元名称中不得使用变音符号、标点符号（连字符除外）、上标、下标、斜杠和非拉丁字母（即国际标准化组织基本拉丁字母中未包含的字母）。允许使用数字和连字符，但在一系列种名的末尾附加数字或字母时，不应使用连字符，切勿在属、亚科、科或目的名称中使用连字符。⑦新名称不能与已批准的名称重复，也不应与现在和过去使用的名称相似或相近。⑧当缩拼字（sigla）是由若干个研究小组共同提议且这些提议对该领域的病毒研究具有明确的、实质性的意义时，该缩拼字可以被接纳为分类阶元的名称。⑨如果有多个建议候选名，应首先由相关分委员会向 ICTV 常务委员会进行推荐，然后由 ICTV 常务委员会做出最终决定。⑩选择新的分类阶元名称时，名称应规避使用病毒特定特征的表述，名称中也不应包含有可能对未来研究发现有限制的表述，名称还需避免与现有其他分类阶元的病毒名称产生混淆或重叠。⑪在选择新名称时应充分考虑国家或地方的敏感性。⑫在对提交给 ICTV 常务委员会的分类提案做出最终决定前，应咨询所有相关的分委员会和研究小组的意见。

三、病毒主要分类阶元及其命名

（一）病毒的种

病毒种（virus species）是 ICTV 认可的病毒最低分类阶元，它指的是那些具有相似生存环境、结构和性状，亲缘关系很近且构成一个明确复制谱系（replicating lineage）的单源病毒群体。病毒种的分类和命名并非仅基于单一的分类特征，而是由多个原则性分类特征得出的结果。这些特征包括但不限于病毒的基因组组成、病毒粒子的形态和结构、生理生化特性、生物学性状及血清学性质等。病毒种所强调的复制谱系，体现了病毒种的系统进化特性，即现今所有病毒种可能源自一个共同的病毒祖先。

根据 ICTV 最新推行的分类系统命名规则，病毒的命名被明确区分为普通名称（病毒名或俗名，virus name）与学名（种名，virus species）（Zerbini et al.，2022）。种名的构成应该遵循：①病毒的种名应由尽可能少的但能够与其他病毒种名区分开来的词来表示，但一般不用寄主名直接加“virus”来命名；②每一个病毒种名都应体现其独特的鉴别特征。病毒与病毒种在概念上存在显著差异。病毒是实际存在的物理实体（physical entity），而病毒种则是病毒分类学中抽象且客观存在的概念（Siddell et al.，2023）。然而，由于两者在命名上的相似性，长期以来其概念在实际应用中往往被混淆。为了规范病毒种名的使用，并增强其与病毒普通名称的区分度，ICTV引入了双名法来命名病毒种，即病毒种的名称由“病毒属名+种加词”两部分组成。其中，第一个单词明确指示该病毒所属的病毒属，而第二个单词则用于区分不同的病毒种，这一词汇可能与病害、寄主、病毒发现者等相关联。

（二）病毒的属与亚属

病毒的属（genus）由一些结构、性状相似且亲缘关系相近的病毒种组成，属名用后缀“*-virus*”表示，如双生病毒科（*Geminiviridae*）中的菜豆金色花叶病毒属（*Begomovirus*）。若一些较小的属内病毒的特性与另一个较大的属差异较小，则较小的属可能降级成为较大属下的亚属（subgenus）。亚属名的后缀也是“*-virus*”，与属名的词尾相同。

（三）病毒的科与亚科

病毒的科（family）是由一些结构、性状相关和有一定亲缘关系的病毒属或亚科组成，科名用后缀“*-viridae*”表示，如伴生豇豆病毒科（*Secoviridae*）。科下面可以设立或不设立亚科（subfamily），亚科名的后缀为“*-virinae*”，如伴生豇豆病毒科下设豇豆花叶病毒亚科（*Comovirinae*），由以前的豇豆花叶病毒科降级而来。

（四）病毒的目与亚目

病毒的目（order）是一群具有某些共同特征的科，目名的后缀为“*-virales*”，如加布里尔病毒目（*Ghabrivirales*）。目下面也可以设立或不设立亚目，亚目名的后缀为“*-virineae*”，如在2024年发布的2023版病毒分类和命名系统中，首次在加布里尔病毒目下设立了三个亚目（suborder）：甲型单分病毒亚目（*Alphatotivirineae*）、乙型单分病毒亚目（*Betatotivirineae*）和丙型单分病毒亚目（*Gammatotivirineae*）。在甲型单分病毒亚目下，金色病毒科（*Chrysoviridae*）、镰刀菌病毒科（*Fusagraviridae*）、正单分病毒科（*Orthototiviridae*）及角蝉叶蝉传病毒科（*Spiciviridae*）4个科中共有13种植物病毒被纳入了这一新的亚目。这也是ICTV首次在植物病毒中设置亚目分类阶元。

一般而言，病毒的粒子形态、基因组组成、复制方式、病毒结构蛋白和非结构蛋白的数量和大小等，都可以作为病毒科、属命名的依据，而病毒目的命名则与病毒基因组的核酸类型（DNA或RNA）、核酸链的类型（单链或双链）、核酸链的极性及逆转录过程等有关。此外，病毒粒子的形态结构和转录策略也可以作为病毒目命名的依据。

（五）病毒的纲和亚纲

纲（class）是一群具有某些共同特征的目。病毒纲名的后缀为“*-viricetes*”，如甲型超群病毒纲（*Alsuviricetes*）。目前已知的病毒中还尚未设立亚纲（subclass）。

（六）病毒的门和亚门

门（phylum）是一群具有某些共同特征的纲。病毒门名的后缀为“*-viricota*”，如负链 RNA 病毒门（*Negarnaviricota*）、黄病毒门（*Kitrinoviricota*）等。门下面也可以设立或不设立亚门（subphylum），亚门名的后缀为“*-viricotina*”，如负链 RNA 病毒门下还设有简单病毒亚门（*Haploviricotina*）和复杂病毒亚门（*Polyploviricotina*）两个亚门。

（七）病毒的界和亚界

界（kingdom）是一群具有某些共同特征的门。病毒界名的后缀为“*-virae*”，如正 RNA 病毒界（*Orthornavirae*）、副 RNA 病毒界（*Pararnavirae*）、称德病毒界（*Shotokuvirae*）等。目前已知的病毒中尚未设立亚界（subkingdom）。

（八）病毒的域和亚域

域（realm）是一群具有某些共同特征的界。病毒域名的后缀为“*-viria*”。目前绝大多数病毒被归入 6 个域，分别为：①古菌 DNA 病毒域（*Adnaviria*），包括具有线状 A 型双链 DNA 基因组及衣壳蛋白的病毒，与已报道的病毒均无相关性（Krupovic et al.，2021）；②双链 DNA 病毒域(*Duplodnaviria*)，遗传物质为双链 DNA 且均含有独特的二十面体蛋白衣壳，衣壳中含有独特的折叠结构；③单链 DNA 病毒域（*Monodnaviria*），包括所有的单链 DNA 病毒，但同时也包括某些线状单链 DNA 和环状双链 DNA 病毒；④多样 DNA 病毒域（*Varidnaviria*），包括所有包含垂直果冻卷折叠的主要衣壳蛋白的 DNA 病毒，目前已知的大多数真核 DNA 病毒均属于该病毒域；⑤核酶病毒域（*Ribozyviria*），该病毒域为卫星核酸，是一种类似于病毒的感染因子，但如果没有辅助病毒便无法复制，该病毒域中存在基因组和反基因组核酶；⑥RNA 病毒域（*Riboviria*），RNA 病毒域并不特指 RNA 病毒，而是所有依赖于同源 RNA 聚合酶进行复制的病毒，如 RdRp 酶（即 RNA 复制酶）和 RdDp 酶（即逆转录酶），包括基因组为双链 DNA 的副逆转录病毒（pararetrovirus）均归入 RNA 病毒域（范在丰，2023）。许多动物（包括人类）的疾病都是由该域的病毒引起的，如冠状病毒、埃博拉病毒、人类免疫缺陷病毒、流感病毒和狂犬病毒等。植物病毒主要归属于单链 DNA 病毒域和 RNA 病毒域中。目前已知的病毒中还尚未设立亚域（subrealm）。

四、亚病毒主要分类阶元及其命名

有关病毒分类与命名的规则也适用于亚病毒（类病毒和病毒卫星）。

类病毒种以上的 14 级分类阶元单词的后缀分别为“*-viroidia*”（域）、“*-viroida*”（亚域）、“*-viroidiae*”（界）、“*-viroidites*”（亚界）、“*-viroidicota*”（门）、“*-viroidicotina*”（亚门）、“*-viroidicetes*”（纲）、“*-viroidicetidea*”（亚纲）、“*-viroidales*”（目）、“*-viroidineae*”（亚目）、“*-viroidae*”（科）、“*-viroidinae*”（亚科）、“*-viroid*”（属）和“*-viroid*”（亚属）。与病毒类似，类病毒属名和亚属名的后缀相同。目前类病毒的最高分类阶元为科，共有 2 个科：鳄梨日斑类病毒科（*Avsunviroidae*）和马铃薯纺锤块茎类病毒科（*Pospiviroidae*）。

病毒卫星种以上的 14 级分类阶元单词的后缀分别为“*-satellitia*”（域）、“*-satellita*”（亚域)、"*-satellitiae*"(界)、"*-satellitites*"(亚界)、"*-satelliticota*"(门)、"*-satelliticotina*"(亚门)、"*-satelliticetes*"(纲)、"*-satelliticetidea*"(亚纲)、"*-satellitales*"(目)、"*-satellitineae*"(亚目)、"*-satellitidae*"(科)、"*-satellitinae*"(亚科)、"*-satellite*"(属)和"*-satellite*"(亚属)。与病毒类似，病毒卫星的属名和亚属名的后缀相同。目前病毒卫星的最高分类阶元为科，共有2个科：甲型卫星科(*Alphasatellitidae*)和番茄曲叶病毒卫星科(*Tolecusatellitidae*)。

五、病毒种名（学名）的双名法拉丁化命名规则

为确保病毒命名的统一性和规范性，与其他生物的命名相一致，今后所有的病毒种名将严格采用双名法拉丁化命名，即"属名+种加词"的命名模式，拉丁学名的第一个词为病毒属名(名词)，首字母应为大写；第二个词(种加词)多数为拉丁文形容词，字母小写(范在丰，2023)。种加词通常选取拉丁文形容词，或基于任何词根构建的拉丁化词汇，甚至可以是拉丁字母、数字、字符集等文本元素的组合，但禁止单独使用单一的拉丁字母或阿拉伯数字。对于新发现的病毒，它们将直接采用拉丁学名进行命名，如埃布利柑橘凹胶病毒的学名为*Coguvirus eburi*。此前已正式批准的病毒种名已经基本完成了从英文学名向拉丁化的转换，同时保留了原有的病毒英文名称作为普通名称（俗名）。例如，马铃薯Y病毒属(*Potyvirus*)的马铃薯Y病毒的学名(virus species)已转换成*Potyvirus yituberosi*，其原来的英文学名 potato virus Y 依然保留作为该病毒的普通名称(virus name)；烟草花叶病毒属(*Tobamovirus*)的烟草花叶病毒的学名已转换成*Tobamovirus tabaci*，其原来的英文学名 tobacco mosaic virus 保留为该病毒的普通名称。下面具体介绍病毒的双名法拉丁化命名规则。

(一)基于地理起源对病毒进行命名

拉丁语中，以"*-ensis*"结尾的形容词通常表示与地理起源相关，其名词形式为"*-ense*"。在病毒的双名法拉丁化命名中，"种加词"可以用"*-ense*"与地名相连直接使用。例如，葡萄安纳托利亚环斑病毒(grapevine Anatolian ringspot virus)为线虫传多面体病毒属(*Nepovirus*)成员，按照地理起源的双名法拉丁化命名法，其种名为*Nepovirus anatoliense*，从病毒种名中可以看出，此病毒首次分离自安纳托利亚(Anatolian)。

在通常的语言构造中，当后缀"*-ense*"加在以元音结尾的单词后时，出于语言美感和发音的流畅性方面的考虑，该元音应该省略。然而，在特定情境下，如为病毒命名时，为了确保名称的一致性和易于理解，建议保留原有的元音字母。例如，美洲木薯潜隐病毒的学名为*Nepovirus americaense*，而不是*Nepovirus americense*。

(二)基于人名对病毒进行命名

采用15级分类阶元的新分类系统以后，属以上的分类阶元可以使用人名。使用人名对病毒进行命名时，主要通过在人名后面添加后缀使其拉丁化。与性别相对应，女性的拉丁化后缀一般为"*-a*"或"*-ae*"，男性为"*-us*"或"*-i*"，中性词为"*-um*"或"*-i*"(物体、结构和组织即可用中性形式)。假如要以 Jane Goodall(女性)命名*Examplovirus*属的病毒时，可以命名为*Examplovirus goodallae*，而以 Max Delbrück(男性)命名同属病毒时，可以命名为*Examplovirus delbrucki*。

（三）基于病害对病毒进行命名

有些病毒是根据所引起的疾病进行命名的，因此将疾病名称拉丁化也相对方便，因为医学命名法通常在命名疾病时使用拉丁语或拉丁化后缀，要形成这样一个医学术语的属格，只需要更改后缀即可。例如，如果一个 *Examplovirus* 属的病毒引起的疾病是扁桃体炎（tonsillitis），可以将该病毒命名为 *Examplovirus tonsillitidis*。

（四）基于寄主、地名对病毒进行命名

在以往的植物病毒命名中，以感染寄主及其引起症状命名的现象非常普遍，这类病毒今后都将全部进行双名法拉丁化命名。一般来说，寄主种名提供的信息量相对较少，而一种病毒往往能侵染同一属的多种植株，所以利用寄主拉丁化进行命名时，将寄主属名进行命名的现象居多。例如，龙胆花叶病毒（gentian mosaic virus）属于蚕豆病毒属（*Fabavirus*），其种名按照寄主植物可以命名为 *Fabavirus gentianae*。

在对寄主、地名等单词添加后缀进行拉丁化过程中，由于相同的后缀往往被多个不同的词变化使用，导致相同结尾的不同单词在物主形式中可能有不同的结尾，因此，建议命名人员利用拉丁语词典或其他可靠的资源对寄主植物进行拉丁语翻译后，再按照表 2-2 的形式后缀化或直接命名。例如，辣椒轻型花叶病毒（pepper mild mosaic virus）是豇豆花叶病毒属（*Comovirus*）的成员，其寄主辣椒（pepper）的学名为 *Capsicum*，按照双名法拉丁化命名可以将其种名改为 *Comovirus capsici*。

表 2-2　非病毒属名命名中常用的后缀及其属格形式

后缀	属格形式的后缀
-a	*-ae*
-as	*-atis*
-e	*-is*
-or	*-oris*
-u	*-us*
-um	*-i*
-ys	*-ysis*

六、病毒普通名称和学名的书写规则

在新的植物病毒分类和命名系统中，ICTV 明确规定，在正式文书中，对于病毒和亚病毒的 15 个分类阶元的名称，需统一采用斜体字体进行书写或打印，种以上的 14 个分类阶元名称的首字母需大写。病毒的种名不能缩写，如 *Tobamovirus tabaci* 不能缩写成 TT，*Potyvirus yituberosi* 不能缩写成 PY；但病毒的普通名称可缩写，如 tobacco mosaic virus 可以缩写成 TMV，potato virus Y 可以缩写成 PVY。病毒的普通名称在首次出现时需要用全名，

同时将缩写附在其后，之后在全文中可以只用缩写（Zerbini et al.，2022）。

以下是一些病毒（类病毒）普通名称缩写的规则：①一种病毒的缩写应尽量避免与其他的病毒缩写相同；②病毒名称中的 virus 均缩写为 V、类病毒名称中的 viroid 均缩写为 Vd；③一般情况下病毒名称中的 mosaic 缩写为 M、mottle 缩写为 Mo、ringspot 缩写为 RS、symptomless 缩写为 SL、leafroll 缩写为 LR，有时寄主植物名称的第 2 或第 3 个字母用小写形式，以免与其他植物种发生冲突，如在多数情况下 tobacco 缩写为 T，而 tomato 一般缩写为 To；④单个词的缩写一般不要超过两个字母；⑤当病毒名称包含 associated virus 时，将 associated 缩写成“a”，如 grapevine leafroll-associated virus 2（葡萄卷叶伴随病毒 2 号）缩写成 GLRaV2。

目前病毒的种名和普通名称（包括缩写、基因登录号）等均可以在 ICTV 官网查询到，如通过 ICTV 病毒宏数据库（Virus Metadata Resource，VMR）网站（https://ictv.global/vmr），下载 2024 年 5 月 17 日最新释放出来的 VMR_MSL39_v1 数据包，即可在数据包里查到 2023 版病毒及亚病毒分类系统详细信息。

第四节 2023 版植物病毒及植物亚病毒分类系统

ICTV 于 2023 年 8 月在德国耶拿召开了第 55 次常务会议，2024 年 4 月在线发布了 2023 版病毒分类系统，共认定病毒及亚病毒 14 690 种，大部分病毒及亚病毒感染因子归入 6 域、10 界、18 门、2 亚门、41 纲、81 目、11 亚目、314 科、200 亚科、3522 属、84 亚属，另有 1 纲、22 科、2 属共计 636 种病毒及亚病毒尚未归到域，且暂时没有合适的上一级分类阶元（ICTV，2020；Siddell et al.，2023）（图 2-1）。2023 版病毒分类系统中，植物病毒及植物亚病毒共 2393 种，其中植物病毒 2128 种，植物亚病毒 265 种。

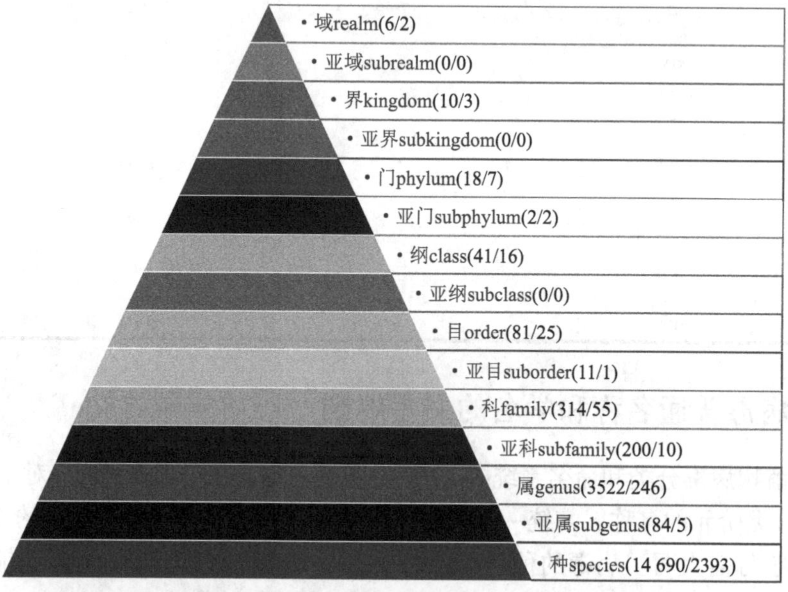

图 2-1　ICTV 最新 15 级病毒分类阶元结构（仿 Siddell et al.，2023）

括号中，前面的数字代表所有病毒及亚病毒，后面的数字代表植物病毒及植物亚病毒

一、植物病毒的分类系统

2023 版病毒分类系统中，2128 种植物病毒被归入 2 域、3 界、7 门、2 亚门、16 纲、25 目、1 亚目、51 科、10 亚科、216 属、5 亚属（表 2-3、表 2-4）。这些植物病毒主要分布于 RNA 病毒域（*Riboviria*）和单链 DNA 病毒域（*Monodnaviria*）。RNA 病毒域是当前最大的病毒域，包含 6712 种病毒，几乎囊括了所有已知的 RNA 病毒，其中植物病毒 1539 种（不含植物病毒卫星），是重要的植物病毒类群。目前，RNA 病毒域中的植物病毒被归入正 RNA 病毒界（*Orthornavirae*）和副 RNA 病毒界（*Pararnavirae*）2 个病毒界。其中，正 RNA 病毒界中的植物病毒分布于双链 RNA 病毒门（*Duplornaviricota*）、黄病毒门（*Kitrinoviricota*）、光滑及裸露 RNA 病毒门（*Lenarviricota*）、负链 RNA 病毒门（*Negarnaviricota*）和小 RNA 超群病毒门（*Pisuviricota*）共 5 个门；副 RNA 病毒界仅包括逆转录病毒门（*Artverviricota*）1 个门，均为重要的植物病毒。

目前单链 DNA 病毒域包括的病毒有 2028 种，其中植物病毒 589 种。单链 DNA 病毒域中的植物病毒只存在于称德病毒界（*Shotokuvirae*）1 个界及环状 Rep 编码单链 DNA 病毒门（*Cressdnaviricota*）1 个门（表 2-3）。称德病毒界的重要特征是其成员均编码一个特征性的 Rep 蛋白，Rep 蛋白由两个关键结构域融合而成，即 N 端的 HUH 核酸内切酶结构域或其同源单元及 C 端的第 3 超家族解旋酶（S3H）结构域。称德病毒界下的精氨酸指纹病毒纲（*Arfiviricetes*）和 Rep 编码单链病毒纲（*Repensiviricetes*）包括多种重要的植物病毒（表 2-3）。

表 2-3　植物病毒目及以上分类阶元列表（ICTV，2023）

域	界	门	亚门	纲	目
单链 DNA 病毒域 *Monodnaviria*	称德病毒界 *Shotokuvirae*	环状 Rep 编码单链 DNA 病毒门 *Cressdnaviricota*	—	精氨酸指纹病毒纲 *Arfiviricetes*	圆环病毒目 *Cirlivirales*
					环状病毒目 *Gredzevirales*
					耶梦病毒目 *Jormunvirales*
					多分体基因病毒目 *Mulpavirales*
					土星病毒目 *Saturnivirales*
				Rep 编码单链病毒纲 *Repensiviricetes*	双生植物真菌病毒目 *Geplafuvirales*

续表

域	界	门	亚门	纲	目
RNA 病毒域 *Riboviria*	正 RNA 病毒界 *Orthornavirae*	双链 RNA 病毒门 *Duplornaviricota*	—	金色大双 RNA 单分病毒纲 *Chrymotiviricetes*	加布里尔病毒目 *Ghabrivirales*
				呼肠孤病毒纲 *Resentoviricetes*	呼肠孤病毒目 *Reovirales*
		黄病毒门 *Kitrinoviricota*	—	甲型超群病毒纲 *Alsuviricetes*	类戊型肝炎病毒目 *Hepelivirales*
					马泰利病毒目 *Martellivirales*
					芜菁黄花叶病毒目 *Tymovirales*
				丛矮黄症卡莫四体病毒纲 *Tolucaviricetes*	类番茄丛矮病毒目 *Tolivirales*
		光滑及裸露 RNA 病毒门 *Lenarviricota*	—	豪厄尔镇病毒纲 *Howeltoviricetes*	栗疫病菌病毒目 *Cryppavirales*
				光滑病毒纲 *Leviviricetes*	诺顿辛德病毒目 *Norzivirales*
					蒂莫西勒布病毒目 *Timlovirales*
				欧尔密病毒纲 *Miaviricetes*	类欧尔密病毒目 *Ourlivirales*
		负链 RNA 病毒门 *Negarnaviricota*	简单病毒亚门 *Haploviricotina*	米尔恩病毒纲 *Milneviricetes*	蛇形病毒目 *Naedrevirales*
				单分子负链荆楚病毒纲 *Monjiviricetes*	单分子负链 RNA 病毒目 *Mononegavirales*

续表

域	界	门	亚门	纲	目
RNA 病毒域 *Riboviria*	正 RNA 病毒界 *Orthornavirae*	负链 RNA 病毒门 *Negarnaviricota*	复杂病毒亚门 *Polyploviricotina*	布尼亚病毒纲 *Bunyaviricetes*	艾略特病毒目 *Elliovirales* 沙粒病毒目 *Hareavirales*
		小 RNA 超群病毒门 *Pisuviricota*	—	小双 RNA 病毒纲 *Duplopiviricetes*	小双 RNA 病毒目 *Durnavirales*
			—	小 RNA 南方菜豆套式病毒纲 *Pisoniviricetes*	小 RNA 病毒目 *Picornavirales* 类南方菜豆花叶病毒目 *Sobelivirales*
			—	星状及马铃薯病毒纲 *Stelpaviricetes*	马铃薯病毒目 *Patatavirales*
	副 RNA 病毒界 *Pararnavirae*	逆转录病毒门 *Artverviricota*	—	逆转录病毒纲 *Revtraviricetes*	逆转录病毒目 *Ortervirales*

注：本表相关数据来源于 ICTV 官网（https://ictv.global/taxonomy/、https://ictv.global/msl、https://ictv.global/vmr）；“—”表示尚未归入相关分类阶元

表 2-4　植物病毒目、科、属分类阶元列表（ICTV，2023）

基因组	目	亚目	科	亚科	属/亚属	种数
单链环状 DNA	双生植物真菌病毒目 *Geplafuvirales*	—	双生病毒科 *Geminiviridae*	—	甜菜曲顶病毒属 *Becurtovirus*	3
					菜豆金色花叶病毒属 *Begomovirus*	445
					美杜莎大戟潜隐病毒属 *Capulavirus*	4

续表

基因组	目	亚目	科	亚科	属/亚属	种数
单链环状DNA	双生植物真菌病毒目 *Geplafuvirales*	—	双生病毒科 *Geminiviridae*	—	柑橘褪绿矮化伴随病毒属 *Citlodavirus*	4
					曲顶病毒属 *Curtovirus*	3
					画眉草病毒属 *Eragrovirus*	1
					葡萄斑点病毒属 *Grablovirus*	3
					苹果病毒属 *Maldovirus*	3
					玉米线条病毒属 *Mastrevirus*	45
					桑皱叶病毒属 *Mulcrilevirus*	2
					仙人掌病毒属 *Opunvirus*	1
					番茄顶曲叶病毒属 *Topilevirus*	2
					番茄伪曲顶病毒属 *Topocuvirus*	1
					芜菁曲顶病毒属 *Turncurtovirus*	3
					百岁兰病毒属 *Welwivirus*	2
			类双生病毒科 *Genomoviridae*	—	真菌环状双生样病毒属 *Gemycircularvirus*	20

续表

基因组	目	亚目	科	亚科	属/亚属	种数
单链环状 DNA	双生植物真菌病毒目 *Geplafuvirales*	—	类双生病毒科 *Genomoviridae*	—	真菌环状 dugui 双生样病毒属 *Gemyduguivirus*	3
					真菌环状 gor 双生样病毒属 *Gemygorvirus*	2
					真菌环状 kibi 双生样病毒属 *Gemykibivirus*	3
					真菌环状 kolo 双生样病毒属 *Gemykolovirus*	4
					真菌环状 krozna 双生样病毒属 *Gemykroznavirus*	3
			类双生植物动物伴随病毒科 *Geplanaviridae*	—	阿拉霍默拉病毒属 *Alohovirus*	3
					艾皮斯基病毒属 *Episkevirus*	1
					卢默斯病毒属 *Lumovirus*	1
					瑞迪克勒斯病毒属 *Riddikuvirus*	1
					斯丢普阀病毒属 *Stupevirus*	1
	圆环病毒目 *Cirlivirales*	—	圆环病毒科 *Circoviridae*	—	铁架木病毒属 *Cyclovirus*	1
	环状病毒目 *Gredzevirales*	—	衔尾病毒科 *Ouroboviridae*	—	德墨忒尔病毒属 *Demetevirus*	1
					珀耳塞病毒属 *Persevirus*	1

续表

基因组	目	亚目	科	亚科	属/亚属	种数
单链环状 DNA	耶梦病毒目 *Jormunvirales*	—	德罗普尼尔病毒科 *Draupnirviridae*	—	托伦提病毒属 *Torentivirus*	1
	多分体基因病毒目 *Mulpavirales*	—	南美病毒科 *Amesuviridae*	—	温带果衰病毒属 *Temfrudevirus*	1
					黛茶病毒属 *Yermavirus*	1
			中间病毒科 *Metaxyviridae*	—	椰子叶衰病毒属 *Cofodevirus*	1
			矮缩病毒科 *Nanoviridae*	—	香蕉束顶病毒属 *Babuvirus*	3
					矮缩病毒属 *Nanovirus*	12
	土星病毒目 *Saturnivirales*	—	多样病毒科 *Kanorauviridae*	—	萨尼病毒属 *Sanivirus*	1
					土星病毒属 *Shabtayvirus*	1
			多源病毒科 *Mahapunaviridae*	—	杰纳斯病毒属 *Janusivirus*	1
双链环状 DNA（逆转录）	逆转录病毒目 *Ortervirales*	—	花椰菜花叶病毒科 *Caulimoviridae*	—	杆状 DNA 病毒属 *Badnavirus*	71
					花椰菜花叶病毒属 *Caulimovirus*	14
					木薯脉花叶病毒属 *Cavemovirus*	3
					薯蓣病毒属 *Dioscovirus*	1
					碧冬茄病毒属 *Petuvirus*	1

续表

基因组	目	亚目	科	亚科	属/亚属	种数
双链环状DNA（逆转录）	逆转录病毒目 *Ortervirales*	—	花椰菜花叶病毒科 *Caulimoviridae*	—	玫瑰DNA病毒属 *Rosadnavirus*	2
					金光菊畸花病毒属 *Ruflodivirus*	1
					茄内生病毒属 *Solendovirus*	2
					大豆斑驳病毒属 *Soymouirus*	7
					东格鲁病毒属 *Tungrovirus*	2
					蓝莓病毒属 *Vaccinivirus*	1
单链RNA（逆转录）	逆转录病毒目 *Ortervirales*	—	伪病毒科 *Pseudoviridae*	—	伪病毒属 *Pseudovirus*	17
					塞尔病毒属 *Sirevirus*	5
			转座病毒科 *Metaviridae*	—	转座病毒属 *Metavirus*	3
双链RNA	加布里尔病毒目 *Ghabrivirales*	甲型单分病毒亚目 *Alphatotivirineae*	金色病毒科 *Chrysoviridae*	—	甲型金色病毒属 *Alphachrysovirus*	6
			镰刀菌病毒科 *Fusagraviridae*	—	镰刀菌病毒属 *Fusagravirus*	2
			正单分病毒科 *Orthototiviridae*	—	单分病毒属 *Totivirus*	4
			角蝉叶蝉传病毒科 *Spiciviridae*	—	角蝉叶蝉传病毒属 *Spicivirus*	1

续表

基因组	目	亚目	科	亚科	属/亚属	种数
双链 RNA	呼肠孤病毒目 *Reovirales*	—	光滑呼肠孤病毒科 *Sedoreoviridae*	—	植物呼肠孤病毒属 *Phytoreovirus*	3
			刺突呼肠孤病毒科 *Spinareoviridae*	—	斐济病毒属 *Fijivirus*	8
					水稻病毒属 *Oryzavirus*	2
	小双 RNA 病毒目 *Durnavirales*	—	双分病毒科 *Partitiviridae*	—	甲型双分病毒属 *Alphapartitivirus*	4
					乙型双分病毒属 *Betapartitivirus*	7
					丁型双分病毒属 *Deltapartitivirus*	5
			混合病毒科 *Amalgaviridae*	—	混合病毒属 *Amalgavirus*	9
负义单链 RNA	艾略特病毒目 *Elliovirales*	—	无花果花叶病毒科 *Fimoviridae*	—	欧洲花楸环斑病毒属 *Emaravirus*	32
			番茄斑萎病毒科 *Tospoviridae*	—	正番茄斑萎病毒属 *Orthotospovirus*	26
	沙粒病毒目 *Hareavirales*	—	郁金香病毒科 *Konkoviridae*	—	油壶菌传病毒属 *Olpivirus*	1
			白蛉纤细病毒科 *Phenuiviridae*	—	凹胶病毒属 *Coguvirus*	7
					甜瓜褪绿斑点病毒属 *Mechlorovirus*	2
					苹果软枝病毒属 *Rubodvirus*	4

续表

基因组	目	亚目	科	亚科	属/亚属	种数
负义单链 RNA	沙粒病毒目 *Hareavirales*	—	白蛉纤细病毒科 *Phenuiviridae*	—	纤细病毒属 *Tenuivirus*	11
			发现病毒科 *Discoviridae*	—	正发现病毒属 *Orthodiscovirus*	1
	单分子负链 RNA 病毒目 *Mononegavirales*	—	弹状病毒科 *Rhabdoviridae*	乙型弹状病毒亚科 *Betarhabdovirinae*	甲型细胞核弹状病毒属 *Alphanucleorhabdovirus*	15
					甲型裸子植物弹状病毒属 *Alphagymnorhavirus*	9
					乙型细胞核弹状病毒属 *Betanucleorhabdovirus*	18
					乙型裸子植物弹状病毒属 *Betagymnorhavirus*	1
					细胞质弹状病毒属 *Cytorhabdovirus*	49
					双分弹状病毒属 *Dichorhavirus*	6
					丁型细胞核弹状病毒属 *Deltanucleorhabdovirus*	2
					丙型细胞核弹状病毒属 *Gammanucleorhabdovirus*	2

续表

基因组	目	亚目	科	亚科	属/亚属	种数
负义单链 RNA	单分子负链 RNA 病毒目 *Mononegavirales*	—	弹状病毒科 *Rhabdoviridae*	乙型弹状病毒亚科 *Betarhabdovirinae*	巨脉病毒属 *Varicosavirus*	42
			节肢动物病毒科 *Artoviridae*	—	蝶蛹金小蜂病毒属 *Peropuvirus*	1
	蛇形病毒目 *Naedrevirales*	—	蛇形病毒科 *Aspiviridae*	—	蛇形病毒属 *Ophiovirus*	8
正义单链 RNA	小 RNA 病毒目 *Picornavirales*	—	伴生豇豆病毒科 *Secoviridae*	豇豆花叶病毒亚科 *Comovirinae*	豇豆花叶病毒属 *Comovirus*	19
					蚕豆病毒属 *Fabavirus*	11
					线虫传多面体病毒属 *Nepovirus*	53
				—	樱桃锉叶病毒属 *Cheravirus*	8
					温州蜜柑矮缩病毒属 *Sadwavirus*	10
					巧克力百合病毒亚属* *Cholivirus*	5
					温州蜜柑矮缩病毒亚属* *Satsumavirus*	1
					草莓斑驳病毒亚属* *Stramovirus*	4
					草莓潜隐环斑病毒属 *Stralarivirus*	3
					伴生病毒属 *Sequivirus*	4

续表

基因组	目	亚目	科	亚科	属/亚属	种数
正义单链 RNA	小 RNA 病毒目 *Picornavirales*	—	伴生豇豆病毒科 *Secoviridae*	—	灼烧病毒属 *Torradovirus*	9
					水稻矮化病毒属 *Waikavirus*	14
	类南方菜豆花叶病毒目 *Sobelivirales*	—	南方菜豆一品红花叶病毒科 *Solemoviridae*	—	豌豆耳突花叶病毒属 *Enamovirus*	15
					一品红潜隐病毒属 *Polemovirus*	1
					马铃薯卷叶病毒属 *Polerovirus*	77
					南方菜豆花叶病毒属 *Sobemovirus*	26
	马铃薯病毒目 *Patatavirales*	—	马铃薯 Y 病毒科 *Potyviridae*	—	槟榔病毒属 *Arepavirus*	2
					风铃草脉斑驳病毒属 *Bevemovirus*	1
					黑莓 Y 病毒属 *Brambyvirus*	1
					大麦黄花叶病毒属 *Bymovirus*	6
					芹菜潜隐病毒属 *Celavirus*	1
					甘薯病毒属 *Ipomovirus*	7
					柘橙病毒属 *Macluravirus*	11
					禾草病毒属 *Poacevirus*	3

续表

基因组	目	亚目	科	亚科	属/亚属	种数
正义单链 RNA	马铃薯病毒目 *Patatavirales*	—	马铃薯 Y 病毒科 *Potyviridae*	—	马铃薯 Y 病毒属 *Potyvirus*	206
					蔷薇黄花叶病毒属 *Roymovirus*	2
					黑麦草花叶病毒属 *Rymovirus*	3
					小麦花叶病毒属 *Tritimovirus*	6
	类戊型肝炎病毒目 *Hepelivirales*	—	甜菜坏死黄脉病毒科 *Benyviridae*	—	甜菜坏死黄脉病毒属 *Benyvirus*	4
	马泰利病毒目 *Martellivirales*	—	雀麦花叶病毒科 *Bromoviridae*	—	苜蓿花叶病毒属 *Alfamovirus*	1
					同心病毒属 *Anulavirus*	3
					雀麦花叶病毒属 *Bromovirus*	7
					黄瓜花叶病毒属 *Cucumovirus*	4
					等轴不稳环斑病毒属 *Ilarvirus*	32
					油橄榄病毒属 *Oleavirus*	1
			长线病毒科 *Closteroviridae*	—	葡萄卷叶病毒属 *Ampelovirus*	13
					蓝莓 A 病毒属 *Bluvavirus*	1

续表

基因组	目	亚目	科	亚科	属/亚属	种数
正义单链 RNA	马泰利病毒目 *Martellivirales*	—	长线病毒科 *Closteroviridae*	—	长线病毒属 *Closterovirus*	17
					毛状病毒属 *Crinivirus*	14
					薄荷病毒属 *Menthavirus*	1
					油橄榄伴随病毒属 *Olivavirus*	3
					隐症病毒属 *Velarivirus*	8
			内源 RNA 病毒科 *Endornaviridae*	—	甲型内源 RNA 病毒属 *Alphaendornavirus*	17
			北岛病毒科 *Kitaviridae*	—	蓝莓坏死环斑病毒属 *Blunervirus*	3
					柑橘粗糙病毒属 *Cilevirus*	7
					木槿绿斑病毒属 *Higrevirus*	1
			梅奥病毒科 *Mayoviridae*	—	悬钩子病毒属 *Idaeovirus*	2
					日本冬青蕨斑驳病毒属 *Pteridovirus*	2
			植物杆状病毒科 *Virgaviridae*	—	真菌传杆状病毒属 *Furovirus*	6
					龙胆子房环斑病毒属 *Goravirus*	2
					大麦病毒属 *Hordeivirus*	4

续表

基因组	目	亚目	科	亚科	属/亚属	种数
正义单链 RNA	马泰利病毒目 *Martellivirales*	—	植物杆状病毒科 *Virgaviridae*	—	花生丛簇病毒属 *Pecluvirus*	2
					马铃薯帚顶病毒属 *Pomovirus*	5
					烟草花叶病毒属 *Tobamovirus*	37
					烟草脆裂病毒属 *Tobravirus*	3
	芜菁黄花叶病毒目 *Tymovirales*	—	甲型线状病毒科 *Alphaflexiviridae*	—	葱 X 病毒属 *Allexivirus*	13
					螨传葱 X 病毒亚属* *Acarallexivirus*	7
					黑麦草潜隐病毒属 *Lolavirus*	1
					驴兰无症病毒属 *Platypuvirus*	1
					马铃薯 X 病毒属 *Potexvirus*	48
					印度柑橘病毒亚属* *Mandarivirus*	3
			乙型线状病毒科 *Betaflexiviridae*	五基因病毒亚科 *Quinvirinae*	香蕉轻型花叶病毒属 *Banmivirus*	2
					香石竹潜隐病毒属 *Carlavirus*	74
					凹陷病毒属 *Foveavirus*	13
					锈斑驳病毒属 *Robigovirus*	5

续表

基因组	目	亚目	科	亚科	属/亚属	种数
				五基因病毒亚科 *Quinvirinae*	甘蔗条点病毒属 *Sustrivirus*	1
					未归属	1
正义单链 RNA	芜菁黄花叶病毒目 *Tymovirales*	—	乙型线状病毒科 *Betaflexiviridae*	三基因病毒亚科 *Trivirinae*	发样病毒属 *Capillovirus*	8
					弦状病毒属 *Chordovirus*	4
					柑橘病毒属 *Citrivirus*	2
					簇叶兰 A 病毒属 *Divavirus*	3
					李病毒属 *Prunevirus*	4
					美洲茶藨子 A 病毒属 *Ravavirus*	1
					马铃薯 T 病毒属 *Tepovirus*	5
					纤毛病毒属 *Trichovirus*	10
					葡萄病毒属 *Vitivirus*	19
					西瓜 A 病毒属 *Wamavirus*	1
			芜菁黄花叶病毒科 *Tymoviridae*	—	葡萄斑点病毒属 *Maculavirus*	1
					玉米雷亚朵非纳病毒属 *Marafivirus*	12

续表

基因组	目	亚目	科	亚科	属/亚属	种数
正义单链 RNA	芜菁黄花叶病毒目 *Tymovirales*	—	芜菁黄花叶病毒科 *Tymoviridae*	—	芜菁黄花叶病毒属 *Tymovirus*	30
					未归属	1
	类番茄丛矮病毒目 *Tolivirales*	—	番茄丛矮病毒科 *Tombusviridae*	裸露病毒亚科 *Calvusvirinae*	幽影病毒属 *Umbravirus*	11
				通读病毒亚科 *Procedovirinae*	甲型香石竹斑驳病毒属 *Alphacarmovirus*	8
					甲型坏死病毒属 *Alphanecrovirus*	4
					绿萝病毒属 *Aureusvirus*	6
					燕麦病毒属 *Avenavirus*	1
					乙型香石竹斑驳病毒属 *Betacarmovirus*	4
					乙型坏死病毒属 *Betanecrovirus*	3
					牛膝菊花叶病毒属 *Gallantivirus*	1
					丙型香石竹斑驳病毒属 *Gammacarmovirus*	4
					马卡纳病毒属 *Macanavirus*	1
					玉米褪绿斑驳病毒属 *Machlomovirus*	1
					黍花叶病毒属 *Panicovirus*	3

续表

基因组	目	亚目	科	亚科	属/亚属	种数
正义单链 RNA	类番茄丛矮病毒目 *Tolivirales*	—	番茄丛矮病毒科 *Tombusviridae*	通读病毒亚科 *Procedovirinae*	天竺葵环斑病毒属 *Pelarspovirus*	8
					番茄丛矮病毒属 *Tombusvirus*	17
					胡枝子病毒属 *Tralespevirus*	2
					玉米病毒属 *Zeavirus*	1
					未归属	5
				后移码病毒亚科 *Regressovirinae*	香石竹环斑病毒属 *Dianthovirus*	3
					黄症毒属 *Luteovirus*	14
	栗疫病菌病毒目 *Cryppavirales*	—	线粒体病毒科 *Mitoviridae*	—	乙型线粒体病毒属 *Duamitovirus*	9
	诺顿辛德病毒目 *Norzivirales*	—	阿特金斯病毒科 *Atkinsviridae*	—	Barche 病毒属 *Barchevirus*	1
					Birfo 病毒属 *Birfovirus*	1
			杜因病毒科 *Duinviridae*	—	Derli 病毒属 *Derlivirus*	1
			菲尔斯病毒科 *Fiersviridae*	—	Chahsmi 病毒属 *Chahsmivirus*	1
					Decade 病毒属 *Decadevirus*	1
					Fulbrou 病毒属 *Fulbrouvirus*	1

续表

基因组	目	亚目	科	亚科	属/亚属	种数
正义单链 RNA	诺顿辛德病毒目 *Norzivirales*	—	菲尔斯病毒科 *Fiersviridae*	—	Galoyca 病毒属 *Galoycavirus*	1
					Giydo 病毒属 *Giydovirus*	1
					Grandpo 病毒属 *Grandpovirus*	1
					Greate 病毒属 *Greatevirus*	1
					Greatpa 病毒属 *Greatpavirus*	1
					Greha 病毒属 *Grehavirus*	1
					Grendo 病毒属 *Grendovirus*	1
					Haeldo 病毒属 *Haeldovirus*	1
					Hahmbto 病毒属 *Hahmbtovirus*	1
					Hampda 病毒属 *Hampdavirus*	1
					Hampto 病毒属 *Hamptovirus*	1
					Helfo 病毒属 *Helfovirus*	1
					Hirbaro 病毒属 *Hirbarovirus*	1
					Jiesdua 病毒属 *Jiesduavirus*	1

续表

基因组	目	亚目	科	亚科	属/亚属	种数
正义单链 RNA	诺顿辛德病毒目 *Norzivirales*	—	菲尔斯病毒科 *Fiersviridae*	—	Kegho 病毒属 *Keghovirus*	1
					Koteshe 病毒属 *Koteshevirus*	6
					Kungsne 病毒属 *Kungsnevirus*	1
					Lohngko 病毒属 *Lohngkovirus*	3
					Longma 病毒属 *Longmavirus*	2
					Longo 病毒属 *Longovirus*	1
					Lutha 病毒属 *Luthavirus*	1
					Mahqea 病毒属 *Mahqeavirus*	3
					Mihkro 病毒属 *Mihkrovirus*	3
					Sambue 病毒属 *Sambuevirus*	1
					Shiho 病毒属 *Shihovirus*	1
					Troti 病毒属 *Trotivirus*	1
					Vohsua 病毒属 *Vohsuavirus*	2
			索斯皮病毒科 *Solspiviridae*	—	Wehlfu 病毒属 *Wehlfuvirus*	1

续表

基因组	目	亚目	科	亚科	属/亚属	种数
正义单链RNA	诺顿辛德病毒目 *Norzivirales*	—	索斯皮病毒科 *Solspiviridae*	—	Weothli 病毒属 *Weothlivirus*	1
					Whahdca 病毒属 *Whahdcavirus*	1
					Witiro 病毒属 *Witirovirus*	1
	蒂莫西勒布病毒目 *Timlovirales*	—	施泰茨病毒科 *Steitzviridae*	—	Wolvi 病毒属 *Wolvivirus*	1
	类欧尔密病毒目 *Ourlivirales*	—	灰霉欧尔密病毒科 *Botourmiaviridae*	—	稻瘟菌类欧尔密病毒属 *Magoulivirus*	1
					欧尔密病毒属 *Ourmiavirus*	3
					青霉类欧尔密病毒属 *Penoulivirus*	1
总计						2128

注：此表相关数据来源于 ICTV 官网（https://ictv.global/taxonomy/、https://ictv.global/msl、https://ictv.global/vmr），鉴于病毒属（genus）与亚属（subgenus）的学名结尾均为“*-virus*”，本表中用星号（*）表示亚属；每个属内的病毒种数包括其下辖亚属的病毒种数。植物病毒普通名称与其种名的对应关系，可通过网址 https://ictv.global/vmr 下载最新的“VMR_MSL39_v1.xlsx”数据包查找。“—”表示尚未归入相关分类阶元

二、植物亚病毒的分类系统

2023 版病毒分类系统中，植物亚病毒包括类病毒及病毒卫星共 265 种，其中，类病毒的最高分类阶元为科，共 2 科、8 属、45 种（表 2-5）。病毒卫星又分为卫星病毒与卫星核酸，卫星病毒的最高分类阶元为域，即 RNA 病毒域，但除域和属这两个阶元外，尚未进一步细化至更具体的分类阶元。目前，卫星病毒共划分为 4 属、6 种（表 2-6）。卫星核酸分为卫星 RNA 与卫星 DNA。当前，卫星 RNA 尚未正式纳入病毒的分类体系中。过去，卫星 RNA 曾被归类于单链卫星 RNA 亚组，其中包含多个具有代表性的种类。例如，以番茄黑环病毒卫星 RNA 为代表的大单链卫星 RNA 有 10 种，以黄瓜花叶病毒卫星 RNA 为代表的小线状单链卫星 RNA 有 10 种，以烟草环斑病毒卫星 RNA 为代表的环状单链卫星 RNA 有 9 种[曾被称为“拟病毒”（virusoid）]。卫星 DNA 的最高分类阶元也是科，共 2 科、3 亚科、

18 属、214 种（表 2-6）。

表 2-5　类病毒的科和属列表（ICTV，2023）

科	属	种数
鳄梨日斑类病毒科 *Avsunviroidae*	鳄梨日斑类病毒属 *Avsunviroid*	1
	茄潜隐类病毒属 *Elaviroid*	1
	桃潜隐花叶类病毒属 *Pelamoviroid*	3
马铃薯纺锤块茎类病毒科 *Pospiviroidae*	苹果锈果类病毒属 *Apscaviroid*	19
	椰子死亡类病毒属 *Cocadviroid*	4
	锦紫苏类病毒属 *Coleviroid*	5
	啤酒花矮化类病毒属 *Hostuviroid*	2
	马铃薯纺锤块茎类病毒属 *Pospiviroid*	10
总计		45

注：此表相关数据来源于 ICTV 官网（https://ictv.global/taxonomy/、https://ictv.global/msl、https://ictv.global/vmr），类病毒普通名称与其种名的对应关系，可通过网址 https://ictv.global/vmr 下载最新的“VMR_MSL39_v1.xlsx”数据包查找

表 2-6　植物病毒卫星的域、科、亚科、属列表（ICTV，2023）

基因组核酸类型	域	科	亚科	属	种数
卫星病毒（正义单链 RNA）	RNA 病毒域 *Riboviria*	—	—	烟草坏死卫星病毒属 *Albetovirus*	3
				绿萝玉米卫星病毒属 *Aumaivirus*	1
				黍花叶卫星病毒属 *Papanivirus*	1

续表

基因组核酸类型	域	科	亚科	属	种数
卫星病毒（正义单链RNA）	RNA 病毒域 *Riboviria*	—	—	烟草花叶卫星病毒属 *Virtovirus*	1
卫星 DNA（单链 DNA）	—	甲型卫星科 *Alphasatellitidae*	双生病毒甲型卫星亚科 *Geminialphasatellitinae*	新加坡胜红蓟黄脉甲型卫星属 *Ageyesisatellite*	2
				白花菜皱叶甲型卫星属 *Clecrusatellite*	15
				棉曲叶甲型卫星属 *Colecusatellite*	27
				黄褐棉无症甲型卫星属 *Gosmusatellite*	8
				粉虱卫星属 *Whiflysatellite*	1
			矮缩病毒甲型卫星亚科 *Nanoalphasatellitinae*	三叶草矮化甲型卫星属 *Clostunsatellite*	5
				蚕豆坏死黄化甲型卫星属 *Fabenesatellite*	1
				紫云英甲型卫星属 *Milvetsatellite*	1
				紫云英矮缩甲型卫星属 *Mivedwarsatellite*	7
				槐树黄矮甲型卫星属 *Sophoyesatellite*	2
				地三叶草甲型卫星属 *Subclovsatellite*	4
			多年生热带单子叶植物甲型卫星亚科 *Petromoalphasatellitinae*	香蕉束顶甲型卫星属 *Babusatellite*	1
				椰子甲型卫星属 *Cocosatellite*	4
				椰肉甲型卫星属 *Coprasatellite*	1

续表

基因组核酸类型	域	科	亚科	属	种数
卫星 DNA（单链 DNA）	—	甲型卫星科 *Alphasatellitidae*	多年生热带单子叶植物甲型卫星亚科 *Petromoalphasatellitinae*	印度椰肉甲型卫星属 *Kobbarisatellite*	1
				香蕉小豆蔻甲型卫星属 *Muscarsatellite*	3
		番茄曲叶病毒卫星科 *Tolecusatellitidae*	—	乙型卫星属 *Betasatellite*	119
				丁型卫星属 *Deltasatellite*	12
总计					220

注：此表相关数据来源于 ICTV 官网（https://ictv.global/taxonomy/、https://ictv.global/msl、https://ictv.global/vmr），植物病毒卫星普通名称与其种名的对应关系，可通过网址 https://ictv.global/vmr 下载最新的“VMR_MSL39_v1.xlsx”数据包查找。“—”表示尚未归入相关分类阶元

小　结

病毒分类和命名是病毒学的重要组成部分，对整个病毒学的发展和利用都具有重要意义。病毒的分类与命名在国际病毒分类委员会（ICTV）的统一领导下进行，ICTV是对病毒进行分类和命名的权威学术机构。ICTV执行委员会负责制订、完善、审查、批准和核准病毒种及更高分类阶元的分类和命名，并定期出版或发布《ICTV病毒分类与命名报告》及病毒分类数据库。ICTV分别于1971年、1976年、1979年、1982年、1991年、1995年、2000年、2005年和2011年共发布了9版纸质版的《ICTV病毒分类与命名报告》。自2017年起，ICTV主要通过其官网（http://ictv.global）动态在线更新ICTV报告和病毒分类数据库。

病毒分类与命名经历了早期个体研究时期、国际协作期等几个发展阶段。传统的病毒5级分类系统（目、科、亚科、属、种），自1971年起一直沿用至2017年。2020年4月，ICTV发布的2019版病毒分类和命名系统，废除5级病毒分类体系，正式采用15级病毒分类阶元，将病毒分类阶元的最高等级定为域，按域、亚域、界、亚界、门、亚门、纲、亚纲、目、亚目、科、亚科、属、亚属和种进行分类。其中，域、界、门、纲、目、科、属、种8个分类阶元为主要等级，其余7个为衍生等级。

病毒的分类遵循稳定性、实用性、认可性和灵活性原则，分类标准主要包括病毒的粒子特性、生物学特性、抗原性质、基因组特性、基因组结构和复制特性及蛋白质特性等。与其他微生物不同，病毒的命名长期以来并未严格遵循拉丁双名法的原则，且病毒的命名也没有遵循优先法则。自2019版病毒分类和命名系统起，要求病毒种名均需遵循双名法拉

丁化命名规则，并详细规定了病毒与亚病毒各分类阶元的命名规则，以及病毒种名（学名）的命名规则。ICTV规定病毒各阶元的书写体均用斜体，且第一个字母需大写；病毒的名称分为种名（学名）和普通名称（俗名），所有病毒的学名采用双名法，即“病毒属名+种加词”。病毒的学名不缩写，但普通名称可用缩写。

2023版病毒分类和命名系统共认定病毒及亚病毒14 690种，大部分病毒及亚病毒归入6域、10界、18门、2亚门、41纲、81目、11亚目、314科、200亚科、3522属、84亚属，另有1纲、22科、2属共计636种病毒及亚病毒尚未归到域，目前也没有合适的上一级分类阶元。植物病毒及植物亚病毒共2393种，其中植物病毒2128种，被归入2域、3界、7门、2亚门、16纲、25目、1亚目、51科、10亚科、216属、5亚属，这些植物病毒主要分布于RNA病毒域和单链DNA病毒域。植物亚病毒包括类病毒及病毒卫星共265种，其中，类病毒的最高分类阶元为科，共2科、8属、45种；病毒卫星中的卫星病毒的最高分类阶元为域，卫星病毒共划分为4属、6种，除了域和属这两个阶元外，尚未进一步细化至更具体的分类阶元。病毒卫星中的卫星RNA尚未正式纳入病毒的分类体系中，卫星DNA的最高分类阶元仅到科，共划分为2科、3亚科、18属、214种。

复习思考题

1. 国际病毒分类委员会的职责有哪些？
2. 请根据病毒分类与命名的历史进程，分析病毒研究的发展趋势。
3. 最新的15级病毒分类系统里包含了哪些分类阶元？
4. 病毒的分类需要遵循的原则和依据有哪些？
5. 2023版病毒分类系统共有多少种植物病毒及植物亚病毒？分别被归入哪些分类阶元？

主要参考文献

范在丰. 2023. 病毒分类与命名的新规则//韩成贵, 李向东. 中国植物病理学会 2023 年学术年会论文集: 415.

洪健, 谢礼, 张仲凯, 等. 2021. ICTV 最新十五级分类阶元病毒分类系统中的植物病毒. 植物病理学报, 51(2): 143-162.

谢联辉. 2022. 植物病原病毒学. 2 版. 北京: 中国农业出版社.

谢联辉, 林奇英. 2011. 植物病毒学. 3 版. 北京: 中国农业出版社.

R. 赫尔. 2007. 马修斯植物病毒学. 4 版. 范在丰, 李怀芳, 韩成贵, 等译校. 北京: 科学出版社.

Enespa, Chandra P, Awasthi L P. 2020. Chapter 29 - Plant virus taxonomy//Awasthi LP. Applied Plant Virology. Oxford: Academic Press: 421-434.

Fauquet C M. 2008. Taxonomy, classification and nomenclature of viruses// Mahy B W J, van

Regenmortel M H V. Encyclopedia of Virology. 3rd ed. Oxford: Academic Press: 9-23.

International Committee on Taxonomy of Viruses Executive Committee. 2020. The new scope of virus taxonomy: partitioning the virosphere into 15 hierarchical ranks. Nature Microbiology, 5: 668-674.

Krupovic M, Kuhn J H, Wang F, et al. 2021. *Adnaviria*: a new realm for archaeal filamentous viruses with linear A-form double-stranded DNA genomes. Journal of Virology, 95: e0067321.

Lefkowitz E J, Dempsey D M, Hendrickson R C, et al. 2018. Virus taxonomy: the database of the international committee on taxonomy of viruses (ICTV). Nucleic Acids Research, 46(Database issue): D708-D717.

Sanfaçon H, Dasgupta I, Fuchs M, et al. 2020. Proposed revision of the family Secoviridae taxonomy to create three subgenera, "Satsumavirus", "Stramovirus" and "Cholivirus", in the genus *Sadwavirus*. Archives of Virology, 165: 527-533.

Siddell S G, Smith D B, Adriaenssens E, et al. 2023. Virus taxonomy and the role of the international committee on taxonomy of viruses (ICTV). Journal of General Virology, 104: 001840.

Zerbini F M, Siddell S G, Mushegian A R, et al. 2022. Differentiating between viruses and virus species by writing their names correctly. Archives of Virology, 167: 1231-1234.

第三章 植物病毒所致病害及特征

本章要点

1. 了解植物病毒病的危害性。
2. 掌握植物病毒病的外部症状类型及症状的复杂性。
3. 了解测定植物病毒寄主范围的意义。

本章数字资源

植物病毒侵染寄主植物后可诱发一系列的宏观或微观症状，在无明显症状和植株死亡两种极端情况之间表现出多种症状类型，给作物生产造成严重损失。病毒种类、复合侵染、侵染时期、环境条件等因素的影响，使得病毒病症状表现更加复杂。明确病毒症状和寄主范围，有助于认识植物病毒在农业生产中的经济重要性。本章将介绍植物病毒造成的经济损失、引起的症状及其寄主范围。

第一节 植物病毒造成的经济损失

病毒、真菌、卵菌、细菌、植原体和线虫等各种病原侵染植物引起的植物病害，每年造成全球农作物产量损失高达 40%，带来超过 2200 亿美元的经济损失，其中约一半植物病害的发生与病毒相关。植物病毒可通过种子等繁殖材料、昆虫介体、贸易和人类活动等多种途径在全球范围内广泛传播，严重威胁全球粮食安全、经济发展和社会稳定。迄今为止，已有 2128 种不同类型的植物病毒被报道，随着病毒鉴定和诊断技术不断发展，这一数字还将持续增加。目前，世界上大多数已知的植物病毒在我国均有发生。

一、水稻病毒病

水稻在其生长发育过程中经常面临各种病毒的危害。我国水稻上已发现的病毒包括水稻矮缩病毒（rice dwarf virus，RDV）、水稻瘤矮病毒（rice gall dwarf virus，RGDV）、水稻黑条矮缩病毒（rice black-streaked dwarf virus，RBSDV）、水稻条纹病毒（rice stripe virus，RSV）、南方水稻黑条矮缩病毒（southern rice black-streaked dwarf virus，SRBSDV）、水稻

白叶病毒（rice hoja blanca virus，RHBV）、水稻草状矮化病毒（rice grassy stunt virus，RGSV）、水稻黄矮病毒（rice yellow stunt virus，RYSV）、水稻东格鲁杆状病毒（rice tungro bacilliform virus，RTBV）、水稻东格鲁球状病毒（rice tungro spherical virus，RTSV）、水稻黄斑驳病毒（rice yellow mottle virus，RYMV）、水稻坏死花叶病毒（rice necrosis mosaic virus，RNMV）、水稻条纹花叶病毒（rice stripe mosaic virus，RSMV）、水稻病毒 A（rice virus A，RVA）、水稻齿叶矮缩病毒（rice ragged stunt virus，RRSV）等十余种。一些病毒对水稻生产已造成严重损失，如 RSV 在 2001～2011 年持续流行，重病年份发病面积占水稻种植面积 57%以上，造成数十万亩水稻绝收，弃耕弃种现象屡有发生（Xu et al.，2021）；由 SRBSDV 引起的水稻矮缩病在江西、湖南、广东和海南等省份导致超过 30 万 hm^2 的水稻受害，其中有约 6500hm^2 的水稻完全失收，给农业生产造成巨大损失（张彤和周国辉，2017）；RGDV 于 1980 年在泰国中部首次被发现后，在中国的广东、广西、福建等地相继被报道，发病率最高可达 30%；RDV 在福建、云南等水稻种植区时有发生。

二、麦类病毒病

由小麦黄花叶病毒（wheat yellow mosaic virus，WYMV）和中国小麦花叶病毒（Chinese wheat mosaic virus，CWMV）引起的小麦土传病毒病是我国冬小麦上发生的最重要的病毒病，发病田小麦减产 10%～20%，给我国小麦生产造成了严重损失（Yang et al.，2022）。大麦黄矮病毒（barley yellow dwarf virus，BYDV）在全世界小麦、大麦和燕麦等谷物上发生普遍，BYDV 发病率每增加 1%，小麦产量损失可增加 13～25 kg/hm^2，平均产量损失为 11%～33%，损失率可高达 80%（McKirdy et al.，2002）。

三、玉米病毒病

玉米致死性坏死病（maize lethal necrosis disease，MLND）是由玉米褪绿斑驳病毒（maize chlorotic mottle virus，MCMV）与小麦线条花叶病毒（wheat streak mosaic virus，WSMV）、玉米矮花叶病毒（maize dwarf mosaic virus，MDMV）、甘蔗花叶病毒（sugarcane mosaic virus，SCMV）等病毒复合侵染引起的病害，能使玉米产量损失高达 90%，是玉米生产中最具毁灭性的病毒病害（张超等，2017）。MLND 最初于 1977 年在美国被报道，2010 年前后，MLND 在撒哈拉以南非洲地区的玉米上大面积流行，毁灭了近 120 万 hm^2 的玉米作物（Mahuku et al.，2015）。2012 年肯尼亚 MLND 发生率为 22.1%，造成玉米减产 12.6 万 t，产量损失高达 90%，折合经济损失 5200 万美元。

四、马铃薯病毒病

我国马铃薯病毒所致的病害发生非常严重，主要包括马铃薯卷叶病毒（potato leaf roll virus，PLRV）、马铃薯 S 病毒（potato virus S，PVS）、马铃薯 X 病毒（potato virus X，PVX）、马铃薯 Y 病毒（potato virus Y，PVY），其中 PVX 和 PVY 分别是中国南方和北方马铃薯上最常见的病毒，发生最严重时可致马铃薯减产 90%以上（吴兴泉等，2011）。

五、甘薯病毒病

我国甘薯上发生的病毒主要为甘薯羽状斑驳病毒（sweet potato feathery mottle virus，SPFMV）、甘薯G病毒（sweet potato virus G，SPVG）、甘薯C病毒（sweet potato virus C，SPVC）和甘薯潜隐病毒（sweet potato latent virus，SPLV）等（乔奇等，2012）。甘薯属无性繁殖作物，生产过程中一旦感染病毒就会造成病毒积累并继代传染，导致严重的产量损失。在我国安徽、山东、北京、江苏等地，病毒病导致的甘薯产量损失严重时可达50%以上，经济损失约达40亿元人民币（姜珊珊等，2017）。

六、棉花病毒病

近年来棉花产业面临棉花曲叶病（cotton leaf curl disease，CLCuD）的严重影响，CLCuD是世界棉花产业中最重要的病害之一，每年对巴基斯坦和印度棉花产业造成高达80%～87%的产量损失，经济损失达10亿美元以上。CLCuD由烟粉虱传播的木尔坦棉花曲叶病毒（cotton leaf curl Multan virus，CLCuMuV）等多种双生病毒侵染引起。2006年，CLCuMuV在我国广东省被首次发现后已扩散到我国东南沿海多地，侵染棉花和其他多种锦葵科观赏性园艺植物，对我国棉花生产构成潜在威胁。

七、油菜病毒病

油菜病毒病的病原主要包括芜菁花叶病毒（turnip mosaic virus，TuMV）、黄瓜花叶病毒（cucumber mosaic virus，CMV）、烟草花叶病毒（tobacco mosaic virus，TMV）和油菜花叶病毒（youcai mosaic virus，YoMV）（刘勇等，2019）。TuMV是我国十字花科蔬菜病毒病的重要病原，在大部分地区均有发生，可引起萝卜花叶病、大白菜孤丁病、榨菜缩叶病、温州盘菜病毒病和油菜花叶病等。在大白菜上TuMV侵染引起的病毒病常年发病率为10%～30%，严重的高达80%～90%。在我国长江中下游，TuMV引起的油菜病毒病一般造成油菜减产达20%～30%，大流行年份高达50%。

八、柑橘病毒病

柑橘衰退病毒（citrus tristeza virus，CTV）是我国柑橘病毒病的主要病原之一，其中，CTV茎陷点株系对我国柑橘产业危害最为严重。柑橘碎叶病毒（citrus tatter leaf virus，CTLV）曾在多个柑橘主产国暴发（张艳慧等，2017）。柑橘黄化脉明病毒（citrus yellow vein clearing virus，CYVCV）可引起柠檬（*Citrus limon*）和酸橙（*C. aurantium*）严重的叶片叶脉黄化和明脉等症状，目前已在我国云南、重庆等多地的柑橘上造成严重危害（Zhou et al.，2017）。

九、香蕉病毒病

香蕉病毒病的病原主要有香蕉束顶病毒（banana bunchy top virus，BBTV）、香蕉线条病毒（banana streak virus，BSV）、CMV等。20世纪80年代末至90年代中期，BBTV在福建省漳州市芗城区的蕉园大发生，发病率高达70%～80%，对当地香蕉生产造成重大损失。在我国海南省，连作的蕉园香蕉病毒病发病率可达20%以上。

十、番茄病毒病

番茄经常遭受多种植物病毒的危害，目前至少有22科39属的312种病毒或类病毒能够侵染番茄，其中番茄黄化曲叶病毒（tomato yellow leaf curl virus，TYLCV）是影响世界热带、亚热带和温带地区番茄（*Solanum lycopersicum*）作物的最具破坏性的病毒之一。TYLCV最早于20世纪20年代后期在约旦河谷严重暴发，2006年在我国上海的番茄上被发现，该病毒来势猛、传播快、流行性强，可迅速在全国范围内蔓延为害。2010年我国番茄黄化曲叶病毒病发生面积超过6.7万hm^2，经济损失超过20亿元（周雪平等，2014）。番茄褪绿病毒（tomato chlorosis virus，ToCV）是危害番茄生产的重要病毒之一，可侵染茄科、十字花科等13个科的30多种植物，目前在我国多地被报道，在局部地区甚至造成了番茄绝产（周涛等，2014）。番茄斑萎病毒（tomato spotted wilt virus，TSWV）能侵染15科的单子叶植物和69科的双子叶植物，寄主范围非常广泛。2000年以后，TSWV在云南多种作物上暴发成灾，目前TSWV已在我国多地的茄科、葫芦科和豆科蔬菜作物上广泛发生，已造成部分地区番茄绝产。番茄褐色皱果病毒（tomato brown rugose fruit virus，ToBRFV）于2019年首次在我国山东禹城被发现，现已在我国多地发生。ToBRFV可通过种子传播，发生蔓延的速度极快，需要加强检疫和监测预警，防止进一步扩散和蔓延（杨秀玲等，2023）。

第二节 植物病毒引起的症状

植物病毒是一类形态微小且不具有细胞结构的活体寄生物，它们在植物细胞中完全依赖于寄主细胞的物质和能量进行复制增殖，同时对植物正常生理功能造成破坏。植物病毒侵染引起植物生长严重异常是影响其产量和品质并导致经济损失的直接原因。在一定的环境条件下，植物病毒侵染导致植物的正常生理活动受到干扰，使寄主外部生长发育或内部组织和细胞呈现异常状态，称为症状（symptom）。由于病毒的侵染方式较为特殊，其引起的症状也往往复杂多变。一些病毒导致植物叶片出现黄化、卷曲或畸形，而有些病毒导致植物出现生长迟缓、开花异常等症状。根据症状是否肉眼可见，将其分为外部症状和内部症状。

一、外部症状

外部症状也称作宏观症状，是指病毒侵染造成植物体外表产生可直接观察到的异常表现。这些症状通常呈现一定的稳定性，即特定病毒在侵染特定种类或相近种类的寄主植物时，在相同的环境条件下往往会诱导植物表现出相同或相似的症状。因此，在命名病毒时，我们常常会根据病毒在其主要寄主或首次描述该病毒寄主上产生的外部症状来命名，这样有助于更直观地了解该病毒对植物造成的影响。

植株生长发育受损是病毒侵染植物后对其造成的最为常见的影响。在受到“隐性”或“潜伏性”病毒系统侵染的情况下，植物虽然不表现出明显的外在症状，但也会出现一些不易察觉的生长迟缓现象。这些生长发育的微妙变化，虽然不易被肉眼察觉，但却对植物的整体健康和生长潜力造成了潜在的影响。具体来说，植株生长发育受损的主要表现包括多个方面，如节间长度减少导致植物呈现矮缩状态，这是病毒侵染植物后引起植物生长发育不良的一个典型特征。叶片的大小和数量也会受到影响，通常表现为叶片变小、数量减少，直接影响植物的光合作用能力和营养积累。对于通过营养繁殖的苗木，病毒侵染还可能导致其扦插生根数减少。此外，病毒侵染还可能影响植物的繁殖器官，如种球会变小，果实或种子也可能变小，进而导致产量下降和品质降低。病毒侵染还可能导致花粉败育、坐果率低或种子败育等问题，严重威胁植物的繁殖能力。

（一）症状类型

1. 花叶及相关症状类型　花叶是植物病毒侵染最普遍和明显的部位之一，主要表现为受病毒侵染的植物叶片出现色泽不均匀的状态或呈现浅绿与深绿区域镶嵌的症状。在不同的病毒-寄主组合、不同的植物组织部位中花叶症状的具体表现存在很大差异。

（1）花叶（mosaic）　叶片呈现不规则轮廓的不同颜色区域，由深绿与浅绿或黄绿色交织而成，颜色对比显著，不同颜色区域之间的连接处差异分明，如同叶绿体遗传缺陷所产生的表型（图 3-1 A）。

（2）斑驳（mottle）　表现为边界模糊的深色与浅色区域呈块状或圆形斑彼此相连的症状（图 3-1 B）。常见于双子叶植物的叶片、花或果实，在单子叶植物上也可出现。

（3）镶脉（沿脉变色）（vein banding）　叶脉两侧出现显著的褪绿或增绿现象，导致叶脉尤为突出（图 3-1 C），因此也称为沿脉变色或脉带。

（4）明脉（vein-clearing）　表现为叶脉部分的颜色变淡，呈现出淡黄色或与周围叶肉组织形成鲜明对比的清晰脉络（图 3-1 D），一般出现时间较短，是植物病毒系统侵染后最初的一种症状表现。

（5）碎色（colour breaking）　病毒侵染的花瓣上出现色斑、条纹或有别于正常颜色的色块，使花瓣的色彩变得杂乱无章，被称为“碎色”或“碎锦”（图 3-1 E）。碎色通常伴随着叶部的花叶或线条症状。

（6）条纹、线条与条点　在单子叶植物中，病毒侵染后在平行叶脉间形成比周围叶片颜色更淡的浅绿、黄色或白色，或长或短的条纹（stripe），以及由细而短的条或点连成的线条（streak）或虚线样条点（striate）（图 3-1 F）。在某些情况下，这些条纹甚至可能形成具有尖角的梭状条斑。

（7）褪绿斑（chlorotic spot）　褪绿斑指全叶片或果实上呈现近圆形和大小不一的褪绿斑点（图 3-1 G）。

图 3-1　植物病毒侵染引起的花叶及相关症状（Wu et al.，2018）

A. 烟草花叶病毒侵染烟草引起的花叶症状；B. 辣椒轻斑驳病毒侵染辣椒引起的斑驳症状（李凡提供）；C. 南瓜叶片的镶脉症状；D. 柑橘黄化明脉病毒侵染柑橘引起的明脉症状（曹孟籍提供）；E. 郁金香碎色病；F. 水稻条纹病毒侵染水稻引起的条纹症状；G. 莴苣叶片的褪绿斑症状

2. 环斑（ring spot）　叶片或茎部出现同心环和不规则线条，这种现象在果实上也时有发生，被称为环斑。这些线条可能是由褪色黄化的组织构成，也可能是细胞死亡造成的蚀刻效果，多数为褪色环，也有变色环。此外，环斑症状不局限于叶片和茎部，其他植物器官也可能受到影响。环斑类症状可细分为环斑、环纹和线纹三种主要类型：环斑表现为完整的全环或多个同心环，形状呈圆形或不规则形（图 3-2）；环纹（ring line）表现为未封闭的环，通常几个不完整环彼此相连；线纹（line pattern）表现为不成环，在叶片上由不规则线条相连形成。

图 3-2　烟草环斑病毒侵染烟草引起的环斑症状

3. 发育畸形（developmental malformation）　受病毒侵染的植物通常较正常植株小。此外还可能表现一系列发育异常的现象，包括叶、花、枝和果实等器官的畸形。这些畸形现象是病毒对植物正常生长机制造成干扰的直接体现。

（1）矮化（stunt）　受病毒侵染的植株枝、叶等器官的生长发育均受阻，各器官受害程度和减少比例相仿（图 3-3）。

（2）矮缩（dwarf）　指植株茎秆或叶柄的发育受阻导致植株矮小的同时伴随枝叶卷缩，植株整体不成比例地变小（图 3-4）。

图 3-3　大麦黄矮病毒侵染小麦引起的矮化症状

左．健株；右．病株

图 3-4　南方水稻黑条矮缩病毒侵染水稻引起的矮缩症状（Wu et al.，2013）

左．健株；右．病株

（3）畸叶（distorting leaf）　叶片发育受到严重抑制，导致叶片变细、变窄或变长，类似蕨类植物叶片，有的则变粗、变短，像鼠尾状（图 3-5）。

（4）卷叶（leaf roll）　指叶片上卷或下卷，纵卷或横卷（图 3-6）。

图 3-5　番茄病毒病畸叶症状（Martins et al.，2021）

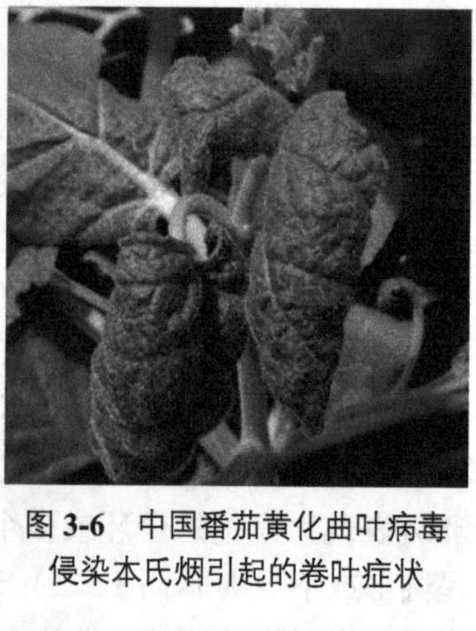

图 3-6　中国番茄黄化曲叶病毒侵染本氏烟引起的卷叶症状

（5）疱斑（puckered）　具有花叶症状的叶片表现出表面不平、厚度不均的特点。其中，深绿色区域可能因凸起而呈现出疱状斑，使得叶片形态不规则并发生扭曲。

（6）耳突（enation）　叶片上或下表面出现生长异常物，其形态多样，包括组织轻微隆起、较大的不规则叶状结构及长丝状突起（图 3-7）。这种异常生长通常与叶脉韧皮部的增生有关。

（7）皱缩（shrink/crinkle/crumple）　叶面褶皱高低不平，往往导致叶面积减少。

（8）丛顶（bushy top）　主要表现为病株严重矮化，顶芽生长受抑制，侧芽丛生有丛枝症状（图 3-8）。

（9）丛簇（rosette）　草本植物从根茎部位或其他的生长点部位生长出众多的分蘖。

（10）茎沟（stem groove）　在树皮下出现的小而凹陷的条状斑纹。

（11）畸果（distorting fruit）　果实出现异常的形态变化。

图 3-7　中国番茄黄化曲叶病毒侵染烟草引起的耳突症状

图 3-8　烟草丛顶病毒侵染烟草引起的丛顶症状

（12）小果（little fruit）　病果相比正常果实更瘦小，有时其数量还会有所增加。

此外，植物病毒侵染所导致的植物发育畸形还包括肿枝、扁枝、肿胀、拐节、花变叶等不常见的症状。

4. 变色（discolouration）　叶片局部或整体色彩发生转变，如失去绿色，转为黄色、橙色、红色、紫色，甚至变为深沉的墨绿色（图 3-9）。此外，这种色彩变化有时也可见于花瓣、果实及种子上。不同于花叶症状，无论是局部或整体的变色，通常都不表现出深色与浅色镶嵌的现象。

图 3-9　甜菜黄化病毒侵染甜菜引起的变色症状

5. 坏死（necrosis）　一些病毒在侵染植物后导致植物某些组织、器官或整株植物死亡，植物出现坏死症状。具体症状表现包括：在叶片上出现环状、环纹状或线纹状的坏死斑纹（图 3-10 A），叶脉组织或叶脉周边区域发生坏死（图 3-10 B），茎部或果实出现纵向或星状的坏死条纹及生长点坏死，随后引发植物系统性萎蔫直至死亡。

6. 萎蔫（wilt）　极少数病毒侵染会导致植株地上部组织出现类似于青枯病的萎蔫症状，在病害后期往往导致植株坏死（图 3-11）。

图 3-10 烟草蚀纹病毒（A）和马铃薯 Y 病毒（B）侵染烟草引起的坏死症状

图 3-11 蚕豆萎蔫病毒侵染蚕豆引起的萎蔫症状

（二）局部症状和系统症状

根据病毒侵染植物引发症状的区域及扩散特点，外部症状又可分为两大类：局部症状和系统症状。局部症状是指病毒仅在侵染部位或其附近区域引发症状，而系统症状则是指病毒在植物体内扩散导致整个植物体或大部分器官都出现症状。这些症状的差异不仅有助于我们识别病毒的种类，还能为病毒病的防治提供重要依据。

1. 局部症状 当病毒侵入寄主植物后，病毒仅存在于侵染点或其附近区域，导致症状仅在这些部位出现，而通常不扩散到植物的其他部位，被称为局部症状。在叶片侵入部位附近发生的局部病变，通常不会造成显著的经济损失，但却是生物学诊断病毒病的重要依据。局部症状主要有以下两种类型。

一是接种点坏死型，具体表现为接种点周围出现枯斑。这些枯斑的大小会因病毒种类与寄主植物之间的不亲和性组合而有所不同。有些坏死斑可能极其微小，而有些则可能形成大片不规则的褪绿或坏死区域。

二是环斑型，其特征是在接种点周围出现一圈或多圈坏死细胞，中间则是保持正常的绿色组织，整体呈现出同心圆的形状（图 3-12）。

2. 系统症状 系统症状是指病毒侵染寄主植物后在接种叶上并未产生显著的症状，但病毒会在植物体内扩散，进而在植物体内广泛分布，导致整个植物体或大部分器官都出现症状的现象（图 3-13）。这些症状往往涉及植物的多个部位和器官。

在特定的寄主植物与病毒组合中，系统症状通常不是以单一类型出现的，而是多种症状协同作用的结果。这些症状不仅涉及叶片的形态和颜色变化，还可能影响植物的生长速度和整体健康状况，往往呈现为一个连续发生的过程。

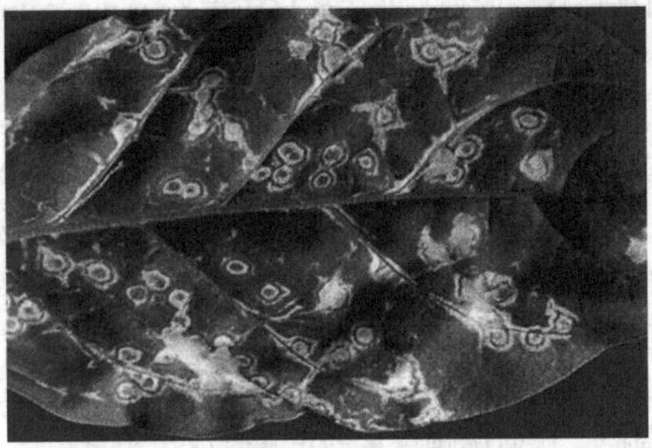

图 3-12 烟草环斑病毒侵染烟草引起的环斑症状

图 3-13 多种双生病毒复合侵染烟草引起的烟草曲叶病症状

二、内部症状

植物病毒侵染所导致的宏观症状也常常反映了植物体内的组织学和细胞学变化。通过植物病理解剖学手段，利用光学或电子显微镜观察到的患病组织或细胞内的病理变化，即为内部症状。

（一）组织学变化

1. 花叶组织病变 花叶和条纹组织病变是植物病毒病常见的表现形式。花叶病变在叶片上形成深浅不一的斑纹或斑块，病部与健康部位的界限清晰可辨，斑纹或斑块通常呈现黄白色。而条纹组织病变则表现为叶片、茎或果实上的条状变色，包括坏死斑、斑点和条纹等。这些病变往往是病毒干扰了植物的正常代谢过程，导致叶绿素的形成受阻或分布不均，从而引发组织结构和颜色的改变。TMV 作为此类病变的典型代表，其侵染机制涉及病毒蛋白与植物细胞内的叶绿体蛋白相互作用，导致叶绿体结构破坏和叶绿素合成受阻。此外，CMV 通过干扰植物激素平衡及基因表达调控也能引发类似症状，使得叶片呈现黄绿相间的斑驳与条纹。

2. 畸形组织病变 畸形组织病变是病毒侵染导致植物器官形态异常或生长异常的现象。这些病变可能包括茎节间缩短、植株矮化、生长点分化异常形成丛枝或丛簇、叶片局部细胞变形出现疱斑、卷曲及蕨叶等。这些畸形症状的出现，是病毒干扰了植物的正常代谢和激素平衡，导致植物生长发育出现紊乱。菊花矮化类病毒（chrysanthemum stunt viroid，CSVd）是引发此类病变的代表性病毒，其侵染过程能够影响生长素、细胞分裂素等激素的平衡，导致植株矮化、叶片变形和丛枝状生长。番茄丛矮病毒（tomato bushy stunt virus，TBSV）也能引发类似症状，其致病机制可能涉及病毒对植物激素受体的干扰，从而影响激素信号的正常转导。矮化病变是植物病毒病中常见的组织病变类型之一。这种病变主要表现为茎秆节间缩短，植物整体变得矮小。这是病毒干扰了植物的生长素合成或信号转导，导致植物的正常生长受到抑制。矮化病变不仅影响植物的外观，还可能降低植物的产量和品质，对农业生产造成显著影响。RDV 是引起水稻矮化的主要病毒之一，其侵染水稻过程中能够干扰生长素的合成与运输，导致茎秆节间缩短和植株矮化。此外，花生矮化病毒（peanut stunt virus，PSV）也能引发类似症状，其致病机制与病毒调控植物细胞周期和细胞分裂有关。

3. 变色组织病变 变色组织病变主要涉及植物叶片、花瓣等器官的颜色改变。这些病变可能表现为叶片黄化、褪绿、斑驳或出现其他异常颜色。这些变色现象通常是病毒破坏了植物叶绿素的合成或稳定性，导致叶片失去正常的绿色。此外，病毒还可能干扰植物的花青素合成，使花色发生异常变化。这些病变不仅影响植物的美观度，还可能影响植物的光合作用和生长发育。例如，CTV 是引发此类病变的病毒之一，其在侵染过程中能够干扰叶绿素的合成途径，导致叶片呈现黄化、斑驳等症状。TYLCV 同样能引发变色病变，其致病机制可能涉及病毒对植物色素合成基因的调控，从而影响色素的正常合成与积累。

4. 坏死组织病变 坏死组织病变是病毒侵染导致的细胞或组织死亡现象。在叶片、茎、果实等器官上，坏死病变表现为枯黄、褐色或凹陷的坏死斑、坏死环和坏死条纹。这些病变是植物对病毒侵染的过敏性反应，导致细胞大量死亡和组织坏死。在严重的情况下，坏死病变可能扩展至全株，使植物完全失去生长能力，对农业生产构成严重威胁。PVX 是导致此类病变的主要病毒之一，其侵染过程涉及病毒复制导致的细胞代谢异常和免疫系统过度反应，最终引发细胞死亡和坏死斑的形成。烟草坏死病毒（tobacco necrosis virus，TNV）同样能引发坏死病变，其致病机制可能与病毒蛋白激活植物细胞凋亡通路有关。

（二）细胞学变化

1. 内含体 一些植物病毒侵染植物后，可以在寄主细胞内产生一种由病毒粒子紧密排列所构成，或者由病毒与植物蛋白、线粒体或核糖体等共同构成的微小结构，这些结构具有侵染性，称为内含体。内含体可由病毒粒子组成，也可由病毒粒子整合植物细胞器或蛋白质等一起组成。

（1）晶体状内含体 在受侵染的植物细胞内，病毒颗粒会积累并在适当的条件下形成三维晶体阵列。有些晶体可以用光学显微镜观察，有些需要借助电子显微镜才能检测到。例如，在受 TMV 侵染的植物叶片黄绿色区域的叶毛和表皮细胞内几乎都含有晶体状内含体，而完全深绿色区域则不含。病毒颗粒最初在细胞质中以平行棒状小聚集物的形式出现，随后增大，甚至可能包含了植物内质网、线粒体甚至叶绿体。在光镜下，内含体通常呈纺锤状或带状，在电子显微镜下呈弯曲的曲线病毒层。许多具有二十面体对称结构的病毒，如 CMV，可以在感染细胞中形成晶体状内含体。

（2）风轮状内含体 马铃薯 Y 病毒属病毒在受感染细胞的细胞质中可形成特异性的圆柱形内含体。从横切面观察这些内含体，可见一个中心管连接反射状弯曲向外伸展的“臂”，像风车的形状，从不同角度进行观察，可以看到漩涡状、圆柱状、束状等不同的几何图案（图 3-14）。

（3）花椰菜花叶病毒属成员形成的内含体 在花椰菜花叶病毒属成员侵染的植物细胞质中，已经发现了两种形式的内含体（也称为病毒浆，viroplasm）：一种为电子致密型内含体，可能是病毒合成与装配的场所；另一种为电子透明型内含体，可能参与病毒的蚜虫传播。

2. 细胞结构变化　植物病毒侵染往往导致细胞结构发生显著变化。首先，细胞壁作为植物细胞的第一道防线，在病毒侵染过程中可能经历异常变化。例如，CMV 侵染黄瓜后，细胞壁的成分可能发生改变，如纤维素和果胶的比例发生变化，导致细胞壁变得松弛，有利于病毒的传播和扩散。其次，病毒还可能对细胞内的重要结构如叶绿体、线粒体等产生影响。TMV 侵染烟草后，叶绿体内部的片层结构可能发生变化，叶绿体的形态和功能受到干扰，导致植物的光合作用效率降低。

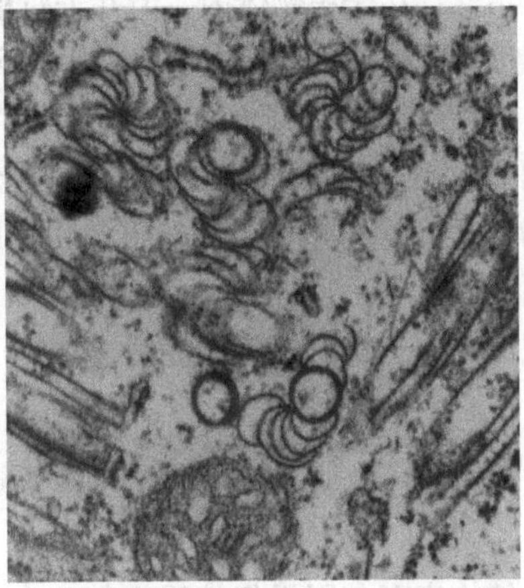

图 3-14　高粱花叶病毒侵染产生的风轮状内含体

3. 细胞功能变化　植物病毒侵染不仅影响细胞结构，还可能导致细胞功能发生变化。其中，光合作用是一个重要的受影响过程。PVX 侵染马铃薯后会导致叶绿体中的光合色素减少，影响植物的光能吸收和转换，从而降低光合作用速率。病毒侵染还可能改变植物细胞的代谢途径。例如，TYLCV 侵染番茄后会干扰植物体内的糖代谢途径，导致蔗糖合成受阻，植物体内糖分积累减少，进而影响植物的正常生长和发育。

4. 基因表达和调控变化　病毒侵染可能导致一些与代谢相关的基因表达下调。甜菜坏死黄脉病毒（beet necrotic yellow vein virus，BNYVV）侵染甜菜后，会导致与光合作用和氮代谢相关的基因表达下调，影响植物的光合作用和氮素利用，从而影响植物的生长和产量。

5. 细胞分裂和生长变化　植物病毒侵染还可能对细胞的分裂和生长过程产生显著影响。某些病毒可能干扰细胞分裂过程，导致细胞分裂速度减慢。例如，菜豆金色花叶病毒（bean golden mosaic virus，BGMV）侵染菜豆后会干扰细胞分裂过程，使细胞分裂速度减慢，影响植物的整体生长和发育。此外，病毒侵染还可能导致细胞形态发生异常变化。CSV 侵染菊花后会导致细胞体积增大、细胞核变形等异常形态变化，这些变化进一步影响菊花的正常生长和开花。

三、症状的复杂性

植物受病毒侵染后所表现的症状是多种因素相互作用的结果。不同病毒在同一种植物上可能诱导产生相似的症状，即同症异源现象，这是由于它们在侵染植物细胞时，可能采用了相似的策略来干扰植物的正常生理功能。同时，同一种病毒在不同的寄主植物、不同品种或不同环境条件下，其症状表现也可能大相径庭，即同源异症现象，这是因为不同植物品种或环境条件下，植物对病毒的抵抗能力不同，病毒在不同条件下的复制速度和破坏程度也有所差异。此外，病毒侵染引发的症状还会随着病程的进展而发生变化。在病毒侵染初期，植物可能只表现出轻微的症状，如叶片颜色变淡或生长速度减缓。然而，随着病毒在植物体内不断复制和扩散，症状会逐渐加重，最终导致植物死亡。值得一提的是，有些病毒在特定条件下可能并不会导致植物出现明显的症状，这种现象被称为病毒的潜伏侵染。在这些情况下，病毒虽然存在于植物体内，但并未对植物造成明显的损害。然而，一旦环境条件发生变化，如温度升高或湿度增加，这些潜伏的病毒可能会被迅速激活，导致植物出现严重的症状。

当植物同时受到多种病毒侵染时，症状表现可能会更加复杂，导致诊断和治疗变得更加困难。不同病毒之间的相互作用和影响也可能导致症状表现的多样性和变化性。另外，植物病毒症状与非侵染性病害及虫害引起的症状可能会相互混淆和交织，从而增加了病原诊断的难度。一些非侵染性因素（如气候变化、营养不良、土壤条件等）也可能导致植物表现出类似于病毒侵染的症状，增加了病毒鉴定的复杂性和难度。

第三节 植物病毒的寄主范围

植物病毒基因组仅编码少数几个或十几个蛋白质，这些蛋白质大多是来劫持或者利用寄主因子实现自身的复制、转录、移动和粒子装配等生命过程。与此同时，植物在感知病毒的入侵后则会启动自身的防御体系来抵抗病毒的侵染。因此，病毒能否成功侵染特定寄主植物体现了寄主植物与病毒之间为了各自生存而战的博弈结果。

病毒寄主是指可以为病毒复制提供条件的生物体或细胞培养物，包括局部侵染寄主和系统侵染寄主。局部侵染寄主指病毒局限在接种叶中的物种，系统侵染寄主指病毒从接种叶扩散到植物其他部位的物种。植物病毒的寄主范围是指病毒能够侵染并复制的植物种类范围。不同的植物病毒具有不同的寄主范围，有的病毒能够侵染上千种植物，如 CMV、TSWV 等，而有的病毒则只能侵染特定的几种植物，如 RSV、大麦条纹花叶病毒（barley stripe mosaic virus，BSMV）等。植物病毒的寄主范围受到多种因素的影响，包括病毒的特性、寄主的遗传背景、环境因素等。

当前几乎所有已知的植物病毒都是主要侵染被子植物，对于病毒潜在的寄主仍需实验验证。有研究表明，以 456 种被子植物测试 24 种病毒，发现了 1312 种新的寄主-病毒组合，占测试组合的 12%。据估计，自然界约有 250 000 种被子植物（Heywood，1978），目前已知植物病毒种类超过 2000 种，若 12%的结果普遍适用于所有植物和病毒，则意味着可能存在超过 3×10^7 种新的寄主-病毒组合等待被发现。而迄今为止仅有少数寄主-病毒组合被发现，主要有以下原因。第一，植物病毒学家主要关注可能对栽培植物造成经济损失的病毒，对其他植物物种的关注度有限，除非这些物种作为病毒中间寄主影响到栽培植物。第二，作物因病毒侵染而发生严重病害，很可能是人类农业活动的结果。在自然条件下，病毒与其寄主在进化过程中可能已经高度相互适应，很少能引起严重的病毒病灾害，这使得在自然环境中检测病毒变得困难。第三，选择研究病毒的试验植物通常是考虑在温室中容易种植且接种方便的植物，这可能限制了植物病毒寄主范围的广度。第四，研究者在选择寄主植物时可能存在地理上的不均衡性。例如，处于北半球温带地区的病毒学家可能更倾向于研究禾本科植物，而忽略了其他在农业上同样重要的非禾本科植物。

不同病毒在其寄主范围上存在显著差异。例如，BSMV 在自然环境中几乎只有大麦这一种寄主（Timian，1974），而 CMV、苜蓿花叶病毒（alfalfa mosaic virus，AMV）、TSWV、TMV、烟草环斑病毒等病毒具有非常广泛的寄主范围。CMV 与 TMV 均能够侵染单子叶和双子叶植物，CMV能侵染超过1200种植物，分布在100多个植物科；TYLCV不仅能够侵染茄科植物，同时也能侵染旋花科的牵牛花和鸭跖草科的紫露草。RSV 只侵染禾本科的植物，如水稻、小麦、大麦、燕麦、玉米、粟等。

分析病毒寄主范围的决定因素涉及复杂的研究领域。虽然目前分子生物学和生物信息学已应用于分析病毒寄主范围，但仍不能完全解释病毒选择侵染某种植物的原因。要解决这一问题，需要获得寄主和病毒的生化、分子、生物学和遗传方面的大量信息，如病毒基因组中微小的改变对其寄主范围可能产生的影响。例如，埃文斯（1985）发现，使用亚硝酸盐对豇豆花叶病毒（cowpea mosaic virus，CpMV）的核酸进行突变，获得的突变体能在菜豆中增殖而无法侵染豇豆。病毒在侵染植物和引起系统性侵染时，许多因素决定其能否成功侵染（见本书第六章）。

小　结

植物病毒侵染引起植物生长严重异常是影响其产量和品质并导致经济损失的直接原因。本章以部分植物病毒病害为例介绍了植物病毒对农作物造成的严重危害及经济损失，强调了植物病毒的经济重要性及其对农业生产的影响。植物病毒侵染引起的症状类型复杂多变，根据是否肉眼可见，可将其分为外部症状和内部症状。其中，外部症状也称作宏观症状，是指病毒侵染造成植物体外表产生可直接观察到的异常表现，包括花叶、环斑、发育畸形、变色、坏死、萎蔫等症状类型。根据病毒侵染植物引发症状的区域及扩散特点，外部症状又可分为局部症状和系统症状。局部症状是指病毒仅在侵染部位或其附近区域引发症状，而系统症状则是指病毒在植物体内扩散导致整个植物体或大部分器官都出现症状。植物病毒病害内部症状包括花叶组织病变、畸形组织病变、变色组织病变、坏死组织病变等组织学变化，以及内含体、细胞结构与功能变化、基因表达和调控变化、细胞分裂和生长变化等细胞学变化。通常情况下，植物病毒病害外部症状表现与植物内部组织学和细胞学变化紧密相关，植物病毒侵染所引起的花叶、畸形和坏死等外部症状反映了病毒侵染植物后对其正常生理功能造成的破坏，包括叶绿体结构破坏、叶绿素合成受阻、激素平衡紊乱、细胞代谢异常和免疫系统过度反应等。此外，本章还探讨了植物病毒的寄主范围，即病毒能够侵染并复制的植物种类范围。不同的植物病毒具有不同的寄主范围，有的病毒能够侵染上千种植物，而有的病毒则只能侵染特定的几种植物。植物病毒的寄主范围受到多种因素的影响，包括病毒的特性、寄主的遗传背景、环境因素等。

复习思考题

1. 植物病毒病害的外部症状和内部症状有哪些类型？外部症状和内部症状之间存在何种关联？
2. 田间植物病毒病害症状的复杂性主要体现在哪些方面？
3. 测定植物病毒的寄主范围有什么意义？

主要参考文献

姜珊珊, 谢礼, 吴斌, 等. 2017. 山东甘薯主要病毒的鉴定及多样性分析. 植物保护学报, 44: 93-102.

刘勇, 李凡, 李月月, 等. 2019. 侵染我国主要蔬菜作物的病毒种类、分布与发生趋势. 中国农业科学, 52: 239-261.

乔奇, 张振臣, 张德胜, 等. 2012. 中国甘薯病毒种类的血清学和分子检测. 植物病理学报, 42: 10-16.

吴兴泉, 时妍, 杨庆东. 2011. 我国马铃薯病毒的种类及脱毒种薯生产过程中病毒的检测. 中国马铃薯, 25: 363-366.

杨秀玲, 王亚琴, 梅玉振, 等. 2023. 警惕新德里番茄曲叶病毒在我国的传播和危害. 植物保护, 49(3): 13-18

张超, 战斌慧, 周雪平. 2017. 我国玉米病毒病分布及危害. 植物保护, 43(1): 1-8.

张蕾, 陈业渊, 魏守兴, 等. 2005. 国内外香蕉科研进展. 中国热带农业, 2: 30-32.

张彤, 周国辉. 2017. 南方水稻黑条矮缩病研究进展. 植物保护学报, 44: 896-904.

张艳慧, 刘莹洁, 金鑫, 等. 2017. 我国柑橘近年新发生的病毒及类似病害研究进展. 果树学报, 34: 1213-1221.

周国辉, 张曙光, 邹寿发, 等. 2010. 水稻新病害南方水稻黑条矮缩病发生特点及危害趋势分析. 植物保护, 36(2): 144-146.

周涛, 杨普云, 赵汝娜, 等. 2014. 警惕番茄褪绿病毒在我国的传播和危害. 植物保护, 40(5): 196-199.

周雪平, 崔晓峰, 陶小荣. 2003. 双生病毒——一类值得重视的植物病毒. 植物病理学报, 33: 487-492.

邹林峰, 涂丽琴, 沈建国, 等. 2020. 番茄褪绿病毒的进化动态与适应性进化特征. 中国农业科学, 53: 4791-4801.

Evans D. 1985. Isolation of a mutant of cowpea mosaic virus which is unable to grow in cowpeas. Journal of General Virology, 66: 339-343.

Heywood V H. 1978. Flowering Plants of the World. London: Oxford University Press.

Mahuku G, Lockhart B E, Wanjala B, et al. 2015. Maize lethal necrosis (MLN), an emerging threat to maize-based food security in Sub-Saharan Africa. Phytopathology, 105: 956-965.

Martins T P, Souza T A, da Silva P S, et al. 2021. Nanopore sequencing of tomato mottle leaf distortion virus, a new bipartite *Begomovirus* infecting tomato in Brazil. Archives of Virology, 166: 3217-3220.

McKirdy S J, Jones R, Nutter F W. 2002. Quantification of yield losses caused by barley yellow dwarf virus in wheat and oats. Plant Disease, 86: 769-773.

Mouches C, Candresse T, Bové J M. 1984. Turnip yellow mosaic virus RNA-replicase contains host and virus-encoded subunits. Virology, 134: 78-90.

Timian R G. 1974. The range of symbiosis of barley and barley stripe mosaic virus. Phytopathology, 64: 342-345.

Wu W Q, Guo X G, Zhang H M, et al. 2013. Simultaneous detection and survey of three rice viruses in China. Plant Disease, 97: 1181-1186.

Wu X, Wu X, Li W, et al. 2018. Molecular characterization of a divergent strain of calla lily chlorotic spot virus infecting celtuce (*Lactuca sativa* var. *augustana*) in China. Archives of Virology, 163: 1375-1378.

Xu Y, Fu S, Tao X, et al. 2021. Rice stripe virus: exploring molecular weapons in the arsenal of a negative-sense RNA virus. Annual Review of Phytopathology, 59: 351-371.

Yang J, Liu P, Zhong K L, et al. 2022. Advances in understanding the soil-borne viruses of wheat: from the laboratory bench to strategies for disease control in the field. Phytopathology Research, 4: 27.

Zhou Y, Chen H M, Cao M J, et al. 2017. Occurrence, distribution, and molecular characterization of citrus yellow vein clearing virus in China. Plant Disease, 101: 137-143.

第四章 植物病毒的形态结构与组成

本章要点

1. 掌握植物病毒粒子结构主要类型。
2. 了解植物病毒的核酸类型及编码的蛋白质种类。

本章数字资源

植物病毒的基本形态是病毒粒子（virion），它是指完整成熟的、具有侵染力的生命形式，有时也称病毒颗粒（virus particle）。大多数植物病毒的基本结构为核蛋白，外面是起保护作用的蛋白质外壳，内部是作为遗传物质的核酸（洪健等，2001；洪健和周雪平，2014）。本章将介绍植物病毒的形态、结构、核酸类型、编码的蛋白质、分离与纯化。

第一节 植物病毒的形态

病毒粒子比真菌、细菌的个体要小得多，大小的尺度单位为纳米（nm），一般需要借助电子显微镜才能观察。病毒的形态是区分不同病毒的重要依据。植物病毒的形态可以分为球状（spherical）、双联体（geminate）、弹状（bullet-shaped）、细丝状（thin filamentous）、杆状（rod-shaped）、杆菌状（bacilliform）、线状（filamentous）、等几种类型（图 4-1）。

一、球状

球状病毒粒子呈二十面体（icosahedron）对称，不同的病毒球状粒子的大小不同。最大的粒子直径为 70nm（刺突呼肠孤病毒科和光滑呼肠孤病毒科病毒），最小为 17nm [烟草坏死卫星病毒（tobacco necrosis satellite virus）]。直径在 30nm 左右的球状病毒有番茄丛矮病毒科（*Tombusviridae*）、伴生豇豆病毒科（*Secoviridae*）、芜菁黄花叶病毒科（*Tymoviridae*）、南方菜豆一品红花叶病毒科（*Solemoviridae*）、双分病毒科（*Partitiviridae*）、矮缩病毒科（*Nanoviridae*）和雀麦花叶病毒科（*Bromoviridae*）黄瓜花叶病毒属（*Cucumovirus*）的病毒等（图 4-1A）。直径大于 50nm 的球状病毒有番茄斑萎病毒科（*Tospoviridae*）、刺突呼肠孤病毒科（*Spinareoviridae*）、光滑呼肠孤病毒科（*Sedoreoviridae*）和花椰菜花叶病毒科（*Caulimoviridae*）花椰菜花叶病毒属（*Caulimovirus*）的病毒等。

二、双联体

双联体是指两两相联的双联体结构颗粒形态，主要为双生病毒科（*Geminiviridae*）的病毒（图 4-1B），包括病毒粒子大小为 22nm×38nm 的玉米线条病毒属（*Mastrevirus*）病毒，以及病毒粒子大小为 18nm×30nm 的菜豆金黄花叶病毒属（*Begomovirus*）病毒等。

三、弹状

弹状病毒粒子大小为（170～380）nm×（55～10）nm，一端平齐，另一端圆滑，形如子弹，如弹状病毒科（*Rhabdoviridae*）的病毒（图 4-1C）。

四、细丝状

细丝状是一种比较特殊的病毒形态，呈螺旋状、分枝状或环状细丝（图 4-1D），如蛇形病毒科（*Aspiviridae*）的蛇形病毒属（*Ophiovirus*）病毒和白蛉纤细病毒科（*Phenuiviridae*）的纤细病毒属（*Tenuivirus*）病毒等。

五、杆状

杆状病毒粒子呈螺旋对称的刚直杆状，中央轴心清晰可见，不同病毒所包含的杆状粒子的长度和数量不一。例如，植物杆状病毒科（*Virgaviridae*）的烟草花叶病毒属（*Tobamovirus*）病毒仅包括 300nm×18nm 单一大小的粒子（图 4-1E）；植物杆状病毒科的烟草脆裂病毒属（*Tobravirus*）、花生丛簇病毒属（*Pecluvirus*）和真菌传杆状病毒属（*Furovirus*）病毒等有两种长度的短杆状粒子，植物杆状病毒科的大麦病毒属（*Hordeivirus*）、马铃薯帚顶病毒属（*Pomovirus*）和甜菜坏死黄脉病毒科（*Benyviridae*）中的甜菜坏死黄脉病毒属（*Benyvirus*）病毒等有三种或三种以上长度杆状粒子。

六、杆菌状

杆菌状病毒粒子呈两端圆滑、侧边平行的杆菌状（图 4-1F），包括花椰菜花叶病毒科（*Caulimoviridae*）中的杆状 DNA 病毒属（*Badnavirus*）和东格鲁杆状病毒属（*Tungrovirus*）病毒等，以及具有多种长度粒子的雀麦花叶病毒科中的苜蓿花叶病毒属（*Alfamovirus*）和油橄榄病毒属（*Oleavirus*），以及灰霉欧尔密病毒科（*Botourmiaviridae*）中的欧尔密病毒属（*Ourmiavirus*）病毒等。

七、线状

线状病毒粒子呈柔软弯曲或较直的螺旋对称线状，包括马铃薯 Y 病毒科（*Potyviridae*）、长线形病毒科（*Closteroviridae*）、甲型线状病毒科（*Alphaflexiviridae*）和乙型线状病毒科（*Betaflexiviridae*）病毒等（图 4-1G），其中病毒粒子最长的是长线形病毒科中长线形病毒属（*Closterovirus*）病毒，大小为 2000nm×12nm。

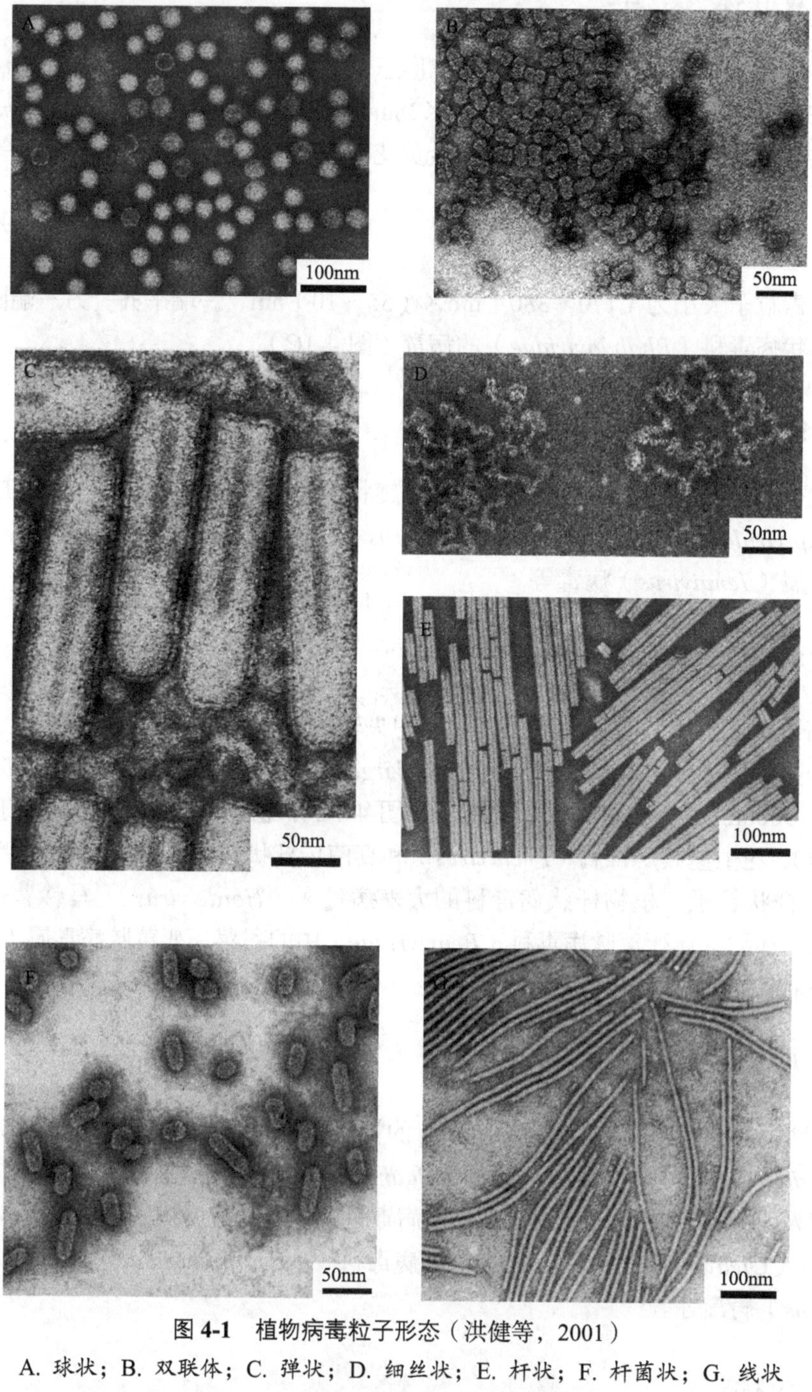

图 **4-1** 植物病毒粒子形态（洪健等，2001）

A. 球状；B. 双联体；C. 弹状；D. 细丝状；E. 杆状；F. 杆菌状；G. 线状

第二节　植物病毒的结构

不同病毒的形态虽然差异很大，但基本结构均为核酸与外壳蛋白，外面是起保护作用的蛋白质外壳（又称为衣壳，capsid），内部是作为遗传物质的核酸，病毒的核酸与衣壳有时也称为核衣壳（nucleocapsid）。病毒的核酸即病毒基因组（genome）携带有病毒复制移动所必需的遗传信息，包裹在蛋白质外壳内（图 4-2）。蛋白质外壳由许多单个蛋白质亚基或多肽链组成（也称外壳蛋白，coat protein，CP），不同病毒的蛋白质亚基排列方式不同，有的病毒中几个亚基可组成在电镜下可观察到的形态单位（morphologic unit）或称为壳粒（capsomer）。有些病毒，如烟草花叶病毒（tobacco mosaic virus，TMV）的壳粒由一个蛋白质亚基组成，有些病毒的壳粒则由 2～6 个蛋白质亚基组成，壳粒依据其凝聚的蛋白质亚基数目不同而分为二聚体（dimer）、三聚体（trimer）、五聚体（pentamer）[或称五邻体（penton）]或六聚体（hexamer）[或称六邻体（hexon）]等。有些病毒粒子（如弹状病毒科和番茄斑萎病毒科病毒）外还具有包膜（envelope）或称囊膜，包被在病毒核蛋白外。包膜由脂类、蛋白质和多糖组成，其主要成分来自寄主的细胞膜或核膜（洪健等，2001）。

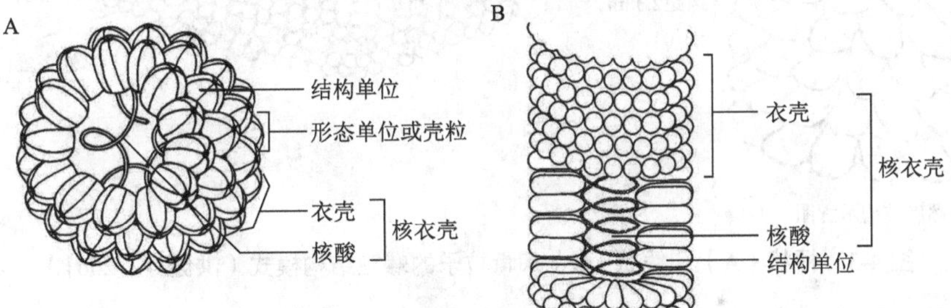

图 4-2　植物病毒的两种主要对称结构（洪健等，2001）
A. 等轴对称；B. 螺旋对称

对多数植物病毒来说，蛋白质亚基根据物理学及几何学原理装配成一定的衣壳形式，使病毒结构处于自由能最低的状态，因而也最稳定。Crick 和 Watson（1956）首次提出病毒的衣壳是由许多相同的蛋白质亚基组成，并以一定的方式装配，后经 X 光衍射（diffraction）和电镜观察得到了证实。植物病毒的外壳蛋白往往通过某种对称性（symmetry）以寡聚的方式组装成空心体结构来包装病毒基因组。植物病毒中常见的对称衣壳有螺旋对称衣壳（helical capsid ）、等轴对称衣壳（isometric capsid）和复合对称衣壳（capsid of complex symmetry）（Hull，2009；胡志红和陈新文，2019），下面详述各衣壳的对称结构。

一、螺旋对称结构

蛋白质亚基有规则地沿着中心轴呈螺旋排列，形成高度有序的对称稳定结构。大多数粒子为杆状、线状的植物病毒具有这种对称结构。

（一）杆状衣壳构型

TMV是这类结构的典型代表（图 4-3A）。TMV 粒子为杆状，平均长度为 300nm，直径为 18nm，由约 2130 个蛋白质亚基呈右手螺旋排列组成。每圈排列 16.3 个蛋白质亚基，螺距（pitch）为 2.3nm，三圈共排列 49 个蛋白质亚基，即螺旋排列三圈位置重复一次，因此螺旋周期为 6.9nm，一个 TMV 粒子容纳 130 个螺距。研究表明，TMV 中间为空心结构，空心直径为 4nm。从中心轴向外 4nm 处蛋白质亚基与 RNA 镶嵌。TMV 的 RNA 由约 6395 个核苷酸构成，同样呈螺旋状排列，每个蛋白质亚基结合 3 个核苷酸。TMV 每个蛋白质螺旋亚基由 158 个氨基酸组成，其分子量为 17.5kDa。

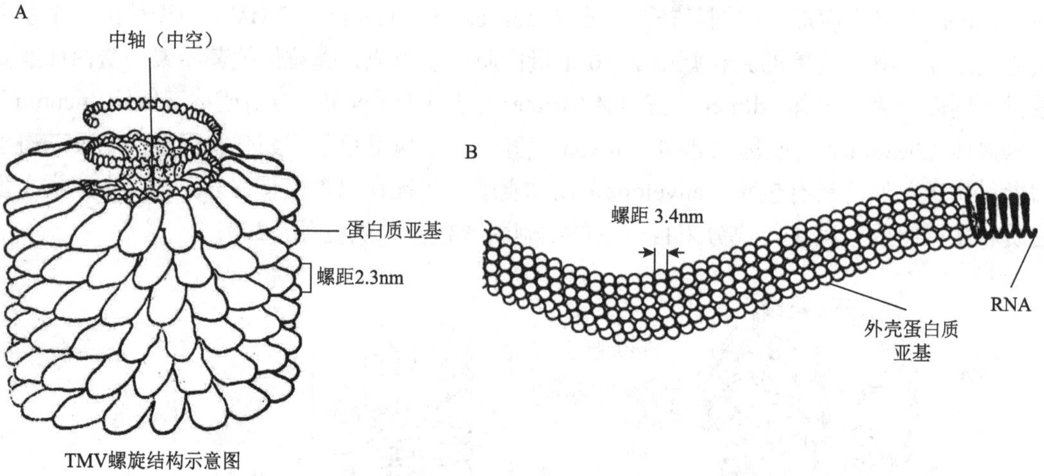

图 4-3　杆状（A）和线状（B）病毒粒子的螺旋结构模式（洪健等，2001）

TMV 的蛋白质亚基在不同 pH、离子强度和温度下可聚集（aggregate）成不同的聚合体，整个重组过程不需要任何酶和其他提供能量的物质，而环境条件（溶液的离子强度和 pH 等）才是影响重组的主要因素。当离子强度在 0.1 以下时蛋白质亚基不能聚集，离子强度在 0.1～0.3、pH 接近中性时，易形成 20S 的双饼（double disk）结构，若稍稍降低 pH，双饼结构可转变为垫圈型螺旋（lock washer）结构。20S 双饼结构是由 34 个蛋白质亚基组成的双层圆盘形聚合物，它在装配（assembly）时首先与病毒 RNA 结合。一旦与 RNA 结合形成部分装配粒子时，双饼就经过错位而呈螺旋排列。TMV 每个蛋白质亚基包含的 158 个氨基酸中约有 60 个形成 4 个 α 螺旋，4 个 α 螺旋与 1 个 β 折叠区相连，N 端及 C 端均在外端。

其他杆状病毒如烟草脆裂病毒，其螺距与每圈的蛋白质亚基数均不相同，但是构型类似。

（二）线状衣壳构型

线状病毒如甲型线状病毒科、乙型线状病毒科、马铃薯 Y 病毒科和长线形病毒科病毒也都是螺旋对称结构（图 4-3B）。线状病毒粒子能够弯曲，可能是蛋白质亚基间没有严格等价相连，而是准等价相连。例如，马铃薯 X 病毒的粒子为线状，RNA 在距中心轴 3.25nm 处，RNA 每旋转一周，镶嵌 10 个蛋白质亚基。线状衣壳每周蛋白质亚基数目的多少随病毒的蛋白质亚基大小不同而异，也与亚基间结合性质有关。

虽然理论上螺旋衣壳可以无限延伸，但病毒粒子内基因组大小决定了螺旋的实际长度。

二、等轴对称结构

等轴对称结构又称正二十面体对称结构（icosahedral symmetry），是多数球状病毒粒子的结构构型。正二十面体由 20 个等边三角形面、12 个顶点和 30 条边组成，每个顶点由 5 个三角形聚集而成，这些点和边都是对称的（Hull，2002）。

正二十面体具有五、三、二重对称性质（Caspar and Klug，1962）。当一个轴穿过任何两个对称的顶点时，这个粒子以轴为中心，每旋转 72°就出现一次相同的对称构型，当粒子旋转一周（360°）时，可以出现 5 次相同的对称构型，因此将这种对称叫作五重对称，正二十面体共有 6 个这种五重对称轴。当一个轴穿过二十面体的两个对称正三角形平面的中心时，粒子每旋转 120°就出现一次相同的对称构型，转一周（360°）共出现 3 次相同的对称构型，因此将这种对称叫作三重对称，正二十面体共有 10 个三重对称轴。当一个轴穿过二十面体的两个对称边线的中点时，粒子每旋转 180°就出现一次对称构型，转一周（360°）可出现 2 次相同的对称构型，因此将这种对称叫作二重对称，正二十面体共有 15 个二重对称轴。

不同球状病毒主要是由亚基在每个面上排列方式不同而形成的。最简单的二十面体病毒衣壳由 60 个相同的蛋白质亚基组成，每个三角形面上排列有 3 个亚基，如线虫传多面体病毒属病毒。但多数二十面体的衣壳要复杂得多，它们的衣壳每一面还可以划分成更小的亚三角形，亚三角形数目称三角剖分数（triangulation number，*T*）或分角数，含有的三角剖分数总数为 20*T*。蛋白质亚基常以五聚（邻）体或六聚（邻）体形式组成壳基，有时蛋白质亚基也可形成二聚体或三聚体。例如，芜菁黄花叶病毒粒子，20 个面的每一面围绕着核酸镶嵌 6 个蛋白质亚基（即六聚体）；其 12 个顶点的每个顶点均围绕着核酸镶嵌 5 个蛋白质亚基（五聚体）。因此，芜菁黄花叶病毒的核衣壳是由 20 个六聚体和 12 个五聚体所构成（20×6+12×5=180 个亚基）（图 4-4）。

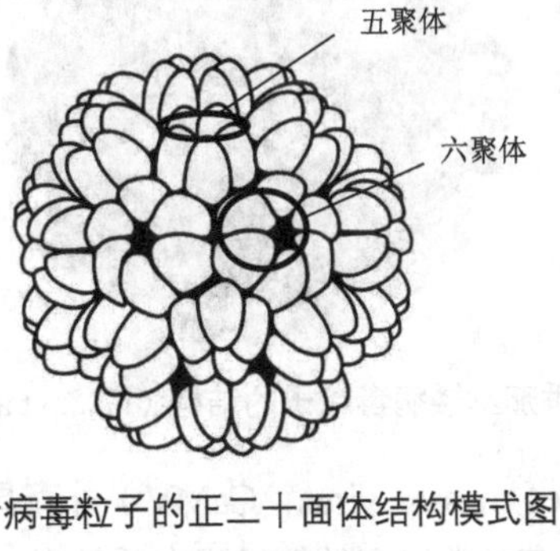

图 4-4　芜菁黄花叶病毒粒子的正二十面体结构模式图（洪健等，2001）

常见的植物病毒多为 *T*=1、*T*=3 及 *T*=7。直径约为 17nm 的烟草坏死卫星病毒衣壳由 60 个同样的亚基组成，是典型的 *T*=1 植物病毒。苜蓿花叶病毒（alfalfa mosaic virus，AMV）的粒子是 *T*=1 形成的变异结构，呈杆状，两端呈圆形，由管状部分隔开。AMV 的粒子两端是半个二十面体结构，其三维结构由 12 个五聚体（每端 6 个）决定，中间管网状的二维结构由六聚

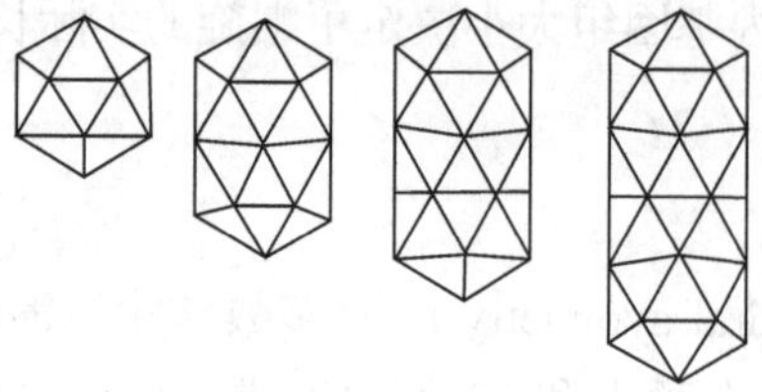

图 4-5　AMV 病毒粒子的结构（洪健等，2001）

体组成。AMV 粒子有 5 种不同的长度，但其直径均约为 18nm（图 4-5）（Hull，2009）。

双生病毒科病毒含有单链 DNA（ssDNA）及一种外壳蛋白。粒子由双联体的二十面体组成。这种粒子是由两个 *T*=1 的二十面体在每个面上缺少一个形态亚基的地方连接起来形成的，共有由 110 个亚基形成的 22 个形态单位（图 4-6）（Gaur et al.，2018）。

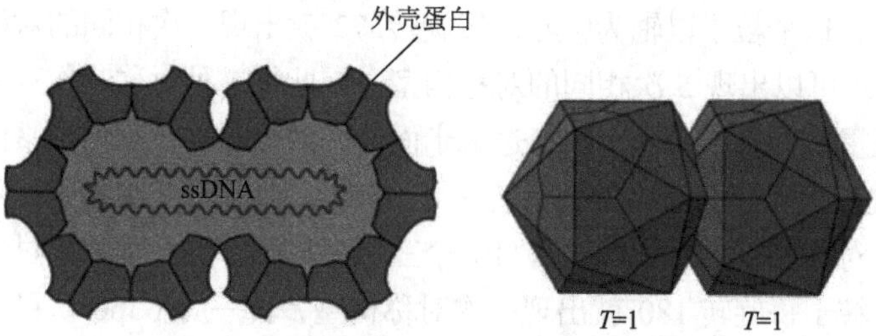

图 4-6　双生病毒科病毒粒子的结构（Gaur et al.，2018）

球状植物病毒多为 *T*=3 的对称结构，直径约 30nm 以上，包括芜菁黄花叶病毒属（*Tymovirus*）、雀麦花叶病毒属（*Bromovirus*）、黄瓜花叶病毒属、番茄丛矮病毒属（*Tombusvirus*）和南方菜豆花叶病毒属等。以番茄丛矮病毒（tomato bushy stunt virus，TBSV）为例，病毒二十面体的每个三角形面再划分成 3 个单位三角形，每个单位三角形中有三个亚基，并以 12 个五聚体和 20 个六聚体（共 12+20=32 个壳粒，60+120=180 个亚基）的准对称性形成球状的外壳（图 4-7）（Gaur et al.，2018；Hull，2009）。

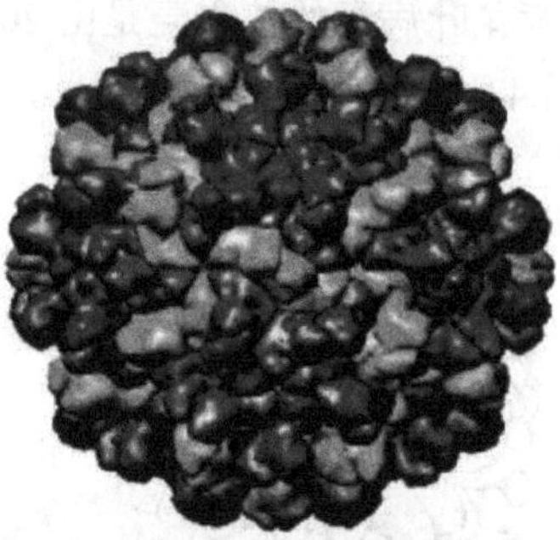

图 4-7　番茄丛矮病毒粒子的结构（Gaur et al.，2018）

花椰菜花叶病毒（cauliflower mosaic virus，CaMV）外壳具有 *T*=7 的二十面体结构，由 420 个亚基组成，直径为 54nm，拥有非常稳定的等径蛋白质外壳。粒子由三层同心蛋白质组成，粒子中心（直径为 27nm）既无 DNA 也无蛋白质，而是充满了溶剂。单分子双链 DNA 基因组位于第二和第三层蛋白质之间，而非中心空腔中。病毒表面相当光滑，没有结构特征（Hull，2009）。

有些植物病毒的外壳由两种或多种蛋白质亚基构成。以豇豆花叶病毒（cowpea mosaic virus，CpMV）为例，其二十面体结构由位于不同对称环境的两种外壳蛋白质亚基组成。60 个分子的大蛋白质亚基（42 kDa）以五重对称聚集于12个顶点；而60个小蛋白质亚基（22 kDa）形成20个三聚体位于具有三重对称的位置。虽然CpMV的粒子是明显的*T*=1二十面体结构，但是它有两种位于不同对称环境的蛋白质亚基，使其整体看起来很像*T*=3的结构（Hull，2009）。

三、复合对称结构

复合对称结构是螺旋对称和等轴对称相结合的对称方式，即两种对称结构复合而成。以这种方式对称的病毒粒子结构更为复杂。具有复合对称结构的典型例子是有尾噬菌体，动物病毒呈复合对称的典型例子是痘病毒，而在植物病毒中一般具有多层蛋白质的病毒属于这种对称结构，如弹状病毒科和水稻东格鲁杆状病毒属（Gaur et al.，2018；洪健等，2001）。它们某一（些）蛋白质是螺旋对称结构，而另一（些）蛋白质则是等轴对称结构。弹状病毒科属于负链RNA病毒，病毒粒子呈棒状或弹状并有包膜（魏家阳等，2018）。已经解析出的水疱性口炎病毒（vesicular stomatitis virus，VSV）粒子结构，完整的病毒粒子包含三层结构：最外层为脂膜结构，膜上锚定着大量三聚体糖蛋白（glycoprotein，G蛋白）；中间层为螺旋堆叠的基质蛋白（matrix protein，M蛋白）；最内层为由核蛋白（nucleoprotein，N蛋白）包裹着基因组RNA紧密盘绕的螺旋对称的核衣壳组成；磷蛋白（phosphoprotein，P蛋白）和聚合酶大亚基蛋白（large polymerase subunit protein，L蛋白）位于组成核衣壳的N-RNA链上（图4-8）（Gaur et al.，2018）。

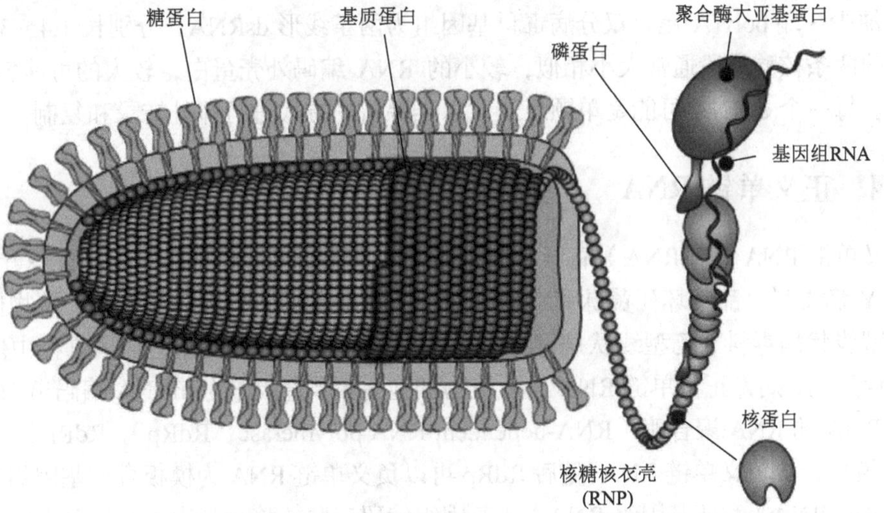

图 **4-8**　弹状病毒粒子示意图（Gaur et al.，2018）

第三节　植物病毒的核酸类型

一、双链DNA

基因组核酸类型为互补的双链DNA（dsDNA）。花椰菜花叶病毒科病毒为此种类型，病毒复制循环过程中有逆转录阶段。花椰菜花叶病毒的球状粒子直径为 50nm，含有双链、开环的 DNA 分子。转录时形成 35S RNA 和 19S RNA 两种 RNA，其中 35S RNA 既可作为 mRNA 又是进行逆转录时的模板。

二、单链 DNA

单链 DNA（ssDNA）病毒主要分布在双生病毒科和矮缩病毒科中。由于 DNA 不能直接作为 mRNA 而起作用，因此 DNA 病毒无正、负义链之分。双生病毒科病毒由直径 18nm 的两个不完全等面体结合而成，矮缩病毒科病毒为较小的多分体球状粒子。基因组单链 DNA 复制时形成双链 DNA，然后转录出 mRNA。其中，双生病毒复制时形成的双链 DNA 的两条链均可作为模板进行双向转录。

三、双链 RNA

双链 RNA（dsRNA）病毒主要分布在光滑呼肠孤病毒科、刺突呼肠孤病毒科和双分病毒科中。光滑呼肠孤病毒科和刺突呼肠孤病毒科的病毒基因组共有 10～12 个 dsRNA 片段（各属之间片段数不同），单条 dsRNA 的分子量在（0.2～3.0）$\times 10^6$，基因组总长为 18 200～30 500nt，分子量为（12～20）$\times 10^6$。每条双链的正义链 5′端有一个甲基化的核苷酸帽子结构（$m^7G^{5'}ppp^{5'}GmpNp$），在负义链上有一个磷酸化末端，两条链都有 3′—OH，并且病毒的 mRNA 缺少 3′端 poly(A)尾。双分病毒科基因组为两条线形 dsRNA，分别长 1.4～3.0kb，一些病毒的两条核酸片段通常大小相似，较小的 RNA 编码外壳蛋白，较大的可能编码 RNA 聚合酶。每一个 dsRNA 可能是单顺反子，以半保留的方式进行体外转录和复制。

四、正义单链 RNA

正义单链 RNA（+ssRNA）病毒分布在伴生豇豆病毒科、南方菜豆一品红花叶病毒科、马铃薯 Y 病毒科、甜菜坏死黄脉病毒科、雀麦花叶病毒科、长线形病毒科、植物杆状病毒科、甲型线状病毒科、乙型线状病毒科、芜菁黄花叶病毒科和番茄丛矮病毒科中。以马铃薯X病毒为例，病毒正义单链 RNA 进入植物细胞后，可直接作为 mRNA 编码出 160kDa 的依赖于 RNA 的 RNA 聚合酶（RNA-dependent RNA polymerase，RdRp）。RdRp 以正义单链 RNA 为模板合成负义单链 RNA，随后 RdRp 再以负义单链 RNA 为模板合成基因组 RNA（病毒正义单链 RNA）和亚基因组 RNA。亚基因组编码三联体移动蛋白（或运动蛋白）TGB1、TGB2、TGB3 和外壳蛋白。

五、负义单链 RNA

负义单链 RNA（−ssRNA）病毒分布在番茄斑萎病毒科、白蛉纤细病毒科、弹状病毒科和蛇形病毒科中。弹状病毒科为一条线形负义单链 RNA，分子量为（4.2～4.6）$\times 10^6$，基因组总长度为 11～15kb，RNA 占病毒粒子重量的 1%～2%。RNA 的 5′端有一个三磷酸根，无 poly(A)，RNA 两端含有 20 个碱基的互补序列。苦苣菜黄网病毒基因组大小约 13.7kb，3′

端为 144nt 的非编码前导序列，后接 6 个基因的顺序依次为 3′-*N*-*P*-*SC4*-*M*-*G*-*L*-5′，6 个基因均由全长正义模板 RNA 所翻译。*N* 编码 54kDa 的核衣壳蛋白，*P* 编码 38kDa 的磷酸化蛋白，*SC4* 可能编码 37kDa 的移动蛋白，*M* 编码 32kDa 的基质蛋白，*G* 编码 70kDa 的糖蛋白，*L* 编码 241kDa 的聚合酶。

第四节　植物病毒编码的蛋白质

虽然植物病毒基因组的结构和组分多样化，但总体上，病毒基因组较小，分为编码区和非编码区。编码区通常紧凑，非编码区核酸序列较短。编码区每个可读框（又称开放阅读框，ORF）一般都具备起始密码子（AUG）和终止密码子（UAA、UAG 或 UGA）。病毒基因有时相互重叠，即两个完全不同的 ORF 重叠在一起。因为病毒基因组包含的基因有限，所以许多病毒的基因含有一种以上的功能。植物病毒至少编码 3 个基因：复制相关基因、衣壳蛋白基因和移动蛋白基因，如 TMV 含有 4 个开放阅读框（ORF），分别编码三个非结构蛋白（126kDa、183kDa 及 30kDa 蛋白）及一个外壳蛋白。TMV 的 4 个基因产物在病毒侵染、复制和移动过程中发挥重要功能，其中，126kDa/183kDa 蛋白是病毒复制必需的复制酶复合物的主要成分，又称复制酶蛋白。通过受侵染组织的电镜切片及免疫金标记技术对这两个蛋白质产物进行细胞定位发现，这两个蛋白质存在于受侵染细胞内产生的 X 体上。30kDa 蛋白对病毒在寄主细胞间的移动有决定作用，又称移动蛋白（MP）。17.6kDa 蛋白是病毒唯一的结构蛋白（Hull，2009）。

植物病毒编码的蛋白质种类包括外壳蛋白、复制酶、移动蛋白、基因沉默抑制子、蛋白酶等。

一、外壳蛋白

每种病毒均含有外壳蛋白（CP），CP 用于包裹病毒基因组 RNA 或 DNA。

二、复制酶

一般所有病毒均编码一种或多种与核酸合成有关的酶，这些酶称为复制酶或聚合酶（polymerase）。RNA 复制酶基因编码保守的氨基酸基序（motif），如依赖于 RNA 的 RNA 聚合酶、核酸解旋酶（helicase）和甲基转移酶（methyltransferase）。有些病毒中的 RdRp 和核酸解旋酶为同一蛋白质，有些则不同。如果 RdRp 存在于病毒粒子中（如弹状病毒科、光滑呼肠孤病毒科和刺突呼肠孤病毒科），则称为转录酶。花椰菜花叶病毒的复制是由逆转录酶（reverse transcriptase）[或称依赖于 RNA 的 DNA 聚合酶（RNA-dependent DNA polymerase）]利用 RNA 为模板合成病毒基因组 DNA 的。

三、移动蛋白

很多病毒编码细胞与细胞之间移动必需的移动蛋白。植物病毒的移动蛋白可能直接或间接地与胞间连丝相互作用，扩大胞间连丝的微通道，使病毒粒子或核酸得以通过胞间连丝进入相邻细胞。

四、基因沉默抑制子

基因沉默又称RNA沉默或转录后基因沉默，是寄主防御病毒入侵的一种防御机制。许多植物病毒已通过演化编码RNA沉默的抑制子来克服这种防御反应。已经从植物病毒中鉴定了20多种RNA沉默抑制子，如马铃薯Y属病毒的HC-Pro蛋白、黄瓜花叶病毒（cucumber mosaic virus，CMV）的2b蛋白等。已鉴定的沉默抑制子大多为致病相关因子，不是病毒复制所必需，但能促进病毒的移动或积累。抑制子蛋白的结构和功能具有多样性，反映了在进化过程中病毒为了适应不同的寄主而在RNA沉默途径的不同步骤抑制寄主的防卫反应以便使病毒成功侵染。

五、蛋白酶

有些病毒的翻译产物是一个分子量较大的前体蛋白，然后再由病毒编码的蛋白酶切割成成熟的蛋白质。

六、VPg

植物病毒是完全寄生的病原物，其编码病毒蛋白依赖寄主的翻译系统来完成。植物中mRNA翻译时需要依赖其5′端帽子结构将mRNA环化，从而高效翻译蛋白质。但有些植物病毒没有5′端帽子结构，为了实现高效翻译，这些植物病毒编码出VPg蛋白共价结合在病毒基因组的5′端充当类似5′端帽子结构的作用（Geng et al.，2021）。

七、其他蛋白组分

双生病毒基因组一般认为编码 6～8 个蛋白质。近期的研究发现，番茄黄化曲叶病毒（tomato yellow leaf curl virus，TYLCV）除编码传统的6个蛋白质外，其含有的小开放阅读框（ORF）能编码新基因*V3*；*V3*定位于高尔基体，在病毒感染植物过程中发挥着RNA沉默抑制子的功能，这是首个鉴定的定位于高尔基体的RNA沉默抑制子（Gong et al.，2021）。进一步研究发现，*V3* 可以沿着细胞质内的微丝到达胞间连丝并促进病毒在细胞间的移动（Gong et al.，2022）。生物信息学分析发现，来自不同属的双生病毒的基因组上普遍存在功能未知的小ORF（Gong et al.，2021）。不仅双生病毒（DNA病毒）编码小蛋白质，RNA病毒也能编码小蛋白质。对大量动物和植物+ssRNA病毒分析发现，其负义链上存在大量保守小ORF，命名为rORF。以植物病毒芜菁花叶病毒（turnip mosaic virus，TuMV）作为模型对这些rORF进行深入研究，发现这些rORF具备特殊的亚细胞定位，如叶绿体、过氧化物酶体、内质网等，并被招募到病毒复制复合体内（VRC），影响了TuMV的病毒侵染性，证明了rORF在TuMV侵染植物中发挥着重要作用（Gong et al.，2023）。

第五节　植物病毒的分离与纯化

植物病毒作为严格的细胞内专性寄生物，无法像大多数真菌和细菌等微生物一样，可以在人工培养基中培养。因此，植物病毒的分离与纯化是系统研究病毒生物学、血清学和理化特性的前提和基础，在植物病毒学研究中具有重要意义。

病毒分离（virus isolation）是指根据病毒的寄主、传播媒介或病毒物理特性等的差异，将特定病毒或株系从受侵染的寄主植物中同其他病毒或株系分离开来，以实现纯化的目的。病毒纯化（virus purification）主要是指理化纯化，即应用各种理化方法，根据病毒的蛋白质和病毒粒子与寄主细胞组分的理化特性差异，从寄主植物中提取出高纯度且具有侵染力的病毒粒子。

一、病毒分离

一种寄主植物可以同时受到两种或两种以上植物病毒的复合侵染，如玉米褪绿斑驳病毒可以与马铃薯 Y 病毒科的一种或几种病毒（如甘蔗花叶病毒、小麦线条花叶病毒等）复合侵染引起玉米致死性坏死病。由于田间采集样品的复杂性，在病毒纯化以前，可以根据不同病毒的寄主范围、传播方式等属性，利用分离寄主，包括利用植物病毒的鉴别寄主、能形成枯斑的指示植物或利用昆虫介体的传播专化性等特征，从自然感染的样品中获得单一病毒或株系。例如，TMV 和 CMV 都能侵染普通烟产生花叶症状，从这两种病毒复合侵染的普通烟中分离病毒时，可利用 TMV 在心叶烟产生枯斑，而 CMV 系统侵染并产生花叶的特征，将样品研磨后，摩擦接种至心叶烟叶片，通过单斑分离出 TMV；也可利用 CMV 能够侵染黄瓜而 TMV 不能侵染黄瓜的特性，将研磨的汁液摩擦接种至黄瓜叶片上，将 CMV 从两种病毒复合侵染的植株中分离出来。如果传播病毒的媒介昆虫具有很强的专化性，也可利用介体专化性的不同将不同的病毒分离出来。例如，在水稻上引起相似症状的水稻黑条矮缩病毒和南方水稻黑条矮缩病毒可以分别用灰飞虱和白背飞虱来加以分离。此外，还可以根据不同病毒的钝化温度、对不同酸碱等的耐受性不同来分离。

需要注意的是，上述方法并非适合所有的植物病毒，尤其是在植物体内含量低、难以分离纯化又不能通过摩擦接种传播的病毒。近年来，随着分子生物学和病毒反向遗传学技术的发展，可通过分子生物学技术获得病毒的全基因组序列，通过对病毒的全基因组序列进行分析比对，确定病毒的分类地位，也可通过构建病毒侵染性克隆的方式进行病毒的生物学特性等方面的研究。通过各种方法分离病毒后，遵循科赫法则（Koch's postulates），一般要将分离物回接到原寄主植物上，证实分离物的致病性。

二、病毒纯化

植物病毒的纯化对于开展病毒的理化性质、血清学、结构学、生物学等性状研究至关重要。植物病毒的纯化方法很多，根据纯化目的和要求的不同，应设计不同的纯化方案。

病毒的纯化步骤主要包括抽提介质的准备、植物组织和细胞裂解破碎、病毒粗提纯和病毒精细提纯。能否成功纯化病毒受很多因素影响，包括病毒在植物体内的浓度、病毒形态和大小、病毒稳定性等内在因素和提取缓冲液的种类、浓度、pH、离心机的离心力、介质的密度梯度及离心方式等外在因素。

分离获得较单一的病毒后，应利用合适的寄主植物来扩繁病毒。病毒的繁殖植物、生长时的条件适当与否及取样部位与纯化病毒的浓度密切相关。一般来说，植株上部新生的发病组织的病毒含量比老叶多，有些病毒主要位于韧皮部，提取病毒粒子时取上部的发病叶片和茎秆更有利于纯化。

很多方法可用于植物组织和细胞破碎。一般用液氮处理发病组织，利用匀浆机破碎组织和细胞。提取少量组织时，可利用研钵进行人工研磨。一旦植物组织和细胞被破碎后，植物组织和细胞中很多对病毒有害的物质也会和病毒粒子一起释放出来。因此，在破碎植物组织和细胞时，要选择适宜的抽提介质。在设计和准备抽提介质时，依据病毒粒子的等电点等特征，设计浓度、pH 及金属离子适合的缓冲液。在抽提缓冲液中，往往需要添加一定的附加成分如巯基乙醇、抗坏血酸等还原剂抑制和去除寄主氧化酶和酚类化合物的活性，添加聚乙烯吡咯烷酮等螯合剂去除酚类化合物；添加 Triton X-100、吐温-20 等非离子去污剂防止病毒粒子相互聚合，促进病毒从不可溶细胞组分中释放。

为了使病毒粒子和细胞碎片、叶绿体、线粒体等细胞组分分开，可通过离心及氯仿、正丁醇等有机溶剂澄清病毒提取液。处理时，一般将有机溶剂按一定比例加入抽提缓冲液中，在匀浆机中高速搅拌形成乳剂，静置分层或低速离心后，取上层含有病毒的水相。在一定的盐浓度下，聚乙二醇可以使病毒沉淀，浓缩病毒。

若需要更高纯度的病毒粒子，可通过精细提纯步骤，除去粗提纯液中残余的寄主成分。精细提纯方法的选择取决于病毒粒子的稳定性、粗提纯的病毒液量及纯化后病毒粒子的用途。差速离心和密度梯度离心是最常用的精细提纯步骤。差速离心利用不同大小和密度的物质在沉降速度上的差异，通过反复进行低速和高速或超速离心的交替操作，将病毒粒子与寄主成分分离。密度梯度离心则利用不同物质沉降速度不同的原理，在离心管中准备一种连续的液体密度梯度介质，如蔗糖、氯化铯，使得介质从离心管的底部到顶部呈梯度分布。将待分离的病毒提取液放置在液体密度梯度介质的上层，进行水平离心，在离心过程中，病毒粒子会在特定的区带上聚集，从而实现病毒的分离和纯化。

病毒纯化后越快使用越好，尽量避免长时间保存纯化后的病毒，以免病毒粒子聚集或降解。如需短期保存，可在纯化后的病毒粒子中加入低浓度的叠氮化钠或乙二胺四乙酸，存放在 4℃冰箱。如需较长时间保存，可在提纯液中添加等量甘油，放置在超低温保存或冰冻干燥后保存。

小　结

植物病毒的基本形态是病毒粒子（也称病毒颗粒）。大多数植物病毒的基本结构为核蛋白，外部是起保护作用的蛋白质外壳，内部是作为遗传物质的核酸。植物病毒粒子比真菌、细菌的个体要小得多，大小的尺度单位为纳米，病毒的形态可分为球状、双联体、杆状、线状、弹状、细丝状和杆菌状等几种类型。植物病毒粒子结构主要有三种类型，由蛋白质亚基以螺旋对称结构、等轴对称结构和复合对称结构的方式构成病毒粒子。植物病毒的核酸类型包括双链DNA、单链DNA、双链RNA、正义单链RNA和负义单链RNA。植物病毒至少编码3个基因（复制相关基因、衣壳蛋白基因和移动蛋白基因），植物病毒编码的蛋白质种类包括外壳蛋白、复制酶、移动蛋白、基因沉默抑制子、蛋白酶等。植物病毒的分离与纯化在植物病毒学研究中具有重要意义。病毒的分离是指根据病毒的寄主、传播媒介或病毒物理特性等的差异，将特定病毒或株系从受侵染的寄主植物中同其他病毒或株系分离开来，以实现纯化的目的。病毒的纯化主要是指理化提纯，即应用各种理化方法，根据病毒的蛋白质和病毒粒子与寄主细胞组分的理化特性差异，从寄主植物中提取出高纯度且具有侵染力的病毒粒子。

复习思考题

1. 植物病毒粒子的形态有哪些类型？
2. 植物病毒的结构主要有几种类型？
3. 植物病毒的核酸类型包括哪些？病毒基因组编码的蛋白质种类包括哪些？
4. 如何进行植物病毒的分离与纯化？

主要参考文献

洪健，李德葆，周雪平. 2001. 植物病毒分类图谱. 北京：科学出版社.

洪健，周雪平. 2014. ICTV 第九次报告以来的植物病毒分类系统. 植物病理学报, 44: 561-572.

胡志红，陈新文. 2019. 普通病毒学. 北京：科学出版社.

魏家阳，许文雅，王献兵. 2018. 中国植物弹状病毒研究进展. 植物保护, 44: 19-23.

Caspar D L, Klug A. 1962. Physical principles in the construction of regular viruses. Cold Spring Harbor Symposia on Quantitative Biology, 27: 1-24.

Crick F H, Watson J D. 1956. Structure of small viruses. Nature, 177: 473-475.

Gaur R K, Khurana S P, Dorokhov Y. 2018. Plant Viruses: Diversity, Interaction and Management. Florida: CRC Press.

Geng G, Wang D, Liu Z, et al. 2021. Translation of plant RNA viruses. Viruses, 13: 2499.

Gong P, Shen Q, Zhang M, et al. 2023. Plant and animal positive-sense single-stranded RNA viruses encode small proteins important for viral infection in their negative-sense strand. Molecular Plant, 16: 1794-1810.

Gong P, Tan H, Zhao S, et al. 2021. Geminiviruses encode additional small proteins with specific subcellular localizations and virulence function. Nature Communications, 12: 4278.

Gong P, Zhao S, Liu H, et al. 2022. Tomato yellow leaf curl virus V3 protein traffics along microfilaments to plasmodesmata to promote virus cell-to-cell movement. Science China Life Sciences, 65: 1046-1049.

Hull R. 2002. Matthews' Plant Virology. San Diego: Academic Press.

Hull R. 2009. Comparative Plant Virology. San Diego: Academic Press.

第五章 植物病毒基因组结构与表达

本章要点

1. 掌握植物DNA病毒和RNA病毒基因组的特征。

2. 掌握植物病毒基因组表达的主要策略，了解不同类型植物病毒的基因组结构及表达方式。

本章数字资源

理解植物病毒的基因组结构和表达机制对于揭示病毒与寄主之间相互作用的本质、研究病毒致病机制及发掘抗病策略具有重要意义。根据基因组核酸类型和极性，植物病毒分为单链 DNA 病毒、双链 DNA 病毒、双链 RNA 病毒、负义单链 RNA 病毒和正义单链 RNA 病毒。植物病毒的基因组结构和表达方式对病毒的侵染、复制和危害至关重要。通过深入了解植物病毒基因组的结构与表达，可以更好地理解病毒的致害机制，为控制植物病毒病提供理论依据和技术支撑。

第一节 植物病毒基因组特征

一、植物 DNA 病毒基因组特征

植物 DNA 病毒分为单链 DNA 病毒和双链 DNA 病毒，基因组均为环状。单链 DNA 病毒中能侵染植物的科主要为双生病毒科（*Geminiviridae*）和矮缩病毒科（*Nanoviridae*）。

（一）单链 DNA 病毒

双生病毒科病毒基因组为单链环状DNA，基因组为单组分或双组分，大小为2.5～5.2kb。病毒链和互补链上均分布有开放阅读框（ORF），被基因间隔区（IR）分隔。IR 区的茎环结构包含有保守的 5′-TAATATTAC-3′序列。根据国际病毒分类委员会最新分类报告，双生病毒科分为 14 个属，即甜菜曲顶病毒属（*Becurtovirus*）、菜豆金色花叶病毒属（*Begomovirus*）、美杜莎大戟潜隐病毒属（*Capulavirus*）、柑橘褪绿矮化伴随病毒属（*Citlodavirus*）、曲顶病毒属（*Curtovirus*）、画眉草病毒属（*Eragrovirus*）、葡萄斑点病毒属（*Grablovirus*）、苹果病

毒属（*Maldovirus*）、玉米线条病毒属（*Mastrevirus*）、桑皱叶病毒属（*Mulcrilevirus*）、仙人掌病毒属（*Opunvirus*）、番茄顶曲叶病毒属（*Topilevirus*）、番茄伪曲顶病毒属（*Topocuvirus*）和芜菁曲顶病毒属（*Turncurtovirus*）。这些属病毒的基因组结构特征见本章第三节。

矮缩病毒科病毒基因组同样为单链环状 DNA，但是包含 6～8 个组分。该科目前仅有两个属，为香蕉束顶病毒属（*Babuvirus*）和矮缩病毒属（*Nanovirus*）。香蕉束顶病毒属病毒基因组为 6 个组分，每个组分大小 1.0～1.1kb；矮缩病毒属病毒基因组为 8 个组分，每个组分大小 0.9～1.0kb。矮缩病毒科病毒基因组 DNA 结构都很相似，单向转录，具备一个保守的茎环结构，含有反向重复序列，这些序列是复制的起始点，也是共有茎环（common region-stem loop，CR-SL）结构的一部分。香蕉束顶病毒属病毒和矮缩病毒属病毒分别具备名为 CR-M 和 CR-II 的第二个共有茎环（Thomas et al.，2021）。

（二）双链 DNA 病毒

花椰菜花叶病毒科（*Caulimoviridae*）病毒基因组为双链 DNA，大小为 7.1～9.8kb，采用逆转录方式进行复制。基因组特定位置（逆转录酶引物位点）上存在缺口（gap）或不连续（discontinuity），负链有一个不连续缺口（在 Met-tRNA 引物结合位置），正链有 1～3 个缺口，这些缺口区域存在富含嘌呤的序列（Teycheney et al.，2020）。

花椰菜花叶病毒科病毒基因组从前基因组 RNA（pregenomic RNA，pgRNA）转录起始位点（位于 TATA 盒下游大约 32 个核苷酸处）开始编号。碧冬茄病毒属（*Petuvirus*）病毒只含有一个大 ORF，其他属病毒存在 3 个或更多连续的 ORF，这些 ORF 可能通过核糖体遗漏扫描进行翻译。目前，该科病毒被划分为 11 个属：杆状 DNA 病毒属（*Badnavirus*）、花椰菜花叶病毒属（*Caulimovirus*）、木薯脉花叶病毒属（*Cavemovirus*）、薯蓣病毒属（*Dioscovirus*）、碧冬茄病毒属（*Petuvirus*）、玫瑰 DNA 病毒属（*Rosadnavirus*）、金光菊畸花病毒属（*Ruflodivirus*）、茄内生病毒属（*Solendovirus*）、大豆斑驳病毒属（*Soymovirus*）、东格鲁病毒属（*Tungrovirus*）和蓝莓病毒属（*Vaccinivirus*）。这些属病毒的基因组结构特征见本章第三节。

二、植物 RNA 病毒基因组特征

（一）基本特征

植物 RNA 病毒基因组的基本特征包括 RNA 类型、基因组大小、基因组分段、功能区等。有些植物 RNA 病毒的粒子中包装的 RNA 与 mRNA 一致，它们能直接在寄主细胞内翻译，这类病毒称为正义单链 RNA（+ssRNA）病毒；有些植物 RNA 病毒的粒子中包装的 RNA 和 mRNA 互补，必须被病毒的 RNA 聚合酶转换成正义 RNA 才能进行翻译，这类病毒称为负义单链 RNA（–ssRNA）病毒，还有部分植物 RNA 病毒的粒子中包装的 RNA 为双链 RNA（dsRNA），这类病毒称为 dsRNA 病毒。类病毒的基因组为单链环状 RNA。不同核酸类型的植物 RNA 病毒在蛋白质翻译、基因组复制等方面存在显著差异。植物+ssRNA 病毒通过机械摩擦、昆虫介体取食等方式进入细胞后，基因组从病毒粒子中释放至细胞质中，可以直接充当 mRNA 被细胞中的核糖体翻译，合成病毒编码的蛋白质。植物–ssRNA 和 dsRNA 的病毒进入细胞后，核衣壳蛋白（nucleocapsid protein）或外壳蛋白（coat protein，CP）并不与病毒的基因组 RNA 解离，病毒粒子中依赖 RNA 的 RNA 聚合酶（RNA-dependent RNA polymerase，RdRp）以–ssRNA 为模板，合成+ssRNA，再被释放至细胞中由核糖体翻译。

植物正义单链 RNA 病毒基因组一般较小，通常在 4～15kb，携带极其紧凑的遗传信息，仅包含编码 4～12 种蛋白质的基因数；基因组最小的为丁型双分病毒属（*Deltapartitivirus*）病毒，大小仅约为 3 kb；基因组最大的为斐济病毒属（*Fijivirus*）病毒，大小为 27～30kb；单条基因组最长的为长线病毒属(*Closterovirus*)的柑橘衰退病毒(citrus tristeza virus，CTV)，大小为 19.3 kb；而类病毒基因组大小仅为 240～400 bp（Vainio et al.，2018）。植物 RNA 病毒基因组 RNA 分子的数量可能是一条，如烟草花叶病毒（tobacco mosaic virus，TMV）和马铃薯 Y 病毒（potato virus Y，PVY）；也可能是几条，如黄瓜花叶病毒（cucumber mosaic virus，CMV）和番茄斑萎病毒（tomato spotted wilt virus，TSWV）的基因组为 3 条 RNA；也可能是十几条，如水稻矮缩病毒（rice dwarf virus，RDV）的基因组包括 12 条 RNA。除类病毒外，植物 RNA 病毒的基因组编码了几个至几十个蛋白质，以完成病毒复制、运动、与寄主相互作用及传播等侵染过程。因此，从是否具有蛋白质编码能力看，植物 RNA 病毒的基因组可被简单地划分为编码区和非编码区。非编码区控制着许多病毒功能，如病毒蛋白质的翻译、全长正链和负链 RNA 的合成、亚基因组 RNA 的转录及其他功能。与寄主细胞一样，病毒不同蛋白质的表达也需要在时间和空间上进行调控，因此植物 RNA 病毒基因组中除编码蛋白质的 ORF 外，还包括控制蛋白质翻译及表达的调控序列，以及控制基因组本身复制、包装等过程的序列或结构信息（Gale et al.，2000）。有些序列可能既是调控序列，也是 ORF 的一部分。

（二）RNA 病毒基因组的 5′端

1. 5′端结构特征　真核生物的 mRNA 转录开始后，5′端很快在多种酶的催化作用下形成一个特殊结构，即甲基鸟苷帽子结构（cap）。帽子结构中 7-甲基鸟苷酸碱基通过 5′羟基与 mRNA 5′端通过 5′,5′-三磷酸键连接，可以表示为 $m^7G^{5'}ppp^{5'}N$（$m^7G^{5'}$为 7-甲基鸟苷酸帽子，$ppp^{5'}N$ 为 mRNA 的 5′端三磷酸及第一个碱基）。根据甲基化程度不同可形成 3 种类型的帽子，即 Cap 0 型、Cap Ⅰ型和 Cap Ⅱ型。当 G 第 7 位氮原子被甲基化形成 $m^7G^{5'}ppp^{5'}N$ 时，此时的帽子称为 Cap 0 型帽子；如果转录本的第一个核苷酸的 2′-*O* 位也被甲基化，形成 $m^7G^{5'}ppp^{5'}mN$，则称为 Cap Ⅰ型帽子；如果转录本的第一、二个核苷酸的 2′-*O* 位均被甲基化，成为 $m^7G^{5'}ppp^{5'}mNmN$，则称为 Cap Ⅱ型帽子。Cap 0 型帽子在酵母或黏菌中较多，而 Cap Ⅰ型帽子是高等真核生物最普遍的帽状结构。

帽子结构在真核生物 mRNA 的翻译起始过程中具有重要的作用。真核起始因子 4E（eukaryotic initiation factor 4E，eIF4E）可以特异性地识别 mRNA 的 5′端帽子结构，再将 eIF4A、eIF4G 等翻译起始因子带到 mRNA 的 5′端，让 eIF4A 发挥解旋酶活性来打开 mRNA 5′端的二级结构，从而方便 43S 前起始复合物（包括核糖体 40S 亚基、eIF1、eIF1A、eIF3、eIF2-GTP- Met-$tRNAi^{Met}$ 及 eIF5）与 mRNA 的 5′端非翻译区（untranslated region，UTR）结合，启动起始密码子扫描等后续翻译起始过程。此外，帽子结构还能增加 mRNA 的稳定性，保护 mRNA 免遭 5′→3′核酸外切酶和免疫系统针对没有帽子结构的 RNA 的攻击。由于 5′端帽子结构的重要作用，多数植物 RNA 病毒基因组的 5′端与寄主细胞的 mRNA 一样，存在着帽子结构或类似帽子结构。但是，有些植物 RNA 病毒基因组 RNA 的 5′端没有帽子结构，而是共价连接一个称为病毒基因组结合蛋白（viral genome-linked protein，VPg）的病毒蛋白，如马铃薯 Y 病毒科（*Potyviridae*）、伴生豇豆病毒科（*Secoviridae*）和南方菜豆一品红花叶病毒科（*Solemoviridae*）的病毒；还有些植物 RNA 病毒的 5′端并没有任何特殊的结构，而是直接为二磷酸或三磷酸，如番茄丛矮病毒科（*Tombusviridae*）的病毒。

（1）帽子或类帽子结构　　细胞 mRNA 的加帽发生在转录过程中，因此又称为共转录加帽。细胞 mRNA 的加帽过程涉及 3 种酶的依次酶促反应：真核生物的 mRNA 转录起始不久，在 RNA 5′-三磷酸酶（RNA 5′-triphosphatase，RTPase）作用下，mRNA 5′端 γ-磷酸基团被去除，生成 5′-二磷酸 RNA；在鸟苷酸转移酶（guanylyl-transferase，GTase）[也称为加帽酶（capping enzyme）]的作用下，GTP 中的 GMP 基团与 5′-二磷酸 RNA 以 5′→5′方向连接；接着，在鸟嘌呤 N7-甲基转移酶（guanine N7-methyltransferase，N7-MTase）作用下，将 *S*-腺苷甲硫氨酸（*S*-adenosyl methionine，SAM）上活化的甲基转移到鸟嘌呤的 N7 位，形成 Cap 0 型帽子。在高等真核生物中，核糖 2′-*O*-甲基转移酶（ribose 2′-*O*-methyltransferases，2′-*O* MTase）会进一步甲基化原始转录物第 1 个和第 2 个核苷酸的核糖 2′位置，产生 Cap Ⅰ型和 Cap Ⅱ型帽子（图 5-1）。

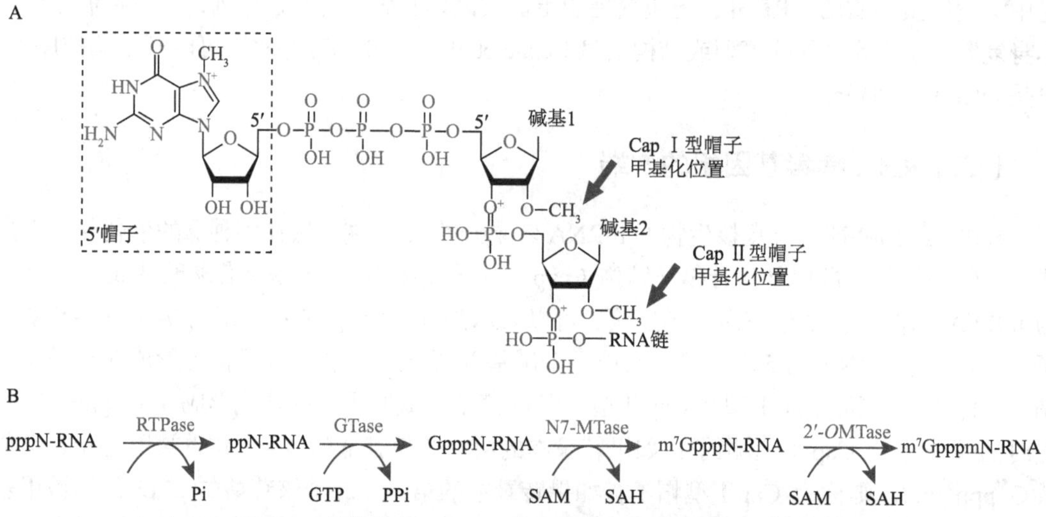

图 5-1　真核生物 mRNA 的 5′端帽子结构及其形成过程

A. 真核生物mRNA的5′端帽子结构；B. 真核生物mRNA的5′端帽子结构的形成过程

参与植物 RNA 病毒加帽过程的酶的组成、酶的结构及反应途径与寄主细胞 mRNA 的加帽机制存在差异，但是最终形成的帽子结构与内源 mRNA 的帽子结构无异。病毒这种加帽机制的多样性及其与细胞 mRNA 加帽机制的差异引起了抗病毒药物设计领域的广泛关注（Ferron et al.，2012）。图 5-2 中列出了代表性植物 RNA 病毒的 4 种主要加帽策略。第一种策略是遵循真核生物的 mRNA 加帽途径（即由 RTPase、GTase 和 MTase 3 种酶依次作用），这种策略又称为细胞型加帽（cell-type capping）。植物 dsRNA 病毒中的植物呼肠孤病毒属（*Phytoreovirus*）、斐济病毒属和水稻病毒属（*Oryzavirus*）病毒和动物 dsRNA 病毒一样，加帽过程都涉及相同的 4 个步骤，由病毒蛋白质完成（Lemay，2018）。例如，水稻齿叶矮缩病毒（rice ragged stunt virus，RRSV）可能由 VP2 和 VP5 完成 RNA 的加帽，其中 VP2 具有 GTase 活性（Miyazaki et al.，2008）。第二种策略是通过病毒的核酸内切酶直接从细胞中捕获细胞 mRNA，并从细胞 mRNA 帽子结构下游 7～20 个碱基处切割寄主 mRNA，然后聚合酶结构域以 5′端切割产物作为引物起始自身基因组的转录，生成含一段异源帽子序列的病毒 mRNA，这种机制又称"抢帽"机制（cap-snatching）（Furuichi and Shatkin，2000）。正番茄斑萎病毒属（*Orthotospovirus*）、欧洲花楸环斑病毒属（*Emaravirus*）、凹胶病毒属（*Coguvirus*）和纤细病毒属（*Tenuivirus*）的病毒采用此加帽策略。第三种策略是利用病毒 RdRp 内的 RNA:GDP 多核苷酸转移酶结构域（RNA:GDP polyribonucleotidyltransferase，PRNTase），通过单磷酸基团与病毒 RNA 的 5′端形成共价键；随后，该酶将 5′-单磷酸 RNA 转移到 GDP 上，形成 $G^{5'}ppp^{5'}N$ 结构，并进一步将其 2′-*O* 甲基化和 N7 甲基化。这种加帽机制主要存在于弹状病毒科（*Rhabdoviridae*）和蛇形病毒科（*Aspiviridae*）的病毒中（Ogino and Green，2019）。第四种策略是通过病毒 RdRp 中的 GTase 结构域与 GTP 共价结合，并将 GTP

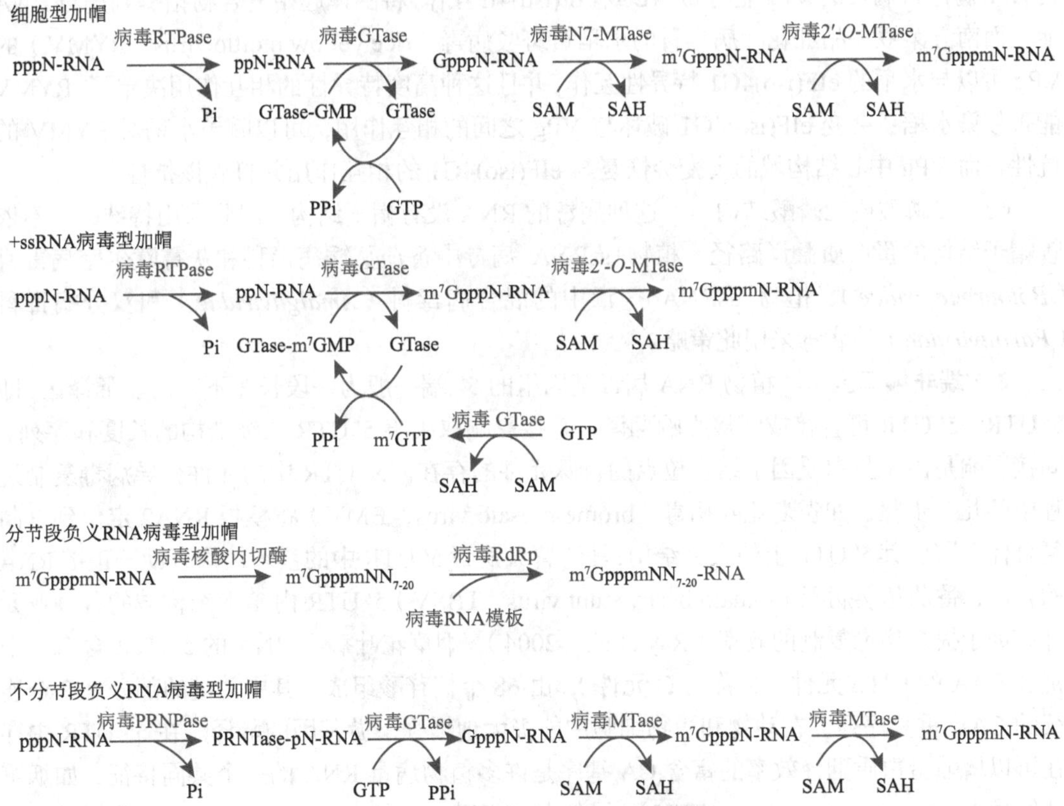

图 5-2　植物 RNA 病毒的加帽机制

的N7位甲基化，成为 m^7GMP，然后转移到处理过的ppRNA上，形成Cap 0型帽子。甜菜坏死黄脉病毒科（*Benyviridae*）、雀麦花叶病毒科（*Bromoviridae*）、长线病毒科（*Closteroviridae*）、内源RNA病毒科（*Endornaviridae*）、北岛病毒科（*Kitaviridae*）、梅奥病毒科（*Mayoviridae*）、甲型线状病毒科（*Alphaflexiviridae*）、乙型线状病毒科（*Betaflexiviridae*）、丙型线形病毒科（*Gammaflexiviridae*）和芜菁黄花叶病毒科（*Tymoviridae*）的病毒都采用此策略（Decroly et al.，2012）。值得注意的是，有些动物RNA病毒还进化出了其他类型的加帽机制。例如，新冠病毒（SARS-CoV-2）采用一种称为套式病毒类型加帽（nido-type capping）的机制（Yan et al.，2022），还有些动物RNA病毒还进化出了不同的帽子结构，如丙型肝炎病毒（hepatitis C virus，HCV）采用黄素腺嘌呤二核苷酸帽子（flavin adenine dinucleotide cap，FAD cap）（Sherwood et al.，2023）。植物RNA病毒是否有其他类型的加帽机制和特殊的帽子结构还有待研究。

（2）VPg结构　有些+ssRNA编码一种称为VPg的蛋白质，该蛋白质能通过磷酸二酯键与病毒基因组RNA的5′端核苷酸共价连接，从而阻断病毒RNA 5′端的三磷酸基团的暴露，绕过寄主抗病毒受体对病毒5′ RNA的识别。伴生豇豆病毒科、马铃薯Y病毒科和南方菜豆一品红花叶病毒科病毒的RNA基因组5′端存在VPg。VPg的作用除阻止寄主对病毒5′ RNA的识别外，还能取代mRNA的帽子结构，启动不依赖帽子的蛋白质翻译。例如，马铃薯Y病毒科病毒的VPg能与eIF4E或eIF(iso)4E互作，将翻译起始复合物招募到病毒RNA上，而南方菜豆一品红花叶病毒科的水稻黄斑驳病毒（rice yellow mottle virus，RYMV）的VPg可以与水稻的eIF(iso)4G1特异性互作，并且这种高度特异性的相互作用决定了RYMV能否侵染水稻：突变eIF(iso)4G1破坏与VPg之间的相互作用，可以赋予水稻对RYMV的抗性，而VPg中心结构域的突变会恢复与eIF(iso)4G1的相互作用并打破该抗性。

（3）二磷酸或三磷酸结构　这种病毒的RNA没有帽子结构，因此采用特殊的、不依赖帽子结构的蛋白质翻译路径。植物+ssRNA病毒中番茄丛矮病毒科和灰霉欧尔密病毒科（*Botourmiaviridae*）、植物dsRNA病毒中的混合病毒科（*Amalgaviridae*）和双分病毒科（*Partitiviridae*）的病毒采用此策略。

2. 5′端非编码区　植物RNA病毒基因组的5′端一般为一段长短不一的非翻译区，即5′ UTR。5′ UTR可直接或间接影响翻译，直接影响取决于5′ UTR二级结构的长度和序列，间接影响是由于蛋白质因子结合位点的特殊元件的存在。5′ UTR中的元件介导病毒复制过程中的几个步骤，如雀麦花叶病毒（brome mosaic virus，BMV）将模板RNA2定位到复制复合体上需要其5′ UTR上的发夹结构；马铃薯X病毒5′ UTR中的茎环结构有助于正链RNA的合成；番茄丛矮病毒（tomato bushy stunt virus，TBSV）5′ UTR内T形结构域的各种亚元件有助于提高病毒复制的效率（Ray et al.，2004）。烟草花叶病毒RNA的5′ UTR含有一个富含CAA的CITE元件（又称为Ω元件），由68个核苷酸组成，其中关键的部分是8个连续的CAA重复序列，在动物和植物细胞中能极大地增强下游基因的翻译。在5′ UTR中存在可以增强蛋白质翻译效率的富含CA基序是许多植物病毒RNA的一个共同特征，如烟草蚀纹病毒（tobacco etch virus，TEV）、马铃薯X病毒（potato virus X，PVX）、芜菁皱缩病毒（turnip crinkle virus，TCV）和烟草坏死病毒（tobacco necrosis virus，TNV）。

（三）RNA 病毒基因组的 3′端

细胞成熟 mRNA 的 3′端是一段腺苷酸重复序列，也称为多聚腺苷酸[poly adenine，poly(A)]尾。多聚腺苷酸尾并不是由 RNA 聚合酶Ⅱ（polymerase Ⅱ，Pol Ⅱ）合成，而是由多聚腺苷酸聚合酶[poly(A) polymerase，PAP]合成：当 Pol Ⅱ转录出多聚腺苷酸化信号序列（5′-AAUAAA-3′）后，切割多聚腺苷酸化特异因子（cleavage and polyadenylation specificity factor，CPSF）和切割活化因子（cleavage stimulatory factor，CstF）会分别与该序列及其后的 GU 重复序列或富 U 序列结合，并在多聚腺苷酸化信号序列下游约 35 nt 的位置切割，随后 PAP 会在 3′端添加一段 50～250nt 的多聚腺苷酸尾（Liu et al.，2022）。3′端多聚腺苷酸尾和 5′端帽子结构是 mRNA 成熟和运离细胞核的必备条件，同时多聚腺苷酸结合蛋白[poly(A)-binding protein，PABP]能特异性地与 eIF4E 互作，使 mRNA 假环化，有助于保护 mRNA 免受降解，以共同促进蛋白质的翻译和维护 mRNA 的稳定。

植物 RNA 病毒的 3′ UTR 序列通常较长，有 100 个甚至多达 300 个碱基。不同植物 RNA 病毒的 3′ UTR 序列各异，但一般都具有维护病毒 RNA 稳定、促进病毒蛋白质翻译，以及招募病毒 RdRp 的功能，这是病毒进行 RNA 复制、蛋白质翻译和翻译调节所必需的。植物 RNA 病毒的 3′ UTR 序列一般具有以下三种结构中的任何一种：细胞内源 mRNA 类似的多聚腺苷酸尾、转运 RNA（transfer RNA，tRNA）类似结构、无特殊结构的杂聚序列（pX_{OH}；其中，p 表示磷酸基团，X 表示任何碱基，OH 表示 3′端羟基）。

1. poly(A)尾　植物 dsRNA 和–ssRNA 病毒的基因组都没有 poly(A)尾，但是弹状病毒科病毒 RdRp 的转录本带有多聚腺苷酸尾，这种多聚腺苷酸尾是由 RdRp 通过一种特殊的聚合酶停滞作用（polymerase stuttering）而产生的（Ouizougun-Oubari and Fearns，2023）。多数植物+ssRNA 病毒存在 poly(A)尾，包括马铃薯 Y 病毒科、伴生豇豆病毒科、甜菜坏死黄脉病毒科、甲型线状病毒科、乙型线状病毒科和丙型线状病毒科的所有病毒，以及芜菁黄花叶病毒科的葡萄斑点病毒属（*Maculavirus*）、玉米雷亚朵非纳病毒属（*Marafivirus*）和北岛病毒科的柑橘粗糙病毒属（*Cilevirus*）、木槿绿斑病毒属（*Higrevirus*）的病毒。

2. tRNA 类似结构　有些植物+ssRNA 病毒基因组的 3′端存在一段特异的序列，该序列也可以折叠成与细胞 tRNA 类似的三叶草状结构，终止于 tRNA 标志性的 CCA_{OH}，并且可以在体外通过相关的氨基酰-tRNA 合成酶被特定的氨基酸氨基化。例如，芜菁黄花叶病毒（turnip yellow mosaic virus，TYMV）基因组 RNA 的 3′端不仅结构与 tRNA 类似，而且可以被丙氨酰-tRNA 合成酶加载一个丙氨酸（Colussi et al.，2014）。这种 tRNA 类似结构存在于雀麦花叶病毒科和植物杆状病毒科及芜菁黄花叶病毒科的芜菁黄花叶病毒属（*Tymovirus*）病毒的 3′端。

3. 杂聚序列　除上述 poly(A)尾和 tRNA 类似结构外，很多植物 RNA 病毒的 3′ UTR 序列没有发现显著的序列特征，包括长线状病毒科、内生 RNA 病毒科、南方菜豆一品红花叶病毒科、番茄丛矮病毒科，以及北岛病毒科的蓝莓坏死环斑病毒属（*Blunervirus*）和梅奥病毒科的悬钩子病毒属（*Idaeovirus*）病毒的 3′ UTR，这些病毒的 3′ UTR 被统称为杂聚序列（pX_{OH}）。所谓的杂聚序列中可能存在复制、转录、翻译等相关的关键 RNA 元件，也可能存在还未被鉴定功能的特殊 RNA 序列或结构。例如，烟草花叶病毒的 3′ UTR 包含一个翻译增强子。在豇豆原生质体中，红三叶草坏死花叶病毒（red clover necrotic mosaic virus，RCNMV）的 3′ UTR 可以单独作为不依赖于帽子结构的翻译增强子发挥作用。

（四）编码区结构特征

除类病毒和部分卫星 RNA 分子外，其余植物 RNA 病毒都或多或少编码几个病毒蛋白质，以完成植物病毒侵染过程。根据蛋白质的功能，一般而言，植物 RNA 病毒编码的蛋白质可以分为 4 类，分别是病毒复制和翻译相关蛋白（如 RdRp、RNA 解旋酶、蛋白酶和 GTase）、病毒粒子包装相关蛋白、运动相关蛋白，以及抑制寄主免疫相关蛋白（如 RNA 沉默抑制子）。值得注意的是，有很多病毒蛋白质同时具有多种功能。例如，烟草花叶病毒的 126kDa 蛋白的 N 端和 C 端分别为一个 GTase 和 RNA 解旋酶结构域，也具有抑制 RNA 沉默的功能。根据是否存在于病毒粒子中，病毒编码蛋白质也可以分为结构蛋白和非结构蛋白两大类。对于+ssRNA 病毒，病毒粒子可能仅由 RNA 和 CP 组成（有些病毒还带有 VPg）；而对于 dsRNA 和–ssRNA 病毒而言，RdRp 是病毒粒子中的必要组分。

在真核生物中，1 条 mRNA 只编码 1 个蛋白质，但是植物 RNA 病毒为了在极其有限的基因组容量里尽可能地增强编码能力，1 条 RNA 往往编码多个蛋白质，并且这些蛋白质的编码区可能部分或全部重叠。例如，马铃薯 X 病毒中有 3 个部分重叠的基因，编码与病毒细胞间运动相关的蛋白质，这 3 个基因统称为三基因盒（triple-gene-block，TGB），分别为 TGBp1、TGBp2 和 TGBp3。TGB 在甲型线状病毒科、乙型线状病毒科等多个科的病毒中存在，说明它是一种保守的基因编码方式（Solovyev et al.，2012）。

第二节 植物病毒基因组的表达策略

一、依赖帽子的蛋白质表达策略

真核细胞 mRNA 翻译过程中，eIF4E 首先与 mRNA 的 5′端帽子结构结合，进而招募 eIF4A、eIF4G 等翻译起始因子，eIF4A 打开 mRNA 5′端的二级结构，43S 前起始复合物与 mRNA 的 5′ UTR 结合，沿 5′→3′的方向扫描并结合第一个起始密码子 AUG，然后组装完整的核糖体，并开始蛋白质的翻译。植物 DNA 和 RNA 病毒或多或少地采用寄主的帽子依赖性蛋白质翻译机制进行蛋白质的翻译。双生病毒转录产物几乎完全依赖该蛋白质翻译机制进行翻译，RNA 病毒基因组的第一个 ORF 也一般采用寄主细胞 mRNA 表达策略，但有些病毒会采用不依赖帽子的蛋白质表达策略，以提高蛋白质表达水平。

二、不依赖帽子的蛋白质表达策略

（一）不依赖帽子的翻译增强元件

许多植物 RNA 病毒缺乏一或两种传统 mRNA 调控元件（5′端帽子结构或多聚腺苷酸

尾），然而这些病毒已经进化出能够功能性替代 5′端帽子结构或多聚腺苷酸尾的序列，从而进行高效翻译，这种策略称为不依赖帽子翻译（cap-independent translation，CIT）（Kean，2003）。缺乏 5′端帽子结构或有 VPg 的植物+ssRNA 病毒的基因组 RNA 3′端的 UTR 中一般存在一种称为不依赖帽子的翻译增强元件（3′ cap-independent translational enhancers，3′ CITE），如乙型香石竹斑驳病毒属（*Betacarmovirus*）的芜菁皱缩病毒和木槿褪绿环斑病毒（hibiscus chlorotic ringspot virus，HCRSV）、番茄丛矮病毒属（*Tombusvirus*）的番茄丛矮病毒、香石竹环斑病毒属（*Dianthovirus*）的红三叶草坏死花叶病毒及黄症病毒属（*Luteovirus*）的大麦黄矮病毒（barley yellow dwarf virus，BYDV）。3′ CITE 的共同特征是能与翻译起始因子和（或）核糖体亚基结合，并能与位于同病毒基因组 RNA 5′端中的某个发夹环结构（hairpin loop）发生远距离 RNA-RNA 相互作用，从而模仿了由 eIF4F 与 PABP 相互作用介导的细胞 mRNA 的假环化（Kean，2003）。根据二级结构，3′ CITE 分为 6 种类型，即大麦黄矮病毒类似翻译增强子（BYDV-like translation enhancer，BTE）、翻译增强子结构域（translation enhancer domain，TED）、圆锥花序病毒类似翻译增强子（PMV-like translation enhancer，PTE）、Ⅰ型结构（Ⅰ-shaped structure，ISS）、Y 型结构（Y-shaped structure，YSS）和 T 型结构（T-shaped structure，TSS）（Sorokin et al.，2021）。除 TSS 外，所有 3′ CITE 都能与 eIF4F 结合，但结合位点及结合效率存在一些差异。PTE、TED 和 ISS 与 eIF4E 的帽子结合口袋相互作用（图 5-3）。PTE 与 eIF4E 的结合力很强，接近于 eIF4F 与 eIF4E 的亲和力，而 TED 与 eIF4E 的相互作用效率却远低于与 eIF4F 的结合效率。虽然结构不同，但 3′ CITE 对于那些天然缺失帽子结构的基因组 RNA 的翻译至关重要，且 3′ CITE 的翻译效率与具有帽子的 mRNA 一样。此外，3′ CITE 还可能会增加复制起始速率，这可能同时涉及 3′ CITE 和 RNA 5′端之间的相互作用。例如，大麦黄矮病毒的 3′ CITE 需要同病毒 RNA 的 5′端相互作用才能获得最佳复制活性。番茄丛矮病毒的 3′ CITE 可能潜在调节病毒基因组复制的启动。

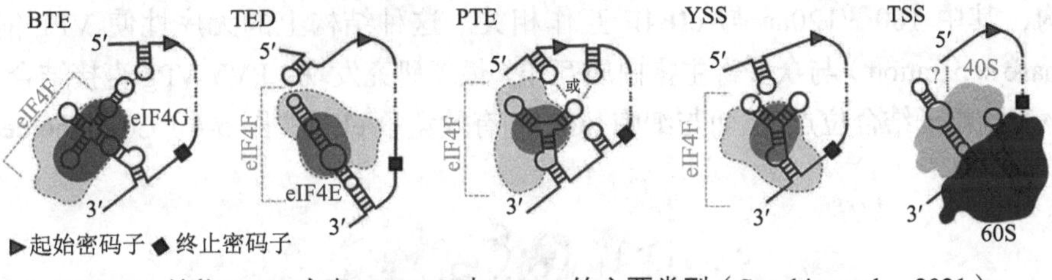

图 5-3　植物 RNA 病毒 3′ UTR 中 CITE 的主要类型（Sorokin et al.，2021）

BTE. 大麦黄矮病毒类似翻译增强子；TED. 翻译增强子结构域；PTE. 圆锥花序病毒类似翻译增强子；YSS. Y型结构；TSS. T型结构；？. 可能存在相互作用

（二）核糖体内部进入位点

采用 CIT 策略的病毒 5′ UTR 通常较长，为 610～1500nt，保守性良好，高度结构化，并且在起始密码子上游包含多个保守的 AUG 起始密码子。这些 AUG 能阻碍核糖体扫描，使核糖体不需扫描 RNA 的 5′端，而是直接通过 5′ UTR 中复杂的二级或三级 RNA 结构从特定的位置起始蛋白质的翻译，这种特化的 RNA 结构称为核糖体内部进入位点（internal ribosomal entry sites，IRES）（Wong et al.，2008）。大多数已知病毒的 IRES 位于 5′ UTR 中，具有高度结构化并包含多个保守的 AUG。IRES 二级结构中与活性相关的部分包括构成双链区的一部分序列或位于顶端或内部环序列，破坏这些区域会改变与 RNA 或核糖体的相互作用（López de Quinto and Martínez-Salas，2000）。不同类型植物 RNA 病毒的 IRES 具有不同的结构，并且不同 IRES 元件之间在序列、大小或结构上几乎没有相似之处，这意味着它们之间可能没有通用的作用机制，都是独立进化获得的。病毒的 IRES 有一些共同的特性。①IRES 一般位于 5′ UTR 中，少数位于基因组中间。②IRES 序列可能与 3′ UTR 相互作用，从而共同促进蛋白质翻译。例如，木槿褪绿环斑病毒内部 IRES 可以与 3′ UTR 协同促进 CP 的翻译。③IRES 可以直接招募 43S 前起始复合物。IRES 介导的翻译从本质上消除了对 mRNA 帽子结构和翻译起始因子的依赖，有利于病毒 RNA 获得核糖体，以促进自身的翻译，同时抑制寄主细胞 mRNA 的翻译。④IRES 还可以调控翻译，以便在适当的时间表达基因（Geng et al.，2019）。目前已在许多植物病毒中鉴定出 IRES 元件，包括伴生豇豆病毒科、南方菜豆一品红花叶病毒科、马铃薯 Y 病毒科、番茄丛矮病毒科，以及植物杆状病毒科的部分属，如烟草花叶病毒属（*Tobamovirus*）病毒。

（三）VPg 介导的蛋白质表达策略

目前发现 3 个科的植物 RNA 病毒的基因组 5′端存在 VPg，即伴生豇豆病毒科、马铃薯 Y 病毒科和南方菜豆一品红花叶病毒科的病毒。不同科病毒的 VPg 在序列与结构上没有明显的同源性，但是它们都能替代 mRNA 5′端帽子结构，以招募 eIF4E、eIF(iso)4E、eIF4G 等真核翻译起始因子。马铃薯 Y 病毒科病毒的 VPg 分子量较大，为 20～23kDa，而伴生豇豆病毒科的蚕豆病毒属（*Fabavirus*）病毒的 VPg 分子量较小，仅为 3～5 kDa。这些病毒 VPg 还有一个共同的特征是都属于无序蛋白，多以柔性多肽存在（Hebrard et al.，2009）。例如，PVY 的 VPg 超过一半都是柔性区，只有中间一段（77～144aa）存在相对刚性结构，其中 100～120aa 与 eIF4E 互作相关。这种结构上的无序性使 VPg 能通过相分离（phase separation）与众多寄主蛋白质互作。最新研究发现，PVY VPg 直接结合了 eIF4E 中 mRNA 5′端帽子结合位点，从而与细胞 mRNA 有效竞争 eIF4E（图 5-4）（Coutinho de Oliveira

图 5-4　马铃薯 Y 病毒 VPg 与 eIF4E、eIF4G 互作的结构模型（Coutinho de Oliveira et al.，2019）

绿色表示VPg-eIF4E复合体中VPg的结构（PDB号：2GPQ），蓝色表示VPg-eIF4E复合体中eIF4G的结构，橙色表示eIF4G部分序列的晶体结构（PDB号：5T46）；显示侧链的氨基酸为Y64，是病毒RNA共价连接处

et al.，2019）。其他两科病毒的 VPg 如何与 eIF4E 或者 eIF4G 互作的机制还有待研究。VPg 还可以通过与 IRES 等互作协同促进蛋白质的翻译。例如，马铃薯 Y 病毒属（*Potyvirus*）病毒的 VPg 能特异性与 eIF4E 互作，但该属病毒基因组的 5′ UTR 内也存在一个 IRES 进行内部起始，可以在没有 VPg 存在的条件下启动翻译，但是 VPg 可以极大地促进翻译。

三、内部阅读框的表达策略

对于真核生物而言，每条 mRNA 都必须要有适当的 5′和 3′端调控序列，并且一般只有 5′端开始的第一个 ORF 能被核糖体翻译，即一条 mRNA 只能编码一个蛋白质。这种单顺反子的编码方式对基因组仅几千到几万碱基的病毒而言，显然不足以编码所有必要的遗传信息。因此，所有病毒（包括植物 RNA 病毒）的基因组通常都是多顺反子的特性，即一条 RNA 能编码并表达超过一个蛋白质，使得极其有限的基因组可以尽可能增加蛋白质编码能力。然而，这种多顺反子的编码方式必须要有相应的基因表达策略，保证内部 ORF 的表达。事实上，病毒进化出了许多种内部 ORF 表达策略，如亚基因组 RNA 策略、多聚蛋白策略、核糖体遗漏扫描策略、非 AUG 起始策略、反式激活策略、核糖体分流策略、核糖体通读策略、移码翻译策略、聚合酶滑移策略、双向编码策略等。很多植物 RNA 病毒会同时采用几种不同的策略进行内部 ORF 的表达，也可能存在其他还未被发现的内部 ORF 表达策略。

（一）亚基因组 RNA 策略

亚基因组 RNA（subgenomic RNA，sgRNA）是在病毒侵染过程中产生的 5′端截段、3′端共终端的 RNA，使得原本位于下游的 ORF 重新处于 5′端。一般而言，在 sgRNA 的上游位置存在一段特殊的 RNA，该 RNA 可以形成特定的二级结构，能被病毒的 RdRp 识别，并启动 sgRNA 的转录合成，这段 RNA 序列一般称为 sgRNA 的启动子。不同病毒的 sgRNA 启动子序列不同，形成的二级结构也不尽相同，但是，一般而言都会至少形成一个发夹结构。例如，雀麦花叶病毒 RNA3 存在两个 ORF，5′端 ORF 编码病毒的 MP，3′端 ORF 编码病毒 CP，通过 sgRNA 表达（也称为 RNA4）。RNA4 上游 95nt（–95nt）至下游 16nt（+16 nt）的 111nt 是启动子所在区域，该区域可进一步分为 3 个基序，分别是–74～–34 nt 的富 A/U 区，–33～–20nt 的多聚 U 区，以及–20～+16nt 的核心启动子区；其中，在核心启动子区存在一个发夹结构，是启动子活性所必需的（图 5-5）（Haasnoot et al.，2000）；烟草花叶病毒基因组共编码 4 个基因，其中 5′端两个 ORF 通过基因组 RNA 直接表达，而 3′端的 MP 和 CP 的 ORF 通过两个 sgRNA 表达。sgRNA1 的–95～+40 nt 是启动子所在区域，该区域可以形成两个发夹结构，其中第二个发夹结构是启动子活性所必需的（图 5-5）（Grdzelishvili et al.，2000）。亚基因组策略被植物+ssRNA 病毒普遍采用，目前仅发现马铃薯 Y 病毒科和伴生豇豆病毒科的病毒不产生 sgRNA。当基因组 RNA 3′端存在多个基因时，可能会产生多个 3′共线性 sgRNA。例如，柑橘衰退病毒能产生至少 9 个 sgRNA（图 5-5）。有些病毒合成的 sgRNA 中包括病毒包装起始序列，因此有可能被病毒的 CP 包裹。例如，CMV 和苜蓿花叶病毒（alfalfa mosaic virus，AMV）的 CP 亚基因组会被包装入病毒粒子，因此该 sgRNA 也常被称为 RNA4。

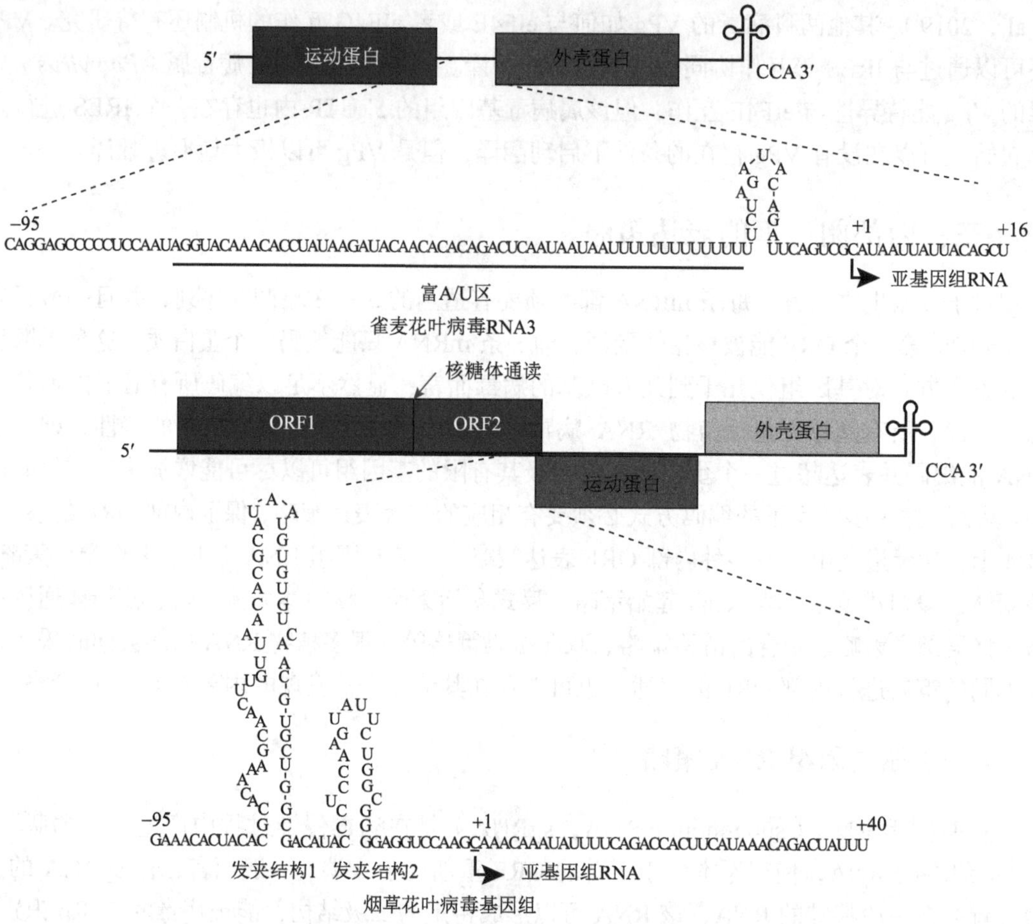

图 5-5 BMV（上）和 TMV（下）的亚基因组启动子结构

虽然 sgRNA 的产生依赖于病毒的 RdRp，但不同病毒的 sgRNA 的产生机制并不相同。目前发现至少有 3 种 sgRNA 产生的机制。①内部起始（internal initiation），即病毒的 RdRp 以负义单链 RNA 为模板，从 sgRNA 上游启动子开始转录；BMV 的 RNA4 的合成即采用了此策略。②提早终止（premature termination），即病毒 RdRp 合成负义单链 RNA 时，在 sgRNA 启动子处终止，随后以 3′端截段的负义单链 RNA 为模板合成 sgRNA；长线病毒科和番茄丛矮病毒科的部分病毒可能采用本策略。③不连续模板合成（discontinuous template synthesis），即病毒 RdRp 在转录完基因组 5′端的一段序列，即所谓的前导 RNA（leader RNA）后，跳跃至基因组内部一个短的、称为转录调控序列（transcription-regulating sequence，TRS）的保守序列元件上，继续合成 RNA 直至 3′端，形成一段前导 RNA 和基因组 3′部分融合的转录本（图 5-6）。TRS 存在于基因组中每个转录单元之前，也存在于前导 RNA 的 3′端。动物病毒中冠状病毒科（*Coronaviridae*）和动脉炎病毒科（*Arteriviridae*）病毒可能采用此策略，而目前还没有发现采用此策略的植物 RNA 病毒（Sztuba-Solińska et al.，2011）。

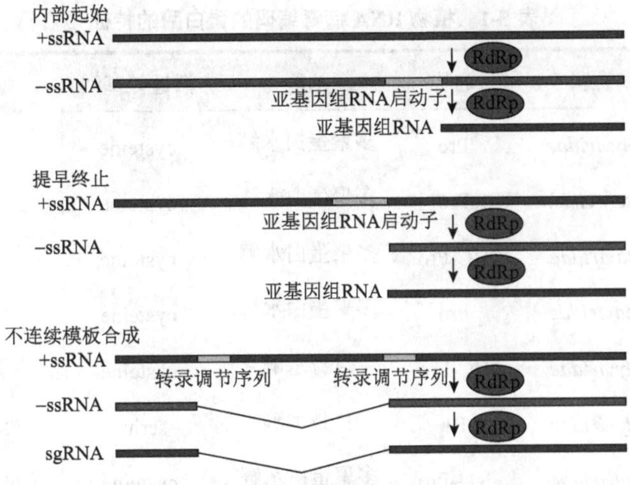

图 5-6　植物 RNA 病毒的亚基因组产生机制

（二）多聚蛋白策略

多聚蛋白策略即将病毒的几个或全部基因由单个 ORF 进行翻译，多聚蛋白随后被 1 个或多个病毒或寄主编码的蛋白质酶在特异性位点切割得到最终的基因产物。这种策略不仅可以省略每个基因单独的调控序列，从而达到提高编码能力的目标，而且也是有效调控蛋白质表达量的一种方式。植物 RNA 病毒中，伴生豇豆病毒科、马铃薯 Y 病毒科、甜菜坏死黄脉病毒科、长线病毒科、芜菁黄花叶病毒科、乙型线状病毒科、南方菜豆一品红花叶病毒科、番茄斑萎病毒科（*Tospoviridae*）都或多或少地采用该蛋白质表达策略。以马铃薯 Y 病毒科病毒为例，该科大多数病毒的基因组为一条长约 10kb 的 RNA，包含一个 3000～3400 个氨基酸的超大 ORF，翻译的多聚蛋白被病毒编码的 3 个蛋白酶切割成为 10 个蛋白质。多数马铃薯 Y 病毒科病毒编码 3 个蛋白酶，分别是 P1、HC-Pro 和 NIa-Pro。P1 的丝氨酸蛋白酶结构域在它的 C 端，能在自身 C 端苯丙氨酸（Phe）和 HC-Pro 第一个氨基酸丝氨酸（Ser）之间切割，将自身从多聚蛋白中切割下来（Rohozkova and Navratil，2011）。P1 的 N 端结构域在自水解过程中发挥调控的作用，并且 P1 的自水解活性需要一个至今还未被鉴定的寄主蛋白质的参与。HC-Pro 的木瓜蛋白酶样蛋白酶（papain-like protease）结构域位于其 C 端，负责在 C 端双甘氨酸基序（Gly-Gly）之间切割，将自己从多聚蛋白上水解。NIa-Pro 是一种丝氨酸蛋白酶，负责 P3 至 CP 之间 8 个蛋白质的水解。烟草蚀纹病毒编码的 NIa-Pro 结构已被解析，并被广泛用于蛋白质表达过程中标签蛋白的去除。伴生豇豆病毒科病毒的编码方式与马铃薯 Y 病毒科病毒类似，并且 RNA 解旋酶、VPg、Pro 和 RdRp 这 4 个蛋白质在多聚蛋白中的顺序一致，但伴生豇豆病毒科病毒仅编码一个胰蛋白酶类蛋白酶（trypsin-like protease）（Fuchs et al.，2022）。番茄斑萎病毒科编码的糖蛋白（G 蛋白），需要在寄主胰蛋白酶的作用下形成 Gn 和 Gc 两个蛋白质，该过程在病毒粒子的成熟过程中具有重要的作用（Bahat et al.，2020）。植物 RNA 病毒编码的蛋白酶的特征详见表 5-1。

表 5-1　植物 RNA 病毒编码的蛋白酶的特征

基因组类型	病毒科	名称	功能	活性氨基酸	结构分类
+ssRNA	*Benyviridae*	Pro	多聚蛋白水解	cysteine	未归类
+ssRNA	*Closteroviridae*	Pro	多聚蛋白水解	cysteine	未归类
+ssRNA	*Kitaviridae*	HC-Pro	多聚蛋白水解	cysteine	Papain 类似结构
+ssRNA	*Secoviridae*	Pro	多聚蛋白水解	cysteine	Chymotrypsin 类似结构
+ssRNA	*Potyviridae*	HC-Pro	自身水解	cysteine	Papain 类似结构
+ssRNA	*Potyviridae*	P1	自身水解	serine	Chymotrypsin 类似结构
+ssRNA	*Potyviridae*	NIa-Pro	多聚蛋白水解	cysteine	Chymotrypsin 类似结构
+ssRNA	*Tymoviridae*	Pro	多聚蛋白水解	cysteine	Papain 类似结构
+ssRNA	*Betaflexviridae*	Pro	多聚蛋白水解	cysteine	未归类
+ssRNA	*Solemoviridae*	Pro	多聚蛋白水解	serine	Chymotrypsin 类似结构

除减少每个蛋白质的单独调控序列外，多聚蛋白表达策略还能利用蛋白酶切割位点及切割位点周围氨基酸残基的差异来调控蛋白酶水解的速率，产生未完全水解的多聚蛋白前体，从而调控蛋白质的亚细胞定位及功能。多聚蛋白表达策略也似乎存在一个明显的“缺点”，即所有蛋白质在同一时间以相同的比例进行表达。理论上，病毒在侵染的不同时期需要不同的蛋白质，并且病毒不同的生命活动过程需要的蛋白质量也可能不同。例如，马铃薯 Y 病毒属病毒的每个病毒粒子需要大约 2000 分子的 CP，而合成一条基因组 RNA 只需要 1 个复制酶分子，但是每翻译 1 个 CP 的同时也需要翻译 1 份所有其他基因产物。因此，多聚蛋白编码策略可能导致大量蛋白质处于无功能状态积累在寄主细胞中。在马铃薯 Y 病毒属病毒侵染的细胞中经常有大量病毒蛋白形成的内涵体，包括 CI 形成的涡轮状内涵体，NIa 和 NIb 形成的核内涵体等。这些“多余”的病毒蛋白可能并非完全没有功能，而是通过与寄主蛋白互作来发挥功能，如抑制寄主免疫等（Cheng et al., 2017；Li et al., 2020；Liu et al., 2023）。马铃薯 Y 病毒属病毒种类多，约占已知植物 RNA 病毒的 1/3，寄主范围广泛，是一类十分重要的植物 RNA 病毒。

（三）核糖体遗漏扫描策略

有些病毒的 RNA 在被核糖体从 5′端扫描时，一部分核糖体会跳过第一个起始密码子 AUG，继续扫描至下一个 AUG，再起始蛋白质的翻译，导致一条 RNA 能同时翻译出两个长度不一但具有共同 C 端序列的蛋白质（两个 AUG 处于同一阅读框时），或者两个完全不一样的蛋白质（两个 AUG 处于不同阅读框时）。这是由于 43S 前起始复合物对 AUG 的识别效率会受 AUG 上下游序列的影响。统计植物 mRNA 的 AUG 前后序列中不同碱基的频率可以发现，AUG 前后的一致序列是 ARCA**AUG**GC（AUG 已加粗；–3 位和+4 位已用下划线标出；R 表示 A 或 G），该序列也称为 Kozak 序列。当–3 位不是 R 或+4 位不是 G，或者 AUG 突变为 AUU、GUG 或 CUG 时，43S 前起始复合物并不能百分之百地识别该起始位点，进而继续扫描下一个 AUG（Ryabova et al.，2006）。核糖体遗漏扫描不仅可以让一个 RNA 表达 2 个及以上的蛋白质，而且可以调控几个蛋白质的表达量。

核糖体遗漏扫描有三种情况。①1 个 ORF 从两个不同位置的 AUG 起始翻译。例如，豇豆花叶病毒（cowpea mosaic virus，CpMV）RNA2 的 5′端的第一个 AUG（131～133 nt）前后序列为 GUACA**AUG**UU，因此不能被 43S 前起始复合物有效识别，进而扫描至下一个 AUG（512～514 nt），最终翻译两个 C 端共线性多聚蛋白，大小分别为 105 kDa 和 95 kDa。95kDa 蛋白的量较 105 kDa 蛋白多，95 kDa 蛋白的 AUG（一致序列为 TTGAA**AUG**GA）比 105kDa 蛋白的 AUG 更有利于 43S 前起始复合物的识别。②一个 ORF 的全部或部分在另一个 ORF 内部，马铃薯卷叶病毒属（*Polerovirus*）和黄症病毒属病毒基因组中 ORF4 包含在 ORF3 内的不同阅读框中，由于 ORF3 的 AUG 上下游序列（UGUUA**AUG**AG）对翻译不利，部分 43S 前起始复合物继续扫描至 ORF4 的 AUG 开始翻译。若突变降低 ORF4 的起始效率，也会降低 ORF3 的起始效率，说明 ORF4 的翻译对 ORF3 的翻译有促进作用。马铃薯 X 病毒属（*Potexvirus*）、香石竹潜隐病毒属（*Carlavirus*）、大麦病毒属（*Hordeivirus*）等多个属病毒的基因组有 3 个部分重叠的 ORF，编码的蛋白质与病毒的运动相关，因此被统称为三基因盒（triple-gene-block，TGB），这 3 个 ORF 也分别被称为 TGB1、TGB2 和 TGB3。其中，TGB2 和 TGB3 通过一个 sgRNA 表达，TGB2 的 AUG 上下游序列（GACAU**AUG**UC）不能被 43S 前起始复合物全部识别，使得约 1/10 的 43S 前起始复合物继续扫描至 TGB3 的 AUG 开始翻译（图 5-7）。芜菁黄花叶病毒基因组的 5′端有两个重叠 ORF（P69 和 P206），两者的起始密码子仅相差 7 个核苷酸，虽然 P69 ORF 的 AUG 起始效率较弱于 P206，但两蛋白质表达量均较高，说明两个基因的起始密码子间隔很近时，两个 ORF 存在"起始耦合"现象，允许两蛋白质均高水平表达（Matsuda and Dreher，2006）。③前一个 ORF 以非 AUG 起始。例如，马铃薯卷叶病毒属和黄症病毒属病毒基因组有一个非常小的 ORF（ORF3a），它处于 sgRNA1 中 ORF3 上游的 5′端附近，其翻译始于一个非 AUG 密码子（ACG、AUU、AUA 或 CUG）（Smirnova et al.，2015）。

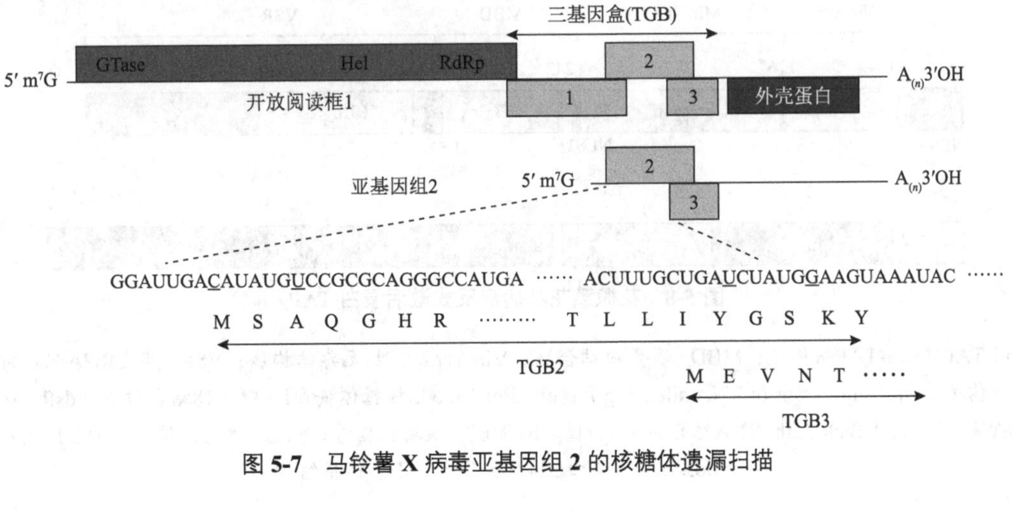

图 5-7 马铃薯 X 病毒亚基因组 2 的核糖体遗漏扫描

（四）非 AUG 起始

非 AUG 起始，指一些病毒的 ORF 不是以传统的 AUG 为起始密码子。非 AUG 起始密码子的基因一般处在基因组或亚基因组第一个 ORF 中，少数情况也可能处于另一个 ORF 内部或下游。例如，水稻东格鲁杆状病毒（rice tungro bacilliform virus，RTBV）ORF1 的起始密码子是 AUU，ORF1 的起始效率较低，约为传统 AUG 起始密码子起始效率的 10%，从而保证后面 ORF 的翻译。非 AUG 起始的 ORF 一般通过核糖体遗漏扫描、IRES、核糖体移码翻译等内部阅读框的表达方式进行表达。例如，马铃薯卷叶病毒属的 p3a 蛋白以非 AUG 进行翻译。

（五）反式激活

花椰菜花叶病毒 35S RNA 的转录需要 ORF Ⅵ的翻译产物——转录激活蛋白（transcription-activating protein，TAP）的参与，这种一个基因的表达需要另一个 RNA 编码产物激活的现象称为反式激活（*trans*-activation）。TAP 的反式激活功能受两个结构域的调控：mini-TAP 结构域和多蛋白结合域（MBD）（图 5-8）。mini-TAP 结构域与 60S 亚基的两种核糖体蛋白（L13 和 L18）相互作用，两种核糖体蛋白竞争相同的结合位点（Bureau et al., 2004）。MBD 通过其包含锌指基序的中心部分与 eIF3g 相互作用，也与 60S 核糖体蛋白 L24 相互作用，且这两种蛋白质在 TAP 上的结合位点重叠，但 eIF3g 的相互作用强于 L24（Park et al., 2001）。TAP 似乎可以防止 eIF3 和其他可能的起始因子解离，这些因子是恢复扫描和随后在下游 AUG 起始密码子上重新启动所必需的，以此在第一个 ORF 的翻译终止后立即将翻译核糖体维持在能够启动的状态。除蛋白质介导的反式激活外，RNA 也能介导反式激活。例如，番茄丛矮病毒科香石竹环斑病毒属的红三叶草坏死性花叶病毒基因组由两个单链 RNA 组成，即 RNA1 和 RNA2。RNA1 的 3′端存在 2 个 ORF，编码病毒的复制相关蛋白质，而 3′端 ORF 编码 CP 蛋白，由一个 sgRNA 翻译而来，然而 sgRNA 只有在同时有 RNA2 时才能产生。研究发现，RNA2 中有一段 34nt 的核苷酸序列是 sgRNA 转录必需的，阻止 RNA1 亚基因组启动子和该 34nt 之间碱基配对会阻止 sgRNA 的产生，说明 RNA2 与 RNA1 的直接结合反式激活了 sgRNA 的合成。

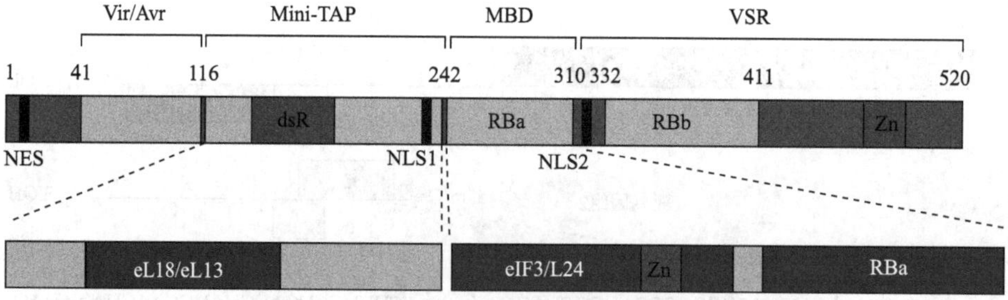

图 5-8　花椰菜花叶病毒反式激活蛋白 TAP

Mini-TAP. Mini-TAP结构域；MBD. 多蛋白结合域；Vir/Avr. 毒性/无毒结构域；VSR. 病毒RNA沉默抑制子结构域（viral suppressor of RNA silencing）；eL18/eL13. 60S核糖体蛋白L13和L18结合位点；dsR. 双链RNA结合位点；RBa和RBb. RNA结合位点a和位点b；NES. 核输出信号；NLS. 核定位信号；eIF3/L24. eIF3和60S核糖体蛋白L24结合位点；Zn. 锌指结构

（六）核糖体分流与重启翻译

花椰菜花叶病毒科成员的 35S RNA 转录本具有长且复杂的前导序列，长度为 350～750 个核苷酸，包含 3～19 个短 ORF（sORF，密码子少于 50 个，且产物没有已知功能），前导序列通过折叠产生复杂的茎环结构以抑制 43S 前起始复合物扫描，使核糖体翻译完第 1 个 sORF 后，绕过这些翻译限制结构及其包含的 sORF，继续扫描并翻译后面真正的长的有功能的 ORF，这种现象称为核糖体分流与重启（ribosomal shunting and reinitiation）。核糖体分流表达策略最先在花椰菜花叶病毒科的花椰菜花叶病毒（cauliflower mosaic virus，CaMV）中被发现。目前关于核糖体分流特征和机制的大多数研究集中在花椰菜花叶病毒和水稻东格鲁杆状病毒上（图 5-9），两种病毒的分流模型表明 43S 前起始复合物与前基因组 35S RNA 的加帽 5′端接触，扫描一小段距离（花椰菜花叶病毒为 60 个核苷酸，水稻东格鲁杆状病毒为 91 个核苷酸）以遇到第一个 AUG，大多数扫描核糖体在此 AUG 组装成完整的 80S 核糖体，从而起始翻译。核糖体分流受几个关键因素调控：①sORF 的最佳长度在 2～15 个密码子；②sORF 终止密码子与茎环结构基部的最佳间距为 5～10 个核苷酸；③分流核糖体在遇到的第一个 AUG 位点的重新启动能力特别强，核糖体在该位置的非 AUG 起始位点识别效率高；④由核糖体分流介导的翻译似乎在不同类型的植物细胞中受到差异调节；⑤大多数植物逆转录病毒前基因组 RNA 的前导序列都具有相似的 sORF 及紧跟的强二级 RNA 结构；⑥驱动核糖体分流的顺式元件在单子叶植物和双子叶植物逆转录病毒之间是功能保守的（Ryabova et al.，2006）。

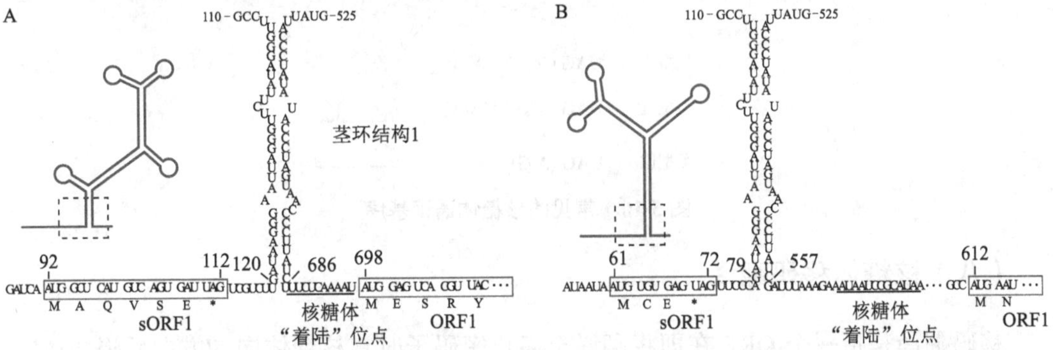

图 **5-9**　花椰菜花叶病毒（**A**）和水稻东格鲁杆状病毒（**B**）的前导序列中的大茎环结构

（七）核糖体通读

核糖体翻译至 ORF 的终止密码子时，有时部分核糖体并不终止翻译，而是将终止密码子翻译为一个特定的氨基酸，然后继续翻译直至下一个终止密码子，从而翻译出一个 N 端部分与正常终止的蛋白质相同，而 C 端多出一段氨基酸的新蛋白质，这个现象被称为通读（through reading）或终止抑制（suppression of termination）（Dreher and Miller，2006）。例如，烟草花叶病毒的 ORF1 正常翻译为一个 126kDa 的蛋白质，ORF1 的终止密码子 UAG 有约 1/10 的概率被翻译为酪氨酸（tyrosine），从而翻译出一个 183kDa 的蛋白质。目前发现至少南方菜豆一品红花叶病毒科、甜菜坏死黄脉病毒科、植物杆状病毒科及番茄丛矮病毒科的全部或部分病毒采用通读策略，并且通读产生的蛋白质通常是复制酶（植物杆状病毒科和番茄丛矮病毒科）或 CP 延伸（南方菜豆一品红花叶病毒科和甜菜坏死黄脉病毒科）。在通读过程中，终止密码子由具有抑制作用的 tRNA 读取，而不是被真核释放因子读取。不同的终止密码子具有不同的终止效率（UAA > UAG > UGA），说明终止密码子的 3′端碱基是重要的效率决定因素。在植物病毒中 UAG 或 UGA 存在通读情况，但还未有 UAA 的通读例子，但是若用 UAA 密码子替换 TMV 的 UAG 密码子，病毒仍然可以复制并产生成熟的病毒粒子。烟草花叶病毒 ORF1 的终止密码子 UAG 可以被两个酪氨酸 tRNA（$tRNA^{Tyr}$）抑制；其中，一个 $tRNA^{Tyr}$ 在 TψC 茎基部有一对 A:U，G10 未修饰，而另一个 $tRNA^{Tyr}$ 在相应位置有一对 G:C，在第 10 位有 m^2G。目前已发现 3 种通读相关基序（图 5-10）：类型Ⅰ，一致序列为 UAG CAR YYA（R 表示 A 或 G；Y 表示 T 或 C），烟草花叶病毒属的复制酶，甜菜坏死黄脉病毒属（*Benyvirus*）和马铃薯帚顶病毒属（*Pomovirus*）的 CP 属于本类型；类型Ⅱ，一致序列为 UAG CGG 或 UAG CUA，烟草脆裂病毒属（*Tobravirus*）、花生丛矮病毒属（*Pecluvirus*）、马铃薯帚顶病毒属的复制酶，以及真菌传杆状病毒属（*Furovirus*）的 CP 属于本类型；类型Ⅲ，通常为 UAG，G 紧接一个假结结构（pseudoknot structure），发现于黄症病毒属和番茄丛矮病毒属中的复制酶（图 5-10）。此外，距离通读终止密码子下游几百至几千碱基处还可能存在一个 RNA 茎环或其他类型的结构，该结构通过长距离 RNA-RNA 的相互作用决定通读的效率（Hordeĭchyk and Shcherbatenko，2010）。

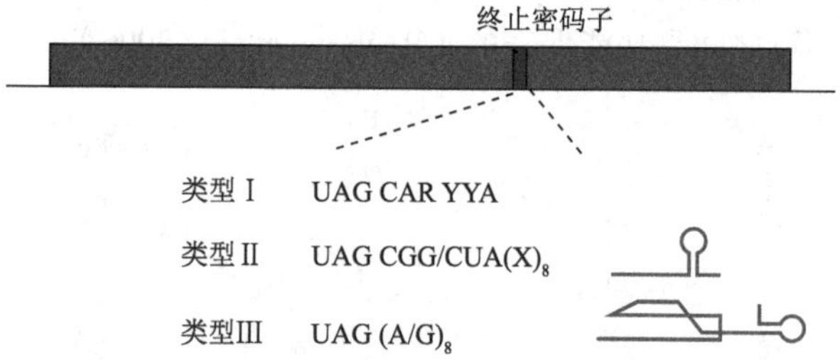

图 **5-10** 常见的核糖体通读基序

（八）核糖体移码翻译

移码翻译是指一个 ORF 在即将翻译至终止密码子时，核糖体向 5′方向后退 1nt（–1 滑移），或向 3′方向前进 1nt（+1 滑移），导致核糖体没有在终止密码子处正常终止翻译，而是继续向前翻译，产生一个与正常终止蛋白质从 N 端至移码位点氨基酸序列相同，但多了一段移码位点后氨基酸的新蛋白质。移码翻译通常发生在 ORF 重叠的区域，并且可能发生在重叠区域中的任何位置，但正常终止的蛋白质的翻译量总是比移码蛋白多。南方菜豆一品红花叶病毒科和番茄丛矮病毒科病毒编码的复制酶的翻译需要–1 移码，长线形病毒科病毒的复制酶和斐济病毒属病毒的 P5-2 蛋白的翻译需要+1 移码（Atkins et al.，2016）。核糖体–1 滑移需要一个 7nt 的核糖体滑动序列（XXX-YYY-Z；其中，X 代表任何碱基，Y 代表 A 或 U，Z 是除 G 以外的任何碱基）和位于核糖体滑动序列下游 5～9nt 的一个由两个茎环（stem-loop）和一个连接环（connecting ring）组成的假结结构。当核糖体到达核糖体滑动序列后，暂停在核糖体滑动序列的稀有密码子上，这些密码子会将核糖体 A 位点后移 1 位，形成 X-XXY-YYZ 阅读框以恢复延伸（图 5-11）。核糖体–1 滑移翻译的移码位点下游RNA结构可以分为3类：①茎环和隆起，茎环与下游3～4kb的茎环碱基配对；②高度结构化的发夹式假结；③稳定的、不完美的茎环。核糖体+1滑移翻译需要一连串光滑碱基和一个稀有的或终止密码子，下游结构区域似乎不是必需的。不同病毒的滑动信号和下游的核糖体滑动相关RNA结构不同，所以滑移的机制也可能不尽相同（Atkins et al.，2016）。

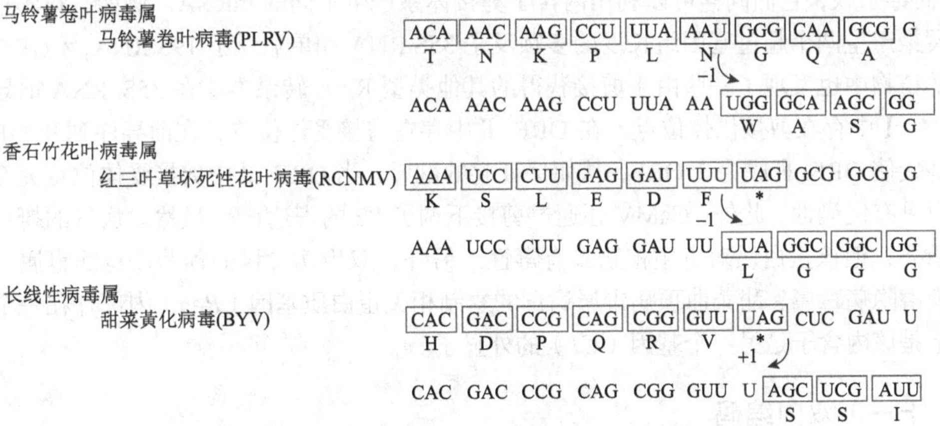

图 5-11　几种常见植物RNA病毒的核糖体移码翻译

*. 蛋白质翻译终止（其上UAG为终止密码子）

（九）聚合酶滑移

有些病毒的RNA聚合酶会在一段特殊的5′-UAAAAAAG-3′序列后多次读取同一模板碱基，从而产生较原模板多1～2个G的RNA，导致翻译时产生移码，产生不同的蛋白质，这种现象被称为聚合酶滑移（polymerase slippage，图5-12）。马铃薯Y病毒科病毒的P3编码区中存在一个特殊的5′-GAAAAAA-3′序列，NIb转录至此有一定的概率（约2%）会额外添加一个A，导致翻译时移码，产生一个N端与P3相同但C端不同的蛋白质，即P3N-PIPO（Chung et al.，2008）。该基因的突变会导致病毒细胞间运动的缺失。少数侵染番薯的马铃薯Y病毒属病毒在P1内也存在一个5′-GAAAAAA-3′序列，会通过聚合酶滑移产生另一个称为P1N-PISPO的蛋白质（Mingot et al.，2016）。目前，聚合酶滑移现象只在马铃薯Y病毒科病毒中发现，其他植物RNA病毒还未发现类似现象。

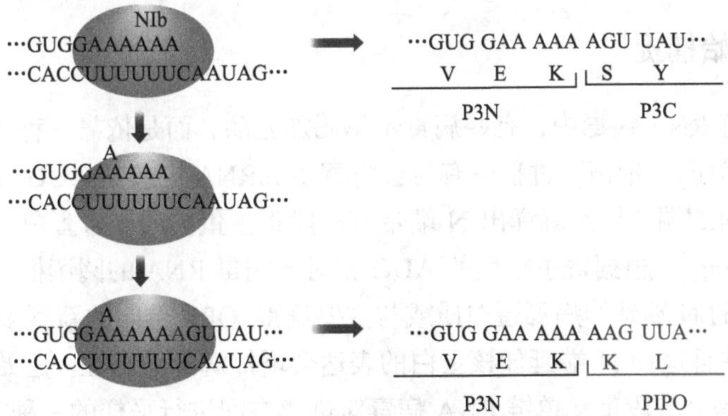

图 5-12　马铃薯Y病毒科病毒的聚合酶滑移机制

P3N. P3蛋白的N端结构域；P3C. P3蛋白的C端结构域；PIPO. 聚合酶滑移产生的PIPO蛋白

（十）选择性剪接

在真核生物 DNA 转录生成 mRNA 的过程中需要对内含子进行剪接，并且通过选择性的内含子剪接，可以提供不同版本的 mRNA。花椰菜花叶病毒科和双生病毒科是两种植物 DNA 病毒家族，它们同样可以利用内含子剪接体系产生不同的 mRNA。例如，花椰菜花叶病毒侵染产生两个超过基因组长度的多顺反子 35S RNA 和单顺反子 19S RNA，但在 CaMV 侵染的植物中也发现了一些由于剪接获得的其他类型 RNA 转录本。在 35S RNA 前导序列和 ORF Ⅰ中存在剪接供体位点，在 ORF Ⅱ中存在剪接受体位点，在前导序列和 ORF Ⅱ间的剪接使 ORF Ⅲ成为 5′ ORF，从而保证它的翻译，当 ORF Ⅱ中剪接受体位点突变后病毒不再具有侵染性。此外，CaMV 还通过剪接下调了 P2 的表达，P2 虽然对病毒的蚜虫传播至关重要，但该蛋白质对寄主植物具有毒性。另外，双生病毒科的葡萄斑点病毒属、美杜莎大戟潜隐病毒属、甜菜曲顶病毒属病毒的复制相关蛋白质基因（*Rep*）内部存在一个内含子，但是该内含子是另一个基因（*C1*）的外显子。

（十一）双向编码

植物–ssRNA 病毒，如蛇形病毒科和弹状病毒科的病毒将基因信息编码在负义链上，而番茄斑萎病毒科和白蛉纤细病毒科的病毒能同时在正义和负义 RNA 链上编码遗传信息。一般认为，具有+ssRNA 和 dsRNA 基因组的 RNA 病毒只在正义链上编码蛋白质，而它们的负义链仅作为 RdRp 复制的模板。最近，我国研究人员发现马铃薯 Y 病毒科马铃薯 Y 病毒属病毒的负义链也存在一些小 rORF，并可能通过 IRES 进行表达；亚细胞定位发现 rORF1～rORF4 都有不同的亚细胞定位，并且敲除在 CP 内部的 rORF2 后，病毒不能成功侵染植物，说明 rORF2 在病毒的侵染中具有重要的作用（Gong et al.，2023）。这些研究暗示+ssRNA 病毒的负义链也可能编码蛋白质，即具有双向编码（bidirectional encoding）能力；然而，有多少种+ssRNA 病毒采用双向编码策略及这些 rORF 的功能如何目前还不清楚。rORF 的发现也对当前植物病毒学提出了许多严峻的科学问题。例如，病毒如何保护负义链不受寄主 RNA 沉默的攻击？除 IRES 外还有多少翻译机制？+ssRNA 病毒的编码极限在哪里？病毒如何平衡 ORF 和 rORF 之间的进化限制等。

（十二）起始捕捉

分段负义单链 RNA 病毒中，有些病毒不编码加帽酶，而是依靠一种称为“抢帽”的过程来获得帽子。然而，“抢帽”过程中有时会将寄主 mRNA 中包括 AUG 在内的一段序列添加至病毒转录本的 5′端，导致翻译出 N 端带有一段寄主蛋白的嵌合蛋白，这现象称为起始捕捉（start-snatching）。根据寄主衍生的 AUG 相对于病毒 RNA 的阅读框，这些密码子启动了寄主-病毒嵌合的 N 端延伸病毒蛋白质或与主要病毒 ORF 重印的新型多肽（长达 80 个氨基酸）的合成，并且这种 N 端延伸核蛋白的表达会增加病毒的毒性。起始捕捉和上游病毒 ORF 的形成可能是分节段负义单链 RNA 病毒对进化空间进行采样的一种方式。

第三节　植物病毒基因组结构及表达

一、双链 DNA 病毒

（一）基因组结构

花椰菜花叶病毒科病毒基因组均由环状双链 DNA 组成，基因组大小约为 8 kb。环状双链 DNA 的负义链含有一个不连续区，正义链上含有 1～3 个不连续区，DNA 编码 6～8 个基因（ORF1～ORF8）。目前，该科病毒被划分为 11 个属，基因组结构如图 5-13 所示。不同属病毒的基因组结构不同，但都编码 5～6 个保守的蛋白质或结构域，分别是 MP、CP、逆转录酶中的天冬氨酸蛋白酶结构域（AP）、逆转录酶结构域（RT）、RNA 酶 H1 结构域（RH1）及翻译激活因子（TAV）。

花椰菜花叶病毒 ORF1 编码大小约 37kDa 的 P1 蛋白，其主要定位于植物细胞的胞间连丝，是协助病毒侵染的移动蛋白。P1 蛋白不与 dsDNA 结合，可与转录的 RNA 结合，形成 P1-RNA 蛋白复合物，通过胞间连丝在细胞间转移。CaMV 还有另一种胞间移动机制，P1 蛋白形成小管修饰胞间连丝，为病毒粒子运输提供通道。ORF2 编码蛋白大小约 19kDa，该蛋白质的缺失或突变，会导致病毒失去蚜虫传播能力。花椰菜花叶病毒 P2 蛋白是病毒粒子与蚜虫口针结合的分子连接器，P2 还能增加蚜虫口针穿刺细胞取食的总次数，改变蚜虫的摄食行为，增强蚜虫的传毒效率。ORF3 编码约 14 kDa 的 P3 蛋白，该蛋白质是一个无序列特异性的 DNA 结合蛋白。花椰菜花叶病毒 P3 蛋白富含脯氨酸基序，能与双链 DNA 结合，其 C 端 11 个脯氨酸富集区是 DNA 结合关键功能域，缺失此脯氨酸富集区的 P3 突变体丧失了 DNA 结合活性。ORF4 编码蛋白是一个大小约 42 kDa 的 CP，参与病毒粒子的组装，粒子的蛋白质外壳由 420 个 CP 蛋白亚基组成。ORF5 编码蛋白大小约 79 kDa，该蛋白质是具有逆转录酶活性的病毒逆转录酶。ORF6 编码大小约 58 kDa 的 P6 蛋白，该蛋白质在病害诱导、症状表达和寄主范围的控制中起关键作用。P6 蛋白是一个症状决定子，P6 转基因烟草表现出花叶或白化症状。CaMV 不同株系的 P6 诱导拟南芥的症状类型不同：转 Bari-1 株系 P6 的拟南芥表现为轻型叶脉褪绿，而转 B-JI 株系 P6 的拟南芥表现为严重褪绿和矮化。花椰菜花叶病毒 P6 蛋白还能决定病毒的寄主范围，如 CaMV D4 株系在茄科植物曼陀罗上引起系统花叶，而 CM1841 株系在曼陀罗上只能引起坏死枯斑。将 D4 株系 P6 置换到 CM1841 株系上，获得 D4 株系 P6 的 CM1841 株系也能在曼陀罗上引起系统花叶。迄今为止，ORF7 的研究报道极少，编码的 P7 是多顺反子 35S RNA 编码的第一个蛋白质，P7 蛋白可能影响寄主症状表型，还严重影响其下游 3 个基因 *ORF1*、*ORF2* 和 *ORF3* 的翻译水平。假定的 ORF8 编码蛋白质的功能暂时不清（Teycheney et al.，2020）。

（二）基因组转录

双链 DNA 病毒转录有两个阶段，即细胞核阶段和细胞质阶段。细胞核阶段指病毒 DNA 由寄主依赖于 DNA 的 RNA 聚合酶进行转录，细胞质阶段指在细胞质内的 RNA 由病毒编码

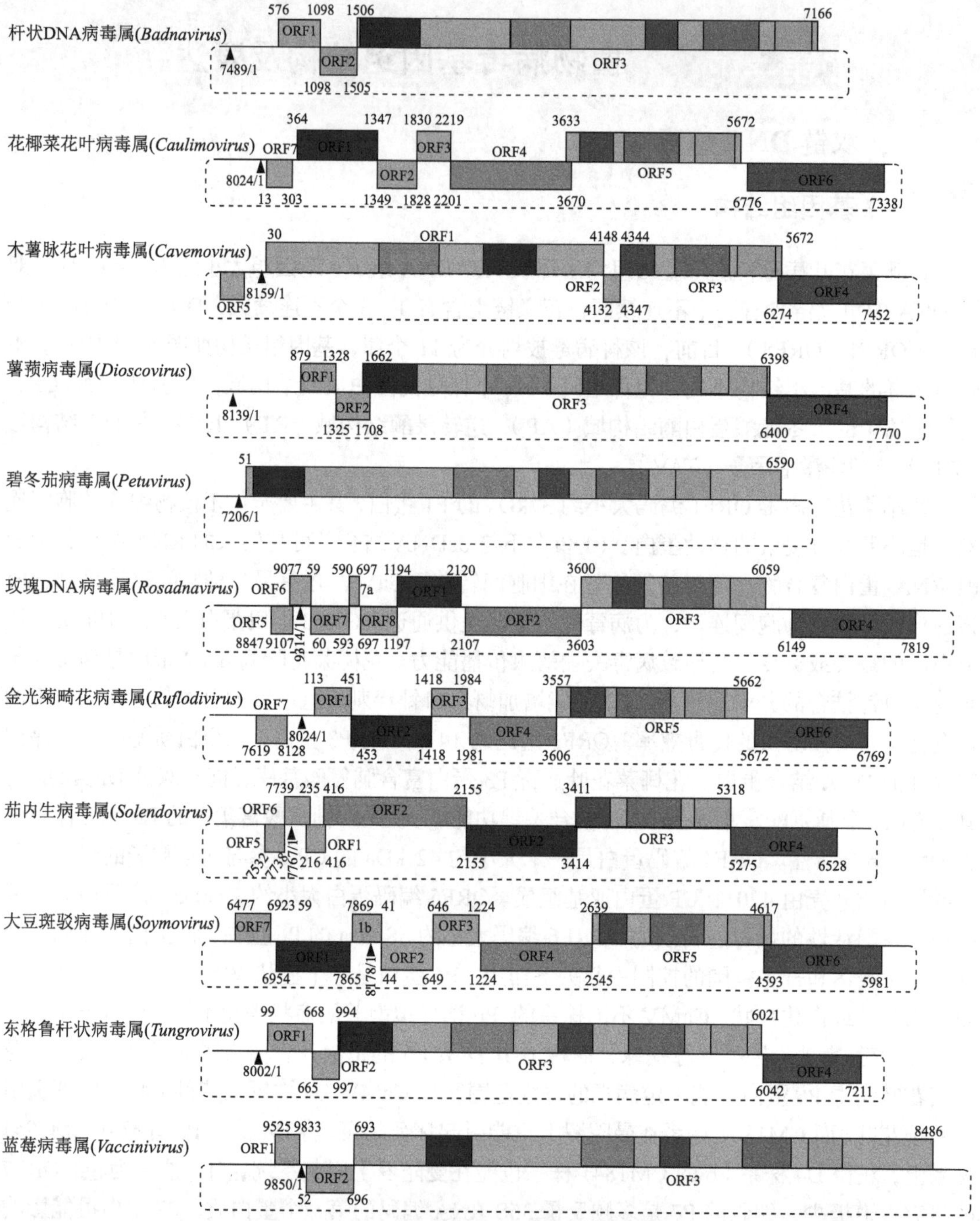

图 5-13 花椰菜花叶病毒科病毒的基因组结构

黑色三角形表示Met-tRNA引物结合位点的第1个核苷酸；虚线表示首尾相接；灰色方框表示ORF；蓝色、绿色、红色、橙色、黄色、粉色分别表示运动蛋白、外壳蛋白、天冬氨酸蛋白酶结构域、逆转录酶结构域、RNA酶H1结构域和翻译激活结构域

的依赖于RNA的DNA聚合酶或者逆转录酶逆转录产生DNA。花椰菜花叶病毒侵入细胞后脱壳进入细胞核，在核中基因组双链DNA的重叠区核苷酸被取代，不连续区域通过共价结

合而形成一个完整的封闭双链环状 DNA，并与组蛋白结合形成一个小染色体，再借助寄主细胞 RNA 合成酶Ⅱ转录出 35S 和 19S 两个 RNA，它们均具有 5′端帽子结构和 3′端的 poly(A)尾。19S RNA 是 ORF6 的 mRNA，ORF6 是唯一被其自身启动子转录为独立转录物的花椰菜花叶病毒基因。在 35S 和 19S RNA 转录起始位点上游有一段 TATATAA 序列，称为 TATA 区。

虽然花椰菜花叶病毒属病毒的寄主范围有限，但该属病毒的启动子可以在单子叶植物和双子叶植物内都发挥作用。花椰菜花叶病毒 dsDNA 含有 35S 和 19S 两种启动子，花椰菜花叶病毒的 19S 启动子的驱动活性比 35S 启动子弱很多，35S 启动子的驱动活性是 19S 启动子的 10～50 倍。19S 启动子的核心区可以被 35S 启动子的增强子元件强烈活化，但尚未发现 19S 启动子含有增强子元件。花椰菜花叶病毒 35S 启动子是植物基因工程中最常用的启动子，35S 启动子是一个组成型强启动子，已被广泛地用于许多双子叶植物和单子叶植物的转基因表达。35S 启动子序列包括转录起始位点上游的核心启动子（core promoter），以及起始转录位点上游的 TATA 盒、CCAAT 盒、倒转重复序列和增强子核心序列等各种控制元件。研究发现，该启动子转录起始位点上游的不同区段功能各异：–343～–90nt 区段主要控制胚的子叶和成熟植株的叶组织及维管组织的表达，其中–343～–208nt 和–208～–90nt 是转录激活区；–90～+8nt 区域主要负责在胚根、胚乳及根组织内表达，其中–90～–46nt 是进一步增强转录活性的区域。花椰菜花叶病毒 35S 启动子的 DR 区（–148～–89nt）含有类似 CCAAT 盒的结构，不仅能激活 35S 的核心启动子，还能激活异源的 19S 启动子，使 19S 启动子的活性增强 1～5 倍。花椰菜花叶病毒 35S 启动子序列中还含有 2 个顺式作用元件 as-1 和 as-2：as-1 位于–82～–64nt，能结合烟草转录因子 TGA1a，并且能够控制基因在根中的强表达；as-2（–98～–90nt）顺式元件包括 2 个 GT 基序，与 SV40 增强子核心 A 元件同源，as-2 不仅能够与来自烟草叶片组织中的核蛋白互作，而且能与 as-1 协作增强光合组织中的启动子活性（Pouresmaeil et al.，2023）。

（三）基因组翻译

花椰菜花叶病毒科病毒有一个共同的称为多顺反子 RNA 反式激活（*trans*-activation）重启机制的特殊翻译模式，也就是翻译需要 P6 的反式激活，P6 也因此被称为反式激活蛋白。这种反式激活功能已在花椰菜花叶病毒、草莓镶脉病毒（strawberry vein banding virus，SVBV）、玄参花叶病毒（figwort mosaic virus，FMV）和花生褪绿线条病毒（peanut chlorotic streak virus，PCSV）上确认。花椰菜花叶病毒的 DNA 转录出 2 个 mRNA：一个是比较短的单顺反子 19S RNA，19S RNA 只编码 P6 蛋白；另一个是多顺反子 35S mRNA，35S mRNA 覆盖全基因组，共编码 6 个蛋白质。35S RNA 虽然是基因组复制的模板，却比基因组长，全长基因组的 5′端和 3′端有 200 nt 的重叠。另外，花椰菜花叶病毒 35S RNA 含有一个约 600nt 的前导序列，前导序列含有 7 个小 ORF，第一个小 ORF A 紧靠在茎环结构的上游。第一个小 ORF A 翻译结束后，核糖体受到茎环结构阻挡，不能继续在 mRNA 上滑行，但在 P6 蛋白反式激发作用下，核糖体可以绕过茎环结构，转移到茎环结构的下游与 mRNA 重新结合，再起始 35S RNA 各个功能 ORF 的翻译，这种翻译的终止—再起始受到 P6 蛋白反式激活的严格调控。已知花椰菜花叶病毒 35S RNA 含有至少 7 个 ORF，每个 ORF 均有一个 AUG，各 ORF 间相距很近，所以 35S RNA 在翻译时有一个被称为“接力赛”（relay race）的特定模式。当核糖体与 35S RNA 5′端结合后，开始翻译直至第一个终止密码子，此时核糖体并不完全脱离 RNA，而是在最近一个 AUG 处重新启动蛋白质的合成（无论这个 AUG 在终止密码子的上游或是下游）。ORF6 是花椰菜花叶病毒组中唯一利用 19S RNA 转录产物翻译而来的，ORF6 产物对位于 35S RNA 上其他基因的翻译有重要的反式激活作用。

二、单链 DNA 病毒

（一）基因组结构

1. 双生病毒科 双生病毒目前是植物病毒中数目最多的一类病毒，分布非常广泛，对全球范围内的农作物造成了重大影响。双生病毒的病毒粒子为 22nm×38nm 的孪生颗粒形态，无包膜，由两个不完整的二十面体组成，表面有 22 个五聚体壳粒，CP 分子量为 28～34 kDa（Zerbini et al.，2017）。双生病毒主要通过昆虫（如烟粉虱、叶蝉、蚜虫或角蝉）以持久性方式传播。双生病毒科病毒的基因组是由环状单链 DNA 组成的，这些 DNA 为单组分（monopartite）或双组分（bipartite）。基因组的大小通常为 2.5～3.0kb。对于双组分的病毒，包含不同基因组的两个病毒粒子对于病毒侵染都是必需的，总基因组大小可达 5.2kb。基因组编码区分布在病毒链和互补链上，通常包括几个 ORF，中间为基因间隔区。这些编码区编码的病毒蛋白参与病毒的复制、包装、运动、与寄主相互作用等。双生病毒科目前被分为 14 个属，基因组结构如图 5-14 所示。

（1）玉米线条病毒属（*Mastrevirus*） 该属包含 45 种病毒，其基因组为单分体形式，大小为 2.6～2.8 kb。基因组上包括 4 个 ORF，分布在病毒链和互补链上，每侧各有两个 ORF，被长基因间隔区（long intergenic region，LIR）和短基因间隔区（short intergenic region，SIR）隔开。LIR 含有复制起始所需保守的 9 核苷酸序列（5′-TAATATTAC-3′），SIR 为转录终止位置。其中，ORF C1 和 C2 编码复制相关的两个外显子（RepA 和 RepB）。该属所有病毒 *Rep* 基因均含有一个内含子。

（2）菜豆金色花叶病毒属（*Begomovirus*） 该属包含 445 种病毒，为双生病毒中数量最多的一个属。其基因组有些为双组分，分别为 DNA-A 和 DNA-B，大小为 2.5～2.6 kb。其中，DNA-A 组分能独立复制并形成病毒粒子，但系统性侵染植物需要 DNA-B 的参与。双组分病毒的 DNA-A 和 DNA-B 在基因间隔区存在一个 200nt 的共同区域（common region，CR），其序列、位置和结构高度保守，包含一个茎环结构及一个保守的 9 核苷酸序列。有些病毒为单组分，大小约为 2.7 kb。单组分双生病毒的基因组与双组分的 DNA-A 类似。

DNA-A 及单组分病毒基因组病毒链上的 AV1/V1 负责编码 CP，参与病毒的包装及运动。AV2/V2 编码的蛋白质同样参与病毒运动。需要注意的是，仅旧世界双生病毒编码该蛋白质。在 DNA-A 的互补链上，ORF AC1/C1 编码复制相关蛋白（replication-associated protein，Rep）、ORF AC2/C2 编码转录激活蛋白（transcription activator protein，TrAP）、ORF AC3/C3 编码复制增强蛋白（replication enhancer protein，REn），ORF AC4/C4 编码的蛋白质与症状相关。Rep 通过与基因间隔区的重复基序（iteron）结合，在保守的 9 核苷酸序列中引入缺口（5′-TAATATT↓AC-3′）以启动病毒 DNA 的复制过程。DNA-B 的病毒链上编码一个核穿梭蛋白（ORF BV1），可以促进病毒 DNA 的核质转运；其互补链上编码的 MP（ORF-BC1）则参与病毒的胞间运动和远距离移动（Sanderfoot and Lazarowitz，1996）。该属病毒还编码多个小的 ORF，这些 ORF 编码的短肽有不同的亚细胞定位，部分产物在病毒侵染中具有重要作用。

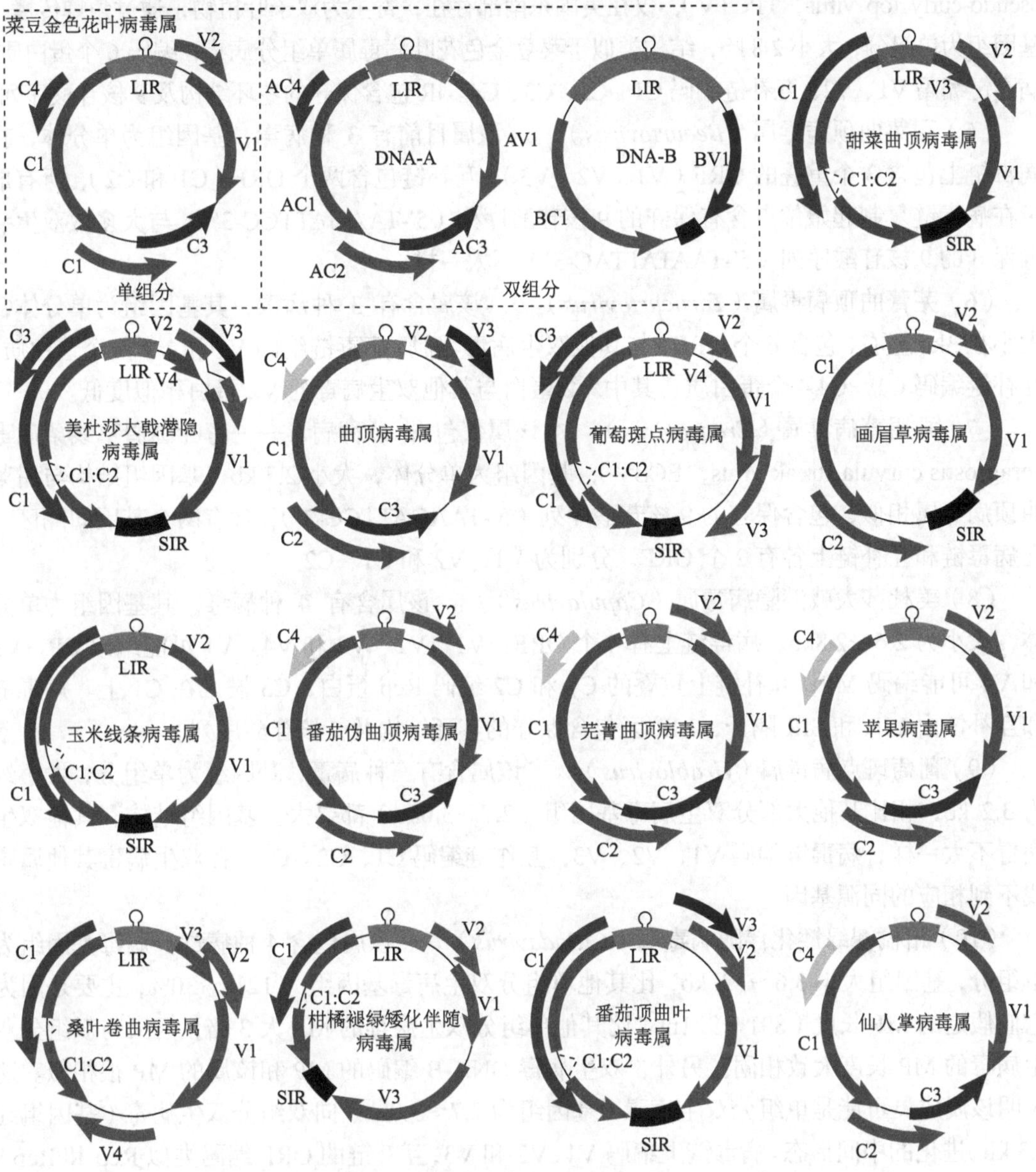

图 5-14　双生病毒科各属病毒的基因组结构（Varsani et al.，2017）

（3）曲顶病毒属（*Curtovirus*）　该属目前仅包含 3 种病毒，其基因组大小为 2.9～3.0kb，编码 6～7 个蛋白质。病毒链编码 3 个蛋白质：V1 负责编码 CP，参与病毒运动和介体昆虫传播；V2 负责编码 MP；V3 参与调控病毒基因组单链 DNA 和双链 DNA 比例。互补链编码 4 个蛋白质：C1 编码复制相关蛋白（replication-associated protein，Rep），参与病毒 DNA 复制起始；C2 在某些寄主植物中作为致病因子发挥作用；C3 编码复制增强蛋白（replication enhancer protein，Ren）；C4 编码蛋白质影响细胞分化，与病毒症状有关。IR 包含保守的茎环结构和 9 核苷酸序列。

（4）番茄伪曲顶病毒属（*Topocuvirus*） 该属只有 1 种病毒：番茄伪曲顶病毒（tomato pseudo-curly top virus，TPCTV），仅在美国东南部存在，寄主为双子叶植物，通过角蝉传播。基因组为单组分，大小 2.8 kb，结构类似于菜豆金色花叶病毒属单组分病毒，编码 6 个蛋白质，病毒链编码 V1、V2，互补链编码 C1、C2、C3、C4。IR 包含保守的茎环结构及 9 核苷酸序列。

（5）甜菜曲顶病毒属（*Becurtovirus*） 该属目前有 3 种病毒，基因组为单分体，在病毒链上包含 3 个重叠的 ORF（V1、V2、V3），互补链包含两个 ORF（C1 和 C2），所有成员在病毒链复制起始位点含有保守的 9 核苷酸序列（5′-TAAGATTCC-3′），与大多数双生病毒保守的 9 核苷酸序列（5′-TAATATTAC-3′）不太一样。

（6）芜菁曲顶病毒属（*Turncurtovirus*） 该属含有 3 种病毒，其基因组为单分体，大小在 3kb 左右，包含 6 个 ORF，与其他双生病毒类似，病毒链编码 V1 和 V2 两个蛋白质，互补链编码 C1～C4 4 个蛋白质，其中 V2 蛋白与其他双生病毒的 V2 蛋白相似度低。

（7）画眉草病毒属（*Eragrovirus*） 该属仅包含 1 种病毒——弯叶画眉草线条病毒（eragrostis curvula streak virus，ECSV），基因组为单分体，大小 2.7 kb，基因组结构与甜菜曲顶病毒属相似，包含保守的 9 核苷酸序列（5′-TAAGATTCC-3′）。含有两个基因间隔区，在病毒链和互补链上各有 2 个 ORF，分别为 V1、V2 和 C1、C2。

（8）美杜莎大戟潜隐病毒属（*Capulavirus*） 该属含有 4 种病毒，其基因组为单分体，大小为 2.6～2.8kb。病毒链上有 4 个 ORF：V1、V2、V3 和 V4。V1 可能编码 CP，V3 和 V4 可能编码 MP；互补链上重叠的 C1 和 C2 编码 Rep 蛋白，C3 嵌入在 C1 上。病毒链和互补链由 LIR 和 SIR 隔开，LIR 区包含保守的茎环结构及 9 核苷酸序列。

（9）葡萄斑点病毒属（*Grablovirus*） 该属含有三种病毒，基因组为单组分，大小约为 3.2 kb，相比其他大部分双生病毒基因组（2.7～3.0kb）都要大。基因组结构和其他双生病毒不太一样，病毒链编码 V1、V2、V3，互作链编码 C1、C2、C3，在双生病毒其他属中找不到相应的同源基因。

（10）柑橘褪绿矮化伴随病毒属（*Citlodavirus*） 该属包含 4 种病毒。病毒基因组为单组分，基因组大小 3.6～3.8 kb，比其他单组分双生病毒基因组大 12%～30%，主要是因为它们假定的 MP 长度（891～921nt）比其他单组分双生病毒的 MP 大 3 倍，但又与双组分双生病毒的 MP 长度大致相同。另外，双生病毒 DNA-B 编码的 MP 和该属的 MP 很相似。这表明该属成员可能是单组分双生病毒（基因组为 2.7～3.0kb）向双组分双生病毒（基因组约 5.3 kb）进化的中间形态。病毒链上编码 V1、V2 和 V3，互补链的 ORF 编码类似 Rep 和 RepA 的蛋白质。病毒链和互补链上的 ORF 被 LIR 和 SIR 分隔开，保守的 9 核苷酸序列（5′-TAATATTAC-3′）位于 LIR。

（11）苹果病毒属（*Maldovirus*） 该属包括 3 种病毒，基因组结构和其他单组分双生病毒很相似，病毒链编码 V1 和 V2，互补链编码 C1、C2、C3 和 C4。

（12）桑叶卷曲病毒属（*Mulcrilevirus*） 该属包括两种病毒——桑树皱叶病毒（mulberry crinkle leaf virus，MCLV）和构树卷曲病毒 1 号（paper mulberry leaf curl virus 1，PMLCV1），主要寄主为桑树和构树。其基因组包含 6 个 ORF，病毒链编码 V1、V2、V3、V4，互补链上的 C1 和 C2 分别编码 RepA 和 Rep。

（13）仙人掌病毒属（*Opunvirus*）　该属仅有 1 种病毒——仙人掌病毒 1 号（opuntia virus 1，OpV1）。基因组为单组分，大小为 3.0 kb，结构和其他单组分双生病毒类似，包含 6 个 ORF，病毒链为 V1 和 V2，互补链为 C1、C2、C3 和 C4。

（14）番茄顶曲叶病毒属（*Topilevirus*）　该属包括两种病毒，番茄顶曲叶病毒（tomato apical leaf curl virus，ToALCV）和番茄双生病毒 1 号（tomato geminivirus 1，TGV1），在南美洲发现，寄主包括番茄和醉蝶花。基因组为单组分，大小为 2.6～2.9 kb。病毒链上有 3 个 ORF（V1、V2 和 V3），互补链上有 3 个 ORF（C1、C2 和 C3），被 LIR 和 SIR 间隔。保守的 9 核苷酸序列（5′-TAATATTAC-3′）位于 LIR 区。

2. 矮缩病毒科　矮缩病毒科病毒具有多分体、单链环状基因组，病毒粒子为球状，直径 17～19 nm，通过蚜虫以循环非持久方式传播。部分病毒寄主范围很窄，矮缩病毒属病毒寄主仅限于双子叶植物，主要是一小部分豆科植物。病毒感染后局限于韧皮部组织，并且通常会引起植物矮化、叶片发红或发黄，有时还会出现叶卷和植株死亡。矮缩病毒科分为两个属：香蕉束顶病毒属（*Babuvirus*）和矮缩病毒属（*Nanovirus*）。香蕉束顶病毒属和矮缩病毒属病毒分别含有 6 个（DNA-R、DNA-S、DNA-C、DNA-M、DNA-N、DNA-U3）和 8 个（DNA-R、DNA-S、DNA-C、DNA-M、DNA-N、DNA-U1、DNA-U2、DNA-U4）组分（图 5-15）。矮缩病毒属病毒各组分基因组大小为 917～1046nt，香蕉束顶病毒属病毒各组分基因组大小为 1013～1114nt，病毒链均单向转录 mRNA。

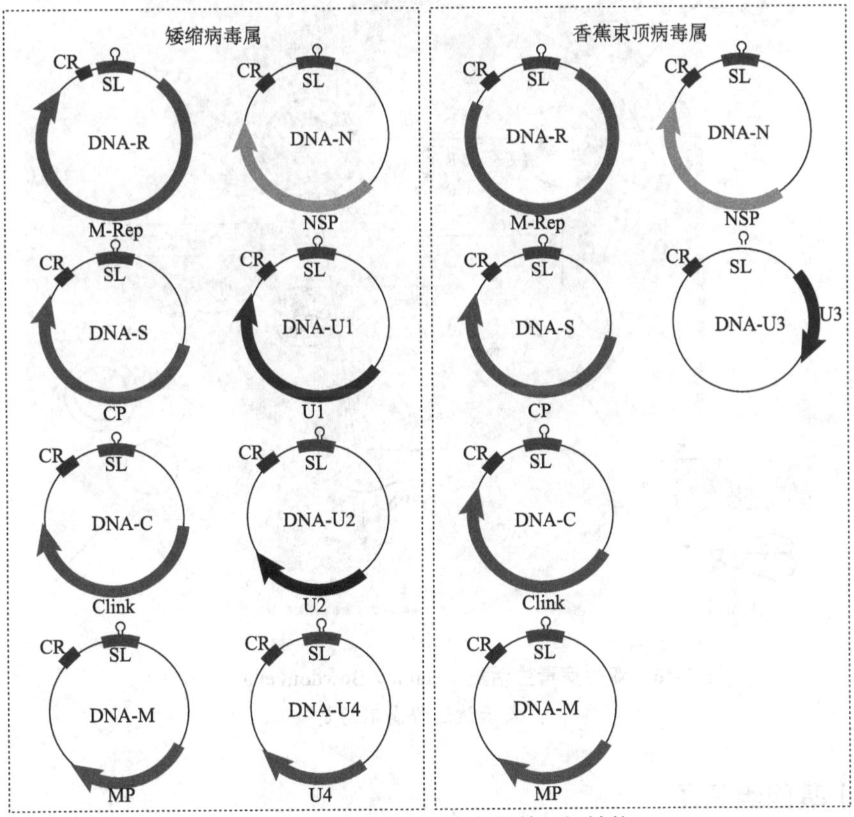

图 **5-15**　矮缩病毒科病毒的基因组结构

CR. 共同区（common region）；SL. 茎环（stem-loop）

（二）基因组转录

双生病毒的转录过程涉及复杂的调控机制。当病毒粒子内的单链环状 DNA（ssDNA）释放到寄主细胞中时，寄主的 DNA 聚合酶利用该 ssDNA 作为模板，并借助一段 RNA 或 DNA 引物，合成对应的互补链，进而形成病毒的双链 DNA 复制中间体。接着，这一双链 DNA 复制中间体与 11～12 个核小体相结合，构建成微型染色体（minichromosome），该结构被作为病毒双向转录的基础。随后，RNA 聚合酶Ⅱ（Pol Ⅱ）以微型染色体为模板，负责转录出复制相关蛋白质的 mRNA，该 mRNA 进一步指导 Rep 蛋白的合成，Rep 蛋白随后启动病毒 DNA 的复制过程（图 5-16）。在转录过程中，病毒可以利用自身编码的转录激活蛋白（如 AC2/TrAP）激活其基因的表达，同时可能干扰寄主的正常转录过程。此外，双生病毒还能够编码 RNA 沉默抑制子，进一步影响自身及寄主细胞的基因表达调控。

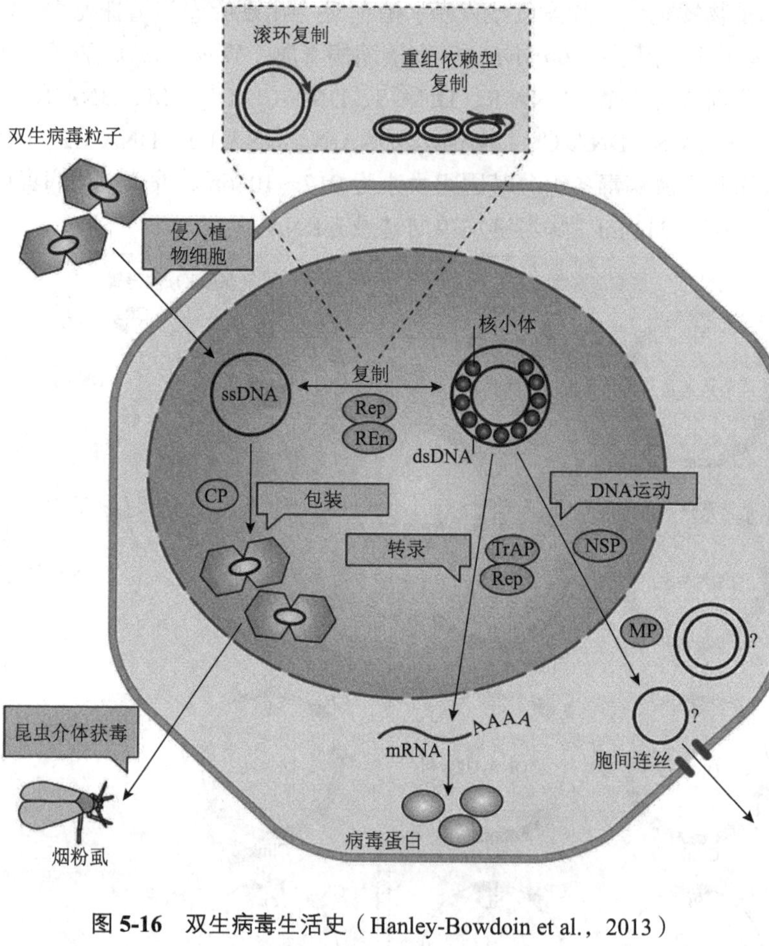

图 5-16　双生病毒生活史（Hanley-Bowdoin et al.，2013）

？表示该过程尚不清楚

（三）基因组翻译

双生病毒基因组都是从基因间区（intergenic region，IGR）进行双向翻译的，而且每一个编码区都是独立的转录本。双生病毒是通过多个重叠的转录本来控制基因表达的；玉米线条病毒属，也可能包括甜菜曲顶病毒属、美杜莎大戟潜隐病毒属和葡萄斑点病毒属的病毒，也会采用选择性剪接来产生额外的转录本。双生病毒基因组上生成的所有转录本都是在寄主细胞的核糖体上进行翻译的。这些翻译产物包括病毒的复制相关蛋白（如 Rep/AL1、RepA/AC1 等）、结构蛋白（如 CP/AV1，负责形成病毒颗粒的外壳）、MP（如 MP/BC1，参与病毒的运行）等。双生病毒的翻译过程也受到病毒本身及寄主因子的复杂调控，确保病毒蛋白的适时适量表达，以适应其复制和传播的需要（图 5-16）。

三、双链 RNA 病毒

双链 RNA 病毒粒子内含有多节段的双链 RNA 基因组，大多数节段只编码 1 个蛋白质，少数编码 2～3 个蛋白质，且病毒粒子携带有 RNA 聚合酶。根据病毒粒子的大小和双链 RNA 节段的数目，双链 RNA 病毒可分成不同的科属。侵染植物的双链 RNA 病毒主要包括光滑呼肠孤病毒科、刺突呼肠孤病毒科和双分病毒科。这类病毒的基因组双链 RNA 不能作为 mRNA 被直接翻译，所以在病毒初侵染进入植物细胞后，必须首先使用病毒粒子中所携带的 RdRp 先把 dsRNA 转录成 mRNA，进而翻译合成病毒侵染所需的蛋白质。

（一）光滑呼肠孤病毒科

光滑呼肠孤病毒科侵染植物的植物呼肠孤病毒属的病毒粒子为球状，直径约 70 nm，双层衣壳，基因组为 12 段双链 RNA。代表性成员包括水稻矮缩病毒（rice dwarf virus，RDV）和水稻瘤矮病毒（rice gall dwarf virus，RGDV）。在非降解条件下纯化的病毒粒子中含有的蛋白质称为结构蛋白，此外病毒还会编码非结构蛋白来帮助其侵染和复制等。

（二）刺突呼肠孤病毒科

刺突呼肠孤病毒科斐济病毒属的病毒粒子为球形，直径为 65～70 nm，有双层衣壳，外层衣壳上有 A 型刺突，内层衣壳上有 B 型刺突，基因组为 10 段双链 RNA，大小为 1.5～5.0 kb。该属成员中包括两种重要的水稻病毒：水稻黑条矮缩病毒（rice black-streaked dwarf virus，RBSDV）和南方水稻黑条矮缩病毒（southern rice black-streaked dwarf virus，SRBSDV），分别由灰飞虱和白背飞虱传播，都曾对我国水稻生产造成严重危害，后者被列入中华人民共和国农业农村部发布的《一类农作物病虫害名录》。SRBSDV 各节段基因结构与编码蛋白质的功能见图 5-17。

刺突呼肠孤病毒科水稻病毒属与斐济病毒属相似，病毒粒子有双层衣壳，外层衣壳上有 A 型刺突，内层衣壳上有 B 型刺突，基因组也是 10 段双链 RNA，大小为 1.2～3.9 kb。相比斐济病毒属，该属成员的病毒颗粒稍大，直径为 75～80 nm。该属病毒的代表种是水稻齿叶矮缩病毒（rice ragged stunt virus，RRSV）。

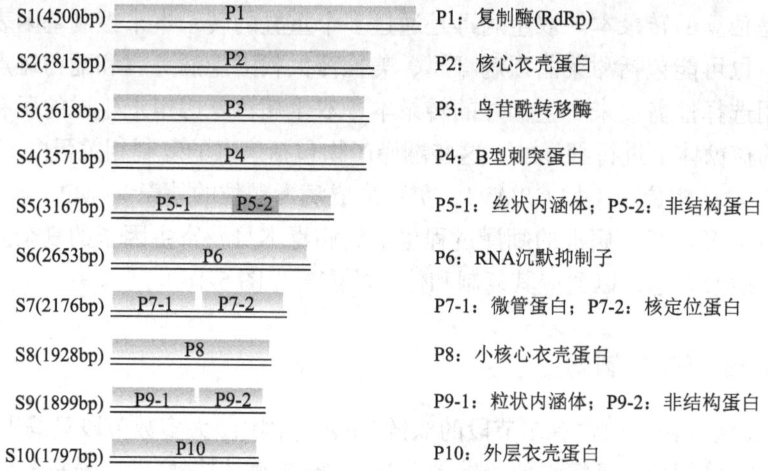

图 5-17 南方水稻黑条矮缩病毒的基因组结构和编码蛋白质功能

（三）双分病毒科

该科病毒粒子为球状，直径 30～40 nm，内含两个节段的双链 RNA 基因组：大的节段编码 RNA 复制酶，小的节段编码 CP 蛋白。该科病毒中能侵染植物的包括甲型双分病毒属（*Alphapartitivirus*）、乙型双分病毒属（*Betapartitivirus*）和丁型双分病毒属（*Deltapartitivirus*）。该科病毒在寄主细胞中浓度较低，侵染后一般不引起症状，无已知的自然介体，种子传播是唯一已知的传播方式。

四、正义单链 RNA 病毒

（一）伴生豇豆病毒科

该科病毒粒子无包膜，呈二十面体对称，直径为 25～30 nm。该科病毒基因组由一个或两个+ssRNA 分子组成，总长为 9～13.7kb。它们与小 RNA 病毒科（*Picornaviridae*）病毒有进化关系，同属于小 RNA 病毒目（*Picornavirales*）。基因组的 5′端共价连接病毒 VPg，3′端通常是 poly(A)尾结构。大多数病毒都能侵染双子叶植物，引起严重的病害。该科病毒采用多聚蛋白的编码策略；其中，RNA1 携带复制所需的基因信息，在没有 RNA2 的情况下可以在单个细胞中复制，但不会产生病毒颗粒；RNA2 编码 CP 和 MP。在具有两部分基因组的病毒中，任何一种 RNA 都不能单独侵染植物。伴生豇豆病毒科包括 9 个属（图 5-18）。线虫传多面体病毒属所有病毒和温州蜜柑矮缩病毒属部分病毒编码 1 个 52～60kDa 的 CP，豇豆花叶病毒属、蚕豆病毒属、草莓潜隐环斑病毒属的病毒和温州蜜柑矮缩病毒属的部分病毒具有 2 个 CP（40～45kDa 和 21～29kDa），樱桃锉叶病毒属、水稻矮化病毒属、伴生病毒属和灼烧病毒属病毒有 3 个相似大小的 CP（24～35kDa、20～26kDa 和 20～25kDa）（图 5-18）。伴生豇豆病毒科所有病毒的 RNA1 中有一个保守的基因排列模块，从 N 端至 C 端分别为 RNA 解旋酶（Hel）、VPg、Pro 和 RNA 聚合酶（Pro）。有些病毒在 RNA1 或 RNA2 中会编码额外的基因。例如，山靛伴生病毒 1 号（mercurialis secovirus 1，MSV1）在 Pol

后面还有一个三磷酸肌苷焦磷酸酶（inosine triphosphate pyrophosphatases，ITPases）结构域，该结构域对病毒成功侵染山脏至关重要（Mahillon et al.，2024）。

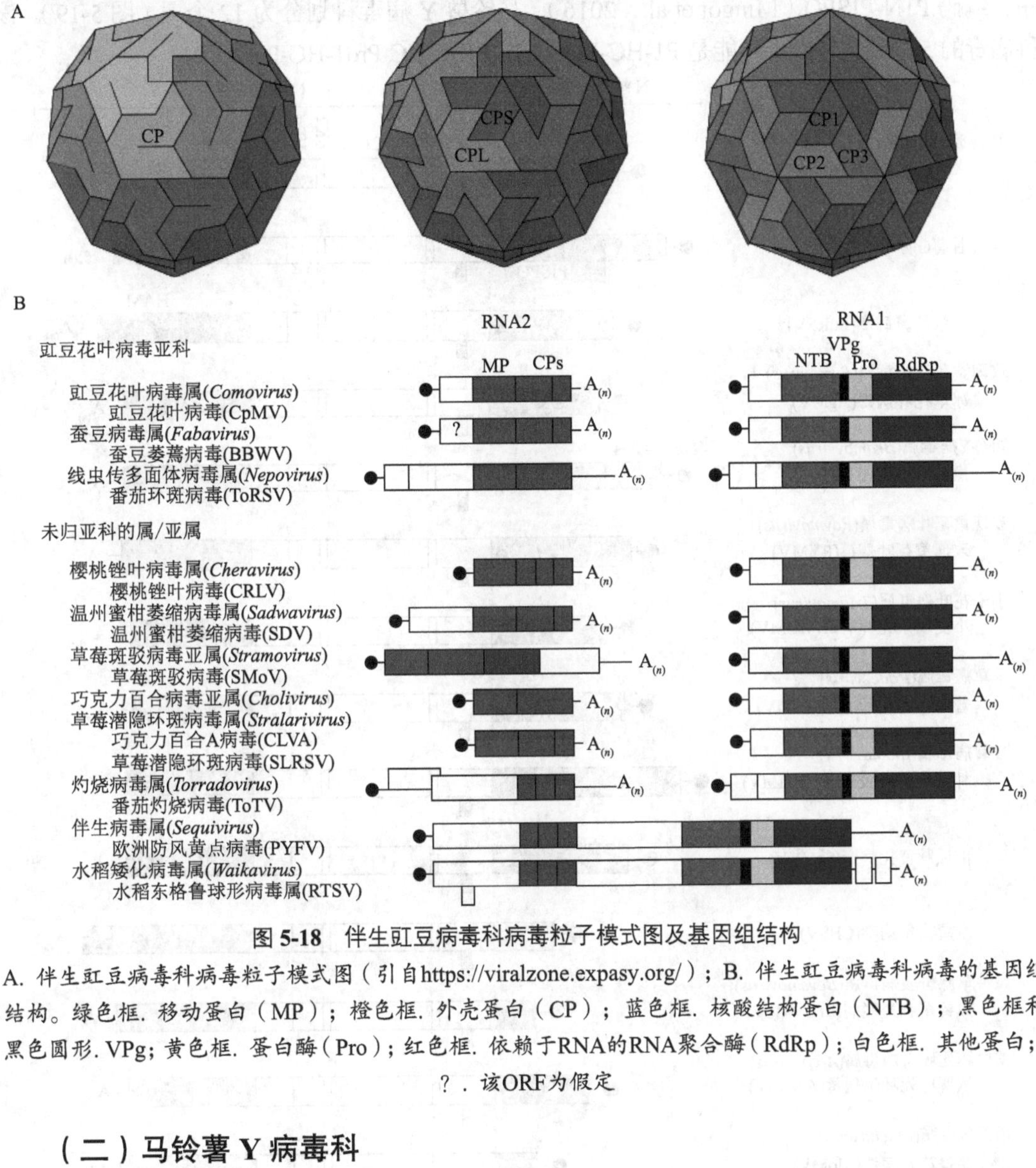

图 5-18　伴生豇豆病毒科病毒粒子模式图及基因组结构

A. 伴生豇豆病毒科病毒粒子模式图（引自https://viralzone.expasy.org/）；B. 伴生豇豆病毒科病毒的基因组结构。绿色框. 移动蛋白（MP）；橙色框. 外壳蛋白（CP）；蓝色框. 核酸结构蛋白（NTB）；黑色框和黑色圆形. VPg；黄色框. 蛋白酶（Pro）；红色框. 依赖于RNA的RNA聚合酶（RdRp）；白色框. 其他蛋白；？. 该ORF为假定

（二）马铃薯 Y 病毒科

该科病毒粒子无包膜，呈长线状螺旋对称结构，长 680～900 nm，直径 11～20 nm，每个病毒粒子需要 1600～2000 个 CP，CP 的 N 端在外，C 端在粒子内部。除少数病毒外，基因组都是一个长为 8.2～11 kb 的+ssRNA 分子。基因组的 5′端共价连接 VPg，3′端是 poly(A)尾结构。病毒的基因组采用多聚蛋白的编码策略，翻译的多聚蛋白在病毒自身编码的 3 种蛋白酶（P1、HC-Pro 和 NIa-Pro）作用下，切割为成熟的病毒蛋白（图 5-19）。在病毒侵染细胞中，也可能存在几个不同蛋白质相连的前体蛋白（precursors），如 P3-6K1、6K2-VPg-Pro 和 VPg-Pro 等。该科所有病毒的 P3 编码区内部存在一个聚合酶滑移基序（5′-GAAAAAA-3′），

翻译的短多聚肽水解形成 P1、HC-Pro 和一个 N 端与 P3 相同但 C 端不同的蛋白质，即 P3N-PIPO（Chung et al.，2008）。少数侵染红薯的病毒在 P1 内部也存在一个聚合酶滑移基序，编码 P1N-PISPO（Mingot et al.，2016）。马铃薯 Y 病毒科划分为 12 个属（图 5-19）。该科病毒的 5′端变化较大（可能是 P1-HC-Pro、P1a-P1b、HC-Pro1-HC-Pro2、P1

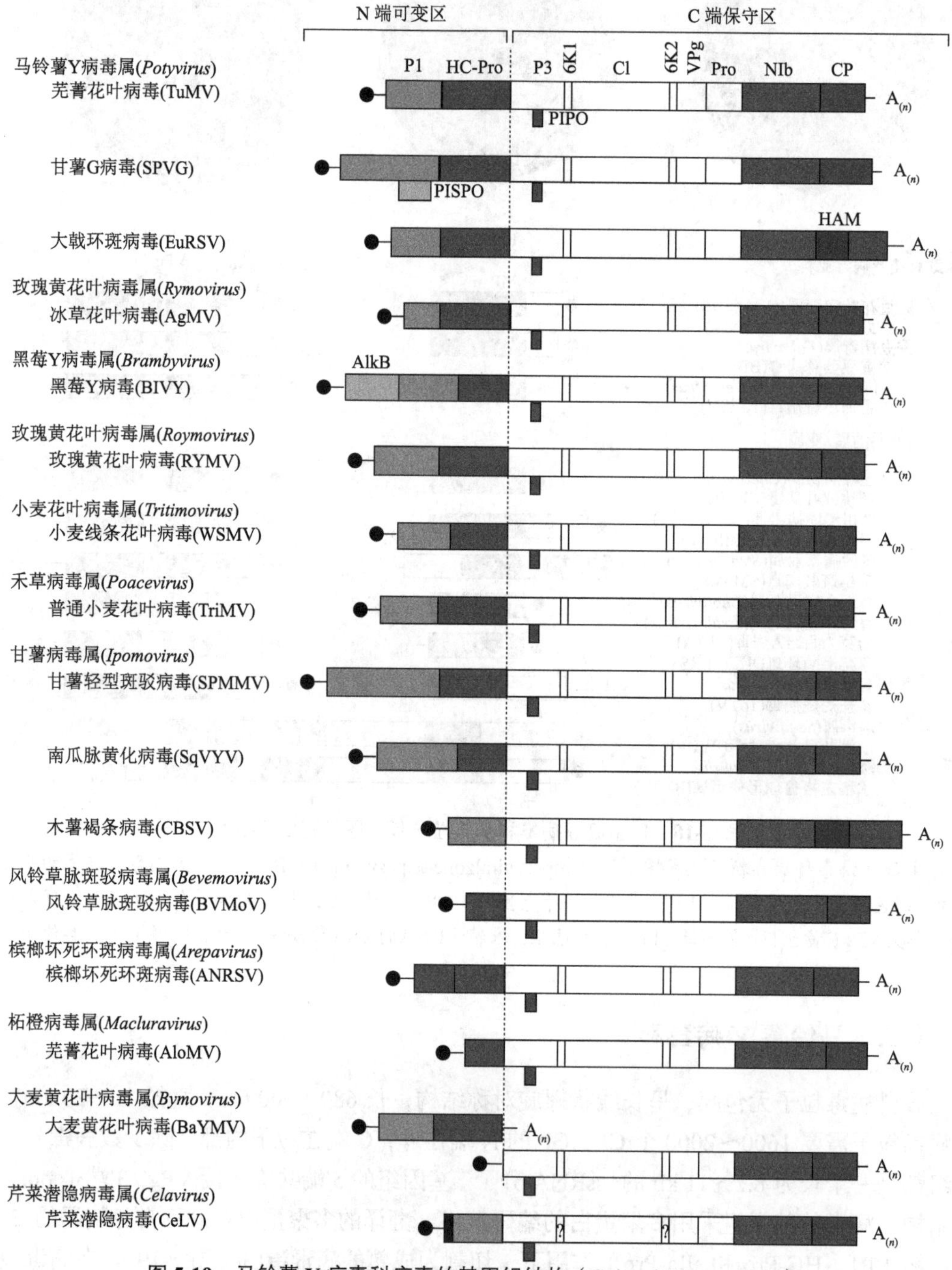

图 5-19　马铃薯 Y 病毒科病毒的基因组结构（Cui and Wang，2019）

P3编码序列的上游区域差异很大，被定义为高变异，从P3开始，CP的区域在蛋白质组成或大小方面相对保守，被定义为保守区；？表示该蛋白质是否存在有待研究或 HC-Pro 中的一种），P3-CP 部分较为保守，编码蛋白质的种类和顺序基本一样（极少数病毒在 NIb 和 CP 之间存在一个具有 ITPases 活性的 HAM 结构域）（Cui and Wang，2019）。小麦花叶病毒属病毒基因组含两个+ssRNA 分子，RNA1 长 7.3～7.6 kb，RNA2 长 3.5～3.7 kb。马铃薯 Y 病毒属是该科最大的属，也是最具经济重要性的属，该属病毒在大豆、马铃薯、番木瓜、辣椒、西葫芦等作物上造成严重病害。

以马铃薯 Y 病毒属病毒为例，各蛋白质的功能如下：P1 蛋白是一种丝氨酸蛋白酶，N 端区域多变且高度无序，导致不同病毒的 P1 蛋白大小变化较大，该区域负调控 P1 的自裂解（Rohozkova and Navratil，2011）；C 端部分是一个相对保守的丝氨酸蛋白酶结构域，通过顺式作用将 P1 从 HC-Pro 的 N 端释放。HC-Pro 蛋白是一个多结构域蛋白，N 端是蚜虫传播相关结构域，中间为 RNA 沉默抑制子结构域，C 端是蛋白酶结构域，负责 HC-Pro 与 P3 之间的切割。P3 蛋白是一个内质网定位的膜蛋白，与病毒的复制、运动及寄主侵染相关。P3N-PIPO 蛋白参与病毒细胞间的运动，它通过与细胞膜阳离子结合蛋白（plasma-membrane associated cation-binding protein 1，PCaP1）定位至细胞膜与胞间连丝（plasmodesma，PD）（Vijayapalani et al.，2012）。P3N-PIPO 还能通过 PIPO 结构域与 CI 相互作用将 CI 定位于 PD，再通过 P3N 结构域 P3 相互作用，协助 P3 将 6K2 囊泡中的病毒复制复合体定位于 PD，最终将病毒的复制与细胞间运动进行耦合（Chai et al.，2020）。6K1 蛋白是一个具有离子通道活性的孔蛋白（viroporin）（Chai et al.，2024）。CI 蛋白具 ATP 酶活性和 RNA 解旋酶活性，在病毒侵染细胞中形成风轮状内含体，参与病毒的复制与运动。6K2 蛋白是一个仅有 6kDa 的膜蛋白，病毒的复制在 6K2 产生的囊泡中进行。VPg 与病毒基因组 RNA 5′端共价连接，能与 eIF4E 或 eIF(iso)4E 互作起始不依赖帽子的蛋白质翻译，也可与寄主因子互作来影响病毒的侵染。NIa-Pro 是一个半胱氨酸蛋白酶，负责从 P3 到 CP 多聚蛋白的水解。NIb 蛋白是病毒的 RdRp，可以被 SUMO3 修饰，并且可以抑制水杨酸介导的免疫反应（Cheng et al.，2017; Liu et al.，2023）。CP 是病毒的外壳蛋白，同时也与蚜虫传播和寄主范围有关。

（三）南方菜豆一品红花叶病毒科

该科病毒粒子无包膜，呈二十面体对称，直径 26～32 nm。病毒基因组包含 1 个+ssRNA 分子，长 4～6 kb。基因组的 5′端共价连接 VPg，3′端无 poly(A)尾，但具有稳定的 tRNA 样结构（Sõmera et al.，2015）。该科病毒不同属病毒含有 4～10 个 ORF，部分成员能复制和包装环状卫星 RNA。南方菜豆一品红花叶病毒科共包括 4 个属（图 5-20）。大部分病毒的寄主范围较窄，可能通过机械摩擦、无性繁殖、土壤或昆虫介体（甲虫、蚜虫、蓟马、跳虫、盲蝽或蛾）传播，豌豆耳突花叶病毒属和马铃薯卷叶病毒属成员均通过蚜虫以循环非增殖的方式传播，侵染豆科和藜科的成员可能种传。南方菜豆花叶病毒属病毒在许多作物上造成严重病害，如豆类、谷物、十字花科植物、甘蔗、马铃薯和葫芦科植物等。

（四）雀麦花叶病毒科

该科病毒粒子形态并不均一，部分属病毒呈球状二十面体对称，直径 26～35 nm，其余部分呈杆菌状，直径 18～26nm，长 30～85nm（图 5-21A）。基因组由 3 个具 5′端帽子结构

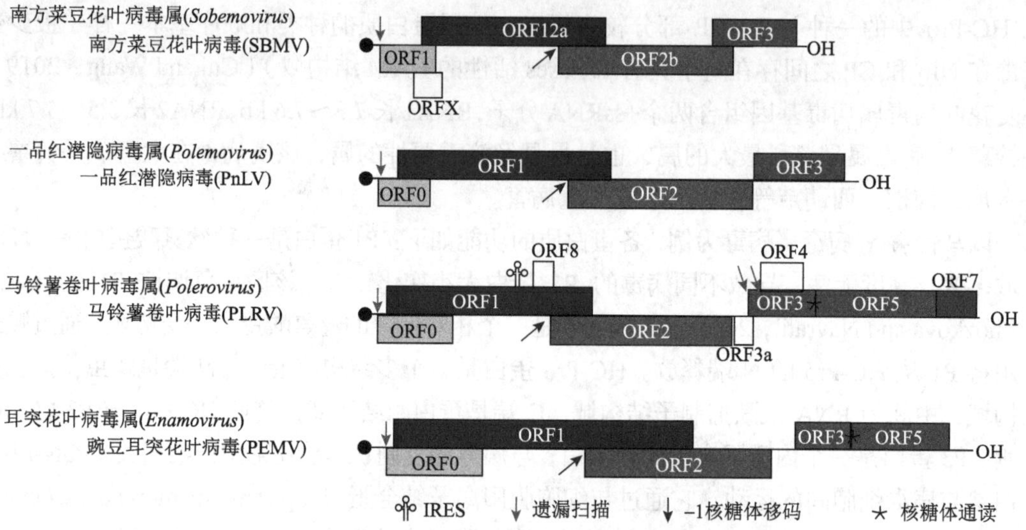

图 **5-20** 南方菜豆—品红花叶病毒科病毒的基因组结构

红色框. 复制相关蛋白ORF；绿色框. 外壳蛋白ORF；蓝色框. RdRp ORF；黄色框. RNA沉默抑制子ORF；灰色框和白色框. 其他蛋白ORF

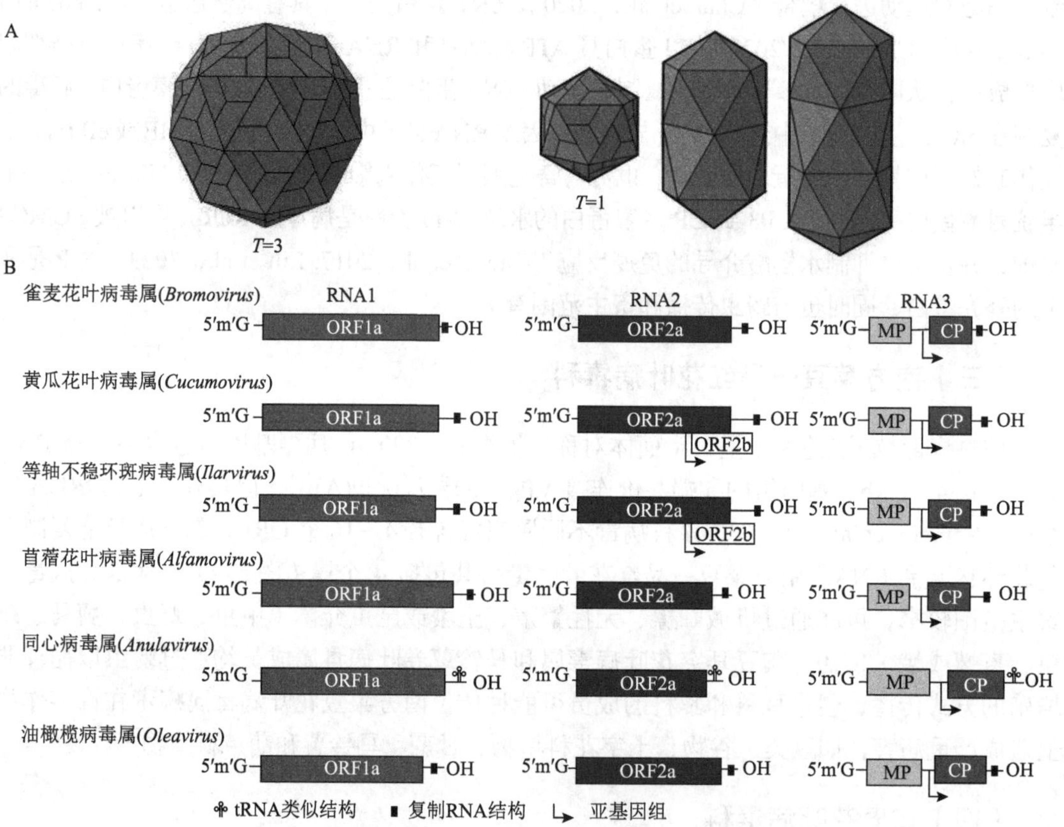

图 **5-21** 雀麦花叶病毒科病毒的粒子形态模式图（**A**）与基因组结构（**B**）

雀麦花叶病毒属、黄瓜花叶病毒属、同心病毒属、等轴不稳环斑病毒属的病毒粒子为球状二十面体对称（A图左侧），苜蓿花叶病毒属和油橄榄病毒属的病毒粒子为球状二十面体或棒状（A图右侧）

的正义单链 RNA 组成，基因组总长度约为 8 kb，5′端为帽子结构，3′端没有 poly(A)尾结构（Bujarski et al.，2019）。RNA1、RNA2 和 RNA3 均可作为 mRNA；其中，RNA1 含有 1 个 ORF，编码 1a 蛋白，RNA2 含有 1 或 2 个 ORF，编码 2a，或 2a 和 2b 蛋白，1a 和 2a 是病毒的复制相关酶。RNA3 编码 MP 和 CP；其中，CP 通过亚基因组表达策略表达。雀麦花叶病毒科共包括 6 个属（图 5-21B）。该科病毒可通过机械摩擦和花粉传播，也可通过昆虫介体以非持久性的方式传播，许多病毒是世界性分布，有的寄主范围很窄，有的则十分广泛，如黄瓜花叶病毒可侵染 1000 余种植物。

（五）长线病毒科

该科病毒粒子呈弯曲长线形螺旋对称结构，每转螺旋含有约 10 个蛋白质亚基，直径约为 10 nm，长度 650～2200 nm（图 5-22）。病毒基因组在所有正义单链 RNA 病毒中是最长

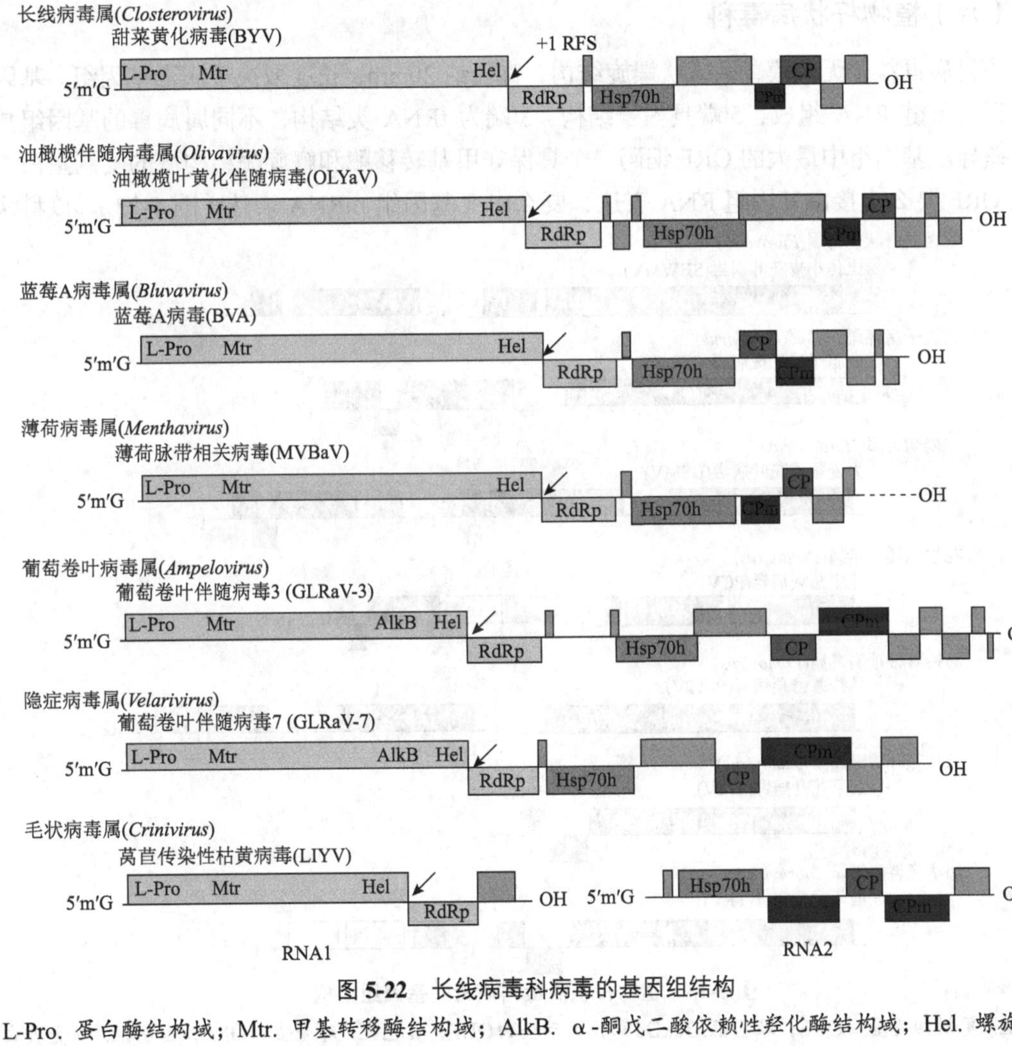

图 5-22　长线病毒科病毒的基因组结构

L-Pro. 蛋白酶结构域；Mtr. 甲基转移酶结构域；AlkB. α-酮戊二酸依赖性羟化酶结构域；Hel. 螺旋酶结构域；RdRp. 依赖于RNA的RNA聚合酶结构域；+1 RFS. +1核糖体移码；Hsp70h、CP和CPm分别表示热休克蛋白70同源蛋白、外壳蛋白和外壳蛋白同源蛋白；除2个黄色ORF外，其余ORF通过亚基因组表达

的，基因组大小与病毒粒子长度有关，长 13～19 kb。基因组 5′端具有帽子结构，3′端既没有 poly(A)尾也没有 tRNA 类结构，但具有发夹和假结结构，参与病毒复制。基因组含 9～12 个 ORF：ORF1a 和 ORF1b 编码复制相关蛋白质，下游 ORF 自 5′→3′方向依次编码 6 kDa 的小疏水蛋白、Hsp70h、60 kDa 蛋白、CP 和 CPm 形成 1 个五基因模块，在该科大多数病毒中高度保守（Dolja et al.，2006）。长线状病毒科共包括 7 个属：葡萄卷叶病毒属、蓝莓 A 病毒属、长线病毒属、毛状病毒属、薄荷病毒属、油橄榄伴随病毒属和隐症病毒属。该科病毒主要侵染双子叶植物，寄主范围通常较狭窄，但毛状病毒属部分成员具较广的寄主范围；一般为韧皮部特异性，能在细胞质中形成内质网或线粒体来源的膜囊泡混合的病毒颗粒聚集体，主要通过蚜虫、粉虱、粉蚧或软鳞昆虫半持久性传播，机械摩擦接种非常困难，是否种传尚不清楚。引起的症状以变色为主（叶片黄化、红化，果实小且晚熟），木本植物常伴有矮化、卷曲，木质部出现陷点或陷槽。

（六）植物杆状病毒科

该科病毒粒子无包膜，呈棒状螺旋结构，直径约 20 nm，长度取决于病毒基因组。基因组由正义单链 RNA 组成，5′端具帽子结构，3′端为 tRNA 类结构，不同属病毒的基因组数量有差异。基因组中最大的 ORF 编码一个具保守甲基转移酶和解旋酶结构域的复制蛋白，其他 ORF 要么直接由基因组 RNA 表达，要么由亚基因组 mRNA 表达（图 5-23）。该科病

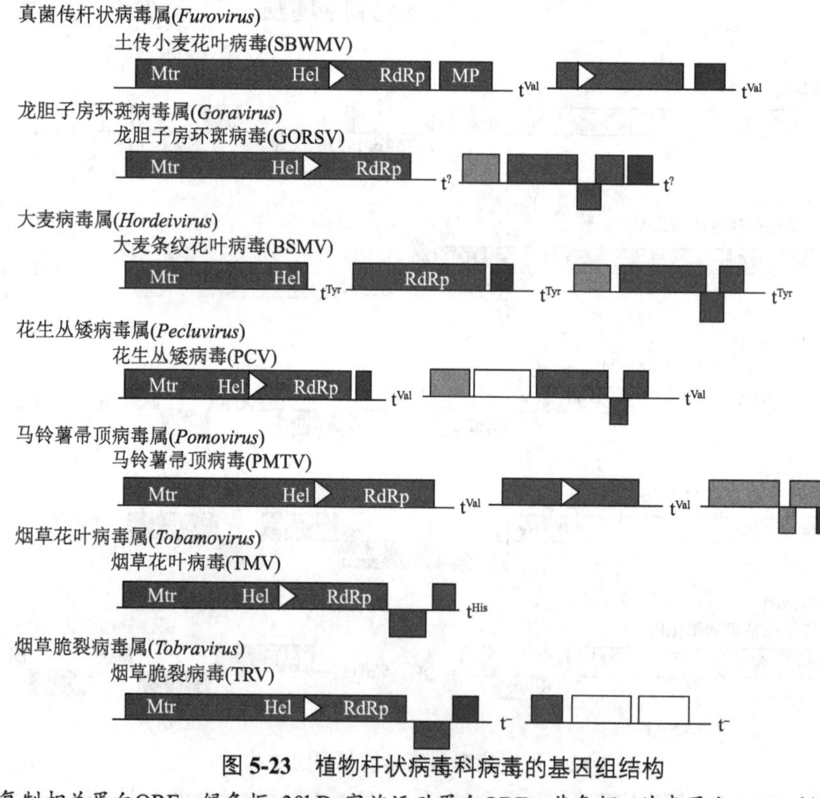

图 5-23　植物杆状病毒科病毒的基因组结构

蓝色框. 复制相关蛋白ORF；绿色框. 30kDa家族运动蛋白ORF；黄色框. 外壳蛋白ORF；橙色框. 衣壳蛋白ORF；灰色框. 富半胱氨酸蛋白ORF；白色框. 其他蛋白ORF；白色三角形. 可抑制终止密码子的位置，这些终止密码子会产生较大的通读产物

毒广泛侵染单子叶和双子叶植物，但某些病毒的寄主范围十分有限。植物杆状病毒科共包括 7 个属（图 5-23）。该科病毒都可通过机械摩擦传播；有一些属通过土壤传播，而大麦病毒属和龙胆子房环斑病毒属的病毒可以通过花粉和种子传播。

（七）甲型线状病毒科

该科病毒粒子呈弯曲丝状螺旋对称，直径 12～13 nm，长 470～800 nm（图 5-24）。基因组含 1 个正义单链 RNA 分子，长 5.4～9 kb，5′端具帽子结构，3′端为 poly(A)尾结构（Kreuze et al.，2020）。甲型线状病毒科共包括 4 个侵染植物的属：葱 X 病毒属、黑麦草潜隐病毒属、马铃薯 X 病毒属和驴兰无症病毒属。大多数甲型线状病毒科病毒含有 5～7 个基因。除驴兰无症病毒属病毒外，其他属病毒 ORF1 编码一个 150～195kDa 的 RdRp。在该科大多数病毒属中还编码一个三基因连锁 MP 及 CP（图 5-24）。除驴兰无症病毒属成员外，甲型线状病毒科侵染植物的病毒利用三基因盒（TGB）编码的蛋白质进行细胞间和长距离移动。甲型线状病毒科病毒在单子叶和双子叶植物中广泛存在，但单个病毒的寄主范围通常有限，许多病毒仅引起轻微症状。该科所有能侵染植物的病毒都可以通过机械摩擦传播，葱 X 病毒属的一些成员通过螨虫传播。

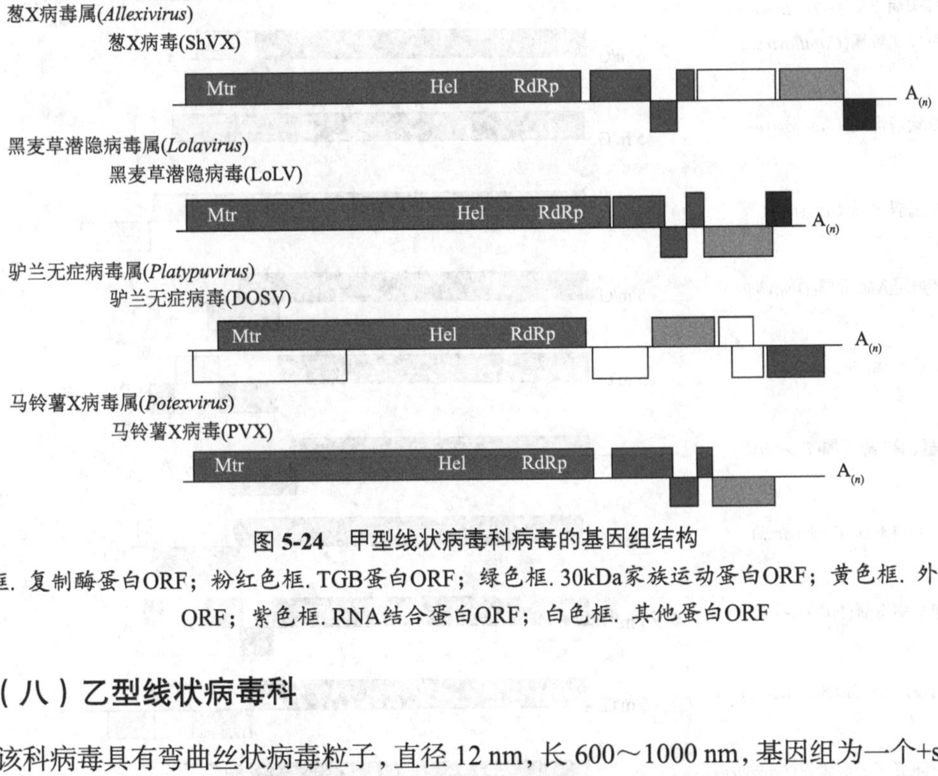

图 5-24　甲型线状病毒科病毒的基因组结构

蓝色框. 复制酶蛋白ORF；粉红色框. TGB蛋白ORF；绿色框. 30kDa家族运动蛋白ORF；黄色框. 外壳蛋白ORF；紫色框. RNA结合蛋白ORF；白色框. 其他蛋白ORF

（八）乙型线状病毒科

该科病毒具有弯曲丝状病毒粒子，直径 12 nm，长 600～1000 nm，基因组为一个+ssRNA 分子，长 5.9～9.0 kb，5′端具帽子结构，3′端为 poly(A)尾，复制酶与甲型线状病毒科、丙型线状病毒科及芜菁黄花叶病毒科成员在进化上同源。乙型线状病毒科共分两亚科 15 个属（图 5-25）；其中，五基因病毒亚科包括香蕉轻型花叶病毒属、香石竹潜隐病毒属、凹陷病毒属、锈病毒属和甘蔗条点病毒属；三基因病毒亚科包括发样病毒属、弦状病毒属、柑橘病毒属、簇叶兰A病毒属、李病毒属、美洲茶藨子病毒属、马铃薯T病毒属、纤毛病毒属、葡萄病毒属和西瓜A病毒属。该科病毒寄主范围广泛，但每种病毒的寄主范围通常有限。除香石竹潜隐病毒属多数成员外，其余病毒自然条件下主要侵染木本植物，但是一般对寄主影响轻微。该科病毒可机械接种，部分纤毛病毒属病毒通过螨虫传播，大多数香石竹潜隐病毒属病毒通过蚜虫以非持续性的方式传播，葡萄病毒属病毒有多种传播介体，包括粉蚧、介壳虫和蚜虫。

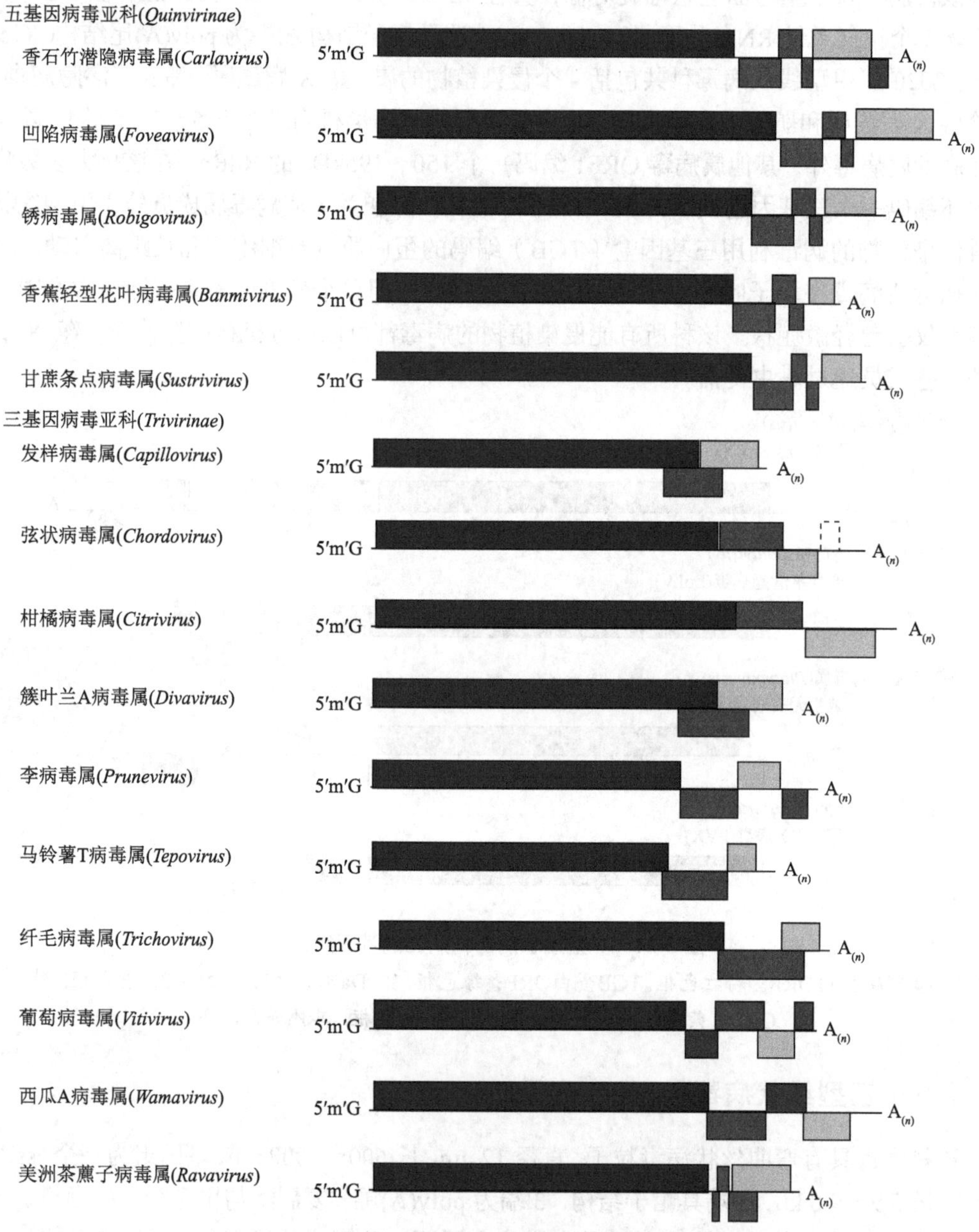

图 5-25 乙型线状病毒科病毒的基因组结构

红色框. 复制相关蛋白ORF；绿色框. 30kDa家族运动蛋白ORF；蓝色框. TGB类运动蛋白ORF；黄色框. 外壳蛋白ORF；橙色框. 核酸结合蛋白ORF；灰色框. 其他蛋白ORF；虚线框. 假定蛋白ORF

（九）番茄丛矮病毒科

该科病毒粒子无包膜，呈等轴对称二十面体（$T = 3$），每个病毒粒子由 30 个衣壳蛋白六聚体组成。该科大多数病毒属为单分体基因组，正义单链 RNA 分子长 3.7～4.8 kb，病毒基因组含 3～4 个 ORF，其中一些 ORF 由亚基因组 RNA 表达。该科所有病毒 RNA 的 5′端没有帽子结构，3′端无 poly(A)尾。番茄丛矮病毒科共包括 3 亚科 18 属（图 5-26）。该科病

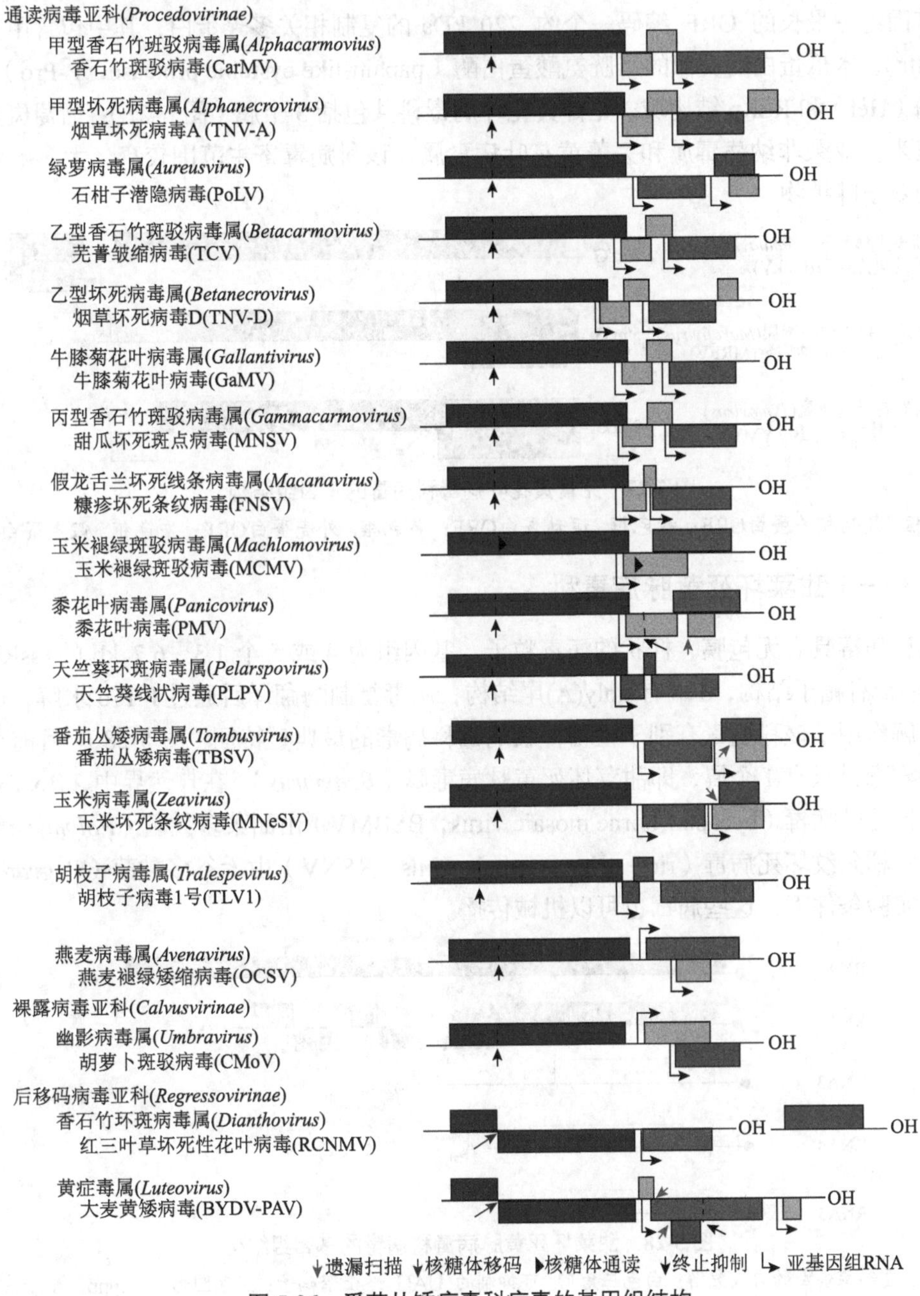

图 5-26　番茄丛矮病毒科病毒的基因组结构

红色框. 复制相关蛋白ORF；蓝色框. 外壳蛋白ORF；绿色框. 明确的运动蛋白ORF；橙色框. 其他功能蛋白ORF

毒自然寄主范围较窄，通常仅侵染单子叶植物或双子叶植物，不能同时侵染两者；但是，实验条件可侵染寄主较多。有些种可通过接触或种子传播，有些属的病毒通过真菌或甲虫传播。

（十）芜菁黄花叶病毒科

该科病毒粒子无包膜，呈二十面体对称结构，直径约 30 nm。病毒基因组为单分体，含有 1 个+ssRNA 分子，长 6～7.5 kb。基因组 5′端具帽子结构，3′端具 tRNA 类结构或 poly(A)尾。基因组中最长的 ORF 编码一个约 220 kDa 的复制相关多聚蛋白，其中包含甲基转移酶（Mtr）、木瓜蛋白酶类似的半胱氨酸蛋白酶（papain-like cysteine protease，P-Pro）、RNA 螺旋酶（Hel）和 RdRp 结构域。芜菁黄花叶病毒科共包括 3 个属（图 5-27）：葡萄斑点病毒属、玉米雷亚朵非纳病毒属和芜菁黄花叶病毒属。该科病毒寄主范围较窄，大多数病毒主要侵染双子叶植物。

图 5-27　芜菁黄花叶病毒科病毒的基因组结构

红色框. 复制相关蛋白ORF；绿色框. 运动蛋白ORF；黄色框. 外壳蛋白ORF；灰色框. 假定蛋白ORF

（十一）甜菜坏死黄脉病毒科

该科病毒具有无包膜、杆状的病毒粒子，基因组为 4 或 5 个 1.3～6.7 kb 的+ssRNA 分子，5′端带有帽子结构，3′端有 poly(A)尾结构，病毒复制酶翻译后通过 P-Pro 水解，这种蛋白酶水解作用是该科病毒有别于植物杆状病毒科病毒的最典型特征（图 5-28）。目前甜菜坏死黄脉病毒科只有 1 个属，即甜菜坏死黄脉病毒属（*Benyvirus*）。在自然界中，BNYVV 和甜菜种传花叶病毒（beet soil-borne mosaic virus，BSBMV）由甜菜多黏菌（*Polymyxa betae*）传播，水稻条纹坏死病毒（rice stripe necrosis virus，RSNV）由禾谷多黏菌（*P. graminis*）传播。实验条件下，这些病毒也可以机械传播。

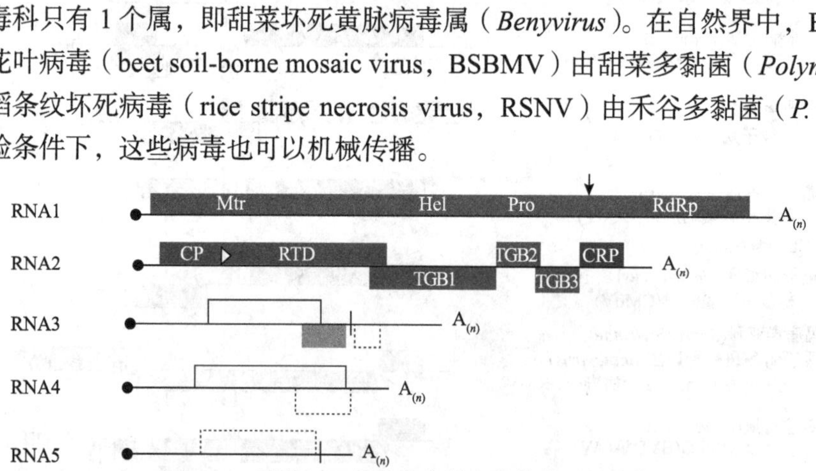

图 5-28　甜菜坏死黄脉病毒科病毒的基因组结构

黑色箭头. 复制酶蛋白的自我裂解；白色三角形. 可抑制的 UAG 终止密码子；黑色圆形. m^7Gppp；$A_{(n)}$. 3′端多聚腺苷酸尾；RTD. CP通读结构域；TGB1～3. TGB运动蛋白；CRP. 富半胱氨酸蛋白；黑色竖线. 保守的最小核心序列（core sequence）基序（负责长距离移动）；虚线框. 该蛋白质不在所有病毒中存在；白色框. 其他功能蛋白质

（十二）灰霉欧尔密病毒科

该科包括侵染植物和真菌的+ssRNA 基因组病毒，该科只有欧尔密病毒属（*Ourmiavirus*）病毒的寄主是植物。欧尔密病毒属病毒的基因组为 3 条+ssRNA，分别编码病毒的 RdRp、MP 和 CP，RNA 的 5′端和 3′端结构不详（图 5-29）。

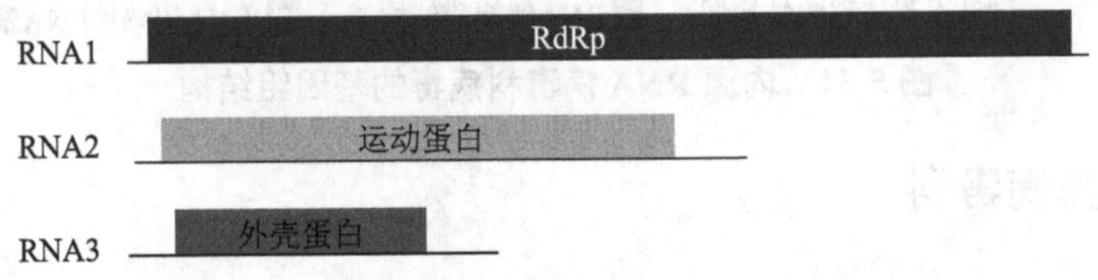

图 **5-29**　灰霉欧尔密病毒科病毒的基因组结构

（十三）北岛病毒科

该科病毒粒子无包膜，呈棒状，长约 150 nm，宽约 50 nm，基因组为 2～4 个+ssRNA，RNA5′端有帽子结构，3′端有 poly(A)结构。该科病毒共分为 3 个属（图 5-30），分别是蓝莓坏死环斑病毒属、柑橘粗糙病毒属和木槿绿斑病毒属。

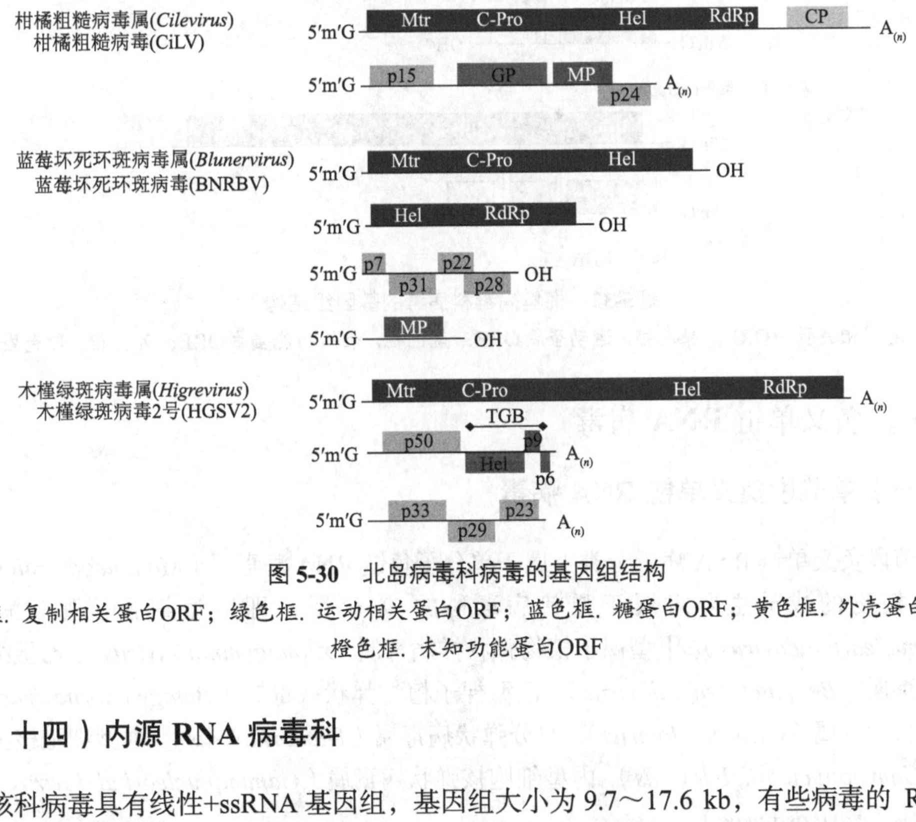

图 **5-30**　北岛病毒科病毒的基因组结构

红色框. 复制相关蛋白ORF；绿色框. 运动相关蛋白ORF；蓝色框. 糖蛋白ORF；黄色框. 外壳蛋白ORF；橙色框. 未知功能蛋白ORF

（十四）内源 RNA 病毒科

该科病毒具有线性+ssRNA 基因组，基因组大小为 9.7～17.6 kb，有些病毒的 RNA 基因组 5′端有帽子结构，3′端末端序列都有一小段重复的胞嘧啶，编码 1 个 ORF，可裂解为多种多肽。病毒可侵染植物、真菌和卵菌，共分为 2 个属（图 5-31）。其中，甲型内源 RNA 病毒属成员侵染植物、真菌和卵菌，而乙型内源 RNA 病毒属成员侵染子囊菌。

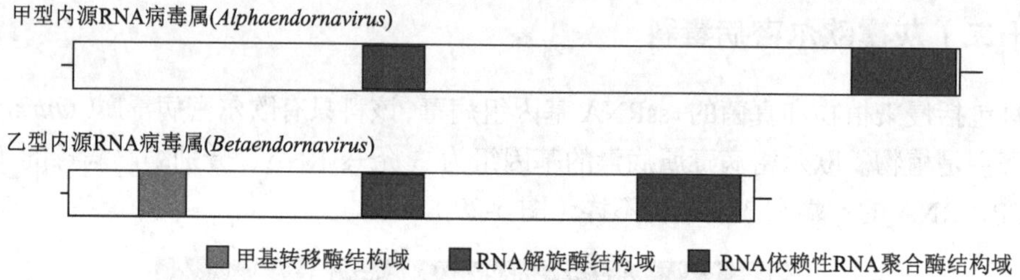

图 5-31 内源 RNA 病毒科病毒的基因组结构

（十五）梅奥病毒科

该科病毒粒子无包膜，等轴（二十面体）但略微扁平，有 3 种类型，大小相似、约为 33 nm。双组分+ssRNA 基因组，分别长约 5.4 kb 和 2.2 kb，RNA 5′端有帽子结构，3′端没有 poly(A)结构，但可能形成 1 个茎环结构（图 5-32）。该科有 2 个属，分别是悬钩子病毒属和日本冬青蕨斑驳病毒属。

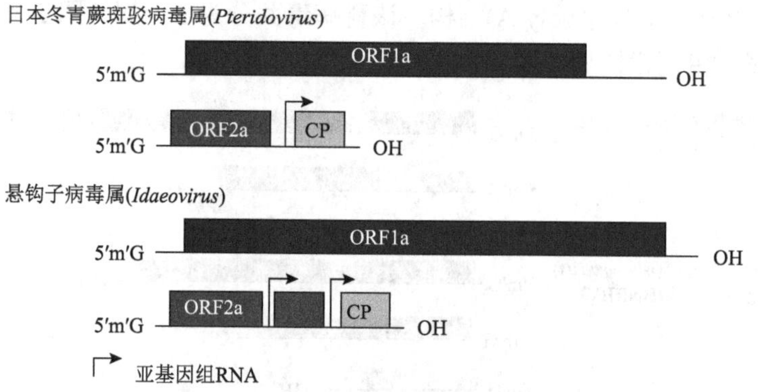

图 5-32 梅奥病毒科病毒的基因组结构

红色框. 复制相关蛋白ORF；绿色框. 运动蛋白ORF；蓝色框. 未知功能蛋白ORF；黄色框. 外壳蛋白ORF

五、负义单链 RNA 病毒

（一）单节段负义单链 RNA 病毒

单节段负义单链 RNA 病毒分类上属于单分子负链 RNA 病毒目（*Mononegavirales*），其中侵染植物的成员主要隶属于弹状病毒科的 9 个属，即甲型细胞核弹状病毒属（*Alphanucleorhabdovirus*）、甲型裸子植物弹状样病毒属（*Alphagymnorhavirus*）、乙型细胞核弹状病毒属（*Betanucleorhabdovirus*）、乙型裸子植物弹状病毒属（*Betagymnorhavirus*）、细胞质弹状病毒属（*Cytorhabdovirus*）、双分弹状病毒属（*Dichorhavirus*）、丙型细胞核弹状病毒属（*Gammanucleorhabdovirus*）、丙型细胞核弹状病毒属（*Gammanucleorhabdovirus*）和巨脉病毒属（*Varicosavirus*）。

1. 基因组结构 弹状病毒科病毒基因组通常为一条负义单链 RNA，总长度为 11～15 kb，仅双分弹状病毒属和巨脉病毒属成员含有两条分段的负义单链 RNA 基因组。基因组 RNA

的 5′端有一个三磷酸基团，3′端无 poly(A)尾，RNA 两端含有部分互补的序列，可形成锅柄状结构。负义基因组 RNA 编码 5 个保守的结构蛋白质开放阅读框，依次为 3′-N-P-M-G-L-5′。其中，核衣壳蛋白（nucleoprotein，N 蛋白）负责包裹弹状病毒基因组或反基因组 RNA；磷蛋白（phosphoprotein，P 蛋白）作为弹状病毒 RNA 依赖的 RNA 聚合酶小亚基，通过与 N 蛋白互作的方式结合在 N-RNA 复合物上；聚合酶大亚基蛋白（large polymerase subunit protein，L 蛋白）通过与 P 蛋白互作最终和 P-N-RNA 复合物形成弹状病毒最小侵染单元；基质蛋白（matrix protein，M 蛋白）负责在弹状病毒粒子组装过程将侵染核心进行压缩，并和糖蛋白（glycoprotein，G 蛋白）共同作用使病毒在寄主细胞膜上出芽形成完整病毒粒子。另外，G 蛋白也在病毒侵染受体识别过程中发挥作用，辅助病毒进入寄主细胞。在所有侵染植物的弹状病毒基因组中，*P* 和 *M* 基因之间还含有一个或多个阅读框，编码病毒 MP（P3）等。此外，部分病毒 *N* 和 *P*、*M* 和 *G*，或 *G* 和 *L* 基因之间还编码其他辅助蛋白，但其功能不详。

除编码区外，基因组还包括位于 3′端 *N* 基因上游的前导序列（leader），5′端 *L* 基因下游的拖尾序列（trailer），以及位于各阅读框之间的基因间隔区（gene junction），这些非编码区含有被病毒的聚合酶复合体识别的序列元件，在病毒基因组复制及 mRNA 转录中起关键作用。部分病毒在侵染的细胞内存在缺陷型 RNA，其长度小于全长 RNA 的一半，这些分子通常可形成发夹结构，依赖于辅助病毒进行复制。

双分弹状病毒属病毒基因组分成大小相似的两个节段，分别包裹于不同病毒粒子中，其中 RNA1 基因组以 3′-N-P-P3-M-G-5′的顺序编码 5 个蛋白质，而 RNA2 仅编码 L 蛋白，其基因间隔区含有与其他植物弹状病毒相似的转录调控序列元件。

巨脉病毒属病毒基因组也包括两个大小相似的节段，其中 RNA1 含有 1～2 个编码框，其中一个编码 L 蛋白；RNA2 含有 3～5 个编码框，其中靠近 3′端的阅读框编码一个与弹状病毒 N 蛋白同源的 CP，而其余蛋白质的功能未知。RNA1 和 RNA2 的末端序列具有同源性，但 5′和 3′端无法形成反向互补结构。该属病毒基因组 3′端非编码区缺乏前导序列，但基因间隔区具有弹状病毒保守的转录调控序列元件。

2. 基因组转录　病毒 mRNA 转录由病毒 RNA 聚合酶复合物（包括 L 蛋白和 P 蛋白）催化，以 N 蛋白包裹的病毒负义基因组 RNA（而不是裸露的基因组 RNA）为模板。mRNA 转录严格从基因组的 3′端起始，当转录复合体到达 leader 和 N 的基因间隔区时，由于该区域含有连续的几个尿嘧啶核糖核苷酸（U）序列，聚合酶在该位置反复前后移动，并在 leader RNA 的末端添加 50～150 个碱基长度的 poly(A)尾。此时，leader RNA 的转录终止并从模板上脱落释放，聚合酶复合体继续沿着模板移动数个核苷酸而不产生转录产物，直到遇到下游基因（*N* 基因）的转录起始信号才重新开始 mRNA 的合成。新合成的 mRNA 5′端具有帽子结构，该结构由 L 蛋白的多核糖核苷酸转移酶（polyribonucleotidyl transferase）活性催化的加帽反应产生。病毒聚合酶继续沿着模板进行转录，到达下一个基因间隔区时再次发生 poly(A)加尾-转录终止-转录起始循环，依次合成各个基因的 mRNA。当聚合酶完成 *L* 基因的转录后，由于该基因的终止信号之后不存在下游基因的起始信号，因此 5′端的 trailer 序列不会被转录。

在转录的过程中，聚合酶复合体从病毒基因组的 3′端进入，每经过一个基因间隔区就会有一定比例（大约 30%）的聚合酶复合体从模板上解离下来，因此病毒下游基因的转录量总会低于上游基因的转录量，形成 leader>N>P>M>G>L 的 mRNA 梯度递减。病毒聚合酶复合体的上述转录行为导致了此类病毒的非连续转录、顺序转录和极性转录的特点。

3. 基因组翻译　弹状病毒的负义基因组 RNA 和正义反基因组 RNA 总是被 N 蛋白包裹形成核糖核蛋白复合体（核衣壳），从不以游离的形式存在，且缺乏 5′端帽子和 3′端 poly(A) 尾，因而不能充当翻译模式。相反，病毒 mRNA 缺乏位于基因组末端的包装信号而不能被 N 蛋白包裹，且具有与细胞 mRNA 类似的帽子和 poly(A)尾，可以有效地被核糖体翻译。

（二）分节段负义单链 RNA 病毒

分节段负义单链 RNA 病毒对农业生产有重要影响，造成严重的农作物病害，对全球粮食安全构成重大威胁。其中侵染植物的 NSR 隶属于无花果花叶病毒科（*Fimoviridae*）、孔科病毒科（*Konkoviridae*）、番茄斑萎病毒科（*Tospoviridae*）、白蛉纤细病毒科（*Phenuiviridae*）、发现病毒科（*Discoviridae*）和蛇形病毒科（*Aspiviridae*）。

1. 基因组结构　分节段负义单链 RNA 病毒的基因组结构通常指的是某些 RNA 病毒的基因组由多个独立的 RNA 片段组成，这些 RNA 片段被称为分节段的基因组（segmented genome）。分节段基因组在植物病毒中相对常见，尤其是在负链 RNA 病毒中。分节段植物负链 RNA 病毒基因组通常包括 2～8 条负链基因组 RNA，每个 RNA 片段通常编码一个或多个病毒蛋白。例如，番茄斑萎病毒包含 S、M 和 L 三个节段基因组 RNA，可编码 5 个病毒蛋白。水稻条纹病毒（rice stripe virus，RSV）基因组是由 4 条负链的 RNA1、RNA2、RNA3 和 RNA4 组成，采用负义和双义编码策略，共编码 7 个病毒蛋白。欧洲花楸环斑病毒属（*Emaravirus*）病毒包含 9 种植物分节段负义单链 RNA 病毒，其基因组由 4～8 条负链 RNA 组成，玫瑰莲座丛病毒（rose rosette virus，RRV）含有 7 条基因 RNA。

分节段的基因组结构有以下几个特点和优势。

（1）遗传多样性和进化　各个基因组片段能够独立进行复制和突变，这不仅增强了病毒的遗传多样性，而且使得病毒能够迅速适应寄主免疫系统的挑战，从而在寄主体内的生存竞争中占据优势。

（2）重组潜力　分节段基因组的不同病毒株同时侵染同一寄主时，它们能够通过基因重组的机制产生新的病毒变种。这一过程为病毒提供了逃避寄主免疫系统识别和攻击的新策略，增加了病毒的生存概率。

（3）复制效率　分节段基因组的结构可能使得病毒在寄主细胞内的复制过程更为高效。每个基因组片段能够独立地进行翻译和复制，这样的独立性可能提高了复制的准确性和速度，从而加速了病毒的增殖和传播。

（4）病毒粒子的形成　分节段基因组的病毒在组装新的病毒颗粒时面临着确保所有基因组片段被完整包裹的挑战。这一过程涉及精细的包装机制和识别系统，要求病毒精确地将各个基因组片段包入新的病毒颗粒中，确保其传染性和功能完整性。这种复杂的组装过程是病毒生命周期中的关键环节，对病毒的成功传播至关重要。

此外，病毒基因组的这种分节段结构也为研究病毒复制、进化和寄主相互作用等提供了的重要线索。通过了解这些基因组片段的功能和相互作用，可以更好地理解病毒如何侵染寄主、如何适应寄主的防御机制，以及如何发展新的抗病毒防控策略。

2. 基因组转录　分节段植物负义单链 RNA 病毒的转录过程是一个复杂且精细调控的机制，依赖于自身的 RdRp 来进行。以番茄斑萎病毒为例，其基因组 RNA 在寄主细胞质中进行复制和转录，这一过程高度依赖于病毒的最小侵染单位 RNP 复合体。在这个过程中，核衣壳蛋白、依赖于 RNA 的 RNA 聚合酶（RdRp）及病毒基因组 RNA 三者之间进行精确的协同作用。核衣壳蛋白以同源三聚体形式包裹病毒基因组 RNA，并在其表面附着少量 RdRp，以共同构成功能性的 RNP。病毒以其 RNP 形式在寄主细胞内进行复制和转录。分节段负义单链 RNA 病毒所编码的 RdRp 具有两个独特的功能：①在执行转录任务时，通过“抓帽”机制从寄主细胞内的成熟 mRNA 中切割下含有 5′端帽子结构的短小 RNA 片段，以此引导病毒 mRNA 的转录合成；②这类病毒基因组 RNA 的 3′和 5′端通过 8 个互补配对的碱基形成类似“锅柄”状的结构，两端分别与 RdRp 的不同活性位点特异性结合，引发 RdRp 构象的改变，从而启动病毒 RNA 的复制过程（图 5-33）。

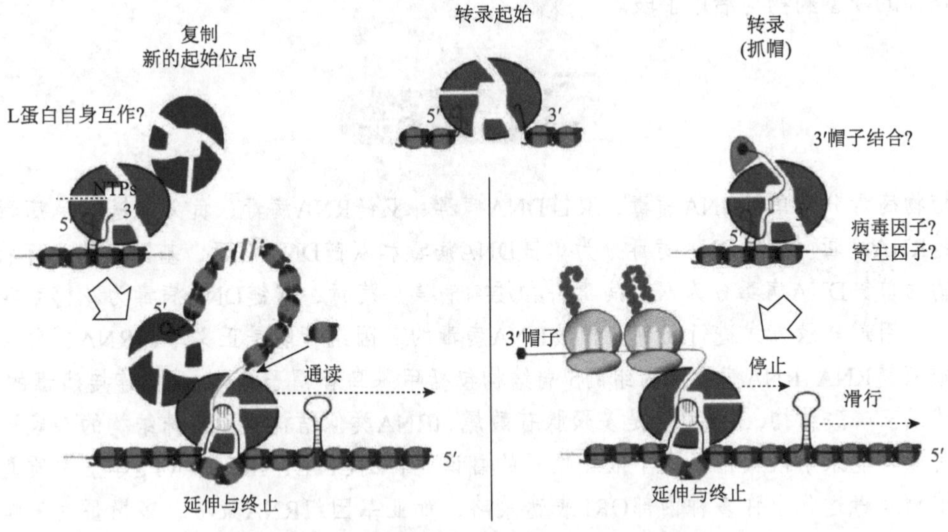

图 5-33　番茄斑萎病毒 L 蛋白调控的病毒复制和转录过程（Ferron et al.，2017）

？表示该过程尚不清楚

在番茄斑萎病毒的转录过程中，病毒巧妙地利用了一种“抓帽”切割和引物装配机制。病毒 RdRp 在转录开始时，将寄主细胞内含有 5′端帽子结构的 mRNA 端的 10～18 个核苷酸切割下来，生成前导引物。该引物与基因组 RNA 的末端序列互补配对，随后引导合成病毒 mRNA，进而在翻译阶段生成病毒编码的蛋白质。RdRp 的抓帽功能域和核酸内切酶功能域紧密合作，负责捕获转录所需的前导帽子序列，随后 RdRp 的帽子结合域特异性地识别并结合帽子序列，进一步推动病毒转录过程的进行。此外，番茄斑萎病毒 *S* 和 *M* 基因组中的基因间隔区域能够形成富含 AU 的发夹结构，作为一种转录终止信号，参与调控病毒的转录终止和翻译起始。在这一过程中，病毒还需要招募一些寄主因子参与其中，以调控病毒转录的转录终止和翻译起始。

3. 基因组翻译 分节段植物负义单链 RNA 病毒的翻译过程是其生命周期中的关键环节，涉及多个步骤和复杂的分子机制。这些病毒依赖于寄主细胞的翻译机制来合成其基因组编码的蛋白质。以下是分节段植物负义单链 RNA 病毒翻译过程的简要概述。

（1）翻译启动阶段 经过病毒 RdRp 合成和修饰，生产带有寄主细胞 mRNA 帽子结构的病毒 mRNA，再被寄主的翻译机制识别，并启动翻译过程。

（2）蛋白质合成阶段 在寄主的核糖体作用下，病毒 mRNA 被翻译成病毒所需的多种结构性和非结构性病毒蛋白。这些蛋白质是病毒复制、组装及传播过程中不可或缺的组成部分。

（3）病毒生命周期的延续 新合成的病毒蛋白随后参与病毒基因组的复制及新病毒粒子的组装中。完成组装的新病毒粒子将利用寄主细胞的释放机制，扩散至周围的细胞或植物组织，从而继续病毒的生命周期，引发更广泛的侵染。

深入理解分节段植物负链RNA病毒的翻译过程对于制定创新的抗病毒策略和防治措施至关重要，有助于设计出针对特定病毒的抗性品种，或者研发出能够有效干预病毒复制和传播路径的新型药物与治疗手段。

小 结

植物病毒分为单链DNA病毒、双链DNA病毒、双链RNA病毒、负义单链RNA病毒和正义单链RNA病毒。植物DNA病毒分为单链DNA病毒和双链DNA病毒，基因组均为环状。侵染植物的单链DNA病毒分为双生病毒科和矮缩病毒科病毒，双链DNA病毒为花椰菜花叶病毒科，采用逆转录方式进行复制。植物RNA病毒的基因组可能是正义单链RNA、负义单链RNA或双链RNA。RNA病毒基因组的5′端结构包括甲基鸟苷帽子结构、共价连接病毒的VPg、二磷酸或三磷酸结构，3′端可能是多聚腺苷酸尾、tRNA类似结构或无特殊结构的杂聚序列。植物病毒可能采用依赖帽子或不依赖帽子的翻译元件的CITE、IRES和VPg等蛋白质翻译策略。植物病毒进化出许多种内部ORF表达策略，如亚基因组RNA策略、多聚蛋白策略、核糖体遗漏扫描策略、非AUG起始策略、反式激活策略、核糖体分流策略、核糖体通读策略、移码翻译策略、聚合酶滑移策略、双向编码策略等。其中，亚基因组的产生可能存在内部起始、提早终止和不连续模板合成3种机制。根据基因组类型，不同植物病毒基因组结构及表达具有各自特征。

复习思考题

1. 简单描述植物单链和双链DNA病毒基因组的基本特征。
2. 植物RNA病毒基因组的基本特征有哪几种？
3. 植物RNA病毒5′端及3′端结构有哪些？
4. 正义单链RNA病毒、负义单链RNA和双链RNA病毒的基因组有何差异？

5. 常见的植物病毒基因组表达策略有哪些？

6. 亚基因组产生的机制可能有几种？

7. 简述多聚蛋白编码策略的优缺点。

8. 正义单链RNA病毒、负义单链RNA和双链RNA病毒的基因组在转录、翻译和表达方面有何差异？

主要参考文献

Atkins J F, Loughran G, Bhatt P R, et al. 2016. Ribosomal frameshifting and transcriptional slippage: from genetic steganography and cryptography to adventitious use. Nucleic Acids Research, 44: 7007-7078.

Bahat Y, Alter J, Dessau M. 2020. Crystal structure of tomato spotted wilt virus G(N) reveals a dimer complex formation and evolutionary link to animal-infecting viruses. Proceedings of the National Academy of Sciences of the United States of America, 117: 26237-26244.

Bujarski J, Gallitelli D, García-Arenal F, et al. 2019. ICTV virus taxonomy profile: *Bromoviridae*. Journal of General Virology, 100: 1206-1207.

Bureau M, Leh V, Haas M, et al. 2004. P6 protein of cauliflower mosaic virus, a translation reinitiator, interacts with ribosomal protein L13 from *Arabidopsis thaliana*. Journal of General Virology, 85: 3765-3775.

Chai M, Li L, Li Y, et al. 2024. The 6-kilodalton peptide 1 in plant viruses of the family *Potyviridae* is a viroporin. Proceedings of the National Academy of Sciences of the United States of America, 121: e2401748121.

Chai M, Wu X, Liu J, et al. 2020. P3N-PIPO interacts with P3 via the shared N-terminal domain to recruit viral replication vesicles for cell-to-cell movement. Journal of Virology, 94: e01898-19.

Cheng X F, Xiong R, Li Y, et al. 2017. Sumoylation of turnip mosaic virus RNA polymerase promotes viral infection by counteracting the host NPR1-mediated immune response. Plant Cell, 29: 508-525.

Chung B Y, Miller W A, Atkins J F, et al. 2008. An overlapping essential gene in the *Potyviridae*. Proceedings of the National Academy of Sciences of the United States of America, 105: 5897-5902.

Colussi T M, Costantino D A, Hammond J A, et al. 2014. The structural basis of transfer RNA mimicry and conformational plasticity by a viral RNA. Nature, 511: 366-369.

Coutinho de Oliveira L, Volpon L, Rahardjo A K, et al. 2019. Structural studies of the eIF4E-VPg complex reveal a direct competition for capped RNA: implications for translation. Proceedings of the National Academy of Sciences of the United States of America, 116: 24056-24065.

Cui H, Wang A. 2019. The biological impact of the hypervariable N-terminal region of potyviral genomes. Annual Review of Virology, 6: 255-274.

Decroly E, Ferron F, Lescar J, et al. 2012. Conventional and unconventional mechanisms for capping viral mRNA. Nature Reviews Microbiology, 10: 51-65.

Dolja V V, Kreuze J F, Valkonen J P. 2006. Comparative and functional genomics of closteroviruses. Virus Research, 117: 38-51.

Dreher T W, Miller W A. 2006. Translational control in positive strand RNA plant viruses. Virology, 344: 185-197.

Ferron F, Decroly E, Selisko B, et al. 2012. The viral RNA capping machinery as a target for antiviral drugs. Antiviral Research, 96: 21-31.

Ferron F, Weber F, de la Torre J C, et al. 2017. Transcription and replication mechanisms of *Bunyaviridae* and *Arenaviridae* L proteins. Virus Research, 234: 118-134.

Fuchs M, Hily J M, Petrzik K, et al. 2022. ICTV virus taxonomy profile: *Secoviridae* 2022. Journal of General Virology, 103(12): 001807.

Furuichi Y, Shatkin A J. 2000. Viral and cellular mRNA capping: past and prospects. Advances in Virus Research, 55: 135-184.

Gale Jr M, Tan S L, Katze M G. 2020. Translational control of viral gene expression in eukaryotes. Microbiology and Molecular Biology Reviews, 64: 239-280.

Geng G, Yu C, Li X, et al. 2019. A unique internal ribosome entry site representing a dynamic equilibrium state of RNA tertiary structure in the 5′-UTR of wheat yellow mosaic virus RNA1. Nucleic Acids Research, 48: 390-404.

Gong P, Shen Q, Zhang M, et al. 2023. Plant and animal positive-sense single-stranded RNA viruses encode small proteins important for viral infection in their negative-sense strand. Molecular Plant, 16: 1794-1810.

Grdzelishvili V Z, Chapman S N, Dawson W O, et al. 2000. Mapping of the tobacco mosaic virus movement protein and coat protein subgenomic RNA promoters *in vivo*. Virology, 275: 177-192.

Haasnoot P C J, Brederode F T, Olsthoorn R C L, et al. 2000. A conserved hairpin structure in *Alfamovirus* and *Bromovirus* subgenomic promoters is required for efficient RNA synthesis *in vitro*. RNA, 6: 708-716.

Hanley-Bowdoin L, Bejarano E R, Robertson D, et al. 2013. Geminiviruses: masters at redirecting and reprogramming plant processes. Nature Reviews Micrology, 11: 777-788.

Hebrard E, Bessin Y, Michon T, et al. 2009. Intrinsic disorder in viral proteins genome-linked: experimental and predictive analyses. Virology Journal, 6: 23.

Hordeĭchyk O, Shcherbatenko I. 2010. Contexts of the suppressive terminal codons of translation in genes RNA-containing plant viruses. Mikrobiolohichnyi Zhurnal, 72: 58-65.

Kean K M. 2003. The role of mRNA 5′-noncoding and 3′-end sequences on 40S ribosomal subunit recruitment, and how RNA viruses successfully compete with cellular mRNAs to ensure their own protein synthesis. Biology of the Cell, 95: 129-139.

Kreuze J F, Vaira A M, Menzel W, et al. 2020. ICTV virus taxonomy profile: *Alphaflexiviridae*. Journal of General Virology, 101: 699-700.

López de Quinto S, Martínez-Salas E. 2000. Interaction of the eIF4G initiation factor with the aphthovirus IRES is essential for internal translation initiation *in vivo*. RNA, 6: 1380-1392.

Lemay G. 2018. Synthesis and translation of viral mRNA in reovirus-infected cells: progress and remaining questions. Viruses, 10: 6671.

Li F, Zhang C, Tang Z, et al. 2020. A plant RNA virus activates selective autophagy in a UPR-dependent manner to promote virus infection. New Phytologist, 228: 622-639.

Liu J, Lu X, Zhang S, et al. 2022. Molecular insights into mRNA polyadenylation and deadenylation. International Journal of Molecular Science, 23: 10985.

Liu J, Wu X, Fang Y, et al. 2023. A plant RNA virus inhibits NPR1 sumoylation and subverts NPR1-mediated plant immunity. Nature Communications, 14: 3580.

Mahillon M, Brodard J, Dubuis N, et al. 2024. Mixed infection of ITPase-encoding potyvirid and secovirid in *Mercurialis perennis*: evidences for a convergent euphorbia-specific viral counterstrike. Virology Journal, 21: 6.

Matsuda D, Dreher T W. 2006. Close spacing of AUG initiation codons confers dicistronic character on a eukaryotic mRNA. RNA, 12: 1338-1349.

Mingot A, Valli A, Rodamilans B, et al. 2016. The P1N-PISPO trans-frame gene of sweet potato feathery mottle potyvirus is produced during virus infection and functions as RNA silencing suppressor. Journal of Virology, 90: 3543-3557.

Miyazaki N, Uehara-Ichiki T, Xing L, et al. 2008. Structural evolution of reoviridae revealed by oryzavirus in acquiring the second capsid shell. Journal of Virology, 82: 11344-11353.

Ogino T, Green T J. 2019. RNA synthesis and capping by non-segmented negative strand RNA viral polymerases: lessons from a prototypic virus. Frontiers in Microbiology, 10: 1490.

Ouizougun-Oubari M, Fearns R. 2023. Structures and mechanisms of nonsegmented, negative-strand RNA virus polymerases. Annual Review in Virology, 10: 199-215.

Park H S, Himmelbach A, Browning K S, et al. 2001. A plant viral "reinitiation" factor interacts with the host translational machinery. Cell, 106: 723-733.

Pouresmaeil M, Dall'Ara M, Salvato M, et al. 2023. Cauliflower mosaic virus: virus-host interactions and its uses in biotechnology and medicine. Virology, 580: 112-119.

Ray D, Na H, White K A. 2004. Structural properties of a multifunctional T-shaped RNA domain that mediate efficient tomato bushy stunt virus RNA replication. Journal of Virology, 78: 10490-10500.

Rohozkova J, Navratil M. 2011. P1 peptidase-a mysterious protein of family *Potyviridae*. Journal of Bioscience, 36: 189-200.

Ryabova L A, Pooggin M M, Hohn T. 2006. Translation reinitiation and leaky scanning in plant viruses. Virus Research, 119: 52-62.

Sanderfoot A A, Lazarowitz S G. 1996. Getting it together in plant virus movement: cooperative interactions between bipartite geminivirus movement proteins. Trends in Cell Biology, 6: 353-358.

Sherwood A V, Rivera-Rangel L R, Ryberg L A, et al. 2023. Hepatitis C virus RNA is 5′-capped with flavin adenine dinucleotide. Nature, 619: 811-818.

Smirnova E, Firth A E, Miller W A, et al. 2015. Discovery of a small non-AUG-initiated ORF in poleroviruses and luteoviruses that is required for long-distance movement. PLoS Pathogens, 11: e1004868.

Solovyev A, Kalinina N, Morozov S. 2012. Recent advances in research of plant virus movement mediated by triple gene block. Frontiers in Plant Science, 3: 276.

Sõmera M, Sarmiento C, Truve E. 2015. Overview on sobemoviruses and a proposal for the creation of the family *Sobemoviridae*. Viruses, 7: 3076-3115.

Sorokin I I, Vassilenko K S, Terenin I M, et al. 2021. Non-canonical translation initiation mechanisms employed by eukaryotic viral mRNAs. Biochemistry, 86: 1060-1094.

Sztuba-Solińska J, Stollar V, Bujarski J. 2011. Subgenomic messenger RNAs: mastering regulation of (+)-strand RNA virus life cycle. Virology, 412: 245-255.

Teycheney P Y, Geering A D W, Dasgupta I, et al. 2020. ICTV virus taxonomy profile: *Caulimoviridae*. Journal of Genernal Virology, 101: 1025-1026.

Thomas J E, Gronenborn B, Harding R M, et al. 2021. ICTV virus taxonomy profile: *Nanoviridae*. Journal of Genernal Virology, 102: 001544.

Vainio E J, Chiba S, Ghabrial S A, et al. 2018. ICTV virus taxonomy profile: *Partitiviridae*. Journal of Genernal Virology, 99: 17-18.

Varsani A, Roumagnac P, Fuchs M, et al. 2017. *Capulavirus* and *Grablovirus*: two new genera in the family *Geminviridae*. Archives of Virology, 162: 1819-1831.

Vijayapalani P, Maeshima M, Nagasaki-Takekuchi N, et al. 2012. Interaction of the trans-frame potyvirus protein P3N-PIPO with host protein PCaP1 facilitates potyvirus movement. PLoS Pathogengs, 8: e1002639.

Wong S M, Koh D C, Liu D. 2008. Identification of plant virus IRES. Methods in Molecular Biology, 451: 125-133.

Yan L, Huang Y, Ge J, et al. 2022. A mechanism for SARS-CoV-2 RNA capping and its inhibition by nucleotide analog inhibitors. Cell, 185: 4347-4360.

Zerbini F M, Briddon R W, Idris A, et al. 2017. ICTV virus taxonomy profile: *Geminiviridae*. Journal of General Virology, 98: 131-133.

第六章 植物病毒的侵染与增殖

本章要点

1. 了解植物病毒从初始侵染细胞到完成整株侵染经历的关键侵染过程。
2. 认识不同类型植物病毒是如何进行复制、装配形成新病毒粒子的。
3. 认识植物病毒的变异和进化机制，掌握变异对病毒进化的重要性。
4. 了解病毒是通过胞间连丝和韧皮部系统在寄主植物中进行短距离和长距离移动。

本章数字资源

植物病毒从初始侵染细胞到完成整株侵染的过程称为植物病毒的侵染循环，可以分为以下几个阶段：①病毒通过被动方式进入初始侵染的细胞；②病毒粒子脱去衣壳；③病毒mRNA 产生；④病毒蛋白质表达；⑤病毒基因组的复制；⑥子代病毒粒子的组装；⑦病毒核酸蛋白质复合体或侵染粒子从复制部位到胞间连丝的细胞内移动；⑧穿过胞间连丝向相邻的细胞移动（细胞间移动），并在新侵染的邻近细胞内复制、增殖；⑨病毒进入维管束筛管组织，进行长距离移动，随着营养流进入植株各个组织，导致系统性侵染，并可能引起明显的病害症状。要建立对寄主植物的系统侵染，病毒必须在植物的大部分细胞中扩散和增殖。本章将介绍植物病毒初始侵染细胞到完成整株侵染的关键侵染过程，包括病毒基因组的复制和粒子装配，病毒在细胞间的移动和通过维管束系统的长距离移动等过程。

第一节 植物病毒的初始侵染

一、病毒进入植物细胞

成功进入植物细胞是植物病毒建立侵染的前提和关键。植物细胞壁的主要成分是纤维素，具有保护和支撑作用。植物病毒进入寄主细胞，既不能像真菌、线虫等通过特定的结构或器官直接侵入，也不能像动物病毒通过识别在细胞膜上的受体蛋白进入，而是需要借助外部因素，如微伤口或昆虫、线虫等传毒介体刺吸取食植物产生的伤口等，以被动的方式进入寄主细胞。植物病毒是严格的细胞内寄生物，其生命循环依赖于活的寄主细胞，所以病毒初始侵入的细胞必须是活细胞。微伤口是指不引起细胞死亡的伤口，一些昆虫、线虫取食时口器穿刺植物组织造成的微伤口为病毒进入细胞建立了通道，风雨、农事操作过程等造成的机械损伤也是一些植物病毒侵入植物细胞的途径，如烟草花叶病毒（tobacco mosaic virus，TMV）可以通过被损伤的叶表皮毛进入植物细胞。

已知约 80%的植物病毒通过刺吸式口器昆虫取食进入植物细胞，常见的传毒昆虫有蚜虫、粉虱、飞虱、叶蝉和蓟马等。病毒与传毒介体昆虫之间通常有特异的识别反应，某种昆虫仅能传播特定类别的病毒，不能传播所有病毒（见本书第七章）。

与动物病毒、噬菌体的侵染过程不同，至今还没有证据表明存在植物病毒侵入细胞的特定机制，如质膜受体位点或内吞作用摄取。极少数情况下，有的植物病毒可通过膜融合或内吞作用进入植物细胞。有研究表明，病毒成功初始侵入需要在侵染点聚集一定数量的病毒粒子。一条基因组的单分体病毒通常需要 10^4～10^7 个病毒粒子才能够建立一个侵染点，多分体病毒需要更多的病毒粒子，例如，豇豆花叶病毒（cowpea mosaic virus，CpMV），基因组为二分体，建立一个侵染点需要 10^6～10^8 个病毒粒子；苜蓿花叶病毒（alfalfa mosaic virus，AMV），基因组为三分体，建立一个侵染点需要 10^8～10^{10} 个病毒粒子。病毒的初始侵入是一个非常短暂的过程，可在几分钟到几十分钟内完成。大多数通过机械损伤产生的微伤口在 1h 左右愈合，病毒就不能继续侵入寄主细胞。

二、病毒脱壳

脱壳即病毒的蛋白质外壳与基因组核酸分离的过程。由于病毒粒子中的基因组被蛋白质外壳包被，进入寄主细胞的病毒粒子需要脱壳才能进行基因组的表达和复制。多种病毒粒子或病毒 RNA 的接种实验证实了脱壳过程。用 TMV 基因组 RNA 接种的烟草叶片在接种后 2～4h 就能检测到新的病毒粒子；产生病斑的时间比接种完整病毒粒子的叶片平均提前了 4h，表明完整病毒粒子进入寄主细胞后需要进行脱壳才能完成后续侵染。紫外线照射可以引起蛋白质和核酸交联，因此紫外线照射实验也可以说明病毒脱壳过程的发生：完整的病毒粒子用紫外线照射 2～4h，导致病毒钝化，丧失侵染活性。用完整的病毒粒子进行接种时，在接种 3h 内，用紫外线照射会减缓病毒的侵染，延缓症状出现的时间；但在接种 3h 后，用紫外线照射则不影响侵染，表明 TMV 进行初始侵染的脱壳过程在 3h 内完成。在接种病毒 RNA 后，立即用紫外线照射，不影响病毒的侵染和症状的出现。

脱壳通常发生在细胞质，释放出病毒的基因组核酸。由于细胞质中存在核酸酶等使病毒基因组核酸不稳定的因素，一些病毒的脱壳过程具有与病毒基因组翻译同时进行的特征，即脱壳和翻译过程是耦联的，也称为共翻译解聚（co-translational disassembly）。正义单链 RNA（+ssRNA）病毒通过共翻译解聚过程解开衣壳，病毒粒子结构松弛，寄主核糖体附着于暴露的 RNA 的 5′端，并在沿着 RNA 移动时置换外壳蛋白（coat protein，CP）亚基。因此，寄主核糖体参与病毒的脱壳。TMV 杆状病毒粒子的脱壳是双向的，核糖体从 5′端开始共翻译解聚（在翻译的同时脱除 CP 亚基），一旦完成复制酶的翻译，复制酶在 3′端开始复制，将剩余的约一半 CP 亚基沿着 3′→5′方向脱除。黄瓜花叶病毒（cucumber mosaic virus，CMV）和 AMV 的粒子结构松弛，可以直接脱壳。雀麦花叶病毒（brome mosaic virus，BMV）

粒子通过 CP 亚基之间的化学键得以稳定，该化学键依赖于酸碱度（pH），并在 pH 大于 7.0 时发生解聚（disassembly），因此，共翻译解聚必须在细胞内的碱性环境中才发生。推测大多数+ssRNA 植物病毒都采用共翻译解聚的脱壳机制。

细胞质中的环境影响病毒的脱壳。TMV 粒子在去除结合的二价阳离子 Ca^{2+}后发生松动，因此处于低 Ca^{2+}环境中或 Ca^{2+}受到寄主因子“螯合”有助于脱壳。然而，提供脱壳环境的详细位置尚不清楚，可能涉及类似于含有复制复合物的膜状结构。虽然理论上病毒的脱壳过程非常简单，但由于细胞内复杂的微环境和病毒基因组的稳定性，多种寄主因子包括核糖体和细胞器组分均参与了+ssRNA 病毒的脱壳过程。

第二节　植物病毒的复制

植物病毒的复制是以病毒基因组为模板合成新的病毒基因组的过程。病毒一旦成功入侵，便立即开始在寄主细胞内高效复制其基因组。植物病毒无法在寄主细胞外进行繁殖，其复制过程完全依赖于寄主植物。它们需要寄主植物提供复制场所、所需的原材料和能量。植物病毒根据其遗传物质的不同，可以分为单链 DNA 病毒、双链 DNA 病毒、正义单链 RNA 病毒、负义单链 RNA 病毒和双链 RNA 病毒等类型。每种类型的病毒都有其独特的复制策略，这些复制策略反映了不同类型病毒与寄主细胞相互作用的进化适应性和复杂性。它涉及病毒在寄主细胞内的遗传物质复制，以产生新的病毒颗粒。这个过程对病毒的生存和传播至关重要，同时也对寄主植物的健康构成威胁。

一、植物病毒编码的聚合酶

植物病毒通过自身编码的聚合酶（polymerase）来实现其基因组的复制，聚合酶在病毒基因组复制和转录中发挥重要作用。由于病毒的基因组一般比较小，编码蛋白质的数量有限，因此，其聚合酶通常是具备与复制相关的多种功能的单个蛋白质。

根据病毒基因组的类型和一些病毒的特殊性，将病毒的聚合酶分为 4 类：①依赖于 RNA 的 RNA 聚合酶（RNA-dependent RNA polymerase，RdRp），RNA 病毒编码的聚合酶以病毒基因组 RNA 为模板进行基因组 RNA 的复制和转录；②依赖于 RNA 的 DNA 聚合酶（RNA-dependent DNA polymerase，RdDp），逆转录病毒的复制酶也称逆转录酶，这类病毒通过逆转录进行复制，即以病毒基因组 RNA 为模板逆转录得到 DNA 中间体，然后对其基因组 RNA 进行复制；③依赖于 DNA 的 DNA 聚合酶（DNA-dependent DNA polymerase，DdDp），DNA 病毒的聚合酶，以 DNA 为模板进行病毒基因的复制；④依赖于 DNA 的 RNA 聚合酶（DNA-dependent RNA polymerase，DdRp），以 DNA 病毒的基因组为模板对其基因组进行转录的聚合酶。在这 4 种聚合酶中，RdRp 和 RdDp 是病毒所特有的聚合酶。

二、植物病毒的复制场所

一些病毒直接利用寄主细胞已有的场所或者亚细胞结构进行复制，而另一些病毒则利用寄主细胞中不常用的机制来完成复制。一般而言，RNA 病毒的复制通常发生在细胞质，部分 RNA 病毒的复制发生在细胞核；大多数 DNA 病毒的复制发生在细胞核内，也有一些 DNA 病毒的复制发生在细胞质。植物病毒复制时常利用的寄主亚细胞结构包括线粒体、内质网、溶酶体、过氧化物酶体、高尔基体和叶绿体等。

植物病毒特别是 RNA 病毒通常靶向植物细胞内的膜结构进行复制。在病毒基因组复制的过程中，其编码的聚合酶和其他病毒蛋白协同一些被病毒募集或劫持的寄主因子共同作用，使细胞中的一些膜结构发生重塑或变构，从而形成独特的类似细胞器的结构，称为“病毒复制工厂”（viral replication factory，VRF）或“病毒复制复合体”（viral replication complex，VRC）。这些病毒复制工厂为病毒基因组的复制提供了一个相对独立的隔离区域，可以促进和协调病毒基因组的复制和组装，增加病毒基因组复制所需组分的局部浓度并最大限度地提高各类资源的使用效率，进而保证病毒基因组的高效复制。与此同时，它们能够将复制的病毒核酸限制在特定的位置以逃避寄主细胞的抗病毒天然免疫应答反应。近年来，植物病毒学家通过电子断层成像术（electron tomography）解析了番茄丛矮病毒（tomato bushy stunt virus，TBSV）、芜菁花叶病毒（turnip mosaic virus，TuMV）、甜菜黑色焦枯病毒（beet black scorch virus，BBSV）和大麦条纹花叶病毒（barley stripe mosaic virus，BSMV）等病毒复制场所的三维结构，发现不同植物病毒的复制场所在形态上具有较高的保守性和趋同性（Zhang et al.，2023）。

三、植物病毒复制所需的寄主成分

植物病毒的复制过程紧密依赖寄主细胞中的各类物质和因子。病毒复制所需的核苷酸等原料直接来源于植物细胞，而病毒复制过程中所需的能量主要由寄主细胞提供，通常以核苷三磷酸（NTP）的形式供给。另外，在植物病毒的复制过程中，许多寄主因子发挥着重要作用，主要包括以下几类：①参与蛋白质生物合成的翻译因子；②蛋白质翻译后修饰相关的酶；③RNA 结合蛋白、RNA 修饰酶和参与 RNA 代谢的蛋白质；④参与脂质/膜生物合成和代谢的蛋白质；⑤参与囊泡介导运输/细胞内蛋白质定位的细胞蛋白质；⑥膜相关的蛋白质；⑦细胞代谢相关的蛋白质；⑧细胞转录因子、参与 DNA 重塑和代谢的细胞蛋白质；⑨寄主防御反应相关的蛋白质等。

四、双链 DNA 病毒的复制

花椰菜花叶病毒科（*Caulimoviridae*）病毒的复制分两个阶段。第一阶段发生在细胞核，以病毒基因组双链 DNA（dsDNA）为模板转录生成 RNA。在复制的第一阶段，病毒 dsDNA 进入细胞核，在核内先去除缺口（gap）处重叠的核苷酸残基，然后再共价连接形成一个完整的闭环 dsDNA。闭环 dsDNA 和寄主组蛋白结合形成微型染色体，作为依赖于 DNA 的 RNA 聚合酶Ⅱ的模板，转录形成 19S 和 35S 两种 RNA。第二阶段发生在细胞质，以进入细胞质的 35S RNA 为模板逆转录产生 dsDNA。植物甲硫氨酸转运 RNA（Met-tRNA）先与 35S RNA 3′端某个位点处结合形成超过 14 个碱基的配对，该结合位点对应于 α 链缺口（D1）的下游处，病毒的逆转录酶以这段 tRNA 为引物进行逆转录直至 35S RNA 的 5′端，再利用 RNase H 降解 RNA：DNA 双链中的 RNA 分子，得到称为强终止（strong-stop）DNA 的小分子。然后需要逆转录酶从 35S RNA 的 5′端转换到 3′端继续复制，合成一段存在于每个 35S RNA 分子末端的 180nt 左右的重复序列，逆转录继续进行，直到 tRNA 结合处，再降解 tRNA 引物，在新合成的α链上形成 D1 缺口。依赖逆转录酶的 RNase 活性或寄主的有关酶局部降解 35S RNA，只留下两段富含嘌呤的区域，其位置相当于正链上的缺口 2（D2）和缺口 3（D3）（图 6-1）。正链的合成即以这两段富含嘌呤的区域为引物进行，延长的正链必须通过负链（α 链）上的 D1 缺口，在经过 D1 缺口时也产生模板跳跃。

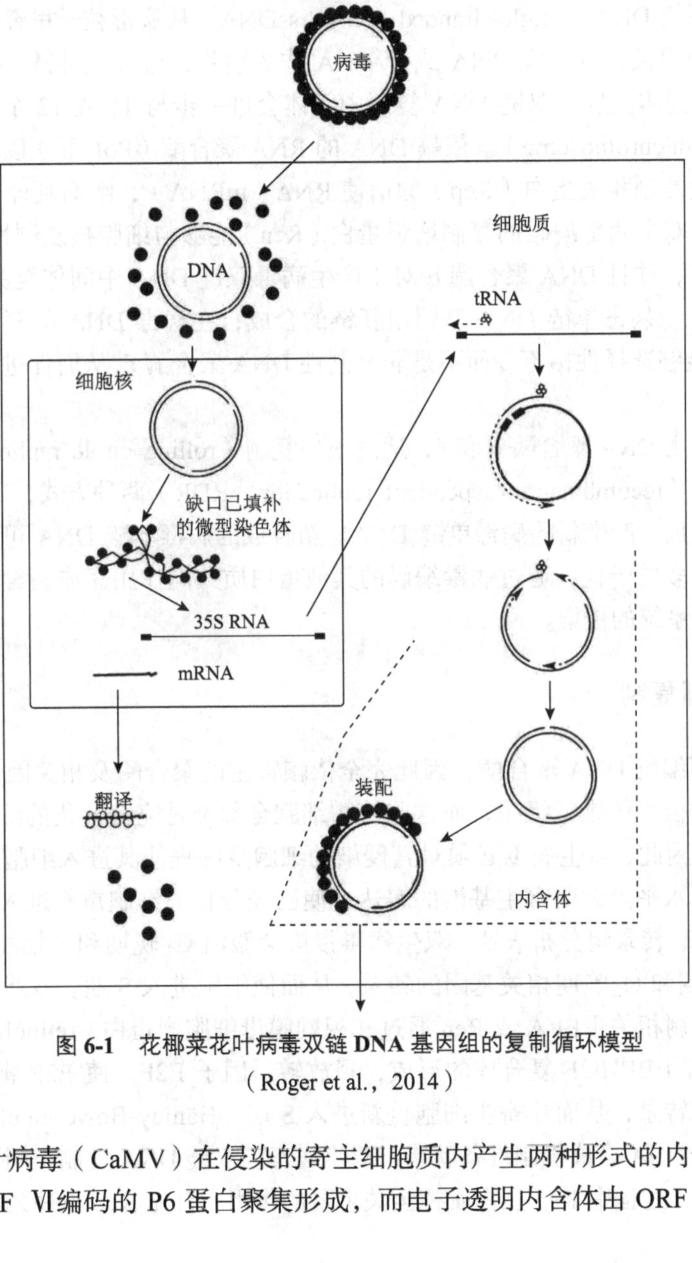

图 6-1　花椰菜花叶病毒双链 DNA 基因组的复制循环模型
（Roger et al.，2014）

花椰菜花叶病毒（CaMV）在侵染的寄主细胞质内产生两种形式的内含体，电子致密的内含体由 ORF Ⅵ编码的 P6 蛋白聚集形成，而电子透明内含体由 ORF Ⅱ编码的 P2 蛋白形成，两种类型的内含体中都有病毒粒子。电子致密的内含体是子代病毒 DNA 合成和病毒粒子装配的场所，大多数病毒粒子都存在于内含体内，细胞质内 P6 蛋白聚集形成的内含体被很多核糖体包围。内含体大小变异较大，较大的内含体可能依靠合并较小的内含体形成成熟的内含体。内含体没有膜边界，具有不被膜包裹的一些电子透明区域，由精细的粒状基质组成，在外围有核糖体，病毒粒子不规则或离散簇生于透明的区域和基质内（Hull，2014）。

五、单链 DNA 病毒的复制

病毒单链环状 DNA（single-stranded DNA，ssDNA）从病毒粒子里释放出来后，DNA 聚合酶以此作为模板，以一段 RNA 或者 DNA 作为引物，合成互补链，从而形成病毒双链 DNA 复制中间体。病毒双链 DNA 复制中间体会进一步与 11 或 12 个核小体结合形成微型染色体（minichromosome）。依赖 DNA 的 RNA 聚合酶（Pol Ⅱ）以病毒的微染色质为模板，转录出复制相关蛋白（Rep）的信使 RNA（mRNA），继而翻译出 Rep 蛋白来起始病毒的复制。双生病毒编码的复制增强蛋白（Ren）能够与细胞核复制性 DNA 聚合酶 α 和 δ 的亚基互作，并且 DNA 聚合酶 α 对于产生病毒双链 DNA 中间体至关重要，DNA 聚合酶 δ 介导了双生病毒单链 DNA 基因组新链的合成；在病毒 DNA 的复制过程中，复制增强蛋白 Ren 能够选择性招募 δ 而不是非复制性 DNA 聚合酶 ε,从而促进病毒的复制(Wu et al.，2021）。

双生病毒利用 DNA 聚合酶 α 和 δ，通过滚环复制（rolling circle replication，RCR）和重组依赖型复制（recombination-dependent replication，RDR）两种方式，以病毒双链 DNA 复制中间体为模板，产生新的病毒单链 DNA。新合成的病毒单链 DNA 可重新进入上述的复制循环产生更多的子代，通过病毒编码的其他蛋白质共同作用完成病毒在胞内和胞间的运动，进而实现系统的侵染。

（一）滚环复制

双生病毒不编码 DNA 聚合酶，因此完全依赖寄主的聚合酶及相关因子进行复制。双生病毒主要侵染植物的维管组织，而这些植物细胞全部都是完全分化的细胞，DNA 复制能力完全丧失。因此，双生病毒必须对其侵染的细胞重编程使其进入细胞复制周期。双生病毒能够从转录水平上改变寄主基因的表达，使已经分化的细胞重新进入细胞分裂周期，实现病毒的复制。转录组分析表明，双生病毒侵染会激活 G_1 晚期和 S 期相关基因的表达，同时抑制 G_1 早期和 G_2 晚期相关基因的转录，从而使细胞进入 S 期。另外，双生病毒编码的 Rep 蛋白、复制相关蛋白 A 或 Ren 通过和视网膜母细胞瘤蛋白（retinoblastoma protein，RB）互作，干扰 RBR-E2F 复合体的形成，释放转录因子 E2F，使 E2F 靶标基因即 G_1 晚期相关基因得以转录，从而让寄主细胞重新进入 S 期（Hanley-Bowdoin et al.，2013）。

当细胞内的 DNA 合成机制准备就绪，双生病毒以双链 DNA 复制中间体作为模板，开始滚环复制，这一过程中 Rep 蛋白发挥至关重要的作用。首先 Rep 以序列特异性的方式结合病毒基因组 DNA 的复制起始区，切割茎环结构上的 9 核苷酸保守序列（TAATATT/AC）胸腺嘧啶（T）和腺嘌呤（A）之间的磷酸二酯键，之后 Rep 蛋白结合切割位点的 5′端从而暴露出 3′—OH。Rep 与 Ren 通过蛋白质之间的互作，招募一系列的寄主因子形成复制复合体。复制复合体中主要包括增殖性细胞核抗原 PCNA、复制因子 A、复制因子 C 及 DNA 聚合酶等复制因子。其中，增殖细胞核抗原（proliferating cell nuclear antigen，PCNA）是 DNA 聚合酶 δ 的辅因子，参与细胞周期的调控和 DNA 复制，在双生病毒侵染后大量积累；复制因子 C（replication factor C，RFC）能够招募 PCNA 和 DNA 聚合酶 δ 等复制相关因子；复制蛋白 A（replication protein A，RPA）结合单链 DNA，可能参与病毒复制复合体结构的稳定（Hanley-Bowdoin et al.，2013）。复制复合体完成组装便启动双生病毒子代 DNA 链的合成。此时 Rep 蛋白发挥其 DNA 解旋酶功能，打开病毒双链 DNA 超螺旋结构，使得复制持续延伸。当病毒子代单链 DNA 链合成之后，Rep 将其切割成单位长度，最后 Rep 发挥连接酶的作用形成环状单链 DNA。

（二）重组依赖型复制

Jeske（2009）和 Paprotka 等（2011）利用二维凝胶电泳发现双生病毒复制产生的一种高分子量的中间产物 DNA，而滚环复制并不能解释这种中间产物的形成，因此他们提出双生病毒重组依赖型复制模型。菜豆金色花叶病毒属（*Begomovirus*）病毒及其伴随的卫星分子和甜菜曲顶病毒属（*Curtovirus*）病毒都能通过这种方式进行复制。重组依赖型复制不依赖于病毒的 DNA 复制起始位点，而依赖于一条不完整的病毒单链 DNA 与共价闭合环状 DNA（covalently closed circular DNA，cccDNA）通过同源互补配对而产生的自由的 3′端。3′端的形成标志着复制的起始，同时 D-loop 在 cccDNA 上形成。之后在寄主重组酶、RAD51 和 RAD54 等寄主因子的协助下，D-loop 在 cccDNA 上迁移的同时，病毒单链 DNA 继续延伸。最终单链 DNA 可作为模板起始互补链的合成从而形成双链 DNA。

（三）Rep 蛋白调控病毒复制

双生病毒编码的 Rep 蛋白除能与直接参与 DNA 复制的寄主因子互作外，也能与一些寄主因子互作进而营造适合病毒复制的细胞环境。撒丁岛番茄黄化曲叶病毒（tomato yellow leaf curl Sardinia virus，TYLCSV）的 Rep 蛋白具有基因转录沉默（transcriptional gene silencing，TGS）抑制子活性，能够下调本氏烟中 *MET* 和 *CMT3* 基因的表达。Rep 通过其 N 端赖氨酸残基与寄主细胞中的苏木化连接酶 1 互作，且这种互作对于病毒的复制是必需的，同时 Rep 也能作为苏木化修饰（SUMOylation）的底物。不同于泛素化修饰，苏木化修饰能够稳定靶标蛋白，增强蛋白质的功能。辣椒曲叶病毒（chilli leaf curl virus，ChiLCV）编码的 Rep 蛋白能够与本氏烟中组蛋白 H2B 单泛素化相关蛋白 NbUBC2 和 NbHUB 互作，促使与病毒基因组结合的组蛋白 H2B 发生单泛素化，进而促进微型染色体发生 H3-K4me3 甲基化，促进病毒基因的转录。番茄金色花叶病毒（tomato golden mosaic virus，TGMV）的 Rep 蛋白能与 GRIK 的丝氨酸/苏氨酸激酶及 GRIMP 驱动蛋白互作。Rep 通过与 GRIMP 互作，破坏 GRIMP 与纺锤体的结合，从而阻止细胞进入正常的有丝分裂。与此同时，Rep

通过与 GRIK1 和 GRIK2 互作，磷酸化并激活 SNF1 相关激酶 SnRK1，调节寄主对病毒的防卫反应。寄主植物的热激蛋白 Hsp70 也能影响双生病毒的复制，番茄 Hsp70 能与番茄黄化卷曲病毒（tomato yellow leaf curl virus，TYLCV）的 CP 互作，使 CP 能够进入细胞核中形成聚集体，使病毒免于寄主的防卫反应，从而增加 TYLCV 的复制。

六、双链 RNA 病毒的复制

侵染植物的双链 RNA 病毒主要包括光滑呼肠孤病毒科的植物呼肠孤病毒属（*Phytoreovirus*）、刺突呼肠孤病毒科的斐济病毒属（*Fijivirus*）和水稻病毒属（*Oryzavirus*）。这些病毒的基因组由 10～12 条线性的双链 RNA 构成，复制形式与侵染动物的呼肠孤病毒相似。

（一）病毒的复制场所

植物呼肠孤病毒的复制主要在细胞质中进行，病毒侵染后，在感病细胞的细胞质中形成病毒浆（viroplasm）作为病毒复制的场所。由于侵染植物的呼肠孤病毒主要由昆虫介体以持久增殖型的方式传播，病毒除在寄主植物细胞中复制形成病毒原质外，也能在其昆虫介体的细胞中形成病毒原质，作为其复制的场所。

（二）病毒的复制

呼肠孤病毒的双链 RNA 基因组的正义链无法像正义单链 RNA 病毒的基因组那样可以作为 mRNA 被直接翻译，必须使用病毒粒子内所携带的 RNA 聚合酶以双链 RNA 基因组中的负义链为模板转录成 mRNA，进而翻译合成病毒复制所需的蛋白质，之后才利用基因组的正/负义链 RNA 分别作为模板，开始复制进程（Silverstein et al.，1976）。

（三）病毒的组装

在完成病毒双链 RNA 的复制后，呼肠孤病毒面临着一个选择正确的新合成双链 RNA 进行装配的问题。呼肠孤病毒的每一个病毒粒子都携带有一套完整的病毒基因组，即 10～12 条双链 RNA。从伤瘤病毒（wound tumor virus，WTV）中提取各个节段的双链 RNA 具有相同的数量，且单个病毒粒子就能起始侵染，说明每个 WTV 的病毒粒子带有一份完整的病毒基因组，暗示着呼肠孤病毒存在某种机制，能在病毒组装过程中使每个病毒粒子有且仅有一套 10～12 条双链 RNA 组成的病毒基因组。装配 10～12 条双链 RNA 需要 10～12 对不同且特异的蛋白-RNA 互作或 RNA-RNA 互作。

通过对呼肠孤病毒基因组序列的测定，发现每一种呼肠孤病毒的各个基因组节段的 5′和 3′端均包含保守的核苷酸序列，推测可能作为识别信号用于区分病毒 RNA 和寄主植物或介体昆虫的 RNA。同时，在 5′和 3′端保守序列内侧存在两端反向互补序列，这些互补序列在不同节段间是不同的，能使病毒 RNA 首尾互补形成节段间序列特异的结构，推测可能与病毒 RNA 复制和组装过程中特异性识别各条病毒基因组节段有关（图 6-2）。这一特征在其他分节段 RNA 病毒中也同样存在，说明病毒 RNA 的 5′和 3′端序列在分节段 RNA 病毒组装中发挥重要的识别功能，但具体是如何识别的尚不清楚。

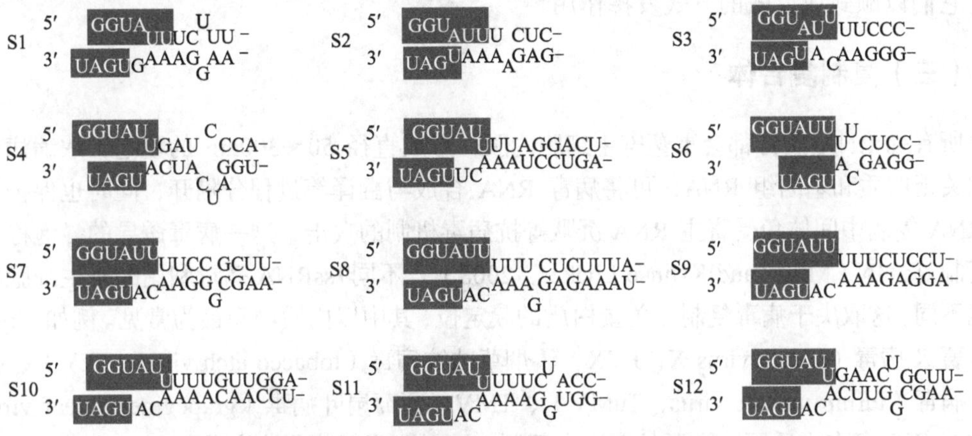

图 6-2 **WTV** 基因组各节段末端的保守序列

七、正义单链 RNA 病毒的复制

+ssRNA 病毒基因组复制的基本机制是利用病毒基因组翻译产生的复制酶以正义链 RNA 为模板合成互补的负义链 RNA，随后以该负义链 RNA 为模板合成新的正义链 RNA。复制发生在复制复合物中，该复合物由 RNA 模板、新合成的 RNA 及复制酶和寄主因子组成，具有起始、延伸和终止三个阶段。

（一）复制相关蛋白

+ssRNA 病毒的复制一般需要最少三种蛋白质功能域，分别是鸟苷酸转移酶（GTase）、RNA 解旋酶（Hel）和依赖于 RNA 的 RNA 聚合酶（RdRp）。这 3 种蛋白质功能域在一些+ssRNA 病毒中分别独立表达，但是在一些+ssRNA 病毒中以多聚蛋白形式表达，从 N 端到 C 端以 GTase、Hel 和 RdRp 的顺序排列。但是，基因组中没有帽子结构的+ssRNA 病毒，包括伴生豇豆病毒科（*Secoviridae*）、马铃薯 Y 病毒科（*Potyviridae*）和南方菜豆一品红花叶病毒科（*Solemoviridae*）的病毒，一般不编码 GTase。复制相关蛋白在基因组上的排列次序及其进化关系是+ssRNA 病毒高级分类单元（目、科、属）的重要依据。

（二）复制模板的识别

病毒基因组 RNA 的 3′端存在一段称为核心启动子的序列，该序列中含有保守的 RNA 序列和结构，负责将 RdRp 招募到正义链 RNA 的 3′端，启动负义链 RNA 的合成。例如，雀麦花叶病毒科(*Bromoviridae*)的 BMV 和红三叶草坏死花叶病毒(red clover necrotic mosaic virus，RCNMV）复制酶 1a 与 RNA2 的 3′ UTR 中 Y 形 RNA 元件（YRE）特异性结合，并将 RNA2 招募到内质网膜；TBSV 和黄瓜坏死病毒（cucumber necrosis virus，CNV）的复制相关蛋白 p33 直接与位于 RdRp（也称为 p92）编码区的内部核心复制元件结合，完成

RNA 的招募。所有核心启动子都允许基础水平的病毒 RNA 转录，而高效 RNA 合成需要额外的病毒元件，如 5'端结构和序列及内部元件，如增强子、启动子、抑制子和 RNA 伴侣，它们以顺式或反式的方式发挥作用。

（三）复制复合体

所有+ssRNA 病毒都会重塑寄主细胞内膜，形成直径 50～300nm 的囊泡，浓缩病毒复制相关蛋白质和基因组 RNA，可将病毒 RNA 合成与翻译等过程分隔开，同时也保护了双链 RNA 复制中间体免受寄主 RNA 沉默等抗病毒机制的攻击，这一病毒诱导的囊泡称为病毒复制复合体（Miller and Krijnse-Locker，2008）。不同+ssRNA 病毒利用的寄主细胞内膜可能不同，这取决于病毒复制相关蛋白质的膜定位，其中以内质网膜最为常见。例如，BMV、马铃薯 X 病毒（potato virus X，PVX）、烟草蚀纹病毒（tobacco etch virus，TEV）、芜菁花叶病毒（turnip mosaic virus，TuMV）、TMV、葡萄扇叶病毒（grapevine fanleaf virus，GFLV）等病毒在内质网膜来源的囊泡中复制；AMV、芜菁黄花叶病毒（turnip yellow mosaic virus，TYMV）和 BSMV 采用叶绿体膜组装 VRC；番茄丛矮病毒属（*Tombusvirus*）的意大利香石竹环斑病毒（carnation Italian ringspot virus，CIRV）和 TBSV 则采用线粒体外膜和过氧物酶体组装 VRC。

（四）复制的步骤

病毒 RNA 复制包括 4 个步骤：①选择正确的模板和位置启动 RNA 复制，需要病毒 RdRp 和正义链基因组 RNA 中的相关特异性识别顺式作用 RNA 元件；②病毒 RNA 复制产生负义链 RNA，从而形成复制中间体双链 RNA 分子，随后被病毒编码的解旋酶解旋作为子代病毒 RNA 模板；③负义链 RNA 作为模板，通过使用内部启动子合成 3'端的亚基因组 RNA；④子代正义链 RNA 通过不对称机制同时合成多个子代病毒 RNA 链。

八、单节段负义单链 RNA 病毒的复制

侵染植物的单节段负义单链 RNA 隶属于弹状病毒科（*Rhabdoviridae*），其中甲型细胞核弹状病毒属（*Alphanucleorhabdovirus*）、乙型细胞核弹状病毒属（*Betanucleorhabdovirus*）、丙型细胞核弹状病毒属（*Gammanucleorhabdovirus*）及细胞质弹状病毒属（*Cytorhabdovirus*）病毒的基因组仅含有单个 RNA 节段，其基因组结构特征、复制和转录特性等与侵染动物的弹状病毒相似；双分弹状病毒属（*Dichorhavirus*）和巨脉弹状病毒属（*Varicosavirus*）病毒含有两个基因组 RNA 节段，但目前对其复制和侵染过程缺乏深入研究。

（一）复制相关蛋白

作为一类负义单链 RNA 病毒，弹状病毒基因组 RNA 本身不具有侵染性，其最小侵染单元是由核衣壳蛋白（N 蛋白）、磷蛋白（P 蛋白）、聚合酶大亚基蛋白（L 蛋白）和病毒基因组 RNA 装配形成的核糖核蛋白复合体（RNP）。N 蛋白是一个 RNA 结合蛋白，其在

病毒复制中的主要功能是包裹病毒基因组 RNA 形成核衣壳（nucleocapsid），而后者（而非裸露的基因组 RNA）是病毒复制和转录的模板。P 蛋白具有 N 蛋白的分子伴侣特性，可与新合成的、未与 RNA 结合的 N 蛋白（称为 N^0）形成 N^0-P 复合体，以避免 N 蛋白形成不可溶的聚集体或非特异性地结合寄主 RNA。此外，P 蛋白与 L 蛋白互作，作为非催化辅助亚基形成 L-P 聚合酶复合体，并通过与 N 蛋白互作引导 L-P 复合体结合 N-RNA 模板进行基因组复制和 mRNA 转录。L 蛋白具有 3 个酶活性结构域，即 RdRp、多聚核糖核苷酸转移酶（PRNTase）和甲基转移酶结构域，负责催化病毒基因组 RNA 合成，以及 mNRA 的 3′多腺苷酸化（polyadenylation）、5′加帽（capping）及帽子的甲基化修饰等。

（二）复制场所

弹状病毒的基因组复制和 mRNA 转录发生在细胞内的特定区室，称为病毒质、包含体或病毒复制工厂。在电镜下，病毒质呈电子致密的球状或不规则团块状结构，这些结构在弹状病毒侵染的植物和介体昆虫细胞中均可观察到。细胞核弹状病毒和双分弹状病毒属的病毒质位于寄主细胞核内，而细胞质弹状病毒属的病毒则在细胞质内形成病毒质。

病毒质中含有病毒编码的 N、P 和 L 等复制相关蛋白、病毒基因组 RNA 及 mRNA，以及来源于寄主的组分。最近的细胞生物学研究表明，多种动物和植物弹状病毒形成的病毒质是一类具有液滴（droplet）理化特性的无膜细胞器，主要是由病毒的 P 蛋白单独或与 N 蛋白共同通过液-液相分离（liquid-liquid phase separation）机制驱动形成的（Fang et al.，2022）。病毒质的形态是动态变化的，在复制早期，病毒质多呈球状，体积较小且可快速移动，但在复制的后期则融合成体积较大、呈不规则形态、相对固化的结构。

（三）基因组复制和 mRNA 转录

在入侵细胞后，弹状病毒粒子内包裹的聚合酶复合体以负义核糖核蛋白复合体 RNP（N 蛋白包裹的负义基因组 RNA）为模板进行首轮转录，产生的 mRNA 用于翻译合成病毒蛋白。当核心蛋白 N、P 和 L 积累到相当数量时，聚合酶由转录模式切换为复制模式，以负义 RNP 为模板进行复制，其间忽略基因间隔区信号序列，产生全长反基因组 RNA。新生的反基因组 RNA 被 N 蛋白包裹形成正义 RNP，并进一步作为模板用于合成基因组 RNA，最后被 N 蛋白包裹形成子代核衣壳。随着复制的不断进行，细胞中的 N、P 和 L 蛋白被大量用于合成 RNP，使得游离的核心蛋白浓度逐渐降低，促使聚合酶再次切换为转录模式，开始新一轮的 mRNA 转录及蛋白质的合成。随着病毒复制和 mRNA 转录过程交替循环进行，大量的 N、P 和 L 蛋白及核糖核蛋白复合体 RNP 的积累使病毒质不断膨胀。由于弹状病毒反基因组 RNA 上的启动子活性强于基因组 RNA 启动子，其复制过程是不对称的，产生基因组 RNA 的数量是反基因组 RNA 的 5～10 倍（Jackson et al.，2005）。

（四）出芽及病毒粒子形成

单节段植物弹状病毒具有囊膜粒子形态，由病毒在细胞内膜上出芽获得来源于寄主的磷脂双分子层及其上镶嵌的病毒糖蛋白（glycoprotein，G 蛋白）突起。细胞核弹状病毒在内核膜（inner nuclear membrane）上出芽，成熟的囊膜粒子积累于核周隙（perinuclear space）。细胞质弹状病毒的出芽发生在内质网（ER）膜上，囊膜粒子聚集在 ER 内腔（lumen）中。由于核周腔和 ER 内腔是相互连通的，这种区分可能并不绝对，有时细胞核弹状病毒的囊膜粒子也可出现在细胞质囊泡内，但很少在核周腔内看到细胞质弹状病毒粒子。

弹状病毒的出芽涉及核衣壳蛋白、基质（matrix，M）蛋白和 G 蛋白的协同作用。在侵染的后期，M 蛋白大量积累于病毒质内部或边缘，其通过与 N 蛋白互作对松散的核衣壳进行包裹和压缩，形成致密的、具有螺旋结构的病毒核心（core）。G 蛋白是 I 型跨膜蛋白，定位于细胞内膜系统并在病毒出芽位点富集。G 蛋白通过其羧基端尾巴与 M 蛋白互作，将病毒核心锚定到内膜一侧，以出芽的形式产生大量的成熟病毒粒子。出芽活性主要由 M 蛋白提供，包含对膜的弯曲和挤压，但也可能涉及细胞组分的参与，如内体分选复合体（endosomal sorting complex required for transport，ESCRT）。

九、多节段负义单链 RNA 病毒的复制

多节段负义单链 RNA 病毒（segmented negative-sense RNA virus，sNSV）是一类病毒基因组为多个负义单链 RNA 分子的病毒，多数 sNSV 侵染包括人在内的动物，能够侵染植物的病毒集中在番茄斑萎病毒科（*Tospoviridae*）、白蛉纤病毒科（*Phenuiviridae*）和无花果花叶病毒科（*Fimoviridae*）。番茄斑萎病毒（tomato spotted wilt virus，TSWV）和水稻条纹病毒（rice stripe virus，RSV）是农业生产上危害最为严重的两种代表性植物多节段负义单链 RNA 病毒，其中以 TSWV 的复制研究较为深入。下文以 TSWV 为例介绍多节段负义单链 RNA 病毒的复制过程。

（一）复制相关蛋白

病毒基因组 RNA 的合成主要依靠病毒自身编码的依赖于 RNA 的 RNA 聚合酶（RdRp）完成。RdRp 一般由病毒长度最大的 L 链基因组 RNA 编码，具有多个结构域，也被称作 L 蛋白。其 N 端结构域具有核酸内切酶活性，中央核心结构域具有 RNA 合成酶活性，C 端区域具有一个保守的帽子结合结构域。从 TSWV L 蛋白的三维结构来看，其全长结构可分为 3 个类似于流感病毒聚合酶亚基的区域：N 端 PA 功能域类似区（1～1012 位氨基酸）、中央 PB1 功能域类似区（RdRp，1013～1760 位氨基酸）和 C 端 PB2 功能域类似区（1761～2880 位氨基酸）。TSWV L 的 PB1 功能域类似区具有聚合酶结构中常见的类似右手的三维折叠构象，包括手指、拇指和手掌结构域。包含 SDD 基序的聚合酶催化关键序列位于手指结构域。TSWV L 的核酸内切酶结构域属于 PD-（D/E）-K 超家族核酸酶，具有双叶肾形结构。TSWV L 的 PB2 功能域类似区包括 3 个部分：帽结合结构域、中间结构域 Mid 和 C 端延伸部分（图 6-3）。

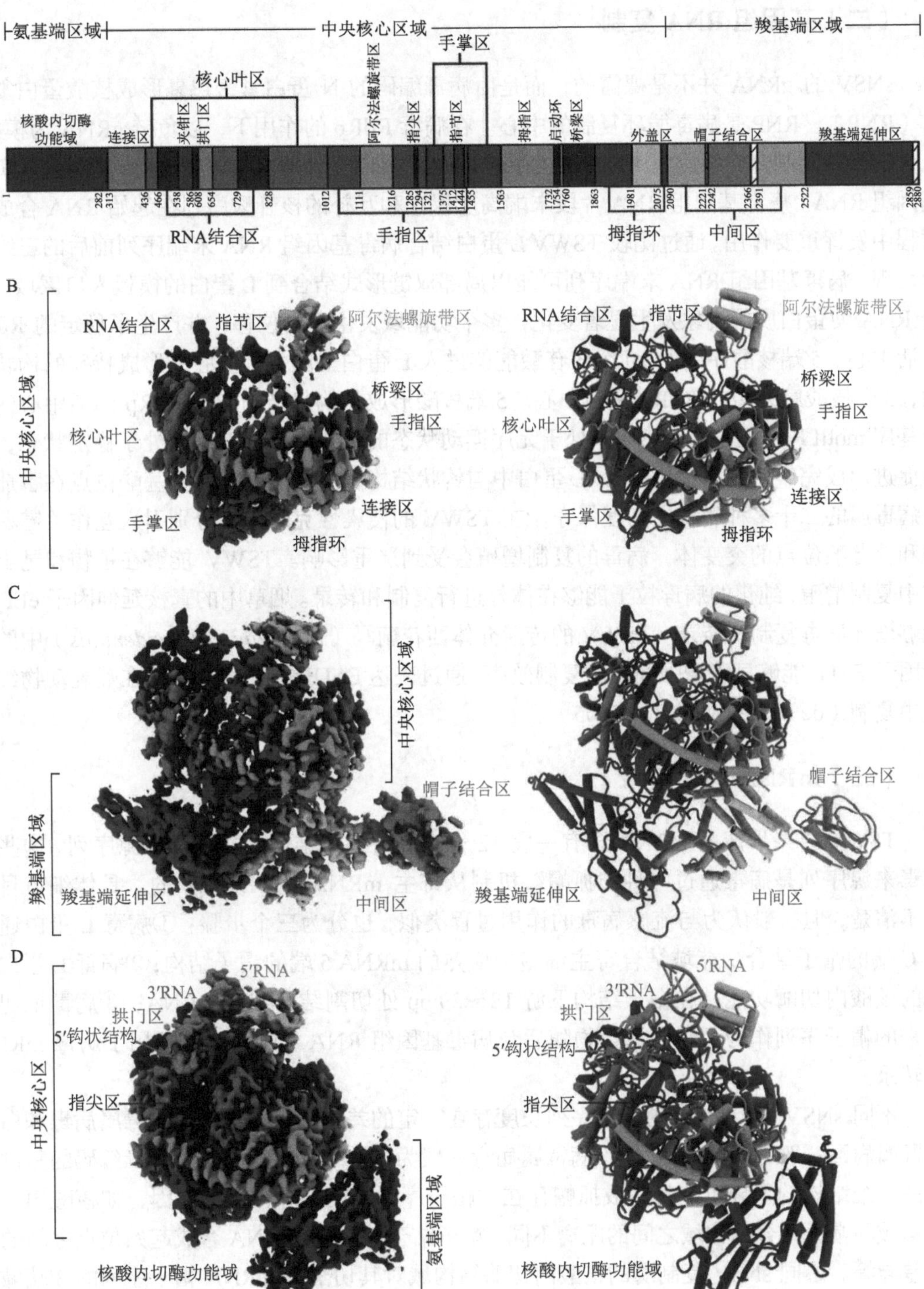

图 6-3　TSWV L 蛋白的整体结构

A. TSWV L蛋白结构域示意图；B. 不包含vRNA序列的L蛋白中央核心结构域冷冻电镜结构图；C. 与vRNA启动子结合的L蛋白冷冻电镜结构图；D. 含有氨基端区域的L蛋白冷冻电镜结构图。结构按结构域着色，颜色代码与A图中相同。3′RNA和5′RNA分别以淡红色和亮橙色显示；5′RNA钩状结构以青绿色标出

（二）基因组 RNA 复制

sNSV 的 gRNA 并不是裸露的，而是由病毒编码的 N 蛋白紧密包裹形成核酸蛋白复合体（RNP）。RNP 是病毒循环复制的中心。在病毒 RdRp 的作用下，以负链 gRNA 为模板，从 3′端开始复制合成基因组 RNA 的互补链 RNA，再以互补链 RNA 为模板，复制合成负链基因组 RNA。病毒基因组 RNA 片段末端高度保守和互补的核苷酸序列在起始 RNA 合成的过程中发挥重要作用。通过比较 TSWV L 蛋白结合病毒基因组 RNA 末端序列前后的三维结构发现，病毒基因组 RNA 末端序列可能以局部双链形式结合到 L 蛋白的模板入口区域，结合 RNA 使蛋白质的构象发生显著变化，多个功能域发生空间位移，并产生了稳定的 RdRp 酶活中心。5′端核酸序列的 10 个核苷酸能够进入 L 蛋白上的一处空腔并形成特殊的钩状结构，3′端核酸序列指向 RdRp 酶活中心。5′端核酸形成的钩状结构能与 RdRp 酶活中心的保守基序 motif F 相互作用，使原本处于无序摆动状态的聚合酶指尖功能域处于稳定状态，进而促进形成完整的酶活催化中心。L 蛋白中与钩状结构相互作用的关键氨基酸位点在番茄斑萎病毒属的二十多种病毒中高度保守。在 TSWV 的侵染性克隆中，分别引入互作关键氨基酸和核苷酸位点的突变体，病毒的复制增殖会受到严重影响。TSWV 能够在植物和昆虫介体中复制增殖，纯化的病毒粒子能够在体外进行复制和转录。烟草中的真核延伸因子 eEF1A 能够增强病毒复制和转录。TSWV 的传播介体西花蓟马（*Frankliniella occidentalis*）中的转录因子 FoTF 能够显著增强病毒的复制效率，通过表达 FoTF 能够使 TSWV 在哺乳动物细胞系中复制（de Medeiros et al.，2005）。

（三）mRNA 抓帽转录

TSWV 转录形成的 mRNA 含有一段 12～20bp 带帽子结构的非病毒来源序列，这些非病毒来源序列是病毒通过一种“抓帽”机制从寄主 mRNA 上“窃取”的。具体细节目前还不清楚，但一般认为与流感病毒的作用过程类似，也分为三个步骤：①病毒 L 蛋白通过其 C 端的帽子结合功能域结合寄主细胞中成熟的 mRNA 5′端的帽子结构；②病毒 L 蛋白 N 端的核酸内切酶功能域在帽子结构下游 12～20 bp 处切割结合到的 mRNA；③病毒把切割下来的帽子序列作为引物，该引物随后与病毒基因组 RNA 3′端匹配，被用于病毒 mRNA 的转录。

不同 sNSV mRNA 上的帽子序列长度存在一定的差别。正番茄斑萎病毒属病毒和白蛉病毒属病毒一般为 7～25nt，纤细病毒属病毒一般为 10～23nt。不同科属病毒编码的复制酶蛋白三维结构的差异可能是造成抓帽存在“帽子序列长度差异性”的原因，如核酸内切酶结构域和帽子结合结构域之间的距离不同、帽子结合结构域与 RNA 合成起始位点之间的距离差异等。不同 sNSV 复制酶的核酸内切酶结构域对其切割的 mRNA 帽子序列的 3′端碱基存在偏好性。病毒主要偏好能与自身模板链 3′端碱基进行碱基配对的帽子序列。例如，正布尼亚病毒属的布尼亚韦拉病毒偏好碱基 U，内罗病毒属的达格毕病毒偏好碱基 C，汉坦病毒属病毒偏好碱基 G，正番茄斑萎病毒属的 TSWV 偏好碱基 A，A 可以与 TSWV 模板链 3′端的第一位或第三位碱基 U 发生单碱基配对，进而增强帽子序列与病毒模板链的结合。

（四）粒子形成

TSWV 编码的糖蛋白（GP）前体在内质网膜上被进一步加工形成 N 端糖蛋白 Gn 和 C 端糖蛋白 Gc，Gn 会以单体或者与 Gc 互作形成二聚体的形式向高尔基体运输。在病毒 GP 合成和加工的早期阶段，GP 定位于内质网输出位点（ER export site，ERES）。抑制 ERES 处 COP Ⅱ囊泡的形成，能够阻断 Gn 或者 Gn-Gc 异源二聚体向高尔基体移动，表明病毒糖蛋白从内质网到高尔基体的运输过程依赖于 COPⅡ囊泡运输途径。在病毒复制后期，子代 RNP 以依赖于肌动蛋白的方式，向富集了大量病毒 Gn/Gc 糖蛋白的内质网和高尔基体复合体移动。TSWV RNP 与 Gn/Gc 复合体从内质网移动到高尔基体（Ribeiro et al.，2013），RNP 复合体被细胞内高尔基体脂膜包裹，形成双层包被的病毒粒子，这些双层包被的病毒粒子随后彼此相互融合，并与内质网膜融合后产生成熟的具有单层囊膜结构的病毒粒子。

第三节　植物病毒的装配

病毒的装配（assembly）是指新合成的病毒核酸和病毒结构蛋白在被感染的细胞内组装形成完整的病毒粒子的过程。装配是病毒生命周期中非常关键的一个环节，不同的病毒装配策略也不同。无包膜病毒的装配主要涉及核衣壳的组装形成，包膜病毒的装配还包括核衣壳外层包膜的形成。大多数 RNA 病毒的装配场所在细胞质，大多数 DNA 病毒的装配发生在细胞核。一般认为，细胞内新合成的子代病毒核酸和蛋白质的浓度积累到一定水平后，核酸会催化蛋白质亚基的聚合和组装，引发病毒粒子的装配过程。

一、杆状病毒

TMV 是杆状病毒中的典型代表，目前对 TMV 的体外装配过程研究较为清楚。TMV 病毒粒子长 300nm，直径为 18nm。粒子中蛋白质占比为 95%，RNA 比例约为 5%。三维结构分析发现，病毒粒子大约由 2130 个外壳蛋白亚基以螺旋方式紧密排列组成，螺距为 2.3nm，RNA 在螺旋状外壳内部也紧密排列成螺旋状。病毒粒子比单独的病毒 RNA 具有更强的侵染活性。

TMV 的 RNA 和外壳蛋白在体外可以重新装配形成完整的病毒粒子。外壳蛋白能够识别病毒 RNA 上的装配起始位点。研究发现，这一位点位于距离基因组 RNA 3′端 900～1300 个核苷酸的区域内。外壳蛋白主要以 20S 多聚体的形式与装配起始位点的核苷酸序列相互作用，启动装配过程进一步导致圆盘转变成螺旋形的锁紧垫圈，形成一个原始螺旋杆状结构，病毒 RNA 被埋藏在螺旋状结构内部。随着病毒杆状粒子装配的起始，杆状粒子进入延伸状态，虽然对伸长过程的细节存在一些争议，但普遍认为杆状粒子的延伸可以同时沿 5′和 3′两个方向进行，且 5′方向比 3′方向速度更快（Zimmern，1977）。目前还没有很好的试验方法研究 TMV 杆状粒子在体内装配延伸的过程，但一般认为体外装配涉及的过程应该也会在体内发生。

二、球状病毒

TYMV 是典型的具有等轴对称的二十面体球状病毒。粒子直径约为 30nm，由 180 个外壳蛋白亚基构成。粒子外部的外壳蛋白亚基的聚集状态为五聚体和六聚体两种形式。TYMV 病毒粒子存在 3 种形式：①不含有病毒 RNA 的空的蛋白质外壳粒子，也称为中空粒子；②包含病毒 RNA 的有侵染性的完整病毒粒子；③包含亚基因组 RNA 的、分子量介于中空粒子和完整粒子之间的核蛋白粒子。病毒粒子出现在植物细胞叶绿体之间的细胞质中，叶绿体周边小囊泡是病毒 RNA 的复制场所，囊泡中新合成的正义链 RNA 积累到一定水平后，会与外壳蛋白亚基形成的五聚体和六聚体相互作用，组装成完整的二十面体的球状粒子（Dreher，2004）。

三、线状病毒

马铃薯 X 病毒属（*Potexvirus*）和马铃薯 Y 病毒属（*Potyvirus*）的病毒粒子呈柔软弯曲或较直的螺旋对称线状。PVX 和马铃薯 Y 病毒（potato virus Y，PVY）分别是马铃薯 X 病毒属和马铃薯 Y 病毒属的代表种。从病毒粒子的三维结构来看，PVX 和 PVY 的病毒粒子直径约 13nm，均由重复的外壳蛋白以左手螺旋状排列并包裹单链 RNA 组装而成，每圈包含 8.8 个 CP。PVX 和 PVY 的病毒粒子的螺距略有不同：PVX 为 35.2Å[①]，PVY 为 34.7Å。与刚性杆状病毒 CP 单元末端没有延伸不同，柔性线状病毒的 CP 具有延伸的 N 端和 C 端区域，这已被认为有助于提高病毒粒子的灵活度和柔软性。结构显示，PVY CP 的末端延长导致 PVY CP-CP 相互作用网络增加，涉及 12 个相邻的 CP 单元，而 PVX 中只有 8 个。在不包含 RNA 的 PVY 病毒粒子（RNA-free virus-like particle，VLP）中发现 CP-CP 互作网络明显减少：与 PVY 病毒粒子中大量（12 个）相互连接的 CP 单元相比，VLP 中只有 5 个 CP 相互连接，表明结合 RNA 对病毒形成完整的螺旋对称性病毒粒子非常重要（Grinzato et al.，2020）。

第四节 植物病毒的移动

植物病毒在寄主体内的有效扩散，是其在寄主体内建立成功侵染的必要过程。植物病毒入侵细胞经历复制增殖后从初侵染细胞向周围健康细胞移动扩散，最终实现在寄主植物上的系统侵染。植物病毒的移动过程经历了两个明确的阶段，即细胞与细胞间的短距离移动和组织与组织间的长距离移动。细胞与细胞间的短距离移动主要通过胞间连丝来实现，病毒以核酸蛋白复合物或病毒粒子的形式从复制位点移动到胞间连丝，然后通过胞间连丝进行细胞间移动；病毒的长距离移动主要是通过韧皮部进行，病毒通过维管束鞘、维管束薄壁组织和伴胞细胞等细胞屏障，最终进入筛管组织，实现病毒的长距离运输。在 20 世纪 60 年代，人们普遍认为植物病毒是以被动扩散的方式通过胞间连丝进行移动的。但植物病

① $1Å=10^{-10}m$

毒粒子大小为10～80nm，远远超过胞间连丝允许通过的物质大小的最大极限（0.8～1.0nm）。之后的研究表明，植物病毒在寄主植物细胞间的运动是由特定的病毒移动蛋白（MP）调控的主动运输过程。植物病毒移动蛋白的核心功能是促进病毒核酸蛋白复合物或病毒粒子的细胞间转运。自20世纪80年代从TMV中鉴定出第一个MP以来，近几十年已经发现多种类型的病毒MP（Heinlein，2015）。MP与胞间连丝的组分相互作用，改变胞间连丝的大小排斥界限或直接改变其结构从而允许包括病毒粒子在内的较大颗粒通过，以促进病毒在寄主植物内的系统侵染。

一、植物病毒的移动蛋白

移动蛋白是植物病毒完成完整侵染过程所必需的蛋白质（图6-4）。通常判断植物病毒所编码的蛋白质为移动蛋白须具备两个条件：①该蛋白质为非结构蛋白；②破坏该蛋白质的编码序列能够破坏病毒的胞间运动，但对病毒的复制过程没有影响。移动蛋白参与病毒在细胞间的运动，最早的证据来自对TMV温度敏感型株系Ls1的研究，该株系在低温（24℃）下能够系统侵染，在温度较高时（32℃）丧失系统侵染能力。序列分析发现温度敏感型株系Ls1与其野生型株系相比，编码30kDa蛋白基因区域仅有一个氨基酸的差别，即Ls1的P30蛋白中153位丝氨酸替代了脯氨酸。在TMV *P30*转基因烟草上恢复了Ls1温度敏感型株系突变体系统移动的能力，直接证明了TMV *P30*编码的30kDa蛋白是病毒移动蛋白，参

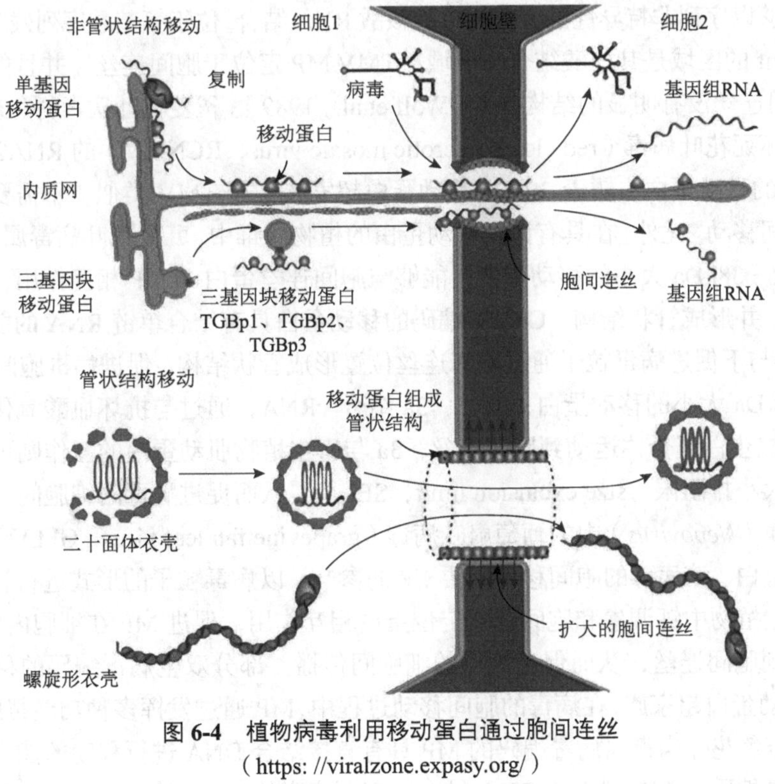

图6-4　植物病毒利用移动蛋白通过胞间连丝
（https://viralzone.expasy.org/）

与病毒的胞间移动。大多数植物病毒至少编码一种移动蛋白，依据其基因组成、氨基酸序列、生化结构可将植物病毒移动蛋白分为以下几类。

（一）30kDa 移动蛋白超家族

TMV 的移动蛋白大小约为 30kDa，许多病毒编码的移动蛋白具有与 TMV MP 相似的特性，并基于二级结构，将它们归类为 30kDa 移动蛋白超家族。这类移动蛋白大多由单一基因编码，存在 30 个氨基酸残基的保守序列，并在一个天冬氨酸或天冬酰胺之后紧跟一段富含疏水氨基酸区域；所有属于 30kDa 移动蛋白超家族的 MP 都存在一个核酸结合的核心结构域，该结构域由一系列 β 折叠组成并在每侧存在一个 α 螺旋。在过去的 30 年里，大量的 MP 被归入 30kDa 移动蛋白超家族，包括正义单链 RNA 病毒的雀麦花叶病毒科（*Bromoviridae*）、豇豆花叶病毒亚科（*Comovirinae*）、乙型线状病毒科（*Betaflexiviridae*）、后移码病毒亚科（*Regressovirinae*）、植物杆状病毒科（*Virgaviridae*）、番茄丛矮病毒科（*Tombusviridae*）；负义单链 RNA 病毒的弹状病毒科（*Rhabdoviridae*）、番茄斑萎病毒科（*Tospoviridae*）、白蛉热纤细病毒科（*Phenuiviridae*）；单链 DNA 病毒的双生病毒科（*Geminiviridae*）和双链 DNA 病毒的花椰菜花叶病毒科（*Caulimoviridae*）内的全部或部分病毒。烟草花叶病毒属（*Tobamovirus*）中的 TMV 编码的 30kDa 移动蛋白为该家族的典型代表。TMV 仅使用一种病毒编码的 MP（*P30* 基因编码的 30kDa 移动蛋白）介导细胞间传播。此外，细胞间传播不依赖于外壳蛋白（CP），这表明 TMV 以非病毒粒子的形式传播。TMV MP 能够以序列非特异性的方式与单链核酸 RNA 结合，位于氨基酸序列残基 112～185nt 和 186～268nt 的区域是其核酸结合功能域，TMV MP 定位于胞间连丝，并且能够增加细胞孔径，而胞间连丝没有明显的结构异常（Wolf et al.，1989）。雀麦花叶病毒科（*Bromoviridae*）的红三叶草坏死花叶病毒（red clover necrotic mosaic virus，RCNMV）的 RNA2 基因组编码一个 35kDa 的移动蛋白，属于 30kDa 移动蛋白超家族，与 TMV 类似，不需要外壳蛋白就可进行细胞间移动。此外，在具有该类移动蛋白的植物病毒中，豇豆花叶病毒属（*Comovirus*）的 CpMV 编码 38kDa 大小的移动蛋白，能够与胞间连丝蛋白 PDLP 相互作用，促进其定位至胞间连丝，并形成管状结构。CpMV 编码的移动蛋白具有结合单链 RNA 的能力，在病毒 CP 蛋白的参与下促进病毒粒子通过胞间连丝位置形成管状结构，促进病毒胞间移动。CMV 编码一个 36kDa 大小的移动蛋白（3a），3a 结合 vRNA，通过与抗坏血酸氧化酶互作促进 3a 携带病毒核蛋白复合体运动到胞间连丝，3a 与寄主植物肌动蛋白的互作则可以调控胞间连丝的分子大小排阻限（size exclusion limit，SEL），从而促进病毒的细胞间移动。线虫传多面体病毒属（*Nepovirus*）中的葡萄扇叶病毒（grapevine fan leaf virus，GFLV）编码 38kDa 大小的移动蛋白，该病毒的胞间移动需要 CP 的参与，以病毒粒子的形式进行移动，其编码的 MP 与寄主植物中钙调素和胞间连丝定位蛋白相互作用，促进 MP 在细胞内的定向运输，并将其定位到胞间连丝，从而促进病毒的细胞间传播。部分双生病毒编码的移动蛋白也属于 30kDa 移动蛋白超家族，在病毒的胞间移动过程中，MP 通过发挥多种功能帮助病毒移动。例如，菜豆金色花叶病毒属病毒编码的 MP 具有直接结合 DNA 进行移动的能力，而玉米线条病毒属病毒编码的 MP 则不与 DNA 结合，需要病毒的 CP 与 DNA 形成复合物，并通过

MP 将 CP-DNA 复合物运输穿过胞间连丝。此外，在细胞间移动之前，DNA 病毒必须进入细胞核进行复制和基因表达，DNA 病毒进核或入核的过程也是 DNA 病毒在细胞间运动过程中的重要一步。

（二）双基因块移动蛋白

不同于 TMV 编码的单组分 MP，一些植物 RNA 病毒编码多组分 MP，即涉及两个或多个 MP 协同作用介导病毒的运动。乙型香石竹斑驳病毒属（*Betacarmovirus*）的芜菁皱缩病毒（turnip crinkle virus，TCV）、丙型香石竹斑驳病毒属（*Gammacarmovirus*）的甜瓜坏死斑点病毒（melon necrotic spot virus，MNSV）、天竺葵环斑病毒属（*Pelarspovirus*）的天竺葵线纹病毒（Pelargonium line pattern virus，PLPV）的胞间移动需要基因组中央区域编码的两个蛋白协同发挥作用，两个蛋白分别命名为 DGBp1 和 DGBp2，称为双基因块移动蛋白。该类移动蛋白在番茄丛矮病毒科（*Tombusviridae*）中较为常见。TCV 和 MNSV 的 CP 缺失突变体能够在拟南芥和甜瓜植物中进行细胞间移动，这表明这些病毒的细胞内和细胞间运输以病毒核糖核蛋白复合体的形式进行，并不需要病毒的 CP 参与。已报道的 DGBp 在二级结构上具有较高的相似性，它们可能行使相同的功能。对香石竹斑驳病毒（carnation mottle virus，CarMV）和 MNSV DGBp1 的结构和分子研究揭示其存在一个涉及 RNA 结合的基本中央区域，该区域折叠成 α 螺旋。此外，C 端存在的 β 折叠构象可能涉及与寄主蛋白相互作用和自我相互作用。异位表达的 MNSV DGBp1 沿微丝移动并在靠近胞间连丝的细胞周边集中，DGBp1 可以通过与基因组相互作用协助病毒核酸蛋白复合体运输到胞间连丝。根据其具有一个或两个潜在跨膜域，DGBp2 分别被分类为 CarMV 样或 MNSV 样的 DGBp2。DGBp2 与植物的内质网膜相关，且 MNSV DGBp2 通过被蛋白复合体Ⅱ（coat protein complex Ⅱ，COPⅡ）包裹的小泡介导从内质网到高尔基体的运输，再经高尔基体递送到胞间连丝。根据 DGBp1 和 DGBp2 协同发挥移动功能的特性，研究者提出了一个最初的双基因块移动模型：DGBp2 与结合了病毒 RNA 的 DGBp1 相互作用，从与线粒体相关的复制位点通过内膜系统运输到胞间连丝。尽管这个模型直接且简单，但现有的实验证据还不能完善地解释该模型。例如，DGBp1 的 C 端可能涉及寄主蛋白相互作用和自我相互作用，DGBp2 具有可能涉及蛋白-蛋白相互作用的亮氨酸拉链样基序。然而，到目前为止，没有报道 DGBp1 和 DGBp2 之间的相互作用。此外，MNSV DGBp1 和 DGBp2 均可以自主地分别到达细胞周边和胞间连丝，沿着不同且独立的路径。因此，双基因块移动蛋白调控病毒移动的机制可能比最初认为的更复杂，另外，不同的病毒也存在差异。

（三）三基因块移动蛋白

多个正单链 RNA 病毒属的病毒存在一个由三个重叠基因组成的保守遗传模块，称为三基因块（triple gene block，TGB）。序列比对显示，TGB 模块存在于马铃薯 X 病毒属（*Potexvirus*）、香石竹潜隐病毒属（*Carlavirus*）、葱 X 病毒属（*Allexivirus*）、凹陷病毒属（*Foveavirus*）、大麦病毒属（*Hordeivirus*）、马铃薯帚顶病毒属（*Pomovirus*）和花生丛簇病毒属（*Pecluvirus*）等多个病毒属中。TGB 编码的 TGBp1、TGBp2 和 TGBp3 蛋白对病毒移动是必需的，它们的共同作用是将病毒核酸蛋白复合体移动到胞间连丝并通过胞间连丝。根据 TGB 序列的系统发育分析及运动机制的差异，传统上将 TGB 蛋白分为两种类型：类大麦病毒属型（hordeivirus-like）和类马铃薯 X 病毒属型（potexvirus-like），相对于马铃薯 X 病毒属类似型，大麦病毒属类似型 TGBp1 有 1 个额外的 N 端结构域，而两种类型间的最基本差异是病毒的胞间转运是否需要 CP 的参与。

TGBp1 能自我互作，结合 RNA、ATP 和 Mg^{2+}，并具有解旋酶和 NTP 酶活性。此外，马铃薯 X 病毒属类似型 TGBp1 增加了胞间连丝的分子大小排阻限（SEL），并通过促进 AGO1 的降解抑制植物基因沉默，促进病毒 RNA 的翻译，TGBp1 通常在细胞质和细胞核中以包涵体的形式存在。因此，一般认为 TGBp1 负责重塑或形成移动能力的病毒核酸蛋白复合体。相比之下，TGBp2 和 TGBp3 是位于内质网或线粒体衍生的颗粒状囊泡中的小型整合膜蛋白。TGBp2 在不同病毒中具有序列上的保守性，包含两个跨膜结构域（TMD），其 N 和 C 端位于细胞质。在某些特定情况下，TGBp2 增加了胞间连丝的 SEL，并且在体外以非特异性方式结合 vRNA。与双基因块移动蛋白类似，根据其具有一个或两个潜在跨膜域，TGBp3 被分为两组：马铃薯 X 病毒属、香石竹潜隐病毒属、葱 X 病毒属和凹陷病毒属所编码的具有一个 TMD 的 TGBp3 为一组；大麦病毒属、马铃薯帚顶病毒属和花生丛簇病毒属所编码具有两个 TMD 的 TGBp3 为另一组。TGBp3 是病毒核蛋白复合体在细胞内运输的驱动力。普遍认为，TGBp2 和 TGBp3 具有同源和异源相互作用，这些相互作用是将 TGBp1 连同病毒核酸蛋白复合体送到胞间连丝所必需的。

（四）其他类型的移动蛋白

马铃薯 Y 病毒属病毒的细胞间移动需要多达 4 个病毒蛋白的共同参与。针对烟草蚀纹病毒（tobacco etch virus，TEV）的研究发现，病毒细胞间的移动需要 CP 的参与，且 CP 能够增加胞间连丝的分子大小排阻限（SEL）；圆柱包含体蛋白（CI）是一个 RNA 解旋酶，也是马铃薯 Y 病毒属病毒细胞间运动所必需的，不能编码 CI 蛋白的 TEV 病毒株系，其细胞间移动受到了阻碍，通过对马铃薯 Y 病毒属病毒运动侵染时胞间连丝上形成的管状结构成分进行检测，明确了 CI、CP 及 vRNA 的存在。马铃薯 Y 病毒属病毒编码的 P3N-PIPO 蛋白，大小约 25kDa。根据对 TuMV 和 WSMV P3N-PIPO 突变体的观察，认为该蛋白质参与细胞间的移动，P3N-PIPO 通过与 CI 蛋白形成复合物，形成对细胞间传输至关重要的管状结构，促进病毒的细胞间移动。这种复合物最初在细胞核附近形成，与内质网膜相关联，并通过分泌系统被输送到胞间连丝。基因组结合蛋白（viral genome-linked protein，VPg）也参与细胞间移动，VPg 与病毒 RNA 的 5′端形成共价连接，VPg 可以通过与翻译延伸因子 eIF4E 和另一寄主蛋白 PVIP 互作来增强细胞间移动，eIF4E 可能通过与翻译延伸因子 eIF4G 的互作，将病毒粒子绑定到微管，协助病毒粒子的细胞内移动（Wei et al.，2010）。

长线病毒属（*Closterovirus*）为正义单链 RNA 病毒，属于韧皮部局限性病毒，也是植物病毒中基因组最大的病毒，该科病毒 RNA 的特征是含有与 Hsp70 蛋白同源的编码区及重复的外壳蛋白，包括外壳蛋白同系物（divergent CP analogue，CPd）和 CP，CPd 和 CP 负责病毒RNA的包被，CP包被大部分基因组RNA，而CPd包被另一端大约5%的基因组RNA，从而导致病毒粒子呈"响尾蛇"结构。以该属病毒的代表种甜菜黄化病毒（beet yellows virus，BYV）为例，BYV形成由CPm包裹的尾部病毒颗粒是病毒粒子细胞间运输的先决条件，同时其编码的Hsp70同源物Hsp70h、P64、P20在病毒胞间移动过程中也整合至由CPm包裹的尾部病毒颗粒上，共同促进病毒粒子的胞间移动。并且，BYV Hsp70h定位于胞间连丝，证实了其在细胞间移动中的特定作用。另一韧皮部局限性病毒——马铃薯卷叶病毒属（*Polerovirus*）编码的P3a蛋白定位在线粒体，可以与寄主肌动蛋白互作，帮助其定位至胞间连丝，促进病毒的长距离移动（Smirnova et al.，2015）。

二、植物病毒的胞间移动

植物病毒的胞间移动指的是病毒从感染的细胞向相邻的健康细胞传播的过程。这种传播通过胞间连丝完成，胞间连丝是贯穿植物细胞壁的微细管道，连接着相邻细胞的细胞质。植物病毒通过胞间连丝进行细胞间移动，可以是以病毒颗粒的形式，也可以是病毒核酸蛋白复合物的形式。细胞间移动是病毒感染的关键步骤之一，它使病毒能够从感染的细胞扩散到整个植物体内，导致系统性感染和病害发展。下文对植物病毒胞间运动过程中胞间连丝的作用、植物病毒胞间移动形式及移动策略分别进行阐述。

（一）胞间连丝的作用

胞间连丝（plasmodesmata，PD）是植物细胞间交换营养素和邻近细胞之间信号分子传输的细胞质连续通道。单个胞间连丝的直径为50～60nm，由细胞质环绕，中心是圆柱体结构，是从一个细胞的内质网（endoplasmic reticulum，ER）延伸到另一个细胞内质网的结构。胞间连丝具有一个细胞质环，由嵌入质膜（plasmalemma，PM）和内质网（ER）的蛋白质分隔成纳米通道，营养素和信号分子就是通过这些通道进行细胞间转运的。重要的是，大多数胞间连丝纳米通道的平均直径只有2.5～3.0nm，仅允许小于1kDa的小分子如代谢物、离子和激素等进行细胞间扩散。因此，胞间连丝的SEL通常远小于病毒核酸和病毒粒子的直径。胞间连丝根据它们的发育阶段和结构复杂性被分为初级和次级两种类型。初级胞间连丝在细胞分裂过程中形成，结构相对简单，是单个的、由质膜包裹的圆柱体。随着植物的发育，这些可以进化为更复杂的次级胞间连丝，其特征是具分支结构和中心腔室。这种从初级到次级胞间连丝的转变，在叶片的库源转换期间尤其明显，对植物的发育和生理过程至关重要，包括调节大分子的运输。胞间连丝渗透性的调控是一个精细调节的过程，受到胞间连丝颈区域中胼胝质（callose）沉积和降解的显著影响。这种动态控制影响了胞间连丝的SEL，从而决定了哪些大小的分子可以通过。各种生物和非生物因素，包括病毒感染，都可以调节胼胝质的动态，从而改变胞间连丝的结构，影响其功能。此外，特定蛋白在调节胞间连丝功能和SEL方面也起着关键作用，如胞间连丝定位蛋白-1、胞间连丝定位蛋白-5和胞间连丝定位蛋白-6，胞间连丝胼胝质结合蛋白PDCB1，以及胞间连丝定位β-1,3葡聚糖酶PdBG1和PdBG2，对控制胼胝质的沉积和降解起着重要作用，从而影响胞间连丝的渗透性。此外，细胞间信息大分子（如蛋白质和RNA）的运输是由能够增加胞间连丝SEL的蛋白质促进的，这些蛋白质使这些分子能够非细胞自主性地通过胞间连丝纳米通道移动。胞间连丝作为这种植物细胞间物质交流的主要通道，促进了营养物质和信号分子的细胞间传递；被子植物通过韧皮部保持体内整个植物的细胞间连续性，胞间连丝在这一过程中起到了重要作用，允许远距离器官之间的信息和物质交换。基于胞间连丝在细胞间、组织间物质转运的强大功能，胞间连丝也为病毒核酸和病毒粒子提供了便利的传播途径。尽管胞间连丝纳米通道的直径相对较小，但植物病毒进化出了复杂的策略来利用这些通道，并有效地改变胞间连丝的孔径大小，以实现在植物内短距离和长距离移动。当然，植物病毒的胞间移动除与胞间连丝高度相关外，还与细胞内膜系统及细胞骨架密切相关。

（二）植物病毒胞间移动形式

植物病毒在寄主内的胞间移动是其完成生命周期和扩散的关键步骤。病毒必须从最初感染的细胞移动到相邻的细胞，最终在整个植物体内建立侵染。植物细胞之间通过胞间连丝相连，这些结构在细胞壁中形成微小的通道，允许小分子和某些蛋白质在细胞间直接交流。然而，胞间连丝的孔径限制了可以通过它们移动的分子的大小。植物病毒为了在植物细胞间运输，发展出了多种策略来克服这一限制，包括以核酸或病毒粒子的形式进行移动。

1. 以核酸形式移动　许多植物病毒通过产生移动蛋白来促进其核酸在细胞间的移动。这些移动蛋白可以与病毒的RNA或DNA结合，形成vRNP通过胞间连丝从一个细胞移动到相邻的细胞。移动蛋白还能够与胞间连丝的结构组分相互作用，导致SEL扩大，从而允许病毒核酸-蛋白复合物通过胞间连丝。这种方式允许病毒核酸在不需要完整病毒粒子的情况下进行细胞间的移动。例如，TMV编码一个30kDa的移动蛋白，该蛋白能够与病毒的RNA结合，并促使胞间连丝的SEL扩大，从而允许病毒RNA在细胞间移动。

2. 以病毒粒子的形式移动　某些植物病毒以完整的病毒粒子形式在细胞间移动。这通常需要病毒编码的特定蛋白质，如外壳蛋白（CP）和（或）其他移动相关蛋白。这些蛋白能够与胞间连丝的结构和调节机制相互作用，从而促进病毒粒子的胞间移动。在某些情况下，病毒粒子的移动还涉及对寄主细胞骨架和运输系统的重组，以促进病毒的运输和扩散。大多数需要结构蛋白CP参与移动的病毒多以病毒粒子或类病毒粒子的形式进行胞间移动。例如，大豆花叶病毒（soybean mosaic virus，SMV）编码的移动蛋白和外壳蛋白协同作用，促进病毒粒子在植物体内的移动。

植物病毒选择以核酸或病毒粒子形式移动的策略可能取决于其生命周期、结构及与寄主植物的相互作用。例如，一些病毒可能没有编码能够有效促进病毒粒子移动的蛋白质，因此选择以核酸形式进行细胞间移动。另外，以病毒粒子形式移动可以保护病毒核酸免受寄主细胞内降解酶的攻击，可能对于某些病毒在寄主内的成功侵染至关重要。总之，植物病毒以核酸或病毒粒子的形式移动是其适应和克服寄主植物细胞间运动障碍的结果，这反映了病毒与寄主间复杂的相互作用，以及病毒为了在植物体内有效传播而进化出的多样化机制。

（三）植物病毒胞间移动策略

1. 移动蛋白调节胞间连丝排阻极限介导病毒胞间运输　植物病毒蛋白通过调节胞间连丝的 SEL 来介导胞间移动，这是病毒在植物寄主内扩散和感染的关键机制之一。病毒移动蛋白具有调整胞间连丝 SEL 的能力，从而允许病毒基因组 RNA 或 DNA，甚至较大的病毒颗粒通过胞间连丝进行细胞间移动，这种过程被称为胞间连丝门控（PD-gating）。该过程中病毒 MP 能够与胞间连丝相关的寄主蛋白相互作用，引发胞间连丝结构的改变，如通过降解胼胝质来增加胞间连丝的通道直径，或通过与胞间连丝局部蛋白相互作用来影响胞间连丝的通透性，使植物病毒克服细胞间的物理屏障，实现其在植物体内的有效扩散，增加感染的范围。这种植物病毒胞间移动策略，最早在 TMV 上得以验证。TMV MP 的转基因烟草与野生型烟草相比能够运输分子量更大的葡聚糖，这表明 TMV MP 的存在使得胞间连丝对于大分子的通透性增强。TMV MP 定位于胞间连丝，TMV MP 以序列非特异性方式结合 vRNA，病毒复制酶与 TMV MP 协同作用，并以 vRNP 的形式通过胞间连丝促进其细胞间移动。TMV MP 的 PD-gating 功能依赖于与寄主蛋白的相互作用，其中寄主酪蛋白激酶 CK2 和胞间连丝相关的蛋白激酶 PAPK 能对 MP 的 C 端 Thr-256、Ser-257、Ser-261 和 Ser-263 位点进行顺序磷酸化，最初通过单一位点的磷酸化激活 MP，扩大胞间连丝 SEL 的能力，随后通过多位点磷酸化使 MP 丧失对胞间连丝的调节能力。TMV MP 在 N 端存在胞间连丝定位信号 PLS，该 PLS 序列与植物突触结合蛋白 SYTA 互作使其定位于胞间连丝处 ER-PM 的接触位点，进而完成对 ER-PM 接触位点的改造，以此来调控胞间连丝的 SEL。TMV MP 和果胶甲酯酶 PME 存在互作，且 PME 对于 TMV 的移动是需要的，沉默 *PME* 基因的表达抑制 TMV 的侵染，而过表达 PME 抑制剂也能抑制 TMV 在寄主植物中的扩散（Chen et al., 2000）。研究发现，肌球蛋白 XI-2 和 XI-K 参与 TMV 的 vRNP 在细胞内的运输，抑制 XI-2 或 XI-K 的活性影响 TMV MP 定位至胞间连丝。在其他 30kDa 移动蛋白超级家族中，PD-gating 的病毒移动策略较为普遍。例如，香石竹环斑病毒属的 RCNMV 及 DNA 病毒中的菜豆金色黄花叶病毒属病毒等。此外，一些编码多组分移动蛋白的病毒也以 PD-gating 的方式促进自身病毒的胞间移动。例如，马铃薯 X 病毒属和马铃薯 Y 病毒属等。

2. 移动蛋白形成管状结构介导病毒胞间运输　直接形成小管结构来增加胞间连丝 SEL 的病毒移动蛋白，完美展示了病毒如何巧妙利用寄主细胞胞间连丝结构以促进其胞间移动。在某些病毒中，通过完整病毒粒子在细胞间完成转移。这些病毒的移动蛋白可以通过寡聚化在细胞间形成管状结构，从而修改了正常的胞间连丝结构，以实现它们的细胞间转运。在瞬时转染的原生质体和（或）昆虫细胞中，这些病毒的 MP 能发生寡聚化并形成管状结构，这些结构从细胞膜突出，表明形成管状结构既不需要 CP，也不需要任何其他病毒或寄主细胞组分，MP 本身就能够形成管状结构。细胞间移动的管状结构形成在豇豆花叶病毒亚科，花叶菜花叶病毒属（*Caulimovirus*）、正番茄斑萎病毒属（*Orthotospovirus*）、幽影病毒属（*Umbravirus*）病毒中较为普遍。豇豆花叶病毒属的 CpMV RNA2 基因组编码 MP 和两个 CP（37kDa、23kDa）。该病毒感染原生质体或者植物组织后均可发现其 MP 诱导产生的小管结构，这些小管结构内部包含病毒粒子。此外，CpMV 的 MP 与 CP（37kDa）存在互作，MP 的 C 端缺失破坏了两者间的互作，病毒的胞间运动也随之消失。线虫传多面体病毒属（*Nepovirus*）的 GFLV 与 CpMV 同属于一个科，该病毒的移动过程也依赖于在胞间连丝位置形成的小管结构。胞间连丝定位蛋白在小管的形成过程中发挥了重要作用，GFLV MP 对胞间连丝的靶向和组装管状结构形成的能力依赖于 PDLP（Amari et al., 2011）。NSm 蛋白是 TSWV 的移动蛋白，它能够通过寡聚化和在感染的原生质体和昆虫细胞中形成管状结构，从而帮助病毒在细胞间移动。

三、植物病毒的系统移动

植物病毒的长距离移动（系统移动）是指病毒从最初感染组织通过植物维管束系统扩散到植物的其他组织的过程（图 6-5）。长距离移动对于病毒侵染至关重要，它促使病毒感染整个植物。长距离移动涉及以下几个关键步骤。①病毒到达韧皮部：病毒首先在入侵的细胞内复制，然后通过病毒编码的移动蛋白或其他机制在局部细胞间移动，最终到达韧皮部组织。②入韧皮部：病毒必须进入韧皮部，这是植物的主要营养物质运输系统，病毒从叶肉细胞通过连续的维管束鞘细胞、维管束薄壁细胞、伴胞细胞最终进入筛管。③出韧皮部：到达新的目标组织后，病毒需要从韧皮部出来，再次通过细胞间移动机制感染新的细胞。④在新组织中建立侵染：病毒在新组织中复制和扩散，进而引发病症。病毒移动蛋白及其他病毒蛋白在调节病毒从细胞到细胞的移动，以及病毒进入和离开韧皮部的过程中起着关键作用。寄主植物的特定蛋白可能促进或限制病毒的系统移动，包括通过调节胞间连

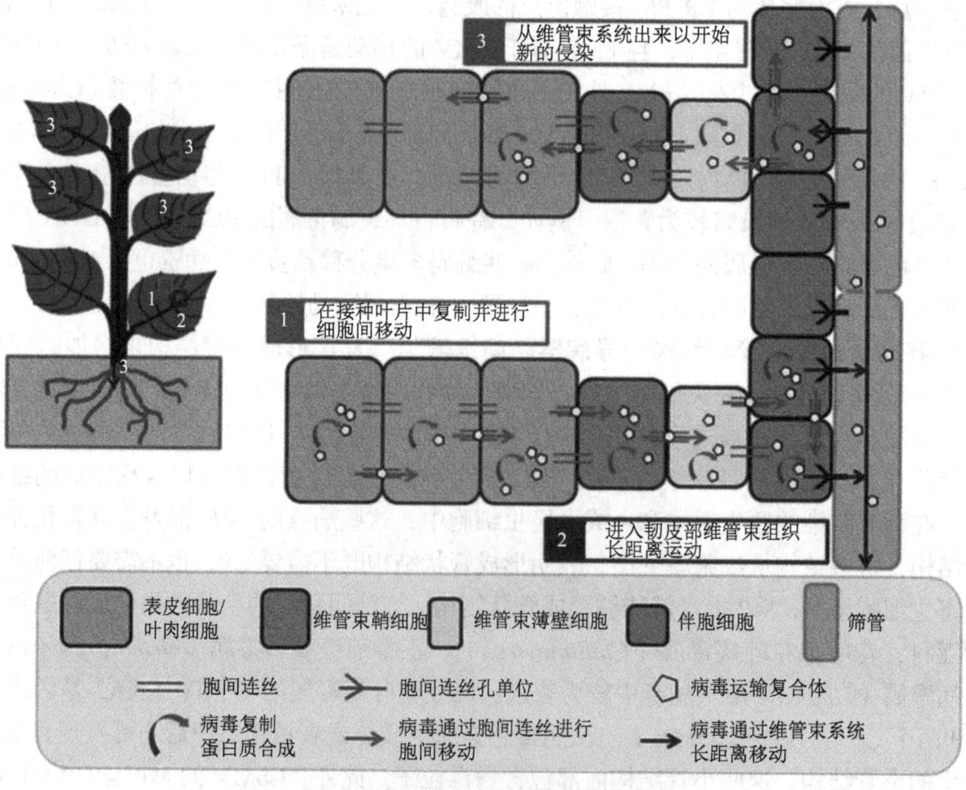

图 6-5　植物病毒的长距离移动过程

丝的开放性或参与病毒的运输，且病毒需要克服寄主的防御反应，包括基因沉默和其他抗病毒反应，以实现有效的系统移动。植物病毒的长距离移动是一个高度复杂和精细调节的过程，涉及病毒、寄主细胞和植物运输系统之间的多层次相互作用。

（一）入韧皮部

为了实现长距离传播，病毒需要进入植物的韧皮部系统。韧皮部细胞的结构和组成反映了它们将分子从源组织输送到库组织的高度功能专化。筛管是无核的细胞，通过选择性降解细胞器和结构改造，形成相互连通的宽筛孔，形成了低阻力的细胞通道以供植物内液体流动。筛管通过与具有高代谢活性伴胞细胞的密切关联而保持活力。特化的胞间连丝，称为孔隙胞间连丝单元（plasmodesmata unit，PPU），由伴胞细胞侧的多个通道和面向筛管的单个通道组成。PPU 比叶肉细胞之间的胞间连丝更为宽松，因此，蛋白质或 RNA 可以在没有特定调节的情况下扩散到筛管。病毒粒子或病毒核糖核蛋白复合体太大，不能自由通过 PPU 移动。病毒的长距离移动过程，是从病毒依次进入维管束鞘细胞、维管束薄壁细胞、伴胞细胞，最后进入筛管。这一过程需要穿越连续的边界，即叶肉细胞/维管束鞘细胞、维管束鞘细胞/维管束薄壁细胞、维管束薄壁细胞/伴胞细胞和伴胞细胞/筛管边界，这需要在病毒和寄主因子之间建立特定的相互作用。

PPU 孔径太小使得病毒不能通过被动运输进入筛管，因而推测许多病毒的 MP 会靶向 PPU，并且使其孔径增大促进病毒粒子通过。MP 在病毒长距离运动中发挥作用机制的研究较少。越来越多的证据显示病毒的 MP 在长距离运动过程中起重要的作用。例如，大麦黄矮病毒（barley yellow dwarf virus，BYDV）和马铃薯卷叶病毒（potato leaf roll virus，PLRV）的 MP 和伴胞细胞与筛管间的胞间连丝关联是病毒长距离运输过程所必需的；TSWV 的 NSm 参与病毒的胞间运动和长距离运动，NSm 的 C 端结构域是在胞间连丝上形成管状结构和病毒长距离运输必需的。BMV MP 的 C 端缺失突变体导致该病毒不能进行长距离运动。大部分病毒是以病毒粒子的形式进行长距离移动的，因此病毒的长距离运动过程往往需要 CP 的参与。以 PVY 为例，其编码的 CP 包含三个结构域，其中 N 端结构域暴露在病毒粒子表面，与病毒的长距离移动有关。PVY 编码的 HC-Pro 蛋白是一个多功能蛋白质，参与病毒运动、蚜虫传毒、基因沉默和症状形成过程，在对 HC-Pro 高度保守区 CCE 进行突变后抑制了病毒的长距离移动。

在病毒的长距离移动过程中，寄主因子与病毒蛋白存在广泛互作，部分寄主因子参与病毒核糖核蛋白复合体的形成，有利于病毒的长距离移动，而有些寄主因子则抑制病毒的移动。翻译延伸因子 eIF1B 对于 TMV 的侵染是必需的，在 eIF1B 沉默植物上接种 TMV 后发现，接种叶上病毒积累水平没有明显差别，但是系统叶上 TMV 的病毒积累量明显下降，表明该基因可能参与了 TMV 的长距离移动。RPN9 是一个 26S 蛋白酶体亚基，在病毒长距离移动过程中发挥重要作用，下调 RPN9 的表达后抑制了 TMV 和 ToMV 的长距离运动。拟南芥的 WRKY8 在介导 TMV 的长距离移动过程中发挥重要作用，WRKY 突变后能够增加 TMV 的系统侵染能力。另外，植物中抗性基因的存在也会影响病毒的长距离移动，在辣椒自交系‘Vania’中对 CMV 长距离移动具有限制能力，通过 QTL 定位，识别了 7 个与 CMV

长距离移动限制相关的基因组区域。

（二）病毒通过韧皮部筛管长距离移动

一旦进入筛管，病毒就可以利用植物的自然养分流动进行长距离移动。这种流动可以将病毒带到植物的不同部位。这种运输速度通常比病毒胞间移动速度快得多，通常与光合产物的流动速度相近，可达 50～80mm/h 的移动速度，这使得病毒可以迅速在植物体内移动。而且在某些情况下，它们在这个过程中不需要复制。病毒可以沿着植物体内的内部和外部韧皮部运输，导致病毒向上运输到库组织或向下运输到根部。通常，向上运输到幼嫩库组织的速度比向下运输到根部的速度快。在韧皮部的源库运输过程中，源向距其最近的库输送同化物，称为就近运输；源向其通过维管束直接联系的库输送同化物，如叶片通常向位于其下方或上方的幼叶、花果输送，称为同侧运输。通过研究花椰菜花叶病毒长距离移动中病毒在不同部位的分布情况，显示病毒的移动模式与光合同化物的分配模式非常相似。虽然病毒通常沿着同化物运输的路径移动，但某些病毒的运动方向和速度可能有所不同。例如，甜瓜坏死斑点病毒（melon necrotic spot virus，MNSV）首先通过外部韧皮部从子叶运输到根部，然后通过内部韧皮部运输到芽尖。这种病毒的进展速度可能比光合同化物的运输速度慢，这可能是因为在伴胞细胞中需要额外的病毒卸载和扩增步骤，病毒才能重新装载进入筛管进行长距离运输。

（三）出韧皮部

植物病毒的长距离移动是一个复杂而精确的调控过程，它不仅涉及病毒从一个细胞到另一个细胞的移动，还包括病毒在植物体内通过韧皮部系统的运输。当病毒到达新的目标组织后，它们需要执行一系列复杂的步骤从韧皮部出来，并在新的细胞中建立感染。这个过程主要涉及以下几个关键步骤。①离开韧皮部：病毒首先需要从韧皮部的筛管中出来，病毒可能利用寄主的运输系统或者通过病毒特有的机制来实现这一过程。病毒从叶肉细胞等地方进入韧皮部的过程，通常发生在源叶的各种脉类中，这意味着，病毒可以在源叶的任何部位进入韧皮部系统，从而开始它们的长距离移动。然而，病毒离开韧皮部并进入库组织时，主要发生在库组织的主要脉中。尽管病毒可以在源叶的任何叶脉中进入韧皮部，但它们在库组织中离开韧皮部的地点较为有限，通常局限于较大的叶脉，这暗示了植物对病毒移动的抗性调控机制，或者病毒利用不同的策略在源叶和库组织中进出韧皮部。②细胞间移动：一旦离开韧皮部，病毒需要穿越植物细胞之间的壁障，进入邻近的未感染细胞。这一过程通常依赖于病毒移动蛋白，这些蛋白质能够与植物细胞的胞间连丝相互作用，从而帮助病毒穿越这些微小的通道。③感染新的细胞：进入新的细胞后，病毒开始新的复制周期，利用寄主细胞的组件和原料产生新的病毒颗粒。在新的组织中同样涉及病毒 RNA 或 DNA 的复制、病毒蛋白质的合成及新病毒颗粒的组装。新增殖的病毒颗粒可以进一步感染邻近的细胞，从而在寄主植物中成功建立系统侵染。

第五节　植物病毒的变异、进化与起源

植物病毒的遗传信息在复制过程中通常会发生变异，产生新的病毒株系。这种变异能力使病毒能够适应新的环境，并最终导致病毒的进化。

一、植物病毒的变异

植物病毒的变异是指在传播和复制过程中病毒基因组的遗传信息发生改变，导致不同病毒株之间产生差异。这种变异在植物病毒的生物学中具有重要作用，影响着病毒的传播能力、致病性及寄主范围。深入研究植物病毒的变异不仅有助于理解病毒的进化机制，还能为病毒防控和作物遗传改良提供理论基础。

（一）病毒株系

病毒株系（viral strain）是指在病毒种属中表现出一定的特征和差异的一组相关病毒。这些差异可能涉及病毒的生物学特性、遗传结构、致病性和寄主范围等方面。常通过它们的基因组序列、蛋白质结构、免疫学特性和生物学行为等方面进行分类和命名，以便描述病毒在特定时间和地点的变异和特征。根据病毒的生物学特性和遗传结构，病毒株系可以被归类为不同的亚型（subtype）、亚种（subspecies）或基因型（genotype），命名通常采用拉丁学名或其他规范以促进科学研究和交流。

病毒株系的形成通常受到多种因素的影响，包括病毒在不同寄主中的适应性差异、地理分布的差异、演化和环境因素等。病毒株系的形成可能涉及点突变、重组、基因重排等遗传机制，也可能受到寄主免疫选择和生态环境的影响。不同的病毒株系可能表现出不同的致病性、传播能力和抗病性，如CMV的不同株系会导致受感染植物出现不同的症状。在CMV的天然寄主拟南芥上，Ⅱ型CMV的株系通常引起轻微或难以察觉的症状，而Ⅰ型ⅠA和ⅠB亚组的株系引起的症状则更为严重。具体来看，Ⅰ型ⅠA亚组的Fny-CMV株系比Ⅱ型的LS-CMV和Q-CMV株系在拟南芥Col-0植株上引起更严重的症状。同样，PVY的不同株系对不同的马铃薯品种和其他寄主植物表现出不同的致病性。例如，PVY N株系在烟草上能够引起叶脉坏死，而O和C株系在烟草上只引起叶片斑驳和叶脉褪绿。

植物病毒的分离株（isolate）是指从植物样品中分离出的单个病毒个体，通常在实验室中用于研究其生物学特性、致病性和基因组序列等。一个病毒株系可能由多个分离株组成，这些分离株可能来自不同的地理位置、寄主或时间点。因此，株系是一组相关的病毒个体，而分离株是从植物样品中获得的单个病毒个体。

（二）植物病毒的准种

病毒的准种（quasispecies）是由基因组序列略有差异的病毒群体组成，共同表现出相似的生物学特性。在准种中，病毒的基因组序列和表型可能存在广泛的变异，这种变异可能是病毒的高度突变率和复制过程中的错误复制所致。准种概念强调了病毒群体的动态性和适应性，因为病毒在不同寄主或环境中的适应性可能会导致准种结构的快速变化。与传统生物学分类学中的种概念不同，病毒的准种概念更贴近病毒的生物学特性。

准种理论认为，病毒群体中的变异体并非独立存在，而是相互关联的，共同构成了一个动态平衡的群体。病毒的准种概念主要基于病毒的高度变异性和复制特性。病毒的复制过程具有高错误率的特点，导致病毒基因组在复制过程中发生频繁的突变和重组。这种高度变异性使得病毒群体中存在大量相关序列，形成了一个复杂的网络结构（图 6-6）。这些相关序列之间存在相互作用和竞争关系，共同维持着病毒群体的稳定性和适应性。准种理论最初由德国科学家艾根（Eigen）于 1971 年提出。他指出，RNA 病毒由于复制过程中缺乏校对机制，因此容易发生突变。这些突变会导致病毒基因组序列的改变，从而产生具有不同特性的病毒变体。这些病毒变体共同组成了一个病毒种群，即病毒准种。

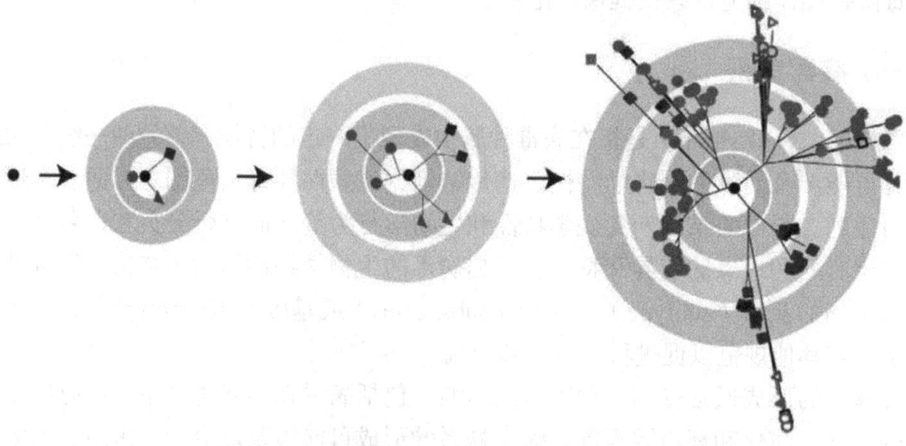

图 6-6 植物病毒以准种的形式存在（Lauring and Andino，2010）

图中所示的树中，每个分支代表通过点突变连接的两种变体，同心圆则代表连续的复制周期。由此产生的分布通常以一个以主序列（最常见的病毒序列）为中心的云来表示

病毒准种是病毒进化的重要驱动因素。病毒变体之间可以相互竞争，那些具有更强复制能力、更强致病性或更强传播能力的变体会更容易存活和繁衍，从而推动病毒的进化。病毒的准种是一种群体概念，它强调了病毒群体中存在一系列互相关联的变异体，而不是单一的、静态的“种”单位。病毒群体中的每个个体都是一个互相关联的变异体，它们在时间和空间上的动态演化决定了病毒群体的结构和功能。

（三）植物病毒变异的方式与分子基础

植物病毒的变异是其进化的重要驱动因素，也是病毒致病性改变的重要原因。植物病毒的变异是通过多种方式和分子机制实现的，包括点突变、缺失、插入及重组、重排等。点突变是指病毒基因组中单个碱基的改变，通常导致基因组 RNA 结构或者编码蛋白质结构或功能的变化。重组是指不同病毒株之间的基因重组事件，可产生新的基因组组合。重排是指分段的植物病毒中，病毒基因组中两个或多个不同源的片段在复制过程中重新组合的现象。植物病毒变异是病毒进化和病毒病害发生和流行的重要因素。研究植物病毒变异的方式与分子基础，对于了解病毒的生物学特性、开发新的防控措施和指导植物病毒病害的防控具有重要意义。

1. 点突变 植物病毒的点突变是指病毒基因组中单个碱基的改变。点突变是植物病毒变异中最常见的一种类型，也是病毒进化和变异的重要驱动因素。点突变是指病毒基因组中的某个位置发生单个核苷酸的变化，包括替换、插入或缺失；其中，替换主要包括了同义突变（synonymous mutation）和非同义突变（nonsynonymous mutation）。同义突变是指碱基替换不引起氨基酸改变，又称为中性突变（neutral mutation）或沉默突变（silent mutation）。同义突变往往是由于点突变发生在密码子的第三个核苷酸，因为遗传密码的简并性，这个突变后的密码子恰恰同突变前的密码子编码同一氨基酸，这样的突变不会改变蛋白质中的氨基酸序列。非同义突变，又进一步分为错义突变（missense mutation）和无义突变（nonsense mutation）。错义突变是指受到影响的密码子变成另一种新密码子，编码一个新的氨基酸，使氨基酸序列发生变化。错义突变大多发生在密码子的第一位或第二位核苷酸。无义突变是指一个编码氨基酸的密码子，在点突变后变成了一个终止密码子，使多肽合成提前终止，产生了缺失原有羧基端片段的缩短的肽链。非同义突变可能会改变病毒的蛋白质编码序列，从而影响病毒的生物学特性，如致病性、寄主范围等。

植物病毒的突变形成主要是病毒复制过程中产生的错误引起的。病毒复制过程中，病毒 RNA 或 DNA 复制酶（统称为聚合酶）会将新的核苷酸与模板基因组进行配对，但由于复制酶的错误率较高，缺乏校对机制，有时候会出现错误配对，从而导致突变的发生。突变的发生受到多种因素的影响，包括复制酶的错误率、环境压力等。一些环境因素，如病毒暴露于寄主免疫系统的压力下，也可能促进点突变的发生。点突变是病毒遗传多样性的重要来源之一。在病毒群体中，点突变可以导致不同亚型或株系的形成，这些变异体可能具有不同的适应性和生物学特性。一些点突变可能会增加病毒的适应性，使其更好地适应新的环境或寄主，并且有助于病毒的传播和生存。例如，植物病毒通过点突变导致病毒对现有的抗病品种产生突破，比如 *N* 基因是烟草中一个重要的抗性基因，可以识别 TMV 的 CP 蛋白。研究表明，TMV 的 *CP* 基因的一个点突变可以使病毒逃避 *N* 基因的识别，该突变导致 CP 蛋白的氨基酸发生改变，使其无法与 N 蛋白结合。TSWV 的移动蛋白 NSm 点突变后逃逸番茄 *Sw-5b* 抗病基因介导的抗性。禾谷类黄矮病毒（cereal yellow dwarf virus，CYDV-RPV）通过沉默抑制子 *P0* 基因中的碱基突变来适应气候变暖的能力，从而导致病毒的持续流行和暴发（Cai et al.，2023）。

植物 RNA 病毒的突变率（mutation rate）与动物等其他 RNA 病毒类似，但不同病毒的突变频率（mutation frequency）差异很大。突变率是指通过聚合酶错误或其他方式错误合并的实际比率，而突变频率仅指在群体中建立的错误合并率，是突变率在群体中的表现。突变频率取决于病毒种群的大小和突变率。研究表明，PVY 的突变率为 10^{-5}～10^{-4}，这意味着每复制 10 000～100 000 个碱基就会发生一个突变。这个突变率对于 RNA 病毒来说是比较高的。然而，PVY 的突变频率通常低于 1%。这是因为 PVY 病毒通常只在少数寄主植物中传播，因此病毒种群相对较小。此外，PVY 病毒的许多突变对病毒的生存或繁殖没有益处，因此会被自然选择淘汰。总的来说，病毒进化中的点突变是病毒遗传变异的重要形式之一，对于病毒的遗传多样性、适应性和逃避寄主抗性等具有重要影响，因此对点突变的研究对于理解病毒的进化机制、设计寄主抗病策略等具有重要意义。

2. 重组　植物病毒的重组是指两个或多个不同病毒株之间的基因组重组事件（Simon-Loriere and Holmes，2011）。在重组过程中，病毒基因组的某一部分或多个片段被替换、插入或删除，导致新的病毒株形成，其中可能包含来自不同病毒株的遗传信息。重组是病毒进化的一种重要机制，可以促进病毒的遗传多样性和适应性，对病毒的传播、致病性等方面产生重要影响。病毒基因组的重组通常发生在病毒复制的过程中。在病毒复制时，如果两个或多个不同来源的病毒株感染同一寄主细胞，它们的基因组可能会在寄主细胞中发生交叉重组。这种重组事件是病毒 RNA 或 DNA 在复制过程中的转录错误或交叉配对而引起的。重组主要包括两种形式：两个几乎相同的 RNA 之间的同源重组及两个具有较短的反平行互补性的 RNA 之间的非同源重组（图 6-7）。

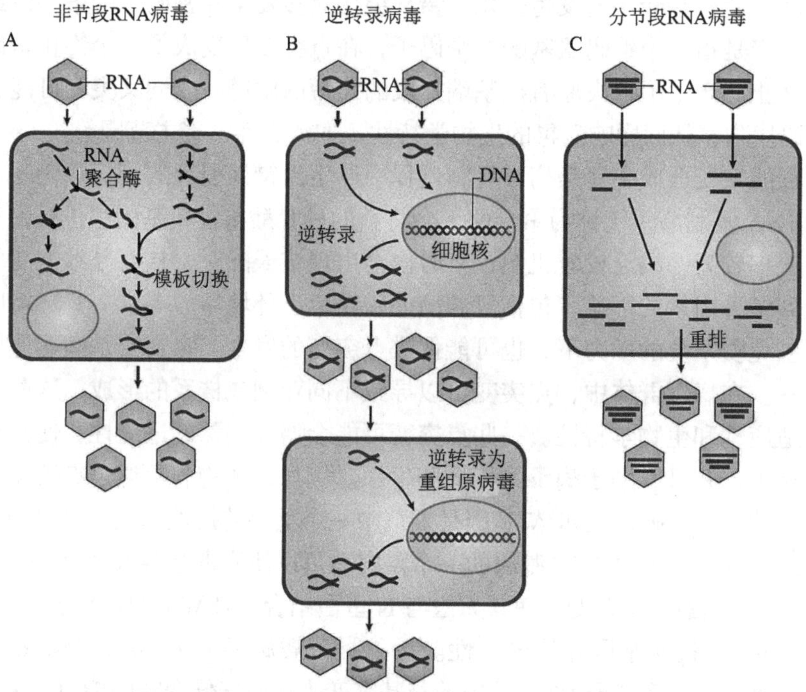

图 6-7　**RNA 病毒的重组和重配**（Simon-Loriere and Holmes，2011）

A. 细胞被基因组不同的病毒株共感染可以导致重组病毒的产生，该过程可以在非节段病毒复制过程模板切换事件中产生；B. 细胞被不同的逆转录病毒株系共感染可以导致产生“杂合”病毒颗粒，然后模板切换事件可以导致重组病毒；C. 细胞被不同的分节段病毒株系共感染时可以产生具有不同重配后代组合的子代病毒

重组率是指重组病毒的数量占总病毒数量的比例，主要由两个因素控制，病毒复制体进行模板切换的能力和感染期间的多重感染（multiplicity of infection，MOI）。病毒复制体

进行模板切换的能力是指植物病毒复制过程中，病毒复制酶从一个病毒基因组模板切换到另一个病毒基因组模板。模板切换的能力是病毒重组发生的关键因素，这种能力在植物病毒之间明显不同，影响模板切换能力的因素主要有：①病毒的复制机制，一些病毒的复制机制更容易发生模板切换，如RNA病毒；②病毒的基因组结构，一些病毒的基因组结构更容易发生模板切换，如具有重复序列的病毒基因组。此外，寄主细胞的因素也会影响模板切换的能力，一些寄主细胞的因素可以促进模板切换，如寄主细胞的DNA修复机制。–ssRNA病毒重组率明显较低，因为它们的RNA被核衣壳蛋白包裹，不以裸露形式存在。多重感染（MOI）是指一个寄主细胞同时被两种或多种病毒感染。多重感染增加了病毒基因组发生重组的机会。影响多重感染的因素主要有病毒的传播方式及寄主细胞的类型等。一些植物病毒的传播方式更容易发生多重感染，如通过同一种传播媒介昆虫传播的病毒。一般而言，病毒基因组之间的相似性和亲缘关系越强，发生重组的可能性就越大。此外，一些寄主更容易被多种病毒感染，如茄科植物受多种植物病毒共同侵染，这些寄主细胞中的复制环境和免疫选择影响了植物病毒的多重感染，从而增加了重组的发生率。

重组是病毒遗传多样性的重要来源之一。通过重组，不同来源的病毒株可以在短时间内产生大量的遗传变异，形成新的病毒株系。这些新的病毒株可能具有不同的生物学特性，如寄主范围、致病性、传播能力和对寄主免疫系统的逃避能力等。例如，动物的流感病毒的重组率比较高，这是流感病毒能够每年引起季节性流感疫情的重要原因之一。PVY是植物病毒重组研究的典型案例。自然界中存在多种PVY株系，如PVY-O株系和PVY-N株系是两种常见的类型，PVY-O株系通常被认为是PVY中致病性较弱的株系，感染植物可能出现轻微的卷叶、畸形等症状，也可能无明显症状。PVY-N株系通常被认为是PVY中致病性较强的株系，感染植物会出现严重的卷叶、畸形、坏死等症状。由O和N这两种株系重组产生的重组株系，可以表现出O株系和N株系的部分或全部特征，同时还可能具有新的遗传特征。例如，由PVY-O和PVY-N重组产生的PVY NTN株系增加了马铃薯病毒性病害的复杂性和多样性。近年来，PVY重组株系呈上升趋势，对马铃薯生产造成了更大的威胁（Karasev and Gray，2013）。

3. 重排　植物病毒进化中的基因组重配（reassortment）仅发生在基因组分段的病毒中，是指病毒基因组中两个或多个不同源的片段在复制过程中重新组合的现象（图6-8）。具体而言，当两种或更多病毒感染单个寄主细胞时，它们可以将彼此的基因组片段包装到新生的病毒颗粒中，从而产生杂交后代。对于多分病毒（multipartite virus），其将基因组片段包装到多个独立的病毒颗粒中，如雀麦花叶病毒科、金色病毒科和双分病毒科，重新组合是随机的，并且产生了具有来自每个亲本的基因组片段的随机混合的病毒颗粒。相比之下，对于将基因组片段包装到单个病毒颗粒中的病毒，如副黏病毒科（*Reoviridae*）中的物种，重新组合通常导致片段替换，即一个共感染的病毒将另一个共感染的病毒的基因组片段（或片段）替换为自己的基因组片段。在这种情况下，基因交换需要保留复杂的组合信号，并保持介导基因组包装的RNA-RNA和（或）RNA-蛋白质相互作用。因此，共感染的亲本病毒的同源RNA的序列或结构及识别外壳蛋白的特异性差异会限制共感染过程中重组后代的生成。此外，为了让重组体在病毒群落中以可观水平选择性出现，它们必须具有至少能赋予病毒一定适应性优势的基因组组成。

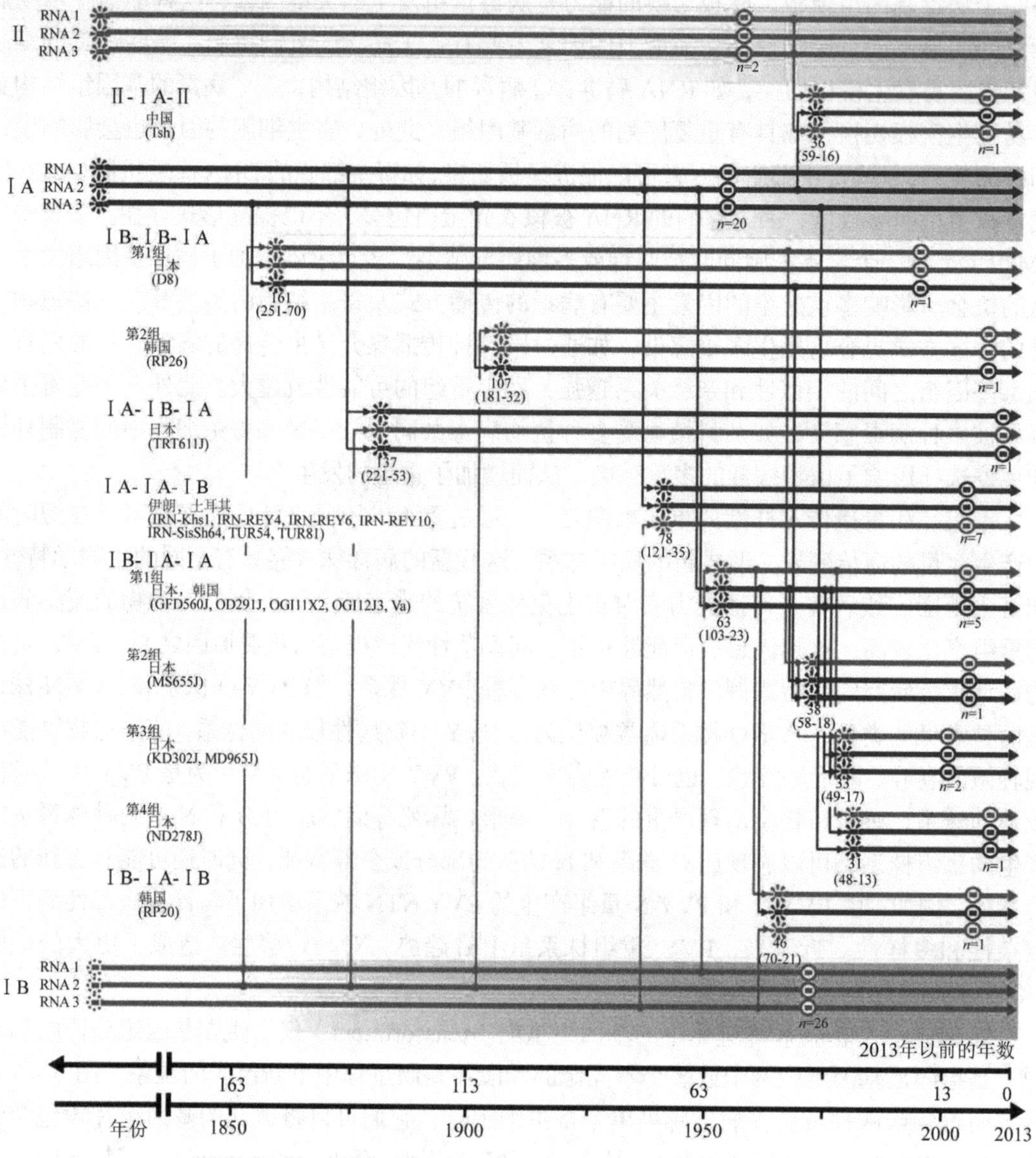

图 6-8　黄瓜花叶病毒分离株重组、重排及出现时间估计（Ohshima et al.，2016）

使用5个开放阅读框连接的沉默位点估计了重组时间。假设的祖先病毒用相同颜色代码和虚线轮廓显示。研究中使用的实际病毒用实线轮廓显示。标注了估计的重组事件发生时间（2013年之前的年份）及其95%可信区间。蓝色、橙色和绿色带有基因组的颗粒分别代表ⅠA、ⅠB和Ⅱ亚群的分离株

植物病毒中经典的重排案例是 CMV。其基因组由 3 个独立的 RNA 片段组成（RNA 1、RNA 2 和 RNA 3），根据其基因组序列和生物学特性，可分为ⅠA、ⅠB 和Ⅱ三个亚群，不同亚群的 CMV 分离物的 3 个 RNA 片段之间会发生重排产生新的株系，目前检测到的重组株系的类型模式为：Ⅱ-ⅠA-Ⅱ（一个中国分离株）、ⅠA-ⅠA-ⅠB（5 个伊朗分离株和两个土耳其分离株）、ⅠB-ⅠB-ⅠA（一个日本分离株和一个韩国分离株）、ⅠB-ⅠA-ⅠA（8

个日本分离株和一个韩国分离株）、ⅠB-ⅠA-ⅠB（一个韩国分离株）和ⅠA-ⅠB-ⅠA（一个日本分离株）（图 6-8）。

二、植物病毒的进化

（一）植物病毒的进化机制

植物病毒的进化是指随着时间推移，病毒发生遗传变化的过程，导致新的毒株、变种或物种的出现。这一进化过程受到多种机制的驱动，包括突变、重组、重排和自然选择等。病毒的遗传物质可以由 DNA 或 RNA 组成，这些物质的变化会影响病毒的基因组。遗传变异是植物病毒进化的基础，它涉及点突变、插入、删除、重组及重排等多种形式。这些变异可以发生在病毒基因组的各个位置，包括编码病毒结构蛋白和非结构蛋白的基因及非编码区域。遗传变异是一个随机的过程，但受到选择压的影响。

植物病毒的遗传漂移是指在准种群体中，由于随机性事件而发生的基因组变化。这种变化不受自然选择的影响，主要是随机的突变、重组或复制错误导致。在小规模的种群中，遗传漂移往往更为显著，因为随机事件更容易对基因组的频率产生影响。遗传漂移是病毒进化的重要机制之一，它可以导致病毒产生新的变异，并可能影响病毒的致病性、传播能力和对寄主免疫系统的逃避能力。病毒的基因流是指同一病毒物种不同种群之间遗传物质的交换。基因流有助于增加病毒种群的遗传多样性，增强其适应性和生存能力。同时，基因流还可以引入新的致病因子、抗病基因等，影响病毒对寄主的致病性和抗病性。在流行病学上，病毒的基因流也是重要的因素之一，它可以影响病毒的传播范围和流行趋势。

此外，植物病毒的进化受到选择压的影响，其中自然选择是其中的一个关键驱动因素。自然选择是指病毒在自然环境中，通过遗传变异和环境选择，不断适应环境、提高生存能力的过程。在这一过程中，具有适应优势特征的病毒能够更有效地存活、繁殖并将其基因传递给后代。自然选择主要作用于病毒种群内的遗传多样性，偏好具有使其能够更好地适应寄主或环境的变异体。例如，突变的病毒可能表现出更强的免疫逃避能力或更高效的复制速率，这些特征可能会赋予其选择性优势，并逐渐在病毒种群中变得普遍。

植物病毒的进化还涉及其寄主范围的扩展和变化。通过遗传变异，一些病毒可以适应新的寄主植物，或者通过基因重组与其他病毒株系融合以形成新的寄主范围。这一过程通常是渐进的，需要多次遗传事件和适应性变异的积累。此外，植物病毒的传播方式也对其进化产生影响。垂直传播指的是植物病毒通过种子传播至新一代寄主，而水平传播则是指病毒通过接触传播至同一或不同种植物个体。这两种传播方式对于病毒的传播途径和选择产生影响，从而影响其进化路径。植物病毒与寄主之间的持续进化斗争也推动了病毒的进化。寄主植物可能发展出抗病性，而病毒则可能通过遗传变异或基因重组等方式逃避寄主的抗病性反应，从而导致病毒株系的持续变化和进化。综上所述，植物病毒的进化路径是一个动态而复杂的过程，受到多种因素的影响。了解这些进化路径对于监控病毒传播、设计抗病策略及保护农作物具有重要意义。

（二）植物病毒进化的选择压

植物病毒进化的选择压（selection pressure）是指在病毒与寄主植物之间相互作用的过程中，由于寄主免疫和防御系统、环境条件及人为干预等因素的作用，在病毒株系上施加的压力，推动病毒株系的演变和适应性变异。这些选择压可能导致某些变异在病毒群体中被选择保留和传播，而其他变异则可能被消除或降低频率。以下是植物病毒进化中常见的选择压。

1. 寄主抗性（host resistance） 寄主植物对病毒的抵抗性是一个重要的选择压。病毒必须面对寄主植物免疫系统的挑战，这促使病毒进化以逃避或克服寄主的防御机制。例如，水稻条纹叶枯病病毒（rice stripe necrosis virus，RSNV）的进化研究表明，病毒的进化速度与寄主植物的抗性密切相关，抗性的增强可能导致病毒的进化速度加快。

2. 环境因素（environmental factor） 环境条件的变化，如温度、湿度和季节性变化，可以影响病毒的传播和繁殖。病毒可能需要适应不同的环境条件，以在不同的寄主或环境中生存。

3. 传播途径（transmission route） 病毒的传播途径和策略也可以对其进化产生影响。一些病毒可能通过昆虫媒介传播，而另一些可能通过种子或器官传播。不同的传播途径可能会对病毒株系的选择产生不同的压力，推动其进化的方向和速度。

4. 竞争与合作（competition and cooperation） 不同病毒株之间可能存在竞争关系，尤其是在共感染同一植物寄主时。同时，一些病毒也可能通过合作的方式共存或协同传播。

5. 奠基者效应（founder effect） 当一个病毒群体在新的寄主或新的生态环境中建立侵染时，个体的遗传变异可能受到限制，从而影响了群体的遗传多样性。奠基者效应可以导致新种群的遗传构成与原始种群有所不同，从而推动新种群的进化方向。同时，奠基者效应也可能导致新种群中一些特定性状或基因型的偏好，使其在新环境中更为适应和生存。

6. 人为干预（human intervention） 人类的农业实践、植物育种和病害管理措施等也可以对病毒株系的选择产生影响。例如，培育的抗病植物品种可能导致病毒株系对抗性植物的逃逸，从而推动了病毒株系的进化和变异。种植模式的变化同样可以造成病毒株系和种类的变化。

根据选择压对病毒种群的影响，这些选择压又被分为正向选择压、负向选择压和中性选择压。正向选择压（positive selection pressure）是指一种选择压，使得病毒某些特定的性状或基因型具有更强的适应性，并在种群中逐渐增加。这种选择压促使有利性状或基因型的频率增加，因为它们使个体更有可能生存和繁殖成功。在病毒领域，正向选择压可能导致病毒毒株变异，使其更适合感染寄主或逃避免疫系统的检测。负向选择压（negative selection pressure）是指自然选择对有害基因或突变的淘汰作用，其方向是降低有害基因或突变的频率。对于某些基因位点突变后产生的性状具有不利的影响，负向选择压导致这些突变在病毒种群中逐渐减少。这种选择压阻碍了不利性状或基因型的传播。在病毒领域，负向选择压通常由寄主防御或免疫系统的压力而引起，导致病毒株的变异。这种变异可能产生不利于病毒存活和繁殖的状况。负向选择压对生物进化具有重要意义。它可以帮助生物群体清除有害基因或突变，从而提高生物群体的适应性和生存能力。中性选择压（neutral selection pressure）是指某种选择压对于病毒的某些性状或基因型没有显著影响的情况。在这种情况下，性状或基因型的变化不会给病毒带来明显的优势或劣势，因此它们在种群中可能会以随机的方式变化或保持不变。在病毒领域，一些病毒变异可能是由于中性选择压导致的，这些变异对病毒的适应性没有显著影响，可能只是由于基因复制过程中的随机错误而发生的。

总的来说，植物病毒在选择压作用下的进化是一个复杂而多样的过程，涉及多种因素的相互作用。这些选择压共同推动植物病毒的进化，使其能够适应不断变化的寄主、环境和其他相互作用因素。研究病毒进化的主要驱动因素、预测病毒未来的演化趋势、深入理解病毒的进化，对于植物病害管理和控制策略的制定至关重要。

三、植物病毒的起源

植物病毒的起源与其他类型病毒的起源一样，是病毒学领域备受关注的课题。目前，关于病毒起源的理论存在多种观点，学者基于不同的证据和理论构建了多种解释框架。

（一）共同起源

共同起源认为植物病毒可能与其他类型的病毒一样，起源于早期生命的形成阶段。这些病毒可能通过不同的进化途径演变成今天我们所知的植物病毒。这种理论认为，植物病毒与其他类型的病毒可能有共同的祖先。

（二）病毒是细胞的祖先假说

该假说认为，病毒是生命起源过程中的早期形式。1924 年，法裔加拿大微生物学家德海莱提出观点，认为生活中的病毒是细胞的祖先。20 世纪 60 年代诺贝尔生理学或医学奖获得者卢里亚指出病毒是在细胞出现前“原始生命汤中的遗骸”。该假说认为，地球上生命产生的历程首先是由无机物质演化为有机物质，再演化为生物大分子物质，接着产生病毒，然后由病毒演化为原始细胞。支持这一假说中的 RNA 世界假说认为，病毒起源于早期的 RNA 世界，即地球上生命的起源阶段。在这个阶段，RNA 被认为是主要遗传物质，病毒可能是由具有自主复制和传播能力的 RNA 分子演化而来的。

（三）细胞退化假说

病毒起源于细胞假说认为，如果没有寄主的存在，怎能先产生寄生者呢？这个学派认为只有先产生了细胞，然后因为某些进化事件的出现而产生了寄生性的生命形态病毒。这个学派主要有两种假说，分别为退行性起源假说和内源性起源假说。退行性起源假说认为，病毒起源于原始细胞生命的一部分，随着时间的推移，一些细胞中的基因组逐渐丧失了功能，演化成了现代病毒。这种退化过程可能是细胞内其他生物体提供了必需的代谢和复制机制，使得病毒不再需要自己的细胞内机制。

（四）遗传元素活跃化假说

该假说认为，病毒起源于遗传元素，如转座子和嵌合子，这些元素能够自主地复制并插入寄主基因组中。随着演化的过程，一些遗传元素可能获得了独立于寄主基因组的复制和传播能力，最终形成了现代病毒。

总之，研究植物病毒的起源和演化有助于我们更好地了解它们的生物学特性、传播方式和控制方法。未来进一步整合多学科的知识和方法，利用新的技术，有利于寻找和分析更多的病毒遗迹，推断病毒起源的时间和地点，并深入研究病毒起源的复杂性。病毒起源研究不仅可以帮助我们更好地理解病毒的生物学特性，还可以为开发新的抗病毒策略和防控农业生产中的病毒病害提供重要的理论依据。

植物病毒变异与进化是植物病理学研究的重要领域，也是农业生产面临的重大挑战。未来的研究将重点关注以下几方面：①病毒变异机制的深入研究，阐明病毒变异的机制，可以为防控植物病毒变异提供新的思路和方法；②新的抗病毒策略的开发，开发新的抗病毒策略，可以有效抵御病毒变异带来的威胁；③病毒变异与植物健康的风险评估，评估病毒变异对植物健康的风险及对作物产量造成的损失，可以为制定有效的防控措施提供科学依据。

小　结

植物病毒的侵染与增殖是一个复杂且精细调控的过程，涉及病毒侵入细胞、脱壳、基因组复制、病毒粒子装配及在寄主细胞间移动和长距离运动等多个关键阶段。每个阶段都涉及病毒与寄主之间的相互作用，这种相互作用对病毒的成功侵染和植物病害的发生发展至关重要。首先，植物病毒通过被动方式或借助昆虫传毒介体进入植物细胞，释放基因组并开始复制。病毒基因组的复制依赖于病毒编码的聚合酶和寄主细胞提供的复制场所。不同类型的植物病毒（如双链DNA病毒、单链DNA病毒、双链RNA病毒、正义单链RNA病毒和负义单链RNA病毒）采用不同的复制策略，但其基本过程包括基因组复制和病毒蛋白质的表达。在病毒粒子的装配过程中，病毒核酸与病毒结构蛋白组装形成完整的病毒粒子。不同类型的病毒具有不同的装配机制，如杆状病毒的螺旋装配和球状病毒的二十面体装配。病毒在侵染细胞内完成增殖后，需进行短距离移动和长距离移动在寄主植物中扩散。细胞间移动主要通过胞间连丝进行，病毒利用特定的移动蛋白改变胞间连丝的大小排斥界限，或者形成管状结构促进病毒粒子的通过。长距离移动则通过韧皮部筛管系统实现，病毒需要克服多种细胞屏障进入筛管，并通过植物的韧皮部运输系统扩散到全株，建立病毒系统的侵染。

此外，植物病毒的变异和进化是其适应环境和寄主的重要机制。病毒通过点突变、重组和基因组重排等方式产生遗传变异，形成不同的病毒株系和准种。这些变异使病毒能够更好地适应新的寄主和环境，从而在不断变化的生态系统中生存和传播。植物病毒在复制和传播过程中会经历多种选择压，包括寄主抗性、环境因素、传播途径、竞争与合作、奠基者效应及人为干预等。这些选择压共同推动植物病毒的进化，使其能够适应不断变化的寄主和环境。植物病毒的起源与进化理论包括共同起源、细胞退化假说和遗传元素活跃化假说等，认识这些理论对理解病毒演化具有重要意义。

复习思考题

1. 植物病毒从初始侵染细胞到完成整株侵染经历了哪些阶段？
2. 请比较分节段负义单链RNA病毒和正义单链RNA病毒转录合成mRNA的差异。
3. 植物病毒的移动蛋白如何调节胞间连丝的大小排阻限（SEL）以促进病毒的细胞间传播？
4. 植物病毒通过韧皮部进行长距离移动时，需要克服哪些细胞屏障？在这一过程中，病毒的哪些蛋白质和寄主因子起到了关键作用？
5. 植物病毒准种的概念是什么？
6. 植物病毒的变异方式有哪些？列举其中具有代表性的几种。

主要参考文献

Amari K, Lerich A, Schmitt-Keichinger C, et al. 2011. Tubule-guided cell-to-cell movement of a plant virus requires class XI myosin motors. PLoS Pathogens, 7: e1002327.

Cai L, Dang M, Yang Y, et al. 2023. Naturally occurring substitution of an amino acid in a plant virus gene-silencing suppressor enhances viral adaptation to increasing thermal stress. PLoS Pathogens, 19: e1011301.

Chen M H, Sheng J, Hind G, et al. 2000. Interaction between the tobacco mosaic virus movement protein and host cell pectin methylesterases is required for viral cell-to-cell movement. EMBO Journal, 19: 913-920.

de Medeiros R B, Figueiredo J, Resende R D, et al. 2005. Expression of a viral polymerase-bound host factor turns human cell lines permissive to a plant- and insect-infecting virus. Proceedings of the National Academy of Sciences of the United States of America, 102: 1175-1180.

Dreher T W. 2004. Turnip yellow mosaic virus: transfer RNA mimicry, chloroplasts and a C-rich genome. Molecular Plant Pathology, 5: 367-375.

Fang X D, Gao Q, Zang Y, et al. 2022. Host casein kinase 1-mediated phosphorylation modulates phase separation of a rhabdovirus phosphoprotein and virus infection. eLife, 11: e74884.

Grinzato A, Kandiah E, Lico C, et al. 2020. Atomic structure of potato virus X, the prototype of the *Alphaflexiviridae* family. Nature Chemical Biology, 16: 564-569.

Hanley-Bowdoin L, Bejarano E R, Robertson D, et al. 2013. Geminiviruses: masters at redirecting and reprogramming plant processes. Nature Reviews Microbiology, 11: 777-788.

Heinlein M. 2015. Plant virus replication and movement. Virology, (479-480): 657-671.
Hull R. 2014. Plant Virology. 5th ed. Boston: Academic Press.
Jackson A O, Dietzgen R G, Goodin M M, et al. 2005. Biology of plant rhabdoviruses. Annual Review of Phytopathology, 43: 623-660.
Karasev A V, Gray S M. 2013. Continuous and emerging challenges of potato virus Y in potato. Annual Review of Phytopathology, 51: 571-586.
Lauring A S, Andino R. 2010. Quasispecies theory and the behavior of RNA viruses. PLoS Pathogens, 6: e1001005.
Miller S, Krijnse-Locker J. 2008. Modification of intracellular membrane structures for virus replication. Nature Reviews Microbiology, 6: 363-374.
Ohshima K, Matsumoto K, Yasaka R, et al. 2016. Temporal analysis of reassortment and molecular evolution of cucumber mosaic virus: extra clues from its segmented genome. Virology, 487: 188-197.
Ribeiro D, Jung M, Moling S, et al. 2013. The Cytosolic nucleoprotein of the plant-infecting bunyavirus tomato spotted wilt recruits endoplasmic reticulum-resident proteins to endoplasmic reticulum export sites. Plant Cell, 25: 3602-3614.
Silverstein S C, Christman J K, Acs G. 1976. The reovirus replicative cycle. Annual Review of Biochemistry, 45: 375-408.
Simon-Loriere E, Holmes E. 2011. Why do RNA viruses recombine? Nature Review of Microbiology, 9: 617-626.
Smirnova E, Firth A E, Miller W A, et al. 2015. Discovery of a small non-AUG-initiated ORF in poleroviruses and luteoviruses that is required for long distance movement. PLoS Pathogens, 115: e1004868.
Wei T, Zhang C, Hong J, et al. 2010. Formation of complexes at plasmodesmata for *Potyvirus* intercellular movement is mediated by the viral protein P3N-PIPO. PLoS Pathogens, 6: e1000962.
Wolf S, Deom C M, Beachy R, et al. 1989. Movement protein of tobacco mosaic-virus modifies plasmodesmatal size exclusion limit. Science, 246: 377-379.
Wu M, Wei H, Tan H, et al. 2021. Plant DNA polymerases α and δ mediate replication of geminiviruses. Nature Communications, 12: 2780.
Zhang Q, Wen Z, Zhang X, et al. 2023. Reticulon-like protein B2 is a proviral factor co-opted for the biogenesis of viral replication organelles in plants. Plant Cell, 35: 3127-3151.
Zimmern D. 1977. The nucleotide sequence at the origin for assembly on tobacco mosaic virus RNA. Cell, 11: 463-482.

第七章

植物病毒的传播与流行

本章要点

1. 掌握植物病毒的传播方式，了解非介体和介体传播的特点。
2. 掌握影响植物病毒病流行的主要因素。

本章数字资源

作为专性寄生物（obligate parasite），病毒为了种群的生存往往需要从一个染病寄主个体传播到另一个寄主个体上。大多数病毒在寄主体外生活期短，且无法主动侵入无伤口组织，因此在自然界往往需要借助其他生物或者非生物才能侵入植物的组织和细胞，在寄主体内进行复制和运动。了解病毒在植物间的传播方式非常重要：①病毒的传播方式是鉴定植物病毒病及了解病害循环不可或缺的关键一环，在利用科赫法则确定病原病毒时，只有通过特定途径将病毒传播到健康的植株上，并且病害症状重现，才能确认该病害是由此病毒引起；②病毒的传播方式与病害的暴发成灾相关，在作物间传播相当迅速的病毒容易造成严重的经济损失；③只有掌握了病毒在自然界的病害循环及传播方式，才能够精准预测病害的流行暴发，并采取合适的病毒病防治措施。

植物病毒的传播分为非介体传播和介体传播两大类（Ye et al.，2021；Wu et al.，2024）。本章将介绍这两种植物病毒传播方式的特点，并介绍影响植物病毒病流行的主要因素。

第一节 植物病毒的非介体传播

在病毒传播过程中没有其他生物介体介入的传播方式称为非介体传播。植物病毒的非介体传播包括机械传播、无性繁殖材料传播、种子和花粉传播及嫁接传播。

一、机械传播

机械传播也称汁液摩擦传播，是指具有侵染性的病毒粒子或病毒基因组通过健康植株表面的各种机械力造成的微伤口进入植物并定殖，从而进行传播。田间的农事操作如行走、整枝打叉、修剪导致的病毒传播，病毒通过昆虫抓爬、取食造成的机械微伤口侵染和实验过程中常用的摩擦接种均为机械传播。

能够以机械传播方式传播的病毒一般都存在于表皮细胞，浓度高、稳定性强。一般而言，以非持久性方式进行介体传播的病毒通常也能够以机械传播的方式进行传播，而局限于韧皮部寄生的病毒（如双生病毒、马铃薯卷叶病毒属病毒等）则难以通过机械传播方式进行传播。

在机械接种过程中，病毒必须从受侵染的植物细胞中释放出来。常用于机械接种的材料是被病毒感染的叶片产生的汁液。在大多数情况下，机械接种在幼嫩的叶片上更容易成功，但是对于某些病毒而言，由于幼嫩叶片中含有大量的蛋白酶抑制剂，其他部位反而更易通过机械接种被感染，如黄瓜花叶病毒（cucumber mosaic virus，CMV）经由花瓣接种传播的效率比叶片接种更高。

病毒的侵入需要植物表面有伤口，将病毒放在表面完整的叶片上，病毒不能直接进行侵染。在机械传播的过程中，能够使病毒成功侵染的伤口一般是微伤口（即有破损但又不引起细胞死亡的伤口）。直接穿透植物外表皮和细胞壁的伤口有利于病毒的侵染，同时叶片表面折断的毛状物也可能是病毒侵入的部位之一。有些病毒需较重的伤口才能完成侵染，如用沾有病毒的刀片切割或砍掉待接种植物的茎是柑橘衰退病毒（citrus tristeza virus，CTV）和番茄黑环病毒（tomato black ring virus，TBRV）最有效的机械接种方法。

在病毒的机械传播过程中，待接种植物的感病性也是影响植物发病与否的关键因素。影响植物感病性的因素有很多，如光照种类及时长的变化、温度的高低、植物的营养条件及生长状态、接种部位水分的多少和空气湿度等。

与介体传播和无性繁殖材料传播相比，机械传播实际上是一个效率很低的过程，因此机械传播对病毒在田间扩散的影响通常不大。但烟草花叶病毒属（*Tobamovirus*）病毒的机械传播却会引起重大损失，如烟草花叶病毒（tobacco mosaic virus，TMV）极容易污染手、衣物和器具，甚至在经过烘烤的成品烟叶中仍然存在，这使得 TMV 极易在田间传播造成病害暴发，导致严重的经济损失。

二、无性繁殖材料传播

无性繁殖是重要的农艺措施，同时也是高效的病毒传播方式。许多造成重大经济损失的病毒可通过无性繁殖材料进行传播，如块茎、鳞茎、球茎、长匐茎、块根和插穗等。这些病毒通常具有系统侵染特点，感染植物后除生长点外的所有部位都可能携带病毒。有许多极为重要的病毒病是通过这种繁殖方式传播的，如马铃薯由于长期无性繁殖会把病毒病通过块茎传播至后代从而造成马铃薯退化。

三、种子和花粉传播

（一）种子传播

据不完全估计，已知植物病毒中约有 1/5 的病毒能通过种子进行传播。种子传播是病毒早期侵染植物的有效方式。种传植物随机分布在田间，为病毒通过其他传播方式（如介体传播）在作物内扩散创造了条件，因而种传对作物具有很大的危害性。种传病毒的寄主以豆科、葫芦科和菊科植物居多。种子携带病毒后病毒可以在种子内保留较长时间，因此商业引种时可能导致病毒长距离传播，甚至引入新病毒。因此，研究病毒的种子传播具有重要的经济意义。

1. 种子传播的类型　病毒的种子传播可以根据成熟种子的胚内是否含有病毒粒子分为两种基本类型：胚外感染和胚内感染。

胚外感染是指病毒粒子只存在于胚乳、种皮内或种皮表面上，而未进入种子的胚中。在发育初期，这类病毒可能被局限在珠被和珠心组织中。根据病毒相对于种子的具体位置又可以分为位于种皮表面的种子传播和位于种皮及种皮以内但在胚外侧的种子传播。在胚外感染的种子萌发过程中，病毒通过细小的土壤颗粒引起的微小磨损而进行感染。一般受感染的种子萌发后作为病毒的初始来源或感染点，再经合适的媒介进行二次传播。

胚内感染是病毒通过多种途径侵染从而存在于胚组织中，随种子萌发时旺盛的代谢活动进行增殖，是更加普遍的种传方式。胚内感染病毒不如胚外感染病毒稳定，在种子长期贮存期间，一些病毒可能失去侵染活力。

部分病毒可能会侵染种子的胚乳，并在胚乳中存活多年。有证据表明，病毒在韧皮部的运动与碳水化合物的运输有关，因此在韧皮部浓度很高的病毒可能会随着营养物质大量移动到与母本植物有维管连接的种子中，随着营养物质一同积累。例如，番茄斑萎病毒（TSWV）能在被感染的辣椒种子胚乳及下一代的种苗中被检测出，透射电子显微镜观察发现 TSWV 病毒粒子存在于胚乳中但并不进入胚内（Wang et al.，2022）。

2. 病毒进入胚的方式　病毒进入胚的方式主要有以下几种。

（1）间接侵染　在胚胎发生前，通过配子介导进入胚。

1）雌配子介导：高等被子植物的雌配子由大孢子母细胞发育而来。如果大孢子母细胞带毒，胚内感染的概率较高。

2）雄配子介导：病毒可通过花粉进入无毒母株的胚珠。例如，烟草脆裂病毒（tobacco rattle virus，TRV）和苜蓿花叶病毒（alfalfa mosaic virus，AMV）可存在于花粉中，菜豆普通花叶病毒（bean common mosaic virus，BCMV）通过花粉管进入花柱感染胚胎。

在间接侵染过程中，单亲本带毒时，父本和母本的传毒效率可能相同也可能有很大的差别。在海军豆（navy pea bean）两个栽培种的杂交过程中，只有单方亲本带毒时，无论父本或母本带毒，最终产生的子一代中胚内带毒的种子约占 1/4；而在一些其他栽培种植株中，父本带毒时传毒率相较于母本带毒时低，推测可能是病毒侵染导致的花粉质量下降甚至不育引起的。

（2）直接侵染　病毒在胚发生的某个阶段直接侵染胚。对豌豆种传花叶病毒（pea seed-borne mosaic virus，PSbMV）的研究发现，授粉前胚珠珠柄处可检测到病毒，授粉后种皮、胚乳和胚柄处也可检测到病毒，表明病毒通过胚柄直接侵染胚。这一过程受寄主基因型影响，导致不同作物品种间种传效率差异较大。目前，病毒通过胚柄进入胚的分子机制尚不明确。病毒直接侵入胚胎的主要障碍是花粉、卵和胚囊与亲本组织的明显分离。这种分离是大孢子母细胞和珠心组织之间、在减数分裂时花粉母细胞和绒毡层细胞之间的胞间连丝消失所致。此外，在减数分裂时，在大孢子和花粉母细胞周围会形成胼胝质层。在授粉过程中，生长中的花粉管壁在穿过花柱时形成了一层胼胝质层，只有最末端的管尖缺乏胼胝质，因此配子体和孢子体也是分开的。

3. 病毒无法侵染胚组织的原因 病毒能够系统性侵染寄主植株，但是仅有不足 1/5 的病毒能够通过胚内感染进行传播。关于大部分病毒不能进入胚的解释有很多，大致有以下几种观点。

1）胚珠缺乏与周围组织联系的胞间连丝，导致病毒没有途径进入胚珠细胞。一部分病毒只有在卵细胞受精前侵染，甚至是在授粉前侵染雌配子才能到达胚，因为此后胚和母株之间通过胞间连丝进行的原生质体的联系中断，胚细胞和毗连的组织细胞之间将没有原生质的连接，病毒缺乏进入胚细胞的途径。

2）病毒可能无法侵染分生组织。快速生长、未分化的分生组织细胞内环境可能与完全分化的细胞内的环境截然不同，在这种细胞环境的差异下，病毒特异性和寄主特异性对病毒移动或复制的限制，可以显著地影响病毒进入种子的效率。植物分生组织中的关键调节基因 *WUSCHEL* 表达后通过直接抑制细胞内蛋白质合成的速率，限制了病毒的复制和传播（Wu et al.，2020）。

3）病毒可能与寄主的配子或胚囊不具备亲和性，或者由于植物种子的免疫反应，原本进入种子的病毒被钝化。在种子发育的某个阶段，种子内可能存在相当数量的病毒，如通常能够在花器和未成熟的种子内发现大豆花叶病毒（soybean mosaic virus，SMV）的病毒粒子，而在成熟种子内病毒则被钝化；豌豆线条病毒（pea streak virus，PeSV）发生在受感染豌豆植株的未成熟种子中，但随着种子成熟而被钝化。

4）病毒可能使配子不育，最终表现为不能通过种子传毒。例如，番茄不孕病毒（tomato aspermy virus，TAV）能够干扰大孢子和小孢子两者的正常成熟过程，烟草环斑病毒（tobacco ringspot virus，TRSV）对寄主胚珠无危害，却能导致相当比例的花粉不育。

种子传播病毒的能力和效率对病毒和寄主双方都是专化的，如 CMV 一般通过野黄瓜（*Echinocystis lobata*）的新鲜种子传毒，但几乎不通过南瓜的种子传毒；蚕豆染色病毒（broad bean stain virus，BBSV）容易在蚕豆中种传，但蚕豆斑驳病毒（broad bean mottle virus，BBMV）不能在蚕豆中种传。这种专化性甚至表现为同种病毒的不同株系、同种植物的不同栽培种之间。例如，BSMV 的各种株系对大麦和小麦的种子传毒效率有很大的差异，其范围为 0～50%；TRSV 的一个株系在莴苣某栽培品种中的种子传毒率为 3%，而另一株系对该栽培品种不能种传（Grogan and Schmathors，1955）；BSMV 同一株系的病毒对菜豆不同栽培品种的种子传毒率也不同。

4. 影响种子传毒效率的因素 影响种子传毒效率的因素有很多，大致分为以下几个方面。①病毒种类：种子被病毒侵染的比例因病毒而异，差异极大，甚至同种病毒不同株系侵染同一种植物时，其种传效率也有很大的差别。②寄主植物：某一特定病毒对相同寄主植物的不同品种的种传效率变化通常也很大，同一病毒对同一品种的不同植株间的种传效率也可能有差异。③病毒侵染时寄主植物所处的时期：对于通过母体植株进入雌配子进而间接入胚的病毒而言，植物受侵染的时期越早，传毒效率就越高。④种子在植株上着生的位置：例如，大豆在早期被侵染的植株中，种子是否带毒与种子在豆荚中的位置及豆荚在植株上的位置并无相关性，但在花期受到病毒侵染的植株中位于植株下部较老的种子受侵染的比例较位于植株上部幼嫩的种子小。⑤种子的储藏期：有些病毒在储存的种子上很快丧失活性，而有些病毒则能存活多年。

病毒的种传可能会在种子上表现症状，如被李属坏死环斑病毒（prunus necrotic ringspot virus，PNRSV）侵染的樱桃种子比正常种子小、萌发率低、不育种子的比例增加。有些种传病毒却不会在种子上表现症状，因此表现症状的种子和传播病毒的种子之间并没有必然的相关性。

（二）花粉传播

病毒的花粉传播是指病毒经由花粉携带进入健康植株最终达到侵染种子或系统侵染健康植株的目的，受病毒感染的花粉可以通过介体昆虫或者摩擦接触等方式在植物间水平传播，同时也能通过受精过程垂直传播给下一代种子。花粉传毒作为病毒种传的重要途径之一，其机制可能在于带毒花粉在授粉过程中成功穿越花粉管，并通过受精作用使种子携带病毒，从而实现种传。病毒在花粉中的存在形式多种多样，可能附着于成熟花粉粒的外壁，也可能存在于雄配子的细胞质和细胞核中。在花粉管萌发及伸长的过程中，附着于花粉粒外壁的病毒可能会随之移动，进而侵入胚珠或通过机械方式进入母本植株。值得注意的是，在某些病毒的花粉传播过程中，昆虫介体的参与是不可或缺的。

四、嫁接传播

嫁接作为无性繁殖的一种方式，在园艺实践中广泛应用。它涉及将一个植株的部分（接穗）接到另一个植株的茎（砧木）上。在嫁接过程中，如果砧木或接穗其中之一受到了病毒的感染，且两者均为感病个体，那么整个嫁接植株作为一个整体也将受到病毒的感染。

理论上，嫁接可能传播任何种类的病毒。许多不能通过其他方式传播的病毒可以通过嫁接的手段实现有效传播。然而，由于自然形成的嫁接株在自然界中并不常见，因此这种传播方式在病毒的自然传播中意义有限，但某些病毒可以在根系之间的结合时传播。在园艺实践中，由于嫁接是一种重要的技术，防止病毒通过嫁接传播显得尤为重要。操作人员应采取一系列预防措施，如使用无病毒的砧木和接穗、对嫁接工具进行消毒、避免在病毒高发期进行嫁接等，以确保嫁接苗的健康生长并防止病毒的扩散。

第二节 植物病毒的介体传播

病毒在田间的扩散是一个高度复杂且精细的过程，其中介体扮演着至关重要的角色。介体作为传播病原体的特异性媒介，其种类多样，但最为常见的是昆虫，其次为线虫、菌物、螨类及菟丝子等。植物病毒的介体传播不仅仅是简单的物理位置的改变，更涉及一系列复杂的相互作用机制及生理变化。这一过程是病毒与媒介之间特定相互作用的结果，涵盖了寄主植物、介体生物及病毒三者之间错综复杂的互动。此外，病毒与介体之间的传播关系具有高度的特异性。这意味着特定的植物病毒通常只能由特定的一种或几种介体进行传播。同样地，特定的介体也只能有效地传播特定的一种或几种病毒。这种特异性不仅体现在病毒与介体之间的识别与结合上，还涉及病毒在介体体内的存活、增殖及随后的释放等各个环节。

一、昆虫介体传播

昆虫是传播植物病毒种类最多的介体，自然界中约 80%的植物病毒可以由昆虫传播。了解病毒与昆虫介体间的相互作用及昆虫介体的生活习性、生活史和生理生化特性，能够为植物病毒病的防治提供重要思路。

（一）病毒与昆虫介体间的相互作用类型

根据获毒后保持传毒能力时间的长短可将病毒与介体之间的生物学关系定义为持久性（persistent）和非持久性（nonpersistent）。此后随着植物病毒学的不断发展，这一概念经过了多次修改和完善。如今普遍接受的是定义为持久性、半持久性（semipersistent）和非持久性三种类型（图 7-1）。

要了解三种传毒类型，首先需要了解以下基本概念：①获毒饲育期（acquisition feeding period），即无毒介体在被病毒侵染的植物上取食并获得足够量的病毒使其可以传毒的时期；②潜隐期（latent period），昆虫在获得足够量的病毒后并不能立即具备传毒能力，获毒至能将病毒传至健株所需的时间称为潜育期；③持毒期（retention period），即已经获毒的昆虫具备持续传毒能力的时期，持毒期的持续时间称为持毒时间（retention time）；④接毒饲育期（inoculation feeding period）：带毒昆虫将病毒传至健株上引起发病的取食时间；⑤获毒取食（acquisition feed）：昆虫从受病毒感染的植物上获得病毒的取食过程；⑥接毒取食（inoculation feed）：将病毒传播到健康植物上的取食过程。

非持久性传播的基本特点是：获毒取食时间短，只需几秒至数分钟；获毒后即可传毒，病毒在虫体内没有循回期；获毒取食前饥饿处理能增加传毒效率。非持久性传播的病毒大多形成花叶症状，往往存在于植物的薄壁细胞，一般都能用汁液摩擦的方法接种病毒。非持久性传播也可称为口针传播（stylet-borne）。

半持久性传播的基本特点是：获毒取食时间需数分钟，增加获毒取食时间能够提高传毒效率；没有循回期；病毒可在虫体内存在 1～5d；获毒取食前饥饿处理不增加传毒效率。在植物体内，半持久性传播病毒多数存在于韧皮部。半持久性传播也可称为前肠传播（foregut-borne）。

持久性传播的基本特点是：需要较长的获毒取食时间（10～60min），延长获毒取食时间能够提高传毒效率；有明显循回期，获毒后需经过一段时间才能传毒；获毒后可保持传毒至少一周，有的可终生带毒，甚至经卵传毒。持久性传播的病毒常存在于植物的韧皮部或韧皮部附近组织，病毒与昆虫之间常具有专化性。根据病毒是否能在昆虫体内增殖，可分为增殖型（propagative）和非增殖型（nonpropagative）两大类。增殖型病毒通常能够

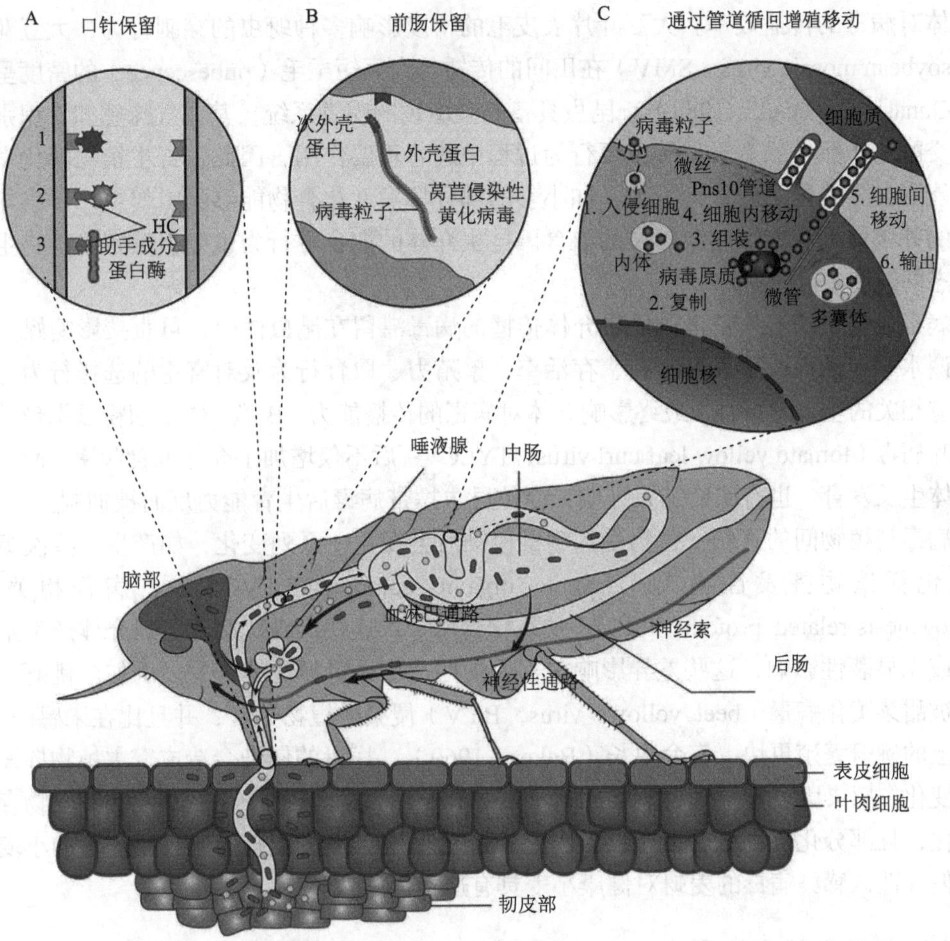

图 7-1 非持久性、半持久性和持久性传播植物病毒及病毒在介体昆虫中的侵染位点（Whitfield et al., 2015）

A. 非持久性昆虫传播病毒，病毒只在口针保留；B. 半持久性昆虫传播病毒，病毒会在前肠保留；C. 持久性昆虫传播病毒可以从前肠进入后肠，穿过中肠细胞，然后释放到血腔中循回增殖移动

通过介体昆虫的卵实现跨代传播。此外，部分病毒还被证明能够通过介体昆虫的交配行为实现在异性虫体间的水平传播。

还有学者根据病毒粒子是否存在于介体昆虫的血淋巴内，将病毒与昆虫间的相互作用分为两种。①病毒存在于昆虫的血淋巴内，称为循回型（circulative）或内传型（internally borne）。循回型病毒能够随植物汁液被昆虫吸入肠道，渗透肠壁进入血淋巴，再进入唾液腺，最后随唾液送出口针并进入植物体内。②病毒的传播不经过昆虫血淋巴，称为非循回型（non-circulative）或外传型（externally borne）。

植物病毒的昆虫传播涉及植物-昆虫-病毒三者长期复杂的相互作用，大致体现在以下几方面。

昆虫与植物的互作：寄主植物的物理和化学特性对昆虫传播病毒的能力有很大的影响。例如，寄主叶片的蜡质层厚度或表皮毛的有无均会影响昆虫介体的取食行为，进而影响昆虫介体对病毒的传播效率。大豆叶片表皮毛的密度影响多种蚜虫的穿刺行为，大豆花叶病毒（soybean mosaic virus，SMV）在田间的传播与大豆短柔毛（pubescence）的密度呈负相关（Gunasinghe et al.，1988）。昆虫具备复杂敏锐的嗅觉系统，其在气味感知、识别及取食、交配、产卵、躲避天敌等重要行为过程中起着重要作用，因此，寄主植物的化学性质也可能影响介体昆虫的取食行为，如小麦的部分挥发性化合物能够吸引蚜虫，十字花科植物中的芥子油糖苷能够刺激蚜虫的取食。昆虫介体的取食等行为也会引发寄主植物生理生化状态的改变。

病毒与昆虫的互作：借助昆虫介体传播的病毒滞留在昆虫体内，可直接影响媒介昆虫的代谢水平，从而改变发育历期、存活率、繁殖力、取食行为及对寄主的选择行为等与生态适应相关的生物学特性，最终影响介体对病毒的传播能力。B 型、Q 型烟粉虱携带番茄黄化曲叶病毒（tomato yellow leaf curl virus，TYLCV）后不仅增加了介体取食频率，而且促进了介体生长发育。也有研究结果证明，介体昆虫携带病毒后生育能力反而被抑制。

病毒与植物间的互作：植物受到病毒侵染后会发生一系列变化，如产生一些次级代谢物，包括植物挥发性物质（volatile organic compound，VOC）、病程相关蛋白（pathogenesis-related protein，PR）、抗氧化物酶等，这些次级代谢物会对介体产生不利、有利或无显著性影响，这些差异影响与寄主抗性、物种特异性等有关。例如，桃蚜会优先选择被甜菜黄化病毒（beet yellows virus，BYV）侵染的植物为食，并且比在未感染 BYV 植株上的桃蚜繁殖更快、寿命更长（Baker，1960）。病毒的侵染会造成寄主植物挥发性物质的变化，感染大麦黄矮病毒（barely yellow dwarf virus，BYDV）后小麦的挥发物存在显著变化，且部分化合物对蚜虫有吸引作用，未感染 BYDV 的麦蚜对感染了病毒的小麦具有选择偏好性，感染病毒的麦蚜对健康小麦具有选择偏好性。

（二）常见的介体昆虫

大多数昆虫介体的口器类型为刺吸式口器，多见于半翅目和缨翅目等。就数量而言，半翅目是最重要的植物病毒介体类群。有些昆虫介体的口器类型为咀嚼式口器，多见于直翅目和鞘翅目，少数为鳞翅目、革翅目和双翅目昆虫。下面介绍常见的传毒介体昆虫。

1. 蚜虫（aphid） 蚜虫属半翅目（Hemiptera）头喙亚目（Auchenorrhyncha）蚜科（Aphididae），生活史复杂多样。蚜虫是蚜科昆虫所有种的通用名称。在自然界长期的进化过程中，为适应环境条件，蚜虫通过无性繁殖与有性繁殖两种形式进行繁殖。蚜虫冬季多以卵的形式过冬，并在早期进行孤雌生殖。当种群数量达到一定程度后，蚜虫种群开始出现乔迁态的有翅蚜，并开始有性繁殖。蚜科有 2000 多种，田间常见蚜虫包括棉蚜（*Aphis gossypii*）、桃蚜（*Myzus persicae*）、禾谷缢管蚜（*Rhopalosiphum padi*）、麦二叉蚜（*Schizaphis graminum*）、菜缢管蚜（*Brevicoryne brassicae*）、甘蔗蚜（*Melanaphis sacchari*，又名高粱蚜）等。蚜虫除对植物直接造成损害外，约 200 种蚜科昆虫可传播近 300 种植物病毒，如马铃薯 Y 病毒（potato virus Y，PVY）、芜菁花叶病毒（turnip mosaic virus，TuMV）等病毒，是植物病毒最重要的昆虫介体。

蚜虫可以以非持久性、半持久性和持久性方式传播病毒。

（1）非持久性传播　已知的蚜传病毒中大部分为非持久性传播，病毒在蚜虫取食时进入蚜虫口针并存在于蚜虫口针端部，在蚜虫取食过程中随唾液的释放而传播（图 7-1A）。一旦蚜虫停止取食或取食多个健康植株，病毒的传播效率便大幅度下降。当蚜虫初次降落在植物上时，会通过试探取食（probing）检测植物是否为适宜生存的寄主植物，在这一取食过程中，蚜虫会先分泌一些凝胶状唾液，然后口针快速穿入表皮细胞或叶肉细胞，试探食物是否为适宜的寄主，此过程是蚜虫的临时性取食行为，凝胶状唾液形成的保护鞘能够保护口针。在试探取食过程中，蚜虫会获取或传播病毒，这一过程可在 1min 内完成，这种取食习性促使蚜虫在频繁试探与取食过程中，不经意间将病毒迅速传播至更多的植物。有研究表明，在缺乏 HC-Pro 蛋白时，蚜虫无法获得 PVY。PVY 的 CP 蛋白与 HC-Pro 蛋白总是同时出现在蚜虫口针的同一位置，位于 HC-Pro 蛋白 N 端的 KITC 结构是 HC-Pro 蛋白与蚜虫口针蛋白互作的关键区域，是 PVY 能被蚜虫传播的关键结构域；HC-Pro 蛋白 C 端则存在一个与 PVY 的 CP 蛋白互作的 PTK 结构，是 PVY 病毒粒子结合 CP 蛋白的关键结构域（Ng and Falk，2006）。

（2）半持久性传播　花椰菜花叶病毒属（*Caulimovirus*）、长线病毒属（*Closterovirus*）、伴生病毒属（*Sequivirus*）、水稻矮化病毒属（*Waikavirus*）、香石竹潜隐病毒属（*Carlavirus*）、葡萄病毒属（*Vitivirus*）的病毒是以半持久性方式传播的，其中研究较多的是花椰菜花叶病毒属病毒及长线病毒属的甜菜黄化病毒（beet yellows virus，BYV）和柑橘衰退病毒（citrus tristeza virus，CTV）。长线病毒属的病毒往往局限于植物韧皮部中，而花椰菜花叶病毒属的病毒则可以存在于多种类型的细胞之中。在半持久性传播中，病毒存在于蚜虫前肠的内表皮层（图 7-1B）。半持久性传播的病毒在传播过程中可能需要辅助组分的参与，这些辅助组分可能是病毒自身表达的蛋白质，也有可能是其他病毒表达的蛋白质，甚至是其他病毒。例如，伴生病毒属的欧防风黄点病毒（parsnip yellow fleck virus，PYFV），只有当蚜虫携带水稻矮化病毒属的峨参黄化病毒（anthriscus yellow virus，AYV）时才可以传播，AYV 就是 PYFV 的辅助成分，AYV 在介体前肠中有一个特定的保持位点。

（3）持久性传播　持久性传播的病毒可以从前肠进入后肠，穿过中肠细胞和后肠细胞，然后释放到血腔中，最终，通过一系列运输释放到唾液腺，并在蚜虫取食时随唾液释放到健康植物体内。在这一过程中，病毒至少需要通过两道屏障，即前肠壁和唾腺壁屏障（图 7-1C）。持久性蚜传的病毒又分为增殖型和非增殖型两种。

目前已知的属于持久非增殖型传播的蚜传病毒主要有南方菜豆一品红花叶病毒科（*Solemoviridae*）及番茄丛矮病毒科（*Tombusviridae*）的黄症病毒属（*Luteovirus*）和幽影病毒属（*Umbravirus*）等。尚未发现这些病毒在介体内有增殖行为。以南方菜豆一品红花叶病毒科马铃薯卷叶病毒属（*Polerovirus*）的甘蔗黄叶病毒（sugarcane yellow leaf virus，SCYLV）为例，SCYLV 可以通过甘蔗蚜等进行传播，其中 SCYLV 的 ORF3 及通过通读其终止密码子产生的通读结构域（readthrough domain，RTD）ORF5 在蚜虫的传播过程中是必不可少的，这种策略也是马铃薯卷叶病毒属所共有的。部分持久性传播病毒和半持久性传播病毒一样，需要辅助病毒的存在，目前已知幽影病毒属病毒需要在马铃薯卷叶病毒属病毒、耳突花叶病毒属病毒或黄症病毒属病毒的协助下通过蚜虫以持久非增殖型进行传播。

2. 叶蝉（leafhopper） 叶蝉属半翅目（Hemiptera）头喙亚目（Auchenorrhyncha）叶蝉科（Cicadellidae）。叶蝉是叶蝉科昆虫所有种的通用名称。叶蝉科包含约 2000 属、15 000 种，而作为病毒介体被报道的仅有 21 属、约 50 种，可传播 30 余种病毒。叶蝉传播的病毒大多是循回型病毒，且多是增殖型，有些能够经卵传播，一般难以通过摩擦接种。叶蝉主要以半持久性和持久性方式传播病毒。

（1）半持久性传播 一些以叶蝉为介体进行半持久性传播的病毒可以附着在叶蝉的前消化道或前肠的内表皮膜层（cuticular lining）中。目前研究较多的有玉米褪绿矮缩病毒（maize chlorotic dwarf virus，MCDV）和水稻东格鲁杆状病毒（rice tungro bacilliform virus，RTBV），其中 RTBV 的传毒介体是二点黑尾叶蝉（*Nephotettix virescens*）。

（2）持久性传播 与蚜虫类似，持久性传播的病毒需要经过一系列循回过程最终移动到唾液腺才能实现传播，这些病毒有些能够在叶蝉体内增殖（增殖型），而有些不能（非增殖型）。

双生病毒科中的玉米线条病毒属（*Mastrevirus*）和曲顶病毒属（*Curtovirus*）病毒由叶蝉以持久性方式传播，但病毒不能在叶蝉体内增殖。由叶蝉传播的各种双生病毒都有其特定的叶蝉传播介体，如玉米线条病毒（maize streak virus，MSV）的介体是玉米叶蝉（*Cicadulina mvila*），小麦矮缩病毒（WDV）的介体是异沙叶蝉（*Psammotettix alienus*）。

由叶蝉以持久性方式传播且能够在叶蝉中增殖的植物病毒包括弹状病毒科（*Rhabdoviridae*）、植物呼肠孤病毒属（*Phytoreovirus*）、斐济病毒属（*Fijivirus*）、水稻病毒属（*Oryzavirus*）和玉米雷亚朵非纳病毒属（*Marafivirus*）等病毒。植物呼肠孤病毒属、斐济病毒属和水稻病毒属的病毒能够在叶蝉体内进行复制并侵染更多的组织，叶蝉在此后一直保持病毒传播特性，直到生命终止。弹状病毒科病毒在叶蝉体内长期增殖会导致叶蝉传播特性的丧失。这些病毒能够在叶蝉体内增殖和越冬，通常还能够进入叶蝉的卵中越冬，成为来年春季的毒源。因此研究病毒在介体内的持久性跨世代传播及影响传毒效率的相关因子具有巨大的生产与经济意义。

3. 飞虱（planthopper） 飞虱属半翅目（Hemiptera）头喙亚目（Auchenorrhyncha）飞虱科（Delphacidae）。飞虱是飞虱科昆虫所有种的通用名称。飞虱科共计约 370 属、2100 种，而作为病毒介体被报道的有 30 种，可传播 20 余种病毒。飞虱科的成员取食单子叶植物，主要是禾本科作物，能够引起谷类作物的严重病害，其中包括水稻、小麦和玉米等，作为病毒传播介体研究较多的有灰飞虱、褐飞虱和白背飞虱。

飞虱传播的病毒全部是循回型病毒，且大多数是增殖型，有些病毒还能通过飞虱的卵传播给后代，携带病毒的后代仍有传毒能力，有些病毒的侵染力会随着昆虫传代而递减，有些种类则不会。研究飞虱病毒传播的一个经典体系是水稻条纹病毒（rice stripe virus，RSV）与灰飞虱的互作关系（图 7-2）（Xu et al.，2021）。灰飞虱通过刺吸式取食的方式从染病水稻获毒后，RSV 随汁液进入灰飞虱肠腔。肠腔内的部分病毒侵染前中肠的上皮细胞后在细胞内增殖，之后病毒穿过肠道肌肉层突破中肠屏障，扩散到血腔内。进入血腔的病毒可以感染分布在血腔内的多个组织器官并在其中复制，包括血细胞、脂肪体、马氏管、唾液腺和卵巢等。进入唾液腺的病毒最终通过灰飞虱取食，随着唾液因子被释放到植物中，实现其传播过程。病毒从植物经虫媒向植物传播的过程，被称为水平传播。此外，RSV 也能垂直传播，即通过进入灰飞虱的生殖系统（卵巢），传给后代（图 7-2）。RSV 的母系垂直传播效率较高，为 75%～100%。这是导致 RSV 病害一旦暴发难以消除的主要原因。病毒在飞虱体内的垂直传播还与飞虱的内生菌体有着很大关联。共生菌能影响昆虫的生理特性，如新陈代谢、繁殖和免疫力等，通过各种免疫机制维持昆虫体内的稳态。RSV 还能够通过雄性飞虱的精子进行垂直传播（Mao et al.，2019）。

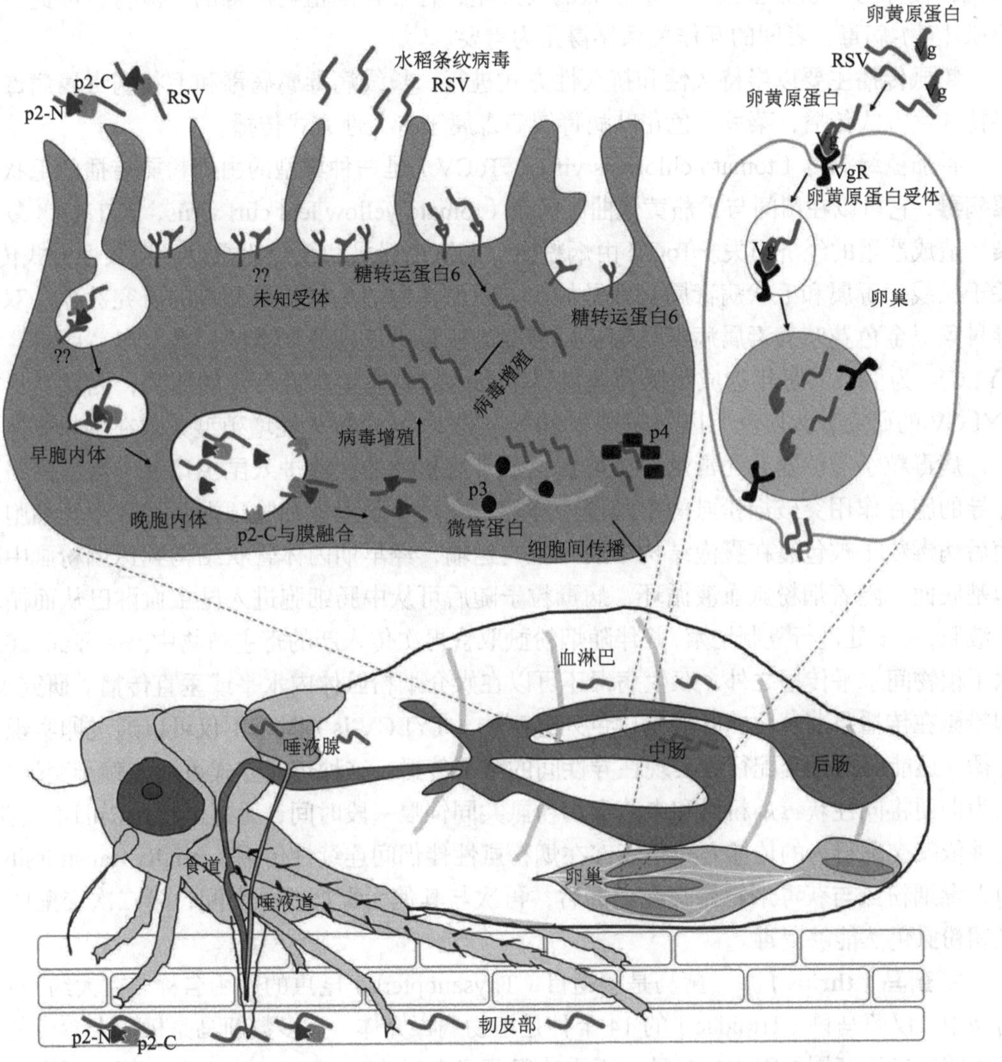

图 7-2　**RSV** 在灰飞虱中循回传播及经卵传播机制（Xu et al.，2021）

RSV可以在介体昆虫灰飞虱体内以持久增殖方式进行传播。病毒会突破昆虫的肠道屏障及血淋巴屏障进入昆虫的血液循环系统当中，在多个系统器官复制。同时，RSV还可以进入灰飞虱的生殖系统（卵巢）中，搭卵黄原蛋白的“顺风车”进入卵巢，传播至后代。

4. 粉虱（whitefly）　粉虱属半翅目（Hemiptera）胸喙亚目（Sternorrhyncha）粉虱

科（Aleyroididae）。粉虱是粉虱科昆虫所有种的通用名称，由于其成虫体表及翅覆盖一层细小、面粉状的蜡粉而得名。有 6 个属的病毒是由粉虱传播的，分别是菜豆金色花叶病毒属（*Begomovirus*）、毛状病毒属（*Crinivirus*）、甘薯病毒属（*Ipomovirus*）、灼烧病毒属（*Torradovirus*）、香石竹潜隐病毒属（*Carlavirus*）和长线病毒属（*Closterovirus*）。

粉虱由于遗传的复杂性和多样性，一直备受科学家关注。目前研究最多的病毒传播介体是烟粉虱，烟粉虱可取食 600 多种寄主植物，且能传播 500 多种植物病毒，一年可繁殖多代，被称为“超级害虫”。烟粉虱的大发生，往往伴随植物病毒的大流行，因此，研究粉虱-植物-病毒三者间的互作关系显得尤为重要。

粉虱传播主要以半持久性和持久性方式进行，长线病毒属病毒和毛状病毒属病毒属于半持久性方式传播，菜豆金色花叶病毒属病毒属于持久性方式传播。

番茄褪绿病毒（tomato chlorosis virus，ToCV）是一种典型的由烟粉虱传播的毛状病毒属病毒，它可以在田间与番茄黄化曲叶病毒（tomato yellow leaf curl virus，TYLCV）复合侵染，造成严重的经济损失。ToCV 由烟粉虱、温室白粉虱和纹翅粉虱以半持久性方式传播。关于长线病毒属和毛状病毒属病毒是如何与粉虱体内的免疫信号互作的研究甚少。双生病毒科菜豆金色花叶病毒属病毒是烟粉虱传播的病毒中危害最严重的一类。以“明星”病毒 TYLCV 为例，其每年造成我国乃至世界范围内的农业生产近百亿的损失，因此，目前对 TYLCV 的研究较为广泛（Li et al.，2020）。TYLCV 以持久性增殖型方式在烟粉虱体内传播，病毒粒子能够随着无毒烟粉虱取食，从带病植物的汁液进入昆虫口针，借助网格蛋白介导的胞吞作用突破烟粉虱的中肠侵染屏障，穿过中肠上皮细胞顶端膜进入中肠细胞内；随后病毒粒子被包裹在囊泡结构中展开胞内运输，经早期内体管状结构到达烟粉虱中肠细胞基底面。随着烟粉虱血液循环，病毒粒子随后可从中肠细胞进入昆虫血淋巴从而循环到唾液腺，在该处进行复制增殖，并伴随烟粉虱取食再次传入新的寄主植物中（He et al.，2020）。除了植物间水平传播之外，双生病毒还可以在媒介烟粉虱体内水平或垂直传播。研究表明，烟粉虱在传播番茄黄化曲叶病毒以色列分离物（TYLCV-Is）时，不仅可以通过卵实现跨代传播，还能够通过交配行为实现在异性间的水平传播。这种传播方式可能依赖于交配行为，因为即便将同性获毒烟粉虱和未获毒烟粉虱共同饲喂一段时间，无毒烟粉虱仍旧不会获毒。这种依赖交配行为的传播方式还能够在烟粉虱性伴侣间连续性传播（serially transmissible），即无毒烟粉虱与获毒烟粉虱交配获毒后，再次与其他无毒烟粉虱交配，第二次交配中的无毒烟粉虱仍然能够获毒。

5. 蓟马（thrips） 蓟马是缨翅目（Thysanoptera）昆虫的通用名称。在大约 5000 种蓟马中，仅蓟马科（Tripidae）的 14 个种是植物病毒介体。大多数蓟马是极端杂食性的，并且能够在广泛范围的寄主中繁殖。正番茄斑萎病毒属（*Orthotospovirus*）、等轴不稳环斑病毒属（*Ilarvirus*）、南方菜豆花叶病毒属（*Sobemovirus*）和香石竹斑驳病毒属（*Carmovirus*）病毒均有成员被报道由蓟马传播。

蓟马的取食习性使病毒经由花粉传播成为可能。等轴不稳环斑病毒属病毒、南方菜豆花叶病毒属病毒和香石竹斑驳病毒属病毒能够由花粉传播，带毒花粉由蓟马携带，并通过蓟马在取食时造成的机械损伤侵入植物体内。

蓟马传播的所有植物病毒均是以持久增殖型方式传播的。蓟马对正番茄斑萎病毒属病毒的传播有几个显著特点：只有若虫可获毒而成虫不能，蓟马的获毒能力随虫龄的增加而降低，由于蓟马幼虫活动能力有限而成虫善飞，因此成虫是病毒主要的传播阶段。获毒后的蓟马可能终生携带病毒，但是病毒不能通过卵进行跨世代传播。

6. 其他吸食型口器昆虫介体　除上述几种研究较多、较为重要的吸食型口器的介体外，仍存在许多其他种类的昆虫介体，如椿象类中的盲蝽科（Miridae）与拟网蝽科（Piesmatidae）、粉虱和角蝉等。

盲蝽（mirid）是盲蝽科昆虫的通用名称，属刺吸式口器昆虫，以口针取食。有报道表明部分由盲蝽传播的病毒具有非持久性传播的特征，但是同时具备部分半持久性或持久性传播的特征。也有以持久增殖型方式传播病毒的报道。

粉蚧也是刺吸式口器昆虫。相较于蚜虫、飞虱等介体，粉蚧较少移动，这一特点使得粉蚧作为病毒介体的传毒效率相对低得多。有研究表明粉蚧能以类似于蚜虫非持久性传播的方式传播可可肿枝病毒。

7. 咀嚼式口器昆虫介体　咀嚼式口器适合取食固体食物，是最原始的口器类型。咀嚼式口器昆虫介体来自直翅目（Orthoptera）、革翅目（Dermaptera）和鞘翅目（Coleoptera）。研究较多的是鞘翅目叶甲科（Chrysomelidae）的甲虫（bettle），该科约有 30 个种是传毒介体，每个种的取食范围较窄。象甲科（Curculionidae）和梨象科（Apionidae）中也有少数是病毒传播介体。叶甲取食过程中有回吐行为，即利用植物汁液浸洗口器，但是甲虫传播病毒并不仅仅是简单的借机械创伤传毒的过程，因为一些稳定的能够靠汁液传播的病毒并不易被甲虫传播，一些病毒还可能在甲虫介体内保持较长时间；另外，病毒借甲虫的传播有高度的特异性。由此可见甲虫对病毒的传播是一个相当复杂的过程。

咀嚼式口器昆虫介体与病毒间的相互作用类型与吸食型口器昆虫与病毒间的相互作用类型并不完全相同。食叶甲虫不具有唾液腺，一些甲虫能够迅速获毒，病毒能够迅速出现在血淋巴内，成为带毒介体，有些甲虫则不能。目前没有证据表明甲虫获毒后存在潜育期和病毒在甲虫体内进行复制。

二、螨类介体传播

在蛛形纲中仅有蜱螨目中的 4 个科以绿色陆生植物为食，即瘿螨科（Eriophyidae）、叶螨科（Tetranychidae）、跗线螨科（Tarsonemidae）和粉螨科（Acaridae），可能存在植物病毒传播介体，但是目前仅在瘿螨科和叶螨科中发现了传毒介体。

瘿螨（eriophyoid mite）与其他螨类的关系较远，其两个口针保持在喙沟内，喙沟有两个起着唾液道作用的垫。瘿螨的取食方式为通过口针穿刺植物细胞并吸取细胞内容物。瘿螨较难独立运动，一般难以造成很大程度的危害，主要依赖风力进行传播。大多数螨类取食范围窄，具有特异性，局限于 1 个属或 1 个科内。研究最多的是曲叶螨（*Aceria tulipae*），可以传播小麦线条花叶病毒和小麦线条花叶病毒（wheat streak mosaic virus，WSMV）。曲叶螨传播 WSMV 的方式与非持久性蚜传病毒类似。由于螨类介体体型小，因此研究十分困难。目前没有充分证据证明病毒可以在螨类体内复制。

三、线虫介体传播

线虫（nematode）在分类地位上属于线虫门（Nematoda），寄生于绿色植物的线虫大都属于垫刃目（Tylenchida），但在垫刃目中目前尚未发现病毒介体。迄今为止仅在矛线目（Dorylaimida）的剑线虫属（*Xiphinema*）、异长针线虫属（*Paralongidorus*）、长针线虫属（*Longidorus*）和三矛目（Triplochida）的异毛刺线虫属（*Paratrichodorus*）、毛刺线虫属（*Trichodorus*）中发现了几种寄生于植物的传毒介体。

几种线虫介体均为外寄生型，通过频繁取食穿刺根管附近的根部表皮细胞。长针线虫具有细长中空的口针，能够穿透植物根尖深层。食道与口针肌唧筒相连，肌唧筒收缩使食道张开产生吸力，吸出植物细胞内容物，通过单向的瓣膜进入肠道。多数长针线虫在取食的第一阶段会诱导瘿瘤的产生，第二阶段会分泌唾液促使细胞质液化。毛刺线虫的取食分为 5 个阶段：试探性取食、穿刺细胞壁、分泌唾液、摄食及将口针从细胞内抽出。

常见的由线虫传播的病毒有烟草脆裂病毒属（*Tobravirus*）部分成员及线虫传多面体病毒属（*Nepovirus*）的所有成员。这些病毒通过线虫传播的过程包括 7 个相互联系的步骤：摄食（ingestion）、获毒（acquisition）、吸附（absorption）、持毒（retention）、释放（release）、转移（transfer）、定殖（establishment）。这些步骤之间的紧密关联是线虫传播病毒的关键过程，对于病毒的传播和植物病毒病的发生具有重要意义。

四、菌物介体传播

迄今为止已经被证实能够作为病毒传播介体的菌物仅有真菌界（fungi）壶菌门（Chytridiomycota）油壶菌属（*Olpidium*）的部分成员和原生动物界（Protozoa）根肿菌门（Plasmodiophoromycota）多黏菌属（*Polymyxa*）、粉痂菌属（*Spongospora*）的部分成员。其中油壶菌属能够传播球状病毒，部分成员能够参与介体依赖的种子传播；多黏菌属和粉痂菌属能够传播杆状和线状病毒。这些能够传毒的菌物都是高等植物的体内寄生菌，有着相似的发育阶段。

根据游动孢子中的病毒来源，可以将病毒与菌物的关系分为体外传播和体内传播两种。病毒与菌物的体外传播关系是在番茄丛矮病毒科（*Tombusviridae*）的球状病毒与油壶菌属的两个种之间发现的。来自土壤液体的病毒粒子吸附到游动孢子膜的表面，当鞭毛被卷起时，病毒进入游动孢子的细胞质内。随着游动孢子侵染寄主植株，病毒进入植物体内，但这一过程的分子机制尚不明晰。病毒与菌物的体内传播关系发生在大麦黄花叶病毒属（*Bymovirus*）、真菌传杆状病毒属（*Furovirus*）和巨脉病毒属（*Varicosavirus*）的棒状病毒与根肿菌门的菌物间。当游动孢子从无性孢子囊或休眠孢子中被释放时，病毒即存在于游动孢子内，当这些游动孢子侵染植物根系时，病毒也相应地侵染植物。游动孢子获毒和释放病毒的过程与分子机制尚不明晰。

五、其他介体传播

寄生性种子植物也可以作为传播病毒的介体，如菟丝子（*Cuscuta* spp.）。菟丝子是旋花科菟丝子属植物的通用名称，攀缘寄生于高等植物，无根和叶，营全寄生生活。菟丝子通过吸器（haustorium）与寄主维管束组织相连，将病毒从带毒植株传递到健康植株。目前已有的报道指出病毒可能并不在菟丝子体内增殖，菟丝子只起到连通两株植物的通道作用。

菟丝子传播病毒的分子机制并不明晰，已知胞间连丝能够暂时连接菟丝子的吸器末端和寄主细胞的原生质体，推测病毒粒子可能通过胞间连丝传播。这种传毒过程与嫁接传播病毒的过程类似，但是嫁接只局限于亲缘关系较近的物种，通常是同一个属内的植物。不同种的菟丝子具有相应不同的寄主范围，但是有些菟丝子的寄主范围很广，因此菟丝子与昆虫介体不同，能够在亲缘关系很远的植物之间传播病毒。

基于以上特点，菟丝子传播的主要实验用途之一就是将病毒从不易研究的寄主转移到易研究的实验植物上。理论上脱毒后的菟丝子或明确携带有某种病毒的菟丝子可作为实验中的接毒工具，但是用于实验的菟丝子可能携带某些未预料到的病毒，如菟丝子潜隐花叶病毒（dodder latent mosaic virus，DLMV），该病毒侵染菟丝子后并不表现症状，但是可在几种不相关植物上引起严重病害。

目前尚未有关于其他寄生性种子植物作为病毒传播介体的报道。列当（*Orobanche* spp.）是一种全寄生种子植物，寄生于高等植物根部，通过吸器与寄主植株的维管组织连通进行物质交换。有研究表明寄主植物体内的类病毒基因组能够通过吸器进入并侵染寄生于植物上的列当，还能在列当中增殖，但是列当中的类病毒基因组无法进入健康植株体内。

第三节　植物病毒病害的流行

植物病毒病害的流行（epidemic）是指植物病毒在一定区域和时间范围内大规模传播并导致植物病害的现象。植物病毒病害对农业生产和生态系统具有重大影响，严重时会导致农作物减产甚至绝收，从而威胁粮食安全和影响经济利益。病毒的流行学是研究寄主种群中病毒病的决定因素、动力学和分布的学科。

一、植物病毒病害流行学基本概念

植物病毒流行具有动态和状态两个方面的含义。这两个方面共同描述了病害在时间和空间上的传播规律和流行特征。病害流行的动态是指病害流行是一个发生发展的过程，在时间上病害数量由少到多，在空间上病害分布由点到面，动态过程主要包括以下几个要素。①传播速度：病毒在植物群体中扩散的速度，受到病毒种类、传播媒介（如昆虫）、环境条件（如温度和湿度）等多种因素的影响。②感染周期：病毒从侵入寄主到引起症状再到产生新的传播源所经历的时间周期。病毒往往具有短感染周期，能够在一个生长季节内多次传播。③传播模式：病毒的传播方式和路径，包括初次侵染源的形成、二次传播的发生及在不同寄主和媒介之间的传播链。传播模式可以是连续性的，也可以是间歇性的。④季节性变化：病毒病的流行往往具有明显的季节性规律，受气候条件和农事操作（如播种和收获时间）的影响。例如，温暖潮湿的季节通常是病毒传播的高峰期。

病毒流行的状态是指病毒在某一时刻或特定时期内的流行状况。主要包括以下几个要素。①流行程度：在某一特定时期内，病毒病在植物群体中的分布和发生程度。流行程度可以通过病株率、发病密度等指标来衡量。②空间分布：病毒在不同地理区域或田块中的分布状态。可以是均匀分布，也可以是斑块状分布，取决于病毒的传播方式和环境条件。③感染程度：单个植物或植物群体感染病毒后的症状严重程度，包括从轻微症状到严重病变甚至植株死亡。感染程度取决于病毒毒力、寄主抗性及环境条件等因素。④稳定性：病毒病害在某一特定时期内的流行状况是否保持稳定。病害可能在短时间内迅速扩散，也可能在控制措施下趋于稳定或减少。

此外，根据在一个流行季节中病害循环有无再侵染可将植物病害分为单循环病害、多循环病害和中间类型病害三大类，植物病毒病的流行属于典型的多循环病害。多循环病害是指病原体在一个生长季节内可以经历多次感染循环，通常伴随病原体的快速增殖和传播，存在明显的从少到多、从点到面的发展过程。与单循环病害相比，多循环病害的传播速度更快，造成的损害更为严重。

二、影响病毒传播和流行的因素

植物病毒病的流行是一个复杂的过程，受多种因素影响。病毒病的流行主要有 4 个必要的发生条件：①寄主植物群体必须具有感病性；②有侵染性病毒的存在；③有大量传播病毒的介体存在；④环境条件有利于病毒传播和病情发展。下面将详细介绍影响植物病毒病传播和流行的因素。

（一）非生物因素

1. 气候条件　气候条件影响着病毒病的流行，总体而言，当环境有利于寄主生长而不利于病毒增殖或传播时，植物病毒病的发生率较低，通常仅在局部区域内少量发生；相反，当环境条件不利于寄主生长但有利于病毒的传播和增殖时，植物病毒病发生和大流行的概率显著增加。在农田生态系统中，除了大环境的影响（如气候变化、降水量等）外，不当的栽培管理措施可能导致形成适合病害发生发展的微气候条件，从而引发病害的流行。

气候条件也可能影响病毒介体的长距离迁移，从而影响病毒的传播与病害的流行。在适宜的气候条件下，植物病毒可以随传播媒介长距离迁移。地转气流（geostrophic airstream）是一种在地球自转影响下，气流在自由大气层（离地面几千米以上的大气层）中沿等压线（即气压相等的线）流动的现象。稻飞虱、蚜虫等病毒昆虫介体可以借助这种气流进行长距离迁移。例如，大量有翅蚜虫通过地转气流从澳大利亚迁移到新西兰，跨越约 2000km 的距离，莴苣坏死黄化病毒（lettuce necrotic yellows virus，LNYV）可能正是通过这种方式传入新西兰。紫菀点叶蝉（*Macrosteles fascifrons*）是多种植物病毒的传播媒介，其有广泛的寄主范围，包括蔬菜、观赏园艺和农艺上重要的作物，大量的紫菀点叶蝉每年春季可能从墨西哥湾北部大约 300km 的越冬区，途经美国中西部到达加拿大各省，造成病毒流行。

除了气流和风力的影响，降水、土壤水分和地表径流也会通过影响介体或种子的传播来影响病毒的传播和病害的流行。降水可能影响气传和土传病毒的介体，降水时间和强度可能影响介体的种群数量及密度。强降水可能会减少刚到达作物上的蚜虫数量，从而减轻病害的流行。然而，在降水量大的地区，马铃薯帚顶病毒（potato mop-top virus，PMTV）的发生率最高，因为在高含水量的土壤中 PMTV 的真菌介体更适宜生存。

气温对病毒的传播与病害的流行也有显著影响。气温不仅影响病毒介体的繁殖和迁移，还影响病毒的传播。例如，高温可能导致一些蚜虫介体种群数量急剧减少，从而减少病毒在植物上的传播。有翅蚜只在温暖条件下飞行，寒冷气候不利于病毒依赖蚜虫介体的传播。将携带玉米粗缩病毒（maize rough dwarf virus，MRDV）的飞虱介体暴露于高温下可以阻止 MRDV 在介体中的复制，并抑制 MRDV 通过飞虱介体进行传播。

2. 土壤条件　土壤条件在多方面影响病毒病的发生和流行。肥沃的土壤可以提高一些病毒病的发生率，土壤的物理特性也可以影响生活在土壤中的介体的分布或寄主植物的生理状态，从而影响病毒病的发生率。例如，大麦黄矮病毒（barley yellow dwarf virus，BYDV）的流行受土壤类型及土壤湿度等影响，研究发现在土壤黏重的田块 BYDV 发病更为严重。

3. 光照质量和强度　光是地球上重要的环境因子，几乎一切生物的生命活动都离不开光。介体生物特别是昆虫等对环境光调控敏感，植物体内也有一套感知光的系统来感知周围环境的光，介体和植物都能将外界信号与内部信号转导通路相结合，影响介体和植物调控的植物病毒的传播与病害的流行。植物光通路通过影响植物激素途径（IAA、GA、ABA 等）调控植物光形态建成、向光性等光应答。而随着植物光通路抗病机制的解析，越来越多的研究发现植物光通路与植物激素抗性通路的密切联系。光对植物抗性的调控是通过光通路的重要调控因子与植物抗性途径互作实现的。沉默烟草的红光受体 *phyB* 后，烟草对 CMV 表现出感病表型，检测 *phyB* 烟草突变体植物发现 JA、SA 和 ET 等激素途径的标志基因表达均显著下调。

现代农业中设施农业发展迅猛，利用高光强和各种光谱组合可以提高植物抗病性，减少病毒传播。高光照强度一般导致植物抗病能力增强，光照质量也影响植物抗病毒能力。研究发现不同波长的单色光调控了植物对双生病毒差异化的抗性反应。与白光相比，红光使植物更加感病且吸引烟粉虱取食，而黑暗和波长为 810nm 的近红外光处理则抗病，且近红外光激活的抗病性最强。这些发现说明了环境光照因子可以通过整合植物内源抗病通路抵抗病毒的机制，为“光工程抗病毒”的绿色防控新策略的制定提供了重要理论依据（Zhao et al.，2021；Zhang et al.，2023）。

（二）生物因素

植物病毒病的流行受多种生物因素的影响，这些因素在复杂的生态系统中相互作用，影响病害的发生、传播和大流行。

1. 寄主植物的生物学特性　寄主植物群体的感病性是病毒病流行的必要条件之一，在很大程度上决定了植物病毒病的流行潜力。同样，寄主的生理状况对病毒的侵染效率、否能系统侵染、潜伏期及传播能力等方面产生重要影响。不同品种间的感病性差异显著，并且表现为时间性和区域性。时间性指寄主的感病性随生理年龄变化，幼龄植物通常比成年植物更易感病。区域性指同一寄主植物不同组织和器官的感病性存在差异。

寄主种群的密度也会影响病害的发生和流行。高密度的寄主种群缩短了病毒成功侵染所需的传播距离和时间，增加了传播的可能性，从而提高了病害的流行程度和范围。此外，高密度的种植可能改变田间的微环境，如增加土壤含水量和冠层相对湿度，降低冠层温度和地温，这些变化可能影响病毒的侵染效率。

植物群体的遗传多样性对病毒病流行有重要影响。在自然条件下，植物病害大流行较少发生，主要原因是植物遗传多样性高、易感植株密度低。然而，在现代农业生态系统中，由于种植品种单一，病毒病大流行的风险显著增加。这主要源于人类农事活动和对农田生态系统的干扰。例如，大面积种植单一抗病品种，最终可能因抗性丧失而变成易感品种，导致病毒病的大流行。

2. 病毒的生物学特性　病毒自身的生物学特性，如病毒的致病性、传染性和适应性，也对病害流行起着关键作用。病毒的致病性决定了其对寄主植物的危害程度。致病性强的病毒往往会引起寄主植物的严重病害，影响其生长和产量，从而加速病害的流行和危害。值得一提的是，病毒的致病性对病毒病的流行具有复杂多样的影响。一些强致病性病毒株系与仅引起微弱或中度症状的病毒株系相比，能够迅速引发系统病害并导致寄主植物的死亡。然而，这种具有强致病性的病毒株系可能不易存活，因此在某地区长期流行的可能性较低。例如，生活在美国西部沙漠植物上的叶蝉主要传染引起微弱症状的双生病毒——甜菜曲顶病毒（BCTV）弱毒株系而非强毒株系，因为强毒株系在越冬后第一代叶蝉尚未成熟之前就将寄主植物杀死，因此沙漠中的强毒株系逐渐减少。

此外，病毒的稳定性也能影响病毒的流行，如 TMV 具有高度稳定性，可在土壤中的植物残体上长期存活，从而成为来年的侵染源，或依附于种皮从而实现种子传播。植物病毒在寄主植物体内的移动速度和分布也会影响病毒病的流行。病毒侵染寄主后需要在寄主内从侵染点向整株植物移动，再侵染同种植物，移动越快的病毒（株系）越容易存活及有效传播。侵染多年生植物的病毒与侵染一年生植物的病毒相比，在寄主内的移动可能会慢许多。病毒移动的快慢某种程度上决定了病毒能否在合适的时期进入种子内部并具备侵染活性，当一种病毒能够进入种子并随种子传播时，该病毒就更容易流行。

病毒的变异性同样对其流行有着重要的影响。病毒的高变异性使其能够不断产生新的毒株或生物型，从而逃避寄主植物的抗病机制。这种变异性增加了病毒的致病力和适应性，使其能够在不同寄主和环境条件下生存和传播，增加了病害大流行的风险。

植物病毒寄主范围的广度对病害的流行具有重要影响。寄主范围广泛的病毒通常具有更高的流行潜力。这主要是因为广泛的寄主范围增加了病毒传播和扩散的机会，促进了其在不同生态系统中的生存和传播。寄主范围广的病毒可以感染多种植物，这使得它们能够在不同的生态环境中生存和繁殖。例如，CMV 均具有广泛的寄主范围，能够感染数百甚至上千种植物。这种多样性使病毒能够在不同的季节和气候条件下持续存在，并通过蚜虫传播在广泛的区域内扩散和流行。

3. 病毒的传播方式　病毒的传播方式在病毒病的流行学中起着重要作用。不同的传播方式决定了病毒在时间和空间上的扩散模式和流行强度。病毒传播方式对其流行的影响主要包括以下几方面。①传播效率和范围：不同传播方式的效率和范围直接影响病毒病的流行程度。例如，昆虫传播通常具有高效和广泛的传播能力，因为昆虫能够在短时间内移动较远的距离并感染多株植物，而机械传播则受到物理接触的限制，其传播范围相对较小。此外，能够通过种子传播的植物病毒，尤其是那些能够侵染胚的病毒，在流行病学中具有独特的传播和扩散机制。这类病毒不仅能够通过植物自身的繁殖扩散，还能够借助人类贸易活动和鸟类等生物因素传输到较远的新的生态环境，从而在新的生境下导致新发病毒病的暴发和流行。②传播速度：传播速度是指病毒从一个感染源传播到新的寄主所需的时间。昆虫传播和机械传播通常具有较快的传播速度，而种子传播和土壤传播则较慢。传播速度直接影响了病害的暴发时间和控制难度。③季节性和环境因素：某些传播方式受到季节性和环境因素的影响。例如，昆虫传播受到温度、湿度和光照的影响，季节变化可能导致昆虫种群数量的波动，从而影响病毒的传播和流行。种子传播则与播种季节密切相关。

4. 病毒-介体昆虫-植物三者互作 病毒高度依赖寄主和介体生物进行繁殖和传播，不断进化出利用和改变寄主生理生化过程的能力。自从1951年发现取食了感染甜菜花叶病毒的甜菜染病叶片后甜菜蚜种群数量会激增的现象以来，研究发现，大多数植物病毒感染植物后均可以或多或少影响其介体昆虫的定向行为、取食行为、种群数量等，从而影响病毒的传播与流行。病毒可以通过影响植物激素信号传导、激素生物合成、蛋白质降解途径、表观遗传学修饰、天然免疫等生理学功能途径，从而间接调控介体昆虫与寄主植物的互作。而介体昆虫也可以通过唾液分泌蛋白、RNA等方式进入植物体内，同病毒或者植物分子互作，进而影响三者互作关系（Ye et al.，2021）。例如，双生病毒可以抑制植物茉莉素通路促进病毒-烟粉虱-植物形成三者互惠关系。中国番茄黄化病毒（TYLCCNV）和甘蓝曲叶病毒（cabbage leaf curl virus，CaLCuV）是由烟粉虱传播的双生病毒，可以引起多种茄科和十字花科作物病害，其中TYLCCNV及其卫星DNA可以抑制寄主植物萜类化合物生物合成，促进其与昆虫的互惠关系（Li et al.，2014）。双生病毒感染植物后，病毒编码的βC1或者BV1蛋白可以与植物茉莉素通路的关键转录因子MYC2互作，干扰其形成二聚体，通过抑制下游萜类化合物的合成，从而有利于吸引烟粉虱取食，促进自身的传播。双生病毒与MYC2互作导致烟粉虱更加偏好取食感染双生病毒的植物，而且取食带毒植物烟粉虱的繁殖能力和寿命均得到显著提升。双生病毒除了影响传毒介体昆虫烟粉虱的嗅觉吸引外，还可以影响其取食行为，如刺探时间、刺探次数、筛管唾液分泌时间等。除了影响介体昆虫-植物互作，病毒感染还可以影响非介体昆虫的取食和种群数量，进而影响介体昆虫与非介体昆虫的竞争关系，从而影响昆虫生态和病毒的传播流行（Zhao et al.，2019）。

（三）人为因素

植物病毒的流行不仅受到自然因素的影响，人为因素也在病毒的传播和扩散中起到了关键作用。除了农具和机械使用时人类活动的无意识传播，农业管理、全球化贸易、种植模式及土地利用变化和生物安全措施等人为活动，都会对植物病毒病的流行产生深远的影响。

单一作物种植模式及轮作制度的缺失等农业管理和栽培实践均会影响植物病毒病的流行。单一作物的大面积种植一方面增加了病原物的传播机会，因为同种植物密集分布为病毒的传播提供了理想条件。这种情况下，病毒可以轻松地在植物之间传播，导致大面积的病害流行。另一方面，在同一区域大面积长期种植同一基因型的作物会导致病毒突破抗性，为病毒病的大流行创造了十分有利的条件。缺乏轮作制度的农业实践容易导致土壤中病毒的积累，增加了土传植物病毒病的发生率。轮作可以打破病毒的生活周期，减少病害的发生和传播。

人类对土壤耕作措施也可能会影响病毒在土壤和病残体中的传播和存活。在耕作中，线虫和真菌介体可以通过土壤的移动而扩散。土壤耕作还会改变土壤的通气程度和保湿程度，进而影响病毒在植物病残体中的存活率。在特定的时期耕作能够明显降低农田自生苗的存活率，从而减少来年的侵染源，阻断来年病毒病的流行。相比于灌溉和收获等农事操作，土壤耕作更有可能是病毒在农田中由点到面扩散的主要方式。此外，人类活动可能影响介体的传播速度进而影响病毒的传播速度。线虫在不受人为干扰的土壤中的主动蔓延非常缓慢，如剑线虫（*Xiphinema diversicaudatum*）以大约每年 30cm 的速度向周围未经耕作过的田地扩散。但是在耕作期间的农事操作一般会扩大介体的分布范围，排水时也会导致这种结果。耕作人员的鞋及农机具等被携带有线虫的土壤污染后，既可能短距离也可能长距离地传播线虫及其所携带的病毒。

设施农业如人工建造的温室对病毒病的流行也有着重要的影响。使用温室和聚乙烯塑料大棚可能会有利于土传病毒的存活，并且温室通常是在四季分明冬季寒冷的地区使用，温室内的人工气候环境与当地的差异很大，这不仅为许多本不能越冬的病毒及其传播介体提供了适宜的越冬场所，也因此更有利于适应热带和亚热带气候的病毒的入侵。

全球化贸易和交通运输对植物病毒病的流行影响越发明显。国家和地区之间的种子和植物材料贸易是病毒跨境传播的重要途径。未经检疫的种子、苗木等植物材料携带病毒进入新的地区，可能引发当地植物的病害流行。在过去的几个世纪中，人类也许已经成为许多病毒在世界范围内广泛传播的主要因素之一，一些病毒在以前可能只局限在一个或部分地区，但随着全球化贸易和交通运输的发展已很容易扩散到新的地区，如许多引起马铃薯病害的病毒和它们的传播介体随着马铃薯从美洲被传到欧洲，此后又通过块茎这一营养繁殖体跟随人类贸易传播到许多其他国家。

小　结

本章详细介绍了植物病毒的主要传播方式及其过程，以及植物病毒病的流行和预测预报。除了少数植物病毒可以通过机械损伤、无性繁殖材料、种子和花粉等进行非介体的传播外，超过80%的植物病毒依赖于媒介以非持久性、半持久性或者持久性方式进行传播。常见传播植物病毒的媒介种类包括昆虫、螨类、线虫、菌物等，其中，昆虫是最普遍且传毒能力最强的一类媒介。蚜虫、叶蝉、飞虱、粉虱、蓟马和粉蚧等多种昆虫都能传播多种植物病毒，对农业生产造成了巨大的经济损失。

植物病毒的传播往往伴随着病毒病的大流行。气候、土壤等非生物因素，以及寄主、病毒、介体昆虫的生物学特性都会影响植物病毒病的发生和发展。

复习思考题

1. 植物病毒的非介体传播方式有哪些?
2. 植物病毒的介体昆虫主要有哪些种类? 列举其中具有代表性的几种。
3. 植物病毒与媒介昆虫的相互作用类型分为哪几种? 分别有什么特征?
4. 病毒流行的必要因素有几点?
5. 病情指数的概念是什么?

主要参考文献

Baker P F. 1960. Aphid behavior on healthy and on yellows-virus-infected sugar beet. Annals of Applied Biology, 48: 384-391.

Dieryck B, Weyns J, Doucet D, et al. 2011. Acquisition and transmission of peanut clump virus by *Polymyxa graminis* on cereal species. Phytopathology, 101: 1149-1158.

Grogan R G, Schnathont W C. 1955. Tobacco ring-spot virus - the cause of lettuce calico. Plant Disease Reporter, 39: 803.

Gunasinghe U B, Irwin M E, Kampmeier G E. 1988. Soybean leaf pubescence affects aphid vector transmission and field spread of soybean mosaic virus. Annals of Applied Biology, 112: 259-272.

He Y, Wang M, Yin T, et al. 2020. A plant DNA virus replicates in the salivary glands of its insect vector via recruitment of host DNA synthesis machinery. Proceedings of the National Academy of Sciences, 117: 16928-16937.

Kennedy J. 1951. Benefits to aphids from feeding on galled and virus-infected leaves. Nature, 168: 825-826.

Li F, Qiao R, Yang X, et al. 2020. Occurrence, distribution, and management of tomato yellow leaf curl virus in China. Phytopathology Research, 4: 28.

Li R, Weldegergis B, Li J, et al. 2014. Virulence factors of geminivirus interact with MYC2 to subvert plant resistance and promote vector performance. Plant Cell, 26: 4991-5008.

Mao Q, Wu W, Liao Z, et al. 2019. Viral pathogens hitchhike with insect sperm for paternal transmission. Nature Communications, 10: 955.

Ng J C, Falk B W. 2006. Virus-vector interactions mediating nonpersistent and semipersistent transmission of plant viruses. Annual Review of Phytopathology, 44: 183-212.

Wang H, Wu X, Huang X, et al. 2022. Seed transmission of tomato spotted wilt orthotospovirus in peppers. Viruses, 14: 1873.

Whitfield A E, Falk B W, Rotenberg D. 2015. Insect vector-mediated transmission of plant viruses. Virology, (479-480): 278-289.

Wu H, Qu X, Dong Z, et al. 2020. WUSCHEL triggers innate antiviral immunity in plant stem cells. Science, 370: 227-231.

Wu J, Zhang Y, Li F, et al. 2024. Plant virology in the 21st century in China: recent advances and future directions. Journal of Integrative Plant Biology, 66: 579-622.

Xu Y, Fu S, Tao X, et al. 2021. Rice stripe virus: exploring molecular weapons in the arsenal of a negative-sense RNA virus. Annual Review of Phytopathology, 59: 351-371.

Ye J, Zhang L, Zhang X, et al. 2021. Plant defense networks against insect-borne pathogens. Trends in Plant Science, 26: 272-287.

Zhang X, Wang D, Zhao P, et al. 2023. Near infrared light and PIF4 promote plant antiviral defense by enhancing RNA interference. Plant Communications, 5: 100664.

Zhao P, Yao X, Cai C, et al. 2019. Viruses mobilize plant immunity to deter nonvector insect herbivores. Science Advances, 5: eaav9801.

Zhao P, Zhang X, Gong Y, et al. 2021. Red-light is an environmental effector for mutualism between begomovirus and its vector whitefly. PLoS Pathogens, 17: 1008770.

第八章 植物的抗病毒防御与植物病毒的反防御

本章要点

1. 明确植物抗病毒防御类型和作用机制。
2. 掌握病毒反防御策略与作用方式。

本章数字资源

植物面对环境中的各种有害生物侵染时无法像动物一样自由地移动从而躲避危险因素。在长期进化过程中，为了适应不利的环境，植物进化出一套复杂、精细、多层次的防御体系来感知和应对病毒等有害生物的入侵，这些防御体系包括在DNA层面的DNA修饰、染色质重塑，在RNA层面的RNA沉默、RNA降解，在蛋白质层面的蛋白质修饰、降解，以及植物激素和其他物质介导的防御反应等。同样，为了在寄主植物中建立侵染，病毒也进化出了相应的反防御策略来对抗植物的防御系统。因此，了解植物的抗病毒防御系统和病毒的反防御策略，对于认识植物与病毒的相互作用和病毒如何成功侵染寄主植物具有重要意义。

第一节 植物的抗病毒防御

一、表观修饰介导的抗病毒防御

表观修饰是指在不改变核酸序列的情况下，DNA、组蛋白等发生了修饰或修饰状态发生了改变，从而导致基因表达发生可遗传改变的现象。常见的表观修饰包括DNA甲基化、组蛋白甲基化与乙酰化修饰、染色质重塑等。表观修饰通过改变病毒核酸的遗传表现，在植物防御病毒侵染中扮演了重要的角色，下面重点介绍DNA甲基化在DNA病毒侵染中的功能。

DNA甲基化修饰是指甲基基团在DNA甲基转移酶的作用下共价连接至胞嘧啶环的第五位碳原子上，形成5-甲基胞嘧啶（图8-1）。作为一种保守的表观遗传修饰，DNA甲基化在调控基因表达、维持基因组稳定和抵御外源 DNA 入侵等生物学过程中起到了至关重要的作用。在哺乳动物中，DNA 甲基化主要发生在对称 CG 的 C 位点上，并且基因组上 70%～80%的 CG 都会被甲基化修饰。在植物中，DNA 的甲基化发生在包括 CG、CHG 和 CHH（H 指 A、T、C 中的任何一个）中的任何一个 C 位点上，它们主要集中在基因组上的转座子和一些重复序列。DNA 甲基化由建立、维持和去除这三个过程动态调控。在这些过程中，不同的信号通路精密调节，将不同的酶靶标到基因组的特定位点，从而维持生物体 DNA 甲基化的动态变化。

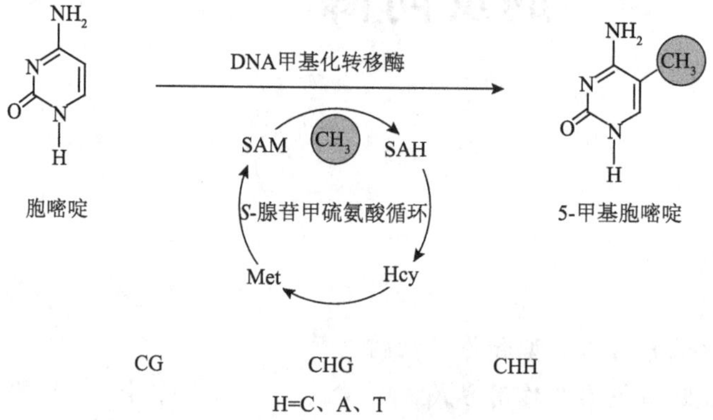

图 8-1　DNA 的甲基化修饰

胞嘧啶的第五位碳原子上的羟基（—OH）被甲基（$—CH_3$）取代的过程。DNA甲基化需要DNA甲基转移酶、甲基化循环提供CH_3基团和多种寄主因子的参与来完成

DNA 甲基化能够直接靶标双生病毒的基因组 DNA 以抵御病毒侵染（Guo et al., 2022）。甲基化可以抑制双生病毒基因组 DNA 的复制。通过体外甲基化的双生病毒转染植物的原生质体，发现被甲基化的双生病毒 DNA 与对照相比在原生质体的增殖方面受到抑制，子代 DNA 的积累量显著下降。被甲基化的双生病毒 DNA 的复制受到抑制的主要原因：DNA 甲基化不仅抑制了病毒编码的复制相关基因的转录，同时被甲基化的病毒被复制复合体识别和利用的效率很低。在不同的双生病毒与寄主的组合中，病毒基因组的甲基化程度为 1.25%～60%。

在双生病毒侵染的情况下，不仅病毒基因组能够被甲基化，与病毒同源的 DNA 序列同样也能够被甲基化。番茄曲叶病毒（tomato leaf curl virus，ToLCV）*V2* 基因启动子驱动 GUS 表达的转基因烟草在接种 ToLCV 之后，*GUS* 基因的转录受到抑制，这种转录抑制伴随着 *V2* 启动子的高度甲基化；花椰菜花叶病毒（cauliflower mosaic virus，CaMV）35S 启动子驱动 ToLCV 的 *C4* 基因表达的转基因烟草出现典型的叶片卷曲的表型，而当转基因植物接种了 ToLCV 之后，*C4* 基因的转录本完全消失，叶片卷曲的表型也随之消失，重亚硫酸盐实验测定表明，*C4* 的 ORF 及 35S 启动子都被 DNA 甲基化所修饰。

双生病毒基因组 DNA 甲基化程度与寄主的抗病程度呈正相关。第一个被鉴定的双生病毒抗性基因 *Ty1* 编码一个与拟南芥 RNA 依赖的 RNA 聚合酶 3（RDR3）、RDR4 和 RDR5 同源的 RDRγ 蛋白，*Ty1* 通过提高病毒基因组的 DNA 甲基化程度从而使得寄主抵抗双生病毒的侵染。在古吉拉特番茄曲叶病毒（tomato leaf curl Gujarat virus，ToLCGV）侵染后症状恢复的普通烟的材料中，RDR1 的表达量显著上升，同时 ToLCGV 启动子区域的 DNA 甲基化水平明显上升。有些双生病毒侵染之后病毒症状随着时间的推移逐渐减弱，症状的减弱伴随着病毒积累量的下降及病毒基因组甲基化的增强。DNA 甲基化通路的基因突变或敲低会使得寄主植物对双生病毒的侵染更加敏感。拟南芥 DNA 甲基化通路的突变体，如 *adk1*、*adk2*、*met1*、*cmt3*、*drm2*、*nrpd2a*、*dcl3* 及 *ago4* 接种双生病毒后病毒症状会加重。本氏烟中甲基化通路的关键基因被敲低之后会促进双生病毒的侵染。

总之，DNA 甲基化是一种保守的表观遗传修饰，它在调控基因表达、维持基因组稳定和抵御外源 DNA 病毒入侵等生物学过程中起到了至关重要的作用。

二、RNA 水平介导的抗病毒防御

植物可以通过靶向病毒 RNA 诱导其发生切割与降解，或调节其活性与稳定性防御抵抗病毒的侵染。RNA 沉默（RNA silencing）是植物抵抗病毒侵染的最主要的防御系统。除了 RNA 沉默，RNA 降解（RNA decay）、RNA 质量控制（RNA quality control，RQC）和 RNA 修饰等也参与了植物抵抗病毒的防御过程（Li et al.，2019a；Ge et al.，2024）。下文重点介绍这些靶向 RNA 的抗病毒反应的作用机制与关键效应蛋白。

（一）RNA 沉默

RNA 沉默是一种广泛存在于植物、动物、真菌等生物中，由双链 RNA（double-stranded RNA，dsRNA）介导的具有高度序列特异性的 RNA 降解机制，RNA 沉默能够通过靶向病毒特异的 RNA 序列，介导病毒 RNA 的切割与降解，从而抵御病毒侵染（Li et al.，2014，2015，2017，2022；Li and Wang，2018a，2019；Wu et al.，2024）。在植物体内，抗病毒的 RNA 沉默分为以下几步（图 8-2A）：①病毒来源的 dsRNA 经核酸酶 RNase Ⅲ家族的 Dicer（DCL）切割产生 19～25nt 的双链小干扰型 RNA（small interfering RNA，siRNA）；②切割产生的 siRNA 进入细胞质内的 RNA 诱导的沉默复合体（RNA-induced silencing complex，RISC）中；③在消耗 ATP 的情况下，siRNA 的一条链被解旋酶解离，另一条链介导核酸内切酶 Argonaute（AGO）蛋白切割与其互补的病毒 RNA 序列。因此，RNA 沉默也叫转录后基因沉默（post-transcriptional gene silencing，PTGS）。PTGS 以病毒 RNA 为靶标，以序列匹配的方式特异性降解 RNA 或抑制 RNA 翻译。

RNA 沉默的核心效应蛋白包括 DCL、AGO、RNA 依赖的 RNA 聚合酶（RNA-dependent RNA polymerase，RdRp）等（图 8-2B 和图 8-2C）。DCL 是生物进化过程中一类高度保守的具有 RNase Ⅲ活性的核酸内切酶。DCL 能够切割 dsRNA，产生具有 5′端磷酸基团和 3′端有 2nt 突出的 siRNA。拟南芥中存在 4 种 DCL（DCL1、DCL2、DCL3 与 DCL4），这 4 种 DCL 在切割 siRNA 的长度与功能上存在一定差异。DCL1 主要负责切割单链发夹状的 pri-miRNA 进而产生 21nt 的 microRNA（miRNA）；DCL2、DCL3 和 DCL4 能够切割几乎完全匹配的 dsRNA，它们分别产生 22nt、24nt 与 21nt 的 siRNA，它们切割产生 siRNA 的大小由其编码的 PAZ 结构域所决定。

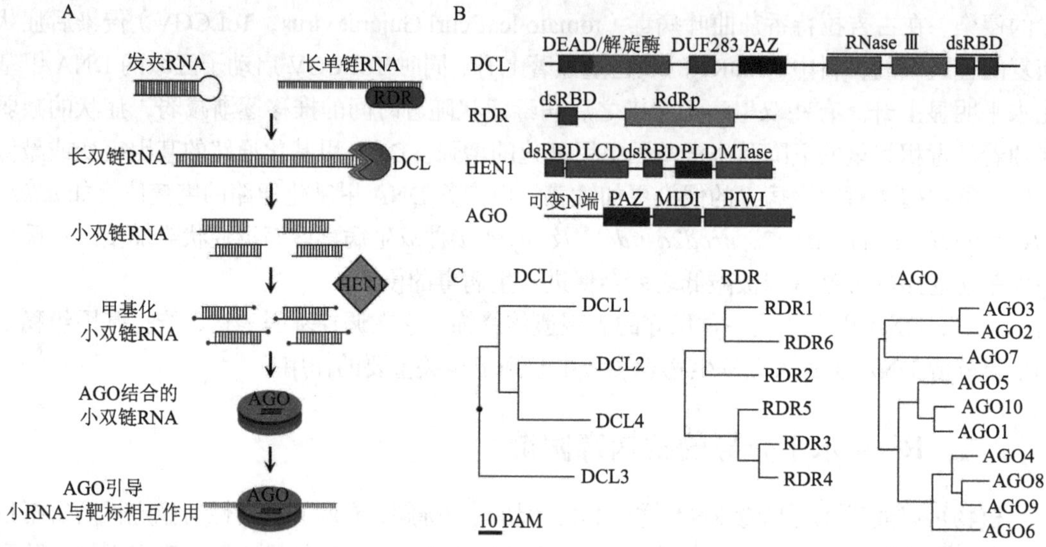

图 8-2　RNA 沉默途径（A）及其在拟南芥中的 DCL、RDR 和 AGO 蛋白的结构域（B）和聚类分析（C）

DCL. Dicer类似蛋白（Dicer-like）；RdRp. RNA依赖的RNA聚合酶；HEN1. hua enhancer 1蛋白；dsRBD. 双链RNA结合结构域；DUF283. 未知功能283的结构域；LCD. 含有La-motif的结构域；MTase. 甲基转移酶；PAM. 单点可接受的突变；PAZ. Piwi/Argonaute/Zwille复合体；PLD. 肽基脯氨酰基顺反异构酶结构域

DCL2 的切割产物来源于 RDR2 与 RDR6 的转录产物，切割产生的 22nt 的 siRNA 在基因转录沉默（transcriptional gene silencing，TGS）与 PTGS 中有着冗余的作用。DCL3 的切割底物来源于 RDR2 转录的序列，一般切割产生 24nt 的 siRNA，参与 RNA 指导的 DNA 甲基化（RNA directed DNA methylation，RdDM）。DCL4 的切割底物来源于 RDR1 或者 RDR6 转录的反式作用 siRNA（*trans*-acting siRNA，ta-siRNA）的前体或者次级 dsRNA，一般切割产生与调控发育或与 PTGS 有关的 21nt siRNA。

拟南芥中 4 种 DCL 均能参与抗病毒反应，DCL4 介导产生的 21nt siRNA 起着最重要的作用；DCL2 介导切割的 22nt siRNA 在抗病毒中与 DCL4 具有冗余作用；当 DCL4 缺失时，DCL2 才能发挥主要作用；DCL3 产生的 24nt siRNA 主要通过 TGS 途径抵抗病毒的侵染；而 DCL1 主要通过抑制 DCL3 与 DCL4 的表达，使 DCL2 在抗病毒中发挥作用，因此它在抗病毒中处于最次要的位置。由于 DCL2、DCL3 和 DCL4 的切割底物还包含了病毒自身或者寄主 RDR 参与产生的 dsRNA，因此 DCL2、DCL3 和 DCL4 在抗病毒中起关键但冗余的作用。*dcl2* 与 *dcl4* 双突变体能够抑制烟草脆裂病毒（tobacco rattle virus，TRV）诱导的内源基因沉默，DCL4 产生的 21nt siRNA 在抗病毒及病毒诱导的基因沉默（virus-induced gene silencing，VIGS）中起主要作用，只有当 DCL4 的功能受到病毒抑制子的抑制后，DCL2 产生的 22nt 才在抗病毒中发挥主要作用。

AGO 即 Argonaute 蛋白是 RNA 沉默的效应蛋白，不同生物中 AGO 蛋白的数量不同。拟南芥作为植物中的模式生物，编码了 10 个 AGO 蛋白。根据进化水平，分为三个分支：AGO1、AGO5 与 AGO10 聚为一类，AGO2、AGO3 与 AGO7 聚为一类，AGO4、AGO6、AGO8 与 AGO9 聚为一类。常规的 AGO 蛋白包含 4 个结构域，从 N 端到 C 端依次是可变的 N 端结构域、高度保守的 PAZ 结构域、MIDI 结构域及 PIWI 结构域，这些结构域联合在一起能够保证 siRNA 切割它们靶标的准确性。AGO1、AGO5 与 AGO10 组成一类，它们对于 miRNA 的活性及 ta-siRNA 的产生与活性起着重要的作用。AGO1 介导的抗病毒沉默主要依赖于 DCL4 与 DCL2 切割的来源于病毒的 21nt 与 22nt 的 siRNA。AGO2 蛋白在功能上与 AGO1 具有冗余性，与 AGO1 类似，AGO2 介导的抗病毒沉默的机制主要能够结合依赖于 DCL2 切割来源于病毒的 22nt 的 siRNA。研究发现 *ago1* 与 *ago2* 单突变体对病毒侵染非常敏感，而当 *ago1* 与 *ago2* 进行双突变时，病毒侵染比单个突变更为敏感；AGO2 还对病毒的寄主范围具有一定的影响，不能侵染野生型拟南芥的 PVX 能够侵染 *ago2* 突变体，但 AGO1 对病毒的寄主范围没有影响。尽管 AGO3 与 AGO2 生物进化关系比较近，但其功能还不明确。AGO4 是 RdDM 的主要效应蛋白，可参与转座子与重复序列的甲基化。甜菜曲顶病毒（beet curly top virus，BCTV）在拟南芥 *ago4* 突变体上的侵染要比在野生型上严重很多，说明 AGO4 在抵抗双生病毒的侵染中起重要作用。AGO6 与 AGO9 也是负责 RdDM 的效应蛋白，AGO6 在功能上与 AGO4 具有一定的冗余性。AGO8 由于在拟南芥中整个发育水平积累量较低，被认为是一个假基因，至今未报道其功能。

RDR 是植物、真菌、原生生物及线虫中比较保守的一类 RNA 聚合酶，其作用是将单链 RNA（single-stranded RNA，ssRNA）转变成 dsRNA。根据 RDR 的序列特征，可将其分为 RDRα、RDRβ 与 RDRγ 三类，而在植物中只存在 RDRα 与 RDRγ 类的 RDR。目前已从拟南芥中鉴定出 6 个 RDR，其中对 RDR1、RDR2 和 RDR6 的功能研究得较为清楚，它们同属于 RDRα 类，在 C 端均含有一个真核生物中比较保守的 DLDGD 氨基酸基序。这三种 RDR 在 RNA 沉默及抗病毒中所起的作用不同。

过量表达普通烟中的 *RDR1* 基因能够诱导普通烟植物体内对烟草花叶病毒（tobacco mosaic virus，TMV）及马铃薯 Y 病毒（potato virus Y，PVY）抗性基因的表达，从而使转基因植物表现出对这两种病毒的明显抗性；当 *RDR1* 沉默时，植株表现出对 PVY 病毒更强的敏感性，同时病毒的积累量增加，而相应的防卫反应相关基因表达水平降低，说明了 RDR1 在病毒的基础抗性方面起了重要作用。RDR2 主要参与 RdDM 途径，依赖于 RDR2 产生的 24nt 的 siRNA 能够介导基因组 DNA 胞嘧啶的甲基化或者诱导组蛋白的甲基化。RDR6 对多种病毒具有抗性，*RDR6* 沉默的植株对芜菁皱缩病毒（turnip crinkle virus，TCV）、PVX 和 TMV 等病毒的侵染更加敏感，而且这种敏感性随着温度的升高表现得更加明显。RDR6 不仅在抗病毒方面有着重要作用，RNA 病毒 PVX 诱导的基因沉默及 DNA 病毒 CaLCuV 诱导的基因沉默也是必需的。RDR6 对于转基因植株发夹结构诱发的沉默也是必需的，说明依赖于 RDR6 合成的次级 siRNA 在 RNA 沉默中具有重要作用。RDR6 的次级 siRNA 的扩增能够极大增强 RNA 沉默的效率。

SGS3 为基因沉默抑制子（suppressor of gene silencing，SGS3），SGS3 在 RNA 沉默中的所有功能几乎都是与 RDR6 一起被鉴定出来的，如 *rdr6* 或 *sgs3* 突变体对 CMV 的侵染超级敏感并且能够抑制双生病毒诱导的 VIGS。虽然 SGS3 在 RNA 沉默中的作用与 RDR6 相似，但 SGS3 蛋白本身的功能与 RDR6 相差甚远。SGS3 不具有合成 dsRNA 的能力，它只是将体内的 ssRNA 招募到 RDR6 上，使其合成 dsRNA。SGS3 有利于 RDR6 将单链的转录本合成 dsRNA，继而被 DCL4 切割成 21nt ta-siRNA。对 SGS3 蛋白的生化分析发现，它包含锌指结构（zinc finger，ZF）、水稻基因 XS（rice gene X and SGS3）及三段螺旋结构域（coiled-coil，CC），这三个结构域对于 SGS3 合成 ta-siRNA 都是重要的。其中 XS 与 CC 结构域对于其在细胞质中形成颗粒状的小体（siRNA-body）是必需的；另外，XS 结构域对其结合 5′端有突出的 dsRNA 是必需的，而 CC 结构域对于 SGS3 自身互作是必需的。SGS3 与 RDR6 能够互作，互作位点位于 siRNA-body 上。

（二）RNA 降解

RNA 降解（RNA decay）包含 5′→3′RNA 降解和 3′→5′RNA 降解，一般用于降解细胞内冗余或者错误的信使 RNA（messenger RNA，mRNA）（图 8-3）。多数 mRNA 的降解是从 3′→5′RNA 方向，这个过程开始时，mRNA 3′端 poly(A)尾逐渐缩短到 10～60 个核苷酸，

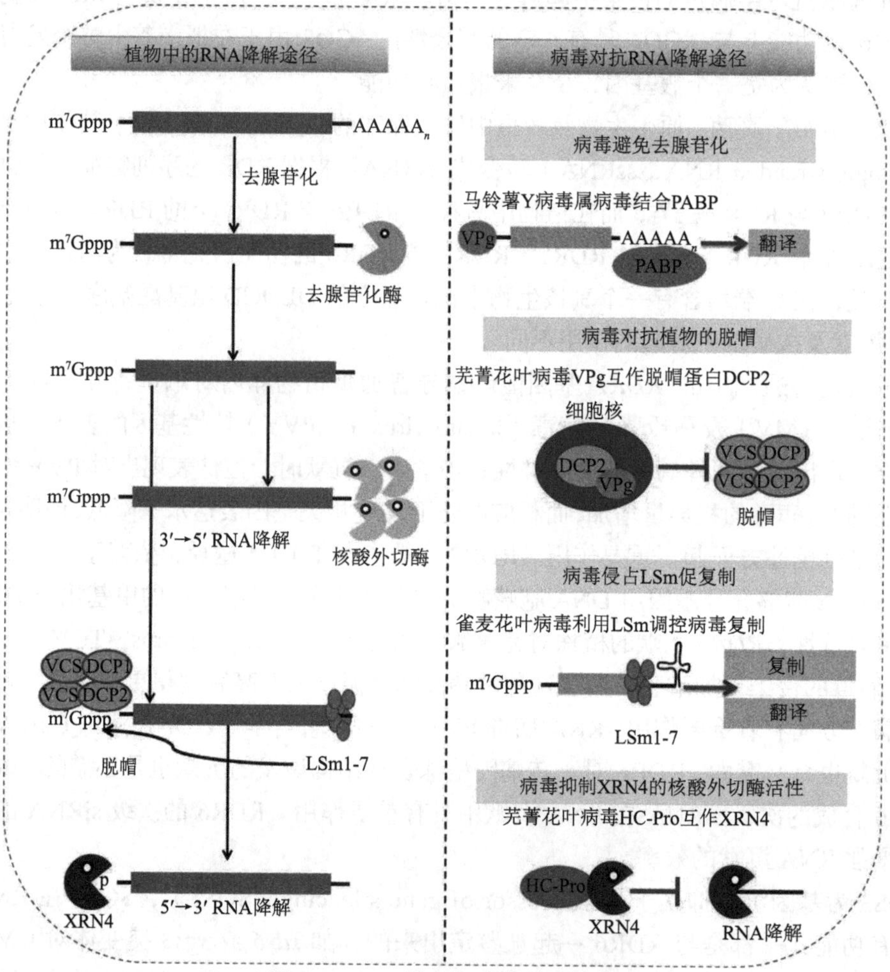

图 8-3　RNA 降解与病毒的反防御

正常细胞mRNA的降解始于细胞mRNA 3′端poly(A)的去腺苷化。去腺苷化后RNA通过3′→5′方向的降解途径降解。5′→3′方向RNA降解伴随mRNA 5′端的去帽化，去掉帽子后的mRNA被5′→3′核酸外切酶XRN蛋白降解。一些病毒蛋白能够避免、对抗或阻止RNA降解途径介导的病毒RNA降解

这一过程被称为去腺苷化（deadenylation）。在生物体内共有三个相关的蛋白质复合物参与这一过程，包括 poly(A)核酸酶 PAN2、PAN3，CCR4-NOT 蛋白复合体及 poly(A)特异性核糖核酸酶 PARN。RNA 去腺苷化后 3′→5′方向的降解依赖于 RNA 外切体（exosome）的核酸外切酶复合体。在真核生物中，exosome 含有 9 个相对保守的亚基，这些亚基在植物发育的不同阶段中执行着不同的功能。5′→3′方向 RNA 降解伴随 mRNA 5′端的去帽化(decapping)，去掉帽子后的 mRNA 进而被 5′→3′核酸外切酶 XRN 蛋白降解。脱帽蛋白 DCP1 或者 DCP2 的缺失导致植物在胚胎发育后期致死，表明脱帽蛋白介导的 RNA 降解在植物体内具有重要作用。拟南芥基因组共编码三个 *XRN* 基因，其中 *XRN2*、*XRN3* 定位于细胞核，*XRN4* 定位于细胞质。因此，植物细胞质中的 RNA 降解功能主要由 *XRN4* 来实现。

研究发现 5′→3′RNA 降解途径参与抵抗多个 RNA 病毒的侵染。拟南芥脱帽核心蛋白 *dcp2* 突变体对 TRV 的侵染表现为超敏感。烟草 NbXRN4 蛋白负调控多个 RNA 病毒的侵染，如 TMV、TBSV 和 RSV 等。5′→3′RNA 降解与 RNA 沉默能够以一种合作的方式抑制 TuMV 的侵染。

（三）RNA 质量控制

RNA 质量控制（RNA quality control，RQC）是真核生物中保守的 RNA 监测机制，识别异常 RNA 在其翻译过程中的特殊状态，进而启动 RNA 降解机制降解异常 RNA。病毒编码RNA往往产生区别于寄主RNA的特殊结构和编码特征，在核糖体翻译过程中能够被RQC机制识别。无义介导的降解（non-sense mediated decay，NMD）、无终止降解（non-stop decay，NSD）和翻译停滞降解（no-go decay，NGD）是真核生物中三种主要的 RQC 系统（图 8-4）。NMD 在所有真核细胞中都是高度保守的，它代表了一种降解内源和外源 RNA 的调控途径。

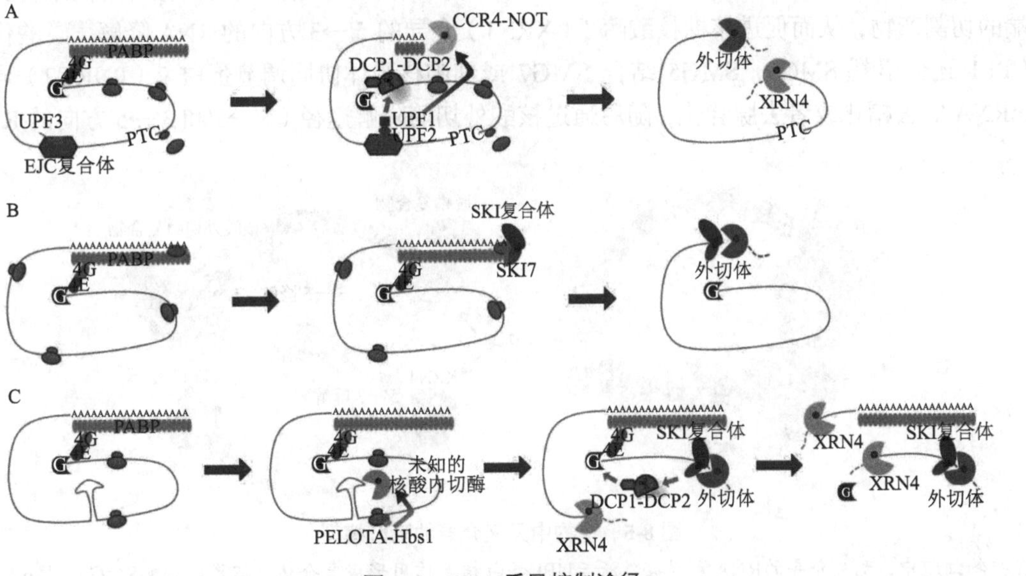

图 8-4　RNA 质量控制途径

植物体内的RNA质量控制途径主要包括无义介导的降解（A）、无终止降解（B）和翻译停滞降解（C）。这三种RNA监控途径通过识别在翻译过程中具有不同特征的RNA，介导RNA的降解

NMD 也是真核生物中研究最多的 RQC，它选择性地降解含有突变的 RNA，这些突变会过早终止翻译，包括无义、移码和一些剪接位点突变。NMD 的靶标 RNA 常含有上游开放阅读框（upstream open reading frame，uORF）、提前终止密码子（premature termination codon，PTC）、长 3′非翻译区（3′ untranslated region，3′UTR）等特征。除了以上 NMD 诱发的特征，NMD 还能够调控很多正常和非正常 RNA 的转录本，降解含有假基因、转座元件、潜在天然反义 RNA 和异常 mRNA 样非编码 RNA 的异常转录本，并控制着许多正常蛋白质编码 mRNA 的水平。这些 mRNA 包括可变剪接的转录本异构体和其他具有顺式元件的正常转录本，这些顺式元件可能导致 NMD 过早异常识别其正常的终止密码子。由于大量转录本可以受到 NMD 的影响，因此了解这一过程将更好地理解基因表达是如何被执行和调控的。

NMD 机制在哺乳动物和酵母中已经被充分研究（图 8-5）。正常的 mRNA 翻译终止通常发生在 mRNA 的 3′端附近，当核糖体遇到终止密码子时，真核翻译终止因子 eRF1 和 eRF3 进入终止位点并释放新生多肽。eRF3 与核糖体的结合被 mRNA 3′端存在的 poly(A)结合蛋白[poly(A) binding proteins，PABP]所稳定，从而可以感知终止密码子是否在 mRNA poly(A)尾附近。然而，当核糖体遇到 PTC 或者其他 NMD 诱发元件时，翻译会阻止并促进 SMG1-UPF1-eRF1-eRF3（SURF）复合体的组装，该复合体由磷酸激酶 SMG1、UPF1 解旋酶和 eRF1-eRF3 等组成。SURF 复合体不仅阻碍了翻译的正常进行，也阻止了翻译终止因子 eRF3 与 PABP 的结合，引起翻译无法正常进行与终止。在 SURF 复合体中，SMG1 与调控亚基 SMG8 和 SMG9 相互作用，但 SMG1 的激酶活性在 NMD 激活之前是被抑制的。SURF 复合物与 NMD 因子 UPF2 和 UPF3 互作导致 SMG1 的激活，从而进一步激活 UPF1，使其磷酸化。与此同时，UPF1 与 UPF2 的互作也激活了 UPF1 的解旋酶活性。磷酸化的 UPF1 可以触发翻译抑制，并招募切割 RNA 的核酸内切酶 SMG6。剩下 5′端的切割产物将可能由核酸外切体（exosome）进行 3′→5′方向的 RNA 降解。UPF1 解旋酶的活性可解离结合到 3′端的切割产物，从而促进核糖核酸酶 1（XRN1）介导的 5′→3′方向的 RNA 降解。磷酸化的 UPF1 还会招募 SMG5，SMG5 结合 SMG7 或细胞核受体协同调节蛋白 2（PNRC2）导致 mRNA 的去帽化或者去腺苷化，随后通过核酸外切酶降解途径（5′→3′和 3′→5′方向的 RNA

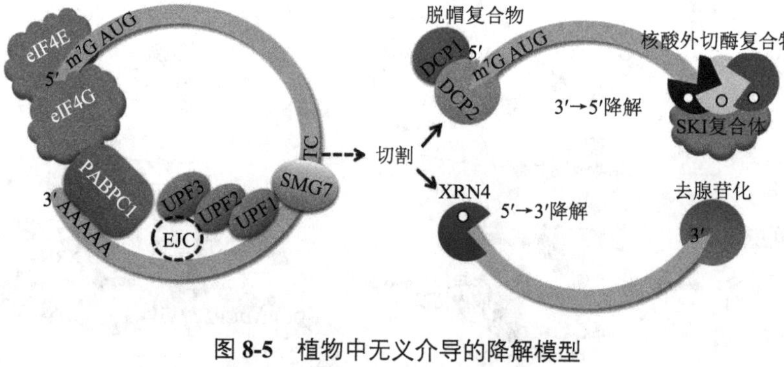

图 8-5　植物中无义介导的降解模型

在植物细胞中，无义介导的RNA降解被激活后UPF蛋白相互作用形成复合体，招募内切酶SMG7，将mRNA切割成两个片段。被切割后的3′段RNA部分被核糖核酸外切酶XRN4介导5′→3′方向的RNA降解，帽子端部结合脱帽复合物通过DCP2脱帽并被外切酶体复合物与SKI复合体介导3′→5′方向的RNA降解降解）对靶标 RNA 进行降解。SMG5-SMG7 复合体可以募集蛋白磷酸酶 2A，使 UPF1 去磷酸化并在 NMD 系统中再循环。

在内含子剪接过程中，位于终止密码子下游超过 50～55nt 的内含子会促进 NMD。剪接后，外显子连接复合物（exon junction complex，EJC）会沉积在 mRNA 外显子连接处（exon-exon junction，EEJ）处上游 24nt 左右的位置。UPF3 是一种核质穿梭蛋白，在 mRNA 输出到细胞质之前与 EJC 相互作用。如果终止发生在 EEJ 上游的 50～55nt 处，终止核糖体的大小不足以直接移除 EJC。因此，与 EJC 绑定的 UPF3 与 UPF2 互作，UPF2 在 UPF3 和 UPF1 之间起桥梁作用，从而促进 UPF1 招募到 mRNA 和激活 NMD。UPF1 还可以不依赖 EJC 复合物在翻译前以 3′UTR 长度的方式结合 mRNA，并通过翻译核糖体转移到 3′UTR 上，或利用其 RNA 解旋酶活性转运到转录本上。UPF1 经常富集在具有长 3′UTR 的转录本上，终止密码子下游的内含子 50～55nt 提高了 NMD 效率，但它们并不是必需的，因为 NMD 可以单独被长 3′UTR 激活。

大多数核心 NMD 因子在植物中都是保守的，包括 UPF1、UPF2、UPF3、SMG1、SMG7 和 EJC 复合物。然而 SMG1 存在于大多数植物中，却不存在于拟南芥中，因此推测拟南芥中 UPF1 的磷酸化可能由其他磷酸激酶调控。植物中 NMD 与哺乳动物细胞很类似，含有 PTC，长 3′UTR，终止密码子下游>50nt 的内含子与 uORF 的转录本都会被 NMD 识别并降解。一般来说，植物中的 NMD 包括两个步骤：底物识别和底物降解。植物 NMD 的机制方面没有像在酵母和哺乳动物中那样被详细研究，但靶标 RNA 识别和降解的基本原理都是较为保守的。然而，植物 NMD 仍有一些显著特征，如植物不具有 SMG5 和 SMG6 内切酶降解对应的蛋白质而含有 SMG7，能够通过 SMG7 依赖的核酸外切酶降解途径对靶标 RNA 进行降解。

病毒由于基因组长度十分有限，需在非常紧凑的基因组中将其编码能力最大化。因此，RNA 病毒的基因组和亚基因组表现出一定的诱发 NMD 的特征，寄主 NMD 机制可以靶向这些 RNA 病毒的基因组和亚基因组，导致病毒 RNA 的降解。真核生物中很多正义链 RNA 病毒为了能够在有限的基因组内编码多个蛋白质，在基因组上存在内部终止密码子（internal stop codon，iTC），然后利用核糖体翻译通读策略跳过 iTC，编码一个更长的病毒通读蛋白，参与病毒的复制与侵染等过程。病毒通过 iTC 进化出“狡猾”策略产生额外的病毒蛋白会被寄主 RNA 监控系统所识别，从而激活 NMD。长 3′UTR 由于保留内含子和多个 ORF 也是病毒 RNA 诱导 NMD 的特征之一。一些病毒的 RNA 可能同时具有几种 NMD 触发特征，可导致强烈的 NMD 反应。研究发现，很多植物病毒 RNA 通常包括具有 iTC 的多个开放阅读框和可触发 NMD 的长 3′UTR 这些特征（Chen et al.，2024）。此外，NMD 介导的正义单链 RNA 病毒降解不依赖于外显子连接复合物（exon junction complex），因为病毒 RNA 不进行 RNA 剪接。上游 ORF 或长 3′ UTR 在激活不依赖于 EJC 的 NMD 中都起着至关重要的作用。

NMD 可以介导病毒 RNA 降解，限制病毒在植物中的侵染。例如，拟南芥 UPF1、UPF3 或 SMG7 突变植株对含有 PTC 和 3′UTR 特征的 PVX 高度敏感，同时 PVX 也降低了内源 NMD 的活性，这表明 PVX 可能编码了专门的 NMD 抑制蛋白，或者促进了不利于 NMD 途径的细胞状态变化。不同的病毒也表现出了不同程度的 NMD 敏感性，TCV 的 sgRNA1 较

sgRNA2 更易受到 NMD 途径的降解，具有长 3′ UTR 特征的豌豆耳突花叶病毒（pea enation mosaic virus 2，PEMV2）在过表达 UPF1 的植株上的侵染受到显著抑制，而 UPF1 突变后增强了本氏烟中 PVX 和 TCV 的 RNA 积累。然而，其他 NMD 因子是否在不同的病毒侵染过程中具有相似的作用还有待进一步研究。总之，NMD 限制病毒侵染是植物抗病防御的重要途径。植物 RNA 病毒则通过其独特的基因组特点和二级结构阻碍 NMD。TCV 通过基因组的特殊结构策略逃避 NMD，如 P28 终止密码子下游的核糖体通读结构使其不易引发 NMD；TCV 外壳蛋白（CP）终止密码子的紧邻下游 3′非编码区具有 51nt 非结构化的 RNA 区域，可以保护 NMD 敏感模板不受 NMD 的影响（Chen et al.，2024a，2024b）。

NSD 和 NGD 介导的抗植物病毒反应在 2023 年才被发现。真核生物中 NSD 和 NGD 核心效应蛋白 Dom34/Pelota 和 Hbs1 不具备核酸内切酶的功能，但与真核生物核糖体释放因子 eRF1/eRF3 在结构上存在高度相似性。在哺乳动物中，Pelota 蛋白对于基因组稳定性发挥重要功能，*Pelota* 缺陷的小鼠在胚胎发育的 7.5d 左右致死。植物 Pelota（Dom34）和 Hbs1 也同样具备 RNA 质量控制的功能，但与动物不同的是，植物中 Pelota 蛋白缺陷似乎不影响正常的生长发育及后代产生，这也暗示在植物中 NSD 或 NGD 信号通路可能更多地发挥对胁迫反应的调控功能。在 TRV 介导的 *Pelota* 和 *Hbs1* 沉默的本氏烟中，NSD 或 NGD 受到抑制。Pelota 介导的 RQC 途径能够识别植物中缺少终止密码子、具有特殊茎环结构及富含腺嘌呤等的 mRNA 特征序列，并对其进行切割和降解。切割后的 mRNA 由 SKI 复合体介导 5′→3′方向的降解，随后 3′→5′方向的降解依赖于植物核酸外切酶 XRN4。拟南芥 *Pelota* 和 *Hbs1* 突变体对马铃薯 Y 病毒科病毒的侵染表现得更为敏感，Pelota 特异性识别 TuMV RNA 上 P3 位置的 $G_{1\text{-}2}$ $A_{6\text{-}7}$ 基序（该基序是病毒通过核糖体移码策略或 RNA 聚合酶滑移策略产生病毒运动蛋白 P3N-PIPO 的关键基序）并介导其降解（图 8-6）。$G_{1\text{-}2}$ $A_{6\text{-}7}$ 基序在马铃薯 Y 病毒科病毒基因组中极其保守，几乎存在于这个科的所有病毒中（Ge et al.，2023，2024）。植物 Pelota 蛋白能够特异性识别马铃薯 Y 病毒 RNA 的 $G_{1\text{-}2}$ $A_{6\text{-}7}$ 基序，并发现病毒 RNA 的精准降解机制，对作物抗病毒分子育种具有重要的指导意义。

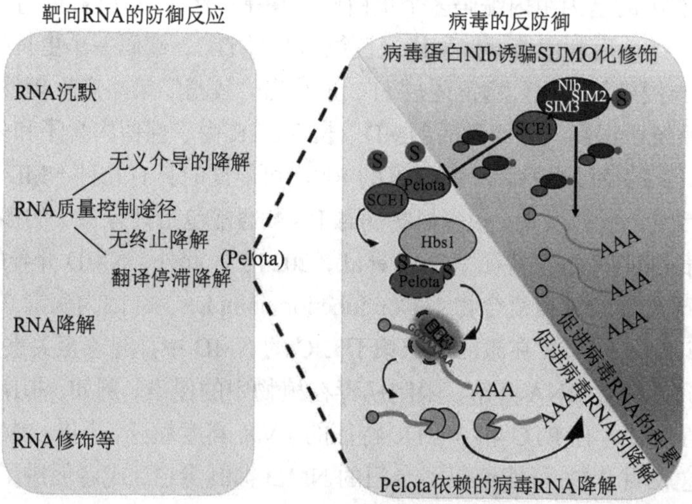

图 8-6　Pelota 介导抗病毒反应与病毒的反防御

植物中靶向 RNA 的防御反应包含 RNA 沉默、RNA 质量控制途径、RNA 降解与 RNA 修饰等。其中，依赖于 Pelota 的 RNA 降解通过识别病毒的 G_2A_6 基序，随后介导病毒 RNA 的 5′→3′方向和 3′→5′方向的降解。SUMO 化修饰对于 Pelota 与其互作蛋白 Hbs1 互作及其发挥功能是必需的。病毒编码的蛋白质 NIb 通过与 SUMO 化修饰关键酶 SCE1 互作，诱导对病毒 NIb 的 SUMO 化修饰，从而减少 Pelota 的 SUMO 化修饰并抑制其介导的抗病毒反应。

然而，马铃薯 Y 病毒属病毒复制酶 NIb 能够通过抑制 Pelota 的 SUMO 修饰从而破坏 Pelota-Hbs1 蛋白复合体介导的抗病毒防卫反应。虽然 RNA 靶向的抗病毒途径能够抑制病毒侵染，但是植物病毒不仅能够利用自身基因组的结构特征抵抗 RNA 降解途径对病毒 RNA 的降解，还能利用自身编码的蛋白质通过与其他寄主因子的互作抑制这些途径中的关键效应蛋白的功能，从而对抗这些途径对病毒 RNA 的损伤。

（四）m^6A RNA 修饰

RNA 中常见的化学修饰有很多种（图 8-7），包括 N^6, 2′-*O*-二甲基腺苷（m^6Am）修饰、N^1 甲基腺苷（m^1A）修饰、假尿苷（Ψ）修饰、5-羟甲基胞嘧啶（hm^5C）修饰、5-甲基胞嘧啶（m^5C）修饰、腺苷转肌苷（A-to-I）编辑和 N^6-腺苷甲基化（m^6A）修饰等，m^6A 修饰是真核生物 mRNA 中最丰富的内部修饰，它参与调控了 RNA 加工代谢的各个过程，包括 mRNA 转录、剪接、核输出、定位、翻译和稳定性。在植物中，mRNA 的 m^6A 修饰占所有腺嘌呤的 0.45%～0.65%，高于哺乳动物中的 0.1%～0.4%。拟南芥 mRNA 超过 60%的转录本存在 m^6A 修饰，且修饰位点在不同拟南芥品种中高度保守，暗示了 m^6A 修饰在植物 RNA 调控中发挥重要作用。作为一种可逆的化学修饰，植物 RNA 的 m^6A 修饰受到甲基转移酶（methyltransferase）和去甲基化酶（demethylase）的动态调控。此外，m^6A 修饰的阅读蛋白（reader）在识别修饰 RNA 及相应生物学反应中发挥作用。m^6A 修饰在植物病毒侵染中发挥了重要作用，其相关调控机制成为植物病毒领域的研究热点。

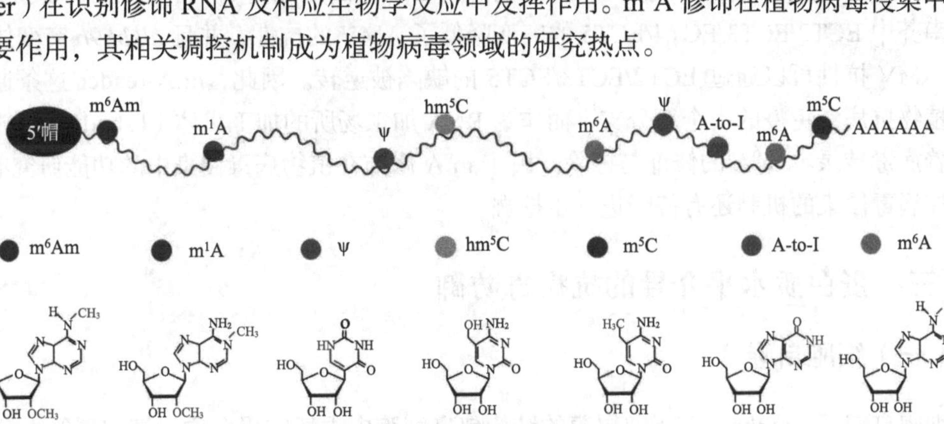

图 8-7 RNA 中常见的化学修饰

生物体内 RNA 的 m^6A 修饰是由一个进化上保守的多组分甲基转移酶复合体协作完成的。已在植物中鉴定到的 m^6A 甲基转移酶复合体成员包括 mRNA 腺苷甲基化酶 A（mRNA adenosine methylase A，MTA）、mRNA 腺苷甲基化酶 B（mRNA adenosine methylase B，

MTB）、FKBP12 互作蛋白 37（FKBP12 interacting protein 37kDa，FIP37）、VIRILIZER 蛋白（VIR）、HAKAI 互作锌指蛋白（HAKAI-interacting zinc finger protein）和 HIZ2 等。

目前，在拟南芥和番茄中已经发现了三个具备体内和体外去甲基化酶活性的 N^6 甲基腺苷脱甲基酶，分别是 AtALKBH10B、AtALKBH9B 和 SlALKBH2。去甲基化酶单一蛋白即可催化去除 m^6A 修饰。m^6A 修饰对 RNA 代谢过程的影响主要取决于阅读蛋白的功能。在动物中已发现多种类型的 m^6A 修饰识别和结合蛋白。目前在植物中鉴定到的 m^6A 阅读蛋白较少，且均属于 YTH 蛋白家族。已在拟南芥和水稻中分别鉴定到 13 和 12 个 YTH 蛋白，命名为 ECT 蛋白家族（evolutionarily conserved c-terminal region）。由于识别 m^6A 修饰的芳香口袋形 YTH 结构域在动植物中高度保守，因此 ECT 蛋白在植物中可能具有识别 m^6A 修饰的功能。ECT 蛋白的过量表达可以提高植物对病害的抗性，表明植物 m^6A 修饰在植物与病原微生物的相互作用中发挥重要功能（He et al.，2023a，2023b，2023c；葛林豪等，2024）。

使用 RNA 甲基化免疫沉淀（MeRIP-seq）测序发现，苜蓿花叶病毒（alfalfa mosaic virus，AMV）的转录本上存在 m^6A 修饰，在去甲基化酶 *alkbh9b* 突变体中 AMV 侵染力减弱。AMV 的 CP 蛋白能与 AtALKBH9B 发生互作，因此 AMV 编码的 CP 蛋白可能是通过蛋白质相互作用的方式招募植物去甲基化酶，介导自身被 m^6A 修饰 RNA 的去甲基化，进而有利于病毒侵染。PVY RNA 转录本上存在 2～4 个潜在的 m^6A 修饰位点，沉默植物去甲基化酶基因，有利于 PVY 侵染。通过对凤果花叶病毒（pepino mosaic virus，PepMV）侵染番茄和本氏烟样品进行 MeRIP 测序后发现，PepMV 病毒 RNA 存在明显的 m^6A 修饰；通过对 PepMV 侵染植物的病毒粒子提纯后萃取 RNA 进行 m^6A 抗体的 dot-blot 检测，进一步验证了病毒 RNA 上存在 m^6A 修饰；m^6A 甲基转移酶 MTA 和 HAKAI 的表达不利于 PepMV 侵染；本氏烟 m^6A 阅读蛋白 ECT2A/2B/2C 能够识别 PepMV 的 m^6A 修饰并通过与 RNA 降解相关蛋白 UPF3、SMG7 互作从而介导对病毒 RNA 的降解。马丁内斯-佩雷斯（Martinez-Perez）等发现拟南芥中 ECT2/ECT3/ECT4/ECT5 的突变降低了 AMV 的抗性，并且 *alkbh9b* 突变体中增加的 AMV 抗性可以通过 ECT2/ECT3/ECT5 的缺陷被逆转。因此，m^6A-reader 这条通路构成了植物抗病毒免疫的一个新分支，而作为 RNA 加工场所的加工小体（P-body）可能同时发生着病毒转录本 m^6A 的修饰与擦除。由于 m^6A 修饰在植物病毒侵染中的功能研究有限，其调控病毒侵染的机制还有待于进一步挖掘。

三、蛋白质水平介导的抗病毒防御

（一）细胞自噬

细胞自噬（autophagy）指双层膜的结构包裹细胞内损坏的蛋白质、细胞器等大分子物质，将其送入溶酶体或者液泡中降解，进行物质与能量循环。细胞自噬是一种进化上保守的细胞内过程，根据其底物和降解机制，细胞自噬可分为三种类型：巨自噬、微自噬和分子伴侣介导的自噬。由于巨自噬是最具特征的自噬途径，一般的细胞自噬指的是巨自噬。在巨自噬中，底物蛋白首先被可溶性受体和衔接蛋白识别，然后被包裹在双层膜结构的囊泡中形成自噬小泡，自噬小泡被运输到溶酶体或液泡中，最终在一系列水解酶的作用下被降解。目前，在植物中已鉴定出超过 60 个细胞自噬相关基因（*ATG*）。细胞自噬过程包括细胞自噬的诱导、泡状结构的成核、自噬小泡的形成、自噬小泡与液泡的融合。一般在自噬小泡的形成过程中存在两条类泛素化的蛋白质结合途径：一条是 ATG8-PE 结合途径，另一条是 ATG12-ATG5 结合途径，这两条途径对自噬小泡的形成是必需的。

细胞自噬在抗病毒防御中发挥重要作用（Li et al.，2017，2018，2020；Wu et al.，2024；Yang et al.，2020）。烟草钙调素类似蛋白 rgs-CaM 可以通过其 dsRNA 结合域与多种病毒的 RNA 沉默抑制子（viral suppressor of RNA silencing，VSR）结合，包括 TuMV 的蛋白质辅助成分——蛋白酶（helper component-proteinase，HC-Pro）、番茄不孕病毒（tomato aspermy virus，TAV）和黄瓜花叶病毒的 2b 蛋白。一旦 rgs-CaM 和 VSR 的复合物形成，将被自噬蛋白类似物降解（autophagy-like protein degradation，ALPD），以反击病毒 VSR，增强烟草抗病毒的 RNAi 作用。木尔坦棉花曲叶病毒（CLCuMuV）伴随有卫星 DNAβ（CLCuMuB），由 CLCuMuB 编码的 βC1 蛋白对于病毒症状和病毒积累量至关重要，自噬关键蛋白 ATG8 能与 βC1 相互作用以降解 βC1，从而抑制病毒的侵染。选择性自噬受体 NBR1（neighbor of BRCA1 gene 1）可以结合花椰菜花叶病毒（cauliflower mosaic virus，CaMV）的病毒粒子和病毒衣壳蛋白 P4 介导其通过自噬途径降解，从而抑制 CaMV 的侵染。TuMV HC-Pro 能够被 NBR1 靶向并降解从而抑制 TuMV 感染。自噬相关蛋白 Beclin1（ATG6）能与 TuMV 的 RNA 依赖的 RNA 聚合酶 NIb 的 GDD 基序相互作用，并介导 NIb 通过自噬途径进行降解。Beclin1 介导的 NIb 的降解需要 ATG8a 和 ATG2 的参与，沉默植物中 Beclin1 或 ATG8a 会增加 NIb 的积累量并促进病毒感染。Beclin1 和 RNA 依赖的 RNA 聚合酶之间的相互作用已在几种 RNA 病毒中得到了验证，如烟草病毒属的黄瓜绿斑驳花叶病毒（cucumber green mottle mosaic virus，CGMMV）和马铃薯 X 病毒属的凤果花叶病毒（pepino mosaic virus，PepMV）（Li et al.，2018c）。自噬关键蛋白 ATG8h 直接与云南番茄曲叶病毒（tomato leaf curl Yunnan virus，TLCYnV）核蛋白 C1 蛋白的 AIM 基序相互作用，并通过细胞核输出蛋白（exportin1，XPO1）的核输出途径将 C1 蛋白从细胞核中转移到细胞质中。ATG8h-C1 相互作用能通过自噬降解以减少植物体内 C1 蛋白的积累，从而限制双生病毒在本氏烟草和番茄植物中的感染（Li et al.，2020）。

（二）泛素-蛋白酶体系统

泛素-蛋白酶体系统（ubiquitin-proteasome system，UPS）是一个重要的蛋白质降解体系，参与细胞周期调节、转录调控和信号转导等多个细胞学过程。UPS 是一个多步骤反应的过程，需要多种不同蛋白质的参与，包括泛素（ubiquitin，Ub）、泛素活化酶（ubiquitin-activating enzyme，E1）、泛素结合酶（ubiquitin-conjugating enzyme，E2）、泛素连接酶（ubiquitin ligase，E3）、26S 蛋白酶体和去泛素酶 DUB。底物蛋白首先被多聚泛素标记，然后被蛋白酶体识别和降解。通过这样一个耗能的过程，细胞以高度特异方式对错误、有毒等不需要的蛋白质进行降解。UPS 在植物与病毒互作中扮演着重要角色（Wu et al.，2024），以下将详细进行描述。

1. 清除病毒的蛋白质或者病毒粒子　　本氏烟和小麦的 *S*-腺苷甲硫氨酸脱羧酶（SAMDC3）与大麦条纹花叶病毒（barley stripe mosaic virus，BSMV）的 γb 蛋白相互作用，NbSAMDC3 通过增加 γb 泛素化来促进 γb 在蛋白酶体中的降解。烟草 E3 连接酶 NtRFP1 与中国番茄黄化曲叶病毒 DNAβ（tomato yellow leaf curl China betasatellite，TYLCCNB）编码的 βC1 相互作用，通过泛素-26S 蛋白酶体系统介导 βC1 的泛素化和降解，从而减轻病毒症状。TuMV 编码的 VSR 蛋白 VPg 也能发生泛素化修饰，并且 VPg 和 RNA 沉默通路中的 SGS3 互作并促进 SGS3 经 26S 蛋白酶体和自噬降解，从而抑制 RNA 沉默。本氏烟 E3 泛素连接酶 NbUbE3R1 靶向竹花叶病毒（bamboo mosaic virus，BaMV）复制酶并抑制其复制功能。芜菁黄花叶病毒（turnip yellow mosaic virus，TYMV）66K 的复制酶只能在植物细胞中短暂积累，原因是随着病毒的侵染，66K 会发生泛素化修饰并经 26S 蛋白酶体降解。TYMV MP 也存在多聚泛素化修饰，并经蛋白酶体降解，其可能不易于病毒的运动。TMV 的 MP 蛋白能够发生多聚泛素化修饰，施加蛋白酶体抑制剂后，TMV 的运动增强（Gillespie et al.，2002），说明 TMV MP 蛋白的泛素化修饰会负调控病毒的运动。此外，在水稻矮缩病毒（rice dwarf virus，RDV）侵染的早期，RING 类型的 E3 泛素连接酶 OsRFPH2-10 能促进 RDV P2 蛋白的泛素化修饰和降解，从而在水稻抗 RDV 中发挥重要作用。泛素样蛋白 NbUBL5.1 能与水稻条纹病毒（rice stripe virus，RSV）的沉默抑制子 P3 相互作用，并通过 26S 蛋白酶体途径介导其降解，从而削弱了 P3 沉默抑制子的功能，抑制 RSV 的侵染。

2. 调控寄主蛋白质的稳定性　　RSV 侵染可以诱导泛素连接酶 MEL 表达，MEL 通过识别并降解植物光呼吸通路中的核心因子丝氨酸羟甲基转移酶 SHMT1 激发植物免疫信号，如诱导线粒体活性氧积累、激活丝裂原活化蛋白激酶通路及诱导病程相关基因上调表达，赋予水稻对水稻条纹叶枯病、稻瘟病及水稻白叶枯病的广谱抗病性。E3 泛素连接酶 UBR7 与核苷酸结合富亮氨酸重复序列（nucleotide binding leucine-rich repeat，NLR）蛋白 N 相互作用，TMV P50 效应子干扰 N-UBR7 的相互作用，解除 E3 泛素连接酶 UBR7 对 N 的负调控，从而有利于寄主抵御 TMV 侵染。

四、抗性基因介导的抗病毒防御

利用抗病基因进行抗病毒育种是防控作物病毒病害最为有效的手段之一，其中最有利用价值且应用最广的是一类含有核苷酸结合位点（nucleotide binding site，NBS）和富含亮氨酸重复序列（leucine rich repeat，LRR）结构域的抗病基因，简称为 NLR 免疫受体基因。NLR 免疫受体通过识别特定的病毒效应蛋白（也称为无毒因子），进而激活一种被称为效应蛋白触发的免疫反应（effector-triggered immunity，ETI）。ETI 免疫反应通常伴随超敏反应（hypersensitive response，HR）将病毒杀死在局部侵染的细胞中（Li et al.，2019b；Chen et al.，2023；Liu et al.，2024）。

所有的陆地植物包括被子植物、裸子植物和苔藓植物都进化出了 NLR 免疫受体，在哺乳动物中也含有结构相关的 NOD-LRR 受体。动物和植物的 NLR 都含有保守的 NBD 和 LRR 结构域。NBD 属于信号转导腺苷三磷酸 ATP 酶 STAND[signal transduction adenosine triphosphatase AAA+（ATPase）]超家族成员，NBD 结构域通常包括 Walker A（P-环）和 Walker B 基序，分别负责核苷酸的结合和水解。植物 NLR 携带的是一种 NBD 的亚型，称为 NB-ARC（nucleotide-binding，Apaf1，resistance，CED4），这个结构域在进化上与哺乳动物 Apaf-1、果蝇 Dark 和线虫 CED4 蛋白具有同源性，该结构域是从一类原核 ATP 酶进化而来。最新的研究表明，NLR 免疫受体 NBD 结构域结合 ADP 时，受体处于"关闭"（自抑制）状态，而在结合 ATP 时，受体则处于"开启"（激活）状态。根据 N 端结构域的不同，植物编码的 NLR 免疫蛋白大致分为两个主要的亚类：N 端含 Toll-白介素 1 受体（TIR）结构域的 TNL 蛋白和 N 端含卷曲螺旋（CC）结构域的 CNL 蛋白。N 端的 TIR 或 CC 结构域和 C 端 LRR 结构域通过分子内相互作用，抑制 NBD 结合域发生 ATP / ADP 交换；在监测到特定的病原效应蛋白时，分子内的相互作用被破坏，NBD 结构域从结合 ADP 的状态转变为结合 ATP 的状态，NLR 受体状态发生变化并驱动 NLR 的寡聚化，进而启动对病原物的抗性反应。

1942 年，弗洛尔（Flor）开创性地提出了基因对基因假说，该模型指出寄主植物抗病基因和病原物中无毒基因共同决定了作物抗病的特异性，这为探索免疫受体-效应蛋白识别模式奠定了遗传基础。在该假说提出 40 多年以后，第一个无毒基因 *AvrA15* 首先从大豆丁香假单胞菌中被克隆。接着第一个 NLR 抗病基因被克隆，该 NLR 抗病基因 *N* 来自烟草，是针对 TMV 的抗病基因。马铃薯上的 *Rx* 是第二个被克隆的 NLR 抗病毒基因，它对马铃薯 X 病毒（potato virus X，PVX）具有极端抗性。目前，已有将近 300 个抗病基因被克隆，其中抗病毒基因大约有 50 个，在已克隆的抗病基因中，有 61%编码 NLR 免疫受体。目前已经在多种作物中鉴定了抗病毒 NLR 免疫受体和它们识别的病毒无毒因子（表 8-1）。

表 8-1　植物 NLR 抗病基因与其识别的病毒无毒蛋白

抗病基因	来源植物	抗病基因的蛋白结构	识别病毒	识别病毒编码的蛋白质
N	烟草	TIR-NB-ARC-LRR	烟草花叶病毒	复制酶
Tm-2^2	番茄	CC-NB-ARC-LRR	烟草花叶病毒 番茄花叶病毒	移动蛋白
Rx1	马铃薯	CC-NB-ARC-LRR	马铃薯 X 病毒	外壳蛋白
Rx2	马铃薯	CC-NB-ARC-LRR	马铃薯 X 病毒	外壳蛋白
Y-1	马铃薯	TIR-NB-ARC-LRR	马铃薯 Y 病毒	复制酶
Pvr4	辣椒	CC-NB-ARC-LRR	马铃薯 Y 病毒	RNA 聚合酶
Ry	马铃薯	TIR-NB-ARC-LRR	马铃薯 Y 病毒	—
Sw-5a	番茄	CC-NB-ARC-LRR	新德里番茄曲叶病毒	AC4
Sw-5b	番茄	CC-NB-ARC-LRR	番茄斑萎病毒	外壳蛋白

续表

抗病基因	来源植物	抗病基因的蛋白结构	识别病毒	识别病毒编码的蛋白质
Ty2	番茄	CC-NB-ARC-LRR	番茄黄化曲叶病毒	复制蛋白 C1
Tsw	辣椒	CC-NB-ARC-LRR	番茄斑萎病毒	RNA 沉默抑制子 NS
3gG2	大豆	CC-NB-ARC-LRR	大豆花叶病毒	P3
RT4-4	菜豆	TIR-NB-ARC-LRR	黄瓜花叶病毒	2a 复制酶
HRT	拟南芥生态型 Dijon-17	CC-NB-ARC-LRR	芜菁皱缩病毒	外壳蛋白
RCY1	拟南芥生态型 C24	CC-NB-ARC-LRR	黄瓜花叶病毒 Y 株系	外壳蛋白

NLR 免疫受体对病原效应蛋白的特异性识别是启动免疫的关键，一直是植物免疫研究的重要课题。根据 NLR 识别入侵生物的分子机制，研究人员提出了 4 种识别模型：直接结合模型、警戒模型、诱饵模型和整合诱饵模型。烟草 N NLR 受体通过结合叶绿体受体蛋白 NRIP1 然后间接识别 TMV 复制酶上的解旋酶 P50，进而激活下游免疫反应，诱导超敏反应。马铃薯 Rx NLR 识别 PVX 的 CP 蛋白诱导过敏性反应，但具体的识别机制还并不清楚。与 N 相似，番茄 Tm-2^2 能抵抗包括番茄花叶病毒（tomato mosaic virus，ToMV）在内的某些烟草花叶病毒属的病毒株，但它编码一种 CC-NLR 免疫受体。Tm-2^2 能识别 ToMV 的运动蛋白（MP），但不能识别 P50。此外，Tm-2^2 在质膜上与 MP 结合，Tm-2^2 对 MP 的识别可能涉及中间的 MP 互作蛋白 1（NbMIP1）。番茄 NLR *Sw-5b* 是针对番茄斑萎病毒的抗病基因，它的 N 端具有一个独特的茄科特异的结构域，*Sw-5b* N 端 SD 结构域和 C 端 LRR 结构域都可以与 TSWV 的无毒因子 NSm 直接互作，同时 *Sw-5b* 通过识别 NSm 中高度保守的 21 个氨基酸区域进而介导对美洲型番茄斑萎病毒属病毒的广谱抗性。辣椒 NLR 抗病蛋白 Tsw 可有效控制 TSWV，它通过识别病毒编码的 NS 蛋白进而诱导对病毒的免疫反应。Tsw 的大小是 NLR 常规免疫受体的两倍，通过三维结构建模同源比对分析发现，在 Tsw 中富含亮氨酸重复序列（LRR）结构域，与植物激素茉莉酸、生长素和独脚金内酯这三个植物激素受体的 LRR 结构相似。研究人员进一步发现病毒效应蛋白 NS 直接攻击茉莉酸、生长素和独脚金内酯激素受体进而破坏激素信号介导的抗病反应，而 NLR 免疫受体 Tsw 进化出来模拟植物激素受体的结构域，也称为诱饵，在病毒效应蛋白 NS 攻击激素受体时，Tsw NLR 免疫受体上的诱饵能够捕获 NS 进而迅速触发免疫反应清除病毒。

五、植物激素信号介导的抗病毒防御

植物激素是一类内源性小分子物质，主要包括生长素（auxin）、细胞分裂素（cytokinin，CK）、赤霉素（gibberellin，GA）、水杨酸（salicylic acid，SA）、茉莉酸（jasmonic acid，JA）、乙烯（ethylene，ET）、脱落酸（abscisic acid，ABA）和油菜素内酯（brassinolide，BL）。植物激素参与调控植物的多种生长发育过程，如细胞的分裂与伸长、组织与器官分化、开花与结实、成熟与衰老、休眠与萌发等。除此之外，植物激素还能够调控植物应对外界多种生物和非生物胁迫。在不同的植物激素之间存在着广泛的协同或拮抗作用，这些激素分子以复杂多样的方式相互协调，精细调控植物响应外界胁迫反应。目前针对植物激素调控病毒与寄主植物相互作用方面的研究取得了很大的进展。在植物受到病毒危害时，其正常生长和发育的生理环境被破坏，通常与植物激素的代谢、积累和信号传导及下游调控基因的改变有关。与此同时，病毒侵染能够直接或间接地干扰植物激素相关的合成与信号通路，同时，植物激素也能够调节病毒的复制、装配、运动及植物感病后的症状等多个方面。下面主要介绍水杨酸、茉莉酸、油菜素内酯、生长素、赤霉素、乙烯介导的抗病毒防御（图 8-8）（Li et al.，2024）。

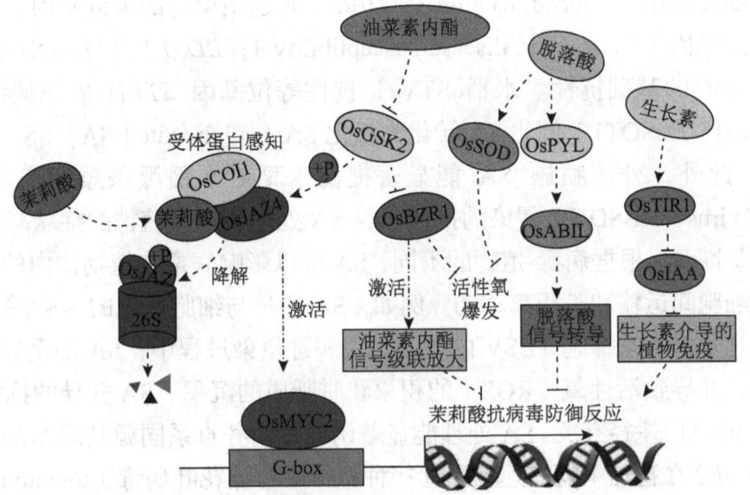

图 8-8　不同植物激素信号途径介导的抗病毒防御

椭圆形区域内代表激素信号途径间的互作在水稻病毒侵染过程中的作用

（一）水杨酸

SA 是一种广泛存在于植物体内的酚类激素，是一种脂溶性的有机酸。SA 广泛参与植物的生理过程，在植物的抗病、抗逆等生物和非生物胁迫及根系生长发育过程中发挥着重要作用。植物中水杨酸的合成主要通过两条独立的途径，一条是异分支酸合成（ICS）途径，另一条是苯丙氨酸（PAL）途径，这两条途径都是起始于莽草酸的次生代谢途径的产物。在不同的植物中这两条途径合成水杨酸的占比是不同的。在拟南芥中，病原菌诱导的 SA 生物合成大约有 10%是通过 PAL 途径实现的，而 90%的 SA 都是通过 ICS 途径合成的。与拟南芥不同的是，在非病原菌感染诱导的情况下，水稻具有高水平的内源性 SA，几乎是拟南芥的 100 倍。SA 在拟南芥中含有两个 *ICS* 基因，分别是 *ICS1* 和 *ICS2*。其中 *ICS1* 是受病原菌诱导的，由该途径产生的 SA 是系统获得抗性（systemic acquired resistance，SAR）反应所必需的。

SA 作为一种重要的植物抗性激素，在寄主抵抗病原物侵染过程中发挥着重要的作用，因此，其在植物-病毒互作中的作用备受关注。SA 信号途径主要通过其核心信号分子如 NPR

蛋白，诱导包括病程相关蛋白（pathogenesis-related protein，PR 蛋白）在内的许多抗病相关蛋白质的产生，以激活植物防御机制。在拟南芥中，NPR1、NPR3 和 NPR4 认为是结合水杨酸的受体，但是在转录调控 SA 诱导的防御基因表达上面发挥相反的作用。NPR1 具有转录激活的作用，可正向调控下游防御相关基因的表达，NPR3/4 具有转录共抑制子的功能，负向调控下游相关基因的表达。NPR 蛋白没有直接结合 DNA 的能力，因此，SA 下游基因的表达依赖其转录因子的调控，包括 TGA 和 WRKY 等转录因子。

SA 通过激活植物的防御系统、调控关键基因和蛋白质的表达、引发系统性防御反应及与其他激素信号途径相互作用等方式，增强植物对病毒的抗性。因此，SA 信号途径在抗病毒机制中发挥着至关重要的作用。SA 在植物对病毒的基础抗性中发挥着重要作用。超敏反应基因 3（hypersensitive induced reaction 3，*HIR3*）是超敏反应的关键基因，该基因能通过病害易感性增强基因 1（enhanced disease susceptibility 1，*EDS1*）介导的 SA 信号转导途径促进水稻对 RSV 的基础抗性。水稻 STV11 抗性等位基因 *STV11-R* 编码的磺基转移酶（sulfotransferase1，OsSOT1）催化 SA 转化为磺化 SA（sulphonated SA，SSA），从而增强水稻的抗性。此外，外源喷施 SA 能显著提高水稻对水稻黑条矮缩病毒（rice black streaked-dwarf virus，RBSDV）侵染的抗性，经 SA 处理后发病植株的症状减轻，其发病率及病毒含量明显减少。根据病毒-植物的不同，SA 可以影响病毒在植物体内的侵染循环，包括病毒复制、细胞间运输和长距离移动。例如，SA 通过与细胞质中的 3-磷酸甘油醛脱氢酶（GAPDH）的竞争作用来抑制 TBSV 的复制。在病毒侵染过程中，SA 的诱导会引起 *PR* 基因的表达增加，并导致活性氧（ROS）的积累和胼胝质的沉积。SA 介导的抗病毒免疫反应与 RNA 干扰（RNAi）途径有关。SA 处理能显著诱导拟南芥直系同源基因 *SlDCL1*、*SlDCL2*、*SlRDR1* 和 *SlRDR2* 在番茄中的表达，引起接种植株中番茄花叶病毒（tomato mosaic virus，ToMV）RNA 的积累量减少。SA 还能与其他植物激素相互作用，它们通过相互拮抗或协同作用来调控植物的抗病毒反应。例如，SA 和 JA 能够协同增强水稻对不同水稻病毒侵染的抗病毒能力。TMV 侵染后 JA 首先在烟草叶片韧皮部分泌物中积累，其次是 SA 的积累，在 JA 途径受损的植物不能积累 SA，表明 JA 是 SA 积累所必需的。

（二）茉莉酸

JA 是一类氧化脂肪酸类的激素，具有多种衍生物形式，如茉莉酸甲酯（MeJA）和茉莉酸-异亮氨酸（JA-Ile）统称为茉莉素（JA），在植物的生长发育及应对各种生物或非生物胁迫过程中发挥重要作用。JA 合成关键酶包括质体上的脂氧合酶（LOX）、丙二烯氧化物合成酶（AOS）和丙二烯氧化物环化酶（AOC）及过氧化物酶体上的 OPDA 还原酶 3（OPR3）。JA 信号途径主要通过 JA 及其衍生物 JA-Ile 来发挥作用，其中 JA-Ile 在 JA 信号途径中扮演核心角色。JA 信号途径主要涉及 JA 的感知、信号传递、转录因子的活化及靶基因表达的调控，这一过程涉及多个关键蛋白质，包括受体蛋白 COI1、负调控因子 JAZ、转录因子 MYC2 等。当植物受体蛋白 COI1 感知到 JA 信号时，COI1 靶向 JAZ 蛋白并通过 26S 蛋白酶体途径降解，释放 MYC2 等转录激活因子，进而激活 JA 响应基因的表达。

JA 可以参与调控植物免疫，在免疫过程中针对不同的病毒发挥不同功能。JA 参与水稻抵抗多种病毒的侵染。RBSDV 侵染的水稻能够大量诱导 JA 合成基因及下游防御相关基因的表达，外源 MeJA 处理水稻后能够显著增强寄主抵抗 RBSDV 及其他多种不同类型的 RNA 病毒，包括双链 RNA 病毒南方水稻黑条矮缩病毒（southern rice black-streaked dwarf virus，SRBSDV）、负义单链 RNA 病毒 RSV 和细胞质弹状病毒属（*Cytorhabdovirus*）的水稻条纹花叶病毒（rice stripe mosaic virus，RSMV）的能力。JA 信号和 RNA 沉默协同增强水稻抗病毒的防御能力。RSV 核衣壳蛋白（NP）会触发 JA 的积累，进而上调 JA 途径转录因子 JAMYB 的表达及诱导 JAZ6 的泛素化降解，从而释放 JAMYB。在 JA 信号的下游反应中，JAMYB 直接结合 AGO18 的启动子，从而转录激活 AGO18 的表达。过量的 AGO18 可以结合 miR168，从而增加 AGO1 的表达，增强水稻的抗病毒能力。JA 和 SA 协同增强水稻抗病毒能力。水稻 OsNPR1 介导的抗病毒免疫与 JA 途径密切相关，OsNPR1 能够与 JA 重要元件 OsJAZ 蛋白及 OsMYC2、OsMYC3 转录因子发生特异性互作。OsNPR1 能够直接干扰 OsMYC2/3-OsJAZ 复合体的形成，以此释放并激活下游 OsMYC2/3 的转录，进而激活 JA 信号通路。

总的来说，JA 在植物抵抗不同病毒侵染过程中发挥着必不可少的作用。JA 信号通路既可以与 RNAi 信号通路协同参与水稻抗病毒防御，又可以与多个激素信号途径协同抗病毒。

（三）油菜素内酯

油菜素甾醇（BR）为甾醇类激素，也是一类环戊烷多氢菲，参与调控植物发育和生理相关过程，包括细胞伸长、维管束分化、光反应、胁迫耐受和衰老等。油菜素内酯（BL）是第一个从油菜中分离提取出来的天然油菜素甾醇，之后又从不同的植物中鉴定了 50 多种 BL 同源物，这些同源物统称为 BR。BR 通过受体激酶信号途径调控细胞核内 BZR 转录因子在植物生长发育过程中的作用。细胞质膜受体 BRI1 和辅助受体 BAKI 识别 BR 信号后，通过激活 BZR1 和 BES1 等转录因子来调控 BR 应答相关基因的表达。GSK2 和 BIN2 作为 BR 信号途径的抑制子，通过多种机制对 BZR1 和 BZR2 的多位点进行磷酸化，从而抑制转录活性。

BR 不仅调控植物生长发育，在植物抵抗病毒侵染方面也发挥重要作用。BR 能够增强本氏烟对 TMV 病毒的抗性。BL 处理本氏烟后，TMV 病斑大小、病斑数量及病毒 RNA 积累量都显著低于无处理对照组，表明 BR 诱导了烟草对 TMV 的抗病性。BR 途径也参与对双生病毒的抗性。甜菜曲顶病毒（beet curly top virus，BCTV）编码的 C4 蛋白与 BR 途径抑制子 AtSK21 和 AtSK23 相互作用，Ser49 是 C4 蛋白磷酸化的关键位点，Ser49 突变成 Ala 以消除 C4 蛋白诱导的植株畸形生长，而 Ser49 是 AtSK 与 C4 蛋白互作结合关键位点。BR 和 JA 信号途径的交叉互作在水稻抗病毒免疫途径中扮演重要的角色。其中，JA 途径在病毒侵染中发挥抗病作用，而 BR 途径发挥负调控作用，JA 途径诱导的水稻抗病性能抑制 BR 途径诱导的水稻易感性。因此，BR 途径通过抑制 JA 及 SA 两大植物防御激素，以及通过转录抑制过氧化物酶（OsPrx）介导的活性氧积累，调控水稻防御病毒侵染。

（四）生长素

生长素是一种重要的植物生长类激素，调控植物生长发育的很多方面，如细胞生长、组织分化及器官产生等过程。吲哚-3-乙酸（IAA）是植物中天然的生长素形式。IAA 的生物合成以色氨酸为前体，通过色氨酸转氨酶家族的氨基转移酶作用转化为 IPA，进而通过 YUCCA（YUC）家族的黄素单氧酶的作用转化为 IAA。生长素信号转导途径包含三个重要的蛋白质家族：生长素受体（TIR1/AFB）、生长素转录抑制蛋白（Aux/IAA）和生长素反应因子（ARF）。

生长素作为一类重要的植物生长类激素，不但调控植物生长发育，而且在植物与病原物互作中扮演重要角色，尤其是在植物-病毒互作中发挥重要作用（Chen et al.，2013）。生长素在不同水稻病毒侵染过程中发挥正调控作用。RBSDV 侵染后，生长素途径相关基因及生长素含量都能发生显著性变化，以增强水稻抗病毒侵染的能力。在生长素途径相关突变体中，JA 应答基因大部分都被抑制，证明 JA 与生长素协同调控水稻病毒 RBSDV 的侵染。已报道了生长素转录因子 OsARF 在抗水稻矮缩病毒（RDV）侵染中的作用。生长素处理会显著降低 OsIAA10 的蛋白质含量，从而释放 OsARF，激活下游的抗病毒免疫反应。水稻中 25 个 OsARF 对病毒防御的调节作用是多种多样的，如 OsARF12 及 OsARF16 缺失突变体水稻对 RDV 侵染的抗性降低，然而 OsARF11 缺失突变体对 RDV 侵染的抗性增强。生长素、茉莉酸等信号途径间的交叉互作在水稻病毒侵染过程中发挥重要作用，生长素途径能通过激活 JA 途径和正调控 OsRBOH 介导的 ROS 积累进而防御水稻病毒的侵染。

总之，生长素能够激活植物的免疫系统，增强植物对病毒的抵抗力。生长素还可以通过与其他植物激素或信号分子的相互作用，共同调控植物的抗病毒过程。这些激素之间的平衡和协调，使得植物能够更有效地应对病毒感染。

（五）赤霉素

GA 是一类非常重要的四环双萜类植物生长调节剂，作为一种重要的植物激素，在植物生长发育过程中发挥重要作用。GA 最早从赤霉菌的分泌物中分离得到，一般可分为三大类：游离型、结合型和束缚型。其中游离型 GA 在植物体内具有生理活性，而结合型 GA 通常不具有生理活性。GA 的浓度受到 GA 失活代谢和信号反馈机制的严格调控。所谓 GA 的信号转导是指植物细胞感受到体内 GA 活性小分子后所作出的一系列免疫应答反应，该过程中有三个重要组分，包括 GA 信号的抑制因子 DELLA 蛋白及 GA 受体 GID1（GA-insensitive dwarf 1）和 GID2。GA 信号转导模型是 GA-GID1-DELLA 信号通路，当植物体内存在大量的活性 GA 小分子物质时，GID1 受体便会迅速募集下游的 E3 泛素连接酶 SCFGID2/SLY1 蛋白复合物，通过对 DELLA 蛋白进行泛素化修饰，使得 DELLA 蛋白被 26S 蛋白酶体识别降解，进而激活植物体内的 GA 信号通路。

近年发现 GA 能参与寄主免疫植物病毒的侵染，并且在免疫过程中针对不同的病毒发挥不同的功能。GA 能抵御水稻对多种病毒的侵染。水稻感染 RDV 后，植株出现明显矮化，并且体内 GA_1 的含量低于健康植株，说明在 RDV 侵染过程中 GA_1 发挥作用。此外，在多种 RNA 病毒的侵染过程中，GA 均发挥作用，参与寄主对病毒的免疫作用，其中包括

SRBSDV、RSV 和 RSMV。GA 途径可以与小 RNA 一起在植物与病毒的互作中发挥作用。在 PVY 侵染的马铃薯中，*miR167* 水平的增加导致了 GA 浓度的降低，这显示小 RNA 与 GA 生物合成之间存在一定的关联。上述发现表明植物防御和发育信号通路之间存在重要的联系。外源 GA_3 处理能恢复 RDV 侵染后引起的矮化表型，但生长素处理不能恢复。GA_3 处理能恢复 RDV 侵染后引起的生长发育缺陷，但并不影响病毒的积累量。GA 信号的抑制因子 SLR1 与 JA 信号通路中的负调控因子 OsJAZ 蛋白及重要转录因子 OsMYC2/3 等关键组分相互作用，通过竞争结合 OsJAZ 蛋白释放下游 OsMYC2/3 转录因子直接激活 JA 信号通路，协同调控水稻的广谱抗病能力。因此，植物体内 GA 在病毒侵染时发挥着必不可少的作用。GA 信号途径既可以触发植物的抗病防御，又可以与多个激素途径相互作用以调控寄主对病毒的抗性。

（六）乙烯

乙烯是一种重要的植物气体激素，拥有多种生物活性形式，包括乙烯气体和它的合成前体或代谢产物。在植物的生命周期中，乙烯不仅参与调控生长发育的关键阶段，而且在植物响应生物胁迫时起到关键作用。乙烯衍生自甲硫氨酸，其生物合成途径中关键酶的催化顺序为 SAM 合成酶、ACC 合成酶和 ACC 氧化酶。其中，ACC 合成酶为反应过程中的限速酶。乙烯信号传导机制主要依赖于乙烯及其功能类似物与细胞膜上的受体相互作用。当没有乙烯存在时，乙烯受体处于有活性功能的状态，能够与乙烯信号抑制因子 CTR1 结合，CTR1 抑制下游的乙烯反应；当乙烯存在时，受体失活，不能与 CTR1 结合，被 CTR1 抑制的下游乙烯反应开启，表现为乙烯反应，进而调节一系列乙烯响应基因的表达，从而调节植物的生理和发育过程以适应内外环境的变化。

乙烯在病毒侵染时被诱导，并与症状的发生密切相关。乙烯在植物防御病毒中的作用存在一定的争议，它既可以抗病毒又可以促进病毒侵染。ET 信号途径突变体 *ein2* 和 *etr1* 对 CaMV 侵染的抗性增强。乙烯途径的其他突变体，如合成途径 *acs1*、乙烯响应转录因子突变体 *erf106* 和 *ein2*，也对 TMV 具有明显的抗性。ET 信号通路会抑制寄主植物对 TuMV 的防御反应。外源施用 ET 对不同植物病毒的作用不同。外源喷施 ET，前体 ACC 会促进系统叶片中 TMV 的积累。然而，辣椒脉斑驳病毒（chilli veinal mottle virus，ChiVMV）通过调控 *N* 基因的表达，进而激活 JA 和 ET 信号对 ChiVMV 的系统抗性。上述表明，乙烯在不同病毒侵染中发挥相反作用，可能取决于不同的病毒-寄主组合及乙烯与其他植物激素之间的相互作用。乙烯与其他防御途径交叉互作调控对病毒的抗性。在不同植物激素介导的互作中，乙烯信号的激活要首先建立在未侵染的叶片中，触发 SA 积累和 SAR 的产生。此外，乙烯途径也与 CaMV 侵染后诱导的 ROS 积累有关，ROS 的积累依赖于 ET 和 NADPH 氧化酶。

第二节　植物病毒的反防御

植物病毒为了成功致病，通常也会进化出复杂高效的反防御策略来抑制寄主免疫系统以实现自身的侵染，这种植物与病原物之间的博弈过程通常被称为“军备竞赛”（Yang et al.,

2020；Wu et al.，2024）。因此，全面深入解析病毒在不同分子层面的反防御策略，对于理解植物与病毒的分子军备竞赛及指导病毒病害的科学防控具有重要意义。

一、病毒抑制表观修饰介导的抗病毒防御

寄主植物在病毒感染的早期可通过对病毒基因组进行DNA甲基化修饰从而抑制其转录活性，防御病毒的侵染。然而，病毒和寄主植物之间存在着复杂的"进攻-防御-反防御"关系。因此，为了成功侵染寄主，病毒编码的多种病毒蛋白能够抑制寄主DNA甲基化途径中的关键蛋白质或抑制甲基供体SAM的产生，从而逃避甲基化的毒力策略。双生病毒主要通过干扰寄主的4条通路来抑制DNA甲基化（图8-9）（Guo et al.，2022）。

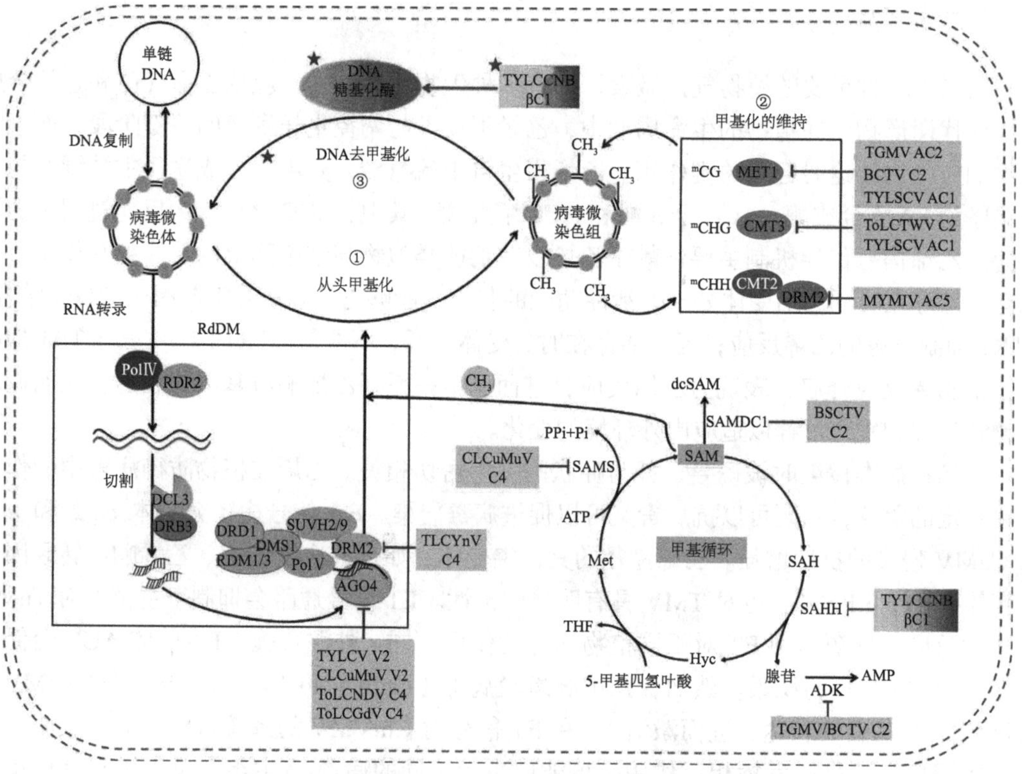

图 **8-9** 寄主和双生病毒在 **DNA** 甲基化层面进行的防御与反防御策略

单链DNA（ssDNA）病毒侵染诱导DNA甲基化，需要结构域重排甲基转移酶1（DRM1）、结构域重排甲基转移酶2（DRM2）、染色质甲基化酶3（CMT3）、DNA甲基转移酶1（MET1）和组蛋白KYP甲基转移酶及染色质重塑酶[如DRM1和DNA甲基化1（DDM1）]，导致基因转录沉默（TGS）。病毒编码的蛋白质（紫色方框所示）可以针对DNA甲基化的特定步骤进行反防御。例如，双病毒卫星蛋白βC1可促进活性DNA去甲基化。灰色表示双病毒基因组甲基化中未验证的参与RNA指导的DNA甲基化（RNA-directed DNA methylation，RdDM）成分

（一）双生病毒靶向 *S*-腺苷甲硫氨酸循环中的关键因子

S-腺苷甲硫氨酸（*S*-adenosyl methionine，SAM）作为甲基转移酶甲基基团的供体，在

植物体内的合成主要有 4 步。首先 SAM 给甲基转移酶提供甲基基团，去甲基后形成 *S*-腺苷高半胱氨酸（*S*-adenosyl-L-homocysteine，SAH）；接着 SAH 在 *S*-腺苷高半胱氨酸水解酶（*S*-adenosyl homocysteine hydrolase，SAHH）的催化下脱去腺苷，形成高半胱氨酸；然后高半胱氨酸接受甲基基团生成甲硫氨酸；最后甲硫氨酸在 *S*-腺苷甲硫氨酸合成酶（*S*-adenosylmethionine synthase，SAMS）的催化下，由 ATP 提供能量再次生成 SAM，完成 SAM 循环。BCTV 编码的 C2 及番茄金色花叶病毒（TGMV）编码的 AC2 能够结合腺苷激酶 ADK，并抑制 ADK 的活性，不仅如此，C2 和 AC2 的过表达会激活拟南芥中一些被 DNA 甲基化所沉默的位点起始转录。此外，甜菜严重曲顶病毒（BSCTV）则能够特异性地靶向 *S*-腺苷甲硫氨酸脱羧酶（*S*-adenosyl methionine decarboxylase，SAMDC1）；SAMDC1 能够被 26S 蛋白酶体途径所降解，而 C2 则能够抑制 SAMDC1 的降解，从而导致 SAM 循环受阻（Zhang et al.，2011）。TYLCCNB 编码的 βC1 能够与 SAHH 互作，抑制其催化活性，从而干扰甲基循环（Yang et al.，2011）；CLCuMuV 编码的 C4 蛋白则能够特异性地与 SAMS 结合，干扰 SAMS 的催化活性，从而抑制 SAM 的合成。

（二）双生病毒干扰甲基转移酶

当寄主受到双生病毒侵染之后，DNA 甲基转移酶 MET1 和 CMT3 的表达水平显著下降，病毒的 Rep 蛋白在抑制 MET1 和 CMT3 的表达中起到了决定性作用，同时 C4 在一定程度上和 Rep 共同抑制 CMT3 的表达；台湾番茄曲叶病毒（ToLCTWV）编码的 C2 蛋白同样也能够抑制 CMT3 的转录；印度绿豆花叶病毒（MYMIV）编码的 AC5 蛋白能够特异性抑制 DRM2 的表达来干扰 DNA 甲基化。此外，双生病毒编码的蛋白质能够直接与甲基转移酶互作来干扰 DNA 甲基化。云南番茄曲叶病毒（TLCYnV）编码的 C4 蛋白能够直接结合 NbDRM2，使其丧失结合 DNA 的能力，继而导致 NbDRM2 无法在 DNA 上进行甲基化修饰。TGMV 编码的 AC2 蛋白直接靶向拟南芥组蛋白 H3K9me2 及组蛋白甲基转移酶 KYP；转基因表达 AC2 的拟南芥在表型上与一些 TGS 突变体相似，同时，AC2 能够抑制组蛋白 H3K9me2 及 CHH 类型的 DNA 甲基化，并且激活很多受到 KYP 抑制的位点；BSCTV 侵染之后会上调 VIM5（variant in methylation 5）的表达，而 VIM5 是一个 E3 泛素连接酶，能特异性地靶向 MEI1 和 CMT3，并介导 MEI1 和 CMT3 通过 26S 蛋白酶体途径降解。

（三）双生病毒靶向 RNA 指导的 DNA 甲基化途径中的核心组分

CLCuMuV 编码的 V2 蛋白和番茄曲叶新德里病毒（tomato leaf curl New Delhi virus，ToLCNDV）的 AC4 蛋白可以与 AGO4 互作从而干扰 RNA 指导的 DNA 甲基化（RNA directed DNA methylation，RdDM）。TYLCV 编码的 V2 蛋白不影响 AGO4 结合 siRNA，但是会干扰其结合病毒 DNA，V2 可以和 AGO4 共定位于卡哈尔小体（Cajal body）中，并且 Cajal body 的定位对于 V2 发挥其功能至关重要。

（四）双生病毒激活 DNA 主动去甲基化

TYLCCNB 编码的 βC1 蛋白能够与 DNA 去甲基化酶互作，并且 βC1 可增强去甲基化酶的活性，从而将病毒基因组上的DNA甲基化去除，促进病毒侵染。βC1还能够与拟南芥的去甲基化酶DME发生互作，但$βC1^{V17A}$失去了与DME互作的能力。BSCTV侵染实验表明,βC1能够与DNA去甲基化酶互作来调控双生病毒基因组甲基化水平进而促进病毒侵染。体外的DME酶活实验证实，βC1而非$βC1^{V17A}$能够促进DME的DNA去甲基化酶活性；此外，DME过表达的本氏烟中，病毒的致病性显著增强，同时伴随着病毒基因组的甲基化也进一步降低，证明在体内的情况下，βC1也能够增强DME的去甲基化酶活性。双生病毒激活DNA主动去甲基化途径的发现开启了一个新的研究方向，也为病毒病害的防治提供了新的抗性策略。

二、病毒抑制RNA水平介导的抗病毒防御

（一）病毒对RNA沉默的反防御策略

针对RNA沉默的不同阶段与不同作用方式,植物病毒进化出一套与之相抗衡的抑制子,被称为病毒编码的RNA沉默抑制子（viral suppressor of RNA silencing，VSR）。烟草蚀纹病毒（tobacco etch virus，TEV）编码的HC-Pro、PVY编码的HC-Pro与CMV编码的2b蛋白是最先被发现具有VSR活性的病毒蛋白。此后，在各种类型的植物病毒中都发现了VSR，一些昆虫病毒和哺乳动物病毒中也发现了VSR。目前，普遍认为几乎所有的植物病毒都编码RNA沉默抑制子，这些抑制子是病毒为了适应不同的寄主长期进化的产物。来自不同科属的植物病毒所编码的抑制子在序列上不具有同源性，结构上没有相似性，因此它们的作用方式、作用机制也各不相同。病毒抑制子蛋白的结构和功能多样性也反映了病毒在进化过程中为了适应不同的寄主，利用不同的蛋白质，在RNA沉默途径的不同步骤中抑制寄主的防卫反应。大多数RNA沉默抑制子为病毒的致病相关因子，不是复制所必需的蛋白质，但能促进病毒的运动或积累。

病毒RNA沉默抑制子可影响RNA沉默通路中的某一或者多个关键组分，从而抑制基因沉默（图8-10）。根据作用途径及靶标可将VSR的作用方式归为三大类：抑制dsRNA的识别和siRNA的产生、影响RISC复合物中AGO与siRNA的组装及抑制依赖于RDR的次级siRNA的扩增。

1. 抑制dsRNA的识别和siRNA的产生 双链RNA的识别通常由DCL的一个或者两个dsRBD来完成，目前发现部分植物病毒和动物病毒的VSR采取抑制DCL切割产生siRNA的策略抑制RNA沉默。石柑子潜隐病毒（pothos latent virus，PoLV）编码的P14蛋白能够通过结合不同长度的dsRNA，使dsRNA不能进入DCL，进而不能被切割成siRNA。TCV编码的P38蛋白不仅能够结合不同长度的dsRNA，还能特异性地抑制DCL4的活性，从而抑制RNA沉默。除此之外，CaMV的P6能够与DRB4相互作用，而DRB4蛋白是DCL4发挥剪切功能所必需的，因而导致siRNA不能产生，抑制RNA沉默。番茄不孕病毒（tomato aspermy cucumovirus，TAV）编码的T2b蛋白也具有dsRNA结合活性。对T2b-siRNA复合物结构的解析表明，T2b是由2个α螺旋结构形成的二聚体，所形成的二聚体可以通过2个钩状结构识别并结合2个螺旋A型RNA双链体，2个二聚体进一步形成四聚体并结合两

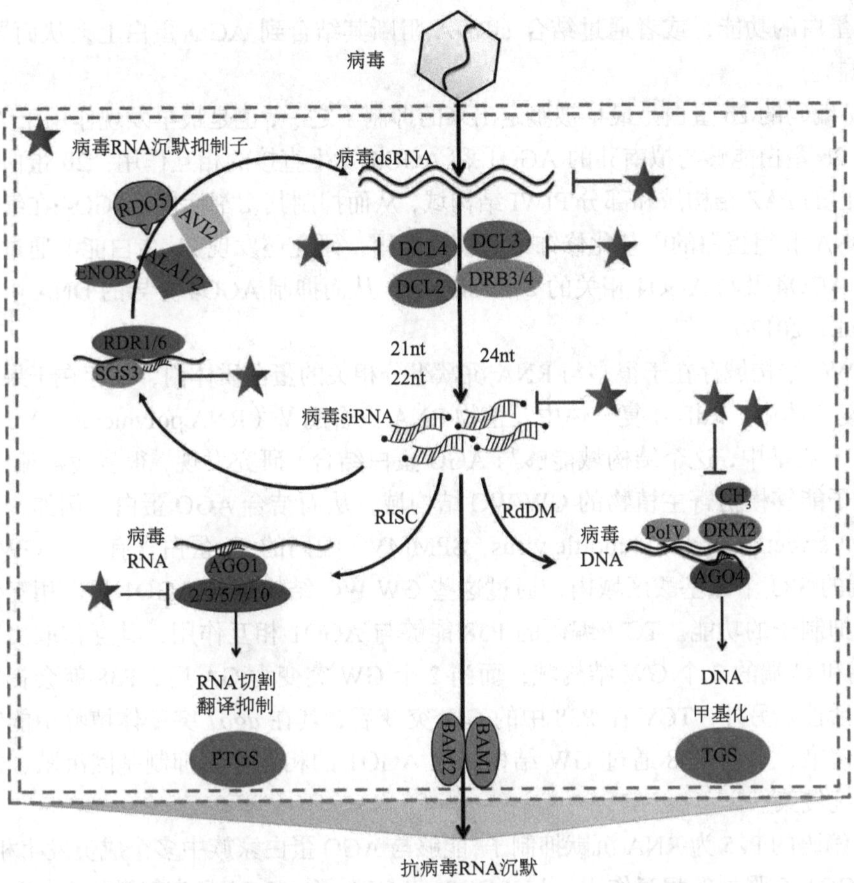

图 8-10　病毒编码的 **RNA** 沉默抑制子抑制 **RNA** 沉默的机制

RNA沉默也叫转录后基因沉默（post-transcriptional gene silencing，PTGS），RNA指导的DNA甲基化（RNA directed DNA methylation，RdDM）也称为基因转录沉默（transcriptional gene silencing，TGS），通过DNA甲基化调控基因表达。然而，植物病毒编码的不同RNA沉默抑制子蛋白可以通过靶向RNA沉默的不同作用步骤抑制RNA沉默。图中五角星形状为病毒编码的RNA沉默抑制子蛋白；BAM1/2. 几乎没有分生组织；ALA1. 氨基磷脂ATP酶1；RDO5. 减少休眠5

条 21nt 长的 siRNA；而蛋白质-RNA 体外结合实验表明，T2b 可以结合长度为 20～30nt 的各种 siRNA，也可以结合更长的 dsRNA。动物病毒中的兽棚病毒（flock house virus，FHV）编码的 RNA 沉默抑制子 B2 能够结合病毒复制中间体的 dsRNA 从而阻止 DCL 的 dsRBD 结构域结合 dsRNA，使得病毒复制中间体不能被 DCL 识别和切割，进而抑制病毒来源 siRNA 的积累。当 FHV 中的 B2 蛋白发生缺失突变时，FHV 只有在寄主 RNA 沉默路径被破坏的情况下才能成功侵染果蝇或线虫。

2. 影响 RISC 复合物中 AGO 与 siRNA 的组装　RISC 复合物是 RNA 沉默途径中的关键组分，由 AGO 蛋白与 siRNA 组成，RISC 复合物的活性决定着 RNA 沉默的效率。一般由具有 RNA 内切酶活性的 AGO 蛋白组成的 RISC 可以在 siRNA 的指导下切割靶标病毒 RNA，诱发 PTGS；不具有 RNA 内切酶活性的 AGO 蛋白能够与其他蛋白结合，在 siRNA 的指导下，能够抑制翻译或者诱发 TGS。病毒 RNA 沉默抑制子通过不同的方式影响 AGO 蛋白的功能，或者通过结合 siRNA 阻断其结合到 AGO 蛋白上，从而导致 RNA 沉默的抑制。

CMV 编码的 2b 蛋白是最早被鉴定出来的抑制子之一，也是最早发现作用于 AGO 蛋白的 VSR。2b 蛋白能够与拟南芥的 AGO1 和 AGO4 发生直接的相互作用：2b 蛋白通过结合 AGO1 蛋白的 PAZ 结构域和部分 PIWI 结构域，从而抑制其切割活性。AGO4 在细胞核介导基因组 DNA 和组蛋白的甲基化修饰中起关键作用，研究还发现 2b 蛋白能够通过进入细胞核，结合 AGO4 及与 AGO4 相关的 24nt siRNA，从而抑制 AGO4 介导的 DNA 甲基化修饰（Duan et al.，2012）。

GW/WG 结构域存在于很多与 RNA 沉默组分相关的蛋白质体内，如存在于果蝇与酵母的 RISC 复合体中、RdDM 复合体中及植物 RNA 聚合酶Ⅴ（RNA polymerase Ⅴ，Pol Ⅴ）的 NRPD1b 亚基中，这个结构域能够与 AGO 蛋白结合。研究发现，很多病毒编码的 RNA 沉默抑制子能够模仿寄主植物的 GW/WG 结构域，从而结合 AGO 蛋白。例如，甘薯轻型斑驳病毒（sweet potato mild mottle virus，SPMMV）编码的 P1 蛋白含有 3 个 GW 结构域，位于 N 端的 383 个氨基酸区域内，通过这些 GW/WG 结构域与 AGO1 蛋白相互作用从而发挥沉默抑制子的功能。TCV 编码的 P38 能够与 AGO1 相互作用，其互作取决于该蛋白质的 N 端和 C 端的 2 个 GW 结构域；而当 2 个 GW 突变为 GA 后，P38 就会丧失抑制基因沉默的活性。另外，TCV 在 P38 中的 GW 突变后，其在 *ago1* 突变体植物中能够恢复病毒的系统侵染，表明 P38 通过 GW 结构域与 AGO1 的相互作用抑制基因沉默，从而促进病毒的系统侵染。

PVX 编码的 P25 为 RNA 沉默抑制子，能够与 AGO 蛋白家族中多个成员发生相互作用，其中与 AGO1 有强烈的相互作用，与 AGO2、AGO3 及 AGO4 只有轻微的互作，与 AGO5 和 AGO7 不存在互作。进一步发现 P25 的过表达能够降低 AGO1 蛋白的积累，而 AGO1 的降解过程能够被 26S 蛋白酶体抑制剂 MG132 所抑制，因此他们推测 P25 很可能是通过 26S 蛋白酶体系统降解 AGO1。

结合大小特异性的 siRNA 从而阻断其形成有活性的 RISC 复合物是病毒编码的 RNA 沉默抑制子最常用的策略。TBSV 编码的抑制子 P19 蛋白是最早进行晶体结构解析的蛋白质之一，P19 以二聚体形式特异结合 19nt 的 dsRNA，所结合的 19nt dsRNA 的 3′端可以有 2nt 的突出，形成的二聚体就像一把分子圆规，能使其准确地丈量 siRNA 的长度，并准确结合特定长度的 siRNA；P19 的体外结合实验说明其能够选择性地结合 21nt 类型的 siRNA 而不是 24nt 的 siRNA，而它与 siRNA 这种较高的亲和力能够帮助其阻止病毒 RNA 的切割。意大利香石竹环斑病毒（carnation Italian ringspot virus，CIRV）的 P19 蛋白的晶体结构和结合特性与 TBSV 的 P19 很类似，而 TAV 编码的 2b 蛋白也能够结合特定长度的 siRNA，但结构与 P19 的结构并不相同，它除能够结合特定大小的 siRNA 外，还能结合不同长度的 dsRNA。

其他一些 VSR 也能特异性地结合某些长度的 siRNA，如 TEV 的 HC-Pro、甜菜黄化病毒（beet yellows virus，BYV）编码的 P21 及 TMV 编码的 P122，它们识别结合 siRNA 依赖于 siRNA 的 3′端的 2nt 突出。体外实验表明，它们能够结合 siRNA 并阻止 siRNA 装配到

RISC 复合体中，但它们无法阻止已经装配好的 RISC 对靶标 RNA 的切割。

3. 抑制依赖于 RDR 的次级 siRNA 的扩增　次级 siRNA 通过寄主内的 RDR 及伴随蛋白 SGS3，以同源的胞内 RNA 为模板，不断生成新的 dsRNA，这些 dsRNA 再被 DCL 剪切生成次级 siRNA，以实现沉默信号的扩大，这在植物抗病毒沉默途径中起重要作用。在感染病毒的植物中，病毒可以通过阻碍抗病毒沉默信号的扩大而抑制基因沉默。野生型 CMV 编码的 2b 蛋白能抑制依赖于 RDR6 的次级 siRNA 的产生，但是其抑制机制仍不清楚。番茄黄化曲叶病毒以色列分离物编码的 V2 蛋白能够抑制 GFP 诱导的局部沉默，但是并不影响来源于 GFP siRNA 的产生；V2 蛋白能够与番茄 SlSGS3 互作，并且互作发生在细胞质中的颗粒上；*SlSGS3* 基因是拟南芥 *AtSGS3* 基因的同源物，而 AtSGS3 是参与 RNA 沉默途径的一个 dsRNA 结合蛋白，它能够招募 ssRNA 到 AtRDR6，使其合成 dsRNA。AtSGS3 能够特异地结合 5′端具有突出两个及以上碱基的 dsRNA，而 V2 也能够结合这样结构的 dsRNA，并且发现 V2 能够与 AtSGS3 竞争结合 dsRNA，但是对于 RDR6 的功能没有影响，V2 蛋白可能通过竞争结合 SGS3 上的 dsRNA，从而抑制 RNA 沉默。

VSR 发挥作用通常不只依赖一种方式去干扰 RNAi 通路，更为常见的是在多个环节中同时发挥作用，利用多层策略更加有效地抑制 RNAi 途径。CMV 的 2b 蛋白是最早发现的 VSR 之一，有大量证据表明它可以在多个环节中干扰 RNAi 过程。首先，2b 蛋白会通过竞争性结合 RNA 来抑制 RNAi。2b 蛋白的 N 端有 dsRBD 结构域，会优先结合 24nt 的 siRNA，可通过结合 siRNA 及 siRNA 前体 dsRNA 抑制其活性，进而抑制植物细胞内的 PTGS 和 RdDM。其次，2b 蛋白结合 dsRNA 后为抑制其活性会主动进核，其 dsRBD 结构域对 2b 蛋白入核抑制 dsRNA 的活性是必需的。再次，2b 蛋白会通过影响 AGO 蛋白亚细胞定位来干扰 RNAi。2b 蛋白主要依靠其 C 端和 AGO 蛋白发生结合，将其限制在细胞核中，影响 AGO 蛋白的正常功能。最后，2b 蛋白还会特异抑制 RISC 复合体中 AGO1 蛋白对靶 RNA 的裂解活性，过表达 2b 的转基因拟南芥与 *ago1* 突变体具有相似表型。另外，除了影响 AGO1 蛋白，2b 蛋白也会影响主要结合 24nt siRNA 的 AGO4 蛋白，通过与 AGO4 蛋白的 PAZ 和 PIWI 结构域直接互作，影响 AGO4 蛋白的活性和甲基化的发生。除此之外，2b 蛋白还独立地催化了一个 AGO4 相关的等位基因，通过调节内源转录进一步加强对 AGO4 的抑制程度。总之，2b 蛋白利用不同策略干扰 RNAi，为 CMV 侵染创造有利的条件。Potyviruses 编码的 HC-Pro，也参与多个方面的病毒反防御过程。一方面，HC-Pro 会抑制 siRNA 的甲基化使其易被降解。烟草蚀纹病毒（tobacco etch virus，TEV）的 HC-Pro 可以非选择性地结合 siRNA，不论是 3′端修饰还是非修饰的 siRNA，都会被 HC-Pro 显著抑制其甲基化，从源头阻断 RNAi。西葫芦黄化花叶病毒（zucchini yellow mosaic virus，ZYMV）的 HC-Pro 通过第 139～320 位的氨基酸与 HEN1 蛋白互作，通过抑制 HEN1 蛋白的甲基转移酶活性来抑制 siRNA 的甲基化过程。另一方面，HC-Pro 会通过影响 RNAi 的相关蛋白质进行反防御。rgs-CaM 是一种类钙调蛋白，可抑制细胞内 PTGS 的发生，rgs-CaM 蛋白作为免疫受体在感知病毒的 VSR 和 Ca^{2+}内流后被激活，诱导寄主发生细胞程序性死亡、ROS 爆发和 SA 信号转导，激活寄主抗性；rgs-CaM 蛋白还可联合自噬途径降解病毒 VSR 帮助植物抗病毒。HC-Pro 蛋白可以直接结合 rgs-CaM 蛋白并抑制其活性，引起钙信号调节通路的紊乱，延缓寄主对病毒侵染的及时反应。此外，其他病毒的 VSR 也会通过影响 RNAi 相关蛋白质进行反防御。双生病毒的抑制子 AL2 蛋白会诱导 rgs-CaM 蛋白过量表达，通过互作将 rgs-CaM 蛋白从细胞质劫持到细胞核内，抑制 rgs-CaM 蛋白对 AL2 蛋白自噬降解的促进过程。BYDV 的抑制子 17kDa 蛋白可以通过直接互作来干扰负责调控降解 miRNA 的 HvSDN1 蛋白和 HvAGO1 蛋白的互作，进而抑制 HvSDN1 蛋白降解 viRNA 的功能。病毒 VSR 在对抗寄主 RNA 沉默过程中发挥多个作用，但病毒为什么因此进化出多层策略仍需要进一步分析。目前虽然证明了 VSR 结合 viRNA，但它是如何对 viRNA 进行特异性结合的仍不清楚。鉴于 VSR 的功能特性，其常被用于研究复杂的植物 RNAi 过程，帮助人们加深对植物 RNAi 相关基因表达、信号转导及植物-病毒互作的理解。

（二）干扰 RNA m^6A 的修饰

病毒侵染也会扰乱植物内源 RNA 的 m^6A 修饰水平。通过高分辨率质谱分析发现 TMV 侵染后，烟草内源 m^6A 去甲基化酶基因表达水平升高，而甲基转移酶基因表达水平降低。m^6A 相关基因的差异性表达也导致植物 mRNA m^6A 修饰水平整体下降了 40%。同属烟草花叶病毒属的 CGMMV 侵染西瓜后，同样造成植物整体 m^6A 修饰水平下降。随后的基因表达水平检测发现，西瓜 m^6A 去甲基化酶 ALKBH4B 的表达显著增加。PePMV 侵染造成番茄和本氏烟内源基因整体表达水平升高，而 m^6A 修饰水平下降。通过对 m^6A 去甲基化酶关键结构域进行比对分析，在马铃薯 Y 病毒 P1 蛋白上发现了保守的 ALKB 结构域。这表明，病毒编码蛋白质很可能在植物中起到去甲基化酶的功能，并以此操控寄主体内整体的 m^6A 修饰水平。通过定量检测和免疫荧光标记等方法，发现携带 RBSDV 的灰飞虱体内 m^6A 量下降了 21.42%，其肠道中 m^6A 的荧光强度仅为无毒灰飞虱的 55.8%，说明携带 RBSDV 影响灰飞虱 m^6A 甲基化修饰。相反，RSV 或 RBSDV 侵染水稻后，通过 MeRIP 高通量测序技术发现 m^6A 修饰峰值增加。虽然这些增加的 m^6A 修饰信号几乎覆盖了整个植物生命过程相关基因，但主要集中在 RNA 沉默、抗病性及抗病毒激素相关通路。小麦黄花叶病毒（wheat yellow mosaic virus，WYMV）侵染抗感品种小麦后，m^6A 修饰差异峰值也富集到了植物防御反应和植物-病原体相互作用的相关基因。以上的研究从整体上明确了病毒侵染后能够对植物内源基因的 m^6A 修饰水平进行操控，然而内源基因 m^6A 整体水平的升高或降低对于病毒侵染过程中的具体作用机制还需进一步的研究。

m^6A 修饰对病毒侵染的调控机制复杂多样。通过甲基转移酶与去甲基化酶的动态调节，RNA 上的 m^6A 修饰最终被阅读蛋白识别并发挥相应的功能。阅读蛋白通过招募 RNA 降解相关蛋白质，影响病毒 RNA 的稳定性。而病毒为了抵御 m^6A 修饰对其基因组 RNA 的影响，也进化出多种类型的反防御机制（图 8-11）（He et al.，2023a，2023b，2023c；Ge et al.，2024；葛林豪等，2024）。

PepMV 编码依赖于 RNA 的 RNA 聚合酶（RdRp）通过与番茄 SlBeclin1 相互作用，利用自噬途径促进 SlHAKAI 蛋白的自噬降解，从而抑制 m^6A 修饰介导的植物防御反应。HAKAI 是真核生物甲基转移酶复合物的重要组分，过表达 SlHAKAI 能够通过增加番茄植株中病毒 m^6A 的水平减弱 PepMV 的侵染，敲除 SlHAKAI 的植株则降低了病毒 m^6A 的水平，

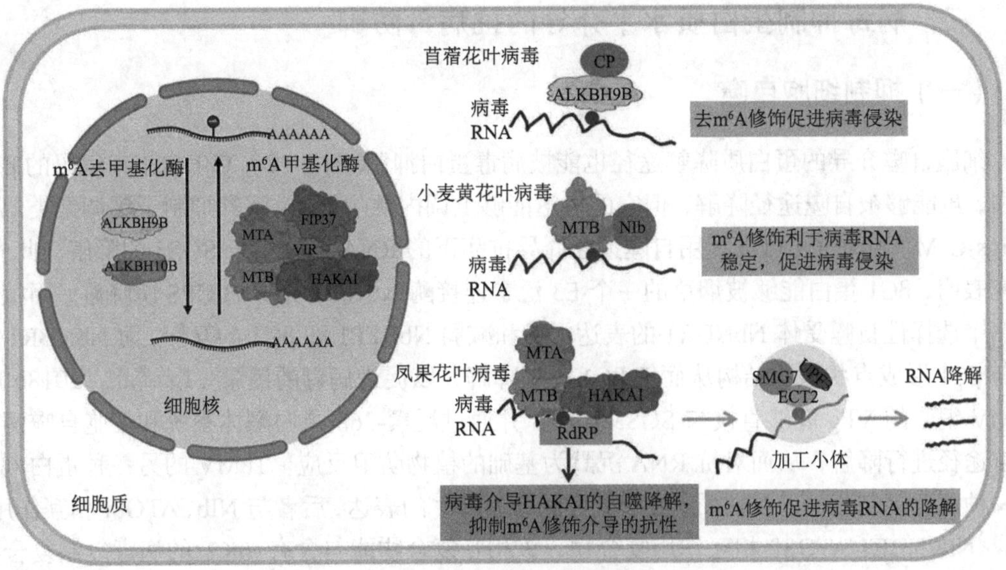

图 8-11　m^{6}A 修饰在植物病毒侵染中的作用

MTA、MTB、FIP37、VIR、HAKAI为m^{6}A修饰的甲基化酶，其组成的复合物能够将靶标RNA进行m^{6}A修饰。植物中鉴定的去甲基转移酶有ALKBH9B、ALKBH10B和ALKBH2B，单个的去甲基转移酶即可将m^{6}A修饰擦除。RNA的m^{6}A修饰在病毒侵染中主要起抗病毒功能。在某些情况下，m^{6}A修饰被证明在病毒感染中可能有利于病毒RNA的稳定性

增强了 PepMV 的侵染。PepMV 编码的 RdRp 直接与 SlHAKAI 相互作用并使其蛋白质水平降低。细胞自噬抑制剂处理及沉默核心自噬基因会有效抑制 RdRp 介导的 SlHAKAI 蛋白水平降低。RdRp 可直接与自噬蛋白 SlBeclin1 相互作用，且 RdRp-SlHAKAI 互作位点能够与 SlBeclin1 共定位于细胞质中。Beclin1 的沉默同样能够抑制 RdRp 介导的 SlHAKAI 降解，说明这一过程中需要 Beclin1 的参与。总之，m^{6}A 修饰关键酶 SlHAKAI 具有重要的抗病毒作用。此外，部分植物病毒也会进化出在特定位点进行 m^{6}A 修饰以逃脱寄主对外源核酸的识别功能。WYMV 编码的复制酶 NIb 能够诱导小麦甲基转移酶 TaMTB 出核。对病毒 RNA1 特定位点进行 m^{6}A 修饰，该修饰有利于病毒 RNA 的稳定性。动物病毒 HBV 编码 RNA 上 5′端和 3′端，m^{6}A 修饰分别影响逆转录功能和 RNA 稳定性。因此，无论是植物还是动物病毒中的研究都表明，m^{6}A 修饰在病毒转录本上的不同位置可能发挥不同功能。

植物病毒侵染寄主后，能够被甲基转移酶复合体进行 m^{6}A 修饰。并且，病毒的侵染也导致了植物内源基因 m^{6}A 修饰的紊乱。甲基转移酶和去甲基化酶对于病毒侵染能力的影响已有报道，但对于 m^{6}A 阅读蛋白对修饰的病毒 RNA 的影响还没有得到深入挖掘。总之，m^{6}A 作为病毒转录本上普遍存在的化学修饰，在病毒与寄主的互作关系上的功能机制仍不清晰。关于病毒转录本甲基化水平与寄主识别能力的动态关系可能是未来病毒侵染机制研究的方向。

三、病毒抑制蛋白质水平介导的抗病毒防御

（一）抑制细胞自噬

细胞自噬介导的蛋白质降解途径也能被病毒蛋白抑制（图 8-12）。TYLCCNB 编码的 βC1 蛋白，虽能够被自噬途径降解，但它的表达能够上调内源的 RNA 沉默抑制子钙调素类似蛋白 rgs-CaM，rgs-CaM 可以利用自噬途径介导抗病毒的 RNA 沉默组分 SGS3 的降解。此外，研究表明，βC1 蛋白能够被烟草的一个 E3 泛素连接酶 NtRFP1 介导的 UPS 所降解，而植物中一个选择性自噬受体 NbNBR1 的表达干扰和减弱 NbRFP1 和 βC1 的互作，而 NbNBR1 可以与 βC1 形成点状颗粒结构从而使 βC1 不被降解，以促进病毒的侵染（Li et al.，2018b）。TuMV 编码的 VPg 能够直接与 SGS3 互作，并通过泛素-26S 蛋白酶体系统和细胞自噬两种降解途径进行降解，从而对抗 RNA 沉默为基础的植物防卫反应。TuMV 的另一种蛋白 6K2 是一种病毒复制相关的蛋白质，被报道可诱导 NBR1 的表达，后者与 NIb、ATG8f 相互作用，形成 NIb/NBR1/ATG8f 相互作用复合物，该相互复合物能与含有 6K2 的病毒复制复合物（VRC）共定位。由于借助了 ATG8f 和液泡膜内在蛋白 TIP1（tonoplast intrinsic protein 1）之间的关联，VRC 可以锚定到液泡中进行病毒的复制和组装。BSMV 编码的病毒蛋白 γb

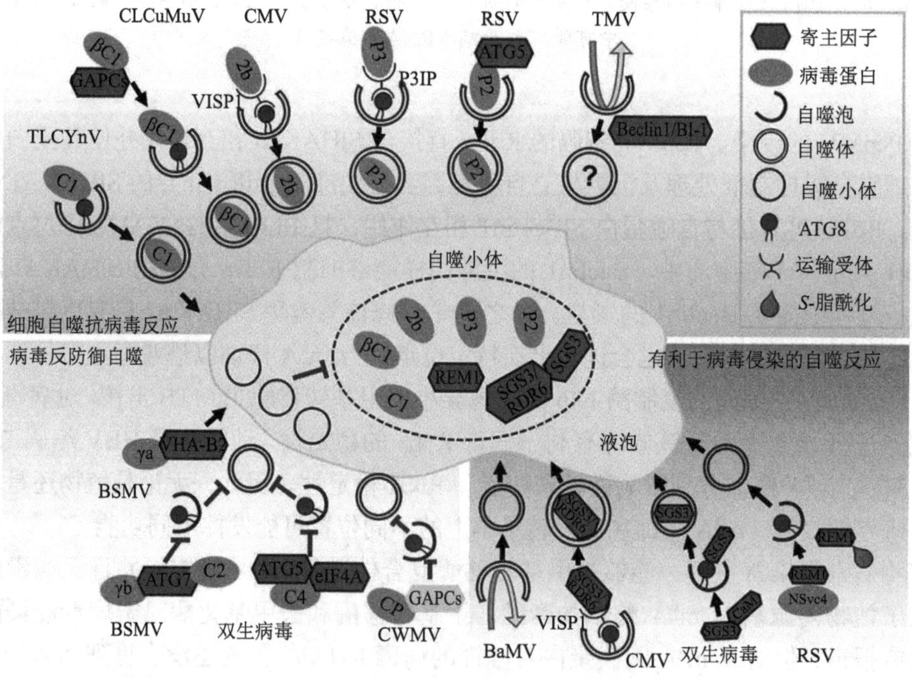

图 8-12　细胞自噬与植物病毒的互作

细胞自噬能够通过细胞自噬接头蛋白ATG8或其他自噬相关蛋白与病毒蛋白互作，将其带到自噬小体中进行降解。然而一些病毒蛋白能够抑制或者利用细胞自噬，实现病毒的成功侵染

能以竞争结合的方式干扰 ATG7 蛋白与 ATG8 蛋白之间的相互作用,从而抑制自噬介导的抗病毒功能。双生病毒编码的 AC2/C2 蛋白是一种多功能蛋白质，不仅能调控病毒晚期基因的表达，还能与多个寄主蛋白互作，帮助病毒抑制或逃避寄主免疫响应，创造有利于病毒复制的环境。TLCYnV、中国番茄黄化曲叶病毒（tomato yellow leaf curl China virus，TYLCCNV）、TYLCV-BJ 和 MYMIV 等 4 种双生病毒编码的 C2 蛋白都能通过与 ATG7-ATG8 互作并抑制细胞自噬途径,说明病毒通过干扰 ATG7 与 ATG8 互作调控细胞自噬是一种保守的反防御机制（Cao et al.，2023）。本氏烟、水稻的 Remorin 蛋白能够调节胞间连丝的通透性，负调控 RSV 在寄主植物细胞内的细胞间移动，但是 RSV 编码的运动蛋白 NSvc4 能够干扰 Remorin 蛋白的棕榈酰化修饰，削弱 Remorin 蛋白的细胞膜定位，促使 Remorin 蛋白进入自噬体而降解，从而消除 Remorin 对 RSV 细胞间移动的负调控作用，最终有利于 RSV 对本氏烟和水稻的侵染。

（二）抑制泛素-26S 蛋白酶体系统

虽然泛素-26S 蛋白酶体系统（UPS）能够通过降解病毒蛋白或者寄主的感病因子从而限制病毒侵染，然而植物病毒能够利用编码的病毒蛋白抑制或者干扰 UPS 实现有效的反防御，从而顺利侵染寄主（图 8-13）。例如，双生病毒编码的卫星 βC1 蛋白能够与 UPS 途径的不同蛋白质组分互作，从而抑制泛素化降解和促进病毒侵染。CLCuMuV 卫星（CLCuMuB）编码的 βC1 蛋白可与 NbSKP1（SCF 复合体类型 E3 泛素连接酶的组分）相互作用，并阻断 NbSKP1 与 NbCUL1 的相互作用。沉默 *NbSKP1* 或 *NbCUL1* 均可增强植物 CLCuMuV 基因组 DNA 的积累，导致严重的病害症状。βC1 通过破坏 SCF^{COI1} 的完整性来增加 SCF^{SYL1} 底物蛋白 GAI 的稳定性，从而干扰 JA 和 GA 信号的转导。因此，βC1 通过 UPS 途径干扰了 JA 和 GA 信号途径，从而增加了病毒核酸的积累量，增强了病毒诱导的症状。BCTV 编码的 L2 蛋白及 TYLCV 和撒丁岛番茄黄化曲叶病毒（tomato yellow leaf curl Sardinia virus，TYLCSV）编码的 C2 蛋白，通过与植物 COP9 复合体中的 CSN5 亚基互作，影响 SCF 复合体组分 CUL1 的去 RUB 化修饰，从而影响了包括 SCF^{COI1} 在内的 E3 泛素连接酶的活性，进而抑制了 JA 途径介导的植物病毒抗性，促进了病毒侵染。RBSDV 编码的 P5-1 通过与 OsCSN5A 相互作用抑制 SCF E3 泛素连接酶的泛素化活性，并抑制 CUL1 的 RUB 或去 RUB 化修饰，从而抑制 JA 信号转导反应通路，增强水稻对 RBSDV 的感染。大麦黄条点花叶病毒（barley yellow striate mosaic virus，BYSMV）编码的 P6 蛋白与 HvCSN5 的互作，抑制了植物中 CUL1 上 RUB 化修饰的去除过程，从而抑制了 JAZ 蛋白的降解，负调控下游 JA 信号通路，减弱植物抗虫能力，有利于媒介昆虫传播病毒。TYLCV 编码的 C2 蛋白与植物泛素互作，这种相互作用破坏了 JAZ1 蛋白的降解，从而抑制了茉莉酸防御和 MYC2 调控的萜烯合酶基因的表达，进而抑制植物防御，促进了粉虱介体的生存和繁殖。番茄褪绿病毒（tomato chlorosis virus，ToCV）编码的 P22 蛋白可以结合 SKP1.1 的 C 端，并与 TIR1 竞争，通过干扰 SKP1-cullin-F-box TIR1 复合物组装，抑制生长素信号通路，以促进病毒侵染。此外，RDV 编码的 P2 蛋白抑制 SCF 复合体 E3 对 OsIAA10（生长素/吲哚-3-乙酸蛋白，auxin/indole-3-acetic acid protein）的降解，干扰生长素信号的转导，从而促进病毒侵染。

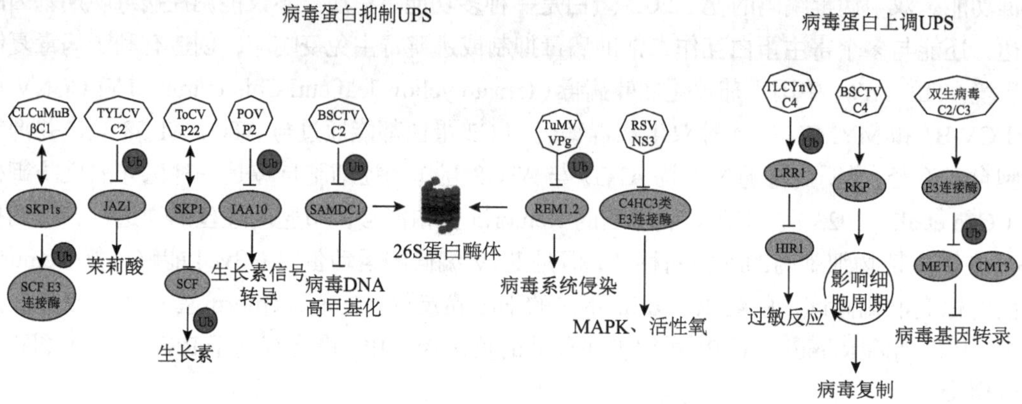

图 8-13　UPS 与植物病毒的互作

植物病毒能够利用编码的病毒蛋白抑制或者干扰UPS实现有效的反防御，从而顺利侵染寄主

植物病毒除干扰 SCF 复合物 E3 介导的激素途径外，也能通过抑制 UPS 促进其他寄主蛋白的稳定性来促进病毒的侵染。拟南芥 AtSAMDC1 经 26S 蛋白酶体降解，而 DNA 病毒 BSCTV 编码的 C2 能和 AtSAMDC1 互作并抑制 AtSAMDC1 的降解，从而促进 AtSAMDC1 的蛋白质积累。积累的 AtSAMDC1 促进 SAM 转化为更多的脱羧 *S*-腺苷甲硫氨酸(dcSAM)，干扰了 SAM 和 dcSAM 的动态平衡，从而干扰了甲基的正常转移，抑制 DNA 的甲基化，进而促进 DNA 病毒的侵染。RSV 的 NS3 能扰乱 MEL 的功能促进 SHMT1 的稳定从而有利于病毒的侵染。

植物病毒不仅能通过抑制 UPS 参与抗病毒反应，也能通过利用 UPS 降解不利于病毒侵染的寄主因子来促进病毒侵染。病毒编码含有 F-box 基序的蛋白质是其劫持 SCF E3 较为常用的策略。芜菁黄化病毒（turnip yellows virus，TuYV）和南瓜蚜传黄化病毒（cucurbit aphid-borne yellow virus，CABYV）编码的 RNA 沉默抑制子 P0 蛋白含有 F-box 基序。有趣的是 P0 的 VSR 活性与其含有的 F-box 基序密切相关，暗示着 P0 蛋白可能通过降解 RNA 沉默通路的蛋白质来实现 VSR 活性。P0 蛋白和 AGO1 互作并增加 AGO1 蛋白的不稳定性，因此推测 P0 以促进 AGO1 降解的方式干扰 PTGS 通路中 RISC 的组装，从而实现对 PTGS 的抑制。植物 REM 蛋白通过与 PCaP1 互作来抑制 TuMV 的胞间运动，作为反防御的策略，TuMV 编码的 VPg 能调控 REM 蛋白经 UPS 降解从而促进病毒的系统侵染。NPR1 参与的 SA 途径是植物抵御病毒侵染的重要方式，RSV P2 以不依赖于 SA 的方式促进 OsNPR1 与 OsCUL3a（cullin-RING 型泛素连接酶）的结合，从而加速 OsNPR1 在植物体内的泛素化降解来抑制 SA 途径，促进 RSV 侵染。

植物病毒除利用其编码的蛋白质直接与 UPS 相关蛋白互作外，也能通过调控 UPS 相关基因的 RNA 水平来促进自身侵染。TLCYnV C4 蛋白诱导 *HIR1* 的表达上调，上调表达的 HIR1 蛋白诱导超敏反应（hypersensitive response，HR）从而抑制病毒侵染。作为回应，病毒编码的 C4 蛋白不仅能抑制 HIR1 的自身互作增加其单体的含量，还能上调 *LRR1* 的表达，借助 LRR1 促进 HIR1 单体经 26S 蛋白酶体降解，从而抑制 HR 的发生，创造出有利于病毒侵染的环境。BSCTV 编码的致病决定因子 C4 蛋白诱导 RING 类泛素连接酶 *RKP* 的表达，以加速细胞周期抑制子蛋白 ICK/KPP 的降解，促进细胞分裂和 DNA 合成，从而促进 DNA 病毒 BSCTV 的侵染。双生病毒编码的 C2 和 C3 诱导植物异常表达一个编码 E3 的印记基因 *VIM5*（*variant in methylation 5*），该 E3 能直接作用于甲基转移酶 MET1 和 CMT3，使两者发生泛素化修饰后经 26S 蛋白酶体降解，导致 DNA 甲基化水平下降，从而帮助病毒逃逸寄主甲基化抑制，促进病毒转录和积累。

四、病毒抑制植物激素信号介导的抗病毒防御

植物激素信号网络在寄主抵御病原菌入侵过程中发挥了十分重要的功能。作为长期共同敌对进化的结果，病毒也能通过操纵不同植物激素信号来抑制寄主免疫，从而达到成功侵染的目的。目前，关于植物病毒操纵或破坏植物激素合成或信号途径，以利于自身的侵染和复制的反防御策略已经被广泛报道（图 8-14）（Li et al.，2024）。下面主要介绍病毒反防御水杨酸、茉莉酸、油菜素内酯、生长素、赤霉素、乙烯介导的抗病毒防御。

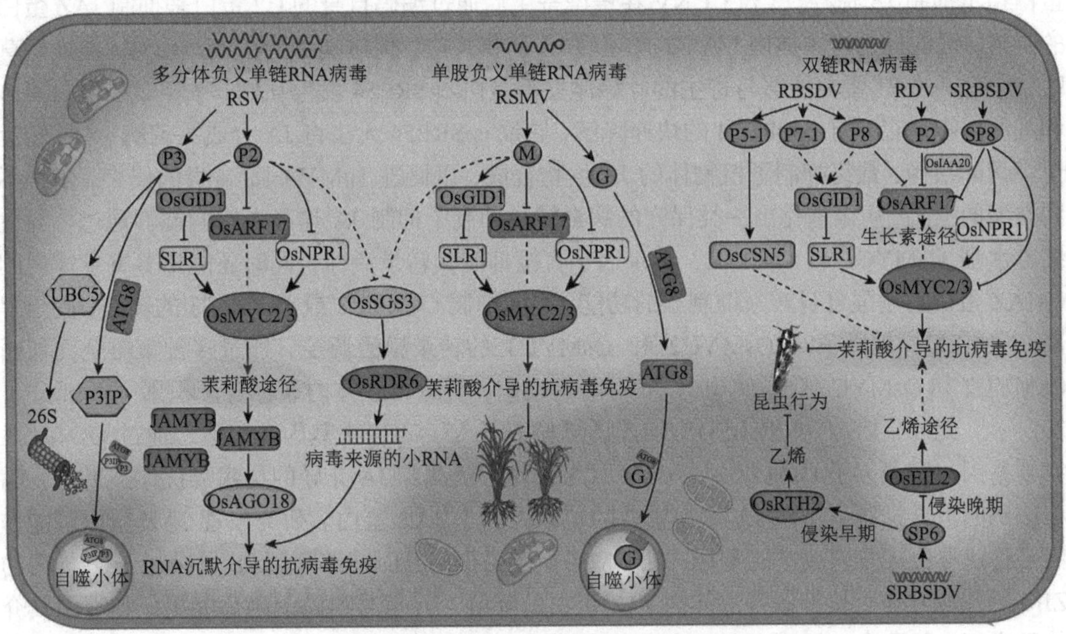

图 8-14　不同类型水稻病毒在致病过程中的保守反防御机制

图中主要展示了以茉莉酸转录因子OsMYC2/3为核心的广谱抗病毒免疫系统。在激素信号网络中，OsNPR1（水杨酸SA）和SLR1（赤霉素GA）被认为是广谱抗病毒元件。病毒进行反防御，不同的RNA病毒蛋白采用直接或间接策略来抑制JA介导的广谱抗病毒免疫，从而有利于病毒侵染

（一）水杨酸

病毒可以通过编码不同类型的病毒蛋白抑制 SA 介导的防御反应。BSMV 靶向 SA 信号通路关键组分，进而破坏 SA 介导的寄主防御反应。与缺失 γb 的突变体病毒（BSMVΔγb）

相比，BSMV 侵染能抑制 SA 信号通路的激活。BSMV 编码的 γb 蛋白能够靶向本氏烟硫氧还蛋白（NbTRXh1），从而破坏 SA 介导的寄主防御反应。不同类型水稻病毒可以影响 SA 途径中重要调控因子的蛋白质稳定性。不同水稻病毒能够编码独立进化且功能保守的蛋白质靶向水杨酸信号途径重要调控因子 OsNPR1，介导 OsNPR1 的泛素化和降解，同时抑制 OsNPR1-OsMYC2/3 功能模块，从而削弱 OsNPR1 介导的水杨酸-茉莉酸协同抗病毒作用，促进病毒自身的侵染与传播（Zhang et al.，2023）。植物 RNA 病毒 TuMV 也能通过抑制 NPR1 的 SUMO 化重塑寄主的免疫应答反应。拟南芥 NPR1 的功能丧失显著增加了拟南芥对 TuMV 的易感性，同时 *PR1* 基因的表达显著降低。TuMV 编码的 NIb 蛋白直接靶向 NPR3 的 SUMO 互作位点 1（SUMO-interacting motif 1），以破坏 NPR1-SUMO3 相互作用并抑制 SUMO3 介导的 SUMO 化，从而抑制 NPR1 介导的抗病毒免疫反应。

（二）茉莉酸

植物病毒能够通过多种不同反防御策略抑制 JA 介导的抗病毒防线。双生病毒促进 JAZ 蛋白稳定抑制 JA 途径。TYLCCNV 在侵染寄主后通过编码自身的 C2 蛋白来抑制 JAZ 蛋白的降解，以此抑制寄主体内 MYC2 介导的 JA 防御反应，促进病毒的侵染。TuMV 侵染烟草时，其编码的 P1 蛋白能够与寄主的叶绿体关键蛋白 cpSRP54 发生互作，并经 26S 蛋白酶体和细胞自噬途径介导 cpSRP54 的快速降解，导致 cpSRP54 无法将 JA 合成关键酶 AOC 转运至类囊体结构，最终抑制了植物体的 JA 生物合成，以促进 TuMV 病毒自身的侵染。多种不同类型的 RNA 病毒进化出一类保守的病毒转录抑制子抑制 JA 途径，它们能够通过特异性结合水稻 OsMYC2 或 OsMYC3 转录因子直接抑制其转录活性，同时还能招募寄主体内的 OsJAZ 蛋白来增强自身转录抑制子的功能，协同抑制 OsMYC2 或 OsMYC3 的转录，甚至解离 OsMED25 辅因子对 OsMYC2 和 OsMYC3 的转录激活调控，通过多种策略全面切断 OsMYC2 和 OsMYC3 介导的 JA 抗病毒防御反应，促进寄主体内病毒含量积累（Li et al.，2021）。此外，RSV 和 SRBSDV 均能诱导核因子 Y（*NF-Y*）基因的表达，通过 OsNF-YA 家族基因与转录因子 OsMYC2 或 OsMYC3 互作，负调控 JA 介导的抗病毒抗性。另外，病毒编码的沉默抑制子靶向 JA 途径重要的负调控因子 JAZ 蛋白。研究发现 JAZ 蛋白可能作为多种病毒侵染普遍攻击的靶标，如 CMV 在侵染拟南芥时能够利用 2b 蛋白与 JAZ 蛋白的 ZIM 结构域互作直接抑制寄主体内 JAZ 蛋白的降解，JA 信号通路受阻后能更好地吸引其介体昆虫蚜虫的取食，从而有利于该病毒的传播。

（三）油菜素内酯

病毒也对 BR 介导的抗病毒反应具有反防御作用。RSV 可以通过劫持 BR 信号通路来抑制 JA 介导的抗性反应。RSV 侵染会显著抑制 BR 信号通路，从而促进抑制子 OsGSK2 的积累，过量的 OsGSK2 与 OsMYC2 互作并磷酸化 OsMYC2，最终导致 OsMYC2 的泛素化降解，从而减弱 JA 介导的对 RSV 侵染的抗性。然而，关于 BR 信号在 JA 诱导的抗病毒抗性中的功能尚存在争议。在 RBSDV 侵染过程中，关键抑制蛋白 OsGSK2 通过磷酸化和降解

OsJAZ4 阻遏蛋白来整合 JA 级联反应，通过抑制 OsMYC2 的转录活性来增加 RSV 的易感性。针对不同水稻病毒的侵染，BR 与 JA 信号之间的拮抗或协同作用也是合理的，因为 BR 和 JA 信号之间的关系很大程度上取决于病毒的类型和特定的寄主靶标。

（四）生长素

植物 RNA 病毒通过自身的病毒蛋白干扰生长素信号途径是一种常见的病毒致病策略。RDV 侵染水稻过程中能够通过编码 P2 蛋白与生长素受体 OsTIR1 竞争性结合 OsIAA10，抑制了其在寄主体内的降解，OsIAA10 结合的 OsARF12 不能被释放，影响了下游的靶基因如 *OsWRKY13* 等转录，从而成功侵染和复制。不同类型水稻病毒蛋白与转录因子 OsARF17 以不同的方式互作，但它们都能够通过影响 OsARF17 的功能削弱其介导的抗病毒防卫反应。SRBSDV 的 SP8 蛋白、RSV 的 P2 蛋白及 RSMV 的 M 蛋白能够靶向生长素信号途径转录因子 OsARF17。SP8 蛋白通过干扰 OsARF17 的二聚体化作用，P2 蛋白通过直接干扰 OsARF17 的 DNA 结合能力，进而影响 OsARF17 的转录激活功能，M 蛋白也能够通过互作直接抑制 OsARF17 的转录激活功能。番茄斑萎病毒（tomato spotted wilt virus，TSWV）利用自身的武器效应蛋白 NS 直接靶向生长素等激素受体，抑制激素受体与下游转录抑制子的互作进而瘫痪激素信号通路促进病毒的侵染（Chen et al.，2023）。

（五）赤霉素

病毒在植物 GA 介导的防御过程中也进化出了反防御策略。双生病毒 C4 蛋白通过干扰寄主 GA 信号通路来调控病毒侵染和症状形成。四川胜红蓟曲叶病毒（ageratum leaf curl Sichuan virus，ALCScV）侵染能够调控本氏烟寄主赤霉素通路基因表达和赤霉素积累，且 C4 蛋白是主要的调控因子；C4 蛋白通过与赤霉素通路负调控因子 NbGAI 蛋白直接互作，干扰 NbGID2 介导的 NbGAI 蛋白泛素化降解，从而阻断 GA 信号通路，导致寄主表现严重的矮化和花发育异常症状；沉默 NbGAI 或外源施加赤霉素 GA_3 可激活赤霉素通路并抑制 ALCScV 侵染，表明 ALCScV 侵染所导致的植株矮缩和花发育异常与 C4 干扰寄主赤霉素通路直接相关。水稻矮缩病毒通过抑制 GA 的合成抑制植物对病毒的抗性。RDV 编码的 P2 蛋白能够与 GA 合成通路中的 ent-kaurene 氧化酶相互作用，直接抑制了寄主体内抗毒素的大量合成，从而促进病毒的侵染，最终导致水稻更易感染 RDV。在病毒侵染过程中，RBSDV 编码的 P7-2 蛋白可以与水稻赤霉素信号通路的受体 GID2 互作，通过影响赤霉素的应答及积累直接导致感病植株产生矮化现象。不同水稻病毒蛋白通过促进 GA 信号的抑制因子 SLR1 降解增强自身侵染。病毒蛋白 SP8 或 P2 可以不依赖于 GA_3 的方式直接与 GA 受体 OsGID1 结合，在 GA_3 存在时可促进 SLR1 与 OsGID1 受体之间的互作，从而加快 SLR1 蛋白的降解。病毒蛋白一方面促进寄主体内 SLR1 蛋白的降解，另一方面通过干扰寄主体内 SLR1 与游离 OsJAZ、OsMYC2/3 的互作，破坏 SLR1 对 OsJAZ-OsMYC2/3 复合体功能模块的调控，抑制寄主体内 SLR1 对 JA 级联反应的放大与激活，从而更有利于病毒自身的侵染（Li et al.，2022）。

（六）乙烯

不同植物病毒可通过编码相应病毒蛋白来调控乙烯介导的抗病毒免疫反应。水稻病毒通过调控寄主水稻的乙烯信号，协调病毒侵染和昆虫介体传播。SRBSDV 编码的 P6 蛋白作为水稻乙烯信号协调病毒感染和传播的关键效应蛋白，在病毒侵染的不同时期发挥不同生物学功能。在 SRBSDV 侵染的早期，P6 蛋白能够与细胞质中的 OsRTH2 相互作用，通过激活乙烯信号以驱避介体昆虫，促进病毒自身的增殖；然而在 SRBSDV 侵染的后期，P6 蛋白转入细胞核中发挥功能，与乙烯信号转导的关键转录因子 OsEIL2 发生相互作用，通过破坏寄主体内 OsEIL2 的二聚化功能来抑制乙烯信号的转导，从而通过吸引更多的介体昆虫完成病毒的传播。病毒蛋白能操纵乙烯的生物合成途径。RDV 的非结构蛋白 Pns11 能够特异性地与水稻体内的 *S*-腺苷甲硫氨酸合成酶（OsSAMS1）互作并激活其活性，使 OsSAMS1 所催化反应的直接产物 *S*-腺苷甲硫氨酸（SAM）含量升高，进而使其下游产物乙烯合成前体 1-氨基环丙烷羧酸（ACC）含量升高，最终导致乙烯含量的升高并促进 RDV 对水稻的侵染，说明 RDV 的病毒蛋白能操纵乙烯的生物合成途径，从而促进病毒自身的侵染。CaMV P6 蛋白参与病毒复制和抑制 RNAi，P6 蛋白转基因能够诱导拟南芥对 CaMV 侵染的敏感性降低，同时对 ET 的敏感性降低。研究表明，P6 蛋白可能与乙烯信号途径的重要组分存在相互作用，从而导致 P6 转基因植株对 CaMV 侵染具有更强的抗性。

小　结

植物防御系统是植物执行免疫与抗性的核心基础，涉及不同层次的分子调控，包括DNA层面的防御反应、RNA层面的防御反应、蛋白质层面的防御反应等。然而，植物病毒作为成功侵染的寄生物，其不仅能够利用感病相关因子促进病毒的侵染，还需要克服寄主的防御反应。因此，在植物与病毒互作与进化的过程中，植物抗病毒与病毒反防御是一场复杂的、无休止的“军备竞赛”，通过深入揭示植物防御的多重互作机制与病毒反防御的策略，能够利用这些科学知识与实验结果为病毒病害的防控提供更加精准的抗性策略、抗性靶标与种质资源。

复习思考题

1. 简述DNA甲基化在防御植物病毒侵染中的功能，以及病毒是如何抑制DNA甲基化的。
2. 描述RNA沉默的作用机制、关键组分及抗病毒案例。
3. 详述泛素-26S蛋白酶体系统与细胞自噬降解蛋白质的机制。
4. 解释为什么抗性基因会介导植物的抗病性。
5. 植物中有哪些抗病毒的激素途径?
6. 详述RNA质量控制与RNA降解如何调控病毒侵染。

7. 阐述m^6A修饰在植物与病毒互作中的功能。
8. 描述RNA沉默抑制子及其抑制RNA沉默的作用机制。
9. 举例说明植物病毒是如何干扰或操控激素途径诱导致病的。

主要参考文献

葛林豪, 潘福安, 何浩, 等. 2024. m^6A 修饰与植物 RNA 病毒侵染. 中国科学: 生命科学, 54: 447-458.

Cao B, Ge L, Zhang M, et al. 2023. Geminiviral C2 proteins inhibit active autophagy to facilitate virus infection by impairing the interaction of ATG7 and ATG8. Journal of Integrative Plant Biology, 65: 1328-1343.

Chen J, Zhao Y, Luo X, et al. 2023a. NLR surveillance of pathogen interference with hormone receptors induces immunity. Nature, 613: 145-152.

Chen L, Zhang L, Li D, et al. 2013b. WRKY8 transcription factor functions in the TMV-cg defense response by mediating both abscisic acid and ethylene signaling in *Arabidopsis*. Proceedings of the National Academy of Sciences of the United States of America, 110: 1963-1971.

Chen Y, Ge L, Li Z, et al. 2024a. Targeting of viral RNAs by NMD is compromised by virus-plant interactions. New Plant Protection, doi: 10.1002/npp2.8.

Chen Y, Jia M, Ge L, et al. 2024b. A negative feedback loop compromised NMD-mediated virus restriction by the autophagy pathway in Plants. Advanced Science, doi: 10.1002/advs.200400978.

Duan C G, Fang Y Y, Zhou B J, et al. 2012. Suppression of *Arabidopsis* ARGONAUTE1-mediated slicing, transgene-induced RNA silencing, and DNA methylation by distinct domains of the Cucumber mosaic virus 2b protein. Plant Cell, 24: 259-274.

Ge L, Cao B, Qiao R, et al. 2023. SUMOylation-modified Pelota-Hbs1 RNA surveillance complex restricts the infection of potyvirids in plants. Molecular Plant, 16: 632-642.

Ge L, Zhou X, Li F. 2024. Plant-virus arms race beyond RNA interference. Trends in Plant Science, 29: 16-19.

Gui X, Liu C, Qi Y, et al. 2022. Geminiviruses employ host DNA glycosylases to subvert DNA methylation-mediated defense. Nature Communications, 13: 575.

Guo Y, Jia MA, Li S, et al. 2022. Geminiviruses boost active DNA demethylation for counter-defense. Trends in Microbiology, 30: 1121-1124.

He H, Ge L, Chen Y, et al. 2023a. m^6A modification of plant virus enables host recognition by NMD factors in plants. Science China Life Sciences, 67: 161-174.

He H, Ge L, Li Z, et al. 2023b. Pepino mosaic virus antagonizes plant m^6A modification by promoting the autophagic degradation of the m^{6}A writer HAKAI. aBIOTECH, 4: 83-96.

He H, Jia M, Liu J, et al. 2023c. Roles of RNA m^{6}A modifications in plant-virus interactions. Stress Biology, 3: 57.

Jin L, Qin Q, Wang Y, et al. 2016. Rice dwarf virus P2 protein hijacks auxin signaling by directly targeting the rice OsIAA10 protein, enhancing viral infection and diseased development. PLOS Pathogens, 12: e1005847.

Li F, Ge L, Lozano-Durán R, et al. 2022. Antiviral RNAi drives host adaptation to viral infection. Trends in Microbiology, 30: 915-917.

Li F, Huang C, Li Z, et al. 2014. Suppression of RNA silencing by a plant DNA virus satellite requires a host calmodulin-like protein to repress RDR6 expression. PLoS Pathogens, 10: e1003921.

Li F, Liu W, Zhou X. 2019. Pivoting plant immunity from theory to the field. Science China Life Sciences, 62: 1539-1542.

Li F, Wang A. 2018. RNA decay is an antiviral defense in plants that is counteracted by viral RNA silencing suppressors. PLoS Pathogens, 14(8): e1007228.

Li F, Wang A. 2019. RNA-targeted antiviral immunity: more than just RNA silencing. Trends in Microbiology, 27: 792-805.

Li F, Xu X, Huang C, et al. 2015. The AC5 protein encoded by mungbean yellow mosaic India virus is a pathogenicity determinant that suppresses RNA silencing-based antiviral defenses. New Phytologist, 208: 555-569.

Li F, Yang X, Bisaro D M, et al. 2018a. The βC1 protein of geminivirus-betasatellite complexes: a target and repressor of host defenses. Molecular Plant, 11: 1424-1426.

Li F, Zhang C, Li Y, et al. 2018b. Beclin1 restricts RNA virus infection in plants through suppression and degradation of the viral polymerase. Nature Communications, 9: 1268.

Li F, Zhang M, Zhang C, et al. 2020. Nuclear autophagy degrades a geminivirus nuclear protein to restrict viral infection in solanaceous plants. New Phytology, 225: 1746-1761.

Li F, Zhao N, Li Z, et al. 2017. A calmodulin-like protein suppresses RNA silencing and promotes geminivirus infection by degrading SGS3 via the autophagy pathway in *Nicotiana benthamiana*. PLoS Pathogens, 13: e1006213.

Li L, Chen J, Sun Z. 2024. Exploring the shared pathogenic strategies of independently evolved effectors across distinct plant viruses. Trends in Microbiology, doi: 10.1016/j.tim.2024.03.001.

Li L, Zhang H, Chen C, et al. 2021. A class of independently evolved transcriptional repressors in plant RNA viruses facilitates viral infection and vector feeding. Proceedings of the National Academy of Sciences of the United States of America, 118: e2016673118.

Li L, Zhang H, Yang Z, et al. 2022. Independently evolved viral effectors convergently suppress DELLA protein SLR1-mediated broad-spectrum antiviral immunity in rice. Nature

Communications, 13: 6920.

Liu J, Gong P, Lu R, et al. 2024. Chloroplast immunity: a cornerstone of plant defense. Molecular Plant, 17: 686-688.

Wu J, Zhang Y, Li F, et al. 2024. Plant virology in the 21st century in China: recent advances and future directions. Journal of Integrative Plant Biology, 66: 579-622.

Yang M, Ismayil A, Liu Y. 2020. Autophagy in plant-virus interactions. Annual Review Virology, 7: 403-419.

Yang X, Xie Y, Raja P, et al. 2011. Suppression of methylation-mediated transcriptional gene silencing by βC1-SAHH protein interaction during geminivirus-betasatellite infection. PLoS Pathogens, 7: e1002329.

Zhang H, Li L, He Y, et al. 2020. Distinct modes of manipulation of rice auxin response factor OsARF17 by different plant RNA viruses for infection. Proceedings of the National Academy of Sciences of the United States of America, 117: 9112-9121.

Zhang H, Wang F, Song W, et al. 2023. Different viral effectors suppress hormone mediated antiviral immunity of rice coordinated by OsNPR1. Nature Communications, 14: 3011.

Zhang Z, Chen H, Huang X, et al. 2011. BSCTV C2 attenuates the degradation of SAMDC1 to suppress DNA methylation-mediated gene silencing in Arabidopsis. Plant Cell, 23: 273-288.

第九章 亚病毒

本章要点

1. 了解类病毒的生物学特性和复制特点。
2. 掌握卫星病毒、卫星DNA和卫星RNA的作用。

本章数字资源

1962 年，卡萨尼斯（Kassanis）等明确烟草坏死病毒（tobacco necrosis virus，TNV）含有大小不同和沉降速率存在差异的两种病毒粒子，较大的病毒粒子（直径约 30nm）能够自我复制，而较小的病毒粒子（直径约 17nm）无法单独侵染和复制，只有在较大粒子存在时才能复制，并且两种病毒粒子在抗原上完全不同，因此将较小的病毒粒子称为卫星烟草坏死病毒。1976 年，卡珀（Kaper）等发现黄瓜花叶病毒（cucumber mosaic virus，CMV）的基因组中时常伴随有一种低分子量 RNA，这种 RNA 的复制依赖于 CMV，称为卫星 RNA。1997 年，德里（Dry）等在双生病毒科菜豆金色花叶病毒属的番茄曲叶病毒（tomato leaf curl virus，ToLCV）中首次报道卫星 DNA 分子，该卫星 DNA 分子含有双生病毒科病毒保守的茎环结构和保守的 9 核苷酸序列（TAATATTAC）。1971 年，迪纳（Diener）在从事马铃薯纺锤形块茎病研究时发现，该病原物不具有病毒粒子，而具有低分子量的 RNA，这种 RNA 分子能够侵染植物细胞并进行自我复制，其不编码任何多肽而且复制过程独立于任何辅助病毒而进行，这类没有外壳蛋白包被的低分子量环状 RNA 分子称为马铃薯纺锤块茎类病毒（potato spindle tuber viroid，PSTVd）。亚病毒包括类病毒（viroid）、卫星病毒（satellite virus）、卫星 DNA（satellite DNA）和卫星 RNA（satellite RNA）。

第一节 类 病 毒

一、类病毒的生物学特性

类病毒的 RNA 分子大小为 246～430 个核苷酸，是迄今为止已知最小的植物病原物，能够在马铃薯、番茄、苹果、柑橘和鳄梨等重要经济作物上引起严重病害。根据 RNA 分子的序列和预测的结构，类病毒分为两个科：马铃薯纺锤块茎类病毒科（*Pospiviroidae*）和鳄梨日斑类病毒科（*Avsunviroidae*），马铃薯纺锤块茎类病毒科包含苹果锈果类病毒属（*Apscaviroid*）等 5 个属，鳄梨日斑类病毒科包含鳄梨日斑类病毒属（*Avsunviroid*）等 3 个属（见本书第二章）。

类病毒的侵染力强，寄主范围广，可以侵染多种双子叶植物和单子叶植物。类病毒侵染后导致黄化、矮化、斑驳、叶片扭曲变形、果皮变形和坏死等症状，但隐症现象很普遍，因此很可能还有很多无症侵染的类病毒没有被发现。类病毒侵染可以引起不同细胞结构变化，被感染类病毒的组织常产生异常的细胞膜结构，以及细胞壁不规则增厚而导致的细胞壁畸形膨大。此外，类病毒侵染的细胞中叶绿体发生退化性畸形。类病毒分布于叶肉细胞和维管束组织中，大多类病毒存在于细胞核，少数存在于叶绿体中（Hull，2002）。在诱发植物病变的类病毒中，PSTVd、椰子死亡类病毒（coconut cadang-cadang viroid，CCCVd）和柑橘裂皮类病毒（citrus exocortis viroid，CEVd）等造成的损失相当严重。

不同类病毒诱发植物病变的原因不尽相同。桃潜隐花叶类病毒（peach latent mosaic viroid，PLMVd）来源的小 RNA 能通过作用于 Hsp90 使植物白化（Navarro et al.，2012）。以 microRNA 序列为骨架，将可能由 PSTVd 产生的小 RNA 瞬时表达于番茄，能在番茄植株中诱导出类似于类病毒感染的表型（Adkar-Purushothama and Perreault，2018）。一些类病毒侵染寄主后能影响寄主 DNA 甲基化水平和 RNA 表达水平及蛋白质水平的变化。同时类病毒为了完成复制和运动必然会劫持寄主的蛋白质，这可能也会导致植物发生病变。因此类病毒引发的寄主症状也可能是类病毒与植物整体相互作用的结果。

类病毒的传播方式因不同的类病毒和寄主而异，有些类病毒通过无性繁殖材料、机械、种子或花粉在作物间传播，有些类病毒可以在侵染的种子中长期存活，而有些类病毒经昆虫传播。在实验室条件下，类病毒也可经真菌传播。

二、类病毒的分子结构

类病毒为小的、环状、单链非编码 RNA，核苷酸序列长度为 246～430nt。类病毒分子可以形成复杂的二级和三级结构。所有类病毒的序列均存在一定程度的相似性，分子内部碱基高度配对，能够形成稳定的棒状或分枝状二级结构，其宽度与双链 DNA 相当，约 50nm（图 9-1）。在一定的热变性条件下，类病毒可形成具有重要功能的发夹状变形结构，当变性温度增至 100℃时，发夹结构全部打开，形成单链环状 RNA 分子。

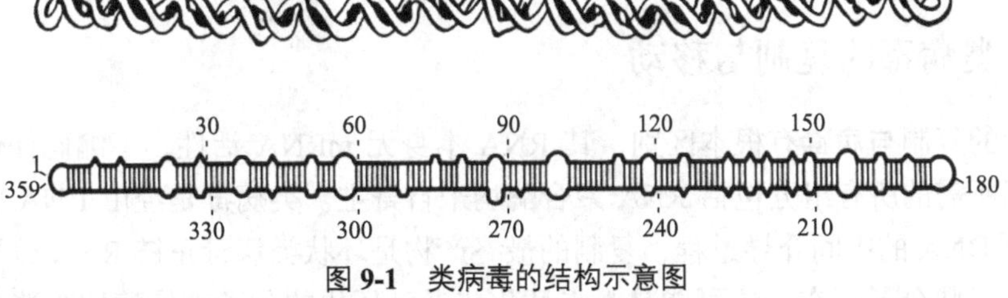

图 9-1 类病毒的结构示意图

马铃薯纺锤块茎类病毒科所有成员的分子结构可分为 5 个功能区（图 9-2），即左末端区（terminal left，T_L）、致病区（pathogenicity，P）、中央区（central space，C）、可变区（variable region，V）和右末端区（terminal right，T_R）（谢联辉，2022）。T_L 区的保守序列为 CCUC，T_R 区的保守序列为 CCUUC，这些保守序列有利于复制酶的结合，与类病毒的复制起始有关。P 区由 15～17 个碱基组成，富含 A，与类病毒所致植物病害症状有关。C 区含 95nt 左右的中央保守序列，并有一个 9nt 反向重复序列，9nt 反向重复序列能形成茎环结构，它可能是类病毒复制中间体，即多聚 RNA 分子加工成为单体 RNA 的结构信号，因此 C 区可能是类病毒复制的一个重要控制区域。V 区的变异程度最大，即使是很相近的类病毒，同源性也都小于 50%，该区也与致病性有关。鳄梨日斑类病毒科的类病毒不存在 C 区，它们形成分枝状的二级结构，并且具有自我剪切的核酶活性。除所形成锤头状结构的核心碱基保守外，鳄梨日斑类病毒科的类病毒序列之间相似性比较低。

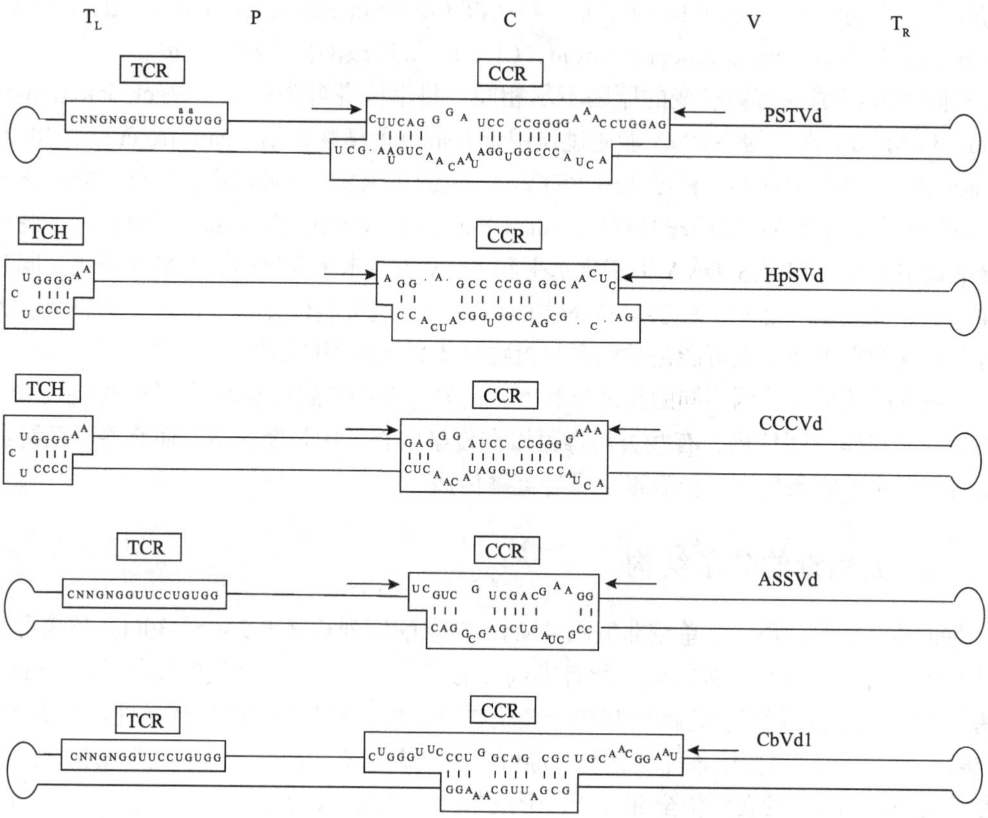

图 9-2　马铃薯纺锤块茎类病毒科类病毒的 5 个功能区及各属代表种的基因组结构（Fauquet et al.，2005）

三、类病毒的复制与移动

类病毒的复制与病毒有根本区别，其 RNA 本身无 mRNA 活性，不编码任何蛋白质，因此其复制所需的所有组分包括 RNA 聚合酶均来自寄主。类病毒是经由 RNA 模板进行复制，不涉及 DNA 的中间介导过程，复制的最终产物是环状类病毒正链 RNA 分子；类病毒有时也以小线状分子存在，这可能是尚未环化或者已环化的分子被核酶切割造成。类病毒有两种复制模型：对称性滚环复制和非对称性滚环复制（图 9-3）（Wang and Zhou，2016）。

鳄梨日斑类病毒科的类病毒以对称性滚环复制的方式在寄主的叶绿体内进行复制，主要过程包括：核编码的聚合酶（nuclear-encoded polymerase，NEP）以正链为模板，转录生成多个单位长度串联的负链线状复制中间体；负链线状复制中间体含有核酶（ribozyme）结构，能够自我剪切，形成单位长度的负链线状 RNA；负链线状 RNA 在 tRNA 连接酶的作用下自我环化形成负链环状类病毒分子；以负链环状类病毒分子为模板，转录出多个单位长度的正链线状 RNA，进一步将其切割、连接和环化，形成成熟的正链环状类病毒分子。马铃薯纺锤块茎类病毒科的类病毒按照非对称性滚环复制的模式在寄主的细胞核内进行复制，该复制过程只发生一次类病毒环化，复制时以正链为模板转录生成多个单位长度的负链线状复制中间体，该复制中间体不经剪接，直接作为模板转录成正链复制中间体，分别利用 RNA 酶Ⅲ和 DNA 连接酶Ⅰ进行剪切和自我环化，形成正链环状类病毒分子（洪健等，2001）。

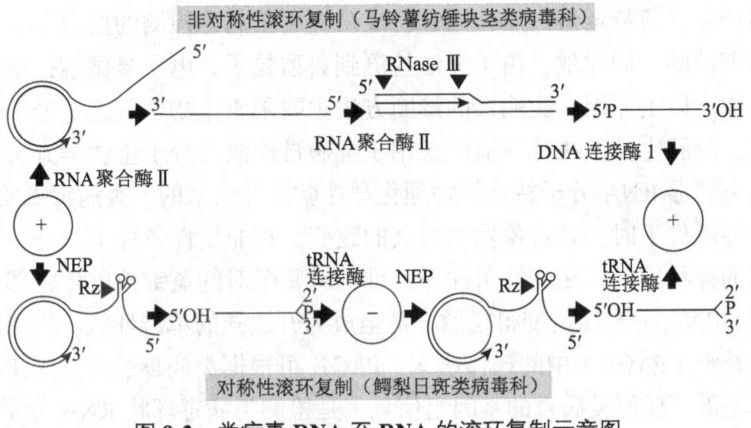

图 9-3　类病毒 RNA 至 RNA 的滚环复制示意图

凝胶迁移试验显示转录因子ⅢA（transcription factor ⅢA，TFⅢA）可以直接结合 PSTVd。TFⅢA 的剪接变体 TFⅢA-7ZF 是 Pol Ⅱ以 RNA 模板转录的关键转录因子。TFⅢA-7ZF 和 Pol Ⅱ、PSTVd 正义单链 RNA、PSTVd 负义单链 RNA 都互作，调节植物中 PSTVd 的复制，并在 PSTVd 以 RNA 模板转录时直接增强 Pol Ⅱ的持续合成能力（Wang and Zhou，2016）。PSTVd 的环结构 1～4 被确定为 TFⅢA-7ZF 和 Pol Ⅱ的结合位点。CCR 中的另一个区域（环结构 13～15）对于和 RPL5（ribosomal protein L5，RPL5）的结合至关重要。RPL5 是一种剪接调节因子，可抑制 TFⅢA-7ZF 的生成。PSTVd 与 RPL5 的相互作用会抑制 RPL5 的剪接调节活性，从而有利于 TFⅢA-7ZF 的生成来促进 PSTVd 转录（Wang，2021）。鳄梨日斑类病毒科中的牛油果斑病类病毒（avocado sunblotch viroid，ASBVd）能与寄主因子 PARBP33 相互作用，以提高其复制过程中核酶切割的效率（Daròs and Flores，2002）。

类病毒在植物体内完成复制后，产生的子代类病毒从叶绿体或细胞核输出，通过胞间连丝进入相邻细胞。随后，移动进入维管组织并在维管束内进行长距离移动，最后进入远端组织细胞。PSTVd 环结构（loop）7 的特殊 RNA 三级结构，以及在 76 和 156 位置的两个 GU 配对被证明参与 PSTVd 从维管束鞘细胞转移至韧皮部（Wu et al.，2020）的过程；而 loop 6 的 RNA 三级结构参与 PSTVd 从栅栏叶肉细胞到海绵叶肉细胞的运动（Takeda et al.，2011）。PSTVd 自表皮细胞向叶肉细胞的运输由 loop 27 的三级结构所决定，而这个结构形成了动物细胞组蛋白 3′端非编码区茎环结构区域的 loop 的类似结构（Wu et al.，2019）。loop 27 的三级结构的功能可以被烟草花叶病毒 MP 所取代，使缺失这个 RNA 结构的 PSTVd 突变体实现自表皮细胞向叶肉细胞的单向运输（Wu and Bisaro，2022）。PSTVd 在叶片不同细胞之间均存在单向的运输通道，而 RNA 三级结构则识别这些通道介导 PSTVd 运输。PSTVd 以极高的原始突变率（约 2/5 基因组）进行复制（Wu and Bisaro，2020），RNA 三级结构可以通过选择性筛选突变体在运动中限制其序列群体的多样性（Wu and Bisaro，2024；Wu et al.，2024）。除类病毒的 RNA 结构参与病毒的运动外，一些寄主因子也可能参与类病毒的运动，如 Nt-4/1 蛋白也可能是参与 PSTVd 运动的寄主因子（Solovyev et al.，2013）。

四、类病毒的诊断方法

类病毒不产生任何特定蛋白质，因此已成功应用于病毒检测的血清学方法无法用于类病毒导致的病害诊断。同样地，由于无法检测到典型粒子，电子显微镜技术也不适用于类病毒的检测。由于以上原因，类病毒的诊断方法主要限于生物学测定、分子生物学方法及生物化学方法。凝胶电泳方法是目前广泛用于类病毒检测的分子生物学方法。凝胶电泳检测技术是根据类病毒 RNA 分子特殊的物理化学性质设计出来的。类病毒 RNA 分子从非变性条件转到变性条件下时，其构象发生很大的改变。在非变性条件下，分子内碱基高度配对，形成严紧的棒状结构；在变性条件下，维持碱基配对的氢键被破坏，部分甚至所有的双链结构解开，RNA 分子结构变得松散，甚至成为开放式的单链环状。构象的改变影响其在聚丙烯酰胺凝胶（PAGE）中的迁移速率。PAGE 可根据类病毒的结构变化进行类病毒的检测，检测时不需要任何类病毒的基因组信息，是检测类病毒环状 RNA 分子的有效手段。电泳检测方法根据操作的不同可分为以下几种：往复 PAGE（return-PAGE，R-PAGE）、二维 PAGE（two dimensional PAGE，2D-PAGE）、双板 PAGE（double PAGE，D-PAGE）和连续 PAGE（sequential PAGE，S-PAGE）。无论哪种方法，均需要进行两次电泳，即第一次在非变性条件下进行，第二次在变性条件下进行。R-PAGE 在第二次电泳时，通过加热电泳缓冲液使凝胶中的 RNA 变性，2D-PAGE 和 S-PAGE 通过在凝胶中加入高浓度尿素使 RNA 变性。2D-PAGE 每次只能检测一个样品，而且中间需要切割和转移凝胶，操作相对烦琐，大量检测耗时太长；S-PAGE 一般用于纯化类病毒等基础性研究；在实际的检测中应用最多的是 R-PAGE。随着技术的发展，新一代测序（next generation sequencing，NGS）技术，包括总 RNA、小 RNA 和核糖体 RNA 测序等，正在成为检测病毒和类病毒的常规手段。

第二节　卫星病毒和卫星核酸

卫星病毒和卫星核酸统称为病毒卫星（virus satellite）。所谓病毒卫星是指依赖于与其共同侵染寄主细胞的辅助病毒进行繁殖的核酸分子，其核酸序列与辅助病毒基因组没有明显的同源性。病毒卫星的核酸分子如本身没有编码外壳蛋白的遗传信息，而是装配于辅助病毒的外壳蛋白中，则称为卫星核酸（包括卫星 DNA 或卫星 RNA）；如含有编码外壳蛋白的遗传信息，并能包裹成形态学和血清学与辅助病毒不同的颗粒，则称为卫星病毒（satellite virus）；与病毒卫星有关的病毒则称为辅助病毒（helper virus）（周雪平和李德葆，1994）。

一、卫星病毒

植物病毒的卫星病毒包括在小节肢类病毒科（*Sarthroviridae*）中，该科有 4 个属，分别为烟草坏死卫星病毒属（*Albetovirus*）、绿萝玉米卫星病毒属（*Aumaivirus*）、黍花叶卫星病毒属（*Papanivirus*）和烟草花叶卫星病毒属（*Virtovirus*）（表 2-6）。

卫星病毒伴随辅助病毒存在于寄主植物体内，卫星病毒粒子为等轴状，直径约 17nm，无包膜，由 60 个单一外壳蛋白的拷贝组成，是已知植物病毒中最小的粒子。卫星病毒基因组为线形正义 ssRNA，长 800～1500nt，3′端与 5′端的序列不相关，基因组编码一个 17～24kDa 的外壳蛋白，有时具有第二个 ORF。

烟草花叶卫星病毒 1 号基因组长 1239nt，能编码由 195 个氨基酸组成的分子量为 21.7kDa 的外壳蛋白。RNA 5′端结构与大多植物 RNA 病毒不同，为 5′-ppApGpU-。当甲基化帽子结构加于 STNV 的 RNA 5′端时，RNA 翻译效果无变化。STNV RNA 5′端序列可能存在发夹结构，3′端则能折叠成 tRNA 状结构，RNA 在真核及原核体外翻译系统中均能有效翻译出外壳蛋白（周雪平和李德葆，1993）。黍花叶卫星病毒 1 号基因组长为 826nt，黍花叶卫星病毒 1 号与黍花叶病毒（PMV）伴随时，往往使 PMV 的症状加重。黍花叶卫星病毒 1 号基因组除编码一个 17kDa 的外壳蛋白外，在 3′端可能还编码一个 6.3kDa 的功能不详的蛋白质。玉米白线花叶卫星病毒 1 号基因组长 1168nt，能编码 24kDa 的外壳蛋白。烟草花叶卫星病毒 1 号基因组长 1056nt，除编码一个 17.5kDa 的外壳蛋白外，在 5′端还编码一个 6.8kDa 的功能不详的蛋白质，该蛋白质是侵染非必需蛋白质。烟草花叶卫星病毒 1 号基因组 5′端和 3′端分别有 52nt 和 418nt 的非编码区，3′端能折叠成 tRNA 状结构，并形成两个假结（pseudoknot）。

二、卫星核酸

（一）卫星 DNA

卫星 DNA 包括在番茄曲叶卫星病毒科（*Tolecusatellitidae*）和甲型卫星科（*Alphasatellitidae*）中，研究较多的是番茄曲叶卫星病毒科。

1. 番茄曲叶卫星病毒科卫星 DNA 番茄曲叶卫星病毒科包含两个属：丁型卫星属（*Deltasatellite*）和乙型卫星属（*Betasatellite*）。

丁型卫星属卫星 DNA 也称 δ 卫星，1997 年首先从 ToLCV 感染的病株中分离到（Dry et al.，1997）。ToLCV 的 δ 卫星大小约为辅助病毒的 1/4（682nt），包含一个富含腺嘌呤区域（A-rich）区域、高度保守的非编码区（SCR），不含有明显的 ORF，除茎环结构中保守的 9 核苷酸序列外与辅助病毒几乎没有序列同源性；依赖辅助病毒进行复制、系统运动和昆虫传播；不是病毒复制增殖必需的，对辅助病毒症状也无明显的影响。δ 卫星可能是从 β 卫星进化而来的。

乙型卫星属卫星 DNA 也称 β 卫星或 DNAβ，1999 年首先从单组分双生病毒木尔坦棉花曲叶病毒（CLCuMuV）和胜红蓟黄脉病毒（AYVV）中发现（Zhou，2013）。DNAβ 分子大小约为病毒基因组 DNA 的一半，除茎环结构中复制起始必需的 9 核苷酸序列外，与双生病毒基因组 DNA 序列几乎无同源性，也不具有双生病毒的保守区；具有一个 115nt 的高度保守的非编码区，此 115nt 的保守区具有高的 G+C 含量（70%，不包括 9 核苷酸序列）；在核苷酸 760～1000 位含有一个 A-rich 区，其 A 的比例大于 56%；DNAβ 的互补链编码一个 118 个氨基酸大小的 ORF（βC1），病毒链编码一个 βV1 开放阅读框（ORF）（图 9-4）（Zhou et al.，2003；Hu et al.，2020）。DNAβ 包裹在病毒粒子中，能被粉虱传播，并依赖于病毒进行复制。DNAβ 分布范围相当广泛，在亚洲、非洲多个国家侵染蔬菜、纤维作物、观赏植株及杂草的多个单组分双生病毒中都分离到了类似的卫星分子，但还没有发现其与新世界双生病毒相伴随。DNAβ 与双生病毒（又称辅助病毒）相伴随并引起典型症状，形成了新的致病类型——双生病毒病害复合体（geminivirus disease complex）。

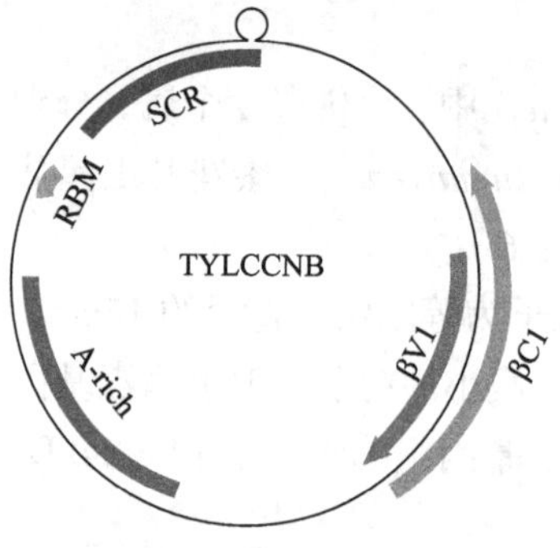

图 9-4　**DNAβ** 分子的基因组结构
RBM. 复制酶结合的序列元件；
SCR. 卫星保守区

双生病毒可反式复制同源或异源 DNAβ，其复制缺乏显著的特异性。但当同源及异源的 DNAβ 共同存在时，辅助病毒倾向于复制和维持同源 DNAβ，辅助病毒对同源 DNAβ 的复制选择性是由 DNAβ 分子中一段与同源辅助病毒 Rep 特异性结合的序列元件（rep binding motif，RBM）决定的。DNAβ 中含有与辅助病毒重复子高度相似的保守序列 GGACC 或 GAACC，突变分析表明辅助病毒重复子序列也是其复制所必需的，说明 DNAβ 在长期的进化过程中获得了与辅助病毒类似的重复子序列，以适应辅助病毒介导的高效复制（Zhang et al.，2016；Xu et al.，2019）。

我国的多种双生病毒普遍伴随有 DNAβ 分子。对中国番茄黄化曲叶病毒（TYLCCNV）及其 DNAβ 的研究发现，TYLCCNV 只有与 DNAβ共同侵染时才能诱导产生典型的病害症状，DNAβ可以显著增强病毒 DNA 在植物中的积累水平。对 TYLCCNV DNAβ的研究发现，βC1 是致病因子，对于病毒诱导典型的病害症状是必需的，但对于卫星 DNA 的复制并非必需；A-rich 区与卫星 DNA 的复制和包裹无关，但是 A-rich 区的缺失可使病毒症状减弱。DNAβ编码的 βC1 蛋白能在体外以大小和序列非特异的方式结合单链和双链 DNA，βC1 蛋白的细胞核定位对其引发症状和 RNA 沉默抑制子的功能是必需的（Cui et al.，2004，2005）。βC1蛋白具有RNA沉默抑制子的功能。βC1能通过上调植物一个钙调素类似蛋白 Nbrgs-CaM 的表达而抑制植物 RNA 沉默通路中一个重要组分 RNA 依赖的 RNA 聚合酶 6（RDR6）的功能；此外βC1 还能与 RDR6 的分子伴侣 SGS3 蛋白互作，Nbrgs-CaM 与 SGS3 互作后不仅能够影响 SGS3 的亚细胞定位，使其不能定位于“siRNA-body”上，也会通过细胞自噬途径介导 SGS3 的分解（Li et al.，2018）。βC1 参与抑制 TGS，能特异地与 *S*-腺苷高半胱氨酸水解酶 SAHH 互作并抑制其活性，进而干扰寄主对于 TYLCCNV 基因组的表观遗传修饰（Li et al.，2018）。βC1 蛋白还能够抑制植物茉莉酸（JA）途径关键基因的表达，也能够与转录因子 MYC2 互作，抑制植物 MYC2 诱导的萜类化合物合成，从而有利于传毒介体烟粉虱在植物上的繁殖和种群增长，进而促进 TYLCCNV 的传播（Zhang et al., 2012; Li et al., 2014）。另外，βC1 蛋白还能够抑制寄主植物多种类型的防卫反应，如有丝分裂原活化蛋白激酶级联反应等（Hu et al., 2019）。为了对抗双生病毒侵染，寄主植物也进化出多种针对 βC1 蛋白的抗性机制（Yang et al., 2019）。番茄寄主因子蔗糖非发酵-1-相关蛋白激酶（SlSnRK1）通过磷酸化 βC1 蛋白减弱其抑制 TGS 和 PTGS 的能力（Shen et al., 2011; Zhong et al., 2017），而烟草的 RING E3 连接酶（NtRFP1）与 βC1 互作后介导 βC1 蛋白的泛素化并使其通过 26S 蛋白酶体途径降解（Shen et al., 2016），从而减弱了毒蛋白βC1 对植物的毒害。烟草和番茄的细胞自噬途径也参与了降解卫星蛋白βC1，自噬关键因子 ATG8f 能够直接结合βC1 并将其带入细胞自噬体中进行降解，从而减弱βC1 的毒力，抑制双生病毒的侵染（Li et al., 2018）。

对 DNAβ编码的 *βV1* 基因进行无义突变之后，病毒在本氏烟上所引起的表型明显减弱，病毒的积累量也显著降低，因此该基因也参与病毒的致病性（Hu et al., 2020）。

2. 甲型卫星科卫星 DNA 一些双生病毒科病毒或者矮缩病毒科病毒中还存在另一类卫星 DNA 分子，其统称为甲型卫星（alphasatellite），包含两个亚科：双生病毒甲型卫星病毒亚科（*Geminialphasatellitinae*）和矮缩病毒甲型卫星病毒亚科（*Nanoalphasatellitinae*）。

双生病毒甲型卫星病毒亚科的卫星 DNA 又称 DNAα，长约 1.3kb，但与双生病毒 DNA 和 DNAβ 没有序列同源性，包含一个类似矮缩病毒属（*Nanovirus*）病毒复制起始所必需的 9 核苷酸序列，并编码一个类似矮缩病毒属（nanovirus）的复制相关蛋白（Rep），因而 DNAα 能自我复制，但依赖双生病毒进行包装和运动。在 Rep 的下游含一个大小为 20～150nt 的 A-rich 区（图 9-5）。DNAα 总是与双生病毒及 DNAβ 形成的双生病毒病害复合体相伴随，当它与双生病毒及 DNAβ 共同侵染时能降低双生病毒及其伴随的DNAβ 的积累量从而影响寄主植物的症状表型，但并不是双生病毒致病性或症状形成过程所必需的（吴佩君等，2004; Wu and Zhou，2005; Xie et al.，2010）。DNAα 编码的 Rep 蛋白能够抑制植物 RNA 沉默反应（Nawaz-Ul-Rehman et al.，2010）。矮缩病毒甲型卫星亚科的甲型卫星长约 1.1 kb，其功能不详。

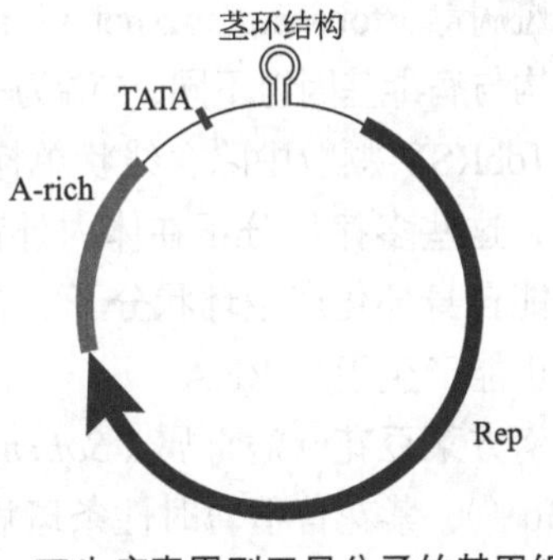

图 9-5 双生病毒甲型卫星分子的基因组结构

（二）卫星 RNA

1. 大线状单链卫星 RNA 该类卫星 RNA 为线形正义 ssRNA，长 700～1700nt，不编码外壳蛋白。卫星 RNA 被包裹在辅助病毒的外壳蛋白中，有些情况下可编码一个非结构蛋白，该非结构蛋白对于卫星 RNA 的复制是重要的。在卫星 RNA 与辅助病毒之间存在着少量序列同源性，卫星 RNA 很少改变由辅助病毒引起的症状。这类卫星大多与线虫传多面体病毒属（*Nepovirus*）病毒伴随，只有一种与马铃薯 X 病毒属（*Potexvirus*）病毒伴随。番茄黑环病毒卫星 RNA 长约 1375nt，其 RNA 编码一个 48kDa 的非结构蛋白。竹花叶病毒卫星 RNA 长 836nt，RNA 编码一个 20kDa 的非结构蛋白，该蛋白质能与竹花叶病毒 RNA 结合，是病毒复制非必需的。

2. 小线状单链卫星 RNA　该类卫星 RNA 为线形正义 ssRNA，长度一般在 700nt 以下，不编码任何功能蛋白，在寄主细胞中不能构成环状 RNA 分子，卫星 RNA 被包裹在辅助病毒外壳蛋白中。一些卫星 RNA 会改变由辅助病毒引起的病害症状。

黄瓜花叶病毒属（*Cucumovirus*）中 CMV 的某些分离物包裹有约 0.3kb 的卫星 RNA。目前已测定了三十多种 CMV 卫星 RNA 的全序列，其长度为 330～390nt，不编码任何功能蛋白，RNA 5′端也为帽子结构，3′端为羟基（—OH）。大多 CMV 卫星 RNA 之间有很高的同源性。CMV 卫星 RNA 可能存在广泛的碱基配对，3′端可能形成 tRNA 状结构，但不能氨酰化。不同的卫星 RNA 对 CMV 引起的病状有不同的调节作用，有的能加重病状，有的则减轻，但其核酸序列只有少数几个碱基发生改变。该属另一成员花生矮化病毒（peanut stunt virus，PSV）中也含有卫星 RNA。PSV 卫星 RNA 长为 393nt，5′端为帽子结构，3′端为羟基。除 5′端和 3′端分别有 10 个核苷酸与 CMV 卫星 RNA 相似外，其余无同源性，而与某些类病毒有较高的同源性，与寄主的某些内含子也有同源性。

3. 环状单链卫星 RNA　该类卫星 RNA 为正义 ssRNA，长约 350nt，不编码任何功能蛋白，卫星 RNA 被包裹在辅助病毒的外壳蛋白中，卫星 RNA 在复制时形成环状分子。烟草环斑病毒（tobacco ringspot virus，TRSV）卫星 RNA 长为 359nt，不编码任何功能蛋白，两端结构与病毒基因组不同，5′端为—OH，另一端为 2′,3′-环磷酸二酯键，RNA 离体无信使活性。

TobRSV 颗粒中除含线状单拷贝长度的卫星 RNA 外，还含有二聚体及三聚体等多拷贝分子，这些多拷贝分子在体内外都能特异性地自身切割，产生线形的单拷贝分子，单拷贝分子能自身环化产生环状分子。含 TobRSV 卫星 RNA 序列的质粒 DNA 与 TobRSV 一起接种时也能产生卫星 RNA。

南方菜豆花叶病毒属（*Sobemovirus*）中的绒毛烟斑驳病毒（velvet tobacco mottle virus，VTMoV）、紫花苜蓿暂时性条斑病毒（lucerne transient streak virus，LTSV）、莨菪斑驳病毒（solanum nodiflorum mottle virus，SNMV）和地三叶草斑驳病毒（subterranean clover mottle virus，SCMOV）的粒子内均含有 4.5kb 的基因组 RNA 和两种长为 324～388nt 的小分子卫星 RNA，其中一种是共价闭合的环状分子（RNA2），另一种为线形分子（RNA3），RNA3 的 5′端为羟基，3′端为 2′,3′-环磷酸二酯键，RNA3 的大小和碱基序列与 RNA2 相同，为 RNA2 前体，体外用 T_4 连接酶可以将 RNA3 连接成 RNA2，RNA2 的许多特征如分子大小、具有环状结构、分子间碱基高度配对和体外无信使功能等与类病毒类似，因此称 RNA2 为类似于类病毒的卫星 RNA 或环状卫星 RNA。RNA2 的二级结构是单链闭环 RNA 通过自身折叠形成分子内高度碱基配对区与单链区相间的棒状结构，其中有一段 6 个碱基的同源区 GAUUUU，该区位于各自分子的第 19～26 位，并构成单链环。这些同源区可能对环状卫星 RNA 的生物学特性有重要作用。VTMoV 和 SNMV 的卫星 RNA 还含有类病毒分子中央区的 GAAC 序列。VTMoV 和 SNMV 的卫星 RNA 与 TobRV 卫星 RNA 也有一定的同源性。

环状单链卫星 RNA 能从多拷贝长度的前体特异性地自身切割产生单拷贝长度的 RNA 分子，切割后 5′端为羟基，另一端形成 2′,3′-环磷酸二酯键。对 LTSV 卫星 RNA 正、负义链分子的序列比较表明，正、负义链分子在切割位点附近的55nt非常相似。卫星RNA分子在切割时能形成锤头状二级结构，切割的靶RNA上只需GUC序列（G、C可有变化），切割作用就发生在C位后。但对TobRV卫星RNA负链的研究发现，其分子切割时并不形成锤头状结构，而是形成另外一类二级结构，且切割的靶RNA上为ACA序列。这些研究结果为人工合成核酶（ribozyme）切割RNA奠定了基础。

4. 卫星核酸的应用 卫星核酸能够改变病毒病的症状，因此可以用于病毒病的生物防治。例如，CMV卫星RNA已经用于田间防治CMV引起的病害，并取得显著的增产效果。利用卫星RNA不需要基因产物的大量表达，只需转入基因产生少量转录产物。当病毒侵染时，转录产物能大量复制发挥干扰作用，因此这种保护作用具有持久性，不受病毒接种量的影响。卫星核酸的复制和移动依赖于辅助病毒，能够伴随辅助病毒进行系统侵染，因此卫星核酸具有开发成为基因沉默载体及基因编辑载体的巨大潜力（Huang et al., 2009, 2012; Gu et al., 2014）。

小 结

亚病毒包括类病毒、卫星病毒、卫星DNA和卫星RNA。类病毒为没有外壳蛋白包被的低分子量环状RNA分子，RNA分子大小为246～430个核苷酸，是迄今为止已知最小的植物病原物。类病毒能够在马铃薯、番茄、苹果、柑橘和鳄梨等重要经济作物上引起严重病害，有些类病毒通过无性繁殖材料、机械、种子或花粉在作物间传播，有些类病毒可以在侵染的种子中长期存活。卫星病毒伴随辅助病毒存在于寄主植物体内，卫星病毒粒子为等轴状，直径约17nm，是已知植物病毒中最小的粒子。卫星DNA主要存在于双生病毒中，研究较多的为乙型卫星属卫星DNA。乙型卫星属卫星DNA也称DNAβ，大小约为病毒基因组DNA的一半，除茎环结构中复制起始必需的9核苷酸序列（TAATATTAC）外，与双生病毒基因组DNA序列几乎无同源性，互补链编码致病因子βC1、病毒链编码βV1也参与病毒的致病性。卫星RNA与RNA病毒伴随，卫星RNA很少改变由辅助病毒引起的症状，少数可以改变由辅助病毒引起的症状。

复习思考题

1. 简述类病毒与植物病毒的异同。
2. 卫星DNA是否能影响植物病毒的致病性？其作用机制有哪些？
3. 如何应用卫星核酸为农业生产服务？

主要参考文献

洪健，李德葆，周雪平. 2001. 植物病毒鉴定图谱. 北京：科学出版社.

吴佩君，谢艳，陶小荣，等. 2004. 与含卫星DNA的烟草曲茎病毒伴随的nanovirus类DNA分子鉴定. 自然科学进展, 14: 655-659.

谢联辉. 2022. 植物病原病毒学. 2版. 北京：中国农业出版社.

周雪平，李德葆. 1993. 卫星病毒和卫星RNA的分子结构及遗传工程. 生物工程进展, 13: 39-42.

周雪平，李德葆. 1994. 植物病毒卫星研究进展. 微生物学通报, 21: 106-111.

Adkar-Purushothama C R, Perreault J P. 2018. Alterations of the viroid regions that interact with the host defense genes attenuate viroid infection in host plant. RNA Biology, 15: 955-966.

Cui X F, Li G X, Wang D W, et al. 2005. A begomoviral DNAβ-encoded protein binds DNA, functions as a suppressor of RNA silencing and targets to the cell nucleus. Journal of Virology, 79: 10764-10775.

Cui X F, Tao X R, Xie Y, et al. 2004. A DNAβ associated with Tomato yellow leaf curl China virus is required for symptom induction in hosts. Journal of Virology, 78: 13966-13974.

Daròs J A, Flores R. 2002. A chloroplast protein binds a viroid RNA *in vivo* and facilitates its hammerhead-mediated self-cleavage. EMBO Journal, 21: 749-759.

Diener T O. 1971. Potato spindle tuber 'virus'.Ⅳ. A replicating, low molecular weight RNA. Virology, 45: 411-428.

Dry I B, Krake L R, Rigden J E, et al. 1997. A novel subviral agent associated with a geminivirus: the first report of a DNA satellite. Proceedings of the National Academy of Sciences of the United State of America, 94: 7088-7093.

Fauquet C M, Mayo M A, Maniloff J, et al. 2005. Virus Taxonomy—Eight Report of the International Committee on Taxonomy of Viruses. San Diego: Elsevier Academic Press.

Gu Z, Huang C, Li F, et al. 2014. A versatile system for functional analysis of genes and microRNAs in cotton. Plant Biotechnology Journal, 12: 638-649.

Hu T, Huang C, He Y, et al. 2019. βC1 protein encoded in geminivirus satellite concertedly targets MKK2 and MPK4 to counter host defense. PLoS Pathogens, 15: e1007728.

Hu T, Song Y, Wang Y, et al. 2020. Functional analysis of a novel beta V1 gene identified by a geminivirus betasatellite. Science China-Life Sciences, 63: 688-696.

Huang C, Qian Y, Li Z, et al. 2012. Virus-induced gene silencing and its application in plant functional genomics. Science China Life Sciences, 55: 99-108.

Huang C, Xie Y, Zhou, X. 2009. Efficient virus-induced gene silencing in plants using a modified geminivirus DNA1 component. Plant Biotechnology Journal, 7: 254-265.

Hull R. 2002. Matthews'Plant Virology. 4th ed. San Diego: Academic Press.

Kaper J M, Tousignant M E, Lot H. 1976. A low molecular weight RNA associated with a divided genome plant virus: defective or satellite RNA. Biochemical and Biophysical Research Communication, 72: 1237-1243.

Kassanis B. 1962. Properties and behavior of a virus depending for its multiplication on another. Journal of General Microbiology, 27: 477-488.

Li F F, Yang X L, Bisaro D M, et al. 2018. The βC1 protein of geminivirus-satellite complexes: a target and repressor of host defenses. Molecular Plant, 11: 1424-1426.

Li R, Weldegergis B T, Li J, et al. 2014. Virulence factors of geminivirus interact with MYC2 to subvert plant resistance and promote vector performance. Plant Cell, 26: 4991-5008.

Navarro B, Gisel A, Rodio M E, et al. 2012. Small RNAs containing the pathogenic determinant of a chloroplast-replicating viroid guide the degradation of a host mRNA as predicted by RNA silencing. Plant Journal, 70: 991-1003.

Nawaz-Ul-Rehman M S, Nahid N, Mansoor S, et al. 2010. Post-transcriptional gene silencing suppressor activity of two non-pathogenic satellites associated with a begomovirus. Virology, 405: 300-308.

Shen Q T, Hu T, Bao M, et al. 2016. Tobacco RING E3 ligase NtRFP1 mediates ubiquitination and proteasomal degradation of a geminivirus-encoded βC1. Molecular Plant, 9: 911-925.

Shen Q T, Liu Z, Song F M, et al. 2011. Tomato SlSnRK1 protein interacts with and phosphorylates βC1, a pathogenesis protein encoded by a geminivirus satellite. Plant Physiology, 157: 1394-1406.

Solovyev A G, Makarova S S, Remizowa M V, et al. 2013. Possible role of the Nt-4/1 protein in macromolecular transport in vascular tissue. Plant Signaling & Behavior, 8: e25784.

Takeda R, Petrov A I, Leontis N B, et al. 2011. A three-dimensional RNA motif in potato spindle tuber viroid mediates trafficking from palisade mesophyll to spongy mesophyll in *Nicotiana benthamiana*. Plant Cell, 23: 258-272.

Wang A M, Zhou X P. 2016. Current Research Topics in Plant Virology. Berlin: Springer.

Wang Y. 2021. Current view and perspectives in viroid replication. Current Opinion in Virology, 47: 32-37.

Wu J, Bisaro D M. 2020. Biased Pol Ⅱ fidelity contributes to conservation of functional domains in the potato spindle tuber viroid genome. PLoS Pathogens, 16: e1009144.

Wu J, Bisaro D M. 2022. Tobacco mosaic virus movement protein complements a potato spindle tuber viroid RNA mutant impaired for mesophyll entry but not mutants unable to enter the phloem. PLoS Pathogens, 18: e1011062.

Wu J, Bisaro D M. 2024. Cell-cell communication and initial population composition shape the structure of potato spindle tuber viroid quasispecies. Plant Cell, 36: 1036-1055.

Wu J, Leontis N B, Zirbel C L, et al. 2019. A three-dimensional RNA motif mediates directional trafficking of potato spindle tuber viroid from epidermal to palisade mesophyll cells in *Nicotiana benthamiana*. PLoS Pathogens, 15: e1008147.

Wu J, Zhang Y, Nie Y, et al. 2024. RNA three-dimensional structure drives the sequence

organization of potato spindle tuber viroid quasispecies. PLoS Pathogens, 20: e1012142.
Wu J, Zhou C, Li J, et al. 2020. Functional analysis reveals G/U pairs critical for replication and trafficking of an infectious non-coding viroid RNA. Nucleic Acids Research, 48: 3134-3155.
Wu P J, Zhou X P. 2005. Interaction between a nanovirus-like component and the Tobacco curly shoot virus/satellite complex. Acta Biochimica Et Biophysica Sinica, 37: 25-31.
Xie Y, Wu P J, Liu P, et al. 2010. Characterization of satellites associated with monopartite begomovirus/satellite complexes in Yunan, China. Virology Journal, 7: 178.
Xu X, Qian Y, Wang Y, et al. 2019. Iterons homologous to helper geminiviruses are essential for efficient replication of satellites. Journal of Virology, 93: e01532-18.
Yang X L, Guo W, Li F F, et al. 2019. Geminivirus-associated satellites: exploiting chinks in the antiviral arsenal of plants. Trends in Plant Science, 24: 519-529.
Zhang T, Luan J B, Qi J F, et al. 2012. Begomovirus-whitefly mutualism is achieved through repression of plant defenses by a virus pathogenicity factor. Molecular Ecology, 21: 1294-1304.
Zhang T, Xu X, Huang C, et al. 2016. A novel DNA motif contributes to selective replication of a geminivirus-associated satellite by a helper virus-encoded replication-related protein. Journal of Virology, 90: 2077-2089.
Zhong X T, Wang Z Q, Xiao R Y, et al. 2017. Mimic phosphorylation of a βC1 encoded by TYLCCNB impairs its functions as a viral suppressor of RNA silencing and a symptom determinant. Journal of Virology, 91: e00300-17.
Zhou X P. 2013. Advances in understanding begomovirus satellites. Annual Review of Phytopathology, 51: 357-381.
Zhou X P, Xie Y, Tao X R, et al. 2003. Characterization of DNAβ associated with begomoviruses in China and evidence for co-evolution with their cognate viral DNA-A. Journal of General Virology, 84: 237-247.

第十章 植物病毒的诊断与检测

本章要点

1. 了解植物病毒的诊断与检测在植物病毒病害防控中的重要性。

2. 掌握植物病毒病害诊断的基本要点，学会区分植物病毒病害与其他非侵染性病害。

3. 了解植物病毒血清学检测技术和分子生物学检测方法的原理及适用的场景。

本章数字资源

植物病毒病害的识别、诊断及病毒种类的鉴定往往比植物真菌和细菌病害复杂，病毒的准确诊断与检测是控制植物病毒危害的关键基础性工作。植物病毒的诊断包括两个方面：一是对植物样品作初步检查与判断，主要对样品症状进行观察，对植物种类和病害传播方式等进行综合分析和判断，以此确定植物发生的病害是否为病毒病；二是对确定或疑似病毒病的样本作进一步的实验诊断和病原鉴定，涉及使用一系列的检测技术来检测和确定病毒的存在，并进一步鉴定病毒的种类。

自 20 世纪后期以来，血清学和分子生物学技术的迅猛发展极大地推动了植物病毒检测技术的改进和革新，研究人员开发了许多更为简便、快捷、灵敏的植物病毒检测方法。大多数植物病毒由外壳蛋白包裹病毒的核酸，因此，目前已经开发应用的植物病毒检测方法可分为检测病毒蛋白和检测病毒核酸两类。其中，主要借助酶联免疫吸附试验（enzyme-linked immunosorbent assay，ELISA）等血清学技术检测病毒的外壳蛋白；利用聚合酶链反应（polymerase chain reaction，PCR）或逆转录 PCR（reverse transcription PCR，RT-PCR）等分子生物学技术进行病毒 DNA 或 RNA 的检测。快速、准确、实用、灵敏的病毒检测技术促进了植物病毒病的科学防控。

第一节 植物病毒的诊断

通常，植物病毒侵染某一寄主植物后会引起特定的症状，如烟草花叶病毒（tobacco

mosaic virus，TMV）侵染普通烟使其出现黄绿相间的花叶症状；水稻条纹病毒（rice stripe virus，RSV）为害水稻后使其出现心叶枯死；木尔坦棉花曲叶病毒（cotton leaf curl Multan virus，CLCuMuV）感染棉花后使其叶背产生耳突；番茄黄化曲叶病毒等双生病毒为害番茄后使其出现叶片黄化卷曲等症状。植物上的特定症状是植物病毒诊断的最初依据之一。

有些生理性因子或环境因素造成植物非侵染性病害，往往能引起类似病毒病的症状。例如，在番茄生长过程中，2,4-D 过量使用容易引发叶片增厚、畸形等表型，与病毒发病症状相似。依靠症状来识别诊断植物病毒病害，首先需要区分植物病毒病害与其他非侵染性病害，主要包括以下几点。①有无发病中心：植物病毒病作为侵染性病害，有明显的发病中心，病株在田间的发生分布一般不均匀或零星发生，病情轻重不一致；而非侵染性病害无明显的发病中心，病株在田间分布较均匀，大多同时大面积发生。②是否是系统性感染：受病毒危害的植株往往表现为系统性感染，同一植株的不同部位症状表现不均一，新叶新梢上症状最明显；而非侵染性病害症状大多比较均一，若由缺素等原因引起，经过精心管理可缓解或消除病害症状。③是否具有传染性：病毒病有发生发展及传播的过程，田间表现出从发病中心往外扩散或发病植株数量逐渐增多、症状有加重的趋势；而非侵染性病害发生分布较均匀，发病时间和症状表现比较一致，不能相互传染。④是否具有特定的症状：病毒病可表现一些非侵染性病害所不具有的特征性症状，如出现花叶、黄化、矮缩、耳突、丛生等。

然而，仅根据症状观察进行植物病毒的诊断存在一定局限性。一方面，由于病毒侵染植物引起发病往往需要一段时间，因此通过症状进行诊断只有在作物出现典型的症状后才准确，在病毒侵染早期阶段往往不容易被发现。另一方面，不同的植物病毒可能引起相似的症状。例如，能够引起番茄叶片卷曲的双生病毒种类很多，仅依靠症状无法判断引起危害的具体的病毒种类。此外，自然界中病毒种类较多，两种或两种以上的病毒共同侵染同一植株的现象很普遍，所引起的症状更加复杂。为了克服这些局限，需综合运用多种不同的方法对疑似病毒感染的样品进行病毒的检测。

第二节　植物病毒的检测

一、生物学测定

植物病毒的生物学测定主要包括病毒在寄主植物上的侵染性、指示植物、病毒的寄主范围、病毒传播方式等方面。生物学测定相对烦琐，但是在新病毒或病毒新株系及一些特定病毒的鉴定工作中，仍然是必不可少的。

（一）侵染性测定

侵染性测定是用来确定一种植物病毒能否侵染某种植物或引起某种植物病害的唯一方法。与真菌和细菌等其他植物病原体一样，植物病原病毒的鉴定应遵循科赫法则。针对病毒是细胞内专性寄生物的特点，谢联辉和林奇英（2011）将科赫法则做了相应的修订，以适用于植物病毒的研究：①某种病害上常伴随有某种病毒；②利用生物学或理化等方法，能够从发病的寄主植物上分离得到该病毒；③将致病病毒接种到健康寄主上，出现原来同种病害的症状特征；④从接种发病的植株上，能再分离检测到这种病毒。然而，并非所有植物病毒的鉴定都能够遵循这些规则，尤其是难以分离提纯也不能通过摩擦接种传播的病毒。分子生物学技术推动了病毒反向遗传学技术的发展，也促进了病毒侵染性的测定。利用分子生物学技术可以获得病毒的全长基因组序列，构建病毒的侵染性克隆，并通过侵染性克隆接种完成病毒的侵染性和致病性分析。

（二）指示植物测定

根据某些植物病毒或病毒株系在特定植物上所引起的症状不一样的特性，在温室条件下可以选择接种一些指示植物进行病毒的诊断。接种病毒后能够产生明显、稳定、典型症状的寄主植物可以作为指示植物，如本氏烟、苋色藜等，能够被多种植物病毒感染并产生典型的症状。受病毒侵染能产生枯斑的寄主植物常被用于病毒检测及病毒的分离。由于大多数植物病毒需要依赖多种指示植物才能鉴定诊断，而且指示植物测定耗时长、需要占用温室，目前大多采用分子生物学或血清学技术进行植物病毒的常规诊断与鉴定。

（三）病毒的寄主范围测定

通常情况下，不同植物病毒的寄主范围存在差异。寄主范围测定是植物病毒诊断的一种重要方法。在研究病毒的寄主范围时，机械接种法是常用的手段。用于机械接种最常见的病毒来源于感病植物的叶片组织。通常会选择病毒含量高的植物材料作为接种源，但也需要考虑可能存在的抑制病毒侵染的因素。一般来说，选择具有严重症状的幼叶作为病毒来源。然而，对于某些病毒，其他组织可能更适合，如感染了烟草坏死病毒（tobacco necrosis virus，TNV）的植物根部病毒量更高。相比含有更多抑制因子的叶片，黄瓜花叶病毒（cucumber mosaic virus，CMV）在黄瓜花瓣中的病毒量更高。通常情况下，将感病植物材料磨碎于缓冲液中可用于接种植物病毒，研究表明，磷酸盐缓冲液可以增强许多病毒的侵染能力（Dijkstra and de Jager，1998）。在接种物中添加一些磨蚀材料可提高机械接种的效率。最常用的磨蚀材料是碳化硅（400～500 目）或硅藻土。机械接种的目的是在叶片表面造成大量微伤口，但不会引起细胞死亡。如果接种部位出现坏死，这可能意味着伤势过度。

对于不能通过机械接种传播的病毒，可以采用将病毒注射到植物叶柄或茎中、农杆菌接种或嫁接等接种方法。一些以正义单链核糖核酸（+ssRNA）和部分单链或双链脱氧核糖核酸（ssDNA/dsDNA）作为遗传物质的病毒，可以从感病植物组织中提取总核酸，然后将该核酸提取物直接接种于健康植物。

随着分子生物学和血清学技术的普遍使用，目前寄主范围测定很少用于植物病毒的诊断。需要注意的是，对于一些新发突发的植物病毒，了解病毒的寄主范围仍然是指导病毒病防控的重要环节。

（四）病毒传播方式测定

植物病毒需要通过昆虫、真菌等介体，以及种子、无性繁殖材料、机械传播等非介体方式传播至健康植物。例如，烟粉虱能够传播毛状病毒属（*Crinivirus*）、甘薯病毒属

（*Ipomovirus*）和双生病毒科中的菜豆金色花叶病毒属（*Begomovirus*）的病毒，烟草花叶病毒属（*Tobamovirus*）的病毒能够通过汁液摩擦传播。病毒的传播方式在病毒诊断，尤其是新病毒或新株系诊断鉴定中具有重要的作用，但目前一般不用于病毒的常规鉴定。

二、电子显微镜测定技术

电子显微镜测定技术是直接观察和诊断病毒的重要手段，在病毒学领域的发展中作出了重要贡献，在进入了分子水平的今天仍然有着不可替代的作用。植物病毒有特定的粒子形态、大小和表面结构特征，可利用电子显微镜直接观察病毒存在与否，以及病毒形态结构和寄主细胞结构的变化。常用的电子显微镜测定方法包括负染色法、超薄切片法和免疫吸附电镜法。负染色法主要通过将待测植物病毒样品进行粗提、部分提纯或者高度提纯后，吸附在电镜铜网的支持膜上，根据病毒粒子在染液中的稳定程度，选择磷钨酸、乙酸铀等染液进行负染，并在电子显微镜下观察记录病毒粒子的形态和大小。超薄切片法是将待检的植物组织经固定、脱水、包埋、切片及染色处理后，用电子显微镜观察记录病毒粒子在细胞中的存在状态和部位及细胞的病理变化。免疫吸附电镜法是将病毒的血清学反应与电子显微镜技术相结合的方法，在电镜制样过程中将血清或抗体吸附在电镜铜网的支持膜上，加上病毒样品，再加上二抗，然后进行染色。抗原、抗体的吸附作用使病毒能够较集中地沉积于有效视野内，从而提高了检测的灵敏度。

三、血清学检测技术

植物病毒的血清学检测技术是指依据植物病毒产生的蛋白质（抗原，通常是外壳蛋白）与在小鼠等脊椎动物中产生的特殊免疫球蛋白（抗体）之间的特异性反应进行检测的技术，主要包括酶联免疫吸附试验（ELISA）、斑点酶联免疫吸附试验（dot-ELISA）、组织印迹酶联免疫吸附试验（tissue print-ELISA）和胶体金免疫检测试纸条。血清学检测技术为植物病毒样品的大规模检测提供了快速简便、灵敏特异的高效检测方法，目前该技术被广泛应用于植物病毒的检测、病毒病的普查、口岸和产地检疫。但是血清学检测技术也存在一些缺点，如血清学关系比较近的病毒在检测时会产生交叉反应，出现假阳性；检测灵敏度相对于分子检测技术往往要低一些，导致检测有时会产生假阴性结果。通过制备特异性强、灵敏度高的病毒单克隆抗体，建立以高灵敏单克隆抗体为核心的作物病毒血清学检测技术，可以达到分子检测技术的检测灵敏度（He et al.，2021；Li et al.，2021）。

（一）抗体的制备

抗原（antigen）是能刺激脊椎动物（如兔子、小鼠等）产生抗体，并能与其发生特异性免疫反应的物质，可以是病毒粒子、细菌、真菌、卵菌、蛋白质等。抗体（antibody）是包括人的动物机体在抗原刺激下由 B 淋巴细胞产生的一类能与相应的抗原进行特异性结合并具有免疫功能的免疫球蛋白（immunoglobulin，Ig）。一种抗原物质刺激机体产生相应的抗体，该抗体只能与相应的抗原相结合发生反应，这就是抗体的特异性。抗原决定簇（antigenic determinant）是指抗原分子中能够决定抗原特异性的特殊化学基团，是与抗体结合的位点。因抗原决定簇通常位于抗原分子表面，抗原决定簇又被称为表位（epitope）。抗原决定簇的性质（主要包括氨基酸或碳水化合物的种类、序列及空间立体结构等方面）决定了抗体的特异性。

抗体发现至今已有一个多世纪，根据制备的原理和方法，可以将其划分为多克隆抗体（简称多抗，polyclonal antibody，pAb）和单克隆抗体（简称单抗，monoclonal antibody，mAb）。多抗（又称抗血清）通常是通过特定抗原免疫、采集免疫动物血清而获得，是由多个 B 淋巴细胞分泌产生。单抗是利用杂交瘤细胞技术所产生的针对某一抗原决定簇的同质、高质量抗体，能无限量生产。

抗体 IgG 分子是由二硫键连接的 4 条肽链组成的对称结构（图 10-1）。分子量较小的一对肽链称为轻链（light chain，L 链），分子量较大的一对肽链称为重链（heavy chain，H 链）。由上述不同类型 H 链与 L 链组成的完整免疫球蛋白分子分别被称为 IgM、IgG、IgA、IgD 和 IgE，以 IgG 的数量最多。免疫球蛋白的两条轻链与两条重链由二硫键连接形成一个四肽链分子，构成免疫球蛋白分子的单体。免疫球蛋白分子的单体中 4 条肽链两端游离的氨基或羧基的方向是一致的，分别称为氨基端（N 端）和羧基端（C 端）。在 Ig 单体分子的 N 端，轻链的 1/2 与重链的 1/4 的氨基酸排列顺序随抗体特异性不同而变化，故称这个区域为可变区（variable region，V 区）。此 V 区赋予抗体以结合抗原的特异性。在 Ig 多肽链的 C 端，轻链的其余 1/2 和重链的其余 3/4 部分，氨基酸数量、种类、排列顺序及含糖量都比较稳定，故称为恒定区（constant region，C 区）。C 区不仅可作为 Ig 的骨架，还具有许多其他重要的生物学活性。L 链分为两个功能区，即 L 链可变区（V_L）和 L 链恒定区（C_L）。IgG、IgA 和 IgD 的 H 链各有一个可变区（V_H）和三个恒定区（C_H1、C_H2、C_H3），而 IgM 和 IgE 的 H 链各有一个可变区（V_H）和 4 个恒定区（C_H1、C_H2、C_H3、C_H4）。在 Ig 的 C_H1 和 C_H2 之间有一个能自由折叠的区域，即铰链区。铰链区所含氨基酸残基数目不等，此区段富含脯氨酸和二硫键，易于发生伸展和转动，因而当免疫球蛋白与抗原结合时，此区便发生转动，使抗体分子上的两个抗原结合位点更好地与抗原决定簇相结合。

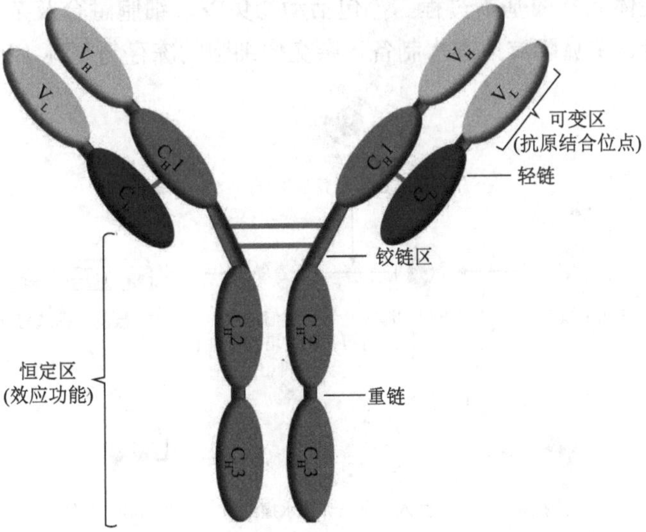

图 10-1　抗体 **IgG** 分子的基本结构

1. 多克隆抗体的制备 常用的实验动物为兔子、BALB/c 小鼠等，制备病毒抗体时用于免疫的抗原一般是病毒粒子或重组表达的病毒蛋白。兔子免疫一般采用多点皮下免疫注射结合肌内注射，每次每只兔子的免疫剂量一般为 300～800μg。免疫程序为：初次免疫一般采用等体积弗氏完全佐剂（Freund's complete adjuvant，FCA）与抗原充分乳化，然后背部皮下小量、多点注射；间隙 3～4 周后，再用弗氏不完全佐剂（Freund's incomplete adjuvant，FIA）与抗原充分乳化，然后背部皮下小量、多点注射进行第二次免疫；以后每间隙 2～3 周进行一次加强免疫，加强免疫时不用佐剂，直接大腿肌内注射；直至间接 ELISA 测定抗体效价达到 1∶500 000 为止，末次免疫 7～10d 后于颈动脉采血；放血于平皿中，置 37℃下放置 30min，4℃放置 3～4h，待血块收缩后，上清即为血清，吸血清到离心管，5000r/min 离心 5min，分装至 1.5mL 的离心管后保存于-80℃冰箱。

小鼠的免疫采用腹腔注射代替多点皮下免疫注射，每次每只小鼠的免疫剂量一般为 50～100μg。加强免疫间隔时间、免疫次数与上述免疫兔子一样，最后经眼球动脉采血。需要注意的是，无论是制备兔单抗还是制备鼠单抗均需要按照上述动物免疫程序操作。

多克隆抗体制备只需 3～5 次免疫后取动物血清即可，制备工艺简单，但存在特异性差、不稳定、不能大量制备的缺点。

2. 单克隆抗体制备 与多克隆抗体相比，单克隆抗体通过杂交瘤细胞技术制备，特异性强、效价高、质量稳定，并且易于大规模生产，应用更为广泛。

（1）杂交瘤细胞技术基本原理 免疫动物脾的淋巴细胞即 B 淋巴细胞能够产生特异性抗体，但 B 淋巴细胞在体外培养最多只能存活 10～20d，而骨髓瘤细胞虽可在体外大量繁殖、长期存活，但不具有分泌免疫球蛋白的能力。在融合剂的作用下，将这两种细胞进行融合，由此产生的杂交瘤细胞具有两种亲本的特性，既具有骨髓瘤细胞迅速分裂繁殖且无限生长的能力，又具有免疫 B 淋巴细胞携带的遗传信息，能大量分泌特异性抗体。由于一个免疫淋巴细胞只能分泌针对单一抗原决定簇的特异性抗体，因而免疫细胞经过克隆化成为单克隆细胞系，就能产生大量单一的高纯度的单克隆抗体（刘秀梵，1994）。

（2）单克隆抗体制备的基本过程 包括动物免疫、细胞融合及杂交瘤细胞的筛选、杂交瘤细胞的克隆、单克隆抗体腹水制备、杂交瘤细胞的冻存与复苏（图 10-2）。

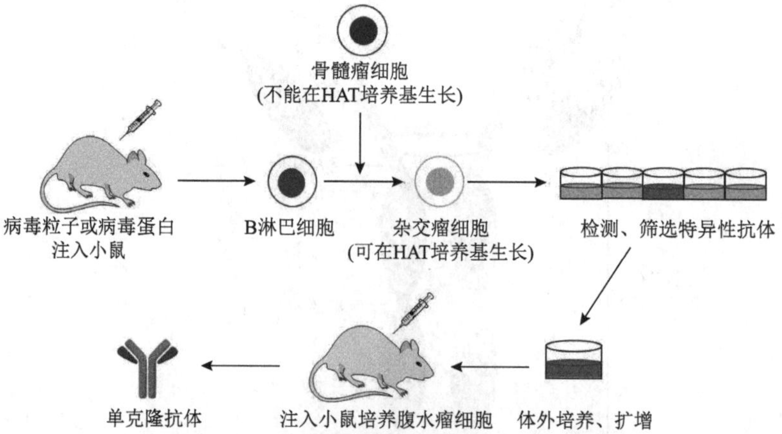

图 10-2 单克隆抗体的制备过程

（二）酶联免疫吸附试验

酶联免疫吸附试验（ELISA）是植物病毒检测中应用最广泛的血清学技术。ELISA将抗原抗体的免疫反应和酶的催化反应有机地结合起来，通过将抗原-抗体的免疫信号转换为与抗体偶联的标记酶和底物的催化信号，从而实现对目的抗原的定性和定量检测。与其他植物病毒检测方法相比较，ELISA 的突出优点在于：①操作简单；②灵敏度高，可达 1～10ng/mL；③特异性强，检测结果重复性好；④检测快速，可以在 2～3h 内得到检测结果；⑤检测成本低。基于 ELISA 衍生的多项植物病毒血清学检测技术，如抗原包被的 ELISA（ACP-ELISA）、双抗体夹心 ELISA（DAS-ELISA）、三抗体夹心 ELISA（TAS-ELISA）、斑点 ELISA（dot-ELISA）和组织印迹 ELISA（tissue print-ELISA），均具有特异性强、灵敏度高、操作便捷、检测时间短、检测成本低的特点，特别适用于大量田间样品的检测。

ACP-ELISA 是先用无标记的特异抗体（也叫第一抗体）与酶标板上通过疏水力固化的病毒抗原结合，采用酶标记的“第二抗体”（即以第一抗体作为抗原免疫另一种动物生产的抗体，也叫抗抗体）结合第一抗体，从而形成酶标二抗-第一抗体-病毒抗原复合物而固化在酶标板上，由于每两步之间均会有洗涤步骤，没有固化的第一抗体和酶标二抗均被洗去，膜上只留下与病毒抗原结合的第一抗体和酶标二抗，加底物后发生显色或发光反应，以此来检测是否携带病毒及带毒量的多少。

DAS-ELISA 和 TAS-ELISA 这两种方法都是将一种针对病毒抗原的特异性抗体（即捕获抗体）通过疏水力作用吸附于固相酶标板上，加入样品后样品中含有的病毒被固化的捕获抗体捕获富集，然后，DAS-ELISA 用酶标记病毒特异抗体（即酶标记第一抗体）直接检测病毒抗原，而 TAS-ELISA 在捕获抗体特异性捕获富集病毒后，先用病毒特异性抗体（即第一抗体，未用酶标记）与捕获的病毒结合，最后用酶标记的第二抗体（与生产捕获抗体的动物不一样的另一种动物生产的第二抗体）结合间接固化的第一抗体，从而测定病毒抗原。

dot-ELISA 是以硝酸纤维素膜（NC 膜）代替聚苯乙烯酶标板作为固相载体的一种血清学分析技术。检测时先将携带病毒的植物研磨液或昆虫介体匀浆液用移液枪点加到 NC 膜上，室温干燥 10min 使病毒抗原固化到 NC 膜上，随后依次加入病毒特异性抗体（第一抗体）和酶标记的第二抗体（酶标二抗）并分别孵育 1h，每两步之间的洗涤步骤用来去除没有固化的第一抗体和酶标二抗，最终加入底物显色液充分显色，出现紫色斑点者为阳性，无色者为阴性（图 10-3）。该方法检测费用低，操作简单，几乎不需要任何仪器。另外，点样后的 NC 膜体积小，携带方便，且在常温下可以保存一个月，大大克服了样品保存运送不便的困难。dot-ELISA 的便捷、快捷和低成本特性使其成为目前植物病毒诊断中非常实用的检测方法。tissue print-ELISA 是 dot-ELISA 的扩展形式，通过将植物的茎或叶的切割面按压至硝酸纤维素膜，将含病毒的植物汁液印迹到膜上，之后的操作步骤同 dot-ELISA 样品点膜后的步骤一样。该方法不用研磨植物，因此，操作比 dot-ELISA 更加方便快速。

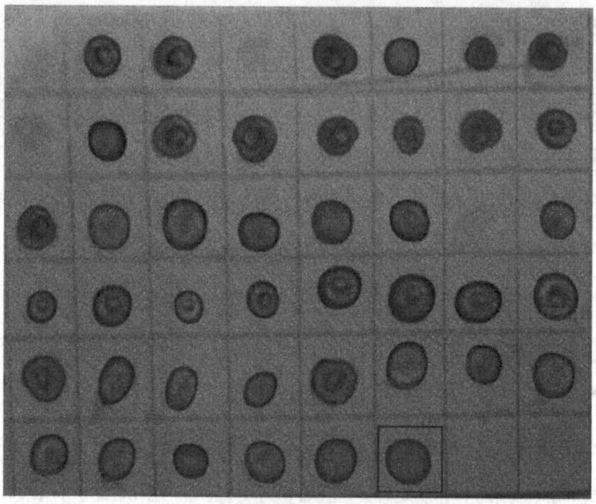

图 10-3 dot-ELISA 检测感染水稻的南方水稻黑条矮缩病毒的结果

红框表示阳性对照

（三）胶体金免疫检测试纸条

近年来，迅速发展起来的胶体金免疫检测试纸条已被广泛用于植物病毒的现场快速检测。相比于 ELISA 方法，该技术能在 10min 内完成包括样品处理在内的病毒检测，且全程无须使用仪器，仅在一根试纸条上完成，是目前所有检测技术中检测最快、最简单的技术。如图 10-4 所示，免疫检测试纸条主要由样品垫、结合垫、硝酸纤维素膜、吸水垫和衬板五部分组成。对于病毒检测通常采用双抗体夹心法的原理。首先将其中一个病毒单抗（或多抗）与胶体金偶联形成金标抗体并喷到胶体金结合垫上，NC 膜作为检测区域，喷有配对的另一个鼠单抗和羊抗鼠二抗的两条线，并分别作为检测线（T 线）和质控线（C 线）。随后将处理过的上述组分有序地组装在衬板上，每两个垫子间重叠 2mm，以保证溶液可通过试纸条侧向流动。最后，用切条机将其切割成 3mm 宽备用。检测时，滴加在试纸条加样孔处的含有病毒的植物样品粗提液或传毒介体昆虫的匀浆液由于微孔膜的毛细管作用向试纸条吸水垫渗移，在移动过程中病毒与胶体金结合垫上的金标抗体结合，形成病毒-金标抗体结合物，此结合物在移动过程中被 NC 膜上检测线处的病毒单抗捕获而聚集呈现红色反应线，多余的金标抗体越过检测线被质控线处羊抗鼠二抗捕获而聚集呈现红色反应线。而对于不含病毒的阴性样品，则在检测线处不出现红色反应线，仅在质控线处呈现红色反应线。即呈现两条线的样品为阳性样品，仅在质控线出线即 1 条线的样品则为阴性样品。样品中目标病毒浓度越高，检测信号越强，因此通过试纸条显色信号的强弱可以实现病毒的半定量检测。胶体金免疫检测试纸条能准确、快速、便捷地检测田间作物及传毒昆虫中的病毒，其最大优势是操作方便、快速、不用仪器、肉眼直接观察检测结果，非常适用于基层田间大样本检测。

我国成功开发了用于检测南方水稻黑条矮缩病毒（southern rice black-streaked dwarf virus，SRBSDV）、水稻条纹病毒（rice stripe virus，RSV）、李痘病毒（plum pox virus，PPV）等 10 多种重要作物病毒的胶体金免疫检测试纸条，试纸条在 5～10min 内特异、灵敏、准确检测植物和传毒介体内的病毒。田间样品检测结果表明，该试纸条的检测结果与 RT-PCR 的符合率达到 100%（Huang et al., 2019；Guo et al., 2023）。

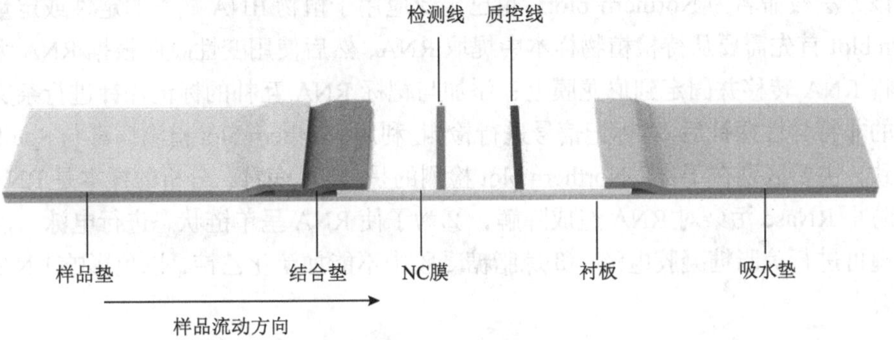

图 10-4 胶体金免疫检测试纸条的组成及其工作原理

四、核酸检测技术

（一）核酸杂交

植物病毒的核酸类型（RNA 或 DNA）、结构（闭环或开环）和数量（一条、两条或多条）是鉴定病毒或病毒株系的重要依据之一。核酸杂交是指通过一定的方法标记某一已知核酸片段，将其作为探针，在适宜的温度和离子强度等条件下，探针与其同源性靶核酸单链基于碱基互补配对进行杂交，形成稳定的同源或异源双链分子，从而通过检测探针标记物而检测与探针互补的同源核酸的存在。由于具有高度的特异性和灵敏性，核酸杂交技术可被应用于待检样品中病毒种类的检测，也被广泛地用于比较不同样品中病毒的积累量。杂交可以直接在细胞内进行，称为细胞原位杂交，也可以将核酸分离纯化后在体外进行。目前最常用的体外核酸杂交技术是将待测序列片段结合到一定的固相支持物如膜上，与存在于液相中标记的核酸探针进行杂交。根据固定在膜上的待测核酸类型，可以分为检测 DNA 的 Southern blot 和检测 RNA 的 Northern blot。

1. Southern blot Southern blot 是一种经典的核酸杂交技术，由 Edwin Southern 于 1975 年首次提出，可用于检测和分析病毒 DNA 分子。Southern blot 的主要步骤包括：植物基因组 DNA 的分离、电泳、转移、固定、预杂交、杂交和信号检测。首先，提取待检植物样本中的 DNA 并选取合适的限制性内切酶进行处理，通过琼脂糖凝胶电泳将待检病毒样品中各种核酸按照分子量大小进行分离；经原位变性后，通过毛细管转移或电转仪等方法将变性的单链 DNA 转移并固定至固相支持膜（如尼龙膜）上；用放射性同位素或非放射性标记的 DNA 探针与靶 DNA 杂交；洗去多余未结合的探针，经放射性自显影或显色反应确定同源靶序列在膜上的位置。放射性探针利用放射性射线在 X 片上的成影来检测杂交信号，非放射性探针通过显色反应检测杂交信号。为减少杂交反应的非特异性，在杂交前利用非特异性 DNA（如鲑鱼精 DNA）和高分子化合物（如 Denhardt）等封闭物进行预杂交，封闭非特异性 DNA 位点及膜上的非特异性位点。

2. Northern blot　Northern blot 是由 James Alwine、David Kemp 和 George Stark 于 1977 年发明的一项用于检测 RNA 的技术。由于与检测 DNA 的 Southern blot 存在很多相似之处，该方法被命名为 Northern blot，也已广泛应用于植物 RNA 病毒的定性或定量分析。Northern blot 首先需要从待检植物样本中提取 RNA，然后使用变性凝胶根据 RNA 大小将其分离；将 RNA 转移并固定到尼龙膜上；添加与靶标 RNA 互补的标记探针进行杂交；清洗未结合的非特异性探针后，对标记信号进行检测。利用 Northern blot 检测病毒与 Southern blot 基本一致，主要区别在于：①Northern blot 检测的是 RNA 病毒，分析的样本是 RNA，全程操作应防止 RNase 污染对 RNA 造成降解；②为了使 RNA 呈单链状态进行电泳，需先用变性剂处理再进行琼脂糖凝胶电泳；③琼脂糖凝胶中不能加溴化乙锭，以免影响 RNA 与尼龙膜的结合。

（二）聚合酶链反应及相关衍生技术

1. 聚合酶链反应　聚合酶链反应（polymerase chain reaction，PCR）是 1985 年由美国 Cetus 公司的 Kary Mullis 发明的一种在体外快速扩增特定 DNA 片段的分子生物学技术，可以在短时间内将微量目的 DNA 片段扩增一百万倍以上，用于后续的研究和检测。Kary Mullis 因此发明获 1993 年诺贝尔化学奖。

PCR 是一种级联反复循环的 DNA 合成反应，原理是在 DNA 聚合酶的作用下，以母链 DNA 为模板，以特定引物为延伸起点，通过变性、退火、延伸等步骤，体外复制出与母链模板 DNA 互补的子链 DNA 的过程（图 10-5）。变性是指利用高温将连接两条 DNA 链的氢键打断，从而使模板双链 DNA 分离变成单链 DNA；退火是指模板双链 DNA 分离后，降低温度使寡核苷酸引物与模板上的目的序列通过氢键配对，形成局部双链；延伸是指在 DNA 聚合酶的催化下，由退火时结合上的引物开始沿着 DNA 链合成互补链。变性—退火—延伸这三个基本步骤组成一个循环，理论上每一轮循环使目的 DNA 扩增 1 倍，经合成产生的 DNA 又可作为下一轮循环的模板，经 30～35 轮循环可使 DNA 扩增 100 万倍以上。PCR 及其衍生的技术由于具有灵敏度高、特异性好、速度快、重复性好、所需的样本量少等特点，已被广泛地应用于植物病毒的检测，并可通过 PCR 扩增和序列测定获得相应病毒的序列，特别适用于在实验室检测某种或某一类已知的植物病毒。

若待检的植物病毒是 DNA 病毒，如双生病毒，那么用常规的 PCR 即可检测病毒的 DNA。主要步骤包括以下几点。①样品的制备：从待检测的植物组织中提取 DNA。②引物的设计：引物是一对与目标 DNA 互补的寡核苷酸片段，在 PCR 中被用来引导 DNA 合成；其中一个引物与病毒待检区域一端的一条 DNA 模板链互补，另一个引物与病毒待检区域另一端的另一条 DNA 模板链互补。③PCR 反应：以待检植物样品的 DNA 为模板，在引物、DNA 聚合酶和 4 种脱氧核苷三磷酸（dNTP）等反应组分的作用下，按照 DNA 的半保留复制的原理，完成新的 DNA 合成。④PCR 产物检测：PCR 反应结束后，使用琼脂糖凝胶电泳检测 PCR 反应产生的 DNA 片段。根据检测结果，可以进一步对扩增的 PCR 片段进行序列测定。

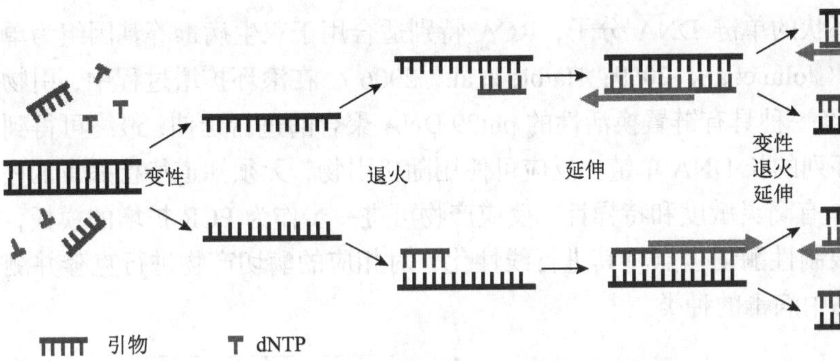

图 10-5　**PCR** 检测技术的基本原理

2. 逆转录 PCR　逆转录 PCR（reverse transcription polymerase chain reaction，RT-PCR）是一种将逆转录反应和 PCR 技术相结合的方法，被广泛应用于植物 RNA 病毒的检测。与常规 PCR 相比，RT-PCR 需要从待检的植物样品中提取 RNA，在逆转录酶的作用下将 RNA 转录成互补 DNA（cDNA），再以合成的 cDNA 为模板进行 PCR 扩增，从而实现对植物 RNA 病毒的检测和分析。

3. 实时荧光定量 PCR　实时荧光定量 PCR（quantitative real-time PCR，qPCR）是指在 PCR 扩增反应中加入荧光染料或者荧光基团，在整个 PCR 反应过程中通过收集荧光信号来实时监测每一个循环中扩增产物量的变化，最后无须对扩增产物进行凝胶电泳检测，只需通过光学仪器实时监测 PCR 反应中发出的荧光信号，通过阈值循环数（Ct）值和标准曲线对待检样品中的靶标进行定量分析。qPCR 技术检测灵敏度和自动化程度高，操作简便快捷，极大地扩展了 PCR 技术在整个生命科学的研究与应用，成为许多病原微生物诊断的金标准，能够用于测定样品中待检植物病毒的绝对量和相对量。

与传统 PCR 相似，qPCR 也需要设计一对特异性引物，此外，还需要一种荧光探针。在每个 PCR 循环的延伸阶段，荧光探针与靶标序列发生结合，释放出荧光信号。荧光信号的强度与 PCR 反应中靶标序列的数量呈正相关。常用的荧光主要包括 TaqMan 探针和 SYBR Green 染料。TaqMan 探针是最早用于定量的方法，由与目标序列互补的引物、一个荧光标记及一个荧光信号猝灭器组成。在 PCR 反应中，当 DNA 聚合酶到达 TaqMan 探针的结合位点时，DNA 聚合酶会附着在探针上，分解 TaqMan 探针，使荧光标记与荧光信号猝灭器分离，导致荧光信号增加，最终根据 Ct 值对目标序列的起始数量定量。由于 TaqMan 探针和模板存在一对一的关系，在检测的精度和灵敏度上，探针法优于 SYBR Green 染料法，但是检测每一种病毒都需要设计合成特定的荧光探针。与 TaqMan 探针法不同的是，SYBR Green 燃料法使用 SYBR Green 染料监测 PCR 反应中的荧光信号。在 PCR 反应过程中，DNA 聚合酶扩增目标序列时，SYBR Green 染料与扩增的双链 DNA 结合，从而产生荧光信号。SYBR Green 燃料法只需要引物即可，不需要设计和合成特定的探针。

（三）核酸等温扩增技术

1. 滚环扩增　滚环扩增（rolling circle amplification，RCA）是 20 世纪末建立的通过聚合酶催化环状 DNA 分子进行滚环式复制而实现的核酸恒温扩增及信号放大技术（图 10-6）。因反应模板通常为环状的单链 DNA 分子，RCA 特别适合用于双生病毒等基因组为单链环状 DNA 病毒的检测（John et al.，2009；Haible et al.，2006）。在滚环扩增过程中，引物与环状 DNA 模板退火后经一种具有链置换活性的 phi29 DNA 聚合酶进行延伸，最终可得到一条含有多个重复模板序列的长 DNA 单链。反应可使用随机引物，无须知道待检病毒的序列，反应温度为 30℃，具有高灵敏度和特异性。反应产物可进一步作为 PCR 扩增的模板，也可以利用病毒含有的限制性酶切位点将其进行线性化，对相应的酶切产物进行克隆并测序即可鉴定待检植物样品中病毒的种类。

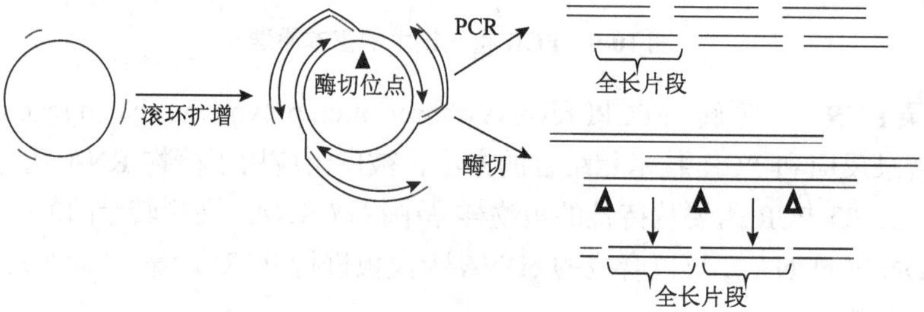

图 10-6　滚环扩增技术基本原理

2. 环介导等温扩增　环介导等温扩增（loop-mediated isothermal amplification，LAMP）于 2000 年由日本科学家 Tsugunori Notomi 首次提出，是指在等温条件下利用具有链置换活性的嗜热脂肪芽孢杆菌（*Bst*）DNA 聚合酶实现核酸序列扩增的技术（图 10-7）（Notomi et al.，2000）。

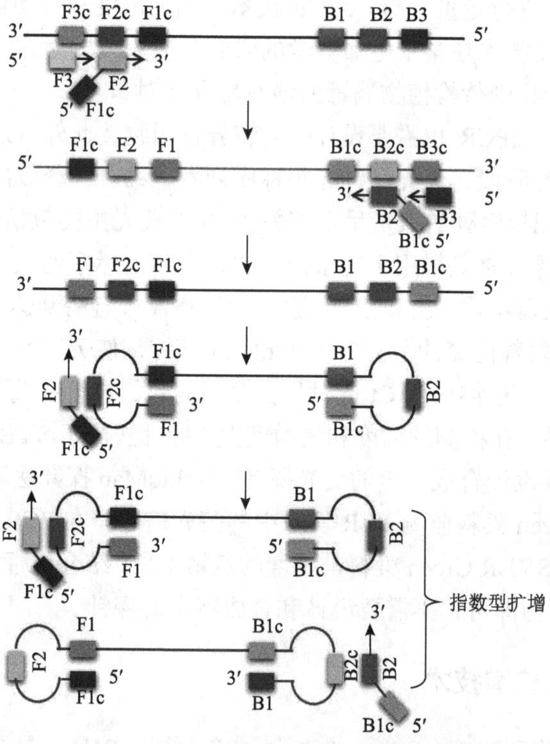

图 10-7　环介导等温扩增技术基本原理

与传统 PCR 相比，LAMP 在恒温条件下进行扩增，无需复杂的温度循环装置，已被开发用于多种不同类型的植物病毒的检测。该技术的原理是根据待测植物病毒靶标序列设计两对特异性外引物（F3 和 B3）和两对特异性内引物（FIP 和 BIP），在 *Bst* DNA 聚合酶的作用下，引物沿模板进行延伸和链置换反应，产生不同长度的靶标重复片段。LAMP 通常在 60～65℃的温度下进行，反应时间为 30～60min。扩增产物可以通过凝胶电泳分析，或者根据 SYBR Green 等染料颜色和产物的浑浊度等特征进行鉴定，从而确认是否存在已知序列的植物病毒。

3. 重组酶聚合酶扩增　重组酶聚合酶扩增（recombinase polymerase amplification，RPA）是 2006 年由英国公司 TwistDx 研发的一种核酸恒温扩增技术（图 10-8）（Lobato and O'Sallivan，2018）。RPA 利用重组酶（如来源于 T_4 噬菌体的重组酶 UvsX）、链置换 DNA 聚合酶（如 *Bacillus subtilis* Pol）和单链结合蛋白 SSB（如 T_4 gp32）的协同作用，在等温条件下催化核酸的扩增反应。RPA 的反应过程主要包括 5 个步骤：①在 ATP 的参与下，重组酶与长 30～35nt 的引物结合形成复合物，并在双链 DNA 模板中双向扫描寻找靶位点；②一旦找到靶位点，重组酶通过链置换反应稳定形成 D 环结构，SSB 随即结合被置换的 DNA 链，形成稳定的 D 环结构并防止引物解离；③复合物主动水解 ATP 使其构象发生改变，重组酶解离后引物 3′端暴露并被 DNA 聚合酶结合，DNA 聚合酶按照模板序列在引物 3′端添加相应碱基，DNA 扩增反应启动；④链置换 DNA 聚合酶在延伸引物的同时继续解开模板的双螺旋 DNA 结构，DNA 合成过程继续进行；⑤新形成的单链与原始链互补配对，形成完整的扩增子代。RPA 反应最佳温度在 37℃左右，反应时间约 20min，扩增产物可通过琼脂糖凝胶电泳、荧光探针实时检测及结合侧流层析等方法进行已知植物病毒的检测，具有反应速度快、灵敏度高等优点。

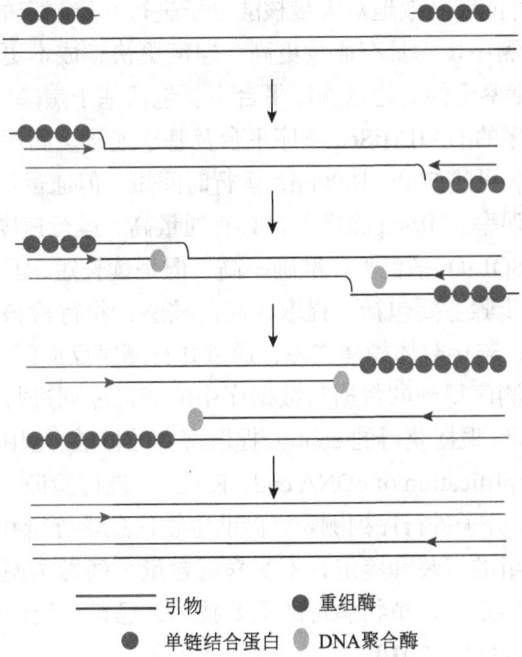

图 10-8　重组酶聚合酶扩增技术

4. 重组酶介导扩增　重组酶介导扩增（recombinase-aided amplification，RAA）是一种利用从细菌或真菌中获得的重组酶、单链结合蛋白、DNA 聚合酶在等温条件下进行核酸扩增的技术。RAA 的反应过程主要包括：重组酶与引物结合形成复合物，在 SSB 结合蛋白的辅助下，模板 DNA 解链并使引物与模板配对，然后在 DNA 聚合酶的作用下，生产新的 DNA 链。经过几十个循环后，DNA 新链的数量以指数级增长。RAA 反应最佳温度在 37℃左右，反应时间约 20min，扩增产物可通过琼脂糖凝胶电泳、荧光探针实时检测及结合侧流层析等方法进行已知植物病毒的检测，具有反应速度快、灵敏度高等优点。与 RPA 相比，RAA 使用的聚合酶只具有 DNA 聚合酶活性，RPA 的聚合酶具有链置换和聚合酶活性。

5. 核酸序列依赖性扩增　核酸序列依赖性扩增（nucleic acid sequence-based amplification，NASBA）是一种以单链 RNA 为模板、在三种酶（逆转录酶、核糖核酸酶 H 和噬菌体 T_7 RNA 聚合酶）的催化作用下，模拟体内逆转录病毒的复制机制，实现植物病毒核酸等温扩增的方法。在特定引物的存在下，逆转录酶从目标 RNA 模板合成 cDNA，RNase H 酶特异性降解 RNA-DNA 杂合体的 RNA 链，留下单链 cDNA 模板；特定引物与 cDNA 模板杂交，为 T_7 RNA 聚合酶提供结合位点，合成多个拷贝的 RNA，使目标 RNA 序列呈指数级扩增。NASBA 的反应温度通常为 41～45℃，扩增时间约 90min，扩增产物可通过琼脂糖凝胶电泳、荧光探针或与测序结合进行植物病毒的检测。

五、其他新兴检测技术

（一）高通量测序技术

高通量测序技术（high-throughput sequencing technology，HTS），又称下一代测序技术或二代测序技术，是一种能够高效地对大量核酸分子进行并行测定的技术。与传统的 Sanger 测序方法相比，高通量测序技术具有通量更高、速度更快、成本更低的特点。根据不同的测序原理，用于植物病毒鉴定的高通量测序平台主要包括基于焦磷酸测序的 454/GS FLX 测序平台、基于合成法测序的 GAII/HiSeq 测序平台及基于连接法测序的 SOLiD 平台。454 测序平台具有最长的读长，可达 700～1000bp，运行时间短，但通量低，价格昂贵，并在多聚物测量时具有较高的错误率。HiSeq 测序平台具有通量高、运行速度快、成本低等优点，性价比最高，应用最广。SOLiD 平台测序准确率高，但是读长短，且运行时间长。利用高通量测序技术检测病毒的步骤主要包括：提取样品的核酸；将待检核酸样本打断成小片段，在两端加上不同的接头，连接载体构建文库；通过并行测序反应同时测定这些片段的序列；通过生物信息分析，将测序得到的数据与数据库中的病毒序列进行比对，以确定样本中可能存在的病毒种类和数量；根据获得的 contig，提取寄主的核酸，运用 PCR、RT-PCR 或 cDNA 末端快速扩增（rapid amplification of cDNA end，RACE）进行验证。高通量测序能够一次对几十万甚至几百万 DNA 分子进行序列测定，借助生物信息学分析和进一步的扩增验证，能够实现对植物病毒基因组的组装和鉴定，不受病毒含量、病毒类型、病毒基因组序列信息缺乏或不足等限制，是鉴定未知植物病毒的重要技术，已被广泛应用于病毒的鉴定、诊断及病毒资源的挖掘（Wu et al.，2010）。

（二）基于 CRISPR/Cas 的病毒检测技术

基于 CRISPR/Cas 的病毒检测是一种利用 CRISPR/Cas 系统来检测病毒的方法。CRISPR/Cas 系统来源于细菌和古细菌的一种天然免疫系统，用于帮助细菌识别外来病毒携带的核酸序列，并且切断这些核酸序列，达到抑制病毒增殖的效果。这一系统被科学家广泛地应用于对基因组进行精准编辑。CRISPR/Cas 系统由 Cas 蛋白和向导 RNA（guide RNA，gRNA）两个组分组成，gRNA 被设计成与特定靶序列互补，当 gRNA 与其互补序列结合时，Cas 蛋白会在该位置上对特定核酸序列进行切割。不同的 Cas 蛋白具有不同的活性，基于 CRISPR/Cas 的病毒检测就是由靶标核酸激活 Cas 蛋白的反式切割活性，将体系中的荧光标记探针切碎，释放荧光信号，完成靶标核酸检测的过程。CRISPR/Cas 通常与 RPA、RAA 或者侧流层析相结合用于病毒的检测。

小　结

植物病毒的准确诊断与检测是控制植物病毒危害的关键基础性工作，快速、准确、实用、灵敏的病毒检测技术促进了植物病毒病的科学防控。依靠症状识别是植物病毒诊断的最初步骤之一，但是需要区分植物病毒病害与其他非侵染性病害，区分要点包括：有无发病中心，是否为系统性感染，是否具有传染性及是否具有特定的症状。植物病毒的检测是进一步鉴定病毒种类的基础。大多数植物病毒由外壳蛋白包裹病毒的核酸，因此，植物病毒检测方法可分为检测病毒蛋白的血清学检测技术和检测病毒核酸的分子生物学技术。血清学检测技术主要包括酶联免疫吸附试验、斑点酶联免疫吸附试验、组织印迹酶联免疫吸附试验和胶体金免疫检测试纸条，特异、灵敏的单克隆抗体是血清学检测技术开发的核心。植物病毒的核酸检测技术包括聚合酶链反应及相关衍生技术，以及滚环扩增、环介导等温扩增、重组酶聚合酶扩增、重组酶介导扩增、核酸序列依赖性扩增等技术。基于高通量测序的新兴技术在病毒种类尤其是新病毒的鉴定中发挥了重要作用。

复习思考题

1. 简述如何区分植物病毒病害和非侵染性病害。
2. 简述利用PCR/RT-PCR检测植物病毒的基本步骤。
3. 简述植物病毒的恒温检测方法及各自的原理。

主要参考文献

刘秀梵. 1994. 单克隆抗体在农业上的应用. 合肥：安徽科技出版社.

谢联辉，林奇英. 2011. 植物病毒学. 北京：中国农业出版社.

Dijkstra J, de Jager C P. 1998. Practical Plant Pathology: Protocols and Exercises. Berlin: Springer-Verlag.

Guo M, Qi D, Dong J, et al. 2023. Development of dot-ELISA and colloidal gold immunochromatographic strip for rapid and super-sensitive detection of plum pox virus in apricot trees. Viruses, 15: 169.

Haible D, Kober S, Jeske H. 2006. Rolling circle amplification revolutionizes diagnosis and genomics of geminiviruses. Journal of Virological Methods, 135: 9-16.

He W, Huang D, Wu J, et al. 2021. Three highly sensitive and high-throughput serological approaches for detecting *Dickeya dadantii* in sweet potato. Plant Disease, 105: 832-839.

Huang DQ, Chen R, Wang YQ, et al. 2019. Development of a colloidal gold-based immunochromatographic strip for rapid detection of Rice stripe virus. Journal of Zhejiang University Science B, 20: 343-354.

John R, Muller H, Rector A, et al. 2009. Rolling-circle amplification of viral DNA genomes using phi29 polymerase. Trends in Microbiology, 17: 205-211.

Li X, Guo L, Guo M, et al. 2021. Three highly sensitive monoclonal antibody-based serological assays for the detection of tomato mottle mosaic virus. Phytopathology Research, 3: 23.

Lobato I M, O'Sullivan C K. 2018. Recombinase polymerase amplification: basics, applications and recent advances. Trends in Analytical Chemistry, 98: 19-35.

Notomi T, Okayama H, Masubuchi H, et al. 2000. Loop-mediated isothermal amplification of DNA. Nucleic Acids Research, 28: 63.

Wu Q, Luo Y, Lu R, et al. 2010. Virus discovery by deep sequencing and assembly of virus-derived small silencing RNAs. Proceedings of the National Academy of Sciences of the United States of America, 107: 1606-1611.

第十一章 植物病毒病的防控

本章要点

1. 掌握植物病毒病的防控策略。
2. 以一种病毒病害为例，制订病害的综合防控方案。

本章数字资源

保护植物健康生长，并保护人类赖以生存的生态环境，以满足人类的食物和衣物需求，改善人类生活，是当今世界的重要问题。研究植物病毒尤其是农业生产中的作物病毒，其根本目的在于深入了解病毒侵染机制、传播规律等方面，为有效控制病毒的危害提供理论依据和技术支撑。本章主要介绍防控植物病毒病的具体策略和手段。

第一节 植物检疫

植物检疫作为一种预防性植物保护措施，能有效保障对外贸易的顺利开展，推动国家经济健康发展，并维护生态环境安全，已被世界各国重视和采用，成为对外贸易中不可或缺的手段。

一、植物检疫的重要性

随着农产品进出口贸易的加大及旅游业的迅速发展，许多重大植物疫情在全世界范围内蔓延并造成严重危害。国外重大危险性有害生物入侵呈现出数量剧增、频率加快的趋势，对我国农业生产和生态安全构成了极大的威胁，也给出入境植物的检验检疫带来新的挑战。例如，2005 年在我国辽宁省首次发现了黄瓜绿斑驳花叶病毒（cucumber green mottle mosaic virus，CGMMV），其传入后即迅速在国内扩散流行，成为葫芦科作物生产中的重要病害，造成了严重的经济损失（Liu et al.，2009）。

有效地开展植物检疫在植物病毒防控中发挥着非常重要的作用。植物检疫可以有效遏制植物病毒的传播范围，避免病毒通过植物材料、种子、苗木、土壤等途径传播到新的地区。通过植物检疫可以及时识别和筛查出携带病毒的植株，进而采取相应的隔离或处理措施，防止病毒传播。严格的植物检疫措施可以保障植物及植物产品的质量和安全，促进国际植物贸易的健康发展。在2021年4月发布的最新《中华人民共和国进境植物检疫性有害生物名录》中，包含了41种检疫性病毒，对它们开展有效的检疫，将从源头控制这些危害极大的植物病毒病在我国的发生。

二、植物检疫的程序

在植物检疫体系中，植物检疫程序和植物检疫法规组成了基本的植物检疫措施，成为实现植物检疫宗旨的基本保障。随着植物检疫实践的不断发展，检疫许可、检疫申报、现场检验、实验室检测、检疫处理及检疫监管等逐渐构成了基本的植物检疫程序。

检疫许可（也称检疫审批）是植物检疫的法定程序之一，其目的是在某些检疫物入境前实施超前性预防，即对其入境采取控制措施。检疫许可有利于进口国的农业和生态环境安全，因此全球各国普遍采用该项措施。我国的《中华人民共和国进出境动植物检疫法》和《植物检疫条例》中对相关物品的检疫许可已作出了明确的规定。

检疫申报的主要目的是使货主或代理人及时向检疫机关申请检疫，以利于检疫程序的进行，顺利办理检疫及提货手续。就植物检疫而言，需要进行检疫申报的检疫物主要包括植物、植物产品、装载植物或植物产品的容器和材料，以及输入货物的植物性包装物、铺垫材料及来自植物有害生物疫区的运输工具等。

现场检验是植物检疫的重要程序之一，其主要任务是在货物及其所在环境现场进行直接检查以确定是否存在有害生物，或根据相关标准进行取样供实验室检测。对于植物病毒类的检疫性有害生物而言，现场检查的难度往往较高，需要进行技术性要求更高的实验室检测，以确定是否存在有害生物并进一步确定有害生物的种类。对检疫性植物病毒往往采用鉴别寄主植物接种、电子显微镜检测、染色检测、血清学检测和分子生物学检测等方法，其中后两种方法因具有通量高、灵敏度高、准确率高的优势而被广泛使用。近年来随着高通量测序技术的发展和成本降低，这项技术被频繁用于检疫性病毒或未知病毒的检测。

经现场检验或实验室检测发现带有检疫性有害生物的货物，应按情况分别采取除害处理、禁止出口、退回或销毁处理等措施，严防限定的有害生物传入和传出。若输入或输出的植物、植物产品、种子、种苗等材料经检疫发现感染限定的有害生物，有条件可以杀灭时采取除害处理，其余的输入货物进行退回或销毁处理，输出货物则禁止出口。

第二节 农业生态防治

一、宏观生态调控

（一）生物多样性的利用

现代农业集约化的种植模式导致作物遗传背景单一，农田生态系统生物多样性下降，生态平衡协调能力缺失，植物的抗逆能力、自我恢复能力都受到影响，因此各种病毒病的流行加重。应用生物多样性与生态平衡原理，遵循生物间相生相克的自然规律，按可持续发展农业的要求，发掘和利用作物品种资源，优化物种或品种的搭配组合，合理实施作物品种多样性种植，优化田间种群多样性结构，增强农田生态稳定性，从而达到控制作物病害的目的。第一，农业生物多样性可以通过提供异质性的资源和环境来降低病毒病的繁殖和传播速度。例如，通过混栽不同水稻品种来防控水稻东格鲁病毒病。第二，增加农业生物多样性可以增加害虫的天敌和捕食者数量，从而减少病毒介体昆虫种群的密度，降低病毒的传播速度。第三，农业生物多样性可以提高农田生态系统的稳定性和抵抗力，增强作物防御病毒介体昆虫和病毒的侵染能力。第四，农业生物多样性还可以通过调节农田中微生物群落的结构和功能，调控作物的生长与发育环境，直接提供抗生素等代谢产物，直接或间接影响病毒病害的发生与流行。病害综合防控策略已成功应用于多种作物病毒病害的控制，并取得了较好的效果。

（二）抗病栽培措施的利用

作物不同生育期对病毒病的抗感程度存在明显差异，一般作物生长早期较易感染病毒病，如水稻对病毒病最敏感的时期是苗期到返青分蘖阶段，而拔节后对病毒病的抗性逐渐增强；马铃薯卷叶病毒（potato leaf roll virus，PLRV）侵染马铃薯的情况也是如此。因此，通过栽培技术的调整，适期播种和移栽，合理施肥、灌溉，改善植物的生长状态，能使其在对病毒较敏感时期避开病毒侵染。例如，针对主要传毒介体昆虫发生趋势，调整水稻播种插秧时间，加强肥水管理，可使最易感病的苗期到返青分蘖期避开介体昆虫迁飞传毒的高峰，从而减轻病毒的传播和危害。

（三）轮作套种

大面积、连片种植单一作物必然为毒源或传毒介体提供良好的营养和增殖条件，有利于病毒的传播流行。同一种病毒往往为害两种以上的作物，感染病毒后的作物往往成为传播给邻近感病寄主或下季作物的毒源，同一种介体往往又是多种作物的害虫。因此，改变栽培模式，实行合理的轮作、套种，隔绝毒源或介体传播，可达到避免病毒感染的目的。例如，选用水旱轮作田种植烟草就可减轻线虫传的烟草脆裂病毒（tobacco rattle virus，TRV）的感染；实施大麦、小麦与非禾本科作物轮作，或与水稻轮作，就可减轻禾谷多黏菌传播的大麦黄花叶病毒（barley yellow mosaic virus，BaYMV）和小麦梭条花叶病毒（wheat spindle streak mosaic virus，WSSMV）的危害。

（四）耕作改制

耕作改制可有效避免或减轻病毒病的流行。例如，水稻黑条矮缩病于 20 世纪 60 年代初在江苏、浙江、上海流行，通过小麦改种大麦及小麦-水稻两熟制改为大麦-水稻-水稻三熟制，有效地控制了该病毒病的流行。水稻旱育秧技术近年来得到了推广，育成的秧苗更加健壮，且颜色更偏黄，可降低对传毒介体灰飞虱的诱集（灰飞虱有趋绿特性），从而减少水稻黑条矮缩病毒（rice black-streaked dwarf virus，RBSDV）和水稻条纹病毒（rice stripe virus，RSV）的传播。双季稻区通过种植再生稻，跳过易感阶段的苗期到返青分蘖期，从而避开了介体昆虫迁入的高峰期，能减少水稻齿叶矮缩病毒（rice ragged stunt virus，RRSV）和南方水稻黑条矮缩病毒（southern rice black-streaked dwarf virus，SRBSDV）的感染。

（五）铲除毒源

田间毒源基数决定了病毒病的发生程度，病毒可以存在于感病作物、杂草和野生植物中，成为病毒病的一个重要侵染源。此外，田间杂草还是各种病毒和传播介体繁衍及越夏、越冬的场所。例如，番茄黑环病毒（tomato black ring virus，TBRV）只能在其介体线虫体内维持几周，而在感病的种子里可存活更长时间，故经过冬眠的杂草种子在春天发芽时，未携带病毒的线虫就可以从带病毒杂草根部获得病毒。因此，可通过铲除田间杂草、清除病毒的野生杂草寄主和原寄主的自生病苗等方式，破坏带毒介体的栖息和越冬场所，从而减少侵染来源。田间病株也应及时清除，避免其成为田间二次侵染的毒源。例如，除掉田间的菟丝子可有效减少黄瓜花叶病毒（cucumber mosaic virus，CMV）、苜蓿花叶病毒（alfalfa mosaic virus，AMV）、甜菜轻黄化病毒（beet mild yellowing virus，BMYV）等的危害。

茄类、瓜类、豆类等植物上的许多病毒具有汁液接触传毒的能力，应尽量减少机械传毒机会。田间操作如移栽整枝、打杈及除草等时应避免人为接触传播，特别对烟草花叶病毒（tobacco mosaic virus，TMV）这类稳定性强的病毒，在农事操作中应将病株与健株分开进行，必要时可用肥皂水浸泡农具并洗手消毒。

二、微观生态调控

微观生态调控侧重于从细胞生物学或分子生物学角度，研究病毒本身的侵染、遗传、变异、致病、传播机制及其与寄主细胞间的互作关系等，寻求病毒病害调控与防治的新途径。

病毒侵染必须依赖寄主细胞所提供的环境条件，一种病毒要成功侵染，必须经过吸附、脱壳、核酸复制、蛋白质翻译、组装和细胞间病毒的运动等步骤，任何一个步骤的中断均能抑制病毒的侵染。因此，弄清病毒感染细胞的环境条件，有利于采取针对性的调控措施。此外，植物病毒在侵染和传播过程中，与寄主植物和传毒介体间发生着复杂的分子互作。通过一定的技术手段或药剂调控它们的互作关系和互作强弱，破坏病毒与寄主、介体多元互作中的平衡，是建立病害绿色高效防控的一种新途径。例如，SRBSDV 在侵染前期通过编码的效应蛋白 P6 在细胞质与水稻乙烯信号通路的负调控因子 RTH2 互作增强乙烯信号，促进病毒侵染的同时驱避白背飞虱，保护水稻植株免受昆虫过度取食死亡。而随着病程进展，P6 蛋白逐渐向细胞核积累，与水稻乙烯信号通路的关键转录因子 EIL2 互作，破坏 EIL2 的二聚体形成，抑制其 DNA 结合活性与转录激活活性，从而抑制乙烯信号，吸引白背飞虱取食获毒，促进病毒传播（Zhao et al.，2022）。在实际生产中，可以在水稻种植的不同时期，分别使用价格低廉、环境友好的乙烯信号抑制剂（如 1-甲基环丙烯）或增强剂（如乙烯利等），破坏病毒对水稻乙烯信号的双向动态调控，达到防控病害发生和流行的目的。近年来，越来越多的植物激素被发现参与调控病毒侵染（He et al.，2020；Li et al.，2021；Yang et al.，

2020；Zhang et al.，2020，2023；Zhao et al.，2017），通过对它们的人为干预，有望从分子生态的角度开展对植物病毒病害的防控。

第三节 植物抗病品种利用

培育和利用抗病品种是植物病毒病害防控中经济有效的措施，能从根本上减少植物病毒病害带来的危害。

一、植物抗病毒育种

对某种生产上造成严重危害的植物病毒病，首先需要通过传统的田间观察和实验室病毒接种试验来筛选和鉴定具有抗病性的种质资源，从而选择具有良好抗病性的亲本，作为培育抗病品种的基础。随后利用分子生物学和遗传学技术，对抗病性状进行分子标记和遗传分析，以了解抗病基因的遗传规律。通过杂交育种等方法，逐步将抗病性状引入优良品种中，培育出具有抗病性的新品种。这一策略在过往的抗病毒品种选育和利用上已取得诸多成效，如在20世纪70年代，亚洲水稻上普遍发生水稻草状矮化病毒（rice grassy stunt virus，RGSV），通过对6700多份栽培稻和野生稻材料进行病毒抗性筛选，发现从印度收集的尼瓦拉野生稻（*Oryza nivara*）可以抵抗该病毒。1974年，国际水稻研究所用该抗源育成了三个新的抗病水稻品种并得到推广，这在很大程度上控制了RGSV的流行。又如我国科学家通过遗传学和反向遗传学成功克隆了水稻条纹病毒（RSV）的抗性基因*STV11*，该基因编码一个磺基转运酶OsSOT1，能催化水杨酸（SA）转化为磺基水杨酸（SSA），而感病等位基因则因为突变失去这种活性，利用该抗性位点育成了多个抗RSV的水稻品种，成功遏制了水稻条纹叶枯病在长江中下游的连年流行（Wang et al.，2014）。20世纪60年代以来，我国曾针对稻、麦上的主要病毒及其介体的抗性问题，鉴定过10 000多个品种（品系、杂交组合），筛选出了一批较好的抗源材料和品种，育出过一批抗病毒作物品种，同时也发现了一些具有广谱抗性的品种（品系）。利用抗病品种实行病毒病的控制有许多成功的例子，如20世纪80年代，水稻东格鲁球状病毒（rice tungro spherical virus，RTSV）曾在福建部分稻区流行，通过改换抗病品种（如'IR30''籼优30''赤块矮''包胎矮'等）得到了有效控制。又如药用植物地黄因为病毒病的影响，品种退化严重，通过选育出抗病毒品种'小黑英'并推广种植，大大改善了病毒对其的危害。除具有明显抗性的作物品种外，有些寄主植物能够耐受病毒在其体内增殖，虽然也呈现一定的症状，但是在产量上影响不大，这属于耐病的品种。由于多种作物中还未发现免疫或抗病的材料，因此这类耐病的材料在抗病育种中占有重要的地位。同时，随着病毒的变异和环境的变化，抗病品种的抗性可能会逐渐降低，因此需要持续对抗病品种进行改良和优化，不断提高抗病性和适应性，以保持其在植物病毒病害防控中的有效性。

抗病育种包括以下几个环节。首先是筛选抗源，即广泛搜集材料，进行病毒抗性鉴定，选出对当时当地病毒分离物表现较强抗性的材料，分析比较这些材料的系谱和抗谱。其次是新品种选育，即用抗源作为抗病亲本，与综合性状良好的农艺亲本杂交，将两者的优点结合到一起，选出抗病性、丰产性、适应性都好的新品种。对于单基因抗性，可通过回交法导入抗病基因。对于多基因抗性，可通过轮回选择富集抗病基因。在抗源缺失或较少时，也可通过远缘杂交从野生亲缘植物或其他种属中引入栽培种所没有的抗病基因。远缘杂交后代在农艺性状上缺点较多，需要较长的选育周期才能获得目的品种。

二、抗病品种合理利用

利用抗病或耐病且优质、高产的品种控制植物病毒病害是一项根本性的保障作物健康生产的措施，在过往的实践中已取得显著的效益。根据病害预测预报信息，在病害流行区域压缩感病品种种植面积，扩种抗病品种，能取得显著的效果。但是抗病品种培育和使用中普遍存在抗病性能否持久的问题。随着抗病品种的日益普及，人们逐渐发现很多作物的抗病品种在育成推广后，在几年内会逐渐丧失其原有的抗性，变为感病品种。这一现象是寄主的抗病基因群体与病原物致病基因群体之间相互作用的结果。植物病毒具有变异快的特点，品种抗病性丧失问题尤为严重。为了克服或延缓品种抗病性的丧失，延长抗病品种的使用年限，必须合理利用抗病品种。首先，可以在抗病育种时尽量培育具有多个不同抗病基因的聚合品种；其次，可以合理布局作物品种，增加品种抗病遗传多样性，防止抗病基因单一化；最后，可以通过轮换使用含有不同抗病基因的抗病品种，让病毒一直处于不同的选择压，避免能突破抗性的突变在病毒群体中过度积累，导致抗性丧失。

第四节　切断病毒的介体传播

超过 80%的植物病毒是由介体昆虫传播的。通过物理或化学的方法切断病毒的介体传播途径，能有效地防控病毒病害的流行。这是当前应对虫媒病毒的常用手段。

一、防虫网隔离

在田间病毒病防控的实施中，利用防虫网将传毒介体昆虫与寄主植物尤其是苗期的寄主植物隔离开，是一种有效且环境友好的病毒防控手段。例如，我国发生的水稻病毒病均由稻飞虱或稻叶蝉进行传播，其共同特点都是介体昆虫发生量大。水稻苗期是对病毒最敏感的时期，做好苗期防控，是病毒病防治的关键。因此可以在水稻播种后，用 40～60 目（40 目对应的孔径约为 0.44mm，60 目对应的孔径约为 0.3mm）的防虫网全程覆盖秧田，阻止介体昆虫取食和传毒，可以达到很好的防控效果。该方法在我国长江中下游稻区和华南稻区进行了大面积的病毒病防控实践，均取得了较好的防控效果（图 11-1）。又如由粉虱传播的双生病毒是茄科作物的重大病毒病害。由于粉虱个体小、繁殖量大、抗药性发展快，用药剂防治粉虱及其传播的病毒病效果有限。针对大棚种植的蔬菜，可以在大棚外，加装一层 100 目（对应的孔径约为 0.17mm）以上的防虫网进行全生产过程覆盖，可对粉虱可以起到很好的隔离作用，在生产上对防治粉虱传播的双生病毒病具有显著的效果。

图 11-1　防虫网覆盖育秧防控水稻病毒病

二、杀虫板诱杀

杀虫板是一种简单有效的病毒病防控物理工具，主要利用昆虫的趋光性诱杀传毒介体昆虫，从而减少昆虫对植物的危害，降低病毒病的传播。杀虫板通常涂有特殊的黏陷剂或化学药剂，并具有针对特定传毒昆虫的引诱颜色，如针对粉虱的黄色和针对蓟马的蓝色，可以吸引并捕捉传毒昆虫，使其黏陷在板上无法逃脱。这样可以有效降低害虫的数量，从而减少害虫对植物的危害和降低病毒病的发生风险。此外，通过杀虫板上昆虫的数量能及时监测和记录传毒昆虫的种群密度和分布情况，从而预测病毒病的发生趋势，为制定有效的防控措施提供数据支持。

三、银膜驱避

银膜（银灰色地膜）表面具有一层银离子镀层，可以对一些有害昆虫如蚜虫等产生致死作用；另外，银灰色地膜具有特殊的光反射作用，可以使农田中的害虫产生畏惧感，从而改变了它们的行为，不再对作物产生伤害。因此该方法可以对农田中的传毒昆虫起到驱避和致死的作用，从而有效降低作物的虫害损失，同时抑制病毒病的发生。

四、化学药剂防治传毒介体

植物病毒的传播介体以昆虫为主，也有小部分的病毒以线虫、真菌为介体进行传播。针对不同的传播介体，可以使用相应的药剂开展防治。通过使用防治传毒介体的药剂，切断植物病毒的传播途径，也能有效地防控病害发生。

内吸性的化学药剂被广泛运用于防控刺吸式口器传毒介体昆虫如蚜虫、飞虱和叶蝉，对减少介体传毒时间、控制介体种群增长和病毒传播具有重要意义，在蔬菜和粮食作物的病毒病防控中发挥了重要的作用。通常针对刺吸式口器的昆虫较多使用新烟碱类药剂进行防治，如吡虫啉、噻虫嗪、呋虫胺、烯啶虫胺、氟啶虫胺腈等。例如，在粉虱的化学防治中，可用 10%吡虫啉 2000 倍液，或 5%啶虫脒 800 倍液，或 25%阿克泰（噻虫嗪）2500～5000 倍液等喷雾，隔 7～10d 喷施 1 次，连续防治 2～3 次。又如在稻飞虱的防治中，可以每亩用 10%烯啶虫胺水剂 100mL，或 25%扑虱灵（噻嗪酮）1000～1500 倍液，或 25%噻虫嗪水分散粒剂 1.6～3.2g，在若虫发生初期直接对叶面进行喷施，每亩喷液量 30～40L。

需要注意的是，通过化学药剂对介体昆虫进行灭杀，通常适用于防控持久性传播的病毒，而对非持久性传播的病毒效果有限。因为持久性传播病毒的介体昆虫，在取食获毒后往往需要经过一段循回期（通常几天至十几天），在此期间没有传播病毒的能力，因此可以在发现有介体昆虫存在时立即使用化学药剂杀虫，能有效阻止病毒的传播。而对于非持久性传播的病毒，其介体昆虫在获毒后往往具有快速传播病毒的能力，当在田间发现病毒和介体昆虫时，再用化学药剂杀虫已无法阻断病毒的传播。

第五节　无病毒及脱毒种苗利用

带毒种子或种苗是病毒初侵染的主要来源，如部分病毒能附着在种皮上，当种子发芽时，病毒就有可能从子叶或胚芽侵入，从而引起发病，又如一些通过无性繁殖的作物，繁殖材料带病毒会造成严重的病毒病危害。

一、无病毒种苗利用

长期利用无性繁殖材料繁殖，往往会造成病毒的积累。因此，培育并选择健康的无性繁殖材料栽植或嫁接，在消除病毒初侵染源上具有重要作用。目前，对带病毒种苗或繁殖材料的处理，一般是采取热疗钝化、茎尖脱毒，从而繁殖无病毒种苗。此外，还可采用湿热、气热及热力与药剂处理相结合的方法加以处理，对耐温程度不同的品种或苗木，可采用不同温度与时间的配合加以处理，达到钝化病毒甚至消除病毒的目的。若采用化学药剂处理，如用0.1%硝酸银溶液浸泡 1min，或 10%磷酸三钠溶液浸泡 20～30min，然后冷水清洗，能钝化和杀灭烟草、西瓜、番茄种子表面的 TMV，对种子内部的病毒也有一定作用。将患有柑橘衰退病的苗木，置于昼 40℃、夜 35℃的热风条件下处理 14 周，可获得苗木的无毒芽，而若将柑橘的春梢用 50℃温水浸 1～3h，也能达到相似的效果。在马铃薯、甘薯等经济作物及康乃馨、大花蕙兰、蝴蝶兰等花卉的种植过程中，利用无病种苗或种子能极大地减轻病毒病的发生情况，可产生较好的经济效益。

二、脱毒组培苗利用

对于无性繁殖的作物，培育脱毒种苗是消除病毒病、提高作物产量和改善品质的有效途径。虽然病毒侵染植物后往往是全株系统感染，但植株体内病毒的分布还是不均匀的，尤其是在分生组织区域，存在着独特的抗病毒机制，使得病毒无法进入分生组织细胞（Wu et al.，2020）。因此，常利用作物分生组织，如利用茎尖生长点 0.1～1mm 部位的分生组织进行组织培养，利用植物细胞的全能性，可获得不带病毒的幼苗。茎尖脱毒组培这一方法最早在感染病毒的大丽花材料上应用，获得无毒种苗。例如，利用茎尖培育与热处理方法相结合可脱除甜樱桃上的多种病毒，包括李属坏死环斑病毒（prunus necrotic ringspot virus，PNRSV）、李矮缩病毒（prune dwarf virus，PDV）、苹果褪绿叶斑病毒（apple chlorotic leaf spot virus，ACLsV）和花生斑驳病毒（peanut mottle virus，PMV）等。当前，国内外许多地区都已大规模成批量的工厂化生产快繁脱毒种苗，这些种苗在消除病毒、改善作物品质、提高作物产量等方面发挥了重要作用。利用茎尖分生组织培育的无病毒优质种苗已广泛应用于花卉、果树、蔬菜、林木和药用植物。

第六节　抗病毒药物防治

抗病毒药物是一类用于特异性治疗病毒感染的药物。从作用机制上分类，抗病毒药物可以通过直接干扰病毒复制周期的某个环节来实现抗病毒作用（如直接抑制或杀灭病毒、干扰病毒吸附、阻止病毒进入细胞、抑制病毒蛋白或基因组生物合成、抑制病毒释放等），或通过激活和增强植物自身的免疫反应，从而实现抗病毒作用。从来源上，植物抗病毒药物可划分为人工合成抗病毒药物和天然抗病毒药物两大类。

一、人工合成抗病毒药物

目前大多数的人工合成抗病毒药物都是针对人类健康相关病毒筛选与设计获得的。根据抗病毒药物的干扰病毒机制，可将抗病毒药物分为进入和脱壳抑制剂，如金刚烷胺（amantadine）、金刚乙胺（rimantadine）和恩夫韦地（enfuvirtide）；DNA 聚合酶抑制剂，如阿昔洛韦（acyclovir）、更昔洛韦（ganciclovir）、伐昔洛韦（valaciclovir）、泛昔洛韦（famciclovir）、利巴韦林（ribavirin）、膦甲酸钠（foscarnet）等；RNA 聚合酶和逆转录酶抑制剂，如拉米夫定（lamivudine）、齐多夫定（zidovudine）、恩曲他滨（emtricitabine）、依法韦仑（efavirenz）、奈韦拉平（nevirapine）等，以及蛋白酶抑制剂如沙奎那韦（saquinavir）。研究表明，这些抗病毒化合物可能对植物病毒也具有一定的抑制作用。例如，吗啉胍（moroxydine），也称为盐酸吗啉胍、吗啉咪胍、吗啉双胍或病毒灵，是一种在 20 世纪 50 年代面世的药物，也是为治疗流行性感冒而开发的广谱、低毒抗病毒化合物，被用于防治水稻黑条矮缩病、水稻条纹叶枯病、辣椒病毒病、烟草病毒病、番茄病毒病等。针对植物病毒，迄今已有十几种针对植物病毒的化合物被商品化生产，大部分以氨基酸及其衍生物和碱基类似物为主。毒氟磷（dufulin）是中国具有自主知识产权的抗植物病毒剂，是以 α-氨基膦酸酯作为先导化合物开发出的一种氨基膦酸酯衍生物，具有优异抗植物病毒活性的化合物并实现了产业化，用于多种植物病毒病的防治。乙基硫氨酸（ethionine）、对氟苯丙氨酸（fluorophenylalanine）和 5-甲基-DL-色氨酸（5-methyl-DL-tryptophan）能在烟草上显著抑制马铃薯 X 病毒（potato virus X，PVX）的复制。这些药物对病毒的 RNA 合成和蛋白质翻译具有一定的抑制作用，可以阻碍病毒侵入植物后的复制和增殖。

二、天然抗病毒药物

自 1925 年首次从草本植物商陆（*Phytolacca acinosa*）中发现抗病毒蛋白以来，国内外学者对植物和微生物来源的抗病毒成分进行了广泛研究，到目前已发现近 200 种植物提取物能较强地抑制植物病毒的侵染，它们主要分布于商陆科、藜科、苋科、紫茉莉科等植物中。例如，从圣罗勒（*Ocimum sanctum*）嫩枝中提取的精油，对菜豆普通花叶病毒（bean common mosaic virus，BCMV）及南方菜豆花叶病毒（southern bean mosaic virus，SBMV）等均表现出有效的抑制作用；来自海藻的抗病毒农药海藻酸多聚体能使TMV聚集从而抑制病毒侵染；从绿茶或红茶叶萃取的单宁酸单糖或多糖，特别是儿茶酚化合物不仅能保护作物免受病毒侵染，而且还能抑制病毒在作物上扩散，对TMV具有较好的防效。从20世纪80～90年代开始，国内一大批农业科研单位开始从事抗病毒物质的筛选研究，对植物（包括中草药）等天然源抽提物对病毒的抑制作用开展了广泛研究，筛选出了一批具有一定抗病毒活性的植物源抗病毒制剂。

从微生物中挖掘抗病毒物质是研发抗病毒药物的另一主要途径，来自微生物的抗病毒物质可分为蛋白质类、蛋白质多糖类、糖蛋白类和多糖类等。早在1926年就有报道发现被细菌污染的病毒感染植物的压出液很快丧失其侵染力，后来从长假单胞菌（*Pseudomonas longa*）中提取到抗植物病毒物质，开启了微生物及其代谢产物对植物病毒抑制作用的研究。迄今在真菌、细菌、放线菌及它们的次生代谢产物中都有抑制病毒活性的相关报道。宁南霉素（ningnanmycin）是一种L-丝氨酸胞嘧啶核苷肽型广谱抗生素，对烟草花叶病毒（TMV）、黄瓜花叶病毒（CMV）、马铃薯Y病毒（PVY）、玉米矮花叶病毒等侵害的作物具有优异的保护活性和治疗活性。香草硫缩病醚（vanisulfane）是一种含有二硫键结构的香兰素结构衍生物，能增强植物防御基因的表达，对许多植物病毒具有良好的治疗和保护活性。此外，氨基寡糖素（oligosaccharins）和阿西苯甲拉-*S*-甲基（acibenzolar-*S*-methyl）也能增加植物防御机制的表达，提高植物对病毒的抗性。寡糖类植物免疫诱导剂在我国已有多年的研究与产业化基础，我国研发的蛋白质生物农药阿泰灵，其成分为3%氨基寡糖和3%极细链格孢激活蛋白，对农作物病毒病具有较好的防控效果。此外，天然的壳寡糖、海藻糖等具有很好的诱导植物免疫、提高农作物抗病性的作用。目前已成功地利用壳聚糖及其衍生物为原料研发免疫诱抗剂产品，如壳聚糖生物制剂及其与免疫蛋白的复配农药制剂。氨基寡糖素类也是一种在生产上应用的植物免疫诱抗剂，通过田间试验示范证实了其对病害防控的效果。利用天然活性物质为主要成分的生物源抗病毒药物具有安全、低毒、低残留等优点，其有着广阔的开发和应用前景，是未来植物病毒病防治药物开发的趋势。

三、植物激素与生长调节剂

植物激素参与调节植物生长发育和对抗各种非生物和生物胁迫，有多种激素被广泛报道参与了植物与病毒之间的互作。其中脱落酸（abscisic acid，ABA）是具有重要生理活性的国际公认的五大类植物内源激素之一，被称为植物“抗逆诱导物质之王”，被广泛应用于粮食作物和经济作物的免疫诱导。其通过激活或诱导植物抗性基因的表达，提高植物对多种逆境、胁迫的适应能力，在提高植物抗病性的同时还能兼顾产量和质量，有效减少了化学农药的使用。维生素C作为一种抗氧化剂可以有力地促进水稻植株生长，延长营养期，有利于干物质的形成和积累，间接提高免疫力，已应用于水稻、烟草、水果、蔬菜、茶叶等农作物中。还有研究报道，植物生长素（auxin）能够增强水稻对病毒病的防御，同时植物激素间存在着复杂的交互作用，越来越多的植物激素如茉莉酸、水杨酸、乙烯、赤霉素等都被报道能够调控植物对病毒的抗性，这也提示我们可以通过使用特定植物激素的激活剂或抑制剂进行抗病毒的应用。

第七节 抗植物病毒基因工程

进入21世纪以来，分子生物学和近代植物基因工程技术飞速发展，为植物病毒病的防控开辟了新的途径，取得了令人瞩目的成就。国内外通过转基因的方法，已将多种抗病毒基因转入多种植物中，培育出了具有抗病毒功能的转基因植株，部分已经商品化应用。目前，用于抗病毒基因工程的有效基因主要来自病毒，如病毒外壳蛋白基因或复制酶基因的部分序列及病毒正/反义单链RNA序列等。其原理是诱导或干扰使寄主体内的病毒在表达时期、表达水平或功能结构上发生错乱，从而干扰病毒的正常侵染，达到保护寄主植物的目的。近年来基因编辑技术的发展，为这一领域又提供了新的策略（Zhao et al.，2020）。

一、基于RNA沉默的抗病毒应用

RNA沉默（RNA silencing）是植物抵抗病毒侵染最主要的防御手段，在现代抗病毒基因工程中，通过分子生物学技术在病毒入侵之前提前在植物中构筑抗病毒RNA沉默防线，从而帮助植物抵御病毒侵染。

（一）RNA沉默原理

RNA沉默又称为RNA干扰（RNA interference，RNAi），是真核生物中一种RNA分子介导的基因沉默机制，可以使特定基因的表达受到抑制。RNA沉默主要通过siRNA（small interfering RNA）和miRNA（microRNA）两种小RNA以不同的途径介导发生。当外源双链RNA（dsRNA）进入细胞内时，会被核酸内切酶Dicer切割成21～24个核苷酸的siRNA。siRNA被结合到RISC（RNA诱导沉默复合物）上，随后siRNA-RISC复合物会与靶基因mRNA上的序列互补区结合，导致mRNA的降解或翻译受阻。这种方式导致靶基因的mRNA无法被翻译成蛋白质，从而达到基因沉默的效果。miRNA是内源性的小RNA，通常由miRNA基因在细胞核中转录而成，经过一系列的加工和修饰，最终形成成熟的miRNA。成熟的miRNA与RISC结合，形成miRNA-RISC复合物，通过部分互补连接到mRNA的3′非翻译区（3′ UTR），导致mRNA的翻译受到抑制或降解。miRNA通过这种方式调控多个基因的表达，起到重要的基因调控作用（Voinnet，2005）。RNAi作为一种重要的基因调控机制，参与调控细胞的发育、分化、代谢和应激反应等过程。在细胞内存在复杂的miRNA与mRNA靶基因的网络，共同调控基因的表达水平，维持细胞的稳态。

与此同时，RNA沉默也是植物抵抗外来核酸（转基因或病毒）入侵以保护植物自身基因组完整性的一种防御策略。当病毒侵入寄主细胞时，其RNA会被识别为外源RNA。这些外源RNA可能是病毒基因组的一部分或是病毒复制所产生的双链RNA。此时寄主细胞中的Dicer会切割这些外源RNA，生成长度为21～24个核苷酸的病毒来源的siRNA （vsiRNA）。vsiRNA 与 RISC 结合，靶向病毒基因组，使其无法继续复制和表达，从而抑制病毒复制和传播。除直接降解病毒 RNA 外，RNAi 还可以通过抑制病毒基因的翻译来阻止病毒蛋白质的合成，进而阻止病毒感染。因此，RNA 沉默通过识别、降解和抑制病毒 RNA 的表达，从而起到抵抗病毒侵染的作用（Ding，2010；Ding and Voinnet，2007）。这一机制为生物体尤其是植物提供了一种重要的免疫防御方式，对抗病毒感染起到了关键作用。

（二）RNA 沉默的抗病毒应用

早期研究人员将病毒基因组上某一基因的 cDNA 构建到植物表达载体中，通过转基因的方法构建编码该病毒蛋白的转基因植物，从而获取抗病毒转基因植物。该方法已有诸多成功的报道，如在 20 世纪 90 年代华南农业大学植物病毒研究室团队将番木瓜环斑病毒（papaya ringspot virus，PRSV）的复制酶片段转入了番木瓜植株，获得了高抗优质的‘华农 1 号’转基因番木瓜系列品系，并于 2006 年 6 月获农业部批准生产应用的安全证书，这是我国首例转基因作物批准商品化生产（Ye and Li，2010）。近年来，越来越多的课题组对 RNA 沉默通路在植物抗病毒免疫中的作用机制进行了深入的探索，也推动了基于 RNA 沉默的抗病毒基因工程技术的发展。

利用 RNA 沉默介导的抗性机制，采用表达病毒来源的 dsRNA 是目前生产抗病毒转基因植株的最佳方法，该方法生产抗病毒转基因植株的优势还在于，在相关病毒挑战接种前，检测转基因植株中小分子 RNA 的存在与否，可以快速筛选到有应用前景的抗病毒工程植株。例如，用大麦黄矮病毒（barley yellow dwarf virus，BYDV）多聚蛋白基因的反向重复发夹结构转化大麦，获得了多个对 BYDV 具有免疫作用的转基因大麦株系；用番茄花叶病毒（tomato mosaic virus，ToMV）的移动蛋白基因的反向重复片段转化烟草，在所得的 40 多株转基因烟草中就有将近一半对 ToMV 有免疫作用；用黄瓜花叶病毒（CMV）复制酶基因的部分序列的反向重复片段转化烟草，同样获得了对 CMV 具有免疫作用的转基因烟草株系；将水稻条纹病毒（RSV）不同基因的反向重复片段转入水稻，得到了多个具有 RSV 抗性的转基因水稻株系。目前，利用表达病毒来源的 dsRNA 已获得多种对病毒免疫的转基因植物，甚至有同时抵御多种病毒的转基因作物被构建。最近有报道称，在水稻中转基因表达了针对水稻黑条矮缩病毒（RBSDV）、南方水稻黑条矮缩病毒（SRBSDV）、水稻条纹病毒（RSV）和水稻齿叶矮缩病毒（RRSV）4 种病毒基因序列的融合发夹，从而获得了同时对 4 种病毒高抗的水稻转基因株系（Li et al.，2024）。

越来越多的研究表明，植物内源 miRNA 介导的基因沉默也参与植物的抗病毒免疫。通过在拟南芥中表达人工改造的靶向芜菁黄花叶病毒（turnip yellow mosaic virus，TYMV）的 miRNA，能够识别病毒的基因转录本 RNA 并介导其沉默，从而使转基因植物对病毒产生抗性。类似的利用人工改造的靶向病毒的 miRNA 也成功地构建了抗 CMV、PVX、PVY 等病毒的植物。但是，部分病毒会通过突变靶向位点来逃避人工 miRNA 对病毒 mRNA 的沉默作用，从而导致转基因植株的病毒抗性减弱。针对这个问题，研究人员设计了多种人工 miRNA 来靶向病毒基因的不同保守区域，但是这种方法只对某些病毒有效。

二、基于基因编辑的抗病毒应用

近年来基因编辑技术飞速发展，从最初的锌指核酸酶（zinc-finger nuclease，ZFN）和转录激活因子样效应因子核酸酶（transcription activator-like effector nuclease，TALEN），再到最新的成簇规律间隔短回文重复序列（clustered regularly interspaced short palindromic repeat，CRISPR）技术，最终实现了对生物体基因组进行精确、高效的突变。在抗病毒植物基因工程中，基因编辑技术可以用来编辑植物基因组中与抗病毒相关的基因，以提高植物对病毒的抵御能力，也可以利用转基因表达基因编辑元件直接靶向病毒基因组，赋予植物对病毒的抗性。

（一）靶向病毒序列的抗病毒应用

ZFN 和 TALEN 技术可以被用于直接靶向病毒序列，并进行酶切或抑制转录、蛋白质翻译等过程。例如，转基因表达可以直接结合双生病毒保守序列的 ZFN 和 TALEN 蛋白，可以显著抑制双生病毒的侵染。最近，CRISPR 技术的出现大大推进了靶向病毒基因组的抗病毒基因工程发展。常用的 CRISPR/Cas9 系统具有精准的 DNA 切割活性，因此通过转基因表达设计好的该系统。国内外团队分别构建了针对甜菜曲顶病毒（beet curly top virus，BCTV）和菜豆黄矮病毒（bean yellow dwarf virus，BeYDV）的转基因植物，并分别对相应的病毒具有显著的抑制作用（Baltes et al.，2015；Ji et al.，2015），说明 CRISPR/Cas9 系统对植物 DNA 病毒的抑制作用具有普适性。通过利用病毒诱导型启动子来驱动抗病毒 CRISPR/Cas9 系统的表达可以减少该系统在植物细胞内的脱靶编辑发生的概率（Ji et al.，2018）。

一些 CRISPR 系统所带有的核酸酶能结合或切割 RNA，为建立抵御 RNA 病毒的 CRISPR 系统提供了工具。来自新凶手弗朗西斯菌（*Francisella novicida*）的 CRISPR/Cas9 系统具有结合 RNA 的能力，通过对该系统进行重新编码，使其靶向 CMV 或 TMV，建立了基于 CRISPR 系统对 RNA 病毒的抗性（Zhang et al.，2018）。进一步使用能靶向切割 RNA 的来自沙氏纤毛菌（*Leptotrichia shahiid*）的 CRISPR/Cas13a 系统，在烟草中建立了对 TMV 的抗性，在水稻中建立了对 SRBSDV 和 RSMV 的稳定抗性（Zhang et al.，2019）。该系统还在葡萄中建立了对葡萄卷叶病毒的抗性（Jiao et al.，2022），说明 CRISPR 系统对植物 RNA 病毒的抑制作用同样具有普适性。随着越来越多的 CRISPR 系统从各种微生物中被鉴定，更多的抗病毒 CRISPR 系统被建立起来，为植物抗病毒基因工程提供了越来越多的武器。

（二）编辑感病基因的抗病毒应用

除了直接靶向病毒基因组，通过基因编辑技术对植物感病基因进行编辑也是抗病毒基因工程的有效策略，尤其是在对抗 RNA 病毒的研究中取得了很大的进展。真核起始因子 4E（eukaryotic initiation factor 4E，eIF4E）在许多 RNA 病毒侵染中具有不可或缺的功能。利用 CRISPR/Cas9 系统对黄瓜的 *eIF4E* 基因进行编辑，获得了对番薯病毒属（*Ipomovirus*）的黄瓜黄脉病毒（cucumber vein yellowing virus，CVYV）和马铃薯 Y 病毒属（*Potyvirus*）的小西葫芦黄花叶病毒（zucchini yellow mosaic virus，ZYMV）、番木瓜环斑病毒 PRSV 等病毒的广谱抗性（Chandrasekaran et al.，2016）。同时，在拟南芥中通过靶向 *eIF(iso)4E* 基因获得了对芜菁花叶病毒（TuMV）高抗的基因编辑植株（Pyott et al.，2016），在水稻中对 *eIF4E* 进行编辑获得了抗水稻东格鲁球状病毒（RTSV）的植株（Macovei et al.，2018）。翻译控制肿瘤蛋白（translationally controlled tumor protein，TCTP）最初在鼠肿瘤细胞中被发现，后发现广泛存在于动植物细胞中，具有多种生物学功能。最新研究发现，*TCTP* 可能是马铃薯Y 病毒属病毒侵染必需的关键感病基因。基因编辑技术的发展推动了植物与病毒互作的研究进展，越来越多的研究通过对寄主因子的编辑来探究其在病毒侵染中的作用，在这个过程中有望获得更多的对植物病毒具有高抗甚至免疫的基因编辑植株。同时也可以针对重要植物病毒的传毒介体，通过基因编辑方法创制对传毒介体具有抗性的植株，从而切断病毒的传播途径，同样能在病毒病防控中发挥作用。

小　结

植物病毒的防控需要采用多种策略，每种方法都具有其优势和局限性。为了有效防控不同的植物病毒，通常需要针对性地设计和实施不同的防控策略，同时注重环保、经济和操作简便性。总体来说，选用抗病品种是最经济有效的手段，采用传统的育种手段选育抗病品种或利用现代分子生物学技术获得抗病毒材料，均能从根本上保护农作物免受病毒的侵染。而对于缺乏抗性资源或目前无法使用转基因的作物种类，则可以选择物理隔绝或化学药剂灭杀传毒介体的手段，以有效切断病毒的传播从而减少病毒病的发生，还可配合使用免疫诱抗剂进一步增强作物抗性，促进植株生长。上述方法或手段的联合使用，可以更好地应对植物病毒病害，保障农作物健康生长和农业生产的可持续发展。

复习思考题

1. 对于昆虫传播植物病毒和非昆虫传播植物病毒，在防控策略上有何区别？
2. 现代抗病毒基因工程有哪些策略可供选择，它们的原理是什么？

主要参考文献

Baltes N J, Hummel A W, Konecna E, et al. 2015. Conferring resistance to geminiviruses with the CRISPR/Cas prokaryotic immune system. Nature Plants, 1: 15145.

Chandrasekaran J, Brumin M, Wolf D, et al. 2016. Development of broad virus resistance in non-transgenic cucumber using CRISPR/Cas9 technology. Molecular Plant Pathology, 17: 1140-1153.

Ding S W. 2010. RNA-based antiviral immunity. Nature Reviews Immunology, 10: 632-644.

Ding S W, Voinnet O. 2007. Antiviral immunity directed by small RNAs. Cell, 130: 413-426.

He Y, Hong G, Zhang H, et al. 2020. The OsGSK2 kinase integrates brassinosteroid and jasmonic acid signaling by interacting with OsJAZ4. Plant Cell, 32: 2806-2822.

Ji X, Si X, Zhang Y, et al. 2018. Conferring DNA virus resistance with high specificity in plants using virus-inducible genome-editing system. Genome Biology, 19: 197.

Ji X, Zhang H, Zhang Y, et al. 2015. Establishing a CRISPR/Cas-like immune system conferring DNA virus resistance in plants. Nature Plants, 1: 15144.

Jiao B, Hao X, Liu Z, et al. 2022. Engineering CRISPR immune systems conferring GLRaV-3 resistance in grapevine. Horticulture Research, 9: uhab023.

Li C, Wu J, Fu S, et al. 2024. Development of a transgenic rice line with strong and broad resistance against four devastating rice viruses through expressing a single hairpin RNA construct. Plant Biotechnology Journal, 22: 2142-2144.

Li L, Zhang H, Chen C, et al. 2021. A class of independently evolved transcriptional repressors in plant RNA viruses facilitates viral infection and vector feeding. Proceedings of the National Academy of Sciences, 118: e2016673118.

Liu Y, Wang Y, Wang X, et al. 2009. Molecular characterization and distribution of cucumber green mottle mosaic virus in China. Journal of Phytopathology, 157: 393-399.

Macovei A, Sevilla N R, Cantos C, et al. 2018. Novel alleles of rice eIF4G generated by CRISPR/Cas9-targeted mutagenesis confer resistance to rice tungro spherical virus. Plant Biotechnology Journal, 16: 1918-1927.

Pyott D E, Sheehan E, Molnar A. 2016. Engineering of CRISPR/Cas9-mediated potyvirus resistance in transgene-free *Arabidopsis* plants. Molecular Plant Pathology, 17: 1276-1288.

Voinnet O. 2005. Induction and suppression of RNA silencing: insights from viral infections. Nature Reviews Genetics, 6: 206-220.

Wang Q, Liu Y, He J, et al. 2014. STV11 encodes a sulphotransferase and confers durable resistance to rice stripe virus. Nature Communications, 5: 4768.

Wu H, Qu X, Dong Z, et al. 2020. WUSCHEL triggers innate antiviral immunity in plant stem cells. Science, 370: 227-231.

Yang Z, Huang Y, Yang J, et al. 2020. Jasmonate signaling enhances RNA silencing and antiviral defense in rice. Cell Host & Microbe, 28: 89-103.

Ye C, Li H. 2010. 20 years of transgenic research in China for resistance to papaya ringspot virus. Transgenic Plant Journal, 4: 58-63.

Zhang H, Li L, He Y, et al. 2020. Distinct modes of manipulation of rice auxin response factor OsARF17 by different plant RNA viruses for infection. Proceedings of the National Academy of Sciences, 117: 9112-9121.

Zhang H, Wang F, Song W, et al. 2023. Different viral effectors suppress hormone-mediated

antiviral immunity of rice coordinated by OsNPR1. Nature Communications, 14: 3011.
Zhang T, Zhao Y, Ye J, et al. 2019. Establishing CRISPR/Cas13a immune system conferring RNA virus resistance in both dicot and monocot plants. Plant Biotechnology Journal, 17: 1185-1187.
Zhang T, Zheng Q, Yi X, et al. 2018. Establishing RNA virus resistance in plants by harnessing CRISPR immune system. Plant Biotechnology Journal, 16: 1415-1423.
Zhao S, Hong W, Wu J, et al. 2017. A viral protein promotes host SAMS1 activity and ethylene production for the benefit of virus infection. Elife, 6: e27529.
Zhao Y, Cao X, Zhong W, et al. 2022. A viral protein orchestrates rice ethylene signaling to coordinate viral infection and insect vector-mediated transmission. Molecular Plant, 15: 689-705.
Zhao Y, Yang X, Zhou G, et al. 2020. Engineering plant virus resistance: from RNA silencing to genome editing strategies. Plant Biotechnology Journal, 18: 328-336.

第十二章 作物上的重要病毒

本章要点

1. 了解主要作物上的重要植物病毒种类。
2. 掌握重要作物病毒的传播和流行特点及防治措施。

本章数字资源

植物病毒种类繁多，几乎每种作物上都可能受到几种甚至几十种植物病毒的侵染和危害，本章重点介绍了主要作物的重要病毒，包括重要病毒的危害与分布、基本特性、传播和流行特点及防治措施。

第一节 粮食作物病毒

一、南方水稻黑条矮缩病毒

（一）危害与分布

南方水稻黑条矮缩病于2001年首次发现于我国广东省阳西县。该病的病原不能经灰飞虱传播，而是通过白背飞虱（*Sogatella furcifera*）高效传播，且该病毒基因组核苷酸序列与水稻黑条矮缩病毒（rice black-streaked dwarf virus，RBSDV）存在较大的差异，最终鉴定其为棘突呼长孤病毒科（*Spinareoviridae*）斐济病毒属（*Fijivirus*）的一个新种，命名为南方水稻黑条矮缩病毒（southern rice black-streaked dwarf virus，SRBSDV）（Zhou et al.，2008）。这是目前已知的唯一经白背飞虱传播的水稻病毒。2020年，南方水稻黑条矮缩病毒被列入中华人民共和国农业农村部发布的《一类农作物病虫害名录》。该病害起初仅在我国华南局部地区发生，2009年南方水稻黑条矮缩病突然暴发，发生范围包括我国南方9个省（自治区、直辖市）及越南北部19个省，受害水稻面积分别达到30万 hm^2 与4.2万 hm^2；2010年此病害扩散至我国南部13个省（自治区、直辖市）及越南中北部29个省，受害面积分别达130万 hm^2 及6万 hm^2，造成严重危害。2011年初，农业部及发现该病害的各省（自治区、直辖市）先后成立了南方水稻黑条矮缩病联防联控协作组和专家指导组，将该病害列入全国重要农作物病虫数字化监测预警系统，大力加强了对该病害的监测和防控力度，当年发生面积被控制在 25 万 hm^2（刘万才等，2016）。2011～2018 年，该病每年在我国的平均发生面积为 25 万～50 万 hm^2；2019 年开始，该病连续三年总体发生较轻，但仍有个别地区发生严重。除在我国和中南半岛国家有发生外，2011 年该病害还蔓延至日本福冈稻区，目前在日本、韩国也有发生。2022 年，在印度的西北多省也报道了该病害（Sharma et al.，2022）。

（二）病毒特性

SRBSDV 的粒子呈球状，直径 70～75nm，仅分布于感病植株韧皮部，常在寄主细胞内聚集成晶格状结构。病毒基因组为双链 RNA（dsRNA），共 10 个片段，由大到小分别命名为 S1～S10。SRBSDV 各地分离物全基因组核苷酸序列与氨基酸序列高度保守，其核苷酸同源率大于 96%。所有片段的 G+C 含量均为 32%～39%，3′端无 poly (A)尾，末端序列与其他斐济病毒属病毒高度相似，紧邻末端处存在反向重复序列，这是典型的斐济病毒属基因组结构特征（Zhou et al.，2008）。SRBSDV 全基因组含有 13 个开放阅读框（ORF），共编码 6 个结构蛋白（P1、P2、P3、P4、P8、P10）和 7 个非结构蛋白（P5-1、P5-2、P6、P7-1、P7-2、P9-1、P9-2）。SRBSDV 各基因所编码蛋白质的功能尚未全部证实。在结构蛋白中，P1 是依赖于 RNA 的 RNA 聚合酶（RdRp）；P2 是病毒内核的主要成分；P3 是病毒外壳的 B 型刺突蛋白；P4 是加帽酶；P8 是病毒的核心衣壳蛋白，并且可能有 NTP 结合活性；P10 是病毒主要的外层衣壳蛋白，并可能具有自作用和低聚特性。在非结构蛋白中，P5-1 可能与病毒基质形成有关；P5-2 功能尚未有报道；P6 是基因沉默抑制子，且是调控水稻乙烯防御信号的重要效应蛋白；P7-1 为运动蛋白的结构元件，是使病毒细胞间转移的功能小管蛋白；P7-2 功能未知；P9-1 是病毒基质成分，与病毒复制有关；P9-2 中含有跨膜螺旋区，可能与病毒的复制、转录和侵染有关（张彤和周国辉，2017）。

（三）传播与流行

SRBSDV 通过白背飞虱以持久增殖型方式传播，褐飞虱、叶蝉及水稻种子均不传毒。SRBSDV 可在白背飞虱体内循环、增殖，虫体一旦获毒即终身带毒，但不经卵传至下代。若虫及成虫均能传毒，若虫获毒、传毒效率高于成虫。若虫及成虫最短获毒时间为 5min，最短传毒时间为 30min。病毒在白背飞虱体内的循回期为 6～14d，循回期后多数个体呈 1 次或多次间歇性传毒，间歇期为 2～6d。初孵若虫获毒后，单头虫一生可致 22～87（平均 48）株水稻秧苗染病，带毒白背飞虱成虫 5d 内可使 8～25 株秧苗感病。白背飞虱不但可在水稻植株间传播病毒，还能将病毒传至针叶期至二叶一心期玉米幼苗上，但很难从感病玉米植株上获得病毒（张彤和周国辉，2017）。

由于该病害的传播介体白背飞虱是一种远距离迁飞性害虫，病毒可侵染各生育期水稻植株，因此带毒白背飞虱的迁飞扩散范围即该病的分布范围。但是，地区间、年度间甚至田块间发病程度差异很大，仅当带毒白背飞虱入侵期与水稻苗期或本田早期相吻合，而且入侵数量足够大及其繁殖速率足够快时，才会引致病害严重发生。该病的发病程度不但与毒源地病虫发生情况、水稻生育期及气象条件等密切相关，还与当地水稻播种时间、栽培方式、气候条件、地形地貌等密切相关。

（四）防控措施

预计未来较长的一段时期内，该病害仍将是我国最严重的水稻病害之一。使用抗病品种是最有效的防控手段，但目前尚未获得抗南方水稻黑条矮缩病的栽培品种，因此对传播介体白背飞虱进行防治是病害防治的关键手段。通常入侵代白背飞虱带毒率较低，而病株上扩繁的第二代白背飞虱引发的再侵染是病害严重发生的重要原因，采用内吸性杀虫剂进行种子处理和带药移栽水稻秧苗，可有效减少入侵的带毒介体辗转取食传毒和第二代扩繁数量，阻断病害的侵染循环，防止中、晚稻严重发病。根据病害发生规律及近年的防控实践，长期防控应实施区域间、年度间、稻作间及病虫间的联防联控。各地可因地制宜，以控制传毒介体白背飞虱为中心，采取"治秧田保大田，治前期保后期"的治虫防病策略（张彤和周国辉，2017）。

联防联控：在做好病虫测报的基础上，加强毒源越冬区及华南地区等早春毒源扩繁区的病虫防控，有利于减轻长江流域等北方稻区病害的危害。做好早季稻中后期病虫防控，有利于减少本地及迁入地中、晚季稻的毒源侵入基数。

治虫防病：以病虫测报为依据，重点抓好高危病区中、晚稻秧田及拔节期以前白背飞虱的防治。选择合适的育秧地点、适宜的播种时间或采用物理防护，避免或减少带毒白背飞虱侵入秧田。采用种衣剂或内吸性杀虫剂处理种子。移栽前，秧田喷施内吸性杀虫剂。移栽返青后，根据白背飞虱的虫情及其带毒率进行施药治虫。

农业防治：采用温网室工厂化统一育秧，露地育秧时采用30～40目防虫网或无纺布全程覆盖秧田。

抗病品种：针对该病的抗病品种尚在筛选和培育中。通过抗性材料筛选和遗传分析，鉴定到了一些抗 SRBSDV 的主效数量性状位点（QTL）。水稻编码的一个天冬氨酸蛋白酶对 SRBSDV 和 RBSDV 具有较高的抗性（Wang et al., 2022）。这些抗病基因的发现和鉴定有助于水稻对南方水稻黑条矮缩病抗性的品种改良。此外，生产上已有一些抗白背飞虱品种，可因地制宜地加以利用。

二、水稻条纹病毒

（一）危害与分布

水稻条纹病毒（rice stripe virus，RSV）引起的水稻条纹叶枯病是一种对水稻生产安全极具威胁的病毒病。RSV 主要发生在东亚的温带、亚热带地区，最早于1897年在日本发生，后在朝鲜、乌克兰和中国均有发生。该病于 1964～1965 年和 1973～1974 年在朝鲜发生大流行。我国自 1963 年在苏南地区发现后，已经扩及大江南北的广大稻区，其中以江苏、浙江、山东、河南、云南等地粳稻田发病更为普遍，给我国的水稻生产造成了巨大损失。2004～2005 年，水稻条纹叶枯病在江苏暴发流行，发病面积占江苏水稻种植面积的 79%以上，达

170万hm^2，重病田超过100万hm^2，甚至部分田块绝收，给江苏省水稻生产造成了惨重损失（周益军，2010）。RSV在田间存在广泛的寄主，不仅能侵染水稻，还能侵染小麦、玉米等80种禾本科作物和杂草。水稻条纹叶枯病在水稻上表现的症状主要为心叶褪绿、捻转，病叶产生褪绿斑驳，发病之初在病株心叶沿叶脉呈现断续的黄绿色或黄白色短条斑，以后病斑增大合并，病叶一半或大半变成黄白色，但在其边缘部分仍呈现褪绿短条斑，发病后心叶细长、柔软并卷曲成纸捻状，弯曲下垂而形成“假枯心”，一般分蘖减少；发病早的植株枯死，发病迟的在剑叶或叶鞘上有褪色斑，但抽穗不良或畸形不实，形成“假白穗”。

（二）病毒特性

RSV属于布尼亚病毒目（*Bunyavirales*）白纤病毒科（*Phenuiviridae*）纤细病毒属（*Tenuivirus*）病毒。从病株中分离得到的RSV粒子在电镜下多为多型性，主要呈8～10nm宽的分枝丝状体或者直径3nm或8nm的开环丝状体，长度500～2000nm，同一种外壳蛋白包裹不同大小的基因组片段（Xu et al.，2021）。RSV是负义单链RNA（–ssRNA）病毒，其基因组按分子量递减的顺序分别命名为RNA1、RNA2、RNA3和RNA4，4个RNA组分的全长为9000～2000nt，每种单链RNA的5′端及3′端各有约20个核苷酸互补，形成锅柄（panhandle）状的分子内二级结构。RSV具有独特的编码策略，除RNA1采用负义编码策略外，RNA2、RNA3、RNA4均采用双义编码策略，即在RNA的病毒链（vRNA）和互补链（vcRNA）上靠近5′端处各有一个大的ORF，都可以编码蛋白质。RNA1负义链编码一个分子量为230kDa的复制酶。RNA2病毒链编码22.8kDa的非结构蛋白NS2，可能与病毒的胞间运动有关；互补链编码一个94kDa的NSvc2蛋白，可能在病毒与昆虫介体的识别过程中起作用。RNA3的病毒链编码一个23.9kDa的非结构蛋白NS3，是一个较强的基因沉默抑制子（Xiong et al.，2009）；互补链编码35kDa的核衣壳蛋白。RNA4的病毒链编码一个20.5kDa的病害特异蛋白（disease specific protein，SP），SP蛋白在病叶中的积累量与褪绿花叶症状的严重程度密切相关；互补链编码一个32.5kDa的NSvc4蛋白，为运动蛋白（Xu et al.，2021）。RSV的钝化温度为50～55℃。体外存活期随着不同环境温度和介体而变化，在–20℃下，病毒在虫体或感病组织内可存活8～12个月，而提纯病毒只能存活1～2个月，带毒虫提取液的病毒在4℃下可存活4d。RSV分散于细胞质、液泡和细胞核内，似由许多丝状体纠缠而成团，形成颗粒状、砂状等不定形内含体。

（三）传播与流行

RSV主要通过灰飞虱（*Laodelphax striatellus*）传毒，灰飞虱从病株上获取RSV的能力相对较弱。在自然条件下，灰飞虱一旦获毒即可终身带毒和传毒。灰飞虱最短3min就可将RSV传到水稻植株上，一般传毒时间为10～30min。灰飞虱的雌雄成虫及若虫均可传毒，3～5龄灰飞虱若虫传毒力较强，成虫传毒力有所下降，雌虫传毒能力强于雄虫（Falk and Tsai，1998）。带毒灰飞虱随着虫龄的增加，携带的RSV含量也快速提高。RSV经卵传毒率很高，日本一些灰飞虱品系卵传率可达96%～100%。RSV在带毒灰飞虱体内越冬，成为主要初侵染源。在大麦或小麦田越冬的若虫，羽化后在原麦田繁殖，然后迁飞至早稻秧田或本田传毒为害并繁殖。早稻收获后，再迁飞至晚稻上为害。晚稻收获后，迁回冬麦上越冬。水稻条纹叶枯病的发生与灰飞虱发生量、虫口带毒率密切相关。春季气温偏高，降雨少，虫口多发病重。稻、麦两熟区发病重，大麦、双季稻区病害轻。影响 RSV 流行的还有气温、品种抗性、灰飞虱带毒率、水稻播种期和秧苗移栽期等因子，根据这些影响因子可以作出病害发生程度的预测模型。在单季晚粳稻栽培区，还可以通过品种的感病性、带毒虫量与病害发生量建立以品种感病系数和带毒虫量为依据的预测模型。这对水稻条纹叶枯病的预警和防治具有重要意义。

（四）防控措施

坚持“预防为主，切断毒源，治虫防病，治前控后”的防治策略，综合应用农业、物理、化学防治方法，采取“品种抗病、栽培避病、治虫防病”的技术措施与“治杂草保粮田，治麦田保稻田，治秧田保大田，治前期保后期”的防治技术，最大限度地减少灰飞虱虫源基数，有效地控制条纹叶枯病的发生危害（周益军，2010）。

抗病品种：培育和种植抗病品种防治水稻条纹叶枯病是最经济有效和环保的方法，已选育出‘武育陵 1 号’‘南粳 46’‘徐稻 3 号’‘徐稻 4 号’‘镇稻 88’‘镇稻 99’‘盐稻 8 号’‘连粳 4 号’‘南粳 42’‘华粳 6 号’‘南粳 44’等一批抗病品种，在生产上大面积推广，取得了良好的生产效益。

加强病害预测预报：早稻条纹叶枯病发病高峰期病情与 5 月底早稻大田一代灰飞虱虫量关系密切，早稻条纹叶枯病发病高峰期病株率、病情指数与 5 月底早稻大田一代灰飞虱虫量的相关性均达极显著水平。因此，采用血清学方法可测定麦田越冬代灰飞虱和早稻田一代灰飞虱的带毒率，提前做好水稻条纹叶枯病的防治工作。

农业防治：调整耕作方式，适当推迟播栽期。旱育秧、机插秧、抛秧等栽培方式和适期迟播迟栽可有效控制条纹叶枯病的发生，防效在 80%以上。单季晚粳稻播种期推迟到 6 月 10 日以后，苗期可避开灰飞虱迁移高峰期，能显著减轻水稻条纹叶枯病的发生程度。要及时清除田间地头的杂草，创造不利于灰飞虱的生存环境，减少虫源，减轻发病（周益军，2010）。

治虫防病：这是水稻条纹叶枯病防治的重要应急手段。除秧田防治外，水稻移栽后大田初期对灰飞虱二代若虫的防治同样重要甚至更为重要。育秧期开展灯光诱杀、防虫网覆盖苗床、打好“送嫁药”等物理化学控害措施，压前控后、治虫防病，推广应用吡蚜酮等长效药剂与毒死蜱等速效药剂结合的方法（孙俊铭，2006）。

三、小麦黄花叶病毒

（一）危害与分布

小麦黄花叶病最早于 1927 年在日本被首次发现，1969 年，该病害确定由小麦黄花叶病毒（wheat yellow mosaic virus，WYMV）引起。小麦黄花叶病主要分布于欧洲、北美洲和东亚地区。自 20 世纪 70 年代在我国冬小麦中首次被发现以来，该病害已成为山东、河南、陕西、湖北、江苏和安徽等小麦主产区的重要病害之一，年均发生面积达到 2000 万亩以上

（Yang et al.，2022）。小麦黄花叶病发病初期在小麦4～6片叶的心叶上产生褪绿条纹，少数心叶扭曲畸形，叶片褪绿或坏死条斑不断增加并扩散，病斑融合成长短不等、宽窄不一的不规则条纹，与绿色组织相间，呈花叶症状，形状梭形。发病严重时，心叶表现出严重褪绿、细弱皱缩、扭曲成畸形，甚至呈葱管状，茎上也出现褪绿线状条斑，植株生长明显受到抑制。病害持续发展，症状从花叶转为坏死、黄枯，新叶重复上述症状，严重抑制植株生长。气温回升后，随着小麦植株的起身和拔节，花叶症状逐渐消失，新叶无症状。到了成株期，整个植株株形松散、矮小、穗短小，甚至出现畸形穗，籽粒不饱满，发病田小麦减产10%～20%，重病田块减产超过70%（Yang et al.，2022）。1990年以来，我国小麦黄花叶病毒病发生面积不断扩大，分布区域包括北部冬小麦区的胶东沿海区、黄淮冬小麦的局部区域、西南冬小麦区的四川盆地区和长江中下游冬小麦的局部区域等。近年来，由于冬季全球气温的变暖，小麦黄花叶病发病区域在我国呈现"北移西扩"的新趋势，严重威胁我国小麦的安全生产。

（二）病毒特性

WYMV属于马铃薯Y病毒科（*Potyviridae*）大麦黄花叶病毒属（*Bymovirus*），病毒粒子为线状，直径12～14nm，长度主要为250～300nm和550～700nm，病毒侵染最适温度为8℃，侵染后最适复制温度为17℃。WYMV的症状受温度的影响较大，当气温升高至20℃左右后，花叶症状逐渐消失，表现出高温"隐症"现象。WYMV的强致病株系侵染小麦植株后，在小麦抽穗期也能明显观察到花叶症状。WYMV基因组包含两条正义单链RNA，两条RNA链的5′端分别共价结合一个VPg，3′端具有poly(A)尾（Chen et al.，2000）。WYMV RNA1全长约为7600bp，能编码一个270 kDa的多聚蛋白，该多聚蛋白经过蛋白酶切割后产生8个成熟小蛋白质，依次为P3、7K、细胞质内含体（cytoplasmic inclusion，CI）、14K、Vpg（在病毒复制过程中与eIF4E蛋白结合）、核包涵体蛋白a（nuclear inclusion a，NIa-Pro，具有丝氨酸蛋白酶活性，可以切割多聚蛋白）、核包涵体蛋白b（nuclear inclusion b，NIb）及外壳蛋白（coat protein，CP），P3编码序列的5′端碱基通过+2移码还会翻译出一个全新的小蛋白P3N-PIPO（N-terminal portion of P3 protein，P3N端部分蛋白）。WYMV RNA2全长约3600bp，能编码一个100kDa的多聚蛋白，经过蛋白酶切后产生两个成熟小蛋白质，分别为P1和P2。P2可以重塑细胞膜，招募多个病毒蛋白进入由它诱导的病毒复制复合体（viral replication complex，VRC）中，帮助病毒复制。WYMV侵染小麦产生的小干扰RNA（virus-derived small interfering RNA，vsiRNA）可以被小麦硫氧还蛋白样蛋白TaAAED1（thioredoxin-like gene）识别，激活ROS的迸发，赋予小麦广谱抗性（Liu et al.，2021）。此外，WYMV P1和P2为病毒编码的基因沉默抑制子，它们通过干扰钙调蛋白相关的抗病毒RNAi防御来促进病毒感染。

（三）传播与流行

WYMV以土壤中禾谷多黏菌（*Polymyxa graminis*）为介体进行传播。小麦黄花叶病的发生、消长与气候、品种、栽培情况等因素有关。秋播后土壤温度和湿度及翌年小麦返青期的气温与发病关系密切。较低的温度（4～13℃）是小麦显症的最佳温度，当日均温大于20℃，症状逐渐消失。在我国不同地区因气温不同显症时间存在差异，江苏南部和浙江等地2月中旬到3月上旬显症，华中地区一般在2月下旬到3月中旬显症，山东胶东地区显症期在3月下旬到4月上旬。此外，土壤湿度大更有利于休眠孢子的萌发和游动孢子的侵染。由于农事机械的混合使用和农户种植管理意识薄弱，小麦黄花叶病呈现在多数乡镇交叉感染的情况，加剧了小麦黄花叶病的发生和传播。

（四）防控措施

目前对小麦黄花叶病的防治措施有化学药剂处理、改善栽培方法和培育抗病品种等。禾谷多黏菌由于休眠孢子的细胞壁较厚，能在多种逆境下存活并长期生活在土壤中。病毒被保护在厚壁休眠孢子内，因此轮作和延迟播种等措施并不能有效控制病害。对土壤进行化学熏蒸处理可以有效控制小麦黄花叶病，但是由于该病发生面积较大，对大面积土壤进行化学熏蒸处理成本太高，推广起来并不现实。目前，控制该病害发生最有效的方法依然是以培育抗小麦黄花叶病的小麦品种为主。已鉴定的抗病相关数量性状基因座（QTL）数量显著增加，已经在2A、2DL、3BS、5AL、6DS、7A和7BS染色体上鉴定出多个抗小麦病毒侵染的基因或QTL位点。在生产实际中可在病区选用适合当地的抗病品种，如‘西农88’‘烟农21’‘新麦208’‘郑麦366’‘郑麦9023’‘豫麦70’等（刘迪等，2020）。

四、玉米褪绿斑驳病毒

（一）危害与分布

玉米褪绿斑驳病毒（maize chlorotic mottle virus，MCMV）于1971年首次在秘鲁发现，致使当地玉米产量损失10%～15%。1978年，在美国堪萨斯州，MCMV与玉米矮花叶病毒和小麦条纹花叶病毒复合侵染引发玉米致死性坏死病，导致该地区玉米产量损失50%以上。其后在阿根廷、墨西哥、美国夏威夷州、西班牙等国家和地区传播。自2010年以来，MCMV开始在亚洲东南部（泰国）及非洲东部地区迅速传播。在非洲东部，北起埃塞俄比亚，南至坦桑尼亚，从东部的肯尼亚至刚果民主共和国均发生了玉米致死性坏死病，对当地的玉米生产造成了严重威胁（Redinbaugh and Stewart，2018）。2013年肯尼亚西部地区因玉米致死性坏死病造成的产量损失达50%（De Groote et al.，2016）。2009～2013年，玉米致死性坏死病的流行对埃塞俄比亚、肯尼亚、卢旺达、坦桑尼亚和乌干达小农户造成的经济损失严重（Fentahun et al.，2017）。我国于2009年在云南省元谋县具有严重花叶、植株矮化、坏死症状的玉米上发现了MCMV，病害由MCMV和甘蔗花叶病毒（sugarcane mosaic virus，SCMV）复合侵染引起（Xie et al.，2011）。随后在采集自四川省攀枝花地区的玉米田间样品中也检测到了MCMV（Wu et al.，2013）。多地海关及检疫部门也分别从美国、阿根廷、德国、泰国入境的玉米种子中截获MCMV。2019年，广州南沙海关从来自肯尼亚经新加坡中转的入境集装箱空箱里的残留玉米粒中截获该病毒（刘明航等，2020）。MCMV在我国的适生区范围主要集中在中部和南部地区，其中以四川、云南和贵州为主的西南山地玉米区是其高度适生区（秦萌等，2017）。

MCMV 单独侵染玉米主要导致其叶片褪绿、斑驳和植株矮化，当 MCMV 与马铃薯 Y 病毒科（*Potyviridae*）的病毒如 SCMV、玉米矮花叶病毒（maize dwarf mosaic virus, MDMV）、小麦线条花叶病毒（wheat streak mosaic virus，WSMV）等发生复合侵染时，能引起玉米致死性坏死病。

（二）病毒特性

MCMV 是番茄丛矮病毒科（*Tombusviridae*）玉米褪绿斑驳病毒属（*Machlomovirus*）的唯一病毒。MCMV 病毒粒子为直径大约 30nm 的正二十面体，可在 20℃存活一个月左右，其钝化温度为 80～85℃。MCMV 基因组为一条正义单链 RNA，全长 4437nt，其 5′端无帽子结构，3′端无 poly(A)尾，共编码 7 个蛋白质，此外还能在寄主细胞中合成两条亚基因组 RNA，分别是 1467nt 的 sgRNA1 和 340nt 的 sgRNA2。

P32 是 MCMV 基因组 5′端编码的第一个蛋白质，为 MCMV 所特有，在同科其他病毒基因组中及 NCBI 数据库中找不到与其序列相似的同源蛋白。P32 参与病毒复制和移动（Scheets，2016）。P50 是复制辅助蛋白，参与病毒复制复合体的组装，其终止密码子通读后产生一个 P111，该蛋白质具有 GDD 关键结构域。P50 和 P111 与番茄丛矮病毒科代表种番茄丛矮病毒（TBSV）的 P33 和 P92 具有较高的相似性，推测它们的功能相似，分别作为病毒的复制辅助蛋白和依赖于 RNA 的 RNA 聚合酶（RdRp）。P50 与 P111 是 MCMV 复制必需的蛋白质。P7a、P7b 和 CP 都是病毒细胞间移动必需的蛋白质（Scheets，2016）。P7a 编码区后的终止密码子通读产生 P31，该蛋白质是 MCMV 侵染玉米引发坏死症状的主要决定因子（Jiao et al.，2021）。

（三）传播与流行

多种叶甲的幼虫及成虫[包括禾谷叶甲（*Oulema melanopa*）、玉米铜色跳甲（*Chaetocnema pulicaria*）、跳甲（*Systena frontalis*）、黄瓜十一星叶甲（*Diabrotica undecimpunctata*）、玉米根萤叶甲（*Diabrotica virgifera*）和巴氏根萤叶甲（*Diabrotica longicornis*）]均可以半持久的方式传播 MCMV，并且无潜育期。在美国夏威夷州，MCMV 以玉米蓟马（*Frankliniella williamsi*）作为主要介体以非持久方式进行传播。

除昆虫介体传播外，种子调运、农事操作及机械接种也是 MCMV 的重要传播途径。经测定，在秘鲁、墨西哥、美国夏威夷州和堪萨斯州的大田，玉米种子带毒率为 0～0.33%（Redinbaugh and Stewart，2018）。我国从进口的玉米种子中检测的种子带毒率大约也是 0.33%（600 粒种子中检测到 2 粒带毒）（Zhang et al.，2011）。而在肯尼亚，市售玉米种子和感染 MCMV 植株中的玉米籽粒带毒率高达 45%～72%（Mahuku et al.，2015）。因此，玉米种子带毒率可能与地区病害严重程度相关，带毒种子调运是 MCMV 进行远距离传播的重要途径。农事操作中感染 MCMV 的病残体残留在土壤中容易作为新的传染源，农具上残留的 MCMV 病残体也会随之进行传播。通过实验室接种发现，MCMV 极易经机械摩擦实现侵染。在田间该病毒可能通过玉米植株间的摩擦及农事操作造成的机械损伤进行传播。

（四）防控措施

目前对 MCMV 的防控主要采取以下几种措施。

严格检疫监管：在制繁种基地，相关植物检疫机构要严格按照《玉米种子产地检疫规程》规定的时间、频次和覆盖面开展田间监测调查，发现疑似症状要进行抽样检测，确定染疫的植株要及时进行全面销毁；在国外引进玉米种子集中种植区，相关检疫机构要加强种植期间的监测调查，发现疫情的，要及时报告引种检疫审批机构，以便采取暂停审批、加强口岸检测等措施。在用种区，相关检疫机构要加大辖区内玉米种子检疫的检查力度，杜绝带病种子下田。

加强监测预警：各玉米产区科学设置疫情监测点，玉米制繁种区及国外引进玉米种子集中种植区要加密布设。在玉米苗期、抽穗拔节期、成熟期等病害显症期踏查 2～3 次，同时使用检测试剂盒和试纸条进行检测。

综合防控：强化田间管理，及时清除杂草，减少田间传播媒介基数，加快筛选培育抗病品种；在叶甲、蓟马等传病媒介基数大的田块，选用吡虫啉、绿僵菌等药剂开展统防统治。

第二节 经济作物病毒

一、马铃薯 Y 病毒

（一）危害与分布

马铃薯 Y 病毒（potato virus Y，PVY）和马铃薯一样起源于南美洲的安第斯地区，并随着马铃薯块茎一起被带到全球各地区。目前，PVY 分布于世界所有马铃薯种植地，是侵染马铃薯的 60 多种已知病毒中危害最普遍的病毒之一。马铃薯感染 PVY 后产生的症状取决于病毒分离株、马铃薯品种、环境条件，以及是通过蚜虫介导的水平传播还是通过受感染块茎的垂直传播等因素。PVY 侵染马铃薯后在植株上的症状包括隐症（无症）、叶片花叶、斑驳和皱缩、叶脉坏死和坏死斑、茎和叶柄坏死、落叶和植株矮小等，地下块茎主要是种质退化、产量降低，薯块出现坏死环斑等症状。烟草、番茄和辣椒感染 PVY 后的症状通常是轻微的斑驳或花叶，但也可能出现植物矮缩及叶片和茎坏死的症状。PVY 对马铃薯产量的总体影响为 16.5%～50%，有些 PVY 株系侵染会严重影响马铃薯的产量和块茎质量，可以造成高达 80%的产量损失。此外，PVY 与马铃薯 X 病毒、番茄斑萎病毒、黄瓜花叶病毒等混合感染时存在协同效应（synergism），会导致更加严重的症状，从而造成更严重的产量损失。

（二）病毒特性

PVY 属于马铃薯 Y 病毒科（*Potyviridae*）马铃薯 Y 病毒属（*Potyvirus*），病毒粒子呈弯曲丝状，长度为 730nm，直径 13nm。基因组 RNA 为一条长度为 9.7kb 的+ssRNA，5′端与

VPg 共价连接，3′端有 poly(A)尾。5′ UTR 长约 144nt，富含腺嘌呤残基。基因组仅包含一个大的开放阅读框（ORF），翻译形成一个多聚蛋白前体。该多聚蛋白由病毒自身编码的三种蛋白酶 P1、HC-Pro（helper component-protease，辅助成分蛋白酶）、NIa-Pro（nuclear inclusion a-protease，核内含体 a 蛋白酶）切割形成多个具有不同功能的成熟蛋白，依次为 P1、HC-Pro、P3、6K1、CI（cytoplasmic inclusion，细胞质内含体）、6K2、VPg、NIa-Pro、NIb 和外壳蛋白（CP）。在 PVY 的 P3 顺反子内部存在一个名为 PIPO 的小开放阅读框，在翻译过程中，PIPO 通过+2 移码机制与 P3 的 N 端一起表达，从而形成一个融合蛋白 P3N-PIPO，参与病毒的移动。PVY 的自然寄主范围较广，可侵染 31 科 72 属 495 余种植物，包括茄科 9 属 211 种植物及许多苋科、豆科、藜科、菊科和十字花科植物，常见寄主包括马铃薯（*Solanum tuberosum*）、烟草（*Nicotiana tabacum*）、番茄（*S. lycopersicum*）和辣椒（*Capsicum annuum*）等栽培寄主及大丽花、矮牵牛等观赏植物。

由于突变、重组和来自寄主、传播介体的选择压，不同来源的 PVY 在基因组序列、致病性等方面存在明显的差异。根据它们在携带不同抗性基因的马铃薯品种上的生物学特性和症状，PVY 最初被分为普通型（ordinary strain，PVY^{O}）、坏死型（necrotic strain，PVY^{N}）和常见型（common strain，PVY^{C}）3 个株系（Karasev and Gray，2013）。PVY^{C} 在易感马铃薯栽培品种的叶和茎上引起轻微的斑点条纹症状，并在携带 Nc_{tbr} 基因的品种中诱导超敏反应（hypersensitive response，HR）。PVY^{O} 引起的症状较 PVY^{C} 更严重，如坏死、叶片皱褶、起皱和发育迟缓，PVY^{O} 能克服 Nc_{tbr} 抗性基因，但在携带 Ny_{tbr}、*Ny-1* 或 *Ny-2* 基因的品种中引发超敏反应。PVY^{O} 和 PVY^{C} 在烟草感染的叶片上诱导相似的花叶病症状。PVY^{N} 不同于 PVY^{O} 和 PVY^{C}，会诱导烟草中的叶脉坏死，并且在大多数马铃薯品种上引起非常温和的花叶症状。PVY^{N} 能够克服超敏抗性基因 Ny_{tbr}、Nc_{tbr} 和 Nz_{tbr}，然而在携带 *Ny-1* 和 *Ny-2* 基因的品种 ‘Rywal’ 和 ‘Romula’ 中诱导 HR。根据大量 PVY 基因组序列构建的系统进化树，目前发现 PVY 可以分为 5 个主要支系，分别命名为 PVY^{C1}、PVY^{C2}、PVY^{Chile}、PVY^{N} 和 PVY^{O}。在 PVY5 个主要支系中，有 4 个支系（PVY^{C1}、PVY^{C2}、PVY^{N} 和 PVY^{O}）侵染马铃薯，并在全球范围内分布；PVY^{Chile} 不会感染马铃薯，仅分布于智利（Karasev and Gray，2013）。

（三）传播与流行

PVY 最主要的传播方式是无性繁殖和蚜虫传播。PVY 可由至少 65 种蚜虫以非持久性方式传播，病毒不会在蚜虫体内复制增殖。桃蚜（*Myzus persicae*）是已知传播效率最高的媒介昆虫，其他蚜虫如豆蚜（*Aphis fabae*）、棉蚜（*Aphis gossypii*）、鼠李马铃薯蚜（*Aphis nasturtii*）、大戟长管蚜（*Macrosiphum euphorbiae*）、紫堇瘤蚜（*Myzus certus*）、冬葱瘤蚜（*Myzus humuli*）和苹果缢管蚜（*Rhopalosiphum insertum*）也与 PVY 的传播密切相关。蚜虫在探查或取食过程中，几分钟就足够携带或传播 PVY。观察到的蚜虫最短的获毒时间和传毒时间均为 1～30s。根据寄主植物的数量、取食持续时间和滞留时间，蚜虫获毒后的传毒能力一般能维持 2～4h（Bhoi et al.，2022）。

PVY 至少有 2 种蛋白质与蚜虫传毒相关，即 CP 和 HC-Pro。CP 是病毒的结构蛋白，主要负责病毒粒子的包装，其 N 端暴露在病毒粒子的表面，其中高度保守的 “DAG” 基序（位于第6～8位）对蚜虫的传播至关重要。HC-Pro是一个多结构域的、多功能的非结构蛋白，与病毒多肽链的切割、传播、致病、运动、抑制寄主抗病毒反应等许多过程相关。其中，HC-Pro的N端结构域是蚜虫传播相关的结构域，主要在病毒的蚜虫传播中发挥作用；中心结构域为RNA沉默抑制结构域；C端结构域具蛋白酶水解活性，也与蚜虫传播相关。HC-Pro中有两个保守基序，即N端“KITC”和C端“PTK”基序，是蚜虫传播所必需的，前者负责与蚜虫口针内壁上的未知蛋白质受体相互作用，后者可能是病毒粒子的结合位点。

（四）防控措施

使用脱毒（无病毒）种薯：种植脱毒（无病毒）种薯可以最大限度地减少作物中毒源的数量，从而有效降低PVY传播的风险。这是目前防控PVY最常用的措施，当前世界上大部分国家都已建立一套严格的马铃薯品种的注册和种薯认证程序。例如，澳大利亚要求认证和注册马铃薯种薯中不可检出PVY。

采用抗病品种：采用抗病品种是防控病毒病害有效的措施。马铃薯对PVY的抗性主要由显性的*R*基因控制，目前从马铃薯及其近缘种中发现3个*R*基因，即来自Ry_{adg}、Ry_{sto}和Ry_{chc}，此外还有来自栽培马铃薯的Nc_{tbr}和Ny_{tbr}。目前，市场上有部分的抗性品种可供选择。

农业防控：在马铃薯播种前四周左右，种植非寄主边界作物如小麦、燕麦、高粱。这样可以起到清洁蚜虫的作用。如果PVY从外部进入栽培区域，那么感病蚜虫可能会在屏障作物上觅食，失去病毒，当它们落在马铃薯作物上时将不再具有感染性。清除出现病毒症状的马铃薯植株，能有助于减缓病毒向附近植株的传播，尤其是在种植季节初期。在最后一次收获后立即清除并销毁旧的马铃薯作物，以尽量减少病毒向新作物的传播。在播种前销毁马铃薯幼苗和杂草，以减少新作物的潜在病毒和蚜虫来源。虽然PVY主要通过蚜虫传播，但杀虫剂作为一种控制措施是无效的，因为杀虫剂不能快速阻止蚜虫取食健康植物，蚜虫死亡前会将植物感染。

二、甘蔗花叶病毒

（一）危害与分布

甘蔗花叶病毒（sugarcane mosaic virus，SCMV）在世界主要作物产区广泛分布。SCMV在自然条件下可以侵染玉米、甘蔗、高粱等100多种禾本科植物。SCMV侵染玉米引发矮花叶病，玉米苗期发病时首先在心叶基部的叶脉间出现褪绿斑点，后沿叶脉逐渐扩展至全叶，形成黄绿相间的条纹。发病严重的植株后期会出现矮化，穗长变短甚至不能抽穗，花粉管萌发受到抑制，植株结实率降低，千粒重下降（张超等，2017）。SCMV与玉米褪绿斑驳病毒（MCMV）复合侵染玉米会引发危害更为严重的致死性坏死病，该病害可导致整株死亡并造成绝产，给世界多地的玉米生产造成了严重威胁。与单独侵染相比，SCMV与MCMV复合侵染时，MCMV病毒基因组RNA及外壳蛋白的积累水平都明显增高，而SCMV

的核酸积累水平明显低于其单独侵染，外壳蛋白积累水平没有明显变化。SCMV 侵染甘蔗也引发花叶病，该病害在甘蔗产区普遍发生。发病植株主要表现为花叶、矮化、生长迟缓、糖分降低、分蘖减少等，发病严重时，甘蔗汁中还原糖增加，蔗糖结晶率下降，产量下降5%～50%。我国甘蔗主产区品种单一，抗病性弱，甘蔗种植区花叶病给甘蔗产业带来威胁。

（二）病毒特性

SCMV 属于马铃薯 Y 病毒科（*Potyviridae*）马铃薯 Y 病毒属（*Potyvirus*），病毒粒子呈弯曲线条状。病毒粒子可在 27℃条件下存活 17～24h，在−6℃存活 27d，稀释限点为 10^{-5}～10^{-3}，钝化温度为 53～57℃。SCMV 基因组是一条正义单链 RNA，长度约为 10kb。基因组 RNA 的 5′端与 VPg 相连，该蛋白质在病毒复制过程中发挥着重要作用；3′端有 poly(A)尾，有助于 RNA 稳定和蛋白质翻译（Jiao et al.，2022）。与 PVY 一样，SCMV 的基因组仅包含一个大的开放阅读框，翻译形成一个多聚蛋白前体。HC-Pro 是 SCMV 编码的基因沉默抑制子，其 184 位精氨酸是抑制 RNA 沉默的关键氨基酸。此外，HC-Pro 中 440 位甘氨酸向精氨酸的自发突变，可以破坏其 RNA 沉默抑制子活性，干扰 MCMV 和 SCMV 的协同作用，但该突变对 SCMV 的侵染力无明显影响。SCMV 侵染玉米可显著增加叶片中水杨酸（SA）的积累和病程相关蛋白（PR）的表达，且外源施加 SA 能够显著增强玉米幼苗对 SCMV 的抗性。玉米半胱氨酸蛋白酶 CCP1 的表达和活性在 SCMV 侵染后上调，采用病毒载体瞬时沉默 *CCP1* 导致 SA 积累水平降低，SA 应答性发病相关基因的表达也受到抑制，病毒积累水平上调。SCMV NIa-Pro 可与 CCP1 相互作用并抑制 CCP1 的蛋白酶活性，破坏玉米的防御反应。NIa-Pro 的两个氨基酸（Lys^{230}、Asp^{234}）是与 CCP1 互作且抑制其酶活功能的关键氨基酸，这 2 个关键氨基酸的突变会使 SCMV 丧失对玉米的侵染性（Yuan et al.，2024）。

（三）传播与流行

SCMV 的传播方式多样，可通过玉米蚜（*Rhopalosiphum maidis* Fitch）、桃蚜（*Myzus persicae* Sulzer）和禾谷缢管蚜（*Rhopalosiphum padi* Linnaeus）等 20 多种蚜虫以非持久性方式传播。此外，带毒的玉米种子及甘蔗种茎也是 SCMV 的传染源。在实际生产过程中，人工或机械收割也会造成病毒多次侵染。SCMV HC-Pro 蛋白在蚜虫传毒过程中发挥着“桥梁作用”，其 N 端高度保守的 KITC 模体（基序）对蚜虫传毒至关重要，C 端结构域的 PTK 基序参与 HC-Pro 和病毒粒子的互作。同时，CP 蛋白 N 端高度保守的 DAG 基序决定其与 HC-Pro 间的相互作用，对于蚜虫传毒是必需的。

（四）防控措施

抗病品种：在 SCMV 抗性近等基因系 F7 中鉴定到两个主效抗性数量性状位点 *Scmv1* 和 *Scmv2*。*Scmv1* 位于 6 号染色体，编码硫氧还蛋白 h（thioredoxin h），在针对 SCMV 的早期抗性中发挥主要作用。硫氧还蛋白 h 在抗病毒玉米株系中表达水平较高，并与 SCMV 的抗性显著相关，但不会激发 SA 或茉莉酸介导的防御反应（Liu et al.，2017）。*Scmv2* 是位于 3 号染色体上的主效抗性基因，编码生长素结合蛋白 1（auxin-binding protein 1），主要在病毒侵染后期发挥抗性作用。此外，野生甘蔗种质资源中存在许多抗花叶病基因的优良品种，可通过鉴定抗性基因结合传统杂交或转基因抗病分子育种，获得抗性种质。除抗性基因发挥抗病功能外，转基因表达病毒相关的双链 RNA 及通过基因编辑敲除病毒复制所必需的寄主因子等技术为抗病毒育种提供了新思路。表达 SCMV NIb 编码序列的发夹结构 RNA 的转基因玉米在 R_1 代的植株抗病性为 50%～70%，而 R_2 代的植株抗病性为 85%～90%。

种植健康或脱毒种蔗：在实际生产中，甘蔗多采用无性繁殖，多年连续耕作容易积累侵染源，导致病害流行。推广种植健康或脱毒种蔗，有利于防控该病害。同时，加强田间管理，及时清理病株和杂草，并通过喷施药剂、释放天敌及悬挂黄板等方法可以控制传毒昆虫介体的传播。此外，还应加强病害预警和种子/种蔗调运监管，研发推广操作便捷、准确性强、灵敏度高的病毒检测试剂盒，以阻断病毒的远距离传播。

三、黄瓜花叶病毒

（一）危害与分布

黄瓜花叶病毒（cucumber mosaic virus，CMV）能侵染 85 科 365 属 1000 多种植物，是目前所知的寄主最多、流行最广泛的植物病毒，给世界各国的农作物生产造成了严重的经济损失。CMV 在不同寄主植物上产生不同症状，最常见的症状为花叶和植株矮化，还能产生植株系统性坏死等。有些株系可能由于卫星 RNA 的存在而表现程度较轻的症状。CMV 侵染烟草后，叶片变窄、扭曲，叶尖细长呈鼠尾状；有时中下部叶片上常出现沿主侧脉的褐色坏死斑，或小叶脉或中脉出现对称的深褐色闪电状坏死斑纹。CMV 侵染黄瓜后，幼苗子叶变黄，真叶表现出叶色深浅相间的花叶症状；成株期感病，新出幼叶上出现黄绿相间的花叶症状，叶片成熟后表现为小叶、皱缩、边缘卷曲等；感病黄瓜果实生长缓慢，表面出现深浅绿色相间的花斑，甚至出现畸形瓜。CMV 严重抑制许多作物的正常生长，如引起烟草叶片花叶黄化、番茄叶片丝状畸形、香蕉花叶（心腐）、辣椒叶片斑驳畸形及顶死等症状。

（二）病毒特性

CMV 属于雀麦花叶病毒科（*Bromoviridae*）黄瓜花叶病毒属（*Cucumovirus*），病毒粒子球状，直径为 28～30nm，为正义单链 RNA（+ssRNA）病毒。CMV 是典型的三分体 RNA 病毒，基因组大小约为 8.6kb，由 3 个 RNA 组成，分别为 RNA1、RNA2 和 RNA3。RNA1 编码 1a 蛋白，具有依赖于 RNA 的 RNA 聚合酶（RdRp）活性，是病毒重要的复制酶组分；RNA2 编码 2a 和 2b 蛋白，2a 蛋白与病毒复制有关，2b 蛋白由 RNA2 的亚基因组编码，是 RNA 沉默抑制子，影响病毒的致病性。2b 蛋白在抑制基因沉默介导的抗病毒通路的同时，也影响寄主 miRNA 的代谢途径，导致相关致病症状的产生（Du et al.，2014）。RNA3 编码移动蛋白（MP）和外壳蛋白（CP）：MP 负责病毒在细胞间的移动及长距离运输（Palukaitis and García-Arenal，2003）；CP 由来源于 RNA3 的亚基因组 RNA4 编码，在病毒的包裹、复制、细胞间移动及长距离运输中都起到非常关键的作用。有些 CMV 株系含有卫星 RNA（satRNA），satRNA 是一类 332～342nt 的单链 RNA 分子，其复制必须依赖于病毒基因组才能进行。satRNA 通常干扰辅助病毒的复制，减弱 CMV 的致病性，改变 CMV 侵染植株引起的症状。根据地区分布、寄主范围及症状表现的差异，可以把该病毒划分为不同的株系。病毒汁液稀释限点为 10^{-4}～10^{-3}，致死温度为 65～70℃，体外存活期为 3～4d。

（三）传播与流行

CMV 在自然界主要通过蚜虫以非持久性传毒方式传播，最常见的是棉蚜和桃蚜，也可以通过汁液摩擦传毒。蚜虫在病株上吸食 2min 即可获毒，在健株上吸食 15～120s 就完成接毒过程。烟草、黄瓜、番茄、辣椒等茄科和葫芦科植物相邻的地块，蚜虫较多时发病重。春季蚜虫进入迁飞高峰后 10～20d，大田开始出现发病高峰。冬季及早春气温低，降雪量大，越冬蚜虫数量少，CMV 发生较轻。如果翌春干旱，可导致 CMV 大流行。阴雨天较多，相对湿度大，蚜虫种群数量少，CMV 发生较轻。黄瓜等寄主种子一般不带毒，蚜虫主要在多年生宿根植物上越冬，鸭跖草、反枝苋、刺儿菜、酸浆等多种杂草都是桃蚜、棉蚜等传毒蚜虫的越冬寄主，每当春季气温回升，蚜虫就开始活动或迁飞，成为传播 CMV 的主要昆虫介体。CMV 发病最适温度为 20℃。

（四）防控措施

选育抗病品种：目前烟草主栽品种多数较感病，'NC89' 和 'G80' 等烟草品种相对抗病。

农业防治：铲除带毒植物，减少侵染源。清除作物附近一些重要的多年生或二年生杂草可以显著减少病毒的传播。利用一些非寄主作物（如玉米）与主栽作物间作套种的方式，可延迟病毒的初侵染。适当提前或推迟作物播种期和移栽期，作物易受 CMV 侵染期可避开蚜虫大规模迁飞期。

物理防治：采取防虫网隔离、黄板诱蚜、银膜避蚜等物理防治措施防治蚜虫。

化学防治：选用噻虫嗪、呋虫胺、氟啶虫胺腈、烯啶虫胺等新烟碱类杀虫剂杀灭蚜虫，生长初期选用宁南霉素、盐酸吗啉胍、氨基寡糖素、香菇多糖、毒氟磷、阿泰灵等药剂喷雾预防（于海龙等，2019）。

四、烟草花叶病毒

（一）危害与分布

烟草花叶病毒（tobacco mosaic virus，TMV）是世界上第一个被发现的植物病毒，TMV 可以侵染茄科、十字花科、葫芦科、豆科等 30 科 350 余种植物。烟草普通花叶病由 TMV 引起，是烟草上最重要的病毒病，在全世界烟草栽培区发生普遍、分布广泛、危害严重，严重影响烟草的产量和质量，给烟叶生产带来了巨大的经济损失（Ilyas et al.，2022）。烟草普通花叶病在烟草苗期和大田生长初期最易发生，主要见于苗床期至大田现蕾期。烟草幼苗被侵染后，新叶的叶脉组织变浅绿色，呈半透明的"明脉"症状，几天后叶片形成黄绿相间的花叶症状。大田期的烟株受侵染后，首先在心叶上发现“明脉”现象，以后呈现花叶、泡斑、畸形、坏死等典型症状。轻型花叶只在叶片上形成黄绿相间的斑驳，叶形不变。重型花叶为叶色黄绿相间、呈相嵌状，叶片边缘向下卷曲，叶片皱缩扭曲。温度和光照很大程度上影响病情扩散和流行的速度，高温和强光可缩短潜育期。连作地或与茄科作物套作地的发病率和发病程度明显增加。烟草普通花叶病广泛分布于我国广大烟区，尤其是南方烟区发生较为普遍且日益加重。

（二）病毒特性

TMV 属于植物杆状病毒科（*Virgaviridae*）烟草花叶病毒属（*Tobamovirus*），为正义单链 RNA（+ssRNA）病毒。病毒粒子杆状，大小为 300nm×18nm。TMV 基因组 RNA 全长 6395nt，其 5′端有 m^7GpppG 帽子结构，5′端帽子结构下游有一段 69nt 的 5′端非翻译区，3′端无 poly(A)结构，3′端的非翻译区可折叠成一个类似 tRNA 的结构。TMV 基因组包含 4 个 ORF，靠近 5′端的第一个 ORF 编码一个 126kDa 的复制酶蛋白，126kDa 的复制酶蛋白可以通读为 183kDa 的复制酶蛋白，靠近 3′端的 2 个 ORF 分别编码一个 30kDa 的移动蛋白（MP）和一个 17.5kDa 的外壳蛋白（CP）。TMV 有极强的致病力和抗逆性，病毒在干烟叶中能存活 50 年以上，稀释 100 万倍后仍具有侵染活性。钝化温度为 90～94℃，稀释限点为 10^{-7}～10^{-4}，汁液体外保毒期为 3～6 个月。TMV 有不同株系，我国主要有普通株系、番茄株系、黄斑株系、十字花科株系、菜豆株系和车前草株系等多个株系，因致病力差异及与其他病毒的复合侵染而造成症状的多样性。

（三）传播与流行

TMV 能在多种植物上越冬。在自然界中，主要通过机械摩擦和种子传播。病健叶轻微摩擦造成微伤口，病毒即可侵入。另外，蝗虫、烟青虫等咀嚼式口器的昆虫取食烟叶也可能传播 TMV。TMV 侵入后在薄壁细胞内繁殖，后进入维管束组织传染整株。在 22～25℃条件下，感病植株 7～14d 后开始显症。田间通过病苗与健苗摩擦或农事操作进行再侵染。TMV 发生的适宜温度为 20～25℃，高于 28℃花叶症状消失，高于 35℃病毒侵染受到显著抑制。

（四）防控措施

选育抗病烟草品种：种植抗（耐）病品种是防治烟草普通花叶病最经济有效的途径，烟草不同品种对烟草花叶病毒有抗性差异，在我国北方烟区的抗（耐）病品种有‘辽 44’‘6315’‘广黄 54’‘176’‘NC89’‘G80’‘8611’等（黄婷等，2013）。

培养无毒无病烟苗：培育无毒无病烟苗，是控制病毒病的重要措施。严格选用 2 年以上未种烟草及茄科植物并远离菜田的地块搭盖育苗大棚，利用新鲜无病毒土壤栽培介质育苗；剪叶时修剪工具要经严格消毒，剪叶机械的刀具可用 0.1%磷酸三钠溶液喷淋消毒；选用从无病田无病株上采收的种子。

合理轮作：提倡烟稻轮作，不要与茄科、十字花科等蔬菜轮作、间作和套作，重病地块至少 3 年不种烟草。

卫生防病：剪叶、间苗、定苗操作时禁止吸烟，手用肥皂水清洗，工具要用消毒剂处理，严禁将已发病的烟苗移入大田。移栽后如果在早期发现病苗要及时拔除病苗，并另挖新穴补种。烟株打顶抹杈需在露水干后进行，注意病株、健株分开打顶，先打健株，再打病株。打顶操作过程中不宜吸烟，不宜在烟田反复走动、触摸烟株；打掉的烟株顶端部分、烟杈和底叶、脚叶等病残体需运到烟田以外的处理池集中处理，防止病残体遗留田间造成再侵染。

药剂防治：发病初期选用宁南霉素、盐酸吗啉胍、氨基寡糖素、毒氟磷、阿泰灵等药剂进行喷雾防治。

第三节 蔬菜作物病毒

一、番茄黄化曲叶病毒

（一）危害与分布

番茄黄化曲叶病毒（tomato yellow leaf curl virus，TYLCV）属于双生病毒科（*Geminiviridae*）菜豆金色花叶病毒属（*Begomovirus*）。该病毒引起的番茄黄叶卷曲病（TYLCD）于 20 世纪 50 年代在以色列的约旦河谷第一次被报道，目前已经在中东、东南亚、东亚及非洲等众多国家及地区发生（Prasad et al.，2020）。随着全球气候的变化、农业耕作制度的改变、国际贸易活动的迅速加强和传毒介体烟粉虱在世界各地空前扩展与大暴发，TYLCV 有进一步蔓延的趋势。TYLCV 侵染番茄后引起叶片黄化、卷曲和矮化等症状，是目前制约全球番茄生产最严重的植物病害之一，造成番茄生产上的严重损失。

（二）病毒特性

TYLCV 病毒粒子为双联体结构，大小为 18nm×30nm。病毒基因组为闭环状 ssDNA 分子，大小约 2.7kb。TYLCV 的基因组 DNA 之前被认为含有 6 个 ORF：病毒链编码 V1 和 V2；互补链编码 C1、C2、C3 和 C4。V1 编码病毒的外壳蛋白（CP），与病毒粒子的包装、介体传毒、系统侵染及与寄主的互作相关。V2 编码的 CP 前体蛋白，与病毒的运动相关。互补链 C1 编码的复制相关蛋白（replication-associated protein，Rep）参与病毒链 DNA 的复制起始。C2 编码的转录激活蛋白（transcriptional activator protein，TrAP）调节病毒链上各个基因的转录。C3 编码的复制增强蛋白（replication enhance protein，REn）辅助 C1 增强病毒的复制效率。C4 嵌合于 C1 中，C4 编码的蛋白质参与病毒的复制或转录调控，被认为与症状形成相关。最近研究揭示了 TYLCV 还编码多个额外的小 ORF，这些小 ORF 具有不同的亚细胞定位模式和毒力功能。例如，研究发现 TYLCV 编码的新蛋白质 C5 是一个致病因子和沉默抑制子，C5 在病毒侵染的细胞里能定位在胞间连丝，可在细胞质内沿着微丝高速移动到胞间连丝；C5 还能互补运动缺陷型 RNA 病毒的细胞间移动。这些新蛋白质的发现拓展了病毒已知的蛋白质组。

（三）传播与流行

TYLCV 通过烟粉虱以持久性方式传播。B 型和 Q 型烟粉虱均能传播 TYLCV。在初始接种 7d 后，带毒的 Q 型烟粉虱侵染的叶片和 B 型烟粉虱侵染的叶片之间的病毒积累有显著的差异。Q 型烟粉虱引起 TYLCD 在美国暴发，并且 Q 型烟粉虱被证实也是 TYLCD 在我国的主要传播介体。

B 型和 Q 型烟粉虱可以垂直传播。对我国本土 7 种传播 TYLCV 的烟粉虱的研究表明，6 种烟粉虱卵中都检测到 TYLCV 病毒，两种若虫中检测到 TYLCV，但在成虫中没有检测到病毒，说明我国本土的烟粉虱不能垂直传播 TYLCV。TYLCV 是否能在烟粉虱内复制存在争议，有报道称 TYLCV 能够诱导和招募昆虫的 DNA 复制相关蛋白与复制机器以支持其在烟粉虱唾液腺中的复制。

2013 和 2014 年，韩国在侵染 TYLCV 的番茄落果生长萌发的番茄幼苗中检测到了 TYLCV，表明 TYLCV 可以通过种子传播。对 7 种番茄基因型的 3000 多株番茄植株进行的传播试验显示，没有证据表明 TYLCV 能通过种子传播，说明种子传播不是 TYLCV 的普遍特性。

TYLCV 是我国发生范围最广的双生病毒，截至 2021 年底，共有 415 个 TYLCV 分离物的全基因组序列被测定，分布在 24 个省（自治区、直辖市）。TYLCV 侵染的寄主较为广泛，共有 25 种植物，包括番茄、辣椒、豇豆、小米椒、烟草、菜豆、南瓜、苹果、苘麻、棉花、秋葵和茄子等 14 种经济作物植物和 11 种非经济作物植物，其中番茄、辣椒和烟草是 TYLCV 的主要寄主（Li et al.，2022）。TYLCV 还可以与其他病毒一起复合侵染，形成病害复合体，导致寄主的症状增强。例如，TYLCV 和番茄褪绿病毒（tomato chlorosis virus，ToCV）的复合感染使番茄症状加重。此外，TYLCV 也侵染铁苋菜、胜红蓟等多种杂草，这些杂草可以作为病毒的中间寄主，为病毒在生长季节和无作物时期提供了一个过渡寄主。因此，根据 TYLCV 的生活史与传播方式，需要从耕种前、种植季节和收获后等不同时期利用不同的措施来减轻 TYLCV 危害（Li et al.，2022；Rojas et al.，2018）。

（四）防控措施

TYLCV 的发生和流行受品种抗性、烟粉虱种群密度等多种因素影响。应采取预防为主、综合防控的措施。

培育抗病品种：多种抗性基因 *Ty-1/3*、*Ty-2*、*Ty-4*、*Ty-5* 和 *Ty-6* 已被应用于培育抗双生病毒的番茄品种。*Ty-1* 和 *Ty-3* 编码 RNA 依赖的 RNA 聚合酶，通过增强植物的 TGS 来增加双生病毒基因组的甲基化，从而抵御病毒侵染。*Ty-2* 编码一个含 CC-NB-LRR 结构域的 R 基因 *TYNBS1*，通过识别 TYLCV Rep/C1 产生 HR 反应诱导对病毒的抗性。*Ty-5* 为隐性遗传基因，在易感番茄中，*Ty-5* 编码信使 RNA 监控蛋白 Pelota。在 *Ty-5* 抗性番茄材料中，Pelota 第 16 位氨基酸发生了点突变（V16G），赋予了番茄对双生病毒的抗性。将抗性基因整合至栽培番茄中是控制 TYLCV 的有效手段，但是病毒的复合侵染频繁发生，会导致部分基因抗性的丧失。例如，β 卫星与 TYLCV 共同侵染时，因 β 卫星编码的 βC1 蛋白能够抑制 DNA 甲基化，*Ty-1/3* 对 TYLCV 的抗性能够被 β 卫星克服。

切断病毒侵染循环：清洁田园，及时拔除棚室周围及田间杂草等寄主。摘除底部枯黄叶片，带出棚室妥善处理，可减少田间虫口数量。加强 TYLCV 的检测和监测，发现 TYLCV 病株立即拔除并清理出棚室。

控制烟粉虱：有效控制传毒介体烟粉虱的种群数量是 TYLCV 防控的重要环节。育苗前彻底清除棚室内残虫、杂草和残株，覆盖防虫网育苗，在苗的上方悬挂黄色粘虫板。烟粉虱的发生高峰在秋季，适时播种，避开烟粉虱的发生高峰。定植后，棚室风口、门口处设置防虫网，防止烟粉虱的侵入，棚内悬挂黄板诱杀成虫。交替使用吡虫啉等杀虫剂，以避免烟粉虱快速产生抗药性。

二、番茄斑萎病毒

（一）危害与分布

番茄斑萎病毒（tomato spotted wilt virus，TSWV）是一种世界范围内广泛分布的植物病毒，其寄主范围极广，可侵染 80 多个科 1000 多种单子叶和双子叶植物。烟草、莴苣、番茄、凤仙、鸢尾、花生、大豆、南瓜、辣椒、马铃薯、芹菜和桔梗等经济作物，以及三叶鬼针草、蒲公英等杂草均可感染 TSWV。病毒侵染后因植株品种、龄期、环境等因素的差异，植株表现出不同的症状，典型的症状是叶片或果实出现同心圆环斑，形成不规则坏死区，部分植株萎蔫矮化、生长不对称、叶片畸形、叶片黄化，病毒长时间侵染导致整株枯死，最终显著影响植株的生长发育、产量和品质，可造成严重的经济损失（Scholthof et al., 2011）。TSWV 分布于欧洲、南美洲、北美洲、亚洲、非洲及大洋洲的 210 个国家和地区。我国云南、山东、广西、广东、宁夏、海南、北京和台湾等地均有发生，造成巨大的经济损失。

（二）病毒特性

TSWV 隶属于布尼亚病毒目（*Bunyavirales*）番茄斑萎病毒科（*Tospoviridae*）正番茄斑萎病毒属（*Orthotospovirus*）。番茄斑萎病毒科现仅确定 1 个属，即为正番茄斑萎病毒属。TSWV 粒子为由表面一层约 5mm 厚的双层脂质膜包裹形成的球状粒子，直径为 80～120nm。病毒的糖蛋白 Gn 和 Gc 以刺突的形式镶嵌在球状粒子外膜表面，也是病毒昆虫传播介体蓟马传毒的决定因子。病毒粒子的核心结构是核糖核蛋白（ribonucleoprotein，RNP），由核衣壳蛋白（N 蛋白）通过紧密包裹病毒基因组 RNA 组装而成，并结合少量的依赖于 RNA 的 RNA 聚合酶（RdRp），且 RNP 复合体也是病毒侵染的最小单元。TSWV 的 N 蛋白与单链基因组 RNA 复合物的晶体结构已被解析，病毒 RNA 结合在由带正电荷氨基酸形成的 N 蛋白凹槽中，可以保护病毒 RNA 抵抗 RNase 的降解，N 蛋白形成三聚体，以三聚体为单位再组装形成 RNP 复合体。

TSWV 基因组由 3 条单链基因组 RNA 组成，根据基因组大小分为 S 链（small，约 2.9kb）、M 链（medium，约 4.8kb）和 L 链（large，约 8.9kb），采用负义或双义编码策略表达 5 个病毒蛋白。L 链是一条负义单链 RNA，负义编码病毒的 RdRp；M 链和 S 链都是双义链，采用双向编码策略，各包含两个 ORF，且 ORF 之间存在一段富含 AU 碱基的基因间隔区，可能参与调控病毒基因的转录和翻译过程。M 链负义编码移动蛋白 NSm，互补链编码糖蛋白（GP）前体，糖蛋白前体被进一步加工成 N 端糖蛋白（Gn）和 C 端糖蛋白（Gc）；S 链负义编码一个基因沉默抑制子 NSs，互补链编码核衣壳蛋白。病毒所有基因组 RNA 片段 5′和 3′端的 8 个核苷酸序列是非常保守的，通过互补配对由首尾相连形成典型的"锅柄状"结构，可能在起始病毒的转录和复制过程中发挥重要的作用（Feng et al.，2020）。

（三）传播与流行

TSWV 由蓟马进行持久性传播，病毒可在蓟马体内循回增殖，仅在若虫期获毒的蓟马成虫才可传毒，获毒蓟马终生带毒，但目前没有证据表明病毒可经卵进行垂直传播。蓟马具有种类多、体型小、生殖力强、生长周期短、可取食的植物种类多等特性，是农业生态系统中危害非常严重的一类害虫。已发现 15 种蓟马能够传播正番茄斑萎病毒属病毒，且不同种的蓟马传播该属病毒效率也有差异，其中西花蓟马是 TSWV 最适宜的传播介体。蓟马常隐藏在植物的花内，借助其隐蔽性很难被发现，并且长期施用化学农药导致蓟马产生了比较强的抗药性，使得防治蓟马变得非常困难。传毒蓟马通过传播病毒对寄主植物造成的经济损失远大于其直接取食所引起的损失，传毒蓟马种群数量高则导致病毒发生流行。因此，有效防控传毒介体蓟马也是预防和控制正番茄斑萎病毒属病毒危害的重要途径之一。

（四）防控措施

TSWV 及其传播介体蓟马广泛的寄主范围导致病毒的侵染循环很难被阻断，单一的防控措施很难控制病毒危害，必须采取综合防控策略降低病毒暴发流行的风险。

种植抗病品种：种植抗病品种是防控病毒病害的关键措施，来源于番茄和辣椒的抗病基因 *Sw-5b* 和 *Tsw* 对 TSWV 均具有良好的抗性。*Sw-5b* 和 *Tsw* 都是经典的 CC-NB-LRR 抗性基因，*Sw-5b* 可以识别病毒的 NSm，而 *Tsw* 识别病毒的 NSs，识别后都能在病毒侵染的局部区域诱导过敏性反应（Zhu et al.，2017；Chen et al.，2023）。通过传统的杂交遗传育种方法，引入了 *Sw-5b* 和 *Tsw* 的番茄和辣椒培育的抗病品种表现出良好的抗病毒效果。单一抗性品种的大规模种植，极大地加速了病毒的变异进程。田间已经出现可突破 *Sw-5b* 和 *Tsw* 抗性的病毒变异株系。目前，可利用的天然寄主抗病基因资源匮乏，通过转基因技术创制抗病毒新品种也是一种重要的途径，转基因表达病毒 N、NSs、NSm 和 RdRp 基因序列部分片段的植株都能够有效抵抗 TSWV 的侵染，但是目前还没有可商业化生产应用的转基因品种。

控制传毒介体：有效控制传毒介体蓟马的种群数量是虫媒病毒病防控的重要环节。生产上要采取有力措施压低蓟马的种群数量，通过设施大棚外围加盖驱虫网、棚内悬挂蓝板或诱虫板诱杀蓟马成虫，以及用银色地膜阻止蓟马入土化蛹等物理防治措施也可有效控制蓟马的种群数量。化学药剂可杀灭蓟马，还可利用黄瓜钝绥螨（*Amblyseius cucumeris*）等商业化的产品进行蓟马生物防治。TSWV 的 Gn 蛋白可特异性结合到蓟马中肠，饲喂 Gn 蛋白的蓟马若虫传播病毒的能力显著降低。转基因表达病毒 Gn 蛋白的植株也可通过干扰蓟马获毒和传毒过程阻断病毒的传播途径，进而实现控制病毒传播的目的。

切断病毒侵染循环：及时拔除棚室周围及田间杂草等越冬寄主、清洁田园、清除病残体以切断病毒侵染循环，防止病毒在棚室内外的杂草和多茬作物间辗转为害。

使用抗病毒药剂：植物抗病毒活化剂阿拉酸式苯-*S*-甲基（acibenzolar-*S*-methyl）能够诱导植物自身免疫反应，促使植物对多种病原微生物产生自我保护作用，预先用阿拉酸式苯-*S*-甲基处理植株可以显著减轻 TSWV 的侵染。

三、番茄褐色皱果病毒

（一）危害与分布

番茄褐色皱果病毒（tomato brown rugose fruit virus，ToBRFV）最早于 2014 年在以色列南部村庄种植番茄的温室中被发现，当时温室中的番茄表现叶片花叶、果实黄色斑点的症状，但并不清楚具体的病原物类型。直到 2015 年 4 月，科学家从约旦温室采集的呈现果实褐色皱缩症状的番茄中分离鉴定到 ToBRFV，人们才发现危害以色列南部温室番茄的病原是 ToBRFV。ToBRFV 与烟草花叶病毒属的烟草花叶病毒（TMV）、番茄花叶病毒（ToMV）和番茄斑驳花叶病毒（ToMMV）的相似性最高，但 ToBRFV 能够侵染长期以来对 TMV 和 ToMV 具有抗性的番茄品种。ToBRFV 自然条件下主要侵染番茄和辣椒，受害番茄的典型症状包括花叶、叶片深绿色突起、叶片变窄或畸形、果实着色不均匀，严重时果实出现褐色斑块、皱缩坏死；受害辣椒的典型症状包括花叶、果实着色不均。受番茄品种、危害时期和环境条件的影响，ToBRFV 所表现的症状差异很大。部分品种受 ToBRFV 感染后，叶片无明显症状或者仅出现轻微的花叶症状，但是在果实期表现明显的着色不均匀等症状，严重影响品质和市场价值。在实验室条件下，通过人工接种，ToBRFV 可以侵染茄科、苋科、夹竹桃科和菊科的 30 余种植物（石钰杰等，2022；Salem et al.，2023）。

ToBRFV 传播蔓延的速度极快，自首次报道以来，已经传播至北美洲、亚洲和非洲的 37 个国家，被欧洲和地中海植物保护组织列为警戒名单。2021 年 4 月，ToBRFV 被农业农村部列入《中华人民共和国进境植物检疫性有害生物名录》。目前，生产上缺乏抗 ToBRFV 的商业番茄和辣椒品种，ToBRFV 一旦扩散蔓延，将对我国番茄和辣椒产业造成巨大威胁（石钰杰等，2022；Salem et al.，2023；Zhang et al.，2022）。

（二）病毒特性

ToBRFV 属于植物杆状病毒科（*Virgaviridae*）烟草花叶病毒属（*Tobamovirus*），为正义单链 RNA（+ssRNA）病毒，病毒粒子呈杆状，长约 300nm，宽为 15～18nm，无包膜。病毒粒子稳定，常温下病毒侵染力可保持数月。病毒的基因组为正义单链 RNA，基因组全长约由 6390 个核苷酸（nt）组成，由 5′非编码区（UTR）、4 个开放阅读框（ORF1、ORF2、

ORF3 和 ORF4）和 3′UTR 区组成。ORF1 编码大小约为 126kDa 的复制酶；ORF2 与 ORF1 具有相同的起始位点，以密码子通读的方式编码约 183kDa 的复制酶，与 ORF1 共同参与病毒的复制；ORF3 编码 30kDa 的运动蛋白，是 ToBRFV 突破 *Tm-2*^{2} 介导抗性的重要因子；ORF4 编码 17.5kDa 的外壳蛋白，参与病毒粒子的组装和病毒的系统移动（Spiegelman and Dinesh- Kumar，2023）。

（三）传播与流行

带毒种子和果实是 ToBRFV 远距离传播的主要病毒源，从带毒果实收获的种子 100%带毒。病毒主要存在于种皮中，虽然带毒种子长成带毒植株的概率较低，为 0.08%～2.8%，但是一旦有带毒植株，便可作为初侵染源，随嫁接、整枝打杈等农事操作传播给更多植株。同时被病毒污染的衣服、手、水和农业器械也能进行接触传播。ToBRFV 在某些温室表面至少保持 6 个月的传染性，在皮肤和一次性手套上至少保持 2h 的传染性。由于番茄在整个生产周期中反复被处理，如整枝打杈、果实采摘等，ToBRFV 容易通过正常的生产方式在作物中迅速传播。

（四）防控措施

为有效控制 ToBRFV，需构筑早期预警、准确监测和阻截控制三道防线（石钰杰等，2022）。

加强检疫：ToBRFV 具有高度的传染性，防止带毒种子和种苗随着调运进入新的国家或地区是控制病毒最基本的环节。因此，为了有效控制 ToBRFV 的传播，应该在国家或地区间设立疫区与非疫区，选育无毒种子和无毒种苗，并加强番茄和辣椒种子或种苗的调运监管。如果发现疫情，应当及时处理并及时通报，以采取相应的措施遏制病毒的传播。

加强监测预警：在 ToBRFV 发生初期和番茄、辣椒种植全生育期加强病毒的检测和干预。ToBRFV 发生初期不容易被发现，显症后尤其是果实显症后往往造成无法挽回的损失。因此，为了防止病毒的进一步传播，必须在病害发生初期及时检测出病毒的种类，并采取快速有效的干预措施。在番茄和辣椒主产区，应加强巡查，及时发现 ToBRFV 感染的病株并立即销毁，以阻断病毒的传播扩散。

加强田园清洁：ToBRFV 容易通过接触传播。因此，在进行整枝打杈等农事活动时，建议佩戴一次性鞋套或手套，每次处理新植株前应对器具进行彻底消毒，以减少病毒的传播风险。由于 ToBRFV 主要存在于种子的表皮上，因此可以用 2%盐酸处理 30min 或者用 10%磷酸三钠处理 3h 消毒种子。另外，0.5%乳铁蛋白、2%裴赛斯（Virocid）、10%次氯酸钠和 3%卫可（Virkon）对 ToBRFV 有 90%以上的灭活效果。

种植抗病品种：种植抗病品种是控制作物病毒病最有效、最经济的手段，但是目前尚无商品化的免疫品种。因此，有必要加强对不同的番茄和辣椒种质资源进行抗病性评价，并将筛选出的抗病资源整合到常规育种中。此外，还应加强对 ToBRFV 致病机制和植物抗病毒机制的研究。通过对植物与病毒相互作用的解析，挖掘抗病毒的基因，为利用基因工程技术研发培育抗 ToBRFV 新品种提供技术储备。

四、芜菁花叶病毒

（一）危害与分布

芜菁花叶病毒（turnip mosaic virus，TuMV）是马铃薯 Y 病毒属（*Potyvirus*）病毒的典型种之一。TuMV 广泛分布于全球芸薹属作物种植区。TuMV 具有很广的寄主范围，能侵染的双子叶植物约 43 科 156 属 318 种，主要包括十字花科（*Brassicaceae*）、豆科（*Leguminosae*）和石竹科（*Caryophyllaceae*）的植物。TuMV 对多种蔬菜、果树、观赏植物尤其是芸薹属（*Brassica*）的蔬菜作物造成极大的经济损失。以小白菜为例，我国每年播种面积可达 960 万亩，受芜菁花叶病毒危害，平均每年造成约 5%的损失，有些年份减产 10%以上，严重的地块绝收。不同植物被 TuMV 侵染后表现出的症状不尽相同，但主要病症表现为局部的花叶、皱缩、黄化、萎蔫、坏死、矮化等。TuMV 侵染前期植物叶片表现为深浅不一的斑驳及花叶现象，出现这一现象的原因主要是寄主植物叶绿体结构因 TuMV 而产生变化。在侵染后期，植物会出现坏死斑，产生植株矮化现象，更有严重的导致全株坏死。

（二）病毒特性

TuMV 属于马铃薯 Y 病毒科（*Potyviridae*）马铃薯 Y 病毒属（*Potyvirus*），病毒粒子在电镜下呈弯曲线状，大小约为 720nm×13nm。TuMV 的基因组是一条长约 9830nt 的+ssRNA，5′端共价连接 VPg，3′端有 poly(A)尾，编码一个约 350kDa 的多聚蛋白。该多聚蛋白在三个自身编码的蛋白酶（P1、HC-Pro 和 NIa-Pro）的作用下产生 10 种成熟蛋白质，自 N 端到 C 端依次是 P1、HC-Pro、P3、6K1、CI、6K2、VPg、NIa-Pro、NIb 和 CP（Revers and Garcia，2015）。另外，TuMV 的 P3 编码区还有一个保守的聚合酶滑移基序（5′-GAAAAAA-3′），通过聚合酶的滑移现象产生另一个短的多聚蛋白，在 P1 和 HC-Pro 的作用下，水解为 P1、HC-Pro 和 P3N-PIPO 三个蛋白质。TuMV 的 P3 编码区还编码了另一个截短蛋白，由 P3 编码序列中的+1 转录滑移产生，被命名为 P3N-ALT。最近研究发现，TuMV 的负义 RNA 链可能通过 IRES 表达，并且最少一个小肽在病毒侵染中具有重要的作用（Cheng et al.，2024）。TuMV 由于可侵染拟南芥（*Arabidopsis thaliana*）与本氏烟（*Nicotiana benthamiana*）等模式植物，因此常被作为马铃薯 Y 病毒属病毒的模式病毒用于病毒致病和植物抗病毒研究。

（三）传播与流行

TuMV 主要由蚜虫以非持久性方式传播，已知在自然条件下可以被 89 种蚜虫传播。但不同 TuMV 分离物及不同蚜虫的传播效率存在差异，有些 TuMV 仅可被低效率传播，而另一些分离物可能不能被蚜传，可能是蚜传辅助因子或外壳蛋白顺反子的突变所致。在人工条件下，TuMV 也可以通过汁液及机械摩擦接种的方式传播。此外，在一些芸薹属植物中 TuMV 还可以通过种子传播。据推测，种子可能是 TuMV 从北美传播扩散至全球的首要因素。TuMV 具有强大的快速进化和分化能力，以提高对环境和寄主的适应性。同时，重组也是 TuMV 快速突变、适应新寄主和突破抗性品种的主要因素之一。由于 TuMV 的快速进化和分化能力，TuMV存在非常复杂的株系分化。根据TuMV的序列、症状等因素，TuMV被分为World-B、Basal-B、Basal-BR、Asian-BR、Orchis和Iranian6个株系。我国主要存在World-B、Asian-BR和Basal-BR株系。World-B株系主要侵染白菜，而Basal-BR株系主要侵染萝卜。

（四）防控措施

TuMV 寄主范围广，遗传变异性高，传播方式多样，因此很难通过化学药剂等传统方法控制该病毒。化学杀虫剂可以控制一种或多种蚜虫，但由于能够传播病毒的蚜虫种类有89种，这些蚜虫很快就会被其他种类的蚜虫取代，导致寄主继续受到感染。

采用抗病品种：采用抗病品种是防控病毒病害的最有效方法。针对 TuMV，目前发现两类抗性基因：显性 *R* 基因和隐性抗性基因。第一个发现的显性抗 TuMV 基因来自莴苣（*Lactuca sativa*）中的显性 *Tu* 基因。该基因与抗霜霉病（*Bremia lactucae*）的 *Dm5/8* 基因紧密连锁，但是该基因至目前还未能被克隆。目前，已从芸薹属（*Brassica*）植物中鉴定到了至少18个显性抗TuMV基因，包括 *Tu1*～*Tu4*、*TuR1*～*TuR4*、*ConTR01*、*TuRBCH01*、*Rnt1-1*、*TuMV-R*、*TuRB07*、*TuRB01b*、*TuRBCS01*、*BraA06g035130.3C*、*TuRB01*、*TuRB02*、*TuRB03*、*TuRB04*、*TuRB05*、*TuRBJU01* 及 *TuNI*（TuMV necrosis inducer）。然而，只有少数几个被定位与克隆，包括CC-NLR类的 *TuRB07*、*TuMV-R*、*BraA06g035130.3C* 和 *TuNI*，以及TIR-NLR类的 *BcTuR3*。这些基因是培育抗性品种的优良基因资源。单个显性基因提供的抗性很容易被TuMV克服。例如，TuMV可以通过在P3和CI中引入突变来突破油菜 *TuRB04* 和 *TuRB05* 提供的抗性。因此，将多个抗性基因同时引入同一个品种可以有效地减缓抗性的丧失。另一类是由于寄主植物的真核翻译起始因子eIF4E与病毒VPg不兼容形成的抗性。eIF4E在起始mRNA的翻译过程中有至关重要的作用，它具有特异性地识别mRNA 5′端帽子结构的功能，再将eIF4A、eIF4G等翻译起始因子及43S前起始复合物招募至mRNA的5′UTR结合，从而使43S前起始复合物启动起始密码子AUG扫描。马铃薯Y病毒属病毒的基因组5′端共价连接的VPg与eIF4E[部分病毒可能是eIF(iso)4E]有着非常高的亲和性，可以通过该互作来招募蛋白质翻译相关起始因子及43S前起始复合物（Coutinho de Oliveira et al.，2019）。敲除或者突变eIF4E中与VPg互作的氨基酸可以获得对TuMV的抗性。因此，可以采用培育兼有 *eIF4E* 和显性抗病基因的芸薹属作物，以最大限度维持对TuMV的抗性。

减少传毒介体：及时清除受 TuMV 感染的植物残体和铲除受感染的植物，种植非寄主边界作物以清洁蚜虫，调整种植时间以避开蚜虫迁徙高峰期，在蚜虫高峰期进行化学防控。

第四节 果树作物病毒

一、李痘病毒

（一）危害与分布

李痘病毒（plum pox virus，PPV）是核果类果树危险性最大的病毒之一。PPV最先于

1915 年在保加利亚被发现，以后迅速传遍欧洲大多数国家、地中海沿岸国家及中非、印度和智利，新西兰、美国和加拿大也有发生。PPV 传播速度快，在短时间内即可给核果类果树的发展带来灾难性的损失。PPV 自然寄主主要是核果类果树，如杏、桃、李、甜樱桃和酸樱桃等（Llacer and Cambra，2006）。果树受到 PPV 侵染后，叶片、花、果实皆表现出症状，如叶片扭曲褪绿、叶脉黄化、果实畸形变小、果实表面出现花斑等，可造成品质下降，未成熟果实大量脱落，产量严重降低。据估计，欧洲感病果树已超过 10 亿株，感病果树减产 80%以上（Llacer and Cambra，2006）。

（二）病毒特性

PPV 属于马铃薯 Y 病毒科（*Potyviridae*）马铃薯 Y 病毒属（*Potyvirus*），病毒粒子为弯曲线状，大小为 750nm×15nm。病毒基因组为正义单链 RNA（+ssRNA），全长约 9.8kb。PPV 基因组的 5′端连接 VPg，3′端具有 poly(A)结构（Glasa et al.，2013）。PPV 的蛋白质翻译策略与其他马铃薯 Y 病毒属病毒相同，基因组含有一个大的 ORF，只编码一个多聚蛋白，多聚蛋白再经蛋白酶切割加工，产生至少 10 个成熟的病毒蛋白。在感染 PPV 的寄主细胞细胞质中，可以观察到风轮状内含体。

根据 PPV 发生的地理位置、寄主范围、血清学及基因组分子特性，可将 PPV 划分为 6 个株系：D 株系、M 株系、EA 株系、C 株系、R 株系和 W 株系。目前 D 株系及 M 株系是 PPV 最主要的 2 种流行株系。D 株系最开始从法国的杏树上发现，是西欧及美洲发生最严重的株系。D 株系通过蚜虫传播的侵染性低，比其他株系更容易根除。M 株系最早在智利的桃树上发现，主要发生在欧洲南部、东部及中部地区的桃树上，很多蚜虫可以传染 M 株系，M 株系被认为是侵染力最强的 PPV 株系，造成的危害最为严重。EA 株系只在北非的埃及发现，能够侵染桃树和杏树。由于埃及常年气温较高，感染 EA 株系的寄主基本不表现症状，没有明显的坏死或褪绿环斑（Candresse and Cambra，2006）。C 株系在自然条件下只侵染甜樱桃和酸樱桃，主要发生在东欧、中欧地区及意大利，人工接种条件下，C 株系也可以侵染其他株系的寄主。R 株系是 M 株系的 *cp* 基因与 D 株系其他部分基因组重组形成，最早是于 1996 年在欧洲东部斯洛伐克的杏树上发现。W 株系是个特别的株系，2004 年在加拿大安大略省的李树上发现，W 株系与其他 PPV 株系明显不同。PPV 能侵染很多木本和草本寄主，木本寄主包括李属 24 个易侵染种类。PPV 侵染李、杏、桃、樱桃李和洋李等经济作物，能在寄主叶片和果实上引起痘泡症状。

（三）传播与流行

PPV 通过蚜虫以非持久性传毒，蚜虫在果园内或果园间短距离传毒。蚜虫获毒时间为 30s，持毒时间 1h。已知的传毒蚜虫至少有 13 种，日本绣线菊蚜和桃蚜是 PPV 最主要的传毒介体，具有较高的传毒效率。PPV 也可依靠种子、苗木等繁殖材料远距离传播（郑耘等，2008）。

（四）防控措施

加强植物检疫：我国于 2007 年将 PPV 列为入境植物检疫性有害生物，要加强检疫制度，阻止从发现 PPV 的国家及地区引进植物繁育材料，防止 PPV 长距离扩散。

抗病育种：培育抗病和耐病品种能有效地解决 PPV 的蔓延。欧洲国家的许多抗（耐）PPV 的李栽培种可以在严重发病地区生长。

清除感病树体：新建果园要求彻底铲除感染 PPV 的李、樱桃李、杏等核果类寄主，这一措施特别适用于轻度感染地区建立的新果园。可用 ELISA 试剂盒检测 PPV，如果发现阳性寄主，立即销毁这株寄主周边 500m 内所有的果树（谷大军和张琪静，2013）。

应用无病毒繁殖材料：新建立的种植园必须采用无病毒繁殖材料，这是防治 PPV 的首要步骤。将温热疗法脱毒种苗的顶芽嫁接到无毒砧木上，可以显著降低发病率。

控制蚜虫数量：防治蚜虫以控制病毒传播是保护苗圃、新建果园和李痘病毒发病较轻地区不可缺少的措施，具体方法参考黄瓜花叶病毒。

二、柑橘衰退病毒

（一）危害与分布

柑橘衰退病毒（citrus tristeza virus，CTV）引起的柑橘衰退病是世界范围内影响柑橘生产的最严重的病害之一（Lee，2015）。CTV 是世界性的柑橘病毒病害，在我国各柑橘产区也普遍发生，对全世界的柑橘产业造成了严重威胁。CTV 能够侵染大多数柑橘属植物和一些柑橘属亲缘植物，目前尚无 CTV 侵染草本寄主的报道。并不是所有的 CTV 分离物侵染寄主后均表现明显症状，一些弱毒株系感染寄主后隐症或仅在墨西哥莱檬上产生轻微的明脉或斑点，弱毒株系经常被用来交叉保护强毒株系的侵染（周彦等，2008）。发病症状主要有三种类型：第一种为速衰型，柑橘树体快速衰退甚至死亡；第二种为苗黄型，柑橘苗木的叶片黄化；第三种为茎陷点型，柑橘植株矮化，树势衰退，剥开枝梢的皮层，可见木质部有明显的陷点或陷条，有时充胶，枝条脆弱极易折断，叶片呈现主脉黄化，果实变小。

（二）病毒特性

CTV 属于长线病毒科（*Closteroviridae*）长线病毒属（*Closterovirus*），病毒粒子为线性，大小为 2000nm×12nm。病毒基因组为正义单链 RNA（+ssRNA），全长 19 296nt，是已知植物病毒中基因组最大的病毒。CTV 基因组包含 12 个 ORF，至少编码 19 个大小不同的蛋白质（Moreno et al.，2008）。ORF1a 和 ORF1b 是直接从基因组 RNA（gRNA）的 5′端翻译出的病毒复制所需的多聚蛋白，多聚蛋白包含 2 个类木瓜蛋白酶结构域 L1 和 L2，即甲基转移酶结构域（MT-like domain）和螺旋酶结构域（Hel-like domain）。ORF2～ORF11 编码的蛋白质分别为 P33、P6、P65（70kDa 热激蛋白 Hsp70 的同源物）、P61、P27（次要外壳蛋白 CPm）、P25（主要外壳蛋白 CP）、P18、P13、P20 和 P23，这些蛋白质均是以 3′端亚基因组 RNA（sgRNA）为模板进行翻译而来（Sun and Svetlana，2019）。各个蛋白质在病毒侵染的不同阶段发挥其相应作用，P6、P65、P61、CP 和 CPm 是长线病毒科病毒所共有的，参与病毒的装配和移动，若缺失 P65 或 P61 会导致 CTV 粒子装配非常缓慢，且影响 CPm 的包装效率。而 P33、P18、P13、P20 和 P23 是 CTV 特有的，P33、P18 和 P13 可以扩大

CTV 的寄主范围，P33 能够通过 N 端的螺旋结构发生自身互作，特异性参与病毒的运动，调节寄主的免疫应答，减轻 CTV 对寄主的危害（Tatineni et al.，2011）。另外，P20、P23 与 CP 一起还能发挥 RNA 沉默抑制子的作用。CTV 存在明显的株系分化现象，根据 CTV 不同分离物在墨西哥莱檬、甜橙、酸橙、以酸橙为砧木的甜橙和葡萄柚 5 种指示植物上所显示的症状特点，可以把 CTV 划分为 3 个株系，即速衰株系（QD）、苗黄株系（SY）和茎陷点株系（SP）（Dawson et al.，2015）。

（三）传播与流行

CTV 可以通过橘蚜（*Toxoptera citridus*）、棉蚜（*Aphid gossypii*）、锈线菊蚜（*A. citricola*）和橘二叉蚜（*T. aurantii*）等蚜虫以非循回型半持久性方式传播，也可以通过嫁接传播。一般情况下橘蚜和棉蚜为 CTV 的最有效传播介体。橘蚜能够传播 CTV 的各种株系，但对强毒株系的传播效率高于弱毒株系，还能够传播潜伏侵染的株系。此外，CTV 还可以通过两种菟丝子植物传播。

（四）防控措施

加强植物检疫：防止引起甜橙严重茎陷点的强毒株系传入。CTV 可通过苗木和接穗远距离传播，用无毒苗木是防治 CTV 的根本途径。严格执行检疫制度，避免带毒苗木和带毒芽嫁接传播。

进行农业防治：发病严重果园，应铲除发病树体，更新种植抗病性强的树种。对于发病较轻的枝梢，应及时修剪并在修剪口涂愈伤防腐膜促进伤口愈合。

防治传毒昆虫：具体方法参考黄瓜花叶病毒。

三、香蕉束顶病毒

（一）危害与分布

香蕉束顶病（banana bunchy top disease，BBTD）的病原为香蕉束顶病毒（banana bunchy top virus，BBTV）。该病于 1889 年首次在斐济被发现，之后在澳大利亚、印度、巴基斯坦、印度尼西亚、中国、加蓬、太平洋诸岛屿、埃及、刚果、菲律宾、越南等其他国家和地区陆续被报道。20 世纪，香蕉束顶病成为香蕉上重要的毁灭性病害之一，该病威胁亚洲、非洲和南太平洋地区共约世界 1/4 香蕉产区的生产。我国香蕉束顶病在福建、广东、广西、云南和海南等香蕉主要产区流行，造成重大经济损失，严重制约了当时香蕉产业的发展（余乃通和刘志昕，2011）。香蕉束顶病在香蕉整个生长季节均可发生，苗期感病植株矮缩，新生叶片变短变窄，束状丛生，叶脉上首先出现深绿色点线状的“青筋”；中苗期感病植株嫩叶初呈黄白色，后逐渐产生暗色条纹，向主脉扩展；孕穗后期感病，嫩叶失绿，抽穗停滞；初穗期感病，叶片表现出花叶症状，穗轴不再下弯，香蕉停止生长；抽穗后期感病，香蕉同样停滞生长，病株根系生长不良或烂根，假茎基部微紫红色，解剖假茎可见褐色条纹，外层鞘皮随叶片干枯变褐或焦枯，少数晚期受害的香蕉植株果形变细、果味变淡，失去商品价值。

（二）病毒特性

BBTV 属于矮缩病毒科（*Nanaviridae*）香蕉束顶病毒属（*Babuvirus*），病毒粒子球状，直径为 18～20nm，基因组为 ssDNA，呈环状。BBTV 基因组至少由 6 个大小为 1.0～1.1kb 的环状 ssDNA 组成，分别命名为组分 1～组分 6，都由编码区和非编码区两部分构成。在编码区内，除组分 1 编码大小两个 ORF 外，其他组分均为单顺反子。BBTV DNA1 组分（DNA-R）编码一个分子量大小约为 33.5kDa 的复制起始蛋白（replication initiation protein，Rep）和一个 5kDa 的未知小蛋白质；DNA2（DNA-U3）组分的 ORF 可能编码一个尚不知道其功能、分子量大小为 4.5～10kDa 的蛋白质，DNA2 编码框在不同分离物之间变异大，主要表现在病毒的转录和翻译起始位置不保守，编码框可变。DNA3（DNA-S）组分编码一个分子量大小约 19.6kDa 的外壳蛋白（CP）；DNA4（DNA-M）组分编码一个运动蛋白（MP）（孙德俊等，2002）；DNA5（DNA-C）组分编码的 Clink 蛋白含有 LXCXE 基序，能与成视网膜瘤（Rb）蛋白相结合，参与寄主细胞的周期调控，以此来侵染香蕉植株；DNA6（DNA-N）组分编码核穿梭蛋白（nuclear shuttle protein，NSP），MP 和 NSP 的特征与双生病毒的 BC1 和 BV1 相似，且 MP 可以把 DNA-NSP 复合物运输到细胞外围，有助于病毒在香蕉体内的侵染。mRNA 转录物 3′端都有 poly(A)和富含 GT 区，在非编码区有 3 个同源序列，即主要共同区（CR-M）、茎环共同区（CR-SL）和潜在的 TATA box。CR-M 定位于茎环共同区的 5′端上游，由 66～92 个核苷酸组成，内含一个 16 个核苷酸组成的完全重复序列和一个 GC box，CR-M 由位于 CR-M 5′端的 domain Ⅰ、位于 CR-M 3′端的 domain Ⅲ及位于Ⅰ和Ⅲ之间的 domain Ⅱ组成。CR-SL 的环上有一个高度保守的 9 核苷酸序列（5′-TANTATTAC-3′；N 表示任何碱基）。

（三）传播与流行

BBTV 仅由香蕉交脉蚜（*Pentalonia nigronervosa*）以持久性方式传播，不能通过汁液摩擦或土壤传播，也不能通过植株根部自然交接和菟丝子传播。BBTV 的短距离传播依靠香蕉交脉蚜，而远距离传播依靠带病繁殖材料。目前已报道 8 种 BBTV 寄主均属芭蕉科。香蕉交脉蚜获毒饲育期为几小时至 48h，虫卵不能传毒。香蕉束顶病的发生与各地的温度及香蕉生长季节有关。在福建一般 4～6 月为发病高峰期，在云南 5～7 月为发病高峰期，在台湾 7～8 月为发病高峰期。在干旱少雨季节，由于香蕉交脉蚜繁殖量大，有翅蚜变多，香蕉束顶病容易发生流行。在雨多、天气潮湿的年份和季节，香蕉交脉蚜死亡较多，此病发生较少。

（四）防控措施

严格检验制度：建立无病苗圃，选种无病蕉苗。对无病区或新植蕉园，要把好蕉苗关，大面积种植香蕉要求采用香蕉组培苗，必须按检疫规定对各组培企业生产的香蕉苗进行严格检验，杜绝调运病区蕉苗，禁止未经检疫的试管苗上市，建立完善的检疫制度，确保每批香蕉种苗不带病毒。

进行农业防治：实行稻蕉轮作，发现感病蕉株，先用除草剂（如草甘膦）杀死病株后再挖除，并把地下部的球茎挖干净，集中烧毁，防止长出新芽苗。病穴撒施石灰消毒，控制病毒传染。合理施用氮、磷、钾，提高植株抗性和免疫力，切忌偏施氮肥。

化学药物防治：每亩取40g稀土微肥用乙酸溶解兑水40kg从树冠顶心灌浇假茎，其他化学防治措施参考CMV。

第五节 花卉植物病毒

一、香石竹斑驳病毒

（一）危害与分布

香石竹斑驳病毒（carnation mottle virus，CarMV）主要侵染石竹科植物，是侵染香石竹的主要病毒之一。感染CarMV的香石竹植株矮化，生长衰弱，新叶褪色呈斑驳状，老叶卷曲，花朵变小、花色变异呈杂色，花苞开裂，大大降低了香石竹的产量和品质。CarMV广泛分布于世界石竹花种植地区，严重影响其观赏价值、经济价值及进出口贸易。CarMV对香石竹的侵染率高、危害重，引起了世界各国的高度重视，南非、意大利、马耳他、新西兰等国家将CarMV列为禁止入境的检疫对象或列为限制进口对象。CarMV在福建、云南等花卉生产大省广泛分布，CarMV是昆明地区香石竹上的优势病毒。

（二）病毒特性

CarMV属于番茄丛矮病毒科（*Tombusviridae*）香石竹斑驳病毒属（*Carmovirus*），病毒粒子球状，直径为30nm，无包膜。在电镜下观察香石竹病叶超薄切片，可看到病毒粒子在木质部导管中聚集排列成晶状或散生，而细胞质中病毒排列在鞘状膜的结构中。CarMV基因组为正义单链RNA（+ssRNA），基因组全长为4003nt，包含5个ORF（Vilar et al.，2001）。RNA的5′端有一个甲基化的核苷酸帽子，3′端无poly(A)结构。CarMV的钝化温度为80℃，稀释限点为10^{-6}～10^{-5}，体外存活期为395d。

（三）传播与流行

CarMV可通过香石竹（*Dianthus caryophyllus*）鲜切花贸易在全世界传播扩散，主要通过汁液摩擦传播，生产中带毒母株扩繁为主要的传播途径（Chen et al.，2003）。CarMV的自然寄主主要是石竹科植物，人工接种可侵染中国石竹、美国石竹、烟草、高雪轮、苋色藜、昆诺藜、墙生藜、藜麦、菠菜、番茄、千日红、番杏等多种植物。

（四）防控措施

防治香石竹病毒病最有效的措施是培育抗病品种，培育和种植无毒种苗，严格检疫，切断传播途径，消灭初侵染毒源等。目前生产上多用扦插或组织培养进行繁殖，这些无性繁殖材料必须采自健株或进行茎尖培养获得无毒种苗。卫生防病和药剂防治具体参考 TMV。

二、百合无症病毒

（一）危害与分布

百合无症病毒（lily symptomless virus，LSV）是严重影响百合花卉生产的主要病毒之一，在世界各地均有报道（Asjes，2000）。近年来，天津、厦门等口岸在从荷兰进口的百合种球中屡屡检出百合无症病毒。随着百合花卉的生产和产业的发展，LSV 的发生日益严重，给百合种植业造成了极大的经济损失。在长期无性繁殖的百合鳞茎中，LSV 的检出率可达 90%以上，感染 LSV 的百合鳞茎变小，品质严重退化。LSV 在我国各地均有发生。多数感染 LSV 的百合品种地上部分一般不产生明显症状，或叶片上产生轻度斑驳或条纹。在正常条件下，多数百合品种受到 LSV 侵染时，仅表现鳞茎缩小、切花寿命减短。但有些品种在一定温度下能显症状，如东方百合（*Lilium longiflorum*），病株在 15℃以下 2～3 个月后，叶片呈现扭曲和白色条纹。鹿子百合（*L. speciosum*）感染 LSV，叶片上产生条纹。LSV 接种麝香百合幼苗，在低于 15.5℃下生长 60～90d 后，叶片出现卷曲斑纹。

（二）病毒特性

LSV 属于乙型线状病毒科（*Betaflexiviridae*）香石竹潜隐病毒属（*Carlavirus*），病毒粒子为弯曲的线状，长度为 640nm，直径为 18nm，粒子轴线有一明显沟状结构。LSV 的外壳蛋白分子量为 32kDa，由 292 个氨基酸组成（Choi and Ryuk，2003）。LSV 是正义单链 RNA 病毒，全长约 8.4kb，具有 5′端帽子结构和 3′端 poly(A)尾，包含 6 个 ORF，只编码 4 个蛋白质，分别为依赖于 RNA 的 RNA 聚合酶（RdRp）、三基因连锁结构（TGB）、外壳蛋白（CP）和 16kDa 未知蛋白质，16kDa 蛋白质富含半胱氨酸，可能参与寄主基因的转录和 RNA 复制。LSV 致死温度为 65～70℃，稀释限点为 10^{-5}。

（三）传播与流行

在自然界中 LSV 可通过桃蚜（*Myzus persicae*）和百合西圆尾蚜（*Dysaphis tulipae*）以非持久性传毒方式传播，也可通过机械传染或叶片嫁接传染。LSV 广泛存在于商品种球。

（四）防控措施

加强检疫：防止国外带毒种球进入我国。每年需要对从国外大量引进的百合种球进行严格检疫，对入境的百合种球采取分类管理，指定从具备检疫检测能力的口岸入境（王进忠等，2005）。

进行农业防治：建立花卉脱毒种苗生产，选用无病毒鳞茎作为种源，带毒鳞茎不得用于繁殖。也可通过组织培养鳞茎快速繁殖。百合无症病毒也能为害郁金香，因此这两种花卉不能混种、套种或连作。

进行化学防治：加强蚜虫防治工作，杜绝花卉栽培过程中病毒的传播（参考 CMV）。

三、菊花 B 病毒

（一）危害与分布

菊花 B 病毒（chrysanthemum virus B，CVB）是为害菊花最严重的一种病毒，广泛分布于世界各个菊花栽培地区。CVB 侵染菊花后，在植株上多呈隐性症状，有的菊花叶片出现轻度斑驳，严重时会产生褐色枯斑，造成边花脱落。病株心叶黄化或花叶，叶脉绿色，叶片自下而上枯死；病株幼苗叶片畸形，心叶上有灰绿色略隆起的线状条纹，排列不规则，后期症状逐渐消失；叶片上产生黄色不规则斑块，边缘界限明显；叶片暗绿色，小而厚，叶缘或叶背呈紫红色，发病植株易染霜霉病和褐斑病致叶片早枯。

（二）病毒特性

CVB 属于乙型线状病毒科（*Betaflexiviridae*）香石竹潜隐病毒属（*Carlavirus*），病毒粒子为杆状，大小为 685nm×12nm，基因组为正义单链 RNA（+ssRNA），大小约为 9.0kb，包含 6 个 ORF，3′端具有 poly(A)结构。ORF1 编码一个具有甲基转移酶和解旋酶活性的 RNA 复制酶（replicase），ORF2～ORF4 为三个基因相互重叠区，称为三基因区段（triple gene block，TGB），编码病毒转运和细胞膜修饰相关蛋白质；ORF5 编码衣壳蛋白（CP）；ORF6 编码一个 12kDa 的富含半胱氨酸蛋白（cysteine-rich protein，CRP），可抑制植物的 RNA 沉默（Chirkov et al.，2022）。CVB 致死温度为 60～65℃，体外存活期为 1～6d，稀释限点为 10^{-3}～10^{-2}。

（三）传播与流行

CVB 传染性强，主要通过桃蚜、菊蚜、萝卜蚜等几种蚜虫以非持久性方式传播，也可以汁液摩擦传染，CVB 还可在留种菊花母株内越冬，通过分根、扦插繁殖传毒（Singh et al.，2007）。在田间蚜虫发生早、发生量大的地区或年份易发病，菊花单种、土壤贫瘠、管理粗放、距村庄近的地块发病重。

（四）防控措施

加强植物检疫：感病菊花是带毒体，引种时要严格检疫，防止菊花种苗人为传播到无病区。

培养无毒无病苗：从无病株上采条作繁殖材料，使用茎尖组织培养获得脱毒苗。生产上经过热处理的菊花，病毒被钝化，可用来作繁殖材料。

进行药剂防治：具体措施参考 CMV。

小 结

根据国际病毒分类委员会（ICTV）2024年发布的数据，目前全世界共发现大约2000多种植物病毒。农业生产中植物病毒病造成的危害仅次于真菌，每年都在全球造成巨大的经济损失。几乎每种农作物都会受到几种到几十种植物病毒的侵染，病毒影响作物的生长和发育，引起农作物产量和品质的严重损失，甚至可能导致农作物绝产，对全球农业构成重大威胁。据统计，全世界每年因植物病毒病为害造成的直接农业损失高达150亿美元以上，我国许多重要的粮食作物和经济作物，以及蔬菜、果树和花卉等每年因病毒病造成的直接经济损失达10亿美元以上。烟草花叶病毒、番茄斑萎病毒、番茄黄化曲叶病毒、黄瓜花叶病毒等重要病毒寄主范围广，在全世界广泛流行。因此，识别这些重要病毒病的症状，了解重要病毒的生物学特性及病毒病的传播和流行规律，制订重要病毒病的有效防治措施并降低病毒病造成的损失均具有极其重要的意义。

复习思考题

1. 简述南方水稻黑条矮缩病和水稻条纹叶枯病病原生物特性及症状和传播介体的差异。
2. 简述番茄黄化曲叶病的传播、流行和防治措施。
3. 阐述烟草普通花叶病和烟草黄瓜花叶病的传染方式及防治措施的异同点。
4. 简述如何强化植物检疫措施防控花卉病毒病。

主要参考文献

谷大军，张琪静. 2013. 核果类果树李痘病毒研究进展. 中国果树, (5): 65-68.

黄婷，吴云锋，陈伟，等. 2013. 烟草品种对烟草花叶病毒和黄瓜花叶病毒的抗性鉴定. 植物病理学报, 43: 50-57.

刘迪，范志业，陈琦，等. 2020. 146 个小麦品种(系)对小麦黄花叶病毒病的抗性分析. 麦类作物学报, 40: 1175-1184.

刘明航，冯黎霞，吴小瑶. 2020. 广州海关入境运输工具上全国首次截获玉米褪绿斑驳病毒. 植物检疫, 34(2): 17.

刘万才，陆明红，黄冲，等. 2016. 我国南方水稻黑条矮缩病流行动态及预测预报实践. 中国植保导刊, 36(1): 20-26.

秦萌，何佳遥，赵守歧，等. 2017. 基于 Maxent 模型的玉米褪绿斑驳病毒潜在地理分布研究. 中国植保导刊, 37(11): 63-69.

石钰杰，马子玥，杨秀玲，等. 2022. 警惕番茄褐色皱纹果病毒在我国的传播和危害. 植物保护, 48(6): 42-48.

孙德俊, 孙卉, 魏红艳, 等. 2002. 香蕉束顶病毒中国漳州分离物DNA4编码区功能研究. 自然科学进展, 12: 708-712.

王进忠, 贾慧, 文思远, 等. 2005. 百合病毒的DNA芯片检测技术研究. 中国病毒学, 20: 429-433.

于海龙, 张正海, 曹亚从, 等. 2019. 辣椒抗黄瓜花叶病毒病研究进展. 园艺学报, 46: 1813-1824.

余乃通, 刘志昕. 2011. 香蕉束顶病毒研究新进展. 微生物学通报, 38: 105-113.

张超, 战斌慧, 周雪平. 2017. 我国玉米病毒病分布及危害. 植物保护, 43 (1): 1-8.

张彤, 周国辉. 2017. 南方水稻黑条矮缩病研究进展. 植物保护学报, 44: 896-904.

郑耘, 杨伟东, 章桂明, 等. 2008. 李痘病毒及其风险分析. 植物检疫, (4): 239-242.

周彦, 周常勇, 李中安, 等. 2008. 利用弱毒株交叉保护技术防治甜橙茎陷点型衰退病. 中国农业科学, 41:4085-4091.

周益军. 2010. 水稻条纹叶枯病. 南京: 江苏科学技术出版社.

Asjes C J. 2000. Control of aphid-borne lily symptomless virus and lily mottle virus in lilium in the Netherlands. Virus Research, 71: 23-32.

Bhoi T K, Samal I, Majhi P K, et al. 2022. Insight into aphid mediated potato virus Y transmission: a molecular to bioinformatics prospective. Frontiers in Microbiology, 13: 1001454.

Candresse T, Cambra M. 2006. Causal agent of sharka disease: historical perspective and current status of plum pox virus strains. EPPO Bulletin, 36: 239-246.

Chen C C, Ko W F, Lin C Y, et al. 2003. First report of carnation mottle virus in calla lily (*Zantedeschia* spp.). Plant Disease, 87: 1539-1539.

Chen J, Chen J P, Yang J P, et al. 2000. Differences in cultivar response and complete sequence analysis of two isolates of wheat yellow mosaic bymovirus in China. Plant Pathology, 49: 370-374.

Chen J, Zhao Y X, Luo X J, et al. 2023. NLR surveillance of pathogen interference with hormone receptors induces immunity. Nature, 613: 145-152.

Cheng X, Wu X, Fang R. 2024. The minus strand of positive-sense RNA viruses encodes small proteins. Trends in Microbiology, 32: 6-7.

Chirkov S N, Sheveleva A, Snezhkina A, et al. 2022. Highly divergent isolates of chrysanthemum virus B and chrysanthemum virus R infecting chrysanthemum in Russia. Peer J, 10: e12607.

Choi S A, Ryuk H. 2003. The complete nucleotide sequence of the genome RNA of lily symptomless virus and its comparison with that of other carlaviruses. Archives of Virology, 148: 1943-1955.

Coutinho de Oliveira L, Volpon L, Rahardjo A K, et al. 2019. Structural studies of the eIF4E-VPg complex reveal a direct competition for capped RNA: implications for translation. Proceedings of the National Academy of Sciences of the United States of America, 116: 24056-24065.

Dawson W O, Bar-Joseph M, Garnsey S M, et al. 2015. Citrus tristeza virus: making an ally from an enemy. Annual Review of Phytopathology, 53: 137-155.

De Groote H, Oloo F, Tongruksawattana S, et al. 2016. Community-survey based assessment of the geographic distribution and impact of maize lethal necrosis (MLN) disease in Kenya. Crop Protection, 82: 30-35.

Du Z, Chen A, Chen W, et al. 2014. Using a viral vector to reveal the role of microRNA159 in disease symptom induction by a severe strain of cucumber mosaic virus. Plant Physiology, 164: 1378-1388.

Falk B W, Tsai J H. 1998. Biology and molecular biology of viruses in the genus *Tenuivirus*. Annual Review Phytopathology, 36: 139-163.

Feng M F, Cheng R X, Chen M L, et al. 2020. Rescue of tomato spotted wilt virus entirely from complementary DNA clones. Proceedings of the National Academy of Sciences of the United States of America, 117: 1181-1190.

Fentahun M, Feyissa T, Abraham A, et al. 2017. Detection and characterization of maize chlorotic mottle virus and sugarcane mosaic virus associated with maize lethal necrosis disease in Ethiopia: an emerging threat to maize production in the region. European Journal of Plant Pathology, 149: 1011-1017.

Glasa M, Prikhodko Y, Predajňa L, et al. 2013. Characterization of sour cherry isolates of plum pox virus from the Volga Basin in Russia reveals a new cherry strain of the virus. Phytopathology, 103: 972-979.

Ilyas R, Rohde M J, Richert-Pöggeler K R, et al. 2022. To be seen or not to be seen: latent infection by tobamoviruses. Plants (Basel), 11: 2166.

Jiao Z, Tian Y, Cao Y, et al. 2021. A novel pathogenicity determinant hijacks maize catalase 1 to enhance viral multiplication and infection. New Phytologist, 230: 1126-1141.

Jiao Z Y, Tian Y Y, Wang J, et al. 2022. Advances in research on maize lethal necrosis, a devastating viral disease. Phytopathology Research, 4: 14.

Karasev A V, Gray S M. 2013. Continuous and emerging challenges of potato virus Y in potato. Annual Review of Phytopathology, 51: 571-586.

Lee R F. 2015. Control of virus diseases of citrus. Advances in Virus Research, 91: 143-173.

Li F, Qiao R, Yang X, et al. 2022. Occurrence, distribution, and management of tomato yellow leaf curl virus in China. Phytopathology Research, 4: 28.

Liu P, Zhang X, Zhang F, et al. 2021. A virus-derived siRNA activates plant immunity by interfering with ROS scavenging. Molecular Plant, 14: 1088-1103.

Liu Q, Liu H, Gong Y, et al. 2017. An atypical thioredoxin imparts early resistance to sugarcane mosaic virus in maize. Molecular Plant, 10: 483-497.

Llacer G, Cambra M. 2006. Hosts and symptoms of plum pox virus: fruiting *Prunus* species. EPPO Bulletin, 36: 219-221.

Mahuku G, Lockhart B E, Wanjala B, et al. 2015. Maize lethal necrosis (MLN), an emerging threat to maize-based food security in Sub-Saharan Africa. Phytopathology, 105: 956-965.

Moreno P, Ambrós S, Albiach-Martí M R, et al. 2008. Citrus tristeza virus: a pathogen that changed the course of the citrus industry. Molecular Plant Pathology, 9: 251-268.

Palukaitis P, García-Arenal F. 2023. Cucumoviruses. Advances in Virus Research, 62: 241-323.

Prasad A, Sharma N, Hari-Gowthem G, et al. 2020. Tomato yellow leaf curl virus: impact, challenges, and management. Trends in Plant Science, 25: 897-911.

Redinbaugh M G, Stewart L R. 2018. Maize lethal necrosis: an emerging, synergistic viral disease. Annual Review of Virology, 5: 301-322.

Revers F, Garcia J A. 2015. Molecular biology of potyviruses. Advances in Virus Research, 92: 101-199.

Rojas M, Macedo M, Maliano M, et al. 2018. World management of geminiviruses. Annual Review of Phytopathology, 56: 637-677.

Salem N, Jewehan A, Aranda M, et al. 2023. Tomato brown rugose fruit virus pandemic. Annual Review of Phytopathology, 61: 137-164.

Scheets K. 2016. Analysis of gene functions in maize chlorotic mottle virus. Virus Research, 222: 71-79.

Scholthof K B, Adkins S, Czosnek H, et al. 2011. Top 10 plant viruses in molecular plant pathology. Molecular Plant Pathology, 12: 938-954.

Sharma S K, Ghosh A, Gupta N, et al. 2022. Evidence for association of southern rice black-streaked dwarf virus with the recently emerged stunting disease of rice in North-West India. Indian Journal of Genetics and Plant Breeding, 82: 1-5.

Singh L, Hallan V, Jabeen N, et al. 2007. Coat protein gene diversity among chrysanthemum virus B isolates from India. Archives of Virology, 152: 405-413.

Spiegelman Z, Dinesh-Kumar SP. 2023. Breaking boundaries: the perpetual interplay between tobamoviruses and plant immunity. Annual Review of Virology, 10: 455-476.

Sun Y D, Svetlana Y F. 2019. The p33 protein of citrus tristeza virus affects viral pathogenicity by modulating a host immune response. New Phytologist, 221: 2039-2053.

Tatineni S, Robertson C J, Garnsey S M, et al. 2011. A plant virus evolved by acquiring multiple nonconserved genes to extend its host range. Proceedings of the National Academy of Sciences of the United States of America, 108: 17366-17371.

Vilar M, Esteve V, Pallas V, et al. 2001. Structural properties of carnation mottle virus p7 movement protein and its RNA-binding domain. Journal of Biolological Chemistry, 276: 18122-18129.

Wang Q, Zhang C, Wang Y, et al. 2017. Further characterization of maize chlorotic mottle virus and its synergistic interaction with Sugarcane mosaic virus in maize. Scientific Reports, 7: 39960.

Wang Z, Zhou L, Lan Y, et al. 2022. An aspartic protease 47 causes quantitative recessive resistance to rice black-streaked dwarf virus disease and southern rice black-streaked dwarf virus disease. New Phytologist, 233: 2520-2533.

Wu J X, Wang Q, Liu H, et al. 2013. Monoclonal antibody-based serological methods for maize chlorotic mottle virus detection in China. Journal of Zhejiang University-Science B, 14: 555-562.

Xie L, Zhang J Z, Wang Q A, et al. 2011. Characterization of maize chlorotic mottle virus associated with maize lethal necrosis disease in China. Journal of Phytopathology, 159: 191-193.

Xiong R Y, Wu J X, Zhou Y J, et al. 2009. Characterization and subcellular localization of an RNA silencing suppressor encoded by rice stripe tenuivirus. Virology, 387: 29-40.

Xu Y, Fu S, Tao X R, et al. 2021. Rice stripe virus: exploring molecular weapons in the arsenal of a negative-sense RNA virus. Annual Review of Phytopathology, 59: 351-371.

Yang J, Liu P, Zhong K, et al. 2022. Advances in understanding the soil-borne viruses of wheat: from the laboratory bench to strategies for disease control in the field. Phytopathology Research, 4: 27.

Yuan W, Chen X, Du K, et al. 2024. NIa-Pro of sugarcane mosaic virus targets corn cysteine protease 1 (CCP1) to undermine salicylic acid-mediated defense in maize. PLoS Pathogens, 20: e1012086.

Zhang S, Griffiths J, Marchand G, et al. 2022. Tomato brown rugose fruit virus: an emerging and rapidly spreading plant RNA virus that threatens tomato production worldwide. Molecular Plant Pathology, 23: 1262-1277.

Zhang Y J, Zhao W J, Li M F, et al. 2011. Real-time TaqMan RT-PCR for detection of maize chlorotic mottle virus in maize seeds. Journal of Virological Methods, 171: 292-294.

Zhou G, Wen J, Cai D, et al. 2008. Southern rice black-streaked dwarf virus: a new proposed Fijivirus species in the family *Reoviridae*. Chinese Science Bulletin, 53: 3677-3685.

Zhu M, Jiang L, Bai B H, et al. 2017. The intracellular immune receptor Sw-5b confers broad-spectrum resistance to tospoviruses through recognition of a conserved 21-amino acid viral effector epitope. Plant Cell, 29: 2214-2232.

第十三章 植物病毒的利用

本章要点

1. 掌握植物病毒基因表达调控元件的种类和分子生物学用途。
2. 熟悉植物病毒表达载体的构建策略和方法。
3. 理解病毒诱导基因沉默技术的原理和用途。
4. 了解植物病毒递送系统在基因编辑中的用途及发展方向。

本章数字资源

植物病毒结构简单，基因组较小且容易操作，早在 20 世纪 80 年代初，研究者就将重组 DNA 技术应用于植物病毒研究，使植物病毒学较早地进入了分子生物学时代。随着对植物病毒基因组结构、复制和基因表达、侵染与致病、抗病毒防御机制等分子病毒学研究的不断深入，研究者进一步利用病毒强大的复制能力、基因表达能力和系统侵染能力等，将来源于病毒的序列元件或侵染性病毒载体改造为分子生物学工具。本章将从植物病毒基因表达调控元件、植物病毒表达载体、植物病毒基因沉默载体、植物病毒基因编辑载体 4 个方面，详述病毒相关技术的原理及其在植物分子生物学、基因工程和合成生物学等领域中的用途。

第一节 植物病毒基因表达调控元件

一、转录调控序列

转录调控序列是控制 mRNA 转录的顺式作用元件，包括启动子（promoter）、增强子（enhancer）和终止子（terminator）等。在植物基因工程中，通常所指的启动子包括核心启动子、上游调控元件及增强子。其中，核心启动子通过与通用转录因子和 RNA 聚合酶复合体结合，控制基因转录的起始；增强子则与特异性转录因子结合，调节启动子活性和时空表达模式。作为基因转录的重要调控元件，启动子在基因工程领域具有重要的研究意义和应用价值。很多植物双链或单链 DNA 病毒的基因组含有高效、组成型表达的启动子序列，在植物分子生物学研究和基因工程中被广泛使用（Hull，2014）。

（一）花椰菜花叶病毒启动子

花椰菜花叶病毒（cauliflower mosaic virus，CaMV）属于花椰菜花叶病毒科（*Caulimoviridae*），病毒基因组为双链开环 DNA，但病毒复制时以 mRNA 作为中间体，通过逆转录合成 DNA，属于拟逆转录病毒（pararetrovirus）。CaMV 基因组 DNA 进入细胞核后形成闭环的双链 DNA，位于病毒基因间隔区的 35S 启动子和 19S 启动子分别引导植物转录机器产生 35SRNA 和 19S mRNA，其中 35S 启动子活性远高于 19S 启动子。CaMV 35S 启动子具有高效、组成型表达的特点，且在大量植物物种（尤其是双子叶植物）的各细胞类型和发育阶段均具有活性。近 40 年来，该启动子已成为植物表达载体构建中最常用的启动子之一，广泛用于基础植物生物学研究和商业化转基因作物品种（如抗虫性和耐除草剂性）的研发。据统计，在全球种植的所有转基因作物中，CaMV 35S 启动子或其变异体的使用率超过 60%，成为农业生物技术中最重要的核酸元件之一（Amack and Antunes，2020）。

CaMV 35S 启动子全长为 343bp，具有模块化结构，包含几个调控元件。位于转录起始位点（+1）及上游 46bp（–46）位置的为最小启动子（minimal promoter）序列，包含重要转录调控元件 TATA 框（5′-TATATAA-3′），负责引导 RNA 聚合酶从+1 位置精确起始转录，但其本身缺乏启动子活性。–90 到+1 区域为核心启动子（core promoter），除最小启动子元件外，还包含位于–85、–64 和–57 处的三个 CCAAT 盒，核心启动子具有一定的转录活性。核心启动子上游约 250bp 区域（–343～–90）为增强子序列，可显著增强转录活性，而转录起始位点下游 60 个核苷酸（+60）含有一个额外的增强子 S1（图 13-1）。研究人员通过串联重复 35S 增强子元件产生的“增强型 CaMV 35S 启动子”可使转录活性约提高 10 倍。此外，该增强子序列还可单独插入其他植物或病毒来源的启动子中以提高后者转录活性。

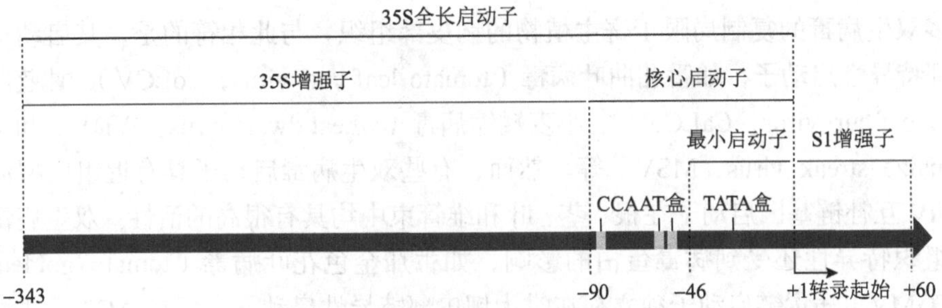

图 13-1　花椰菜花叶病毒 35S 启动子结构示意图

花椰菜花叶病毒科包括花椰菜花叶病毒属（*Caulimovirus*）、碧冬茄病毒属（*Petuvirus*）、大豆斑驳病毒属（*Soymovirus*）、木薯脉花叶病毒属（*Cavemovirus*）、杆状 DNA 病毒属（*Badnavirus*）、东格鲁病毒属（*Tungrovirus*）、茄内源病毒属（*Solendovirus*）和蔷薇 DNA 病毒属（*Rosadnavirus*）等 11 个属，这些属的病毒具有相似的基因组复制和基因表达特性。除 CaMV 外，该科的其他病毒的基因组中也包含类似型的启动子元件，如草莓镶脉病毒（strawberry vein banding virus，SVBV）、鸭跖草黄斑驳病毒（commelina yellow mottle virus，CoYMV）、玄参花叶病毒（figwort mosaic virus，FMV）、紫茉莉花叶病毒（mirabilis crinkle mosaic virus，MiCMV）、木薯脉花叶病毒（cassava vein mosaic virus，CsVMV）、香石竹蚀

环病毒(carnation etched ring virus，CERV)等。部分病毒的启动子活性类似于甚至高于 CaMV 35S 启动子，而水稻东格鲁杆状病毒（rice tungro bacilliform virus，RTBV）的启动子则为韧皮部特异性启动子。

（二）双生病毒科病毒启动子

双生病毒科（*Geminiviridae*）病毒是一类环状单链 DNA 病毒，基因组为单个（DNA）或两个（DNA A 和 DNA B）环状 DNA 组分，其启动子位于非编码区，即单组分病毒的大基因间隔区(large intergenic region，LIR)或双组分病毒相似位置的共同区(common region，CR)。双生病毒启动子为双向启动子，病毒链与互补链启动子内均包含 TATA 框及上游激活序列（upstream activating sequence），负责招募寄主植物的 RNA 聚合酶和转录因子。此外，病毒自身编码的 C2/AC2 蛋白也是重要的转录激活蛋白（transcription activator protein，TrAP），通过与病毒链基因启动子区的 DNA 序列互作反式激活基因转录，而 C1/AC1 与互补链启动子区的特异序列元件结合，反馈抑制自身基因的转录（Borah et al.，2016）。

双生病毒启动子的相关研究多集中在菜豆金色花叶病毒属（*Begomovirus*）和玉米线条病毒属（*Mastrevirus*）中。在双生病毒的双向启动子中，互补链基因方向的启动子具有相对更高的活性，但通常仍低于 CaMV 35S 启动子，如非洲木薯花叶病毒(African cassava mosaic virus，ACMV）DNA A 互补链基因启动子在烟草原生质体中的活性是 CaMV 35S 启动子的 1/40，但也有例外，木尔坦棉花曲叶病毒（cotton leaf curl Multan virus，CLCuMuV）互补链基因启动子的活性是 CaMV 35S 启动子的 3～5 倍，且当缺失上游负调控元件序列时，其平均活性可达 CaMV 35S 启动子的 10 倍，是一类极具应用潜能的强启动子。对于双组分双生病毒而言，DNA A 比 DNA B 的互补链基因启动子活性更高。

很多双生病毒的复制局限于寄主植物的韧皮部组织，与此相符的是，其启动子多表现为韧皮部特异性启动子，如番茄曲叶病毒（tomato leaf curl virus，ToLCV）、甘蓝曲叶病毒（cabbage leaf curl virus，CaLCuV）、小麦矮缩病毒（wheat dwarf virus，WDV）和玉米线条病毒（maize streak virus，MSV）等。然而，有些双生病毒启动子具有近组成型活性，如 CLCuMuV 互补链基因启动子在根、茎、叶和维管束中均具有很高的活性。双生病毒启动子活性和组织特异性还受到病毒蛋白的影响，如番茄金色花叶病毒（tomato golden mosaic virus，TGMV）病毒链启动子独立存在时为韧皮部特异性启动子，但在 AC2 反式激活蛋白存在的情况下则可以在所有植物组织中表达。

一些单组分双生病毒还伴随一类β卫星（betasatellite）核酸分子，如 CLCuMuV、胜红蓟黄脉病毒(ageratum yellow vein virus，AYVV)、中国番茄黄化曲叶病毒(tomato yellow leaf curl China virus，TYLCCNV)、烟草曲茎病毒（tobacco curly shoot virus，TbCSV）和赛葵黄脉病毒（malvastrum yellow vein virus，MYVV）。β卫星编码一个与致病相关的βC1 蛋白，其启动子和增强子序列位于基因编码区上游 1kb 左右的位置。TYLCCNV 和 CLCuMuV β卫星启动子均为韧皮部特异性启动子，而 TbCSV β卫星启动子则在转基因烟草中表现为组成型活性。总的来说，β卫星启动子活性通常较弱，仅为 CaMV 35S 启动子的 13%～44%。

（三）矮缩病毒科病毒启动子

矮缩病毒科（*Nanoviridae*）病毒也是一类单链 DNA 病毒，包括香蕉束顶病毒属（*Babuvirus*）和矮缩病毒属（*Nanovirus*）两个属。矮缩病毒科病毒基因组为 6～8 条闭合环状的 DNA 组分，还可能伴随 1～4 条卫星 DNA 组分。该科病毒的不同 DNA 组分均为 1kb 左右长度，每个 DNA 组分在互补链上含有一个开放阅读框，基因间隔区（intergenic region，IR）内含有启动子和终止子序列。不同矮缩病毒，或同一种病毒不同基因组组分的启动子活性和表达模式可能存在区别。例如，香蕉束顶病毒（banana bunchy top virus，BBTV）C1～C6 组分启动子活性较低且局限于韧皮部相关细胞，而紫云英矮缩病毒（milk vetch dwarf virus，MDV）C4～C9 组分的启动子在韧皮部和分生组织中有活性，C8 组分启动子在叶肉和根茎皮层细胞中有不同程度的表达。相比而言，矮缩病毒编码次要和主要复制相关蛋白的基因组组分启动子活性较低，而编码病毒衣壳蛋白 CP、MP、核穿梭蛋白的基因组组分启动子活性相对较高。

二、翻译增强元件

启动子是控制基因表达的关键元素，但翻译水平的调节也对基因表达起重要影响。在植物病毒初始侵染阶段，仅有为数不多的病毒粒子能进入寄主细胞，病毒 RNA 需要与寄主细胞中大量存在的 mRNA 竞争翻译机器，合成病毒蛋白并起始病毒复制过程。因此，许多病毒进化了多种机制用于高效招募寄主翻译因子和核糖体。植物正链 RNA 病毒基因组是已知翻译效率最高的 mRNA 之一，这些病毒 RNA 的非编码区常常含有特异性翻译增强序列元件，在植物基因工程中被广泛使用（Hull，2014）。

（一）烟草花叶病毒 Ω 前导序列

来源于烟草花叶病毒（tobacco mosaic virus，TMV）基因组 5′非翻译区（UTR）的 Ω 前导序列（leader）是使用最为广泛的翻译增强元件。常用的 TMV Ω 序列来源于 U1 株系，长 67nt，在 TMV 其他株系中长 60～73nt，其保守的序列特征为 10～13 个串联重复的 CAA 基序，约占序列长度的一半，上下游分别含有一个较短和较长的 U 富集区（图 13-2）。当插入异源 mRNA 5′UTR 时，Ω 序列可以在烟草细胞、小麦胚芽细胞、兔网状细胞和非洲爪蟾卵母细胞中显著增强 mRNA 的翻译效率，增强幅度可高达数十倍。此外，Ω 序列在大肠杆菌细胞中可使报告基因的表达提高 2～8 倍，表明该序列对原核 70S 核糖体和真核 80S 核糖体的翻译均起到增强作用。TMV Ω 序列可作用于含有或不含有 5′端帽子结构的 mRNA，且对后者的翻译增强作用更为显著。Ω 序列的翻译促进作用不依赖于 3′端 poly(A)尾的存在，但可与 TMV 3′UTR 序列协同作用进一步提高 mRNA 的翻译效率，后者含有一个额外的翻译增强元件，包含三个连续的假节（psuedoknot）结构和一个 tRNA 样序列。在生化机制上，TMV Ω 序列通过招募翻译起始因子 eIF4G、eIF3 及热休克蛋白 Hsp101，促进翻译起始复合体的组装，这种作用在热休克条件下更为显著。

烟草花叶病毒属（*Tobamovirus*）很多病毒的基因组 5′UTR 中也含有一段与 TMV Ω 特征相似的前导序列，如番茄花叶病毒（tomato mosaic virus，ToMV）、辣椒轻斑驳病毒（pepper mild mottle virus，PMMoV)、齿兰环斑病毒（odontoglossum ringspot virus，ORSV)、红辣椒轻斑病毒（paprika mild mottle virus，PaMMV)、烟草轻型绿花叶病毒（tobacco mild green mosaic virus，TMGMV)、黄瓜绿斑驳病毒（cucumber green mottle mosaic virus，CGMMG)、油菜花叶病毒（youcai mosaic virus，YoMV)、芜菁脉明病毒（turnip vein-clearing virus，TVCV）和菽麻花叶病毒（sunn-hemp mosaic virus，SHMV）等，但目前尚不明确其是否具有类似的翻译增强作用。

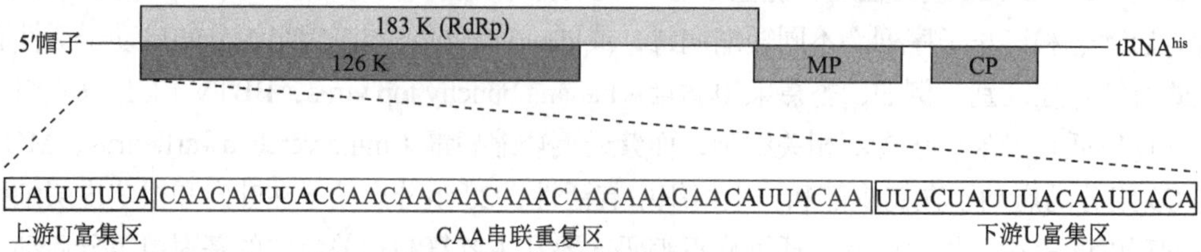

图 13-2　TMV Ω 前导序列特征

（二）烟草蚀纹病毒前导序列

烟草蚀纹病毒（tobacco etch virus，TEV）属于马铃薯 Y 病毒科（*Potyviridae*）马铃薯 Y 病毒属（*Potyvirus*），其基因组 RNA 5′端无帽子结构，但共价连接病毒蛋白 VPg，3′端含有 poly(A)尾。TEV 前导序列位于基因组 RNA 5′UTR，是另一个在植物基因工程中广泛使用的翻译增强元件。TEV 前导序列长约 143nt，富含 AT 碱基（G+C 含量 28.7%），其中位于 26～85 和 66～118 碱基位置的序列可形成两个假节结构，是增强翻译所需的关键区域，在胡萝卜原生质体中可使翻译效率分别提高 10 倍和 11 倍。此外，TEV 前导序列还具有内部核糖体进入位点（internal ribosome entry site，IRES）活性，当置于两个读码框中间时，可有效促进第二个读码框基因的翻译。TEV 前导序列的翻译增强作用不依赖于 5′端帽子结构，但可被 3′端的 poly(A)尾进一步促进，其作用机制为通过与 eIF4F 帽子结合复合体中的支架蛋白 eIF4G 直接结合，促进翻译起始复合体的组装。

除 TEV 外，在马铃薯 Y 病毒科的多种病毒中，如芜菁花叶病毒（turnip mosaic virus，TuMV)、马铃薯 Y 病毒（potato virus Y，PYV)、马铃薯 A 病毒（potato virus A，PVA)、麦类花叶病毒（triticum mosaic virus，TriMV)、李痘病毒（plum pox virus，PPV)、豌豆种传花叶病毒（pea seedborne mosaic virus，PSbMV）等，其基因组 5′UTR 含有一段 G+C 含量低（小于 30%）的前导序列，且具有与 TEV 相似的翻译增强功能。

（三）豇豆花叶病毒翻译增强元件

豇豆花叶病毒（cowpea mosaic virus，CpMV）属于伴生豇豆病毒科（*Secoviridae*）豇豆花叶病毒属（*Comovirus*)，其基因组 5′端共价连接病毒蛋白 VPg，3′端含有 poly(A)尾。CpMV 基因组包括 RNA1 和 RNA2 组分，RNA2 的复制依赖于 RNA1 编码的病毒 RNA 聚合酶。CpMV 翻译增强元件源于 RNA2 的 5′UTR 和 3′UTR，其中 5′UTR 为 511nt，其上游 161 位置处含有一个起始密码子 AUG。当该密码子被删除后，RNA2 的 UTR 序列可大大增强翻译效率，即使在没有 RNA1 存在的情况下，插入其中的外源基因表达也可达到很高水平。通过与番茄丛矮病毒（tomato bushy stunt virus，TBSV）的基因沉默抑制子 P19 共表达，可进一步增强外源蛋白的表达。

双元表达载体 pEAQ-HT（GenBank 登录号 GQ497234.1）的 T-DNA 区整合了 CpMV 翻译增强组件和 P19 表达盒，外源基因可方便地插入 CpMV 5′UTR 和 3′UTR 之间。该载体主要用于通过农杆菌浸润法在本氏烟（*Nicotiana benthamiana*）叶片组织中瞬时表达外源蛋白，当表达 GFP 时产量可达到细胞总可溶性蛋白的 25%，约 1.5g/kg 叶片鲜重。利用该载体表达分泌蛋白抗人类免疫缺陷病毒（anti-HIV）单克隆抗体 2G12 时，产率可达 0.325g/kg 叶片鲜重，并且显示出与哺乳动物细胞产生的 2G12 相似的抗 HIV 活性。pEAQ-HT 载体具有简单易用、产量高、生物安全风险低等优点，已经被全球许多实验室广泛使用，以本氏烟作为生物反应器大量生产外源蛋白。

（四）不依赖于帽子的翻译增强元件

许多正链 RNA 植物病毒的基因组 RNA 既缺乏 5′端帽子结构，又没有 3′端 poly(A)尾，因此必须采用替代的翻译机制来有效地竞争寄主核糖体（Nicholson and White，2011）。与上述位于 5′UTR 的前导序列不同，一些病毒的翻译增强序列位于 3′UTR，称为 3′不依赖帽子的翻译增强元件（3′ cap-independent translation enhancer，3′-CITE），对于病毒基因组 RNA 的高效翻译至关重要。例如，黄症病毒属（*Luteovirus*）的大麦黄矮病毒（barley yellow dwarf virus，BYDV）、香石竹环斑病毒属（*Dianthovirus*）的红三叶草坏死花叶病毒（red clover necrotic mosaic virus，RCNMV）、幽影病毒属（*Umbravirus*）的烟草丛顶病毒（tobacco bushy top virus，TBTV）等病毒，其基因组 3′UTR 均含有一种 BYDV 样 CITE 结构（BTE），包含一个保守的 17nt 序列 5′-GAUC<u>CCUG</u>GGAAA<u>CAGG</u>-3′（下划线序列可配对）形成的茎环结构。卫星烟草坏死病毒（satellite tobacco necrosis virus）RNA 含有另一种类型的 3′-CITE，称为翻译增强元件结构域（TED），由一个带有多个突起的茎环组成。TBSV 基因组 3′UTR 的 3′-CITE 可形成一个 Y 形结构（YSS），该结构在番茄丛矮病毒属（*Tombusvirus*）许多病毒中保守，而芜菁皱缩病毒（turnip crinkle virus，TCV）的 3′-CITE 形成 T 形结构（TSS）。

3′-CITE 通常能够结合并招募翻译机器相关组分，如 BTE 与翻译起始因子 eIF4G 结合，TED 与帽子结合蛋白 eIF4E 互作，TBSV YSS 元件与帽子结合复合体 eIF4F（包含 eIF4E 和 eIF4G）互作，而 TCV TSS 元件则直接结合 80S 和 60S 核糖体亚基。此外，大多数植物病毒 3′-CITE 能与其 RNA 5′端的特定序列发生长距离 RNA-RNA 相互作用，从而将招募的翻译机器传递到基因组 5′端，促进翻译的有效起始。

三、自身切割核酶

核酶（ribozyme）是一类具有生物催化活性的 RNA 分子，在自然界的生物体中广泛存在。根据其大小可分为大分子核酶和小分子核酶，前者包括第一类内含子、第二类内含子（intron）、核糖核酸酶 P（RNase P）的 RNA 亚基等，后者则包括可自身切割的小分子 RNA。其中，来源于植物类病毒（viroid）或类病毒样环状卫星 RNA（virusoid）的核酶具有分子量小、结构简单、易于设计和催化活性强等特点，可介导 RNA 的顺式（分子内）或反式（分子间）切割，在生物化学与分子生物学研究、合成生物学、基因工程和疾病治疗等方面显示出广阔的应用前景。

（一）锤头状核酶

锤头状核酶（hammerhead ribozyme）于 1986 年最早发现于烟草环斑病毒卫星 RNA 及鳄梨日斑类病毒（avocado sunblotch viroid，ASBVd）中，随后在鳄梨日斑类病毒科（*Avsunviroidae*）的其他类病毒、线虫传多面体病毒属（*Nepovirus*）、黄症病毒属（*Luteovirus*）和南方菜豆花叶病毒属（*Sobemovirus*）的病毒伴随的卫星 RNA 中也陆续得到鉴定（de la Peña et al.，2017）。这类环状 RNA 分子以滚环（rolling cycle）方式复制，合成多拷贝串联重复的 RNA 中间体，后者通过核酶催化的自身切割反应产生单拷贝的病毒 RNA 分子。除这些植物病原物外，锤头状核酶也广泛存在于蝾螈基因组的卫星 DNA 转录本及细菌、植物、动物（不包括人类）乃至人类基因组的逆转录元件（retroelement）、内含子、环状 RNA 分子中（Hammann et al.，2012）。

锤头状核酶是最小的有催化活性的 RNA 之一，也是第一个通过 X 射线确定晶体结构的核酶，其催化机制得到了透彻的研究。具有催化活性的最小的锤头状核酶序列由三个配对的螺旋结构（1、2 和 3）围绕一个由 15 个保守（大部分是不变的）核苷酸组成的核心区域构成，这些保守的核心碱基对于核酶的催化活性至关重要（图 13-3A）。当催化 RNA 切割时，来自 G_{12} 的 N^1 原子是参与亲核攻击的关键碱基，该原子通过氢键与 H_{17} 的 2′—OH 相结合，二价金属阳离子（Mg^{2+}和 Mn^{2+}等）能够激活 G_{12}，并有助于活性位点的排列与组织。锤头状核酶切割产生的 5′端产物含有 2′,3′-环磷酸末端，而 3′端产物的 5′端带有羟基。在自然状态下，锤头状核酶顺式催化自身 RNA 切割，无法催化多次循环反应。经改造为反式切割核酶后，锤头状核酶链可多次循环剪切底物链（de la Peña et al.，2017）。

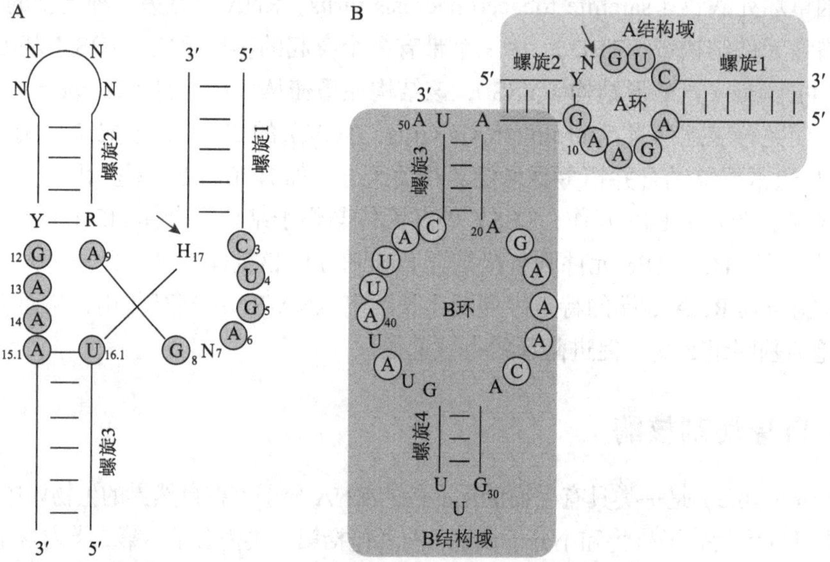

图 13-3　锤头状核酶（A）和发夹状核酶（B）二级结构示意图

圆圈表示对核酶催化活性起重要作用的保守碱基，红色箭头示意切割位点。N. 任意碱基；H. 除G外的其他碱基（A/C/U）；Y. 嘧啶碱基；R. 嘌呤碱基

（二）发夹状核酶

发夹状核酶（hairpin ribozyme）最初发现于烟草环斑病毒卫星 RNA 负链 RNA 中，随后在菊苣黄斑驳病毒 1（chicory yellow mottle virus 1）和南芥菜花叶病毒（arabis mosaic virus）伴随的卫星 RNA 中报道，因其活性中心的二级结构形似发夹而得名。与锤头状核酶类似，发夹状核酶的自切割活性参与这些环状卫星 RNA 的复制，催化其单拷贝 RNA 的释放和环化。锤头状核酶催化自身切割的活性比连接反应的活性高 100 倍；相反，发夹状核酶催化连接反应的活性更强，比切割反应的活性要高近 10 倍（Walter and Burke，1998）。

最小的发夹状核酶约由 50 个核糖核苷酸组成，当与底物 RNA 结合时折叠成两个结构域，分别包括一个内部环隔开的两段短配对螺旋结构。A 结构域（螺旋 1-A 环-螺旋 2）包含了底物和核酶的主要底物识别区域，B 结构域（螺旋 3-B 环-螺旋 4）则包含了核酶的催化活性中心。该两个结构域通过一个磷酸酯键连接起来，该键将螺旋 2 与螺旋 3 相连。在保证碱基互补的前提下，改变螺旋结构中核苷酸的序列并不影响核酶的催化功能。相反，环上的核苷酸大多不能随意改变，它们的突变或被修饰都可能影响切割效率。切割反应发生在底物环的 N 与 G 之间，产生 2′,3′-环磷酸和 5′-羟基端（图 13-3B）。

（三）核酶的生物技术应用

天然小分子核酶可通过人为设计，对特异性靶标 RNA 进行顺式或反式切割，因此核酶也称为 RNA 剪刀。在分子生物学研究中，核酶可以化学合成，也可由载体转染细胞进行持久或瞬时表达，通过反式切割靶 RNA 以阻止其翻译，用来研究基因的功能。根据核酶的顺式切割特性，可将核酶与目标 RNA 分子进行融合表达，利用其自身裂解活性获得末端精确加工的 RNA 分子。例如，在 CRISPR/Cas 基因编辑中，核酶被广泛用于加工向导 RNA，以去除末端多余序列，提高核酸酶靶向和切割活性。此外，在 RNA 病毒反向遗传学研究中，质粒载体转录合成的病毒 RNA 末端常常含有额外的序列，可严重影响病毒 RNA 的活性。此时,可将核酶序列融合于病毒序列末端,通过核酶的自剪切去除多余序列,提高病毒 cDNA 克隆的侵染性。

核酶另一个有前途的应用是病毒、癌症和遗传性疾病的基因治疗。在农业领域，研究人员将人工设计的核酶表达载体转化植物，获得了抗 TMV、抗马铃薯卷叶病毒和抗水稻条纹病毒的转基因植物。在医学领域，主要的研究集中于治疗病毒疾病，如各类肝炎病毒、人类免疫缺陷病毒、人乳头状瘤病毒及流感病毒等，其中以抗人类免疫缺陷病毒研究最多，且进入了临床试验（Bagheri and Kashani-Sabet，2004）。另外，也有研究报道利用设计的核酶阻断疾病的发展，如白血病、肿瘤、遗传疾病（慢性溶血性贫血、强直性肌营养不良、成骨不全和 Marfan 综合征）等。理论上，通过人工设计的核酶可用于控制活体细胞内任何 RNA 的含量，从而达到治疗疾病的目的。然而，当前的核酶在生物体内的活性和稳定性较低，且存在潜在的脱靶效应，尚待进一步改良提升方有望作为有潜力的核酸治疗药物。

第二节 植物病毒表达载体

随着植物基因工程的发展，利用植物作为生物反应器表达外源蛋白越来越受到人们的关注，其在生产速度、生产成本、安全性和可规模化等方面已显现出明显优势。与转基因稳定表达相比，基于植物病毒载体的瞬时表达系统具有许多优点：①病毒复制扩增使携带的外源基因高水平表达；②病毒增殖速度快，外源基因可在很短时间（通常在接种后 1～2 周内）得到大量表达；③病毒基因组小易于进行遗传操作，适于大规模商业操作；④病毒寄主范围广，一些病毒载体能侵染农杆菌不能或很难转化的单子叶、豆科和多年生木本植物，扩大了基因工程的寄主范围（Abrahamian et al.，2020）。

一、植物病毒表达载体的发展历程和特性

（一）DNA 病毒载体

由于 DNA 病毒较容易进行遗传操作，20 世纪 60 年代末双链 DNA 的花椰菜花叶病毒（cauliflower mosaic virus，CaMV）被首先用于表达载体开发。然而，该科病毒复制机制复杂（准逆转录复制），基因组编码框相互重叠，且球状的病毒粒子对外源基因承载能力有限等，制约了其作为表达载体的潜力。随后，研究者将目光转向单链 DNA 双生病毒，尝试将其改造为表达载体。双生病毒以滚环复制方式在细胞核内复制，病毒基因组极易发生重组，作为病毒载体时常导致外源基因丢失。此外，二十面体对称的双生病毒粒子结构对病毒基因组的大小有严格的限制（约 2700nt），同样难以容纳大片段外源基因的插入。

（二）正义单链 RNA 病毒载体

20 世纪 80 年代以来，随着基因工程技术的快速发展，尤其是将 RNA 递转录为 cDNA 及体外转录体系的成功建立，使得对 RNA 病毒的遗传操作变得容易。在植物 RNA 病毒中，反向遗传学系统最先在雀麦草花叶病毒（brome mosaic virus，BMV）中实现，随后被陆续应用于不同种类的正链 RNA 病毒。病毒侵染性 cDNA 克隆的构建为研究病毒分子生物学提供了强有力的工具，同时也为病毒表达载体的开发利用提供了可能。

当前广泛使用的植物病毒载体大多改造自正义单链 RNA 病毒。正义单链 RNA 病毒载体的承载能力很大程度上取决于病毒粒子形态，呈螺旋对称的杆状或线性病毒对外源片段的长度有较小的物理限制，是较为理想的病毒载体。然而，正义单链 RNA 病毒聚合酶在基因组复制时易发生模板跳跃，通过同源或非同源重组机制丢失全部或部分外源基因。当外源插入片段较大、含有未知的不稳定序列、病毒载体适合度受到较大影响时，外源基因丢失现象尤为明显。因此，即使是螺旋对称型正义单链 RNA 病毒，其可稳定装载的外源基因长度也存在局限，通常不超过 1～2kb，随着插入片段的长度增加，病毒载体的稳定性下降。

（三）负义单链 RNA 病毒载体

相比而言，植物负义单链 RNA 病毒的遗传操作更为困难，直到近年来反向遗传学技术才取得了突破（Jackson and Li，2016）。植物负义单链 RNA 病毒多为包膜病毒，病毒粒子内部的核衣壳呈螺旋对称的杆状或丝状，粒子的长度可随基因组的延长而相应地扩展，因而具有良好的外源片段包容能力。与正义单链 RNA 病毒裸露的基因组不同，负义单链 RNA 病毒基因组始终被核衣壳蛋白包裹形成核糖核蛋白复合体，大大地降低了因基因组重组导致外源片段丢失的频率，提高了载体的稳定性和承载能力。其中，负义单链 RNA 弹状病毒的基因组具有模块化结构，该特征十分便于外源转录单元的设计和插入，可允许多个外源转录单元分别插入基因组上的多个位点，以实现蛋白复合体/异源寡聚体、核糖核蛋白复合体的可调节表达。尽管如此，目前仅有少数植物负义单链 RNA 病毒建立了反向遗传学系统，阻碍了该病毒载体的利用。此外，负义单链 RNA 病毒还存在侵染效率较低、侵染速度较慢等弱点。

二、植物病毒表达载体构建策略

根据不同病毒的基因组结构和复制特点，可选择不同的外源基因引入方式构建病毒表达载体，目前采用的构建方法主要包括基因置换策略、基因插入策略、基因互补策略、融合释放策略、抗原展示策略和复制子策略等（Scholthof et al.，1996；Abrahamian et al.，2020）。

（一）基因置换策略

有些病毒的某些基因被置换后不影响病毒的侵染能力，如昆虫传播因子、外壳蛋白基因等。最早被用于构建置换载体的一个病毒是 CaMV，其基因Ⅱ编码的蚜传因子可以置换为外源基因。插入 CaMV 载体的外源基因片段大小有严格限制，一般不能超过 250bp，制约了其应用范围。另一个采用该策略的病毒载体为负链 RNA 番茄斑萎病毒（tomato spotted wilt virus，TSWV）。TSWV 为植物病毒中较为少见的囊膜病毒，囊膜病毒粒子上包被有病毒糖蛋白（glycoprotein）。糖蛋白基因是病毒入侵介体昆虫蓟马（thrip）细胞所必需的，但其缺失不影响植物寄主的系统侵染，因而可被置换为外源基因。TSWV 有广泛的寄主范围和出众的外源片段承载能力（大于 5kb），但该载体的缺点是在多种寄主植物上引起严重的坏死和萎蔫等症状。

除昆虫传播因子外，某些病毒的 *CP* 基因常被替换为外源基因，如 BMV、TBSV、马铃薯 X 病毒（PVX）、黄瓜花叶病毒（CMV）及双组分双生病毒 TGMV、ACMV 和 CaLCuV 等。利用 β-葡萄糖苷酸酶（GUS）和绿色荧光蛋白（GFP）等报告基因替代上述病毒的外壳蛋白基因的病毒表达载体均成功表达了完整的外源蛋白。与 CaMV 相比，这些载体可容纳的外源基因片段相对较大，外源蛋白的表达量也有了明显的提高。

（二）基因插入策略

基因插入策略将外源基因插入病毒本身的启动子下游，也可以在病毒的基因组中引入额外的亚基因组启动子，并在此启动子的下游插入外源基因。在采用基因插入策略时应考虑外源基因的大小、亚基因组启动子的选择和外源基因的插入位置等因素。杆状病毒和丝状病毒受包装的影响较小，可以插入较大的外源基因，因此基因插入策略通常应用于该类病毒载体的构建。在杆状病毒中，最先构建成功的是 TMV 病毒载体，外源报告基因被置于重复的亚基因组启动子后，插入在外壳蛋白和 30kDa 蛋白基因之间。然而，包含两段相同亚基因组序列的表达载体极易发生同源重组，导致外源基因的丢失。改进的方法是使用亲缘关系较近的病毒亚基因组启动子，如同一属的齿兰环斑病毒（odontoglossum ring spot virus，ORSV）的 CP 亚基因组启动子，利用该重组 TMV 载体成功表达了有活性的 α-天花粉蛋白，且表达量达可溶性总蛋白的 2%。随后，研究人员又构建了多种基因插入表达载体，如 BMV、PVX、烟草脆裂病毒（tobacco rattle virus，TRV）和竹花叶病毒（bamboo mosaic virus，BaMV）载体等。其中，PVX 载体具有寄主范围广、复制水平高、无昆虫传播媒介等优点，是一个较为理想的表达载体。

负义单链 RNA 弹状病毒基因组为线性结构，各读码框之间通常无重叠，由独立的基因间隔区分隔开，该序列与正义单链 RNA 病毒的亚基因组启动子作用类似，包含引导 mRNA 转录起始、终止和加尾的顺式作用元件。弹状病毒的基因组结构特别适合于基于基因插入策略的表达载体的构建，仅需将重复的基因间隔区和外源基因连接后插入病毒基因组，形成一个新的独立转录单元控制外源基因表达。某些弹状病毒的基因组可同时容纳 2 或 3 个独立转录单元，且根据在基因组内插入位置的不同调节外源基因的表达水平。此外，该类病毒载体基因组稳定性高，外源片承载能力强（超过 5kb），为植物和昆虫寄主的功能基因组研究提供了一个有用的工具。

（三）基因互补策略

基因互补策略将外源基因片段插入缺陷型病毒或亚病毒因子中，再通过转基因植物或与辅助病毒共侵染以互补缺陷的功能。该策略已经在多种病毒载体中得到应用，如 CaMV 和苜蓿花叶病毒（alfalfa masaic virus，AMV）等。卫星 RNA 和缺陷干扰 RNA 也可以用来作为基因互补型表达载体。例如，BaMV 卫星 RNA 作为载体，当该载体与 BaMV 共侵染时，外源基因 *CAT* 可得到大量表达。然而，缺陷型载体由于可能在复制过程中通过同源重组获得互补性基因片段，从而恢复为自主侵染载体并导致外源插入片段的丢失，该策略事实上未得到广泛应用。

（四）融合释放策略

融合释放策略建立在基因插入策略的基础上，这一策略通常在病毒基因组中引入病毒自身蛋白酶的切割加工位点或口蹄疫病毒（foot and mouth disease virus，FMDV）的 2A 蛋白酶序列，从而使外源基因与 CP 的融合表达产物能被蛋白酶切割并释放。基于这种思路构建的 PVX 融合释放载体既可以表达游离的 GFP 和 CP，也可以表达融合蛋白 GFP-CP，该融合蛋白也可参与病毒粒子的组装。此外，马铃薯 Y 病毒科的 PVY、TEV、TuMV、SMV、PPV，伴生豇豆病毒科的 CpMV、蚕豆萎蔫病毒（broad bean wilt virus，BBWV）、苹果潜隐球状病毒（apple latent spherical virus，ALSV）等通过蛋白酶加工前体蛋白的病毒也被用于构建类似的载体。

（五）抗原展示策略

部分病毒的CP基因内部的特定位点可容忍外源基因选择性的插入，而不影响病毒自身的复制、粒子组装和系统侵染。该策略利用病毒粒子多聚体结构作为支架将外源蛋白多肽展示在病毒粒子表面，使得后者更易被哺乳动物的免疫系统所识别，显著增强了某些小分子量抗原的免疫原性。TMV较早被用于构建抗原展示载体，其粒子呈杆状形态，外壳由2130个拷贝的CP亚基螺旋对称排列组成，CP的N端和C端都暴露在病毒粒子表面。研究人员将一个6bp的通读序列与异源肽基因插入在TMV基因组中的CP基因3′端，重组病毒可以产生天然CP，也可以通读合成CP-异源肽融合蛋白，且病毒粒子能正常组装和系统侵染。苜蓿花叶病毒CP能形成不同大小和形状的粒子，已用于展示40和47个氨基酸的外源肽。此外，利用CpMV、PVX、TBSV和PPV等病毒也成功构建了抗原展示载体，其中CpMV载体的应用最为广泛。CpMV病毒衣壳呈二十面体对称结构，由60个亚基排列而成，每个亚基包含一个大的和一个小的外壳蛋白。两个外壳蛋白含有暴露于粒子表面的环（loop）结构，在特定的位置插入外源序列不影响粒子的装配和系统侵染。

抗原展示策略的发展依赖于对病毒粒子组装和CP结构的深入了解，融合的外源肽必须与病毒适应性相兼容，不影响CP的功能和病毒粒子的正常装配。总的来说，该策略通常仅允许插入数十个氨基酸的小肽序列，更大片段的插入带来的空间位阻效应可影响病毒粒子组装和系统侵染。

（六）复制子策略

鉴于侵染性全病毒载体普遍难以承载较大的基因片段，近年来，研究者发展了一类解构病毒（deconstructed virus）载体，或称为复制子（replicon）载体，被称为第二代病毒载体（Peyret and Lomonossoff，2015）。该类载体仅保留病毒复制和翻译所必需的元件，而去除了与粒子形成和运动相关的外壳蛋白（CP）、运动蛋白（MP）等功能基因组件。复制子载体维持了自我复制能力，但无法移动和系统侵染，因而可容纳大片段的外源基因插入。由于缺乏自主侵染能力，该类载体依赖于农杆菌浸润法或真空渗透法导入整株植物组织内，随着病毒复制转录产生大量外源基因mRNA拷贝。当前广泛使用的病毒复制子载体主要包括基于TMV的magnICON和TRBO载体、基于PVX的pEff载体，以及基于双生病毒科菜豆黄矮病毒（bean yellow dwarf virus，BeYDV）和烟草黄矮病毒（tobacco yellow dwarf virus，TYDV）的复制子载体系统。尽管基于CpMV的pEAQ-HT载体没有复制能力，但含有病毒UTR的高效翻译增强元件，因此被归入此类载体。

复制子载体所需的表达周期短（通常仅需要5～7d），对外源插入片段长度限制小，外源蛋白表达水平高（可溶性蛋白的30%～80%，为1～5g/kg鲜重），有效克服了侵染性病毒载体的弱点。此外，该类缺陷型载体避免了在自然环境中扩散的可能性，具有较高的生物安全性。基于病毒复制子表达载体的植物生物反应器技术整合了病毒的复制和基因表达能力、农杆菌的高效递送能力，以及本氏烟生长快速、生物量大、对病毒和农杆菌高度敏感等特性，已被广泛用于工业化生产外源蛋白。

三、植物病毒瞬时表达技术的应用

植物分子农业（plant molecular pharming）指利用植物表达系统生产疫苗抗原、单克隆抗体、细胞因子、血清蛋白、酶、抗菌肽等药用和工业用产品。目前多种植物源的生物制品正在进行或已通过临床试验，其中多数是基于病毒载体的瞬时表达系统生产。植物瞬时表达系统提供了快速、高产量、适应性强、成本低廉的技术途径，在符合《药品生产质量管理规范》（GMP）标准的工厂设施规模化生产蛋白制品，在下列应用方向尤其具有优势（Giritch et al.，2017；Venkataraman and Hefferon，2021）。

（一）快速响应生产系统

病毒瞬时表达系统的快速表达能力及可扩展性特别适用于生物制品的快速生产，用于应对突发公共卫生和生物安全事件等。例如，在2014～2016年西非埃博拉（Ebola）病毒疫情暴发期间，美国相关研究机构利用magnICON表达系统在本氏烟中生产了一种抗埃博拉病毒单克隆抗体的组合（ZMapp），并获得了紧急使用授权，成功拯救了患病人员的生命。季节性流感疫苗主要针对血凝素（HA），但由于流感病毒的持续抗原漂移，需要每年更新疫苗。加拿大生物技术公司使用CpMV载体在本氏烟内生产了四价流感病毒样颗粒（VLP）疫苗，其在Ⅲ期临床试验时表现出比其他已获许可疫苗更广泛、更强的免疫原性。该表达系统可在流感病毒流行株序列信息释放后的3周内产生疫苗抗原，并在5～6周内进行大规模生产，而传统的鸡胚或培养细胞生产方法则需要4～6个月。此外，病毒瞬时表达系统也作为应对鼠疫、炭疽病等重大突发公共卫生事件的战略储备系统。

（二）个性化药品的快速制造

某些人类疾病需要个性化的治疗方案，如肿瘤、罕见遗传病的治疗等，主流的生物制药产业无法满足市场需求，而植物瞬时表达系统可为该类制剂的生产提供有益的补充。非霍奇金淋巴瘤（NHL）患者B淋巴细胞表达一种抗独特型抗体（idiotype），代表着肿瘤特异性抗原，可作为淋巴瘤临床治疗性疫苗。在Ⅰ期临床研究中，本氏烟生产的重组抗独特型抗体混合物对NHL的靶向治疗具有良好的安全性和治疗效果。利用可扩展的植物生产系统，可以在获得患者活检样本后的几周内产生安全和具有免疫原性的个性化癌症疫苗。

（三）口服疫苗和蛋白质药品生产

利用病毒抗原展示技术和病毒瞬时表达技术可在植物内表达动物（包括人类）相关感染性疾病的抗原表位、亚单位疫苗重组蛋白和病毒样颗粒（VLP）等，这些候选疫苗抗原在前期临床研究中表现出良好的安全性和免疫原性。其中一个尤其值得关注的领域是利用可食用植物作为生物反应器，如西红柿、生菜、菠菜、黄瓜、胡萝卜、香蕉、马铃薯、玉米和水稻等，表达和递送口服疫苗或治疗性药物。肠道是病原体进入体内的主要途径之一，口服疫苗通过肠道免疫系统激发黏膜免疫和全身免疫反应，产生分泌型免疫球蛋白A（IgA）以阻止黏膜表面的病原体侵袭。可食植物组织经冷冻干燥后可直接制作成胶囊，免去了制造过程中昂贵且耗时的蛋白质纯化步骤，且植物细胞组织和细胞结构可产生药物的缓释作用。该类口服疫苗可以在常温下长期储存和运输，从而大幅降低生产成本和接种成本，尤其适用于缺乏温控存储、冷链物流等医疗基础设施的中低收入国家和地区。

（四）生物制品的低成本生产

治疗性生物制剂对产品的安全性和生产规范有严格的监管要求，而诊断性生物制品及食品、化妆品、工业和科研用途的生物制剂则更加关注产品生产成本。在这些领域，植物瞬时表达系统简易、廉价、高效表达的特性具有天然优势，且可通过扩大生产规模进一步降低生产成本。目前已有报道利用病毒瞬时表达系统在本氏烟中工业化生产多种蛋白质类制品，如用作青贮料添加剂的纤维素水解酶、用作食品添加剂的无热量蛋白质甜味剂，以及用作食品保鲜剂的非抗生素类广谱抑菌蛋白大肠菌素（colicin）等。这些重组蛋白的表达量可高达总可溶性蛋白的50%～80%，相当于3～5g/kg叶片鲜重（1kg烟草叶片组织含有6～8g蛋白质），大大降低了生产和纯化加工成本。

第三节 植物病毒基因沉默载体

在植物功能基因组研究中，利用失去功能（loss-of-function）的突变体是研究基因功能最重要的遗传学手段，但仅有少数模式植物（如拟南芥和水稻）存在全基因组范围的突变体库。RNA沉默（RNA silencing）技术是一种通过引入双链RNA分子特异性下调靶标基因表达的革命性技术。在植物中，双链RNA分子通常通过转基因导入，易受到遗传转化体系的制约。病毒诱导的基因沉默（virus-induced gene silencing，VIGS）技术作为一种简单、快速、无须转化的基因敲低手段，可用以代替突变体库或稳定转基因植物，在植物遗传学中被广泛用于双子叶和单子叶植物的基因功能研究（Senthil-Kumar and Mysore，2011；Rössner et al.，2022）。

一、病毒基因沉默载体的发展历史和技术原理

1995年，研究人员发现在TMV内插入了一段八氢番茄红素脱氢酶基因（Phytoene desaturase，*PDS*）cDNA片段后，重组病毒载体侵染烟草产生光漂白表型，且植物体*PDS* mRNA水平显著降低（Kumagai et al.，1995）。然而，当时对RNA沉默的现象和机制缺乏足够的了解，人们并未意识到该方法可普遍用于特异性沉默靶标基因。VIGS概念于1997年被首次提出，用于描述植物对入侵病毒RNA序列的特异性降解现象，现已成为利用重组病毒载体抑制内源基因表达的专门词汇（van Kammen，1997）。1998年，英国包尔科姆（Baulcombe）研究组在PVX基因组上同样插入了一段*PDS*序列，发现植物内源的*PDS* mRNA 在细胞质内发生了转录后降解并导致侵染植物出现白化表型，由此提出 VIGS 可以有目的地用于抑制植物内源基因的表达（Ruiz et al.，1998）。2001 年，该研究组进一步报道了 TRV VIGS 载体系统，表明该沉默效应可被不同种类的病毒诱导（Ratcliff et al.，2001）。此后，世界各地的研究组陆续报道了基于不同 DNA 和 RNA 病毒的 VIGS 载体，在多种双子叶和单子叶植物上有效诱导了寄主基因发生沉默，该技术作为一种反向遗传学技术被研究者广泛使用。

基因沉默，或称为 RNA 沉默，是真核生物中普遍存在的一种基因表达调控机制，并对基因组稳定性维持起关键作用。双链 RNA（dsRNA）是诱导 RNA 沉默的关键分子，其被 Dicer 酶切割后产生小干扰型 RNA（small interfering RNA，siRNA），后者与 Agronaute 蛋白结合形成 RNA 诱导的沉默复合体（RNA-induced silencing complex，RISC）。该复合体在 siRNA 的引导下特异地降解细胞质中的同源 mRNA，从而发生转录后基因沉默（post-transcriptional gene silencing，PTGS），或在细胞核中指导同源 DNA 的甲基化修饰，发生基因转录沉默（transcriptional gene silencing，TGS）。

在植物、昆虫和线虫等生物中，RNA 沉默也是抵御病毒入侵的一种重要免疫机制。一般认为，病毒复制和转录过程中产生的 dsRNA 复制中间体，或病毒 mRNA 折叠形成部分配对的 dsRNA 结构，或病毒 mRNA 的其他异常结构特征不可避免地被寄主基因沉默机器识别，并诱发 RNA 沉默降解病毒 RNA。VIGS 技术利用植物天然抗病毒基因沉默机制，在病毒载体中插入一段植物 cDNA 序列，病毒侵染寄主植物后诱导 RNA 沉默反应，从而产生病毒来源及植物靶基因来源的 siRNA 分子，导致植物内源靶基因 mRNA 的降解而表现出突变表型。VIGS 载体的构建策略与病毒表达载体类似，甚至更为简单，很多病毒表达载体可直接改造为 VIGS 载体。由于外源插入片段无须翻译为蛋白质，也可将其插入至病毒编码框两侧、非编码区内或不影响病毒侵染性的基因组其他位置。

二、主要病毒基因沉默载体及其应用

（一）烟草脆裂病毒载体

TRV 为植物杆状病毒科（*Virgaviridae*）烟草脆裂病毒属（*Tobravirus*）代表种，是一种由线虫经土壤传播的病毒，粒子呈杆状，有两种粒子形态，分别为（190～210）nm×25nm 大小的长粒子和（40～80）nm×（20～25）nm 大小的短粒子。TRV 基因组由 RNA1 和 RNA2 两条 RNA 组成，其中 RNA1 编码病毒复制和运动所必需的蛋白质，包括运动蛋白、RdRp 及富含半胱氨酸的蛋白质；RNA2 编码病毒外壳蛋白和线虫传播因子等。在 TRV VIGS 载体中，目的基因序列（为 150～500bp）通常插入 TRV RNA2 外壳蛋白的编码区后部，与 RNA1 载体混合接种植物。TRV 载体的优势在于其寄主范围广泛，症状温和，系统侵染迅速并可遍布整株植物。TRV 可侵染 50 多种双子叶和单子叶植物，在很多寄主上不引起明显症状。目前，TRV VIGS 载体已成功应用在本氏烟和拟南芥等模式生物，以及大豆、生菜、茄子、辣椒、草莓、木薯、棉花、亚麻、杨树、茶、枣树、蓝莓、核桃、油橄榄、橡胶树、矮牵牛、月季、牡丹、长春花、大青、秋茄、大麻、穿心莲、金鱼草等粮食、油料、蔬菜、果树、花卉、纤维和药用植物。

（二）马铃薯 X 病毒载体

PVX 是甲型线状病毒科（*Alphaflexiviridae*）马铃薯 X 病毒属（*Potexvirus*）病毒，基因组是一条线形正链 RNA，病毒粒子呈线性。PVX 载体是一种在茄科作物上广泛应用的表达载体，其症状表现为较为温和的花叶褪绿。当插入 *PDS* 基因片段的 PVX 载体侵染烟草后，植株出现系统性光漂白表型。PVX 还可诱导二倍体和四倍体马铃薯中的 *PDS* 基因沉默，使马铃薯叶片出现光漂白的现象，该表型在多代扩繁的组培苗和微型薯块中均存在。

（三）大麦条纹花叶病毒载体

BSMV 是植物杆状病毒科（*Virgaviridae*）大麦病毒属（*Hordeivirus*）的代表种，自然寄主包括大麦、燕麦、小麦和玉米等单子叶植物。病毒粒子呈杆状，包括宽 20～25nm，长 150～160nm 或 126nm 或 109nm 的三种粒子，分别包裹其 α、β 和 γ 三条基因组 RNA。当构建 BSMV VIGS 载体时，通常将目的基因片段插入 γb 终止密码子下游，120～500bp 长度的插入片段均可引起有效沉默。BSMV 是首个应用于单子叶植物的 VIGS 载体系统，目前已广泛应用在大麦、小麦、簇毛麦、燕麦、短柄草等植物上，大大促进了这类难以转化植物的功能基因组研究。

（四）狗尾草花叶病毒载体

狗尾草花叶病毒（foxail mosaic virus，FoMV）是植物杆状病毒科马铃薯 X 病毒属病毒，其寄主范围较为广泛，可侵染大麦、小麦、玉米、谷子、高粱、水稻等 56 种单子叶植物和至少 35 种双子叶植物，且可入侵植物的分生组织，症状温和或无明显病毒病症状。外源片段可插入 FoMV 表达载体中重复的 CP 亚基因组启动子下游，或直接插入 CP 终止密码子后。病毒载体克隆可利用基因枪法接种单子叶植物，或通过农杆菌浸润接种本氏烟中间寄主，再通过汁液摩擦接种其他寄主植物。FoMV VIGS 系统已成功应用于大麦、小麦、玉米和谷子等单子叶植物。

（五）双生病毒载体

双生病毒是一类单链 DNA 病毒，其侵染过程中既能诱发 RNA 水平的 PTGS，也能诱发 DNA 水平的 TGS 反应。双生病毒 VIGS 体系最早是基于双组分病毒建立的，该类病毒 DNA A 编码的 *CP* 基因可被缺失或置换而不影响病毒系统侵染，可将目的片段置换 *CP* 基因构建 VIGS 载体。目前已相继建立了 TGMV、ACMV 和棉花皱缩病毒（cotton leaf crumple virus，CLCrV）等 VIGS 载体，在茄科作物、木薯和棉花中得到成功应用。除双组分双生病毒外，一些伴随卫星的单组分双生病毒也可用于构建 VIGS 载体，如 TYLCCNV β卫星载体和 TbCSV α卫星载体（Gu et al.，2014）。构建的基本原理均是将卫星中的 ORF 替换为多克隆位点，再插入外源基因片段。上述 VIGS 载体可以同时在烟草、番茄和矮牵牛等多种作物不同组织高效诱导基因沉默，且沉默效应对环境温度较不敏感。

三、影响病毒基因沉默载体效果的主要因素

（一）病毒载体本身的特性

选取适宜的病毒载体是 VIGS 成功的条件之一，理想的病毒载体应具有沉默能力强、沉默效果稳定、毒性较弱、无传播性等特性。不同病毒载体诱导 RNA 沉默的能力和稳定性存在较大差异，这可能与病毒的复制特点、积累水平、组织趋性、病毒 RNA 沉默抑制子的强弱及寄主植物本身的特性相关。一些病毒载体（如 TRV）可以诱导整株植株几乎所有组织器官内基因的有效沉默，而另一些病毒载体仅在上部幼嫩叶片产生一定的沉默效果，且沉默表型仅在叶脉周围的组织较显著。目前常用的 VIGS 载体主要基于正链 RNA 病毒，DNA 病毒载体也可诱导较好的沉默效果，但负链 RNA 病毒诱导的沉默效应相对较弱。此外，沉默效应的维持还受到插入片段稳定性的影响，一些病毒载体常丢失部分或全部插入片段，导致在侵染后期沉默效应的不稳定甚至丧失。

（二）靶基因片段长度与同源性

有效的 RNA 沉默通常需要在 VIGS 载体中插入长 150～350bp 的目的基因片段，片段过短可能导致沉默效果弱，而过长则可造成插入片段的丢失、病毒载体系统侵染能力的丧失及更大的脱靶风险。此外，在某些载体中，目的基因片段的插入方向也是影响沉默效率的一个重要因素。反向插入通常比正向插入诱导的基因沉默效率要高，但这种现象并非一概而论，在有些载体中正反向的插入不影响沉默效果。另外，将目的片段构建成反向互补的发夹结构可明显提高沉默效率。

由于 VIGS 的作用机制基于核苷酸序列同源性，两者序列同源性越高，基因沉默效果越好。当希望同时沉默属于同一基因家族的多个成员时，可选择其保守的基因片段；相反，如果需要特异性沉默特定成员或剪接变体时，可选择差异性的基因片段，如非编码区或可变剪接部分序列。

（三）环境温度

植物生长的环境因素也能影响植物中基因沉默的效率，高温环境中病毒复制通常受到抑制，积累量显著降低，而寄主 RNA 沉默通路的酶活性却得到显著增强；相反，相对低温环境中（如 20℃）植物病毒复制较为活跃，但 RNA 沉默活性受到抑制。当利用 TRV 载体沉默番茄基因时，在 21℃以下的环境中有助于提高沉默效率。但有一些载体对温度的要求并不严格，如双生病毒卫星沉默载体在 22～32℃的环境中均能高效诱导基因沉默。

四、病毒基因沉默载体的优势与局限性

（一）优势

相较于其他功能基因组学研究方法，VIGS 有独特的优势，主要表现在以下方面：①VIGS

是一种快速、简易的基因功能研究手段，仅需将目标基因片段插入病毒侵染性克隆，通过病毒接种植物的方法沉默特定基因的表达，整个过程可在数周内完成；②VIGS 无须对植物进行遗传转化，对于一些转基因困难（如棉花、大豆、瓜类等作物）或周期长（果树等）的物种功能基因研究十分有利；③VIGS 一般是在植物幼苗或成苗期进行，这就为研究一些生长发育必需基因提供了可能，这些基因的敲除常导致植物不育或胚胎发育终止，难以利用失去功能的突变体来开展研究；④VIGS 能够克服基因功能冗余，利用基因家族的保守区，VIGS 可以同时沉默基因家族中所有或者大部分的基因。相反的，如果只是研究其中一个基因的功能，则可以选取特异的片段（如非编码区）进行基因沉默研究；⑤结合基因组和转录组等大数据，VIGS 可以对不同种植物中同源基因的功能进行快速验证；⑥通过构建目标物种的 cDNA 文库，VIGS 适用于高通量的基因功能筛选和分析。

（二）局限性

尽管 VIGS 有诸多的优点，但该方法也存在一些弊端和不足，主要表现在：①VIGS 是一种基因表达敲低的方法，很少能够完全地抑制一个基因的表达，对于某些靶基因，未沉默的基因有可能产生足够的功能蛋白，因此并不能观察到典型的沉默表型；②与其他 RNA 沉默技术类似，VIGS 存在潜在的脱靶效应；③VIGS 技术的沉默效率并不是特别稳定，易受病毒种类、植物品种、环境条件的影响，在不同植株之间甚至同一植株不同部位组织中沉默效率可存在差异；④受限于病毒自身的寄主范围，特定的 VIGS 载体仅能在某些寄主植物上使用；⑤病毒本身的症状及对植物基因表达、生理代谢的影响可能影响对靶标基因沉默的表型观测和功能分析（Senthil-Kumar and Mysore，2011）。

第四节　植物病毒基因编辑载体

在过去的十余年中，成簇规律间隔短回文重复序列（clustered regularly interspaced short palindromic repeats，CRISPR）技术的出现使得对基因组特定序列进行靶向、高效、廉价的修饰成为可能。与传统的随机突变等遗传操作技术相比，基因组编辑技术可以快速地实现目标基因敲除、等位基因替换或外源基因定向插入等遗传操作，为植物功能基因组研究提供了颠覆性工具，同时在作物的遗传改良方面也展示出了巨大的应用前景（Li et al., 2024）。目前基因编辑技术仍处于快速发展和迭代阶段，已发展了多种 CRISPR/Cas 核酸酶工具盒，并衍生出了更为精准的碱基编辑和引导编辑等技术（Pacesa et al., 2024）。核酸酶组分的递送是植物基因编辑的关键技术环节，也是当前亟需解决的共性技术瓶颈。植物病毒载体为基因编辑元件的递送提供了一种简易、高效的方法，有望克服植物遗传转化和组培再生的技术困难，推动基因编辑技术在农业中的广泛应用（Laforest and Nadakuduti，2022）。

一、基因编辑技术

（一）序列特异性核酸酶

基因编辑技术主要是利用序列特异性核酸酶（sequence specific nuclease，SSN）在特定基因位点产生DNA双链断裂或引入靶向修饰，借助生物体自身的DNA修复机制，最终实现基因组序列的修改。用于基因编辑的核酸酶系统主要包括锌指核酸酶（zinc finger nuclease，ZFN）、转录激活子样效应因子核酸酶（transcription activator-like effector nuclease，TALEN）及CRISPR/Cas核酸酶系统。其中，ZFN和TALEN由序列特异性的DNA结合结构域和非特异性核酸内切酶Fok Ⅰ融合而成，依赖于蛋白质对DNA的特异性识别，需要根据每一个靶点序列对核酸酶的DNA结合结构域进行重新设计。与前两者的作用原理不同，CRISPR/Cas核酸酶仅需一小段向导RNA分子（single guide RNA，sgRNA）进行引导，基于RNA-DNA碱基配对的识别机制靶向特点序列，而无须对Cas蛋白进行修改，因而具有操作简易、高效、低成本等优点，已成为当前广泛应用的主流基因编辑系统。

CRISPR/Cas核酸酶系统起源于细菌及古细菌的免疫系统，其中，第一类Ⅰ、Ⅲ和Ⅳ型系统在干扰靶基因时需要多个Cas蛋白形成复合物协同工作；而第二类Ⅱ和Ⅴ型利用单一Cas蛋白即可干扰靶基因，较易改造为普适性基因组编辑工具。目前发展最成熟、应用最广泛的基因组编辑系统是来源于脓链球菌（*Streptococcus pyogenes*）的CRISPR/Cas9系统，属于第二类Ⅱ型。近年来迅速发展的CRISPR/Cas12系统属于遗传多样性极其丰富的Ⅴ型CRISPR系统，目前，该系统已有Cas12a（Cpf1）、Cas12b、Cas12e、Cas12f、Cas12i和Cas12j等亚型被改造为基因编辑工具。这些多样化的CRISPR/Cas系统在分子量大小、靶点识别范围与特异性、DNA切割方式及向导RNA加工等方面具有不同的特点，可有效拓展靶向范围，为不同的应用场景和衍生技术发展提供了多种选择（Liu et al.，2022）。

（二）基因编辑及相关衍生技术

1. 基因敲除　基因敲除（gene knockout）技术利用CRISPR/Cas等序列特异性核酸酶切割靶标DNA产生双链断裂（double-strand break，DSB），随后在细胞内的DNA损伤修复机制作用下导致基因失活（gene inativation）。在大多数情况下，真核细胞以非同源末端连接（non-homologous end joining，NHEJ）为主要DSB损伤修复机制，该过程无须同源DNA序列的存在，将DSB末端直接连接进行修复。NHEJ连接过程简单高效但缺乏精准性，易在切割位点附件随机产生DNA小片段插入或缺失（indel），导致基因编码框发生移码而被破坏，即产生基因敲除（图13-4A）。

2. 碱基编辑　碱基编辑（base editing，BE）是在CRISPR/Cas技术基础上衍生的一种精准的基因编辑技术，其技术原理是将Cas切口酶（Cas nikase，nCas）与碱基脱氨酶（deaminase）或糖基化酶（glycosylase）等效应蛋白融合，利用CRISPR/nCas复合体靶定基因组特定序列并打开DNA双链，暴露的单链DNA序列作为脱氨酶底物发生脱氨反应，或作为糖基化酶底物切除特定碱基。在随后的DNA复制和修复过程中，被修饰的碱基通过

DNA 错配或碱基切除等机制修复，从而在靶标位点产生特定的碱基改变（图 13-4B）。胞嘧啶碱基编辑器（CBE）和腺嘌呤碱基编辑器（ABE）是最早被开发的两类单碱基编辑器，分别可实现 C:G 到 T:A 和 A:T 到 G:C 碱基的转换。随后，研究者陆续开发了针对其他碱基的编辑器，如 CGBE（C 到 G/A）、AYBE（A 到 C/T）、gGBE（C 到 G 或 G 到 T）、TSBE（T 到 G/A）等，可实现多种类型的碱基转换（transition）或颠换（transversion）（图 13-4B）。

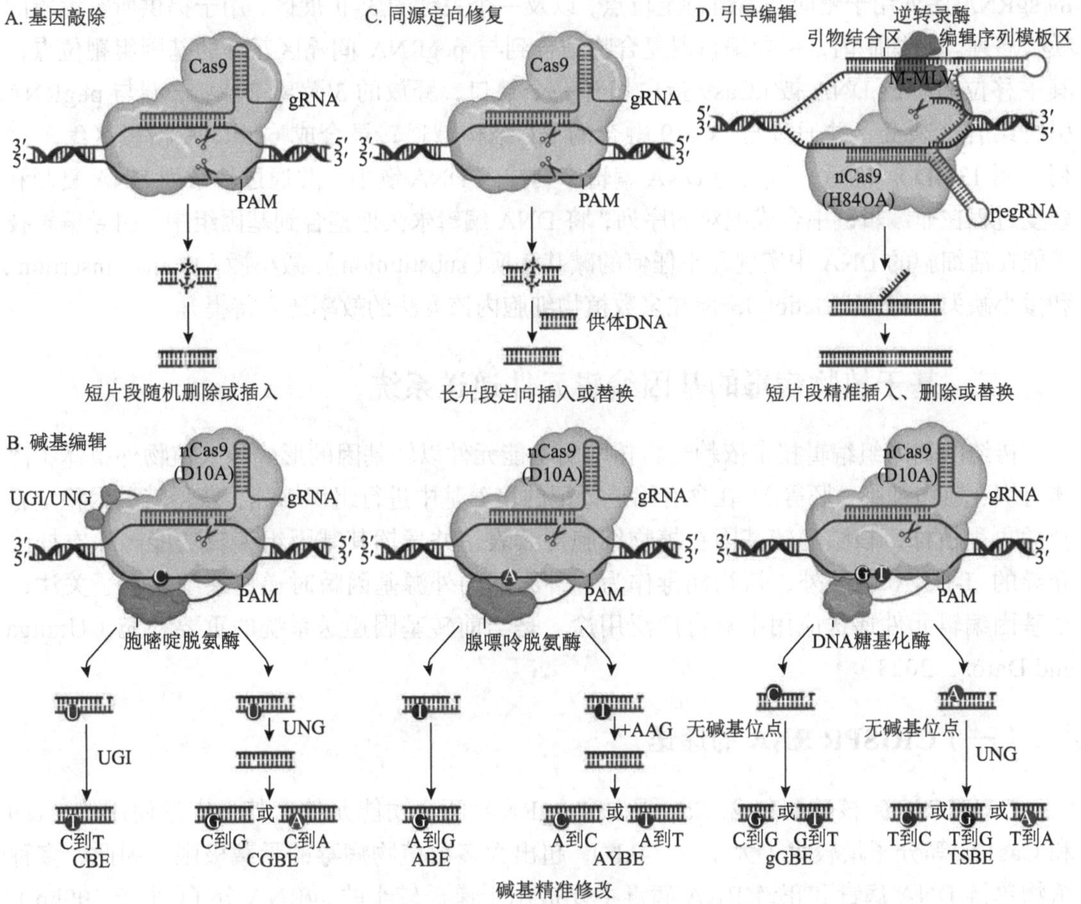

图 13-4　CRISPR/Cas 基因编辑及相关衍生技术（改自 Li et al.，2024）

Cas. Cas核酸酶；nCas9. Cas切口酶；gRNA. 向导RNA；pegRNA. 引导编辑RNA；PAM. 前间区序列邻近基序（protospacer adjacent motif）；M-MLV. 逆转录酶；UGI. 尿嘧啶糖基化酶抑制剂（uracil glycosylase inhibitor）；UNG. 尿嘧啶*N*-糖基化酶（uracil *N*-glycosylase）；AAG. 烷基腺嘌呤DNA糖基化酶（alkyladenine DNA glycosylase）

3. 同源定向修复　同源定向修复（homology-directed repair，HDR）技术，也称为基因打靶（gene targeting），是一种基于同源重组（homologous recombination）修复的长片段 DNA 定向插入或置换方法。当细胞内存在同源 DNA 供体（donor）时，核酸酶靶向切割形成的 DSB 可以通过同源重组机制进行修复，在此过程中，外源提供的单链/双链 DNA 供体可按设计引入或校正靶位点的突变，或是插入外源基因片段等（图 13-4C）。与 NHEJ 修复相比，HDR 修复方式虽然更为精准，但在大多数生物中效率较低，且主要发生在细胞的 G_2

期和 S 期。在植物细胞中，由于存在 HDR 发生频率低及供体模板 DNA 递送困难等问题，HDR 介导的精确基因组编辑不如其他生物系统中应用广泛。

4. 引导编辑 引导编辑（prime editing，PE）是另一项衍生于 CRISPR/Cas 技术的革新性精确基因编辑技术。该技术将 nCas9 与逆转录酶（reverse transcriptase，RT）相融合，并设计一种工程化的引导编辑 RNA（prime editing guide RNA，pegRNA），其包含一段经典的 sgRNA 序列用于靶向基因组特定位点，以及一个关键的 3′-扩展区，用于提供所需编辑的模板序列。在细胞内，引导编辑器复合物结合到与 pegRNA 间隔区互补的基因组靶位点，其中移位的单链 DNA 被 nCas9 蛋白切开一个缺口，释放的 3′游离 DNA 末端与 pegRNA 引物结合区杂交，并通过与 nCas9 融合的 RT 结构域逆转录合成 pegRNA 模板区编辑序列（图 13-4D）。随后，引入的 DNA 编辑序列掺入 DNA 链中，并通过一系列 DNA 复制和修复过程在非编辑链中合成配对的序列，将 DNA 编辑永久地整合到基因组中。引导编辑技术能在活细胞的 DNA 中实现几乎任何的碱基替换（substitution）、微小插入（small insertion）和微小缺失（small deletion），但在多数植物细胞内该方法的效率还有待提升。

二、基于植物病毒的基因编辑元件递送系统

传统的基因组编辑技术依赖于将核酸酶功能元件以转基因的形式导入植物外植体（离体组织、愈伤细胞、胚等），在含有筛选标记的培养基中进行组织培养，获得转基因稳定整合的再生植株，核酸酶转基因在植物细胞持续表达并发挥其基因组编辑功能。除农杆菌介导的 T-DNA 转移外，植物病毒作为一种天然的外源基因瞬时递送系统受到了关注，在基因编辑元件递送应用中具有广泛用途，是当前转基因递送系统的重要补充（Uranga and Daròs，2023）。

（一）CRISPR RNA 的递送

CRISPR/Cas 核酸酶包含 Cas 蛋白和 sgRNA 两个功能元件，其中广泛使用的 Cas9 和 Cas12a 等分子量较大（大于 3～4kb），超出大多数植物病毒的承载极限。因此，多种植物单链 DNA 病毒和正链 RNA 病毒主要被用于递送较小的 sgRNA 分子（小于 100bp），利用稳定表达 Cas 蛋白的转基因植物进行基因编辑。这类病毒包括双生病毒载体，如 CaLCuV 和 WDV 及正链 RNA 病毒载体，包括 TRV、TMV、BSMV、FoMV、PVX、豌豆早褐病毒（pea early-browning virus，PEBV）、甜菜坏死黄脉病毒（beet necrotic yellow vein virus，BNYVV）和苹果潜隐球状病毒（apple specherical latent virus，ALSV）等（表 13-1）。

表 13-1 病毒载体介导的核酸酶递送系统

病毒类型	病毒载体	植物	应用
DNA 病毒	菜豆黄矮病毒	普通烟、番茄、马铃薯	基因敲除、基因敲入
	小麦矮缩病毒	水稻、小麦	基因敲除、基因敲入

续表

病毒类型	病毒载体	植物	应用
DNA 病毒	甘薯曲叶病毒	本氏烟	基因敲除
	甘蓝曲叶病毒	本氏烟	基因敲除
正义单链 RNA 病毒	烟草脆裂病毒	本氏烟、拟南芥	基因敲除、碱基编辑
	烟草花叶病毒	本氏烟	基因敲除
	豌豆早褐病毒	本氏烟、拟南芥	基因敲除
	甜菜坏死黄脉病毒	本氏烟	基因敲除
	大麦条纹花叶病毒	本氏烟、小麦、玉米	基因敲除
	狗尾草花叶病毒	本氏烟	基因敲除
	马铃薯 X 病毒	本氏烟	基因敲除
	苹果潜隐球状病毒	本氏烟	基因敲除
负义单链 RNA 病毒	苦苣菜黄网病毒	本氏烟	基因敲除
	番茄斑萎病毒	普通烟、番茄、辣椒等	基因敲除、碱基编辑

值得关注的是，有些植物病毒具有分生组织入侵能力，可以在病毒载体侵染植株的种子内产生可遗传突变。例如，递送 sgRNA 的 TRV 和 BSMV 载体分别在 Cas9 转基因的本氏烟、拟南芥及小麦中实现了可遗传编辑，免去了耗时的组培再生过程（图 13-5A）。另外，如果在 TRV 载体递送的 sgRNA 3′端融合可移动 RNA 元件，如 FLOWERING LOCUST（FT）或 tRNA 序列，赋予 sgRNA 移动能力，可遗传编辑的种子频率从 0～25%提升到 62%～100%。

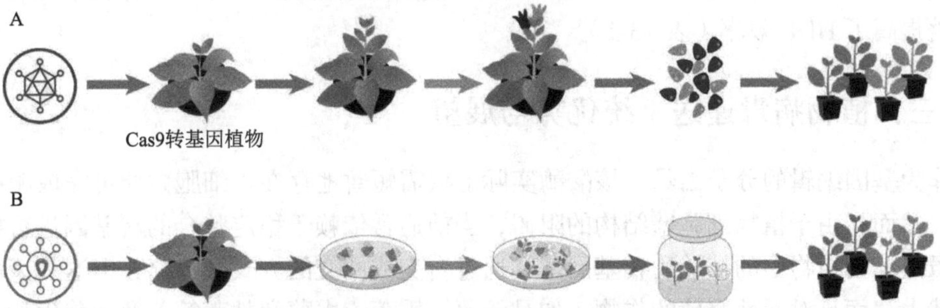

图 13-5　病毒递送系统在植物基因编辑中的应用

A. 病毒递送sgRNA在Cas9转基因植物上产生可遗传编辑，免除组织培养过程；B. 病毒递送完整CRISPR/Cas核酸酶，通过组织培养获得可遗传编辑，免除遗传转化过程

（二）完整 CRISPR/Cas 核酸酶的递送

与其他核酸类型的病毒相比，植物弹状病毒科病毒和番茄斑萎病毒科病毒等植物负义单链 RNA 病毒具有强大的外源片段承载能力及遗传稳定性。苦苣菜黄网弹状病毒(sonchus yellow net virus，SYNV）载体可递送完整的 CRISPR/Cas9 核酸酶，在系统侵染的本氏烟组织中产生单靶点、多靶点的基因组编辑，编辑效率可高达 90%左右。同样，研究人员通过对 TSWV 基因组进行改造，删除了对侵染植物寄主非必要的序列元件以释放基因组空间，并利用基因置换策略实现了 CRISPR/Cas12a 及 Cas9、分子量更大的碱基编辑器的递送，在侵染的植株组织中产生了高效的单基因或多重基因编辑（表 13-1)。TSWV 寄主范围极其广泛，其递送系统适用于普通烟、番茄、一年生辣椒（*Capsicum annuum*)、中华辣椒（*C. chinense*)、灌木状辣椒（*C. frutescens*)、花生和酸浆等多种作物的不同品种。

由于该类病毒无法入侵植物分生组织及生殖系细胞，研究人员利用病毒侵染的组织为外植体，在无抗性筛选的培养基上组培，高效获得了含有靶向编辑的再生植株，且产生的突变以经典的孟德尔遗传方式稳定地传递至后代(图 13-5B)。由于 RNA 病毒复制过程不涉及 DNA 阶段，上述负义单链 RNA 病毒瞬时递送系统实现了无外源 DNA 的植物基因组编辑，免除了遗传转化过程。

（三）DNA 供体模板的递送

双生病毒的基因组为单链 DNA，在 HDR 供体 DNA 的递送中发挥特殊用途。病毒载体的复制可使细胞内产生成千上万个供体 DNA 拷贝，从而大幅提高同源修复的概率。由于双生病毒载体的有限载荷限制，目前多采用缺陷型复制子策略递送供体和核酸酶基因。与传统的农杆菌介导的 T-DNA 递送方法相比，BeYDV 复制子载体递送的 ZFN、TALEN、Cas 核酸酶及供体 DNA 可将烟草靶基因的 HDR 效率提高一至两个数量级。利用该病毒复制子递送系统，研究人员在番茄花青素合成基因 *ANT1* 的上游定向插入 35S 强启动子以增强内源 *ANT1* 的表达，HDR 频率最高可达 9.65×10^{-2} 和 11.66×10^{-2} 左右，而传统的 T-DNA 递送方法仅达到 1.3×10^{-2} 的 HDR 频率。此外，WDV 复制子系统应用于单子叶作物水稻及小麦时也显著提高了 HDR 效率（表 13-1)。

三、植物病毒递送系统优势与展望

作为基因编辑的分子工具，核酸酶实际上仅需短暂地存在于细胞内便可完成靶向基因修饰。然而，由于植物细胞壁结构的阻碍，当前通常依赖于稳定整合的转基因进行植物递送。虽然编辑植物中的核酸酶转基因能够通过自交或回交的方式被分离，但这一策略不仅费时费力，而且对无性繁殖的作物（如马铃薯、香蕉、木薯和甘蔗等）及营养生长期较长的木本植物（如果树等）并不适用。此外，成熟的遗传转化体系仅在少数植物物种或品种中建立，而组培再生过程存在研发周期长、技术门槛高、易产生体细胞变异、基因型依赖性等系列技术问题。相比而言，基于植物病毒递送系统的基因编辑方法具有以下优势。①植物病毒载体可实现瞬时递送，RNA 病毒复制过程不涉及 DNA 阶段，不存在 DNA 整合风险。尤其是对于可装载完整 CRISPR/Cas 核酸酶的负链 RNA 病毒载体而言，基因编辑过程无须利用稳定遗传转化，特别适用于转化效率低或转基因难以分离的植物类型。②侵染性病毒载体可广泛侵染植株多个组织器官，在完整植株体内系统性地递送核酸酶基因，而不是向离体的组织内递送。此外，部分病毒自然条件下，或经过人工改造后可入侵分生组织或生殖细胞，有望在侵染植株当代种子内产生靶向编辑，避免了组培再生的技术瓶颈。③病毒载体携带的核酸酶基因或同源重组 DNA 供体可随病毒的复制增殖得到大量扩增，有助于提高编辑效率和同源重组频率。此外，病毒载体利用自身的顺式元件复制和转录核酸酶基因，而转基因表达时常需要针对不同植物种类测试优化表达调控元件（启动子、终止子等）。④可用于遗传转化的农杆菌仅有少数几种，且具有明显的基因型依赖性，而植物病毒数目众多，通常能侵染寄主植株的不同品种。

尽管存在上述优势，植物病毒递送系统在基因编辑中广泛应用有待在几个方面取得持续进展。首先，当前合适的植物病毒递送系统依然数目有限，由于病毒寄主范围和转基因试验材料等限制，除大麦条纹花叶病毒和番茄斑萎病毒等载体外，多数病毒载体仅在模式植物本氏烟或拟南芥中进行了测试。未来的研究需要针对主要农作物类型开发高效病毒递送系统，尤其是针对常规转基因递送方法难以解决的作物种类，突破基因编辑技术瓶颈。其次，多数病毒载体无法入侵植株分生组织，仍需通过组培再生固定体细胞编辑。因此，有必要深入研究病毒组织趋性决定因子、植物分生组织抗病毒机制等基础病毒生物学和致病机制问题，发展病毒载体突破植物组织屏障的策略和方案，实现无须组织培养的可遗传编辑技术。最后，针对多数植物病毒载体存在承载能力小、插入片段易丢失的问题，一方面需要探索提升病毒载体自身稳定性，另一方面可结合当前发展迅速的小型化 CRISPR/Cas 系统（如 Cas12f 和 Cas12j 等），实现基因编辑元件的稳定递送和高效基因编辑。

小　结

随着植物病毒分子生物学研究的不断深入，病毒结构组分和复制、侵染特性已被研究者改造与利用，在分子生物学基础研究和生物技术开发等领域中发挥重要用途。来源于病毒的转录调控序列（启动子和增强子等）、翻译增强元件、RNA加工元件组成了植物基因工程中重要的功能元件，广泛用于调控外源基因表达。工程化病毒表达载体可在植物体内瞬时、大量表达药用蛋白质、活性多肽、疫苗抗原及其他工业用途蛋白，应用前景广阔。基于植物天然的抗病毒RNA沉默机制建立的VIGS反向遗传学技术为植物基因功能的鉴定和验证提供了简易、高效的技术手段。此外，病毒载体介导的基因编辑技术可提升编辑效率，突破植物遗传转化和组培再生等共性技术瓶颈，推动基因编辑在农业中的广泛应用。

复习思考题

1. 结合病毒基因组复制和基因表达的特点，阐述病毒功能元件在调节基因表达中的作用。
2. 植物病毒表达载体有哪些主要类型？各具有什么特点？
3. 请比较VIGS技术与其他遗传学技术的优缺点。
4. 试述病毒载体在植物基因编辑中的用途。

主要参考文献

Abrahamian P, Hammond R W, Hammond J. 2020. Plant virus-derived vectors: applications in agricultural and medical biotechnology. Annual of Review Virology, 7: 513-535.

Amack S C, Antunes M S. 2020. CaMV 35S promoter–a plant biology and biotechnology workhorse in the era of synthetic biology. Current Plant Biology, 24: 100179.

Bagheri S, Kashani-Sabet M. 2004. Ribozymes in the age of molecular therapeutics. Current Molecular Medicine, 4: 489-506.

Borah B K, Zarreen F, Baruah G, et al. 2016. Insights into the control of geminiviral promoters. Virology, 495: 101-111.

de la Peña M, García-Robles I, Cervera A. 2017. The hammerhead ribozyme: a long history for a short RNA. Molecules, 22: 78.

Giritch A, Klimyuk V, Gleba Y. 2017. 125 years of virology and ascent of biotechnologies based on viral expression. Cytology and Genetics, 51: 87-102.

Gu Z, Huang C, Li F, et al. 2014. A versatile system for functional analysis of genes and microRNAs in cotton. Plant Biotechnology Journal, 12: 638-649.

Hammann C, Luptak A, Perreault J, et al. 2012. The ubiquitous hammerhead ribozyme. RNA, 18: 871-885.

Hull R. 2014. Chapter 15-plant viruses and technology//Hull R. Plant Virology. 5th ed. Editor. Academic Press: 877-926.

Jackson A O, Li Z. 2016. Developments in plant negative-strand RNA virus reverse genetics. Annual Review of Phytopathology, 54: 469-498.

Kumagai M H, Donson J, della-Cioppa G, et al. 1995. Cytoplasmic inhibition of carotenoid biosynthesis with virus-derived RNA. Proceedings of the National Academy of Sciences of the United States of America, 92: 1679-1683.

Laforest L C, Nadakuduti S S. 2022. Advances in delivery mechanisms of CRISPR gene-editing reagents in plants. Frontiers in Genome Editing, 4: 830178.

Li B, Sun C, Li J, et al. 2024. Targeted genome-modification tools and their advanced applications in crop breeding. Nature Reviews Genetics, 25: 603-622.

Liu G, Lin Q, Jin S, et al. 2022, The CRISPR-Cas toolbox and gene editing technologies. Molecular Cell, 82: 333-347.

Nicholson B L, White K A. 2011. 3′ cap-independent translation enhancers of positive-strand RNA plant viruses. Curunt Opinion in Virology, 1: 373-380.

Pacesa M, Pelea O, Jinek M. 2024. Past, present, and future of CRISPR genome editing technologies. Cell, 187: 1076-1100.

Peyret H, Lomonossoff G P. 2015. When plant virology met *Agrobacterium*: the rise of the deconstructed clones. Plant Biotechnology Journal, 13: 1121-1135.

Ratcliff F, Martin-Hernandez A M, Baulcombe D C. 2001. Tobacco rattle virus as a vector for analysis of gene function by silencing. Plant Journal, 25: 237-245.

Rössner C, Lotz D, Becker A. 2022. VIGS goes viral: how VIGS transforms our understanding of plant science. Annual Review of Plant Biology, 73: 703-728.

Ruiz M T, Voinnet O, Baulcombe D C. 1998. Initiation and maintenance of virus-induced gene silencing. Plant Cell, 10: 937-946.

Scholthof H B, Scholthof K B, Jackson A O. 1996. Plant virus gene vectors for transient expression of foreign proteins in plants. Annual Review of Phytopathology, 34: 299-323.

Senthil-Kumar M, Mysore K S. 2011. New dimensions for VIGS in plant functional genomics. Trends in Plant Science, 16: 656-665.

Uranga M, Daròs J A. 2023. Tools and targets: the dual role of plant viruses in CRISPR-Cas genome editing. Plant Genome, 16: e20220.

van Kammen A. 1997. Virus-induced gene silencing in infected and transgenic plants. Trends in Plant Science, 2: 409-411.

Venkataraman S, Hefferon K. 2021. Application of plant viruses in biotechnology, medicine, and human health. Viruses, 13: 1697.

Walter N G, Burke J M. 1998. The hairpin ribozyme: structure, assembly and catalysis. Current Opinion in Chemical Biology, 2: 24-30.